Excel 数据分析

从入门到精通

梁三十 ◎ 编著

北京大学出版社
PEKING UNIVERSITY PRESS

内 容 提 要

本书介绍了如何使用Excel进行数据处理和数据分析，掌握这些通用技能，能够轻松应对多种数据挑战。

全书共24章，分为6篇。第1篇介绍Excel的基础操作；第2篇介绍数据处理的方法和技巧，包括数据规范、筛选、排序与汇总；第3篇介绍在数据处理与分析过程中常用的公式与函数，包括逻辑函数、统计函数、查询函数、文本函数、日期函数等；第4篇介绍数据透视表与数据透视图的常用方法和技巧，涵盖数据透视表的计算、排序、筛选与分组统计，以及切片器等内容；第5篇介绍数据可视化的方法，包括图表的创建、编辑与美化，以及复合图表的应用等内容；第6篇通过人力数据分析、进销存报表和财务费用分析3个综合案例，将本书所介绍的方法和技巧贯穿起来，让读者实践练习，并能举一反三。

本书内容全面、结构清晰、由浅入深，适合需要提升办公效率的初中级用户、商务办公用户阅读，也可作为数据分析从业人员的入门和参考书。

图书在版编目(CIP)数据

Excel数据分析从入门到精通 / 梁三十编著.
北京：北京大学出版社，2025.10. -- ISBN 978-7-301-36412-3

Ⅰ.TP391.13

中国国家版本馆CIP数据核字第2025K7A719号

书　　　名	Excel数据分析从入门到精通
	Excel SHUJU FENXI CONG RUMEN DAO JINGTONG
著作责任者	梁三十　编著
责任编辑	刘　云
标准书号	ISBN 978-7-301-36412-3
出版发行	北京大学出版社
地　　　址	北京市海淀区成府路205号　100871
网　　　址	http://www.pup.cn　新浪微博：@北京大学出版社
电子邮箱	编辑部 pup7@pup.cn　总编室 zpup@pup.cn
电　　　话	邮购部 010-62752015　发行部 010-62750672　编辑部 010-62570390
印　刷　者	北京溢漾印刷有限公司
经　销　者	新华书店
	787毫米×1092毫米　16开本　23.25印张　559千字
	2025年10月第1版　2025年10月第1次印刷
印　　　数	1–4000册
定　　　价	99.00元

未经许可，不得以任何方式复制或抄袭本书之部分或全部内容。
版权所有，侵权必究
举报电话：010-62752024　电子邮箱：fd@pup.cn
图书如有印装质量问题，请与出版部联系，电话：010-62756370

前言 Preface

在数据化的今天，从事各项工作的读者都可能需要进行数据分析，因此学会使用Excel分析数据已经几乎成为每个人的必修课。

Excel作为强大的数据分析处理工具，是职场人士必须掌握的。然而，仍然有许多职场人士对使用Excel进行数据分析较为生疏，或是停留在只能简单使用的水平。为了让更多的职场人士、数据分析爱好者等能够快速掌握Excel图表与数据透视表在数据分析中的应用方法，提升职场竞争力，我们特意编写了本书。

本书的特点是什么？

（1）本书力求实用。数据分析是一门严谨的学问，但是学习后如果不能运用到工作、生活中，不能解决实际问题，那就毫无意义。本书将深刻的概念转化为直白的语言，结合行业中的实例进行讲解，力求让读者看得懂、学得会、用得上。

（2）本书内容在精不在多。Excel功能强大，如果要全面讲解，四五百页都介绍不完。书中的内容遵循"二八定律"，我们精心挑选Excel在数据分析方面最有价值的20%的功能，以解决工作、生活中80%的数据分析问题。这样能节约读者时间，提高学习效率。

（3）本书为重点、难点的分析方法提供了详细步骤。例如，对数据进行规范、筛选、排序与汇总，使用多种函数计算数据，使用图表、数据透视表分析数据等。提供详细的步骤不仅是为了让读者能操作练习，而且更希望读者能在练习过程中形成自己的数据分析思路。

（4）根据心理学大师研究出来的学习方法得知，有效的学习需要配合即时的练习。为了检验读者的学习效果，本书提供了十多个"互动测试"题，并提供了解题思路。

（5）Excel栏目拓展知识。为了提高读者的数据分析能力和效率，本书通过在正文中穿插大量的"技术看板"和"注意"栏目，为读者揭秘数据分析过程中的各种注意事项和技巧，帮助读者解决各种疑难问题与掌握数据分析的技巧。

通过本书能学到什么？

（1）深入理解数据分析的概念：理解什么是数据分析；掌握数据分析的基本步骤；熟悉必要的数据分析理论。

（2）正确建立数据表：科学合理地建立Excel数据表，避免建表误区，保证后续数据分析高效、顺利地进行。

（3）规范数据：用正确的步骤和方法处理错误及默认数据，进行数据检查；对数据进行计算、转换、分类等加工处理。

（4）强化Excel数据分析技能：不仅会简单排序和筛选，还会高级排序和筛选；学会简单汇总

和嵌套汇总,能快速统计海量数据;学会条件格式和迷你图,用小工具发挥大作用。

(5)使用透视表挖掘数据价值:学会正确建立透视表的方法;掌握透视表分析的重点、难点、关键工具;通过各种案例掌握透视表进行数据挖掘的思路。

(6)制作专业数据图表:不仅能学会如何选择、创建图表,还能根据实际分析要求改变图表布局元素;掌握多种常用图表的制作方法;图表能力升级,制作出专业财经图表、信息图表和动态图表。

有什么阅读技巧或注意事项?

(1)适用软件版本。本书在Excel 2019软件的基础上进行写作,建议读者结合Excel 2019版本进行学习。由于Excel 2016、Excel 2013的功能与Excel 2019有不少相同之处,因此本书内容同样适用于其他版本的软件学习。

(2)菜单命令与键盘指令。本书在写作时,当需要介绍软件界面的菜单命令或键盘指令时,会使用"→"符号。例如,介绍条件格式功能时,会描述为:单击"开始"选项卡→"样式"组→"条件格式"下拉按钮。

(3)实战演练与综合案例。本书前5篇均有实战演练,最后一篇为综合案例,建议读者根据所学知识进行动手练习,巩固每篇所学的知识内容。另外,案例中涉及隐私的数据均为虚构,非真实信息。

本书适合哪些读者?

- 需要使用Excel进行数据分析的工作人员;
- 对于数据分析有浓厚兴趣的人士;
- 职场中的Excel初、中级用户;
- 高等院校的师生;
- 与数据分析相关的培训机构师生。

Excel数据处理与分析作为一项职业技能,始终在不断更新发展之中,欢迎广大学习者和行业、企业专家对本书提出宝贵的意见和建议,邮箱为452009641@qq.com。

编 者

温馨提示

本书所涉及资源已上传至百度网盘,供读者下载。请读者关注封底的"博雅读书社"微信公众号,找到"资源下载"栏目,输入本书77页的资源下载码,根据提示获取。

目 录
CONTENTS

第1篇　Excel入门

第1章　绪论

1.1　在日常工作中，Excel能解决哪些问题 ………… 2
  1.1.1　数据采集 ………………………… 3
  1.1.2　数据处理 ………………………… 3
  1.1.3　数据分析 ………………………… 4
  1.1.4　数据可视化 ……………………… 4
1.2　Excel数据分析的思维与方法 ……………… 5
  1.2.1　Excel数据分析的思维 …………… 5
  1.2.2　Excel数据分析的方法 …………… 6
1.3　通过本书的学习，可以提升哪些能力 ……… 7

第2章　Excel数据处理与分析的必备基础操作

2.1　Excel的工作界面 ………………………… 9
2.2　Excel的工作簿和工作表操作 …………… 14
  2.2.1　认识工作簿和工作表 …………… 14
  2.2.2　工作簿的新建和保存 …………… 15
  2.2.3　工作表的新建和删除 …………… 16
  2.2.4　输入与编辑单元格数据 ………… 16
实战演练　制作并美化物品订单表 ………… 17
2.3　表格打印 ………………………………… 19
  2.3.1　调整打印区域 …………………… 20
  2.3.2　打印页面设置 …………………… 21
  2.3.3　选择打印区域 …………………… 23
2.4　保护表格 ………………………………… 24
  2.4.1　保护工作表 ……………………… 24
  2.4.2　允许编辑区域 …………………… 24
  2.4.3　工作簿保护 ……………………… 25
  2.4.4　文档加密 ………………………… 25
实战演练　对工作表和工作簿设置保护，并隐藏部分数据 ………………………………… 26

第2篇　数据处理

第3章　数据规范

3.1　6种常见的表格问题 ……………………… 30
3.2　表格布局的4个原则 …………………… 31
  3.2.1　4个原则 ………………………… 32
  3.2.2　根据4个原则处理表格 ………… 32
3.3　单元格格式规范 ………………………… 38
  3.3.1　日期格式 ………………………… 38
  3.3.2　文本格式 ………………………… 39
  3.3.3　数字格式 ………………………… 40
实战演练　处理单元格中不规范的格式 …… 42
3.4　数据验证 ………………………………… 46
  3.4.1　认识数据验证 …………………… 47
  3.4.2　日期验证 ………………………… 47
  3.4.3　文本验证 ………………………… 48
  3.4.4　序列验证 ………………………… 49
  3.4.5　数字验证 ………………………… 52
实战演练　用数据验证功能规范数据录入 … 52

第4章　数据筛选、排序与汇总

4.1　数据筛选 ………………………………… 57
  4.1.1　日期筛选 ………………………… 58
  4.1.2　数字筛选 ………………………… 58
  4.1.3　文本筛选 ………………………… 59

4.1.4	单元格格式筛选	60
4.1.5	多条件筛选	61
实战演练	根据要求对货品采购表进行筛选	61
4.2	数据排序	62
4.2.1	排序的作用与规则	63
4.2.2	Excel 的 3 种排序方式	63
实战演练	根据要求对货品采购表进行排序	65
4.3	数据分类汇总	67
4.3.1	快速汇总	67
4.3.2	分类汇总	68
实战演练	根据要求对货品采购表进行分类汇总	69

第 5 章 数据处理综合实例——制作某火锅店 6 月份销售业绩表

5.1	案例背景	70
5.2	案例分析	71
5.2.1	案例分析目标	71
5.2.2	案例实现思路	71
5.3	实现过程	72
5.3.1	汇总原始数据	72
实战演练	汇总整理 6 月份的销售业绩数据	73
5.3.2	计算数据	75
实战演练	计算营业额排名、完成度、差值和同比增长率	76
5.3.3	数据报表可视化与美化处理	76
实战演练	对"2021 年 6 月店铺业绩汇报"表格进行可视化与美化处理	77

第3篇 公式与函数

第 6 章 公式与函数应用常识

6.1	认识公式与函数	80
6.1.1	认识公式	80

6.1.2	认识函数	81
6.2	单元格的引用	82
6.2.1	相对引用	82
6.2.2	绝对引用	83
6.2.3	混合引用	84
实战演练	利用单元格引用计算学生成绩	85
6.3	6 类常见的函数错误	87
6.3.1	##### 错误	87
6.3.2	#DIV/0! 错误	88
6.3.3	#N/A 错误	88
6.3.4	#NAME? 错误	89
6.3.5	#REF! 错误	90
6.3.6	#VALUE! 错误	91
6.4	嵌套函数的排错方法	91
实战演练	分析问题，处理常见函数错误	93

第 7 章 逻辑函数

7.1	认识逻辑函数	97
7.2	IF 函数详解	98
实战演练	利用简单逻辑判断函数判断学生成绩及格情况	99
7.3	多个条件的逻辑判断	100
7.3.1	IF 和 AND 函数嵌套	100
7.3.2	IF 和 OR 函数嵌套	101
7.4	多层条件判断	101
7.4.1	IF 多重嵌套函数	101
7.4.2	IFS 函数	102
实战演练	利用函数嵌套完成学生成绩表中的条件判断	103

第 8 章 统计函数

8.1	认识统计函数	107
8.2	基础统计函数	107
8.2.1	SUM 函数	108
8.2.2	AVERAGE 函数	109
8.2.3	COUNT、MAX 和 MIN 函数	109
8.2.4	RANK 函数	111
实战演练	利用基础统计函数完成第二季度销售

目录

	统计需求 ………………………………… 111
8.3	单条件统计函数 …………………………… 113
	8.3.1 COUNTIF 函数 ………………… 114
	8.3.2 SUMIF 函数 …………………… 115
	8.3.3 AVERAGEIF 函数 ……………… 116

实战演练 利用单条件统计函数计算三类门店的营业情况 …………………………… 116

8.4	多条件统计函数 …………………………… 118
	8.4.1 COUNTIFS 函数 ………………… 119
	8.4.2 SUMIFS 函数 …………………… 119

实战演练 利用多条件统计函数完成各类门店三个统计需求 …………………… 120

第 9 章 查询函数

9.1	认识 VLOOKUP 函数 ……………………… 125
9.2	关键词查询 …………………………………… 126
	9.2.1 单关键词查询 ……………………… 127

实战演练 制作客户信息快速查询系统 …… 127

	9.2.2 多关键词查询 ……………………… 129

实战演练 根据 "汽车价目表" 查询汽车信息 …………………………………… 130

	9.2.3 反向查询 …………………………… 133

实战演练 批量查询员工的工号、薪资等信息 …………………………………… 136

9.3	文本模糊查询 ……………………………… 138
9.4	区间查询 …………………………………… 139

实战演练 根据客户信息档案制作模糊查询系统 ………………………………… 141

9.5	一对多查询 ………………………………… 142

实战演练 根据 "客户信息档案 2" 制作一对多查询系统 ……………………… 143

第 10 章 文本函数

10.1	提取类文本函数 …………………………… 147
	10.1.1 LEFT 函数 ……………………… 147
	10.1.2 RIGHT 函数 …………………… 148
	10.1.3 MID 函数 ……………………… 148

实战演练 利用提取类文本函数提取员工的相关信息 …………………………… 149

10.2	定位辅助类文本函数 ……………………… 151
	10.2.1 FIND 函数 ……………………… 151
	10.2.2 LEN 函数 ……………………… 152
	10.2.3 LENB 函数 ……………………… 153

实战演练 利用定位辅助类文本函数与提取类文本函数提取指定信息 ………… 153

10.3	TEXT 函数 ………………………………… 154

实战演练 使用 TEXT 函数批量完成员工销售日报 ……………………………… 155

第 11 章 日期函数

11.1	基础日期函数 ……………………………… 158
	11.1.1 TODAY、NOW 函数 …………… 158
	11.1.2 YEAR、MONTH、DAY 函数 …… 159
	11.1.3 DATE 函数 ……………………… 159

实战演练 根据员工花名册计算员工今年生日、明年生日 ……………………… 160

11.2	日期计算函数 ……………………………… 162
	11.2.1 DATEDIF 函数 ………………… 162

实战演练 根据员工花名册计算员工年龄、入职年限、距离下一个生日的天数 …… 164

	11.2.2 NETWORKDAYS 函数 ………… 166

实战演练 计算 2023 年工作日天数及去除节假日的工作日天数 ………………… 167

11.3	条件格式和函数组合 ……………………… 170

实战演练 利用条件格式与函数设置合同到期提醒 ……………………………… 170

第 12 章 公式与函数综合实例——制作 2022 年 10 月工资表

12.1	案例背景 …………………………………… 172
12.2	案例解析 …………………………………… 173
	12.2.1 案例分析目标 …………………… 173
	12.2.2 案例实现思路 …………………… 173
12.3	实现过程 …………………………………… 174

12.3.1 计算工资数据 …………………… 174	15.1.1 自动排序 …………………… 213
实战演练 计算汇总工资明细表 …… 176	15.1.2 手动排序 …………………… 213
12.3.2 制作工资条 …………………… 182	15.1.3 自定义排序 ………………… 214
实战演练 制作工资条，编辑邮件话术 …… 182	15.2 数据透视表的筛选 ………………… 214
	15.2.1 使用下拉列表筛选 ………… 215
	15.2.2 使用标签筛选 ……………… 215
	15.2.3 使用值筛选 ………………… 216

第4篇 数据透视表与数据透视图

实战演练 对产品名称自定义排序并筛选出含
"茶"饮品的销售业绩 …………… 216

15.3 数据透视表的分组统计 …………… 218

第13章 数据透视表基础知识

15.3.1 自动分组 …………………… 218
15.3.2 手动分组 …………………… 219

13.1 初识数据透视表 …………………… 186	**实战演练** 对所有饮料按产品类别进行分组 …… 219
13.1.1 数据透视表是什么 ………… 186	
13.1.2 数据透视表的创建方法 …… 187	
13.2 数据透视表的字段列表功能 ……… 188	

第16章 数据透视图和切片器

13.3 数据透视表的分类汇总功能 ……… 189	16.1 数据透视图 ………………………… 222
13.4 数据透视表布局 …………………… 192	16.1.1 创建数据透视图 …………… 223
13.5 美化数据透视表 …………………… 192	16.1.2 编辑数据透视图 …………… 224
实战演练 制作与美化产品销售数据透视表 … 193	16.2 切片器 ……………………………… 225
13.6 更新数据透视表的数据源 ………… 196	16.2.1 创建切片器 ………………… 225
13.6.1 修改数据源 ………………… 196	16.2.2 使用切片器 ………………… 226
13.6.2 新增数据源 ………………… 197	16.2.3 美化切片器 ………………… 227
13.6.3 建立超级表 ………………… 197	16.3 美化数据看板 ……………………… 228
实战演练 通过动态数据源体验未套用与套用超级表的区别 …………………… 198	**实战演练** 制作第二季度门店销售业绩数据看板 …………………………………… 228

第14章 数据透视表的计算

第17章 数据透视表综合实例——
制作2023年抱枕销售明细表

14.1 值的汇总方式 ……………………… 200	
实战演练 用值的汇总方式对表格中的数据进行汇总 …………………………………… 203	17.1 案例背景 …………………………… 233
14.2 值的显示方式 ……………………… 205	17.2 实现思路 …………………………… 234
14.3 计算字段汇总数据 ………………… 208	17.3 实现过程 …………………………… 236
实战演练 对数据透视表进行字段计算 …… 209	17.3.1 制作2023年业绩总览表 …… 236
	17.3.2 制作2022年和2023年增长对比报表 …… 240

第15章 数据透视表的排序、筛选与分组统计

15.1 数据透视表的排序 ………………… 213

第5篇 数据可视化

第18章 数据条件格式与迷你图应用

18.1 数据可视化的含义 …………………… 249
18.2 突出显示单元格 ………………………… 250
　实战演练 在销售数据表中突出显示特定部门
　　　　　　并按要求标注业绩 ………… 254
18.3 数据图形化表达方式 …………………… 257
　18.3.1 图标集 ………………………… 258
　18.3.2 数据条 ………………………… 259
　18.3.3 色阶 …………………………… 260
　18.3.4 迷你图 ………………………… 261
　实战演练 在销售数据表中标注出销售人员业绩
　　　　　　是否达标并添加2月份业绩
　　　　　　数据条 ……………………… 262
　实战演练 分别设置1月到12月的双色标注和
　　　　　　总计的三色标注 …………… 264
　实战演练 在销售数据表中使用迷你图按要求
　　　　　　展示各地区的业绩情况 …… 266

第19章 图表的创建、编辑与美化

19.1 常见的图表类型 ………………………… 270
　19.1.1 柱形图 ………………………… 270
　19.1.2 折线图 ………………………… 270
　19.1.3 饼图 …………………………… 270
　19.1.4 条形图 ………………………… 271
　19.1.5 散点图 ………………………… 271
　19.1.6 雷达图 ………………………… 272
19.2 图表的创建与编辑 ……………………… 272
　19.2.1 创建图表 ……………………… 272
　19.2.2 编辑图表 ……………………… 273
　实战演练 制作一周新增粉丝数和粉丝地域分布的
　　　　　　数据图表 …………………… 276
　实战演练 制作条形图、散点图和雷达图 … 280

19.3 图表的美化 ……………………………… 282
　19.3.1 图表美化的3种方法 ………… 283
　19.3.2 图表美化的4个步骤 ………… 284
　实战演练 对全年销售业绩趋势图表进行
　　　　　　美化 ………………………… 285
　实战演练 对公司各地区手机销售业绩分析图表
　　　　　　进行美化 …………………… 288

第20章 复合图表的应用

20.1 初识复合图表 …………………………… 293
20.2 柱形图-折线图复合图表 ……………… 294
　20.2.1 同一坐标轴 …………………… 294
　20.2.2 不同坐标轴 …………………… 294
　实战演练 制作柱形图-折线图复合图表 … 294
20.3 柱形图-柱形图 ………………………… 297
　20.3.1 温度图 ………………………… 297
　20.3.2 堆积柱形图 …………………… 299
　20.3.3 百分比堆积柱形图 …………… 299
　实战演练 制作柱形图-柱形图的三种图表 … 300
20.4 折线图-折线图 ………………………… 303
　20.4.1 多类别折线图 ………………… 303
　20.4.2 分段式折线图 ………………… 303
　实战演练 制作折线图-折线图的两种图表 … 304

第21章 图表应用综合实例——制作销售业绩的动态图表

21.1 案例背景 ………………………………… 308
21.2 实现思路 ………………………………… 309
21.3 实现过程 ………………………………… 311
　21.3.1 制作汇总表 …………………… 311
　21.3.2 制作下拉菜单让汇总表动起来 … 315
　21.3.3 制作动态温度图 ……………… 317
　21.3.4 制作动态折线图 ……………… 320
　21.3.5 制作动态化图表标题 ………… 323

第6篇　Excel数据分析综合案例

第22章　制作公司人力数据分析看板

22.1　案例目标·················326
22.2　实现思路·················328
22.3　实现过程·················329
  22.3.1　制作多个数据汇总表·········329
  22.3.2　制作图表效果············333
  22.3.3　制作与美化人力分析看板······336

第23章　制作进销存报表

23.1　案例目标·················339
23.2　实现思路·················340
23.3　实现过程·················341
  23.3.1　完成采购表的数据填充·······341
  23.3.2　完成销售表的数据填充·······343
  23.3.3　完成库存表的数据填充·······343

第24章　制作财务费用分析看板

24.1　案例目标·················347
24.2　实现思路·················349
24.3　实现过程·················350
  24.3.1　汇总与可视化第1～4组数据····350
  24.3.2　制作动态透视图表··········356
  24.3.3　制作动态图表标题··········358
  24.3.4　制作看板···············360

第1篇 Excel 入门

本篇导读

本篇涵盖 Excel 的基础操作,包括工作界面认识、工作簿与工作表管理、数据输入与编辑、表格打印及保护等。通过实战演练,读者能够学习制作并美化订单表、设置数据保护等技能。帮助初学者掌握 Excel 核心操作逻辑,熟悉界面功能与数据处理流程,为后续数据分析打下扎实基础。

本篇内容安排

第1章 绪论

第2章 Excel 数据处理与分析的必备基础操作

第1章 绪论

在信息化、网络化高度发展的今天，职场人士每天都会面对大量数据，这已经成为一种普遍现象。无论从事什么行业或领域，都离不开数据的处理和分析。面对大量数据，如何进行处理和分析，以及如何从中获取有价值的信息，就成为职场人士必须面对的挑战。在这个过程中，掌握一定的数据处理和分析技能是非常重要的。例如，能够使用数据处理工具，对数据进行采集、清洗、整理、分析和可视化，从中发现数据背后的规律和趋势，从而支持企业更好的决策和运营。

在众多的数据处理工具（如Excel、Python、SPSS、SAS等）中，选择一款适合自己的、恰当的、实用的工具，可以起到事半功倍的效果。

作为一款广泛使用的办公软件，Excel不仅功能强大、易上手，而且在数据处理与分析方面具有便捷性、灵活性和可扩展性等优势。为此，本书基于Excel软件，并结合行业中的实例，将Excel的数据处理与分析的功能、方法分享给读者，旨在帮助读者更好地解决实际问题，提高工作效率，应对职场挑战。

1.1 在日常工作中，Excel能解决哪些问题

在日常工作中，职场人士经常会遇到诸如以下的问题。

- 人事行政岗位：经常需要收集员工的信息，但是收集上来的信息非常杂乱。例如，对于出生日期，有的用汉字数字，有的用阿拉伯数字，且格式和规则都不统一，后期整理起来非常麻烦。
- 采购库存管理岗位：当需要查询每个品类存货的数量时，不会跨表查询，只能手动标注过剩、需要补货等状态。
- 财务岗位：面对大量的账务数据和账单时，不知道如何快速核对、计算，一到月底就头疼。
- 运营市场岗位：不知道如何利用数据去衡量每次迭代或活动的效果，也不知道用什么样的图表去合理呈现数据。

以上4个问题，其实代表了数据处理与分析过程中的4类典型问题。

- 第1类问题：数据采集。
- 第2类问题：数据处理。
- 第3类问题：数据分析。
- 第4类问题：数据可视化。

这4类问题，借助Excel都能轻松解决。

1.1.1 数据采集

数据采集是指通过不同的方法和手段，将所需的数据从各种来源中收集和获取的过程。这些数据的形式可以是数字化的、文本化的、图像化的，等等。数据采集的目的是获取有关特定主题、领域或问题的信息，并对其进行分析、研究、决策或预测等。

数据采集可以涉及各种来源，例如社会调查、市场调研、实验、观察、记录等。采集的数据可以来自个人、调查样本、实际观察、文档、数据库、传感器等。数据采集可以通过问卷调查、访谈、观察、实验设计、自动化设备等手段来实现。

数据采集的过程包括确定数据需求和目标、制订采集计划和方法、设计采集工具、实施数据采集、记录和整理数据、验证和清洗数据等步骤。

采集到的数据将被用于进一步的分析、挖掘、建模、可视化等工作，以从中提取有用的信息，为制定决策和解决问题提供支持。因此，数据采集是数据分析和应用的基础。

在数据采集的过程中，数据录入错误、数据格式不规范等因素可能导致数据出现错误或遗漏，影响后续的数据处理和分析。为了解决上述问题，可以使用Excel进行数据采集。Excel数据采集的最大特点在于它能够将大量信息转换为可读的表格，使用户对信息有更好的理解和利用。

例如，使用Excel可以轻松地收集各种类型的数据，包括Access、文本、网站、数据库等；通过表格的组织和整理，可以将杂乱无章的信息转换成规范的、有序的数据，如图1-1所示；使用数据验证功能，可以限制填表人输入的数据格式、长度等，保证数据的有效性和规范性，从源头避免数据杂乱的问题。

××公司2017—2020年销售情况		
年份	销量	同比增长
2017	10.0万	
2018	13.0万	30.00%
2019	16.0万	23.08%
2020	18.0万	12.50%

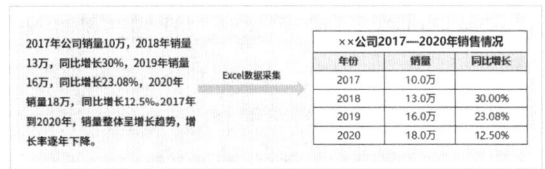

图1-1　Excel数据采集

1.1.2 数据处理

数据处理是指对采集到的原始数据进行清洗、转换、整理和分析的过程。在数据处理过程中，数据会被加工改变其形式，以便我们更好地理解和利用。

数据处理的主要目标是从原始数据中提取有用的信息，发现规律和趋势，并用于制定决策和解决问题。

Excel提供了诸如排序、筛选、查找、替换、数据标签等功能，可以使数据处理变得更加简单、高效和准确。例如，当要求筛选采购单价大于500、小于2000的采购记录时，就可以使用Excel的筛选功能对表格中的数据进行筛选处理，如图1-2所示。

	A	B	C	D	E	F	G	H
1	采购日期	货品名称	供应商	采购数	单价	采购金额	到货数	到货状态
5	2019/12/4	扫描仪	广州胜思公司	11	530	5830	11	●
11	2019/12/2	投影仪	中飞公司	6	1930	11580	6	●
12	2019/12/11	扫描仪	中飞公司	8	520	4160	8	●
13	2019/12/24	打印机	成鹏公司	7	1170	8190	7	●
34	2019/12/18	打印机	广州胜思公司	10	1345	13450	10	●
42	2019/12/31	打印机	中飞公司	13	1390	18070	13	●
43	2019/12/27	打印机	珠江卓卓公司	7	1200	8400	2	●

图1-2　使用“筛选”功能处理数据

此外，Excel还支持公式和函数，用于实现各种计算和逻辑操作。例如，当需要对第2季度（Q2季度）的日销售金额进行排名，以及计算第2季度的总销售额、平均每天销售额时，就可以使用统计函数中的RANK排名函数、SUM求和函数、AVERAGE求平均值函数等进行快速计算，得到所需数据，如图1-3所示。

图1-3　使用Excel的统计函数处理数据

1.1.3　数据分析

数据分析是指将采集到的数据进行整理、转化、分析和解释的过程，以提取有用的信息、发现模式和趋势，并从中得出结论。数据分析旨在揭示数据之间的关系、理解数据的特征，以及对数据背后的现象和问题进行深入理解。

数据分析可以运用统计、数学建模、计算机技术和机器学习等方法，包括描述性统计、推断统计、回归分析、聚类分析、关联规则挖掘、时间序列分析等。通过执行这些方法，能够实现数据探索、趋势预测和决策支持等应用目标。

Excel具备丰富的数据分析工具，如数据透视表（及关联的数据透视图）、条件格式等，可以帮助我们从数据中发现规律、趋势和异常，为决策提供有力支持。

例如，当某网店要分析店铺2021年与2022年各地区抱枕的销售业绩时，就可以使用Excel的数据透视表工具，快速地对销售数据进行汇总、计算和展示，如图1-4所示，可帮助网店更好地了解销售数据的分布情况，发现销售策略中的问题，为网店2023年的销售决策提供有力支持。

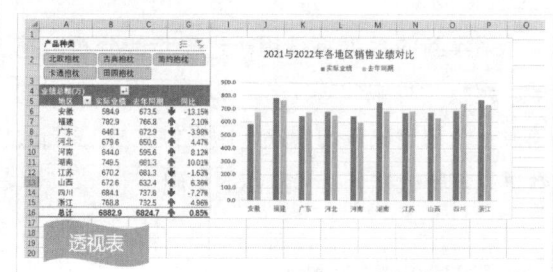

图1-4　使用Excel透视表进行数据分析

1.1.4　数据可视化

数据可视化是指使用图表、地图、仪表盘等视觉元素，将数据转化为直观的图形呈现，以帮助人们更好地理解和传达数据的信息。

数据可视化旨在通过视觉化的方式呈现数据，使复杂的数据变得更易于理解和解释。通过将数据转化为视觉元素，如条形图、折线图、散点图、热力图等，观察者可以直观地感知数据之间的关系、趋势和模式。

Excel还提供了多种图表类型，如柱形图、折线图、饼图等，可以将数据以直观的方式展示出来，帮助用户更好地理解数据和传递信息。

例如，通过柱形图可以很直观地反映出公司销售人员一季度总销售业绩的对比情况，如图1-5所示。

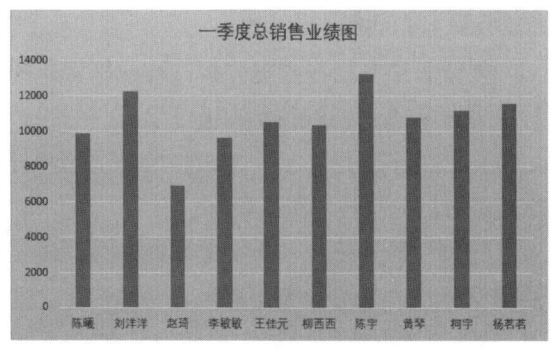

图1-5 使用柱形图对数据可视化呈现

此外,还可以结合函数制作动态图表看板,以达到更加灵活地查看、对比、分析数据的目的。例如,使用Excel中的切片器、柱形图、饼图、SUM和SUMIF函数等,制作公司年度费用分析看板,如图1-6所示。

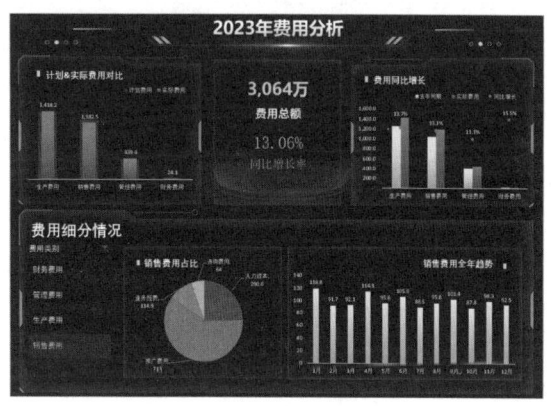

图1-6 使用Excel制作公司年度费用分析看板

1.2 Excel 数据分析的思维与方法

在使用Excel进行数据分析之前,我们还需要掌握基本的数据分析的思维与方法,才能更好地进行数据分析。

1.2.1 Excel 数据分析的思维

在使用Excel进行数据分析时,具备结果导向思维、系统思维、逻辑思维和创新思维是非常重要的。这些思维可以帮助我们更加准确地处理和分析数据,从数据中发现新机会和新规律,从而制定更加有效的策略和方案。

1. 结果导向思维

具备结果导向思维,可以让我们更加清晰地了解数据分析的目标和需求,从而选择合适的数据分析方法和工具,得到准确和有用的分析结果。

例如,分析某电商平台的销售数据,目标是了解哪些产品在不同市场和不同时段的销售情况最好。在此情况下,可以使用Excel的数据透视表功能,将数据按照市场和时段进行分类汇总,然后观察哪些产品在不同市场和时段的销售额最高,从而得出销售策略的建议。

2. 系统思维

系统思维是指将数据分析看作一个整体,而不是孤立的部分。它强调数据之间的相互关系和相互作用,并通过综合分析和综合推理来理解问题的复杂性。

例如,要对某公司的销售数据进行分析,数据包含产品销售额、市场份额、广告投入等信息。系统思维要求我们不仅关注每个变量的独立作用,还要观察它们之间的关系。这时,可以利用Excel的散点图功能,将广告投入和销售额进行可视化,并观察它们之间的相关性。这可以帮助我们理解广告投入对销售额的影响,从而制定更有效的广告策略。

3. 逻辑思维

逻辑思维是指在数据分析中运用逻辑推理和论证方法，从事实和数据中得出合理结论的过程。它要求逻辑严谨和推理准确，以解决问题并做出决策。

例如，要分析某餐厅的顾客满意度，可以先使用Excel的数据筛选功能按评价分类，然后用函数计算每个评价类别的平均分。通过对评分和评价类别的综合分析，可以得出结论，例如餐厅的服务质量良好，但菜品种类较少。

4. 创新思维

创新思维是指在数据分析过程中探索新的解决方法和思路，以获得突破性发现。它强调思维方式的多样性和创新性，并鼓励试验和尝试新的数据分析技术和工具。

例如，要分析某个新兴市场的潜力，传统的数据分析方法可能无法提供足够的信息，这时可以尝试创新的分析方法。例如，可以使用Excel的地图和GIS（Geographic Information System，地理信息系统）功能，将销售数据绘制在地图上，并考察不同地域的销售情况。这种新颖的可视化方法可以帮助我们发现新的市场机会和趋势。

1.2.2 Excel 数据分析的方法

在Excel数据分析过程中，我们常用的方法有以下4种。

1. 数据清洗方法

数据清洗是指对原始数据进行筛选、删除、修改、填充等操作，以消除数据中的无效、重复、缺失或错误的问题。常用的Excel数据清洗方法如下。

- 删除空白行或列：选中空白行或列，然后通过右键删除。
- 去除重复值：使用Excel内置的"删除重复值"功能，对选定的列进行去重处理。
- 填充空值：使用Excel内置的"查找和替换"功能，将空值替换为适当的数值或文本。
- 校正数据格式：使用Excel的数据类型格式化功能，将数据转换为正确的数据类型，如将日期格式转换为日期类型。

例如，有一个销售数据表格，其中包含订单号、产品名称、销售数量和销售日期等列。通过数据清洗，可以删除重复的订单记录，填充缺失的销售数量，并将销售日期的格式进行校正。

2. 数据整理方法

数据整理是指对原始数据进行整合和重新组织的过程，以便后续分析。常用的Excel数据整理方法如下。

- 合并单元格：将多个单元格合并为一个单元格，便于展示和比较数据。
- 拆分单元格：将一个单元格拆分为多个单元格，便于进行更细致的数据处理和分析。
- 数据排序：按照特定的列进行升序或降序排序，便于快速查找和比较。
- 数据筛选：通过设置筛选条件，只显示符合条件的数据，便于进行局部数据分析。

例如，有一个员工薪资表格，其中包含员工姓名、入职日期和薪资等列。通过数据整理，可以将薪资按照从高到低的顺序排序，筛选出入职日期在2022年之后的员工薪资。

3. 数据计算方法

数据计算是对数据进行统计、计算和分析的过程，常用的Excel数据计算方法如下。

- 基本数学函数：使用Excel内置的数学函数，如SUM、AVERAGE、MAX、MIN等，分别对数据进行求和、求平均、求最大值、求最小值等计算。
- 条件计算：使用IF、SUMIF、COUNTIF等函数，根据特定条件进行计算。
- 数据透视表：通过创建数据透视表，对数据进行分类汇总、计算和分析。

例如，有一个销售数据表格，其中包含产品名称、销售数量和销售金额等列，使用SUM函数，可以计算总销售数量和总销售金额；使用数据透视表，可以对产品销售进行分类汇总和计算每个产品的销售总额。

4. 数据可视化方法

数据可视化是将数据用图表、图形等可视化形式展示，以便于更好地理解和分析数据。常用的Excel数据可视化方法如下。

- 条形图和柱形图：用于比较不同类别之间的数量或数值。
- 折线图：用于显示随时间变化的趋势。
- 饼图：用于显示不同类别在整体中的占比。
- 散点图：用于展示不同变量之间的关系。

例如，有一个销售数据表格，其中包含产品名称、销售数量和销售金额等列，使用Excel的图表功能，可以创建一个柱形图，用于比较不同产品的销售数量和销售金额。另外，也可以创建一个折线图，展示不同时间段内销售数量的趋势。

1.3 通过本书的学习，可以提升哪些能力

通过本书的学习，读者可以提升以下3种能力。

1. 数据处理与分析能力

- 数据输入和清洗：学习如何将数据导入Excel中，并进行数据清洗和预处理，包括删除重复数据、处理缺失值、纠正错误数据等。
- 数据排序和筛选：学习如何对数据进行排序和筛选，以便更好地组织和分析数据。
- 使用公式和函数：学习使用Excel的公式和函数进行数据计算和分析，如求和、求平均值、计数、条件判断等。
- 创建数据透视表：学习创建数据透视表来对大量数据进行整理和分析，能够快速汇总数据、找出关键信息和发现数据之间的关系。
- 制作图表：学习使用Excel的图表功能，通过可视化数据可以帮助理解数据趋势和模式，并从中获得独到的见解。
- 进行数据分析：学习使用Excel的数据分析工具进行统计分析、相关性分析等，可以更深入地挖掘数据背后的关联和规律。

通过掌握以上的数据处理与分析能力，读者能够更加熟练地使用Excel，对数据进行整理、分析和报告，帮助做出有根据的决策或进行业务优化。

2. 数据可视化能力

- 选择合适的图表类型：学习使用Excel的不同图表类型，如柱形图、折线图、饼图等，并了解每种图表适用的数据类型和表达方式。

通过选择合适的图表类型，读者可以更准确地表达数据，并提升可视化效果。

● 设计和调整图表布局：学习如何调整图表的标题、轴标签、图例等元素的位置和样式，以使图表更具可读性和美观性。通过合理的设计和布局，读者可以更好地展示数据并传递信息。

● 添加数据标签和趋势线：学习如何在图表中添加数据标签和趋势线，以便更清晰地展示数据的细节和趋势。数据标签可以显示每个数据点的具体数值，而趋势线可以显示数据的变化趋势，这样读者就可以更直观地理解数据。

● 使用图表工具进行数据分析：学习如何使用Excel的图表工具进行数据分析，如通过数据透视表创建交叉分析报表、使用散点图探究变量相关性等。这些工具可以帮助读者从数据中识别分布模式、关联特征和异常值，为决策提供数据支持。

● 制作动态图表：学习如何制作动态图表，通过使用Excel数据透视图、切片器或VBA宏编程实现图表与数据的动态联动。动态图表能够使数据的变化趋势更加清晰可见，提高数据可视化的效果和影响力。

通过对Excel的学习，读者可以具备选择合适图表类型、设计和调整图表布局、添加数据标签和趋势线、使用图表工具进行数据分析及制作动态图表等数据可视化的能力。这些能力可以帮助读者更好地将数据可视化呈现，让数据更直观、易懂，并从中获取有价值的见解。

3. 实战应用能力

● 问题处理能力：学习使用Excel时，读者需要思考如何将问题转化为可以在Excel中处理的形式，并找到相应的解决方案。这要求读者能够运用逻辑思维分析问题，理清问题的关键点，并制定解决方案。

● 工具应用能力：本书结合大量案例讲解Excel的使用步骤和技巧，参考书中的解题思路及操作步骤，能用Excel技能解决实际工作问题，并学会举一反三。

● 推理和推导能力：Excel提供了多种逻辑函数和工具，读者需要通过逻辑思维来理解和应用这些函数和工具。例如，使用逻辑函数（如IF、AND、OR等）来实现条件判断和逻辑运算，使用条件格式来设置数据的可视化规则等。

● 整合与优化能力：Excel中的数据孤岛现象比较常见，通过逻辑思维可以将散乱的数据整合起来，以便进行全面的分析和决策。同时，读者还需要通过逻辑思维优化数据的处理和分析流程，提高工作效率和准确性。

通过培养以上的问题解决能力，读者可以更好地使用Excel进行数据处理和分析，更深入地理解和应用数据，能够将数据转化为有价值的信息并做出明智的决策。这对于个人能力提升和职业发展都具有重要意义。

第2章 Excel 数据处理与分析的必备基础操作

Excel作为常用的数据处理工具，拥有强大的计算、分析、传递和共享功能，可以帮助我们将繁杂的数据转化为信息，本章将讲解Excel的基础操作。

目前Excel应用较多的版本是Excel 2019，但是我们建议读者使用新版本，至少是Excel 2019。原因很简单，以前需要花很长时间完成的任务，在新版本中可能只需要单击一个按钮或者按快捷键就完成了，极大地提高了工作效率。比如Excel 2019，新增的漏斗图图表，可以显示流程中多个阶段的值；新增的IFS、COUNCAT、TEXTJOIN等函数能让复杂的函数公式变得更简单。本书是基于Excel 2019版本编写的，接下来我们先了解一下Excel的工作界面、基本操作及一些良好的Excel操作习惯。掌握Excel的基本操作并养成良好的操作习惯，有助于用户更快速、更准确地完成数据处理和分析任务，从而提高工作效率。

2.1 Excel 的工作界面

打开一个新的Excel工作簿，我们入眼所及的就是Excel的工作界面。它由工作表编辑区、功能区、工作表标签栏、状态栏、快速访问工具栏、标题栏、控制按钮栏等部分组成，如图2-1所示。

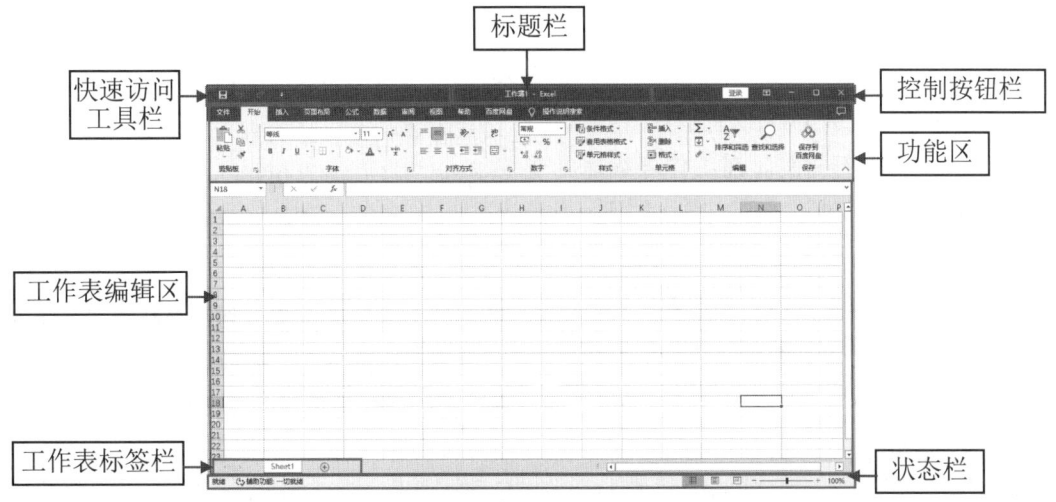

图2-1　Excel的工作界面

下面将对Excel工作界面中的各个部分进行详细介绍。

1. 工作表编辑区

工作表编辑区位于Excel工作界面中间面积最大的区域，表面上有点像一张空白的画纸，既可以在这上面涂画，也可以编辑和保存数据，但它实际上是一张布满网格的电子表格。

工作表编辑区中包含多个格子，每个格子里都可以存储文本或数字。这些格子在Excel里被称为单元格，而格子四周的横竖交叉的灰色直线，称为网格线。

比如，在销售金额明细表中，若想查看5月份苹果的销售金额是多少，可以先从上往下数到第8行，找到“苹果”，然后往右数5个单元格，就可以看到5月份的销售金额是8023.45，如图2-2所示。

	A	B	C	D	E	F	G
1	产品名称	1月	2月	3月	4月	5月	6月
2	羊肉	8673.11	11550.40	3904.76	12526.20	10610.40	6404.10
3	牛肉	6804.45	3728.44	2631.29	6945.47	13788.80	3076.80
4	鸡肉	3101.83	13808.50	9735.50	4153.36	5692.97	5060.70
5	猪肉	6296.10	12728.00	5898.21	779.16	9306.93	3476.71
6	鸭肉	9747.88	11238.90	11423.80	14121.40	10569.60	1909.37
7	鱼肉	12254.20	753.81	6274.10	10764.60	6100.34	472.71
8	苹果	10777.20	5601.48	14465.20	10537.60	8023.45	5890.39
9	香蕉	3380.25	3218.05	13704.10	4514.56	12881.80	10679.70
10	猕猴桃	10206.20	4871.48	3045.20	11253.20	63.64	444.06
11	红柚	8396.39	4064.49	5601.40	2193.50	4651.28	7375.22
12	水蜜桃	11269.90	14113.90	868.22	6802.71	4724.84	13905.80
13	橙子	6718.08	6878.63	6227.64	10291.80	1010.86	2024.26
14	葡萄	13259.40	14112.50	29.94	14146.80	8956.79	9207.84
15	草莓	386.67	11967.00	8082.75	482.07	8631.57	11814.50
16	冰糖雪梨	3678.92	4732.91	13387.80	11040.40	3020.58	3081.52
17	菠萝	10579.80	1315.74	12143.70	7139.42	6341.76	8440.07

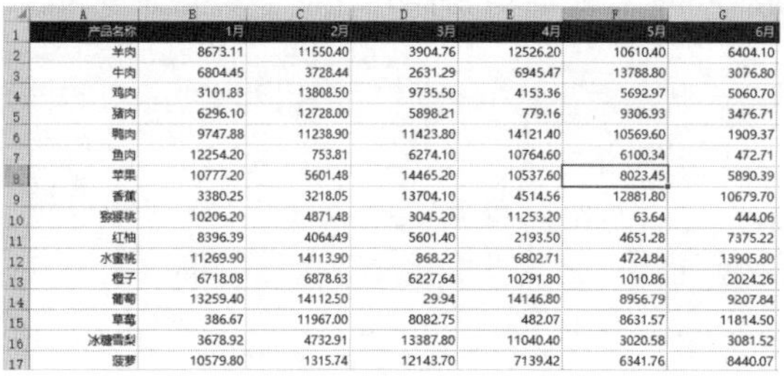

图2-2　查看单元格数据

在工作表编辑区中，包含列标行号、名称框、编辑栏和滚动条，下面将分别进行讲解。

◆ 列标行号

在工作表编辑区的上方，是列标，以字母A、B、C、D……进行排列。在工作表编辑区的左边，是行号，以数字1、2、3、4、5……进行排列。有了列标和行号，工作表就有了坐标，我们就可以定位单元格了。例如，如果要选择F8单元格，则可以先看这个单元格的所在列是F列，所在行是第8行，“列+行”就是单元格的地址，如图2-3所示。

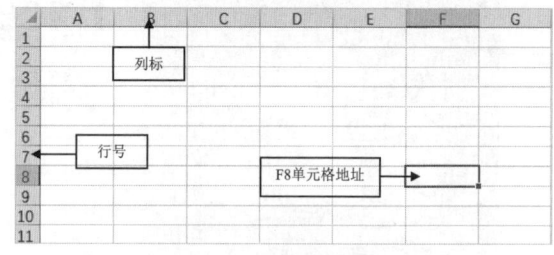

图2-3　定位单元格

◆ 名称框

名称框用于命名或显示单元格地址。当我们在单元格上单击后，名称框就会显示它的地址。我们还可以直接在名称框里输入任意的单元格地址，例如输入A16，按“Enter”键，A16单元格就被自动选中了，如图2-4所示。

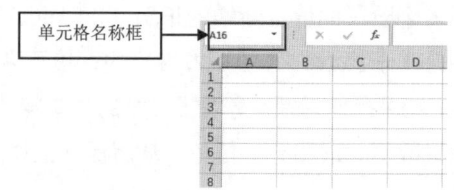

图2-4　选中A16单元格

技术看板

在名称框中，用户可以给一个或一组单元格定义一个名称。

◆ 编辑栏

编辑栏用于输入或显示单元格内容。在选中的单元格上双击，可以进入编辑状态，将光标放在最前面，输入新名称，按“Enter”键即可完成。比如，在销售金额明细表中，选中的产品是冰糖雪梨，现在我们想修改一下，将其修改为“十方牌冰糖雪梨”。我们可以在要修改数据的单元格中双击，进入编辑状态，将光标定位在“冰糖雪梨”的前面，输入“十方牌”，按“Enter”键完成操作，如图2-5所示。

第 2 章
Excel 数据处理与分析的必备基础操作

图2-5　在编辑栏重新输入名称

> **技术看板**
>
> 当单元格中的文本内容过长，会出现文本显示不全的情况，此时可以将鼠标指针放置在该单元格所在列和下一列之间，当鼠标指针呈黑色双向十字箭头形状时，按住鼠标左键并拖曳，可以调整列宽。

◆ 滚动条

当工作表中的数据很多，一个屏幕展示不完全时，可以使用右侧和下方的滚动条来查看数据。工作表编辑区右侧的是垂直滚动条，在滚动条上按住鼠标左键并向下拖曳，就可以查看下方更多的数据；工作表编辑区下方的是水平滚动条，同理，在水平滚动条上按住鼠标左键向右拖曳，就可以查看右侧更多的数据。在使用滚动条查看数据时，也可以使用鼠标中间的滚轮上下滑动进行查看。

> **技术看板**
>
> 如果需要更精确地滚动，单击滚动条旁边的小三角形按钮▶，即可精确地滚动查看数据。

2. 功能区

在使用Excel的过程中，除了工作表编辑区，还有一个区域会经常用到，那就是工作表编辑区上方的功能区，它集合了Excel的所有功能。功能区上方是选项卡，选择选项卡，即可看到其中包含的功能按钮，如图2-6所示。

图2-6　功能区

> **技术看板**
>
> 如果用户需要更多空间来显示工作表编辑区，功能区右下角有个"折叠功能区"按钮∧，主要用于展开或隐藏功能区的显示，当我们不想显示功能区的时候就可以把它隐藏起来。如果想显示功能区，则在任意一个选项卡上双击即可显示。

下面将介绍几个常用的功能区选项卡。

◆ 开始

在"开始"选项卡中可以设置单元格数据的字体格式、对齐方式、数字格式和单元格样式等。当我们把鼠标指针放置在任意功能按钮上时，将会出现一个提示框，提示用户选中的按钮的功能。

◆ 插入

在"插入"选项卡中可以插入数据透视表、图片、形状、图表、符号等功能，如图2-7所示。

其中，数据透视表是利用Excel做数据分析的利器，还有图表模块是数据可视化中很重要的部分。

图2-7 "插入"选项卡

◆ 页面布局

在"页面布局"选项卡中，所包含的功能更多是用来设置打印的打印区域、纸张大小、打印比例等，如图2-8所示。

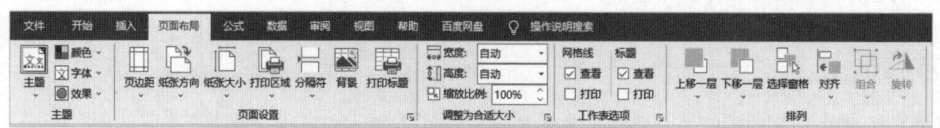

图2-8 "页面布局"选项卡

◆ 公式

"公式"选项卡里面包含了很多函数，它属于Excel的高阶功能，函数公式就像一个超级计算器，能够帮助我们解决很多计算问题，如图2-9所示。

图2-9 "公式"选项卡

◆ 数据

"数据"选项卡中的功能针对大批量数据的操作，常用的是排序、筛选、分列、数据验证、分类汇总等，如图2-10所示。

图2-10 "数据"选项卡

◆ 审阅

"审阅"选项卡中的功能主要是批注和保护，如图2-11所示。

图2-11 "审阅"选项卡

◆ 视图

"视图"选项卡的功能更多体现在视觉上，例如自定义显示网格线、编辑栏和行列标题等。除此之外，还有一个常用的功能就是工作表的缩放，如图2-12所示。在"视图"选项卡的"缩放"组中,单击"缩放"按钮,可以调整数据的显示大小。

图2-12 "视图"选项卡

| 技术看板 |

在缩放显示数据时,也可以直接单击Excel软件界面右下角的视图栏的"放大"和"缩小"按钮进行缩放。如果只想查看某一区域内的数据,则可以选中这些数据,在"视图"选项卡中单击"缩放到选定区域"按钮,可以更清晰地展示想看到的信息;单击"100%"按钮,则可以将数据恢复到默认的状态。

3. 工作表标签栏

工作表编辑区下面的区域是工作表标签栏。工作表标签栏一般默认有3个,分别是Sheet1、Sheet2和Sheet3,如图2-13所示,单击工作表标签可以切换到不同的工作表。

图2-13 工作表标签栏

4. 状态栏

状态栏位于Excel工作界面的底部。当选中单元格数据时,状态栏就会显示相应的信息,比如平均值、计数、求和。

5. 快速访问工具栏

完成了一个表格的编辑之后我们需要保存,左上角有一个快速访问工具栏,它常被忽视却非常好用。默认常用的功能有保存、撤销、恢复,下面将分别进行讲解。

● 保存:用于保存数据,在操作表格时会经常使用,在表格上更改内容时,需要随时保存,否则可能会因为意外关机而丢失数据。

● 撤销:用于撤销刚才的某一操作。如在空白单元格输入一个1,然后单击"撤销"按钮,就可以撤销刚才输入1的操作。

● 恢复:用于恢复之前被撤销的某一操作。如果单击"恢复"按钮,就会复原刚才输入的1。撤销是往后退一步,恢复是往前一步。

| 技术看板 |

对于需要的功能,可以自己设置。例如,在制作工作表的过程中,我们经常需要给表格加外边框。一般人会单击"开始"选项卡→"字体"组→"边框"下拉按钮,展开列表框,选择"外侧框线"命令进行添加;而效率达人则会直接将外边框设置在快速访问工具栏中。选取数据后,在快速访问工具栏中单击"外边框"按钮即可。

如果想把外边框的功能添加到快速访问工作栏,应该怎么操作呢?在"边框"列表中,首先选择"外侧框线"命令并右击,然后在打开的快捷菜单中选择"添加到快速访问工具栏"命令即可,如图2-14所示。

图2-14 选择"添加到快速访问工具栏"命令

6. 标题栏

标题栏位于Excel工作界面的上方，主要用于显示正在编辑的文档的文件名及所使用的软件名。

7. 控制按钮栏

标题栏的最右侧区域是控制按钮栏，用来控制整个工作簿的开关。如果想打开其他窗口，可以单击"最小化"按钮将Excel工作界面缩小，也可以单击"最大化"按钮放大。如果不需要进行其他操作，单击"关闭"按钮关闭即可，在关闭之前一定要记得先保存工作簿。

2.2 Excel的工作簿和工作表操作

打开Excel软件时，将自动新建一个工作簿。一个工作簿是一个独立的Excel文件，它可以拥有多张工作表，而一张工作表又由多行多列组成，行和列之间交叉又形成多个单元格。所以，工作簿、工作表、行和列及单元格是Excel最基本的元素。下面将介绍Excel的工作簿和工作表的操作方法。

2.2.1 认识工作簿和工作表

单个的Excel文件就是工作簿，如考勤记录表、销售汇总表和员工档案表，而工作簿里面一个个的Sheet表叫作工作表，如图2-15所示。也可以说工作簿就像一个小本子，而工作表就是其中的一页。

图2-15 工作簿和工作表

在日常的工作中，我们会发现Excel文件有两种格式，分别是.xls格式和.xlsx格式。那这两种格式有什么区别呢？

- .xls格式：代表Excel 2003及其以下版本所创建的Excel文件。
- .xlsx格式：代表Excel 2007及其以上版本创建的Excel文件，如图2-16所示。

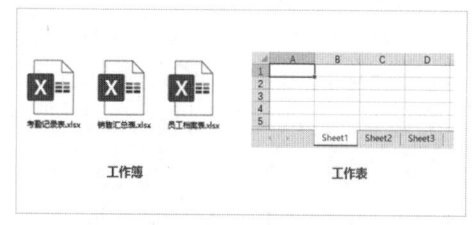

图2-16 .xls格式和.xlsx格式文件

如果Excel软件的版本和Excel文件的版本不匹配，那就会出现一些问题。比如，低版本的Excel 2003是无法打开高版本的.xlsx文件的；高版本的Excel要想打开低版本的.xls文件，应将该文件另存为.xlsx文件，才可以使用属于高版本的功能。为了解决以上问题，使用Excel 2003及以下软件版本时，可将文件类型保存

第 2 章
Excel 数据处理与分析的必备基础操作

为 .xls；使用 Excel 2007 及以上软件版本时，可将文件类型保存为 .xlsx。

> **技术看板**
>
> 在菜单栏中选择"文件"选项卡，进入"文件"界面，选择"另存为"→"保存类型"→"Excel 工作簿"命令，这样就把文件保存为高版本了。在高版本文件基础上，所有的功能都可以正常使用。

2.2.2 工作簿的新建和保存

一般情况下，启动 Excel 软件时，将自动新建一个 Excel 工作簿。如果需要另外新建 Excel 工作簿，则可以在菜单栏中选择"文件"→"新建"命令，进入"新建"界面，单击"空白工作簿"按钮即可，如图2-17所示。此外，还可以按快捷键"Ctrl+N"或单击快速访问工具栏中的"新建"按钮进行工作簿的新建操作。

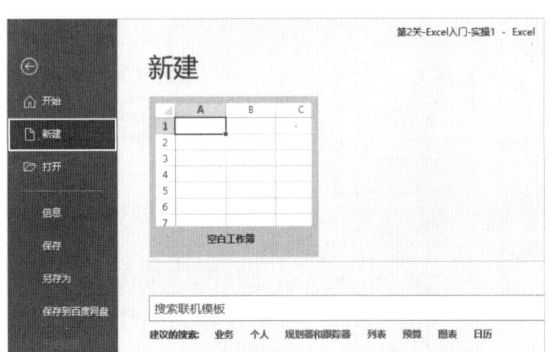

图 2-17 单击"空白工作簿"按钮

> **技术看板**
>
> 在新建工作簿时，不仅可以新建空白工作簿，还可以在"新建"界面中选择联机模板，直接新建带模板的工作簿。

我们在编辑工作簿文件时常需要保存工作簿，避免因电脑故障、突然死机或 Excel 软件突然崩溃等出现文件数据丢失的情况。用户在保存工作簿时，可以直接按快捷键"Ctrl+S"进行保存，也可以选择"文件"→"保存"命令进行保存，还可以在快速访问工具栏中单击"保存"按钮进行保存操作。

在 Excel 中也可以设置自动保存，其具体方法是：选择"文件"→"选项"命令，打开"Excel 选项"对话框，在对话框左侧的列表框中，选择"保存"选项，在右侧界面中，设置"保存自动恢复信息时间间隔"参数值，如图2-18所示，即可设置自动保存时间。

图 2-18 设置自动保存时间

> **技术看板**
>
> 在保存工作簿时，也可以在"保存"右侧的选项中更改"默认本地文件位置"的路径选项，重新设置文件默认保存的位置，来提高效率。

2.2.3 工作表的新建和删除

一个Excel工作簿中默认的工作表有3个，用户可以根据需要在工作表标签栏中单击右侧的"新工作表"按钮添加工作表；也可以在菜单栏中单击"开始"选项卡→"单元格"组→"插入"按钮，在展开的列表框中，选择"插入工作表"命令即可新建工作表，如图2-19所示；还可以在Sheet1工作表标签上右击，在弹出的快捷菜单中选择"插入"命令，打开"插入"对话框，在"常用"选项卡中，选择"工作表"选项，如图2-20所示，单击"确定"按钮即可新建工作表。

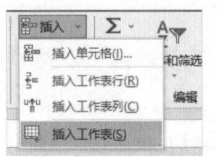

图2-19 选择"插入工作表"命令

一个Excel工作簿一般可以新建255个工作表。如果需要删除多余的工作表，那么可以在菜单栏中单击"开始"选项卡→"单元格"组→"删除"按钮，在展开的列表框中，选择"删除工作表"命令，如图2-21所示。此外，还可以在需要删除的工作表标签上右击，在弹出的快捷菜单中选择"删除"命令，如图2-22所示。

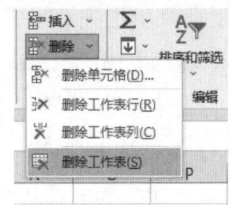

图2-21 选择"删除工作表"命令

图2-20 选择"工作表"选项

图2-22 选择"删除"命令

2.2.4 输入与编辑单元格数据

在新建的工作表中需要输入单元格数据，才能进行后续的数据规范与分析等操作。输入单元格数据的方法很简单，例如，选中A1单元格，输入一个标题，输入完成后按"Enter"键，鼠标将自动移动到A2单元格，继续输入文本即可，如图2-23所示。

在输入数据时，

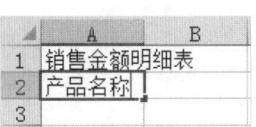

图2-23 输入单元格数据

如果要向右移动鼠标，则可以按"Tab"键；如果要向左移动鼠标，则可以按快捷键"Shift+Tab"。使用"Tab"键输入完标题和表头，可以按"Enter"键换行，继续输入数据。

| 技术看板 |

在输入单元格数据时，用户还可以直接使用键盘的上、下、左、右的方向键。

第 2 章
Excel 数据处理与分析的必备基础操作

在完成数据的输入后,如果要更改数据的字体颜色,则可以直接选中某个单元格,然后在菜单栏中单击"开始"选项卡→"字体"组→"字体颜色"下拉按钮,在展开的列表框中选择合适的颜色即可,如图2-24所示。

功能区中各个选项卡下的功能按钮。没有选中的单元格,是没有变化的。

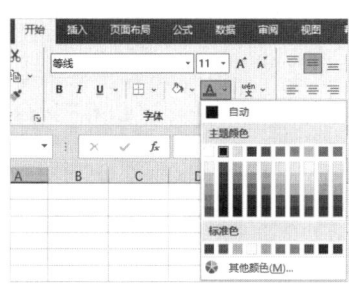

图2-24 "字体颜色"列表框

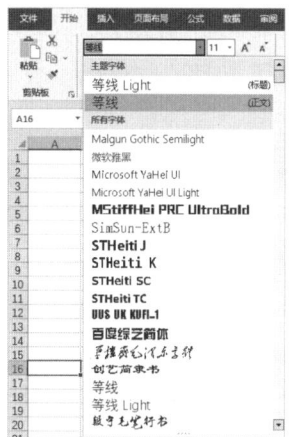

图2-25 "字体格式"列表框

如果要更改文本和数据的字体格式,则可以选中某个单元格,然后在菜单栏中单击"开始"选项卡→"字体"组→"字体格式"下拉按钮,在展开的列表框中选择合适的字体格式即可,如图2-25所示。

完成数据的输入后,在"对齐方式"组(见图2-26)中,还可以对数据进行单元格合并、对齐方式等格式的调整。

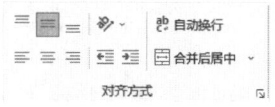

图2-26 "对齐方式"组

> **注意**
> 只有选中了单元格或单元格区域,才能使

制作并美化物品订单表

在2.2节中,我们已经掌握了工作簿和工作表的基础知识和用法。下面就依据所学知识来制作并美化物品订单表,完成后的效果如图2-27所示。

图2-27 物品订单表的制作与美化效果

1. 制作数据表

制作数据表的具体操作步骤如下。

第1步 新建工作簿和工作表。启动Excel软件,自动新建工作簿和工作表。

第2步 输入标题文本。在工作表中选中A1单元格,切换文本输入法,输入文本"十方教育办公物品订单"。

第3步 输入表头文本。按"Enter"键，切换至A2单元格，输入"订单编号"。

第4步 输入其他表头文本。按"Tab"键，向右移动，依次输入"日期""产品""单价""数量""总金额"，如图2-28所示。

	A	B	C	D	E	F
1	十方教育办公物品订单					
2	订单编号	日期	产品	单价	数量	总金额

图2-28 输入标题和表头文本

第5步 输入其他文本。按"Enter"键，转换到第3行，使用同样的方法，依次输入物品订单表中的剩余数据，如图2-29所示。

	A	B	C	D	E	F
1	十方教育办公物品订单					
2	订单编号	日期	产品	单价	数量	总金额
3	DL001	2021/5/5	铅笔	23	30	690
4	DL002	2021/5/6	本子	24	27	648
5	DL003	2021/5/7	纸巾	11	29	319
6	DL004	2021/5/8	笔筒	14	31	434
7	DL005	2021/5/9	铅笔	13	26	338
8	DL006	2021/5/10	本子	21	29	609
9	DL007	2021/5/11	纸巾	15	22	330
10	DL008	2021/5/12	笔筒	24	34	816
11	DL009	2021/5/13	铅笔	10	31	310
12	DL010	2021/5/14	本子	21	27	567
13	DL011	2021/5/15	纸巾	17	20	340
14	DL012	2021/5/16	笔筒	14	25	350
15	DL013	2021/5/17	铅笔	16	23	368
16	DL014	2021/5/18	本子	10	32	320
17	DL015	2021/5/19	纸巾	18	34	612

图2-29 输入其他文本

2. 调整表格格式

在完成数据表的制作后，可以通过"开始"选项卡下的"对齐方式"组中的功能按钮来调整表格的格式，其具体操作步骤如下。

第1步 合并表头第一行内容并居中。在数据表选中A1:F1单元格范围，单击"开始"选项卡→"对齐方式"组→"合并后居中"按钮，如图2-30所示。

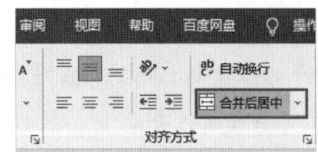

图2-30 单击"合并后居中"按钮

第2步 居中对齐文本。选中A2:F17单元格范围，单击"开始"选项卡→"对齐方式"组→"居中"按钮，如图2-31所示。

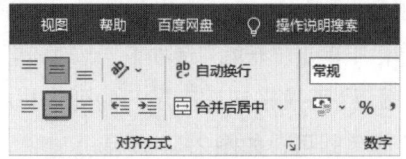

图2-31 单击"居中"按钮

第3步 调整表格格式。完成标题表格和数据表格的居中对齐操作，其效果如图2-32所示。

	A	B	C	D	E	F
1	十方教育办公物品订单					
2	订单编号	日期	产品	单价	数量	总金额
3	DL001	2021/5/5	铅笔	23	30	690
4	DL002	2021/5/6	本子	24	27	648
5	DL003	2021/5/7	纸巾	11	29	319
6	DL004	2021/5/8	笔筒	14	31	434
7	DL005	2021/5/9	铅笔	13	26	338
8	DL006	2021/5/10	本子	21	29	609
9	DL007	2021/5/11	纸巾	15	22	330
10	DL008	2021/5/12	笔筒	24	34	816
11	DL009	2021/5/13	铅笔	10	31	310
12	DL010	2021/5/14	本子	21	27	567
13	DL011	2021/5/15	纸巾	17	20	340
14	DL012	2021/5/16	笔筒	14	25	350
15	DL013	2021/5/17	铅笔	16	23	368
16	DL014	2021/5/18	本子	10	32	320
17	DL015	2021/5/19	纸巾	18	34	612

图2-32 调整表格格式

3. 表格格式美化

在"开始"选项卡的"字体"组中，可以通过"字体格式""字体颜色""边框"等功能，来调整表格文本的字体格式，完成表格的美化，其具体操作步骤如下。

第1步 设置字体格式。选中A1:F17单元格范围，单击"开始"选项卡→"字体"组→"字体格式"下拉按钮，展开列表框，选择"微软雅黑"字体格式，如图2-33所示。

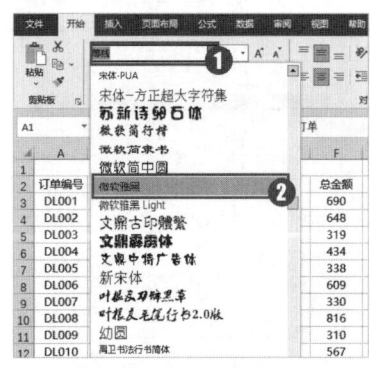

图2-33 设置字体格式

第2步 添加所有框线。单击"开始"选项卡→"字体"组→"下框线"下拉按钮,展开列表框,选择"所有框线"命令,如图2-34所示。

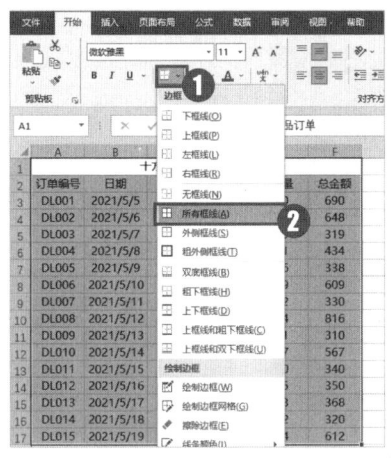

图2-34 添加边框

| 技术看板 |

如果要更改标题栏的颜色,并不需要一个个单元格进行修改,用户只需要选中标题行的所有单元格,在"字体颜色"列表框中,选中颜色即可。

第3步 放大并加粗标题文本。选中A1单元格,单击"开始"选项卡→"字体"组→"字号"下拉按钮,展开列表框,选择"12",即可修改字号。然后单击"开始"选项卡→"字体"组→"加粗"按钮,即可加粗文本。

第4步 设置标题颜色。单击"开始"选项卡→"字体"组→"字体颜色"下拉按钮,展开列表框,选择"白色,背景1"颜色,设置字体颜色。

第5步 设置标题背景颜色。单击"开始"选项卡→"字体"组→"字体颜色"下拉按钮,展开列表框,选择"黑色,文字1"颜色,设置填充颜色。

第6步 加粗表头文本。选中A2:F2单元格范围,单击"开始"选项卡→"字体"组→"加粗"按钮,加粗文本。

第7步 修改表格数据字号。选中A3:F17单元格范围,单击"开始"选项卡→"字体"组→"字号"下拉按钮,展开列表框,选择"10",修改字号,最终效果如图2-35所示。

十方教育办公物品订单					
订单编号	日期	产品	单价	数量	总金额
DL001	2021/5/5	铅笔	23	30	690
DL002	2021/5/6	本子	24	27	648
DL003	2021/5/7	纸巾	11	29	319
DL004	2021/5/8	笔筒	14	31	434
DL005	2021/5/9	铅笔	13	26	338
DL006	2021/5/10	本子	21	29	609
DL007	2021/5/11	纸巾	15	22	330
DL008	2021/5/12	笔筒	24	34	816
DL009	2021/5/13	铅笔	10	31	310
DL010	2021/5/14	本子	21	27	567
DL011	2021/5/15	纸巾	17	20	340
DL012	2021/5/16	笔筒	14	25	350
DL013	2021/5/17	铅笔	16	23	368
DL014	2021/5/18	本子	10	32	320
DL015	2021/5/19	纸巾	18	34	612

图2-35 美化表格格式

2.3 表格打印

打印工作表是Excel表格制作的关键,任何表格数据要想最终体现在纸张上,就必须通过打印这一环节。

在打印Excel表格时,经常会遇到一些排版设置的问题。毕竟Excel不像Word一样,从界面中就可以直接看到打印的范围、边界的大小等。因此,在打印表格前,需要先调整打印区域,然后设置打印操作。本小节将详细讲解表格打印的操作方法。

2.3.1 调整打印区域

在打印表格时，最明显也是最严重的一个问题就是打印内容不完整，也就是整个打印内容不在同一页，而在多页显示。因此，在打印表格前，需要先调整打印区域，其操作方法如下。

1. 打印缩放

在调整打印区域时，可以简单地从"打印"界面的列表框中选择"将所有列调整为一页"命令，这样所有的信息就会被自动压缩在同一页中。其操作方法是：选择"文件"→"打印"命令，进入"打印"界面，在最后一个下拉列表框中单击"无缩放"下拉按钮，展开列表框，选择"将所有列调整为一页"命令即可，如图2-36所示。

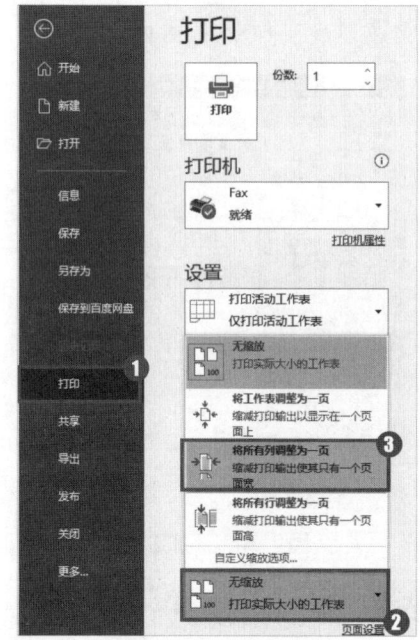

图2-36　选择"将所有列调整为一页"命令

> **|技术看板|**
>
> 在"无缩放"列表框中，用户还可以选择"将工作表调整为一页"或"将所有行调整为一页"命令，将所有表格内容压缩在同一页。

2. 分页预览

在调整打印区域时，还可以通过Excel的"视图"选项卡下的"分页预览"按钮进行设置。

单击"视图"选项卡→"工作簿视图"组→"分页预览"按钮，进入"分页预览"视图，这个时候我们会看到表格中出现了明显的"第1页"和"第2页"页面提示，如图2-37所示。

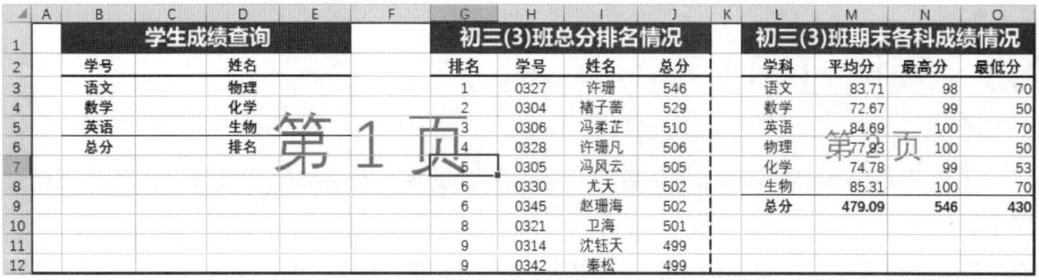

图2-37　分页预览视图

从图2-37所示可以看出，表格的属性列多、信息条目数量大，打印时很可能会被Excel自动分页。而Excel分页的依据，就是页面上的虚线，也就是所谓的分页线，它的功能就是界定每一页

第 2 章
Excel 数据处理与分析的必备基础操作

的打印范围。分页线的调整非常简单。比如，想要将"第2页"的内容合并在"第1页"，可以直接在分页线上，按住鼠标左键并拖曳，将其拖曳至页面边缘，就可以移除两页之间的分页线，完成打印区域的调整，如图2-38所示。

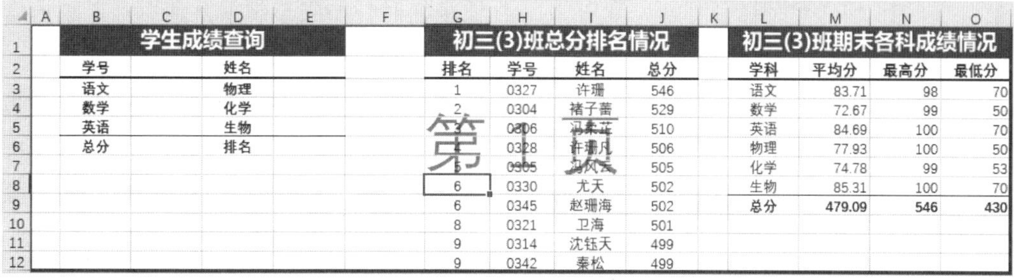

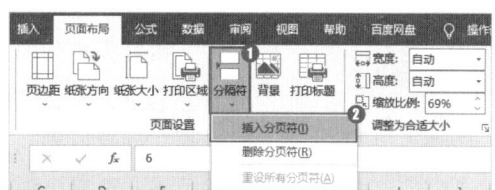

图2-38　调整打印区域

| 技术看板 |

除了调整现有的分页线，我们也可以依据自己的需求来新增分页线。其操作方法是：在工作表中定位分页线的位置单元格，单击"页面布局"选项卡→"页面设置"组→"分隔符"下拉按钮，展开列表框，选择"插入分页符"命令即可，如图2-39所示。

图2-39　选择"插入分页符"命令

2.3.2　打印页面设置

在打印表格时，可以对表格的打印方向、标题和页码等进行设置，下面将分别进行介绍。

1. 横向打印

有些工作表中的内容都集中在纸张页面的上方，下方留了很多空白区域。所以这里我们可以先在"打印"界面的"纵向"列表框中选择"横向"命令，如图2-40所示；然后在"页面布局"选项卡的"调整为合适大小"组中修改"缩放比例"参数，如图2-41所示。

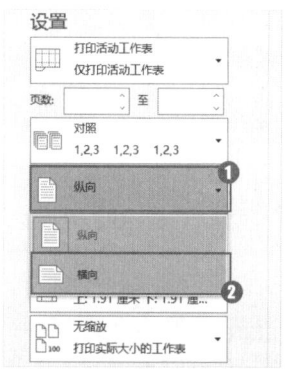

图2-40　选择"横向"命令

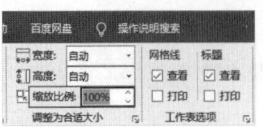

图 2-41　修改缩放比例

最后单击"页面布局"选项卡→"页面设置"组→"页边距"下拉按钮，展开列表框，选择"自定义页边距"命令，如图 2-42 所示。打开"页面设置"对话框，在"页边距"选项卡的"居中方式"选项区中选中"水平"和"垂直"复选框，单击"确定"按钮，如图 2-43 所示。这样打印出来的表格信息会显示完整，更符合我们的阅读习惯。

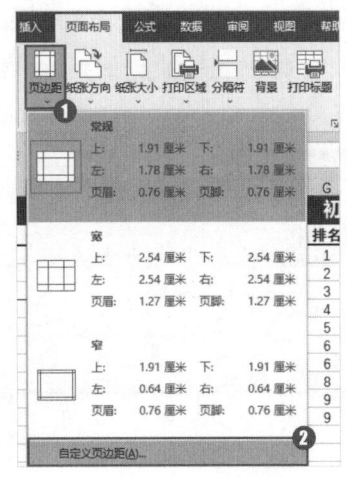

图 2-42　选择"自定义页边距"命令

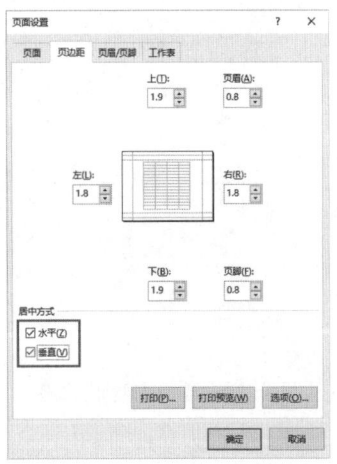

图 2-43　设置居中方式

2. 设置标题和页码

一般情况下，工作表中只有第 1 页的信息有标题行，后面的所有页面都没有标题行。在查看表格时，如果不想重复翻页确定数据信息的含义，我们可以给每一页都加上标题行。其操作方法是：单击"页面布局"选项卡→"页面设置"组→"打印标题"按钮，打开"页面设置"对话框，在"工作表"选项卡中的"顶端标题行"文本框中，选中标题单元格范围，如图 2-44 所示，即可为每一页的顶部都加上标题行。

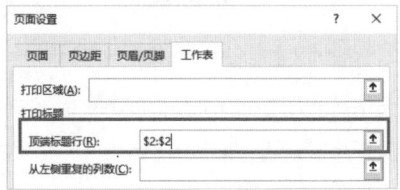

图 2-44　设置打印标题

如果要打印的表格内容超过三页，可以为表格添加页码效果。其操作方法是：在"页面设置"对话框中，选择"页眉/页脚"选项卡，然后在"页脚"列表框中，选择合适的页脚选项，如图 2-45 所示。在打印预览区可以看到页脚，这样每一页下方都标注好对应的页码了。

图 2-45　选择页脚

第 2 章
Excel 数据处理与分析的必备基础操作

技术看板

用户在设置页脚时，也可以在"页眉/页脚"选项卡中，单击"自定义页脚"按钮，将打开"页脚"对话框，如图2-46所示，在"左部"、"中部"或"右部"选项区中，可以分别插入页脚的文本、页码、页数和日期等数据。

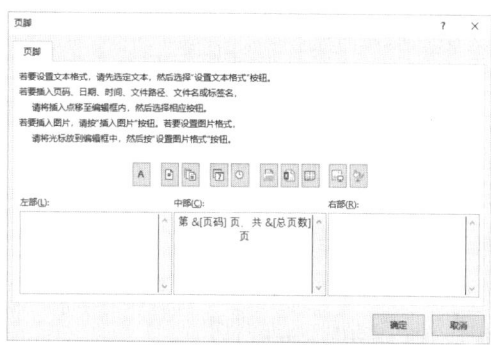

图2-46 "页脚"对话框

2.3.3 选择打印区域

在打印工作表时，我们可以根据自己的需要，只打印部分信息。比如我们可以只打印工作表中的前5列数据，我们就选中A列到E列的内容，单击"页面布局"选项卡→"页面设置"组→"打印区域"下拉按钮，展开列表框，选择"设置打印区域"命令，如图2-47所示；或者按快捷键"Ctrl+P"，设置打印区域，这样打印出来的内容就只有前5列。

除了可以打印局部信息，我们也可以一次性打印整个工作簿，其操作方法是：按快捷键"Ctrl+P"，进入"打印"界面，单击"打印活动工作表"下拉按钮，展开列表框，选择"打印整个工作簿"命令即可，如图2-48所示。

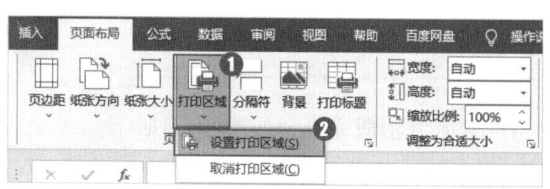

图2-47 选择"设置打印区域"命令

技术看板

如果要取消打印区域，则可以单击"页面布局"选项卡→"页面设置"组→"打印区域"下拉按钮，展开列表框，然后选择"取消打印区域"命令。

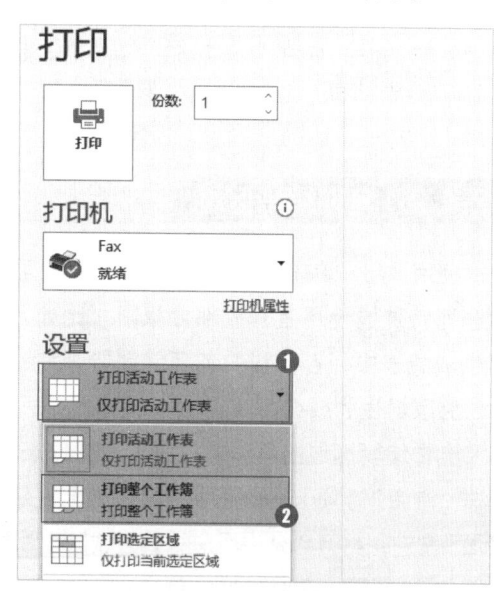

图2-48 选择"打印整个工作簿"命令

2.4 保护表格

使用"审阅"选项卡下的"保护"组中的各个功能按钮,可以保护单个工作簿和工作簿中的工作表。下面将详细讲解保护表格的操作方法。

2.4.1 保护工作表

使用"保护工作表"按钮可以保护指定的工作表内容,且这个工作表的全部单元格都会被锁定。

保护工作表的方法很简单,用户只要在工作表中,单击"审阅"选项卡→"保护"组→"保护工作表"按钮,如图2-49所示。打开"保护工作表"对话框,在"允许此工作表的所有用户进行"列表框中,选中相应的复选框,设置允许编辑范围,然后输入工作表密码即可,如图2-50所示。

| 技术看板 |

在启用保护工作表前,如果要对某个单元格进行特别设置,则可以在该单元格上右击,在弹出的快捷菜单中选择"设置单元格格式"命令,打开"设置单元格格式"对话框。在该对话框中选择"保护"选项卡,取消选中"锁定"复选框,可以不锁定单元格;选中"隐藏"复选框,则可以隐藏工作表内的公式,如图2-51所示。

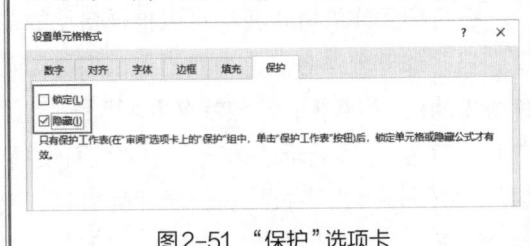

图2-51 "保护"选项卡

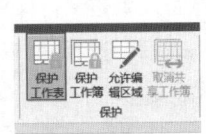   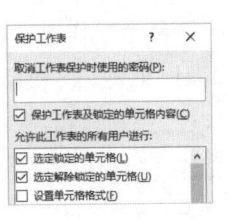

图2-49 单击"保护   图2-50 "保护工作表"
工作表"按钮   对话框

2.4.2 允许编辑区域

使用"允许编辑区域"按钮,可以允许我们给一些特殊的使用者开放部分权限。比如,在学生成绩表中,各学科的老师就需要查看、填写、修改学生的成绩。

允许编辑区域的具体方法是:在工作表中,单击"审阅"选项卡→"保护"组→"允许编辑区域"按钮,打开"允许用户编辑区域"对话框,如图2-52所示。在对话框中单击"新建"按钮,打开"新区域"对话框,设置允许编辑的区域,

再设置区域密码即可,如图2-53所示。

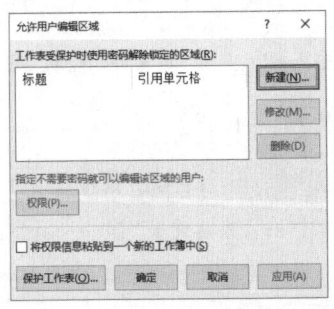

图2-52 "允许用户编辑区域"对话框

第 2 章
Excel 数据处理与分析的必备基础操作

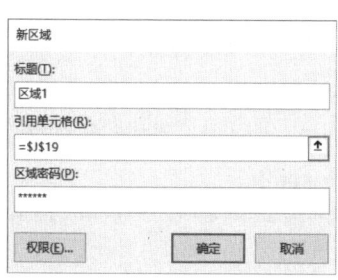

图 2-53 "新区域"对话框

| 技术看板 |

使用"保护工作表"和"允许编辑区域"两种保护措施都仅限于工作表内容的保护，所以即使我们没有解锁密码，还是可以显示工作表，甚至新增工作表或在新工作表中编辑。

2.4.3 工作簿保护

如果需要把保护的范围扩大到其他工作表，则要使用"保护工作簿"功能。对 Excel 工作簿进行保护，就可以完全防止他人对工作簿的结构做任何的更改，对于已经保护结构的工作簿，没有密码的使用者则无法新增和删除工作表，也没有办法显示被隐藏的工作表。

保护工作簿的方法是：单击"审阅"选项卡→"保护"组→"保护工作簿"按钮，打开"保护结构和窗口"对话框，如图 2-54 所示，在其中输入密码即可保护工作簿。

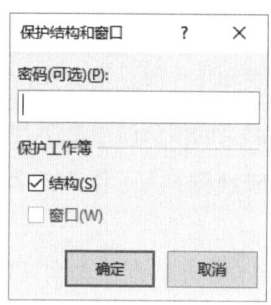

图 2-54 "保护结构和窗口"对话框

2.4.4 文档加密

除了工作表和工作簿的保护，Excel 还有一个文档层级的密码保护，也就是用户必须有文档密码，才能打开这个 Excel 文档。

文档加密的方法有以下两种。

• 选择"文件"→"信息"命令，进入"信息"界面，单击"保护工作簿"下拉按钮，展开列表框，选择"用密码进行加密"命令即可，如图 2-55 所示。在打开的"加密文档"对话框中，输入密码即可。

• 选择"文件"→"另存为"命令，在"另存为"界面中单击"更多选项"。在弹出的"另存为"对话框中，单击"工具"下拉按钮，展开列表框，选择"常规选项"命令，如图 2-56 所示，打开"常规选项"对话框，输入密码即可。

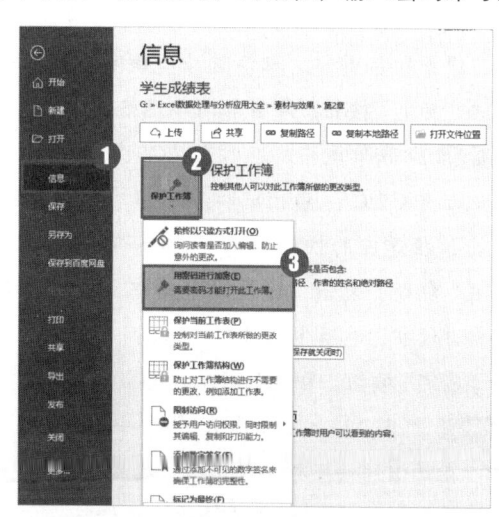

图 2-55 选择"用密码进行加密"命令

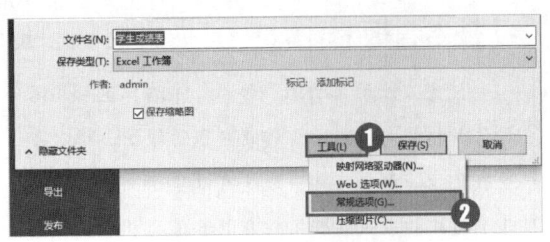

图2-56 选择"常规选项"命令

> **技术看板**
>
> 如果忘记密码，文档将无法恢复。另外，就算给工作簿加密码，也不要在文档中记录银行卡密码，以免丢失。

对工作表和工作簿设置保护，并隐藏部分数据

通过2.4节对保护表格的学习，相信大家已经掌握了各种表格的保护方法。下面就对学生成绩表中的工作表和工作簿设置保护，隐藏部分数据。

1. 保护"成绩查询"工作表

保护"成绩查询"工作表的具体操作步骤如下。

第1步 切换工作表。打开本章提供的素材"学生成绩表.xlsx"工作簿，该工作簿中包含"成绩查询"和"学生成绩明细"两张工作表，单击"成绩查询"工作表标签，切换至该工作表。

第2步 取消单元格锁定。选中C2单元格，右击，在弹出的快捷菜单中选择"设置单元格格式"命令，打开"设置单元格格式"对话框，选择"保护"选项卡，取消选中"锁定"复选框，单击"确定"按钮，即可取消单元格锁定。

第3步 隐藏单元格。在按住"Ctrl"键的同时，依次选中C2:C6、D2:D6和M3:O9单元格范围，右击，在弹出的快捷菜单中选择"设置单元格格式"命令，打开"设置单元格格式"对话框，选择"保护"选项卡，选中"隐藏"复选框，单击"确定"按钮，即可隐藏单元格数据。

第4步 隐藏列。在工作表中选中G:J列，右击，在弹出的快捷菜单中选择"隐藏"命令，如图2-57所示，即可隐藏选择的列对象。

图2-57 隐藏列对象

第5步 输入密码。单击"审阅"选项卡→"保护"组→"保护工作表"按钮，打开"保护工作表"对话框，在"取消工作表保护时使用的密码"文本框中输入密码（123456），如图2-58所示。

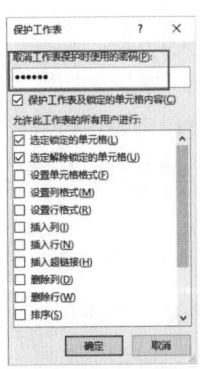

图2-58 输入密码

第 2 章
Excel 数据处理与分析的必备基础操作

第6步 确认密码。单击"确定"按钮后打开"确认密码"对话框，在"重新输入密码"文本框中输入相同的密码，如图2-59所示，单击"确定"按钮，即可保护工作表。

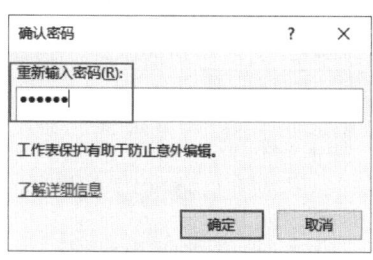

图2-59 确认密码

2. 保护"学生成绩明细"工作表

保护"学生成绩明细"工作表的具体操作步骤如下。

第1步 切换工作表。在"学生成绩表.xlsx"工作簿中，单击"学生成绩明细"工作表标签，切换至该工作表。

第2步 选择允许编辑区域。在工作表中选中C3:H47单元格范围，单击"审阅"选项卡→"保护"组→"允许编辑区域"按钮，打开"允许用户编辑区域"对话框，单击"新建"按钮。

第3步 输入标题和密码。打开"新区域"对话框，在"标题"文本框中输入"期末学科成绩"，在"区域密码"文本框中输入密码（1234567），如图2-60所示。

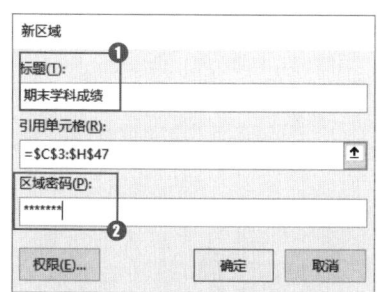

图2-60 设置标题和区域密码

第4步 保护允许编辑区域。单击"确定"按钮后，打开"确认密码"对话框，在"重新输入密码"文本框中输入相同的密码，单击"确定"按钮，即可保护允许编辑的区域。

第5步 设置工作表保护密码。返回到"允许用户编辑区域"对话框，单击"保护工作表"按钮，打开"保护工作表"对话框，在"取消工作表保护时使用的密码"文本框中输入密码（12345678），如图2-61所示。单击"确定"按钮，打开"确认密码"对话框，在"重新输入密码"文本框中输入相同的密码，再次单击"确定"按钮，即可保护工作表。

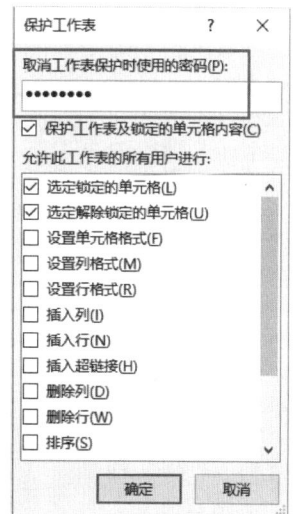

图2-61 设置工作表保护密码

3. 保护工作簿及文档

保护工作簿及文档的具体操作步骤如下。

第1步 隐藏工作表。在"学生成绩明细"工作表标签上右击，在打开的快捷菜单中选择"隐藏"命令，即可隐藏工作表。

第2步 保护工作簿。单击"审阅"选项卡→"保护"组→"保护工作簿"按钮，打开"保护结构和窗口"对话框，在"密码"文本框中输入密码（12345），如图2-62所示。单击"确定"按钮，打开"确认密码"对话框，在"重新输入密码"文本框中输入相同的密码，再次单击"确定"按钮，即可保护工作簿。

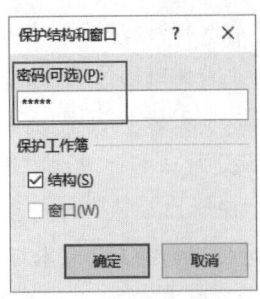

图2-62 输入密码

第3步 加密文档。选择"文件"→"信息"命令，进入"信息"界面，单击"保护工作簿"下拉按钮，展开列表框，选择"用密码进行加密"命令，打开"加密文档"对话框，在"密码"文本框中输入密码（123456789），如图2-63所示。

单击"确定"按钮，打开"确认密码"对话框，在"重新输入密码"文本框中输入相同的密码，再次单击"确定"按钮，即可用密码加密文档。

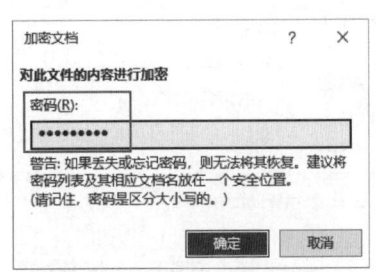

图2-63 设置加密文档密码

第4步 打开并验证文档。保存并关闭文档，返回桌面，重新打开文档则会打开"密码"对话框，只有输入正确的密码才能打开文档。

第2篇 数据处理

本篇导读

本篇重点讲解数据规范化方法（如表格布局原则、格式规范、数据验证）、筛选排序汇总技巧，以及综合案例实战（如火锅店销售业绩表制作）。通过对本篇内容的学习，能够培养数据清洗与整理的思维，提升处理不规范数据的能力，实现高效的数据分类、汇总与分析。

本篇内容安排

第3章 数据规范

第4章 数据筛选、排序与汇总

第5章 数据处理综合实例——制作某火锅店6月份销售业绩表

第3章 数据规范

经过前面内容的学习，相信读者已经对 Excel 有了一定的了解。接下来，将学习数据规范相关的知识，这些知识是在 Excel 数据处理中最常用的技能。

在制作数据源表格时，由于对数据规范缺乏认识，很多人在使用Excel输入数据时，总会有各种问题，如出现多余空格、日期格式错误、数字后带着单位、习惯性合并单元格，等等。例如，在表格中输入两个字的名字时，为了美观，会在两个字的名字中间按空格键，有时候空格的格式还可能不一样，这就会导致Excel误以为这是两个不同的人名，如图3-1所示。在后期使用Excel做汇总统计时，往往会因为这些不规范的输入而出现错误结果。

图3-1　在名字中输入空格

3.1　6 种常见的表格问题

在日常办公中，会发现Excel表格通常存在两类问题：表格布局问题、单元格格式问题。表格布局问题是指表格中存在一些不规范、不合理的问题，如空格、空值、合并单元格等，这些问题的存在会影响后续对表格中的数据进行汇总计算等操作；单元格格式问题是指单元格中的数据格式不规范或有错误，如日期格式、文本格式（如姓名）、数值格式（如手机号码或身份证号码等）等，这些问题的出现也会直接导致表格的统计错误。因此，在制作Excel数据源表格前有必要先了解一些常见的表格问题，掌握Excel表格的数据规范，即可轻松、高效地制作出符合要求的Excel表格。

图3-2所示为某4S店的工作人员制作的一份客户来访记录表，下面我们来看看这张表存在哪些问题。

第 3 章 数据规范

来访日期	客户信息		来源	产品信息			成交信息		接待人员
	客户姓名	手机号码		试用车型	原价	折扣	成交价	成交状态	
2019/12/5	李桂荣	12048426912	熟人推荐	哈弗（哈弗H6）	8.88万	9.5折	8.436万	意向未成交	郑大蕾
2019年12月5日	陈秀兰	16720775082	线下渠道	长安（长安CS75）	7.88万	8折	6.304万	已成交	
2019/12/5	张建军	18009545611	车展	吉利汽车（博越）	9.88万	9.5折	9.386万	已成交	
2019.12.5	刘 斌	16883017822	朋友推荐	荣威（荣威RX5）	9.98万	7.5折	7.485万		
2019年12月5日	张秀梅	14209905930	车展	本田（本田CR-V）	16.98万	9.5折	16.131万		
2019年12月5日	李雪梅	14532169189	车展	现代（全新途胜）	15.99万	9折	14.391万	未成交	
2019年12月5号									
2019/12/5	王 华	14435000780	熟人推荐	哈弗（哈弗H2）	8.68万	9折	7.812万	意向未成交	
2019年12月5日	王淑兰	10635777397	线下渠道	日产（奇骏）	17.98万	8.5折	15.283万	已成交	方政兰
2019/12/5	李志强	13276289973	线上广告	本田（本田XR-V）	12.78万	8折	10.224万		
2019/12/5	李婷婷	15471341598	别人推荐	长安（长安CS55）	8.39万	8.5折	7.1315万	意向未成交	
2019年12月5日	张秀荣	16888062098	别人推荐	宝骏（宝骏310）	3.68万	9折	3.312万		
2019/12/6	刘建华	15827902006	线下渠道	大众（大众Polo）	7.59万	7.5折	5.6925万	未成交	魏敏
2019/12/6	王丽	18376947012	车展	本田（飞度）	7.38万	8.5折	6.273万		
2019/12/6	李海燕	11442275230	线下渠道	现代（悦纳）	7.28万	9.5折	6.916万	已成交	陈庆来
2019/12/6	张 颖	19904065103	线下渠道	丰田（威驰）	6.98万	9折	6.282万	已成交	
2019.12.6	刘秀兰	15734269279	熟人推荐	起亚（起亚K2）	7.29万	8折	5.832万	意向未成交	
2019/12/6	张志强	13867021645	线下渠道	雪佛兰（赛欧3）	6.29万	9.5折	5.9755万	意向未成交	杜和平
2019/12/6	李秀云	17351266486	车展	丰田（YARiS L 致炫）	6.98万	9.5折	6.631万		
2019年12月6日	刘 娜	14583323193	线下渠道	丰田（YARiS L 致享）	6.98万	9折	6.282万	意向未成交	

图3-2 客户来访记录表

如果不仔细看，可能很多人会觉得这张表很正常，好像没什么问题。但是认真看过之后，会发现这张表中存在很多数据不规范的问题，并且这些问题极具典型性。下面对这张表存在的问题进行归纳总结。

（1）表中的日期格式不规范。比如，第一列中的来访日期输入不规范，出现了"xxxx.xx.xx""xxxx年xx月xx号"这两种不规范的日期格式。

（2）客户姓名中存在空格。比如，客户姓名列中的"刘 斌""王 华""张 颖""刘 娜"等。

（3）存在合并单元格。比如，第一行中的"来访日期""客户信息""产品信息""成交信息"等。表格中存在多个合并单元格，会影响后续的数据汇总，并且无法在数据透视表中快速创建使用。

（4）表格内出现空值。比如，表格中的第6、7、9、12、16、21行中均有空值的单元格。

（5）一列数据中包括多个属性。比如，"试用车型"这一列中哈弗（哈弗H6）包含了2个信息，即汽车品牌和汽车车型两个信息。

（6）数据后面带有单位。比如，"原价""成交价"两列的数据后面加了"万"作单位；"折扣"列中的数据后面加了"折"作单位，这很影响后续公式计算。

★ 技术看板 ★

在使用Excel时，如果想要摆脱重复机械的操作，避免浪费时间，就不能放过任何一个细节问题。

3.2 表格布局的 4 个原则

在日常办公中都会用到Excel表格，如果对表格中的数据进行合理布局，不仅可以让表格变得很清晰，而且方便后期对表格进行各项复杂的操作。

3.2.1 4个原则

若想规范表格布局,可遵循以下4个原则。下面将通过分析图3-2所示的客户来访记录表中存在的问题,来进一步阐述这4个原则的含义。

1. 每行是一条记录

每行是一条记录,是指表格中的每一行必须是一条完整的记录,不能出现空白行。在制作数据表时,可能是因为粗心大意,数据表中某行的记录显示不完整,有空白行。例如,图3-2的第9行就出现了空白行。此时,就需要删掉这些空白行。

2. 每列是一个属性

每列是一个属性,是指表格每列中的数据只能是一个属性,不能是两个或多个属性共存。

很多初学者在制作表格时,容易把多个不同属性的数据混在一列中,不利于后期对表格中的数据进行处理。图3-2中"试用车型"列的每个单元格中就填了两种属性的数据。比如,E3单元格中的哈弗(哈弗H6)就包含了汽车品牌和车型两个属性,由于Excel无法识别出这两个属性的信息,只会当作一个属性来进行处理,这样在后续处理时,如果想对汽车品牌或车型单独统计,就会非常不方便。因此,制表人员在制作表格时应该直接将"哈弗(哈弗H6)"制作成"汽车品牌"(哈弗)和"车型"(哈弗H6)两列,否则,在统计汽车品牌和车型时,还会花大量时间来将"试用车型"这列信息拆分为"汽车品牌"和"车型"两列,然后再做统计。这种不规范的表格布局,不仅在后续处理表格时带来难度,而且影响工作效率。

3. 无空值

无空值,是指数据表中不能出现空白的单元格。

如图3-3所示,可以看到表格I列("成交状态"列)中有很多空白单元格。这些空白的单元格不仅令阅读表格的人感到疑惑,还会导致后续统计出现错误。因此,在制作表格时一定要认真检查表格中有无空白单元格存在,如果发现有空白单元格,必须合理填充相应的内容,以保证表格的完整性和规范性。

H	I	J
成交信息		
成交价	成交状态	接待人员
8.436万	意向未成交	
6.304万	已成交	
9.386万	已成交	
7.485万		郑大蕾
16.131万		
14.391万	未成交	
7.812万	意向未成交	
15.283万	已成交	方政兰
10.224万	意向未成交	
7.1315万	意向未成交	
3.312万	未成交	
5.6925万	未成交	魏敏
6.273万		
6.916万	已成交	陈庆来
6.282万	已成交	

图3-3 多个空白单元格

4. 无合并单元格

表格中无合并单元格,是指制作的数据源表格中没有合并的单元格。

很多人认为,在Excel表格中使用合并单元格既方便又美观,甚至更能体现出表格结构内容上的分类。但是,如果表格中存在合并单元格,那么Excel不仅无法批量应用公式和函数,而且在统计和汇总时也会出错。

3.2.2 根据4个原则处理表格

下面就依据这4个原则来处理客户来访记录表中的不规范内容,使表格布局变得规范。

1. 删除空白行

根据表格布局第1个原则可以发现，图3-2所示的客户来访记录表（完整表格见下载资源）中的第9行和第28行出现空白行，因此，这里必须对表格中空白行进行删除操作。

如果表格中只有一个空白行，这时直接选中该空白行，然后右击，在弹出的快捷菜单中选择“删除”命令，即可删除空白行。

技术看板

删除行不一定要选中行才能删除，可以在空白行中的任一单元格上右击，在弹出的快捷菜单中选择“删除”命令，在打开的“删除文档”对话框中选中“整行”单选按钮也可以删除一整行，如图3-4所示。

	A	B	C	D	E
1	来访日期	客户信息			
2		客户姓名	手机号码	来源	试用车型
3	2019/12/5	李桂荣	12048426912	熟人推荐	哈弗（哈弗H6）
4	2019年12月5日	陈秀兰	16720775082	线下渠道	长安（长安CS75）
5	2019/12/5	张建军	1800954		吉利汽车（博越）
6	2019.12.5	刘 斌	1688301		荣威（荣威RX5）
7	2019年12月5日	张秀梅	1420990		本田（本田CR-V）
8	2019年12月5号	李雪梅	1453216		现代（全新途胜）
9	2019年12月5号				
10	2019/12/5	王 华	1443500		哈弗（哈弗H2）
11	2019年12月5日	王淑兰	1063577		日产（奇骏）
12	2019/12/5	李志强	1327628		本田（本田XR-V）
13	2019/12/5	李婷婷	1547134		长安（长安CS55）
14	2019年12月5日	张秀荣	1688806		宝骏（宝骏310）
15	2019/12/6	刘建华	15827902006	线下渠道	大众（大众Polo）

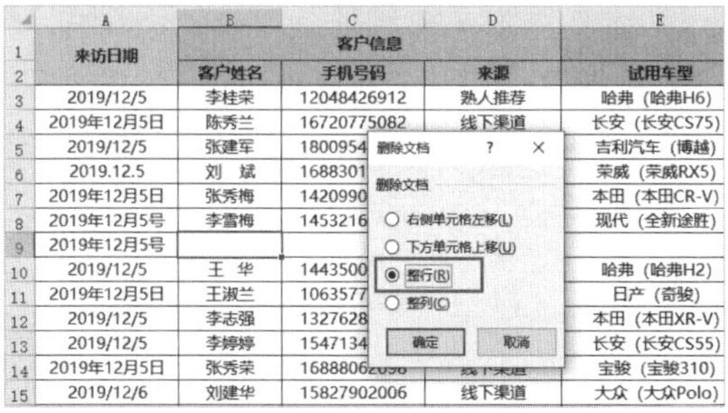

图3-4 “删除文档”对话框

仔细观察一下客户来访记录表中的空白行，可以发现“客户姓名”为空的这行是空白行，因此，可把“客户姓名”为空的单元格全部选中，即同时选中第9行中的B9和第28行中的B28这两个单元格，然后再执行右键删除操作，即可删除该表格中的所有空白行。

如果一个表格中有很多空白行，这时可以批量选中单元格，然后执行右键删除操作，将会删除该表格中的所有空白行。

在批量选中并删除单元格时，经常会用到“定位”功能，其具体的操作步骤如下。

第1步 切换工作表：打开本章素材“客户来访记录表.xlsx”工作簿，该工作簿包含“客户来访记录”和“客户来访记录2”两张工作表，单击“客户来访记录”工作表标签，切换至该工作表，如图3-5所示。

	A	B	C	D	E
1	来访日期	客户信息			产品
2		客户姓名	手机号码	来源	试用车型
3	2019-12-5	李桂荣	12048426912	熟人推荐	哈弗（哈弗H6）
4	2019年12月5日	陈秀兰	16720775082	线下渠道	长安（长安CS75）
5	2019-12-5	张建军	18009545611	车展	吉利汽车（博越）
6	2019.12.5	刘 斌	16883017822	朋友推荐	荣威（荣威RX5）
7	2019年12月5日	张秀梅	14209905930	车展	本田（本田CR-V）
8	2019年12月5号	李雪梅	14532169189	车展	现代（全新途胜）
9	2019年12月5号				
10	2019-12-5	王 华	14435000780	熟人推荐	哈弗（哈弗H2）
11	2019年12月5日	王淑兰	10635777397	线下渠道	日产（奇骏）
12	2019-12-5	李志强	13276289973	线上广告	本田（本田XR-V）
13	2019-12-5	李婷婷	15471341598	别人推荐	长安（长安CS55）
14	2019年12月5日	张秀荣	16888062098	线下渠道	宝骏（宝骏310）
15	2019-12-6	刘建华	15827902006	线下渠道	大众（大众Polo）
16	2019-12-6	王丽丽	18376947012	车展	本田（飞度）
17	2019-12-6	李海燕	11442275230	线下渠道	现代（悦纳）
18	2019-12-6	张 颖	19904065103	线下渠道	丰田（威驰）
19	2019.12.6	刘秀兰	15734269279	熟人推荐	起亚（起亚K2）
20	2019-12-6	张志强	13867021645	线下渠道	雪佛兰（赛欧3）
21	2019-12-6	李秀云	17351266486	车展	丰田（YARiS L 致炫）
22	2019年12月6日	刘 娜	14583323193	线下渠道	丰田（YARiS L 致享）

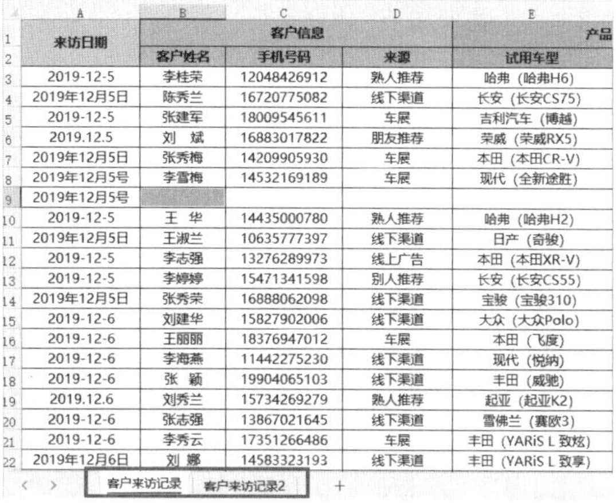

图3-5 打开工作簿

第2步 打开对话框：选中要定位的列，这里选中B列，按快捷键“Ctrl+G”打开“定位”对话框，如图3-6所示。

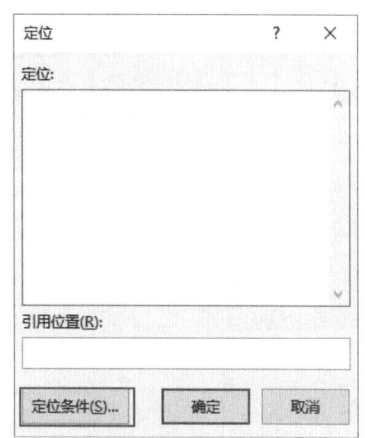

图3-6 “定位”对话框

第3步 设置定位条件：单击“定位条件”按钮，在弹出的“定位条件”对话框中，选中“空值”单选按钮，如图3-7所示。

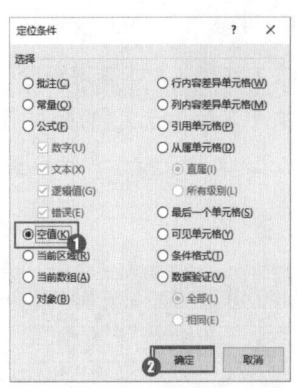

图3-7 选中"空值"单选按钮

第4步 选中空白单元格：单击"确定"按钮，即可选中B列中所有空白单元格。

第5步 选择"删除"命令：在已选中的空白单元格上右击，在弹出的快捷菜单中选择"删除"命令。

第6步 批量删除空白单元格：在打开的"删除文档"对话框中选中"整行"单选按钮，单击"确定"按钮即可批量删除所有的空白单元格。

2. 多属性分列

根据表格布局第2个原则，对表格中存在多属性的数据的处理方法是将其分列。因此，这里需将图3-2所示的客户来访记录表中"试用车型"列分成"汽车品牌"和"车型"两列，这样可以保证分列后的数据不再具有多属性。

如图3-8所示，可以看到汽车品牌和车型之间都有一个中文左括号，下面以"("作为分列的临界点拆分为两列。

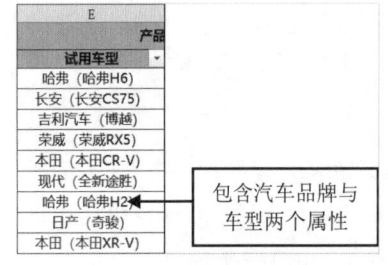

图3-8 多属性数据

分列的具体操作步骤如下。

第1步 创建一个空白列备用：选中F列，并右击，在弹出的快捷菜单中选择"插入"命令，即可插入一个空白列，效果如图3-9所示。

试用车型	产品信息	原价	折扣
哈弗（哈弗H6）		8.88万	9.5折
长安（长安CS75）		7.88万	8折
吉利汽车（博越）		9.88万	9.5折
荣威（荣威RX5）		9.98万	7.5折
本田（本田CR-V）		16.98万	9.5折
现代（全新途胜）		15.99万	9折

图3-9 插入空白列

第2步 对E列的数据进行分列。

①选中E3单元格，按快捷键"Ctrl+Shift+↓"，向下全选E列的数据，如图3-10所示。

图3-10 选中E列数据

> **技术看板**
>
> 按快捷键"Ctrl+Shift+↓"进行全选时，遇到空格会自动结束选择，默认后面没有数据了。

②单击"数据"选项卡→"数据工具"组→"分列"按钮，打开"文本分列向导-第1步，共3步"对话框，选中"分隔符号"单选按钮，如图3-11所示。

③单击"下一步"按钮，进入"文本分列向导-第2步，共3步"对话框，在"分隔符号"列表框中选中"其他"复选框，并在其后的输入框中输入中文左括号"("，在下方的"数据预览"列表框中可以看到分隔后的效果，汽车品牌和车型已经被成功分为了两列，如图3-12所示。

第3章 数据规范

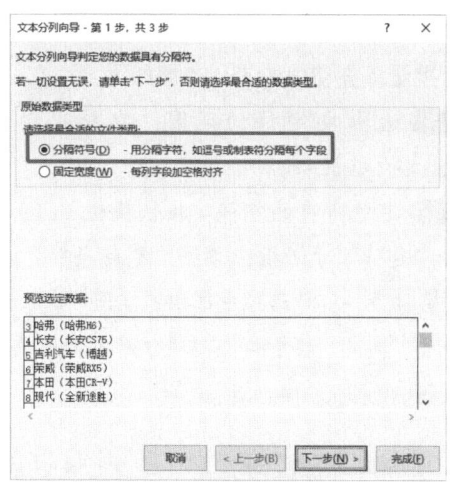

图3-11 设置文件类型

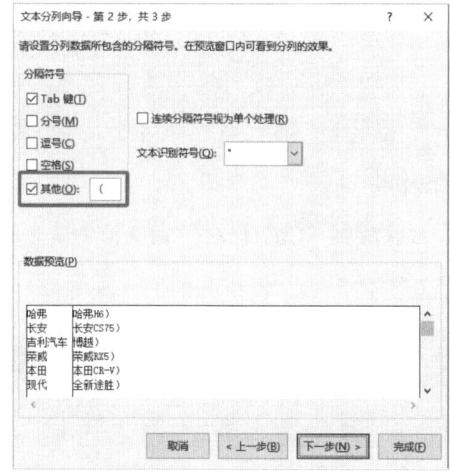

图3-12 设置分隔符

钮，即可完成分列操作，如图3-13所示。

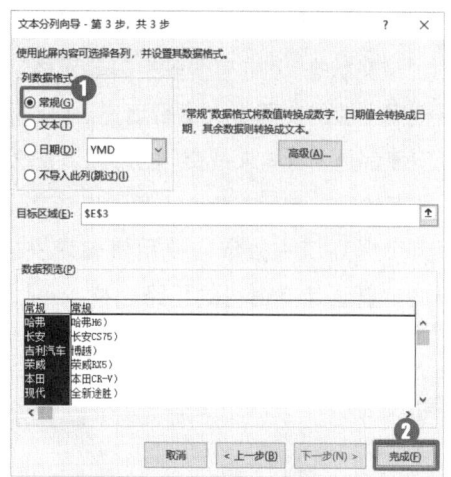

图3-13 设置列数据格式

| 技术看板 |

汽车品牌和车型这两列数据的类型都是文本，这里也可以选中"文本"单选按钮。

第3步 删除右括号。

在分列后的表格中，可以看到已经分成了汽车品牌和车型两列，但是车型这一列的数据后还留有之前的右括号，需要将它们删除掉。如果手动一个个地删除，非常麻烦，这里可以采用"查找和替换"的方法实现批量删除，具体的操作步骤如下。

①选中F列，按快捷键"Ctrl+H"，打开"查找和替换"对话框。

②在"替换"选项卡中的"查找内容"输入框中输入中文状态下的右括号，在"替换为"输入框中不需要填写内容，单击"全部替换"按钮，再单击"关闭"按钮回到表格中，这时表格F列中的所有右括号都不见了。

第4步 根据内容修改列标题。

将E2单元格的列标题修改为"汽车品牌"，将F2单元格的列标题修改为"车型"。至此，客户来访记录表中的多属性分列操作完成。

| 技术看板 |

Excel的分列方式有两种：①分隔符号，即按指定分隔符号拆分列，例如按分号、逗号、空格等符号拆分；②固定宽度，即按指定宽度拆分列，适合用来分隔没有符号但有规律的数据，例如根据宽度拆分出身份证的出生日期。本案例的数据是有括号的，因此，选择"分隔符号"方式。

④单击"下一步"按钮，进入"文本分列向导-第3步，共3步"对话框，选中"常规"单选按钮，确认数据预览无误后，单击"完成"按

3. 填充空值

根据表格布局的第3个原则，可以看到表格J列（"成交状态"列）有很多空白单元格。我们需要根据空值的实际意义进行填充。经过核实，这些空值都是"意向未成交"的意思，那么就可以在所有的空白单元格填入"意向未成交"。

为了提高填充效率，使用批量填充方法。和上面批量删除空白行的思路一样，可以先定位出空白单元格，再批量填充。

批量填充空值的操作步骤如下。

第1步 选中要定位的范围：直接手动选中J3:J50单元格区域。

第2步 定位所有的空值：按快捷键"Ctrl+G"，打开"定位"对话框，单击"定位条件"按钮，在"定位条件"对话框中选中"空值"单选按钮，再单击"确定"按钮即可选中J列中的所有空值单元格，如图3-14所示。

	A	B	C	D	E	F	G	H	I	J
1	来访日期	客户信息			产品信息					成交信息
2		客户姓名	手机号码	来源	汽车品牌	车型	原价	折扣	成交价	成交状态
3	2019-12-5	李桂荣	12048426912	熟人推荐	哈弗	哈弗H6	8.88万	9.5折	8.436万	意向未成交
4	2019年12月5日	陈秀兰	16720775082	线下渠道	长安	长安CS75	7.88万	8折	6.304万	已成交
5	2019-12-5	张建军	18009545611	车展	吉利汽车	博越	9.88万	9.5折	9.386万	已成交
6	2019.12.5	刘斌	16883017822	朋友推荐	荣威	荣威RX5	9.98万	7.5折	7.485万	
7	2019年12月5日	张秀梅	14209905930	车展	本田	本田CR-V	16.98万	9.5折	16.131万	
8	2019年12月5号	李雪梅	14532169189	车展	现代	全新途胜	15.99万	9折	14.391万	未成交
9	2019年12月5日	王华	14435000780	熟人推荐	哈弗	哈弗H2	8.68万	9折	7.812万	意向未成交
10	2019年12月5日	王淑兰	10635777397	线下渠道	日产	奇骏	17.98万	8.5折	15.283万	已成交
11	2019-12-5	李志强	13276289973	线上广告	本田	本田XR-V	12.78万	8折	10.224万	
12	2019-12-5	李婷婷	15471341598	别人推荐	长安	长安CS55	8.39万	8.5折	7.1315万	意向未成交

图3-14　选中所有空值单元格

第3步 批量填充内容：在编辑栏中输入"意向未成交"，按快捷键"Ctrl+Enter"完成批量填充操作，填充后的效果如图3-15所示。

	A	B	C	D	E	F	G	H	I	J
1	来访日期	客户信息			产品信息					成交信息
2		客户姓名	手机号码	来源	汽车品牌	车型	原价	折扣	成交价	成交状态
3	2019-12-5	李桂荣	12048426912	熟人推荐	哈弗	哈弗H6	8.88万	9.5折	8.436万	意向未成交
4	2019年12月5日	陈秀兰	16720775082	线下渠道	长安	长安CS75	7.88万	8折	6.304万	已成交
5	2019-12-5	张建军	18009545611	车展	吉利汽车	博越	9.88万	9.5折	9.386万	已成交
6	2019.12.5	刘斌	16883017822	朋友推荐	荣威	荣威RX5	9.98万	7.5折	7.485万	意向未成交
7	2019年12月5日	张秀梅	14209905930	车展	本田	本田CR-V	16.98万	9.5折	16.131万	意向未成交
8	2019年12月5号	李雪梅	14532169189	车展	现代	全新途胜	15.99万	9折	14.391万	未成交
9	2019年12月5日	王华	14435000780	熟人推荐	哈弗	哈弗H2	8.68万	9折	7.812万	意向未成交
10	2019年12月5日	王淑兰	10635777397	线下渠道	日产	奇骏	17.98万	8.5折	15.283万	已成交
11	2019-12-5	李志强	13276289973	线上广告	本田	本田XR-V	12.78万	8折	10.224万	意向未成交
12	2019-12-5	李婷婷	15471341598	别人推荐	长安	长安CS55	8.39万	8.5折	7.1315万	意向未成交

图3-15　批量填充效果

第4步 再次检查表格，原先所有的空白单元格都得到了妥善的处理。

4. 拆分合并单元格

根据表格布局的第4个原则，在当前的客户来访记录表中，在表头和"接待人员"列出现了合并单元格的情况，在统计某个接待人员的接待数量时，就无法批量使用公式和函数，从而增加工作量。这时就需要对已经合并的单元格进行拆分处理。

拆分合并单元格的操作步骤如下。

图3-18 多重表头

第1步 选中当前K列接待人员的合并单元格：对于这种同一列合并同类项的情况，我们需要先取消合并再批量填充值，因为合并单元格是由第一行数据和空白单元格组成的，所以这里手动选中K3:K50单元格。

第2步 取消单元格合并：单击"开始"选项卡→"对齐方式"组→"合并后居中"按钮，如图3-16所示，这样即可取消单元格合并。

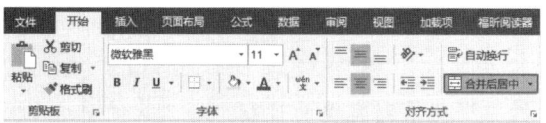

图3-16 单击"合并后居中"按钮

第3步 取消K列单元格合并前后的效果如图3-17所示。

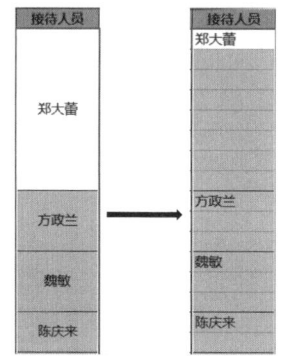

图3-17 取消合并前后对比效果

第4步 批量填充空值：先按快捷键"Ctrl+G"定位K列中所有的空值，然后再填充值。注意这次不是直接输入数据。我们要让空白单元格引用上一个单元格的内容，先输入"="，再按键盘上的"↑"来引用上一个单元格的数据，最后按快捷键"Ctrl+Enter"完成批量填充。

5. 处理多重表头

很多人在制作表格时，习惯使用多重表头，即先将标题分为几大类，再对大类进行细分，例如，这里的客户来访记录表中的表头就属于多重表头，如图3-18所示。

其实，多重表头本身没有问题，但是在数据源表格中不能这样做，因为Excel默认表格的第1行为标题行，这样就会导致具有多重表头的表格出现以下3方面的错误。

（1）在套用表格样式时，第二行的标题行就会变为数据行。

（2）会影响表格的排序、筛选、分类汇总等操作。

（3）对表格创建数据透视表时，会出现数据透视表字段名无效的情况。

因此，在设计制作数据源表格时，最好避免设计多重表头。如果数据源表格中包含了多重表头，必须对多重表头进行处理，使数据源表格符合规范要求。

在对"接待人员"列的合并单元格进行拆分后，接下来解决表头中合并单元格的问题。本案例中直接把第一行表头删除，变成单行表头。具体操作步骤如下。

第1步 删除第一行：选中第一行并右击，在弹出的快捷菜单中选择"删除"命令，即可删除第一行。

第2步 输入文本：删除第一行后，A1单元格为空，这时在A1单元格输入"来访日期"文字即可，完成后的效果如图3-19所示。

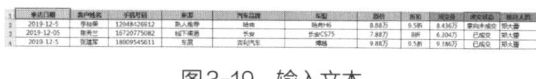

图3-19 输入文本

> **|技术看板|**
>
> 在实际工作中，通常会先处理合并单元格的问题，再处理删除行的问题。因为如果先删除行，有可能会把合并单元格的第一个值删除了，导致合并单元格没有数据。

3.3 单元格格式规范

在对表格布局调整规范后，接下来需要调整单元格格式规范，调整后就能得到一份规范、整洁，且被Excel认可的表格了。

在Excel中，单元格格式有3类，分别是日期格式、文本格式和数字格式。下面继续结合图3-2所示的客户来访记录表讲解单元格格式规范的相关知识。

3.3.1 日期格式

在图3-2所示的第一列中有多种日期格式，其中有的格式表达并不规范，这些不规范的日期格式是不被Excel所认可的。那么，如何识别日期格式是否规范呢？

在Excel中，可以通过筛选框来检查日期格式是否规范，其具体方法如下。

第1步 选择"来访日期"列，单击"开始"选项卡→"编辑"组→"排序和筛选"按钮，在弹出的列表框中选择"筛选"命令，如图3-20所示。

第2步 这时"来访日期"列A1右侧就多了一个筛选下拉按钮▼，如图3-21所示。此外，按快捷键"Ctrl+Shift+L"也可以显示筛选下拉按钮。

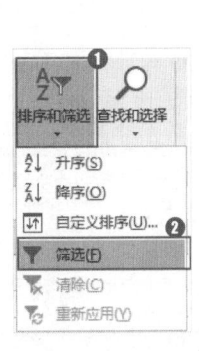

图3-20 选择 "筛选"命令　　图3-21 显示筛选下拉按钮

第3步 单击来访日期右侧的筛选下拉按钮▼，这时弹出如图3-22所示的筛选框。如果在筛选框中还能看到完整的日期，那么就说明这个日期格式是有误的。

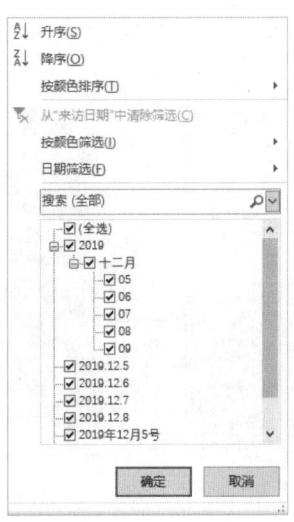

图3-22 筛选框

| 技术看板 |

正确的日期格式在通过Excel自动识别后，会根据年月进行逐级分组。在图3-22所示的筛选框中，可以看出上面几项的日期格式是正确的分组，而下面的几个日期格式，由于不符合日期格式规范，所以Excel无法识别，就只能当作一个文本进行显示。

在Excel中，被Excel认可的日期格式有以下3种：

- ××××年××月××日（如2019年12月5日）
- ××××/××/××（如2019/12/05）
- ××××-××-××（如2019-12-05）

在图3-2所示的表格中，有以下两种比较典型的日期格式错误：

- ××××.××.××（如2019.12.5）
- ××××年××月××号（如2019年12月5号）

那么，如何将错误日期格式修改为正确的日期格式呢？操作方法如下。

①第一种错误格式：××××.××.××。

修改方法：以把日期中的点号（.）替换成斜杠（/）。

第一步：先选出需要替换的数据范围，这一步非常重要，因为表格中的原价、折扣和成交价的数据都带有点号，为了避免把这些数据也替换了，这里一定要选中"来访日期"列。

第二步：使用查找替换法进行替换，按快捷键"Ctrl+H"，打开"查找和替换"对话框，查找点号，替换成斜杠（/）。

> **注意**
>
> 正确的日期格式用的是正斜杠，也就是键盘上的"/"。

②第二种错误格式：××××年××月××号。

修改方法：可以把"号"字替换成"日"。

同理，重复上面的操作，在"查找和替换"对话框中把第二种错误格式中的"号"字替换成"日"字。

现在表格中的日期格式都是正确的，但表格中的日期格式还是不统一。因此，需要统一设置"来访日期"列的单元格格式，将修改后的日期格式进行统一，这里可以统一为"××××/××/××"这种日期格式。

3.3.2 文本格式

很多人在表格中录入名字时，为了让名字对齐，喜欢在名字中间加空格，比如图3-2中的"刘 斌"。如果用查找功能搜索"刘斌"是根本搜索不到的，而且非常影响工作效率，这就是文本格式方面的不规范而导致的。所以，要把这些人为增加的空格删掉。

> **技术看板**
>
> 利用"查找替换"功能可实现空格的批量删除。按快捷键"Ctrl+H"打开"查找和替换"对话框，在"查找内容"文本框中输入一个空格，然后单击"全部替换"按钮就可完成删除。

图3-2中除了名字中的空格问题，还有另一个文本格式问题，就是词义重复的问题。例如"来源"列中的数据就存在词义重复。表格中一共有6种来源（见图3-23），但"熟人推荐""朋友推荐""别人推荐"这3种来源表达的都是同一个意思，因此可以把它们统一替换为"熟人推荐"。

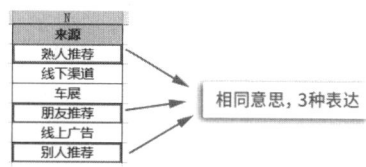

图3-23 词义重复的文本内容

对于"朋友推荐""别人推荐"，要查找替换两次。其实不用这么麻烦，这里使用星号（*）通配符就可以一次解决。其具体方法是：选中"来源"列，打开"查找和替换"对话框，在"查找内容"文本框中输入"*推荐",在"替换为"文本框中输入"熟人推荐",单击"全部替换"按钮即可。回到表格中,可以看到同时修改了两种表达。

| 技术看板 |

这里的*是一种通配符,它可以匹配任意数量的字符。因此不管文本的前面是什么,只要末尾两个字是"推荐",就会被查找替换。

另外,"成交状态"列也存在词义重复的问题,"未成交""意向未成交"都含有没有成交的意思,经核实,未成交是没有意向所以未成交,为了区分两种状态,这里我们暂且把"未成交"替换成"无意向未成交"。

这里也可以使用查找替换的方法来进行处理,但值得注意的是:当填充好查找和替换内容之后,不要马上单击"全部替换"按钮,而是要先选中"单元格匹配"复选框后再单击"全部替换"按钮,如图3-24所示。如果不先选中

"单元格匹配"复选框,而直接单击"全部替换"按钮,那替换后的"意向未成交"就变成了"意向无意向未成交"。如果判断什么时候需要选中"单元格匹配"复选框,什么时候不需要选中"单元格匹配"复选框,则取决于查找的内容是单元格的整个文本还是文本中的一部分。如果替换内容是单元格的整个文本,那就需要选中"单元格匹配"复选框。

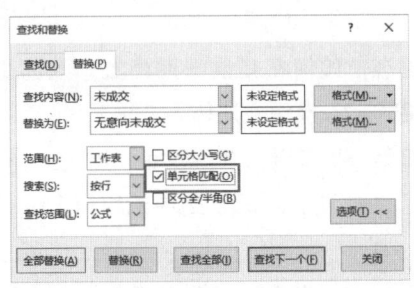

图3-24 选中"单元格匹配"复选框

| 技术看板 |

如果要查找替换的内容是单元格的整个文本,则需要选中"单元格匹配"复选框。

3.3.3 数字格式

在客户来访记录表中,经常会登记手机号码、身份证号码,这类数字比较长且不需要参与计算,通常需要把这些数字格式转换成文本格式。

例如,将手机号码由数字格式转换成文本格式,常规的转换方法是:选中手机号码所在的列,单击"开始"选项卡→"数字"组→"数字格式"下拉按钮,在弹出的列表框中选择"文本"选项;或选择手机号码所在的列右击,然后选择"设置单元格格式"命令打开对话框,在"数字"选项卡中的"分类"列表框中选择"文本"选项。

这里值得注意的是,转换后虽然在"数字格式"列表框中显示单元格是文本格式,但调整列宽之后,会发现数据变成了"E+"科学记数显示的形式,如图3-25所示。众所周知,只有数字才能转换为科学记数。也就是说,重新设置单元格格式为文本也无济于事,数字格式并没有变成文本格式。那么遇到这种情况,应该如何办呢?

	A	B	C	D
1	来访日期	客户信息		
2		客户姓名	手机号码	来源
3	2019/12/5	李桂荣	1.20E+10	熟人推荐
4	2019年12月5日	陈秀兰	1.67E+10	线下渠道
5	2019/12/5	张建军	1.80E+10	车展
6	2019.12.5	刘 斌	1.69E+10	朋友推荐
7	2019年12月5日	张秀梅	1.42E+10	车展

图3-25 "E+"科学记数显示

如果通过设置单元格格式的方法没有将数字格式转换为文本格式,这时可以用"分列"的

方法进行强制转换。其操作方法如下。

第1步 选择分列数据。选择需要分列的数据，这里选择C列。单击"数据"选项卡→"数据工具"组→"分列"按钮。

第2步 设置列数据格式。在打开的"文本分列向导-第1步，共3步"对话框中单击"下一步"按钮，在跳转的对话框中继续单击"下一步"按钮，进入"文本分列向导-第3步，共3步"对话框，在"列数据格式"列表框中选中"文本"单选按钮即可，如图3-26所示。

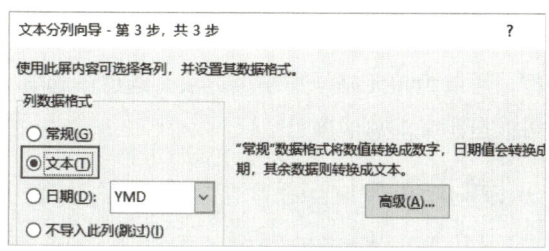

图3-26 设置列数据格式

第3步 转换格式。单击"完成"按钮，可以看到表格中"手机号码"列的单元格左上角有一个绿色的小三角图标，就说明格式转化成功了。

另外，在客户来访记录表中，"原价""折扣""成交价"3列的数据都应该是数字格式的，因为这些数据是需要参与计算的。加了单位后就变成了文本，无法直接参与计算，所以，要把单位去掉，只留下数值，其处理方法还是用查找替换方法，把原价和成交价后面的"万"字和折扣后面的"折"字分别替换为无内容。

技术看板

在将"万"字内容替换为无内容时需要取消选中"单元格匹配"复选框，因为这里"万"只是单元格文本的一部分，不需要进行单元格匹配。

注意

这里列名"折扣"中的"折"字也会被替换成空的，这是因为刚才是选中一整列替换的，现在可以手动给它补上。如果想避免表头中的内容被更改，那么在查找替换时，可以先选中第一行数据，再按快捷键"Ctrl+Shift+↓"向下选中所有数据进行替换。此外，不选到表头数据就不会替换表头。

成交价不需要使用查找替换进行批量删除，直接用"原价×折扣"即可计算出成交价。

第1步 计算折扣率。直接在I2单元格中输入公式的内容"=G2×H2×0.1"，这里的0.1是为了把折扣转成折扣率，然后按"Enter"键确定。

第2步 批量填充公式。选中I2单元格，将鼠标指针移至单元格右下角，当鼠标指针变为黑色十字形状时双击，就可以实现批量填充。

技术看板

将数字设置为文本格式后，单元格的左上角会出现一个绿色的小三角图标，这也是一个文本格式的小标记。像这种有中文字符的单元格，肯定就是文本格式了，如图3-27所示。

D	E	F
来源	汽车品牌	车型
熟人推荐	哈弗	哈弗H6
线下渠道	长安	长安CS75
车展	吉利汽车	博越
熟人推荐	荣威	荣威RX5
车展	本田	本田CR-V

图3-27 带有中文字符的单元格

在解决了单元格格式中日期、文本、数字等不规范的问题后，还可以为现在普通的表格套用表格格式使其变成超级表，让数据表更加美观。

设置超级表的操作方法如下。

第1步 设置边框和背景色。按快捷键"Ctrl+A"全选表格，在"开始"选项卡→"字体"组中，设置边框为"无框线"，设置背景色为"无填充"。

第2步 套用表格格式。套用表格格式前需要保证已经选中了表格的任意一个单元格，确认选好表格之后再单击"开始"选项卡→"样式"组→

"套用表格格式"下拉按钮，在弹出的列表框中选择一个喜欢的格式即可，如图3-28所示。

图3-28 选择表格格式

当将普通表格生成超级表后，就可以高效地对表格进行汇总、统计操作。

相对于普通表格而言，超级表的功能不仅多且实用。通过超级表可以快速规范表格的单元格样式，也可以进行自动扩展，还自带了"冻结首行"功能，下面将对超级表的一些功能进行介绍。

● 更改表格样式：选中数据源表格中的任意一个单元格，在"表格工具-表设计"的"表格样式"组中，展开"表格样式"列表框，选中想要的表格样式即可。

● 自动扩展：在超级表的末尾添加新的数据时，超级表会自动扩展，颜色和样式会自动填充到后面的单元格，不需要我们动手设置。

● 冻结首行：超级表自带有"冻结首行"功能，可以很方便地查阅超长表格数据。

● 显示每一列的汇总：选中数据源表格中的任意一个单元格，在"表格工具-表设计"选项卡的"表格样式"组中，选中"汇总行"复选框，可以为单元格添加下拉选项，通过该选项，可以自定义汇总的项目。

|技术看板|

利用超级表中的汇总功能，可以计算平均值、计数、数值计数、最大值、最小值、求和、标准偏差、方差，还可以插入函数。

● 对可见单元格汇总：通过单元格处的筛选按钮，可以只选中某一个数据进行汇总。

● 插入切片器：选中数据源表格中的任意一个单元格，在"表格工具-表设计"选项卡的"工具"组中，单击"插入切片器"按钮，可以直接插入切片器。

● 转为普通区域：选中数据源表格中的任意一个单元格，在"表格工具-表设计"选项卡的"工具"组中，单击"转换为区域"按钮，可以将单元格转换为普通区域。

处理单元格中不规范的格式

通过对单元格格式规范的学习，相信大家已经掌握了日期格式、文本格式和数字格式的规范操作。下面以前面的客户来访记录表为例对这3种格式进行规范，然后设置超级表，使表格格式更加统一。

第 3 章
数据规范

1. 规范日期格式

上面讲解了Excel中有三种正确日期格式，以及两种常见的错误日期格式。这里仔细查看客户来访记录表中的日期格式，发现表格中同时存在两种错误的日期格式，如图3-29所示，下面将这些错误的日期格式进行修改处理。

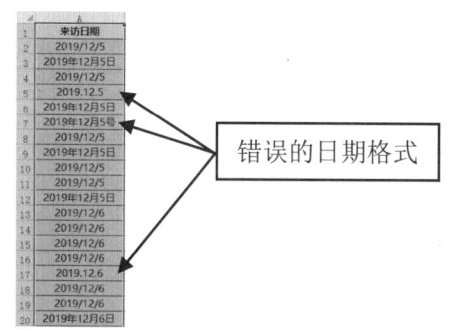

图3-29　表格中错误的日期格式

规范日期格式的具体操作步骤如下。

第1步 将"."替换成"/"：在"客户来访记录"工作表中选中A列，按快捷键"Ctrl+H"，打开"查找和替换"对话框，"查找内容"输入"."，"替换为"输入"/"，单击"全部替换"按钮即可，如图3-30所示。

图3-30　将"."替换为"/"

第2步 将"号"替换成"日"：在"查找和替换"对话框中，"查找内容"输入"号"，"替换为"输入"日"，然后单击"全部替换"按钮即可。

第3步 设置日期格式：单击"开始"选项卡→"数字"组→"数字格式"下拉按钮，在弹出的列表框中，选择"短日期"命令，将日期格式设置为"短日期"，如图3-31所示。

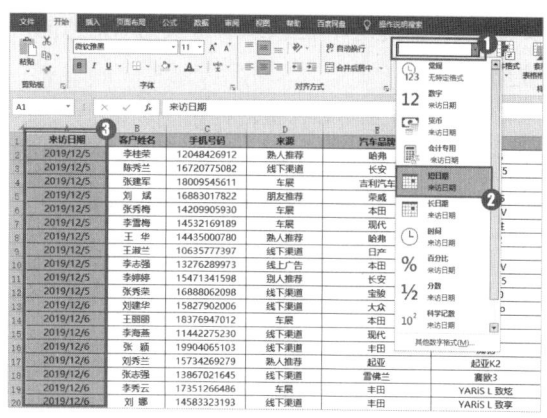

图3-31　设置日期格式

2. 规范姓名填写

在填写"客户姓名"列中的姓名时，需要保证姓名中间没有空格。因此需要将姓名中的空格进行删除处理，使表格中的数据更加规范。规范姓名填写的具体操作步骤如下。

第1步 输入空格：选中B列，按快捷键"Ctrl+H"，打开"查找和替换"对话框，"查找内容"输入空格。

第2步 删除姓名的空格：单击"全部替换"按钮，再单击"确定"按钮，将删除所有姓名中的空格，完成姓名填写格式的规范，如图3-32所示。

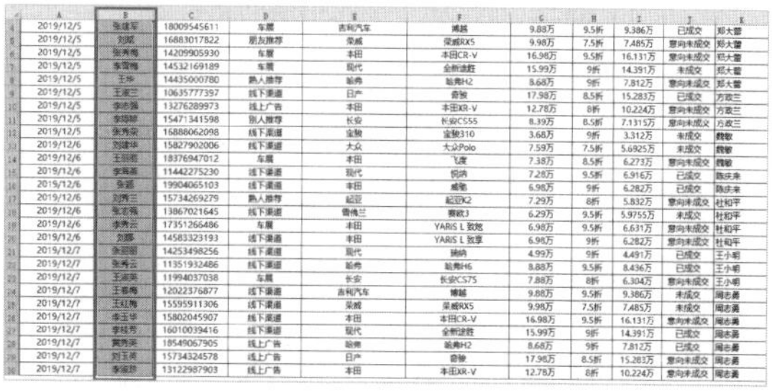

图3-32　规范姓名填写

3. 统一字段含义

由于前面客户来访记录表中"别人推荐""朋友推荐"都是"熟人推荐"的意思。因此，需要通过"替换"功能将"别人推荐""朋友推荐"统一成"熟人推荐"。同样，表格中"成交状态"列的"未成交"与"无意向未成交”也是相同意思，应该统一替换为“无意向未成交”。

统一字段含义的具体操作步骤如下。

第1步 将“*推荐”替换为“熟人推荐”：选中D列，按快捷键“Ctrl+H”打开“查找和替换”对话框，“查找内容”输入“*推荐”，“替换为”输入“熟人推荐”，依次单击“全部替换”和“确定”按钮即可。

第2步 设置查找和替换参数：选中“成交状态”列，在“查找和替换”对话框中，“查找内容”输入“未成交”，“替换为”输入“无意向未成交”，单击“选项”按钮，展开选项，选中“单元格匹配”复选框，如图3-33所示。

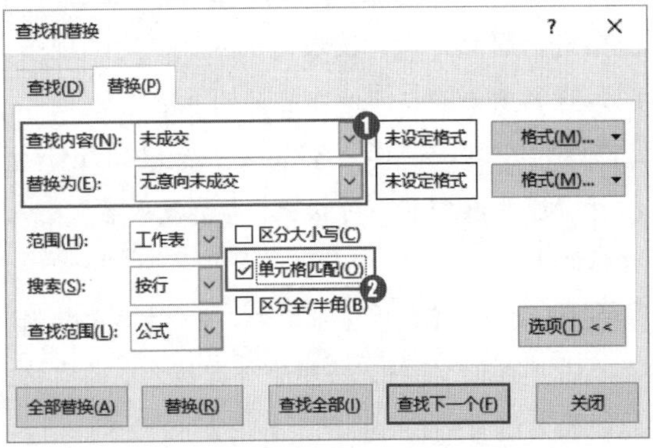

图3-33　设置查找和替换参数

第3步 查找和替换文本：依次单击“全部替换”和“确定”按钮，即可完成字段含义的统一操作。

技术看板

默认情况下，“范围”、“搜索”和“查找范围”等功能是隐藏的，只有单击“选项”按钮，才可以展开多个功能选项。

4. 手机号码文本化

在规范手机号码时，通过“分列”功能可以将列的数据格式更改成“文本”，完成手机号码文本化操作。手机号码文本化的具体操作步骤如下。

第1步 设置文本分列向导：选中C列，单击“数据”选项卡→“数据工具”组→“分列”按钮，打开“文本分列向导-第1步，共3步”对话框，单击“下一步”按钮，在跳转的对话框中继续单击“下一步”按钮，进入“文本分列向导-第3步，共3步”对话框，在“列数据格式”选项区中，选中“文本”单选按钮，单击“完成”按钮，如图3-34所示。

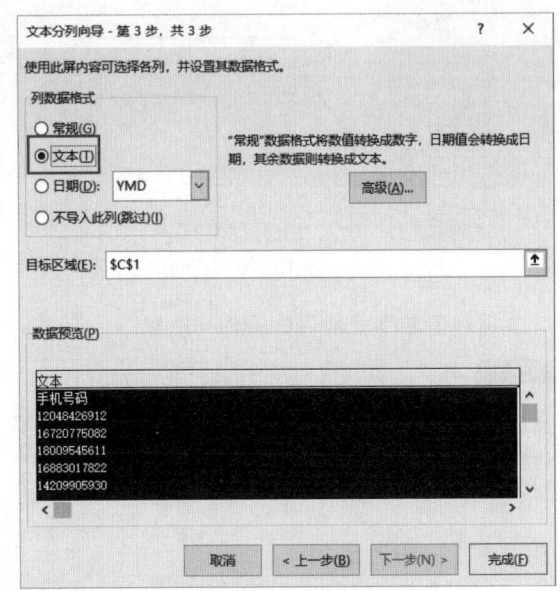

图3-34　设置列数据格式

第2步 手机号码文本化：上一步操作后即可将手机号码文本化，这时手机号码所在单元格的左上角有一个小三角形图标，如图3-35所示。

	A	B	C	D	E	F
1	来访日期	客户姓名	手机号码	来源	汽车品牌	车型
2	2019/12/5	李桂荣	12048426912	熟人推荐	哈弗	哈弗H6
3	2019/12/5	陈秀兰	16720775082	线下渠道	长安	长安CS75
4	2019/12/5	张建军	18009545611	车展	吉利汽车	博越
5	2019/12/5	刘斌	16883017822	熟人推荐	荣威	荣威RX5
6	2019/12/5	张秀梅	14209905930	车展	本田	本田CR-V
7	2019/12/5	李雪梅	14532169189	车展	现代	全新途胜
8	2019/12/5	王华	14435000780	熟人推荐	哈弗	哈弗H2
9	2019/12/5	王淑兰	10635777397	线下渠道	日产	奇骏
10	2019/12/5	李志强	13276289973	线上广告	本田	本田XR-V
11	2019/12/5	李婷婷	15471341598	熟人推荐	长安	长安CS55
12	2019/12/5	张秀荣	16888062098	线下渠道	宝骏	宝骏310
13	2019/12/6	刘建华	15827902006	线下渠道	大众	大众Polo
14	2019/12/6	王丽丽	18376947012	车展	本田	飞度
15	2019/12/6	李海燕	11442275230	线下渠道	现代	悦纳
16	2019/12/6	张颖	19904065103	线下渠道	丰田	威驰
17	2019/12/6	刘秀兰	15734269279	熟人推荐	起亚	起亚K2
18	2019/12/6	张志强	13867021645	线下渠道	雪佛兰	赛欧3
19	2019/12/6	李秀云	17351266486	车展	丰田	YARiS L 致炫
20	2019/12/6	刘娜	14583323193	线下渠道	丰田	YARiS L 致享
21	2019/12/7	张丽丽	14253498256	线下渠道	现代	瑞纳
22	2019/12/7	张秀云	11351932486	线下渠道	哈弗	哈弗H6

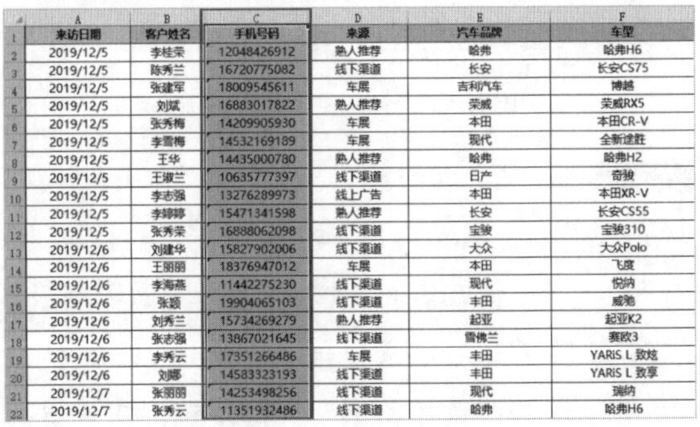

图3-35　手机号码文本化

第3章 数据规范

5. 规范价格数据

在规范价格有关的数据时,不需要使用单位,要将单位全部变成数字格式,并运用公式计算出成交价格。规范价格数据的具体操作步骤如下。

第1步 批量删除文本"万":选中G列,按快捷键"Ctrl+H",打开"查找和替换"对话框,输入寻找目标"万",替换为空,取消选中"单元格匹配"复选框,依次单击"全部替换"和"关闭"按钮即可。

第2步 批量删除文本"折":选中H列,在"查找和替换"对话框中,输入寻找目标"折",替换为空,依次单击"全部替换"和"确定"按钮即可。

第3步 计算成交价:选中I2单元格,输入公式"=G2*10000*H2*0.1",如图3-36所示,按"Enter"键确定,即可计算出成交价。

图3-36 输入公式

第4步 填充公式:选中I2单元格,将鼠标移至单元格的右下角,当鼠标指针呈黑色十字填充柄时,双击即可完成公式的向下填充,如图3-37所示。

图3-37 向下填充公式

第5步 设置数字格式:单击"开始"选项卡→"数字"组→"千位分隔样式"按钮,再在"数字"组中单击两次"减少小数位数"按钮,完成数字格式设置,如图3-38所示。

技术看板

千位分隔样式有"会计专用"和"数值"两种数字格式。其中,"数字"组中"千位分隔样式"按钮是"会计专用"数字格式,该格式可以使单元格内容靠右对齐,无法调整成其他对齐方式。而从"设置单元格格式"对话框的左侧列表框中选择"数值"选项,再选中"使用千位分隔符"复选框,则变成"数值"数字格式,该格式不仅可以使单元格内容靠右对齐,还可以调整成其他对齐方式。

Excel 数据分析从入门到精通

	A	B	C	D	E	F	G	H	I	J	K
1	来访日期	客户姓名	手机号码	来源	汽车品牌	车型	原价	折扣	成交价	成交状态	接待人员
2	2019/12/5	李桂荣	12048426912	熟人推荐	哈弗	哈弗H6	8.88	9.5	84,360	意向未成交	郑大蕾
3	2019/12/5	陈秀兰	16720775082	线下渠道	长安	长安CS75	7.88	8	63,040	已成交	郑大蕾
4	2019/12/5	张建军	18009545611	车展	吉利汽车	博越	9.88	9.5	93,860	已成交	郑大蕾
5	2019/12/5	刘斌	16883017822	熟人推荐	荣威	荣威RX5	9.98	7.5	74,850	已成交	郑大蕾
6	2019/12/5	张秀梅	14209905930	车展	本田	本田CR-V	16.98	9.5	161,310	意向未成交	郑大蕾
7	2019/12/5	李雪梅	14532169189	车展	现代	全新途胜	15.99	9	143,910	无意向未成交	郑大蕾
8	2019/12/5	王华	14435000780	熟人推荐	哈弗	哈弗H2	8.68	9	78,120	意向未成交	郑大蕾
9	2019/12/5	王淑兰	10635777397	线下渠道	日产	奇骏	17.98	8.5	152,830	已成交	方政兰
10	2019/12/5	李志强	13276289973	线上广告	本田	本田XR-V	12.78	8	102,240	意向未成交	方政兰
11	2019/12/5	李婷婷	15471341598	熟人推荐	长安	长安CS55	8.39	8.5	71,315	意向未成交	方政兰
12	2019/12/5	张秀荣	16888062098	线下渠道	宝骏	宝骏310	3.68	9	33,120	无意向未成交	魏敏
13	2019/12/6	刘建华	15827902006	线下渠道	大众	大众Polo	7.59	7.5	56,925	无意向未成交	魏敏
14	2019/12/6	王丽丽	18376947012	车展	本田	飞度	7.38	8.5	62,730	意向未成交	魏敏
15	2019/12/6	李海燕	11442275230	现代	悦动		7.28	9.5	69,160	已成交	陈庆来
16	2019/12/6	张颖	19904065103	线下渠道	丰田	威驰	6.98	9	62,820	已成交	陈庆来
17	2019/12/6	刘秀兰	15734269279	熟人推荐	起亚	起亚K2	7.29	8	58,320	意向未成交	杜和平
18	2019/12/6	张志强	13867021645	雪佛兰	赛欧3		6.29	9.5	59,755	意向未成交	杜和平
19	2019/12/6	李秀云	17351266486	车展	丰田	ARiS L致ои	6.98	9.5	66,310	意向未成交	杜和平
20	2019/12/6	刘娜	14583323193	线下渠道	丰田	ARiS L致	6.98	9	62,820	意向未成交	杜和平
21	2019/12/7	张丽丽	14253498256	线下渠道	现代	瑞纳	4.99	9	44,910	已成交	王小明

图 3-38 设置数字格式

6. 设置超级表

设置超级表的具体操作步骤如下：

第1步 设置表格框线：按快捷键"Ctrl+A"全选表格，单击"开始"选项卡→"字体"组→"下框线"下拉按钮，在弹出的列表框中，选择"无框线"命令，将表格设置为无框线。

第2步 设置表格填充：单击"开始"选项卡→"字体"组→"填充颜色"下拉按钮，在弹出的列表框中，选择"无填充"命令，将表格设置为无填充。

第3步 选择表格格式：单击"开始"选项卡→"样式"组→"套用表格格式"下拉按钮，在弹出的列表框中选择一个自己喜欢的格式。

第4步 设置超级表：执行上一步操作，将会打开"创建表"对话框，选中"表包含标题"复选框，单击"确定"按钮，即可设置超级表，如图3-39所示。

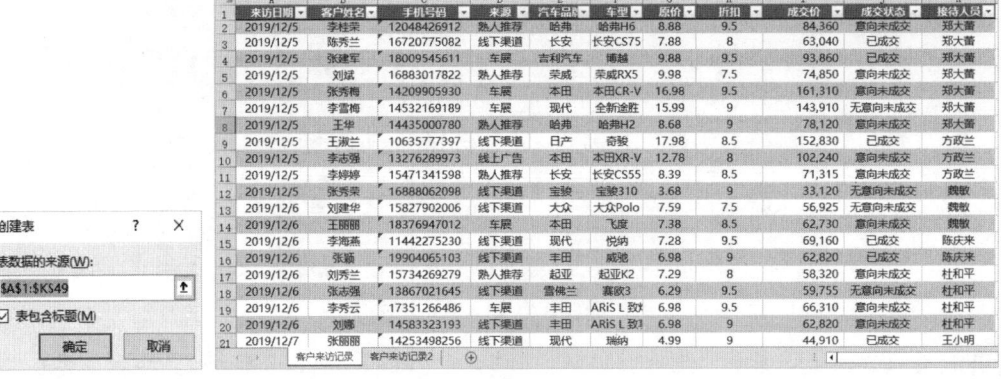

图 3-39 超级表效果

3.4 数据验证

完成了单元格格式规范的调整，接下来进行数据的验证，通过数据验证后表格就能有固定的录入格式，而不会被打乱。通过数据验证功能可以规避以下格式问题。

- 表格中存在合并单元格。
- 表格内有空白行。
- "试用车型"列中包含多个信息。
- 表格中出现空值,且缺少必要信息。
- 数值以中文"万"作为单位。

在Excel中,数据验证类型有4种,分别是日期验证、文本验证、序列验证和数字验证。下面继续结合前面的客户来访记录表来讲解数据验证的相关知识。

3.4.1 认识数据验证

数据验证可以让其他用户按照设定的规则去填写表格,限制输入内容的类型。当填表人录入数据不规范时,Excel就会报错,并且数据无法录入,使得填表人不得不按照设定的要求填写。

利用数据验证,可以对单元格或单元格区域输入的数据从内容到数量上进行限制。对于符合条件的数据,允许输入;对于不符合条件的数据,则禁止输入。比如,只允许输入数字,不能输入字母;只允许输入12月份日期,不能输入其他月份的日期;只允许输入小数,不能输入其他整数等。这样就可以依靠系统检查数据的正确性和有效性,避免错误的数据录入。同时,还可以提供信息来定义单元格中编辑的内容,以帮助用户改正错误指令。

数据验证有下面3个明显的特点。

(1)数据验证功能可以在尚未输入数据时预先设置,以保证输入数据的正确性。

(2)不能限制已输入的不符合条件的无效数据。

(3)通过"圈释无效数据"功能可以对已输入的数据中不符合条件的数据做圈释标示。

在正式认识数据验证的用法之前,可以回忆下日常的工作场景,我们需要先制作一个表格,其具体的制作方法如下。

第1步 新建一个空白的表格。

第2步 在表格中创建标题表头,依次输入标题字段。

标题创建好后,我们先来填充第一列数据,假如填表人是10个,那么我们可以创建出10个连续的序号。在A2单元格中输入"1",在A3单元格中输入"2",选中A2和A3单元格,鼠标指针移动到A3单元格右下角,当鼠标指针呈黑色十字形状时,按住鼠标左键并向下拖动,这样所有的序号就自动创建好了。完成了创建表格的常规操作后,下面就可以正式进入数据验证环节。

3.4.2 日期验证

日期验证经常被用来限制输入日期的范围。日期验证的具体操作步骤如下。

第1步 由于表头不需要验证,所以只选择要验证的填表区域即可,这里可以选中B2:B11单元格区域。

第2步 单击"数据"选项卡→"数据工具"组→"数据验证"按钮,打开"数据验证"对话框,设置"允许"为"日期","数据"为"大于或等于",输入"开始日期"为"2022-1-1"。设置完成后,单击"确定"按钮即可。现在B列单元格就设置了日期验证,但是填表人并不知道这里存在日期验证,因此要给填表人一个输入信息说明和报错提示。

技术看板

在WPS Office软件中，"数据验证"叫作"数据有效性"。

第3步 再次选中B2:B11单元格区域，并打开"数据验证"对话框，再依次设置数据验证的输入信息和出错警告，如图3-40和图3-41所示。

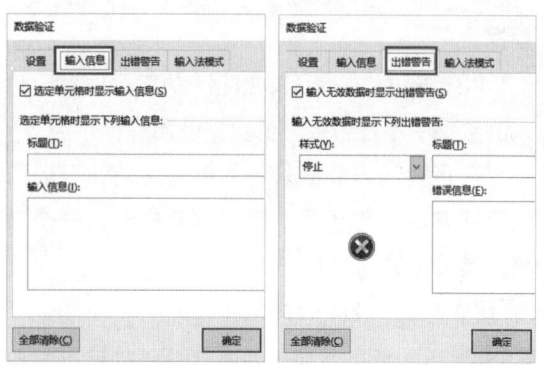

图3-40 设置输入信息　　图3-41 设置出错警告

① 设置输入信息说明。在"数据验证"对话框中，选择"输入信息"选项卡，在"标题"文本框中输入要提示的标题信息，如"请输入日期"，在"输入信息"列表框中可以输入诸如填写的格式或快捷键的提示信息。例如，输入"正确格式：2022/3/21"。

② 设置出错提示。选择"出错警告"选项卡，在"标题"文本框中输入"出错了"，在"错误信息"列表框中输入"请输入大于等于2022/1/1的日期"，最后单击"确定"按钮即可。

第4步 选中B2单元格，可以看到设置的信息说明，然后按快捷键"Ctrl + ;"进行快速填充，今天的日期自动出现在单元格里，按"Enter"键确定即可。继续验证一下错误日期的效果，输入"2021年12月1日"试试，这时系统就弹出了一个提示对话框，如图3-42所示。

图3-42 提示对话框

技术看板

在单元格中输入日期后，发现日期变成一串"#"符号，如图3-43所示。此时只要调整列宽即可将日期全部显示出来。

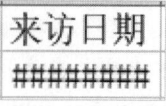

图3-43 日期变成符号

虽然日期验证已经完成了，但由于只有10行日期验证，如果填表人数发生变化，则可以直接向下拖动填充，让后面的单元格也采用这种验证方式。

3.4.3 文本验证

文本验证常用来限制录入数据的格式和长度。在Excel中，常见的文本验证是验证姓名和手机号码。对于姓名，我们要限制输入文本的长度，名字长度在2~5之间即为合理。而对于手机号码，我们不仅要限制文本长度为11位，还要限制输入的数字格式是文本，假如不限制格式，那Excel就会把这串纯数字号码识别成数值型数据，需要通过"分列"功能才能将数值转成文本。为了避免这些不规范数据的录入，下面我们对姓名和手机号码逐个进行设置。

（1）设置姓名验证：选取数据范围，然后打开"数据验证"对话框；选择"设置"选项卡，在"允许"列表框中选择"文本长度"选项，在"数据"列表框中选择"介于"选项，修改最小值为2，最大值为5，最后单击"确定"按钮，如图3-44所示；当输入长度小于2或大于5的姓名时，都会提示错误信息。

图3-44 设置姓名验证

（2）设置手机号码的数据验证的具体操作步骤如下。

第1步 选中D列，将整个手机号码列的单元格格式设置为"文本"。

第2步 选中要验证的填表范围，打开"数据验证"对话框，在"允许"列表框中选择"文本长度"选项，在"数据"列表框中选择"等于"选项，修改长度为11，然后单击"确定"按钮，如图3-45所示。这样手机号码的数据验证就设置完成，在D列随意输入几个数字检测一下，发现单元格左上角有小三角图标，并且弹出报错窗口，说明文本验证设置成功。

图3-45 设置手机号码验证

3.4.4 序列验证

序列验证要求填表人只能在提供的序列选项中选择，如果想要自行填写就会报错。该功能可以很好地避免同义不同词的情况出现，极大提升了工作效率和质量。

这里就以"来源"为例，如果想把"来源"选项限制为以下4种，如图3-46所示，那么我们可以用序列验证来进行操作，其具体操作步骤如下。

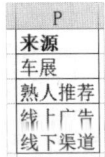

图3-46 "来源"选项限制

第1步 选中要验证的数据范围，打开"数据验证"对话框，在"允许"列表框中选择"序列"选项，在"来源"文本框中选中P2:P5单元格区域。

> **技术看板**
>
> 序列功能会为每个单元格提供一个下拉按钮，序列的"来源"也就是提供给填表人的一系列选项，它可以是一列数据，也可以是一行数据，但绝不能是多行多列的数据，选多行多列将会出现错误提醒，所以用户在选择来源数据时，要注意它的排列方式。

第2步 单击"确定"按钮，回到表格中，选中

E列的任意单元格,可以看到单元格右侧有一个下拉按钮,单击该下拉按钮,展开列表框,就可以出现对应的序列选项,如图3-47所示。

图3-47 序列选项

第3步 按照同样的方法设置"成交状态"列的数据验证。

同样地,还可以对汽车品牌和车型设置序列验证。在选择品牌后,如果想要后续选择的车型在所选品牌下,则需要在"汽车品牌"列设置一级菜单,在"车型"列设置二级菜单。其中,"汽车品牌"列的一级菜单跟上面的"来源"列验证设置相同,只要在"来源"处选中T1:X1单元格区域即可。

但是,在设置"车型"列的二级菜单时,需要用到两个新的知识:定义名称和INDIRECT函数。

1. 定义名称

表格中每个单元格都有自己的名称,单元格的名称会显示在左上角的名称框里,例如有的单元格叫作T1,有的单元格叫作U1,当用户在名称框里输入单元格名时,Excel会根据名称自动定位要查找的单元格位置。

用户也可以把单元格想象成一个格子,名称就是这个格子的"标签"或"号码牌",只要知道这个"号码牌",就能知道Excel格子里面装了什么。

用户还可以给多个格子统一起一个名称。例如本田的三种车型,可以用品牌名"本田"来统称它们。用户只需要选中单元格范围,然后在名称框直接修改,并按"Enter"键完成命名。这就好比是给这几个格子贴了一个标签名。

在定义名称后,使用数据验证时,可以直接用"=名称"来引用序列。不需要用户选中序列来源,Excel会自动填写所有单元格的名称。图3-48所示为定义名称前后对比图。

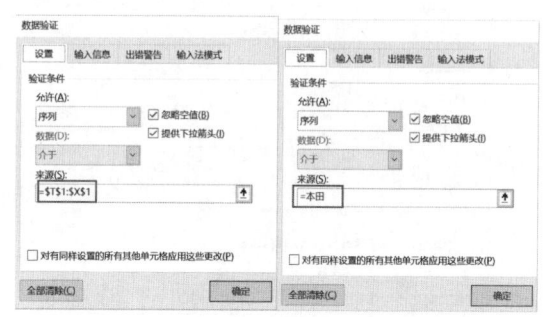

图3-48 定义名称前后对比图

在车型G2单元格使用数据验证,设置"允许"为"序列",在"来源"文本框中输入"=本田",单击"确定"按钮即可,然后单击单元格中的下拉按钮,展开列表框,可以看到本田的所有车型。

如果用户希望车型的序列来源是不固定的,那么等号后的名字取决于一级菜单选了什么。例如,当一级菜单选了本田,那二级菜单的序列来源就等于本田,这个名称的单元格范围就是本田的3种车型,如图3-49所示。

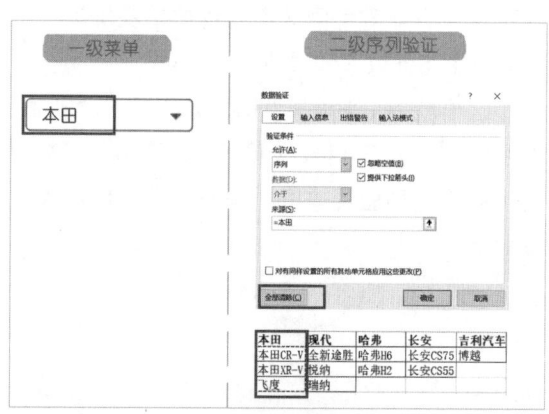

图3-49 本田的二级序列

如果一级菜单选的是现代，那二级序列验证的来源就等于现代，这个名称的单元格范围就是现代的3种车型，如图3-50所示。

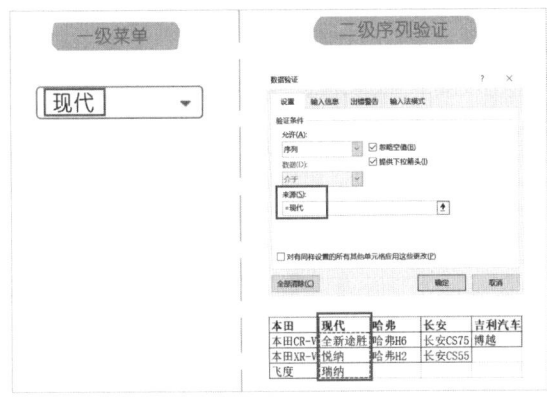

图3-50　现代的二级序列

要实现这种效果，需要先把各类车型的名称创建好，再设置二级序列的来源跟随一级菜单变化。但是，将一个个区域手动修改名称太麻烦了，此时可以使用批量命名的方式，其具体的操作步骤如下。

第1步　在按住"Ctrl"键的同时，选中U列到X列含文字的单元格区域。

第2步　单击"公式"选项卡→"定义的名称"组→"根据所选内容创建"按钮，打开"根据所选内容创建"对话框。

第3步　只选中"首行"复选框，单击"确定"按钮即可。

在批量命名完成后，可在打开的"名称管理器"对话框中看到，名称对应了汽车品牌，数值对应了各个品牌下的车型。然后回到表格中选中U2:U4单元格区域，在表格左上角的名称框显示这个区域叫作"现代"，单击名称框的下拉按钮，可以看到刚才创建的所有品牌名，单击任意一个名牌，Excel会自动定位单元格范围，说明定义名称已经完成了，如图3-51所示。

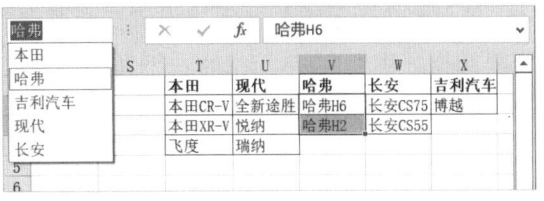

图3-51　定义名称

完成名称的定义后，接着需要设置二级序列的来源，让它与一级菜单的选项关联起来。其具体方法是：首先选中G2单元格，打开"数据验证"对话框；然后将来源中的"本田"替换成F2单元格的内容。但是直接单击F2单元格是不行的，来源会变成"=F2"，而要写的名称是"本田"，是F2单元格里面内容，即我们需要的"号码牌"，为了取出这个"号码牌"，需要用到INDIRECT函数。

2. INDIRECT函数

INDIRECT函数字面上是间接的意思。通过公式"=INDIRECT（单元格名称）"，可以找到隐藏在该单元格里面的"号码牌"，再通过这个"号码牌"找到另一个单元格范围里的内容。

我们可以直接将来源中的"$F$2"修改成"INDIRECT(F2)"，这样，INDIRECT函数会从F2单元格中找到隐藏的"号码牌"，现在F2单元格里储存的"号码牌"是本田，那整个公式就变成了"=本田"，Excel接着会查看名为"本田"的格子里都有什么，找到的内容就是本田的3种车型——本田CR-V、本田XR-V和飞度，找到内容后Excel就结束查找，所以这3种车型就是二级菜单的序列来源。

单击"确定"按钮后，再单击G2单元格的下拉按钮，从下拉菜单中可以看到本田品牌的车型出现在菜单里面。修改一级菜单的选项，再次单击二级菜单查看时，可以发现二级菜单的选项是会跟随一级菜单变化的。

继续为G列下方的单元格设置二级菜单。将鼠标指针移到G2单元格的右下角,向下拖动以填充。之后,清除填充区域的内容,使其恢复到无选项状态。再试试其他单元格,如果没有问题,就可以发现二级菜单也已经制作好。由于二级菜单制作比较难,需要用户有一定的函数基础。

| 技术看板 |

二级下拉菜单,是以一级菜单为基础,利用定义名称把一级菜单和二级菜单对应起来,再用INDIRECT函数间接引用一级菜单,最终可以得到二级菜单的序列。

3.4.5 数字验证

数字验证主要是对数字范围、小数点、公式引用等数字格式进行设置。比如前面客户来访记录表中的原价、折扣和成交价这三列就需要设置数字验证。数字验证的具体操作步骤如下。

第1步 数字验证"原价"列:选中要验证的数据范围,打开"数据验证"对话框,设置"允许"为"整数","数据"为"介于",最小值为30000,最大值为200000,再单击"确定"按钮即可。

第2步 数字验证"折扣"列,设置"允许"为"小数",最小值为0.75,最大值为1,再单击"确定"按钮即可。其中,最大值和最小值可以根据具体的业务情况进行调整。

| 注意 |

前面内容中折扣的写法是9.5折,这里我们采用的是折扣率,其写法是折扣乘以0.1。

通过计算J列的成交价可以得出,如果采用折扣率,那成交价就等于原价乘以折扣率,其具体操作步骤如下。

第1步 选中J2:J21单元格范围,打开"数据验证"对话框。

第2步 设置"允许"为"自定义",在"来源"文本框中输入公式"=J2=H2*I2"。

第3步 单击"确定"按钮即可。

| 技术看板 |

我们在设置其他数据验证时,都会在数据项选择"等于""介于""大于或等于"这样的判断标准;而设置自定义验证时,判断要求就直接写在了公式栏,假如这里要表达的是J2单元格,填写的公式要与H2*I2相同,也就是J2=H2*I2。

在录入数据时,J列单元格需要输入公式"=H列*I列",数据验证设置的公式用于验证数据是否正确,而不会帮我们直接计算得出结果。最后手动输入两行数据,以检验设置成果。

用数据验证功能规范数据录入

通过前面对数据验证的学习,相信大家已经掌握了4大验证法。下面通过数据验证功能来处理客户来访记录表的数据,让表格更加规范整齐。图3-52所示为客户来访记录表数据验证录入后的效果。

第 3 章
数据规范

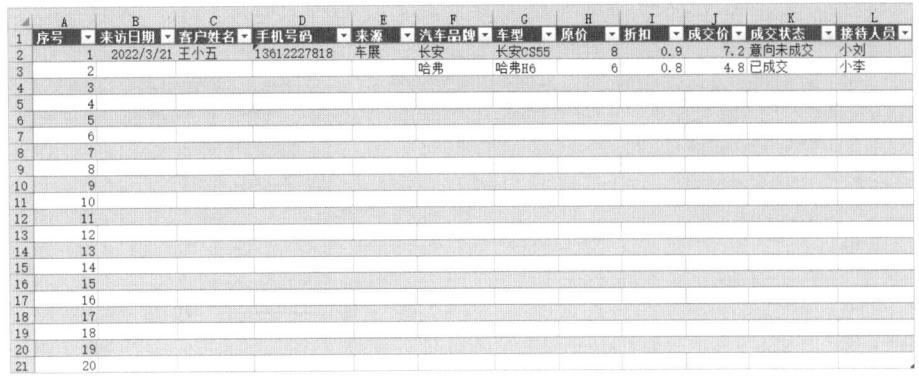

图3-52 客户来访记录表数据验证录入后效果

1. 填充序号

为了更快更高效地录入序号数据，可以直接通过"填充"功能将连续数据进行填充操作。填充序号的具体操作步骤如下。

第1步 切换工作表。在素材中的"客户来访记录表.xlsx"工作簿中，单击"客户来访记录2"工作表标签，切换至该工作表。

第2步 输入序号。在A2单元格中输入1，在A3单元格中输入2，按"Enter"键确定。

第3步 填充序号。选中A2、A3单元格，将鼠标指针移动到A3单元格右下角，当鼠标指针呈黑色十字形状时，按住鼠标左键向下拖动至A21单元格即可。

2. 设置日期验证

为了限制日期的输入，可以将日期输入限定在2022年1月1日及以后的日期。设置日期验证的具体操作步骤如下。

第1步 启用"数据验证"功能。选中B2:B21单元格区域，单击"数据"选项卡→"数据工具"组→"数据验证"按钮，打开"数据验证"对话框。

第2步 设置日期验证条件。在"允许"列表框中选择"日期"选项，在"数据"列表框中选择"大于或等于"选项，在"开始日期"文本框中输入"2022/1/1"，单击"确定"按钮，如图3-53所示。

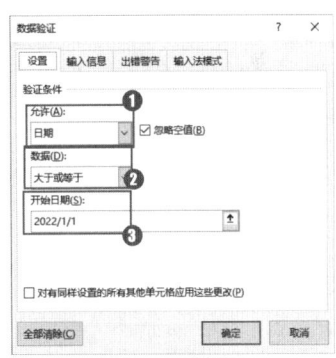

图3-53 设置日期验证

第3步 调整列宽。选择B2单元格，输入日期，调整单元格列宽，完成日期的验证。

3. 设置信息说明与报错提醒

数据验证中自带了信息说明与报错提醒功能，只会显示出用户录入的数据与限制数据不匹配，也不知道对于一般的用户而言，并不知道是哪里不匹配，也不知道输入哪些数据才是匹配的。因此，可手动设置这些提示信息和警告信息，让用户一目了然。设置信息说明与报错提醒的具体操作步骤如下。

第1步 启用"数据验证"功能。选中B2:B21单元格区域，单击"数据"选项卡→"数据工具"组→"数据验证"按钮，打开"数据验证"对话框。

第2步 设置信息说明。选择"输入信息"选项卡，修改"标题"为"请输入日期"，在"输入信息"中输入"正确格式：2022/3/21或者按Ctrl+;快速输入"，如图3-54所示。

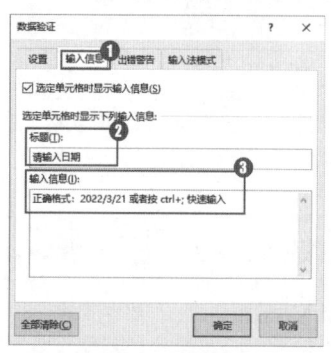

图3-54 设置信息说明

第3步 设置报错提醒。选择"出错警告"选项卡，修改"标题"为"出错了！"，在"错误信息"中输入"请输入大于等于2022/1/1的日期"，如图3-55所示，单击"确定"按钮即可。

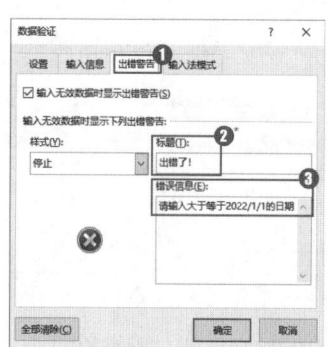

图3-55 设置报错提醒

4．设置文本验证

在验证客户姓名和手机号码的文本长度时，需要将客户姓名的文本长度设置为2~5，将手机号码的文本长度设置为11。设置文本验证的具体操作步骤如下。

第1步 启用"数据验证"功能。选中C2:C21单元格区域，单击"数据"选项卡→"数据工具"组→"数据验证"按钮，打开"数据验证"对话框。

第2步 设置姓名的文本长度。在"允许"列表框中选择"文本长度"选项，在"数据"列表框中选择"介于"选项，设置"最小值"为2，"最大值"

为5，单击"确定"按钮即可，如图3-56所示。

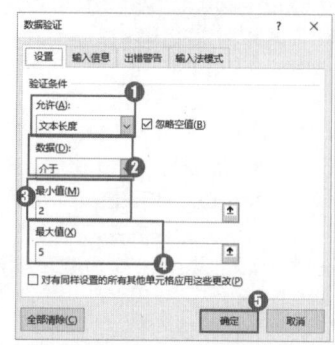

图3-56 设置"客户姓名"文本长度

第3步 设置文本格式。选中D列，单击"开始"选项卡→"数字"组→"数字格式"下拉按钮，展开列表框，选择"文本"命令，将该列格式设置为"文本"。

第4步 启用"数据验证"功能。选中D2:D21单元格区域，单击"数据"选项卡→"数据工具"组→"数据验证"按钮，打开"数据验证"对话框。

第5步 设置手机号码长度。在"允许"列表框中选择"文本长度"选项，在"数据"列表框中选择"等于"选项，输入"长度"为11，单击"确定"按钮，如图3-57所示。

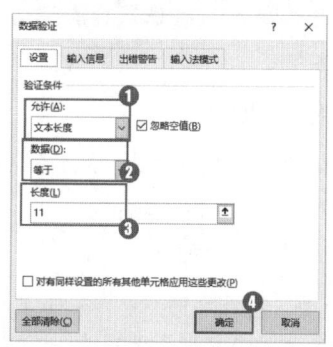

图3-57 设置"手机号码"文本长度

5．设置序列验证

在验证"来源"和"成交状态"列的序列时，需要在指定的单元格区域中进行序列验证。设置序列验证的具体操作步骤如下。

第1步 启用"数据验证"功能。选中E2:E21单元格区域，单击"数据"选项卡→"数据工具"组→"数据验证"按钮，打开"数据验证"对话框。

第2步 设置序列验证。在"允许"列表框中选择"序列"选项，"数据"为"介于"，单击激活"来源"框，选中P2:P5单元格区域，单击"确定"按钮，如图3-58所示。

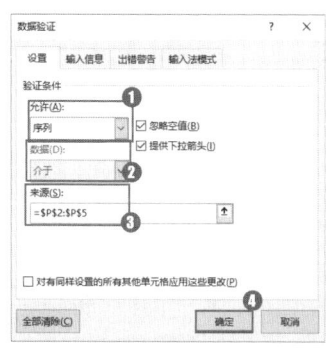

图3-58 设置"来源"序列验证

第3步 启用"数据验证"功能。选中K2:K21单元格区域，单击"数据"选项卡→"数据工具"组→"数据验证"按钮，打开"数据验证"对话框。

第4步 设置序列验证。在"允许"列表框中选择"序列"选项，"数据"为"介于"，单击激活"来源"框，选中R2:R4单元格区域，单击"确定"按钮即可，如图3-59所示。

图3-59 设置"成交状态"序列验证

6. 设置品牌车型序列验证

在验证"品牌车型"列的序列时，需要先定义名称，再通过函数进行验证。设置品牌车型序列验证的具体操作步骤如下。

第1步 启用"数据验证"功能。选中F2:F21单元格区域，单击"数据"选项卡→"数据工具"组→"数据验证"按钮，打开"数据验证"对话框。

第2步 设置序列验证。在"允许"列表框中选择"序列"选项，单击激活"来源"框，选中T1:X1单元格区域，单击"确定"按钮即可。

第3步 根据内容创建名称。在按住"Ctrl"键的同时，选中T列到X列含文字的单元格区域。单击"公式"选项卡→"定义的名称"组→"根据所选内容创建"按钮，打开"根据所选内容创建名称"对话框，只选中"首行"复选框，单击"确定"按钮，如图3-60所示。

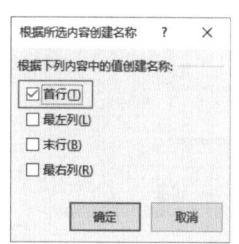

图3-60 选中"首行"复选框

第4步 选择选项。单击F2单元格的下拉按钮，展开列表框，选择"本田"选项。

第5步 设置序列验证。选中G2:G21单元格区域，打开"数据验证"对话框，设置"允许"为"序列"，"数据"为"介于"，在"来源"文本框中输入公式"=INDIRECT(F2)"，单击"确定"按钮，如图3-61所示。

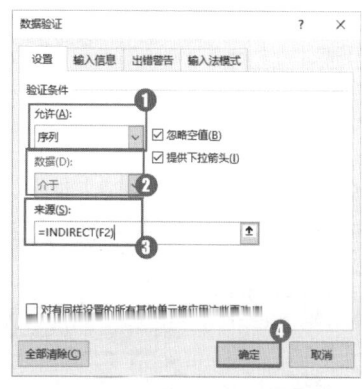

图3-61 设置名称和函数序列验证

7. 设置数字验证

在进行整数和小数的数字验证时，需要指定数字的最大值和最小值范围。设置数字验证的具体操作步骤如下。

第1步 设置整数数字验证。选中H2:H21单元格区域，打开"数据验证"对话框，设置"允许"为"整数"，"数据"为"介于"，"最小值"为3，"最大值"为30，单击"确定"按钮，如图3-62所示。

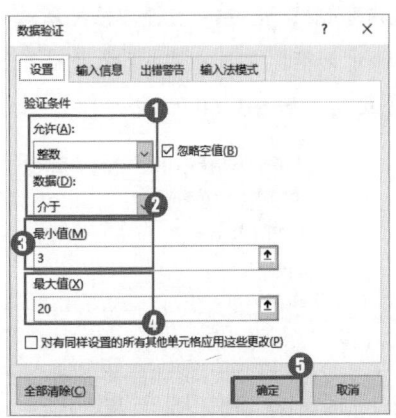

图3-62　设置整数验证

第2步 设置小数数字验证。选中I2:I21单元格区域，打开"数据验证"对话框，设置"允许"为"小数"，"数据"为"介于"，"最小值"为0.75，"最大值"为1，单击"确定"按钮，如图3-63所示。

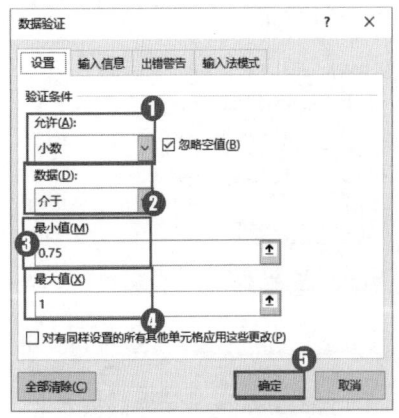

图3-63　设置小数验证

8. 设置自定义公式验证

设置自定义公式验证的具体操作步骤如下。

第1步 启用"数据验证"功能。选中J2:J21单元格区域，打开"数据验证"对话框。

第2步 设置自定义公式验证条件。设置"允许"为"自定义"，"数据"为"介于"，在"来源"文本框中输入公式"=J2=H2*I2"，单击"确定"按钮，如图3-64所示。

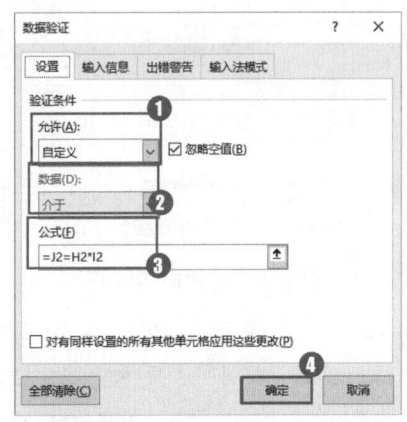

图3-64　设置自定义公式验证

9. 设置超级表

设置超级表的具体操作步骤如下。

第1步 输入数据。单击左侧展开实操题目说明，查看图片，手动输入两行数据。

第2步 选择表格样式。按快捷键"Ctrl+A"全选表格，单击"开始"选项卡→"样式"组→"套用表格格式"下拉按钮，展开列表框，选择一个自己喜欢的格式即可。

数据筛选、排序与汇总

第4章

通过第3章的学习，相信读者已经对数据规范有了系统的认识。获取规范的数据源是数据分析的第一步。接下来，我们将继续学习数据分析中数据整理的技能——数据的筛选、排序与汇总。学会这些技能，用户可以快速找到想要的信息，并且按照指定序列呈现汇总结果，这将大大提升用户对Excel功能的认知水平和工作效率。本章通过整理货品采购表中的数据来介绍数据的筛选、排序与汇总的相关知识，让表格数据清晰明了。图4-1所示为货品采购表中的数据筛选、数据排序和数据分类汇总的效果。

（a）数据筛选

（b）数据排序　　　　　　　　　　　　（c）数据分类汇总

图4-1　货品采购表中的数据筛选、数据排序和数据分类汇总的效果

4.1　数据筛选

筛选是指在所有的数据中，暂时隐藏表格中的部分数据，只呈现符合筛选条件的数据。例如，

在2019年的货品采购表中，当筛选11月份的数据时，数据表中就只显示11月份的数据，而其他月份的数据则不显示。

在Excel中常用的数据筛选类型有5种，它们分别是日期筛选、数字筛选、文本筛选、单元格格式筛选和多条件筛选。下面将对这5种筛选类型进行详细介绍。

4.1.1 日期筛选

使用“日期筛选”功能可以直接筛选出某天、某周、某月或某年的数据记录。比如要想筛选出11月的采购记录，其具体的操作方法是：选中数据源表格中的任意一个单元格，单击“数据”选项卡→“排序和筛选”组→“筛选”按钮，启用“筛选”功能。此时表头的单元格中将出现一个下拉按钮，说明筛选功能已经启用。因为只想筛选11月的数据，所以单击表格中“采购日期”右侧的下拉按钮，在弹出的筛选框中只选中“十一月”复选框，如图4-2所示。单击“确定”按钮，即可呈现11月的采购数据，如图4-3所示。

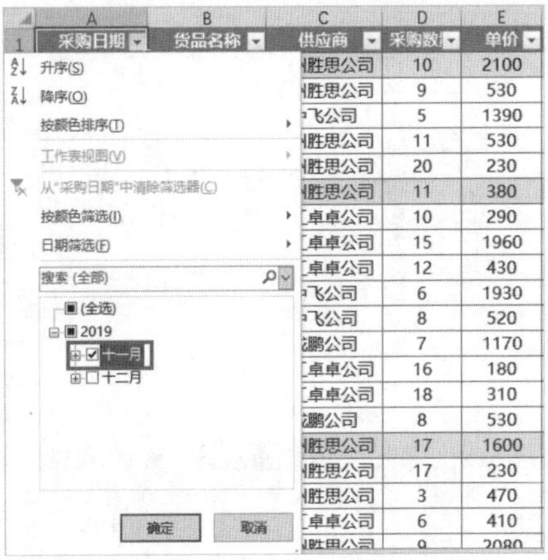

图4-2 只选中“十一月”复选框

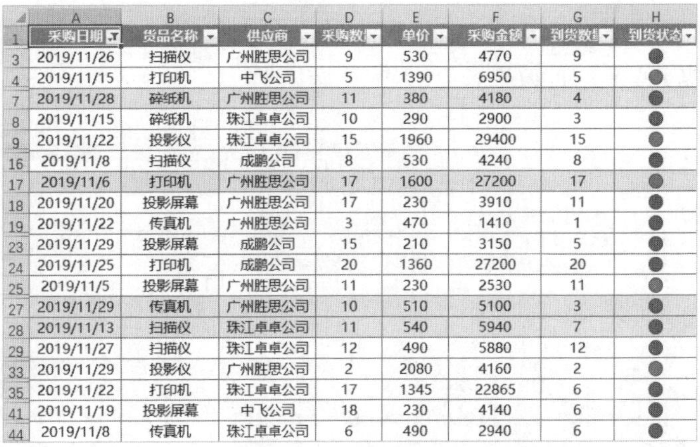

	采购日期	货品名称	供应商	采购数量	单价	采购金额	到货数量	到货状态
3	2019/11/26	扫描仪	广州胜思公司	9	530	4770	9	●
4	2019/11/15	打印机	中飞公司	5	1390	6950	5	●
7	2019/11/28	碎纸机	广州胜思公司	11	380	4180	4	●
8	2019/11/15	碎纸机	珠江卓卓公司	10	290	2900	3	●
9	2019/11/22	投影仪	珠江卓卓公司	15	1960	29400	15	●
16	2019/11/8	扫描仪	成鹏公司	8	530	4240	8	●
17	2019/11/6	打印机	广州胜思公司	17	1600	27200	17	●
18	2019/11/20	投影屏幕	广州胜思公司	17	230	3910	11	●
19	2019/11/22	传真机	广州胜思公司	3	470	1410	1	●
23	2019/11/29	投影屏幕	成鹏公司	15	210	3150	5	●
24	2019/11/25	打印机	成鹏公司	20	1360	27200	20	●
25	2019/11/5	投影屏幕	广州胜思公司	11	230	2530	11	●
27	2019/11/29	传真机	广州胜思公司	10	510	5100	3	●
28	2019/11/13	扫描仪	珠江卓卓公司	11	540	5940	7	●
29	2019/11/27	扫描仪	珠江卓卓公司	12	490	5880	12	●
33	2019/11/29	投影仪	广州胜思公司	2	2080	4160	2	●
35	2019/11/22	打印机	珠江卓卓公司	17	1345	22865	6	●
41	2019/11/19	投影屏幕	中飞公司	18	230	4140	6	●
44	2019/11/8	传真机	珠江卓卓公司	6	490	2940	6	●

图4-3 按日期筛选数据

技术看板

当单元格中的下拉按钮▾变成带漏斗的按钮时，就表示已经处于筛选状态了。

4.1.2 数字筛选

数字筛选的操作也很简单，但在使用“数字筛选”功能之前，需要先清除原有的日期筛选。清除原有的日期筛选方法也很简单，只需要单击“采购日期”单元格右侧的下拉按钮，在展开的筛选框中，选择“从‘采购日期’中清除筛选器”命令，如图4-4所示。

清除日期筛选后，单击“采购数量”右侧的下拉按钮，在展开的筛选框中，选择“数字筛选”命令，展开列表框，选择“大于”命令，如图4-5所示。

第 4 章
数据筛选、排序与汇总

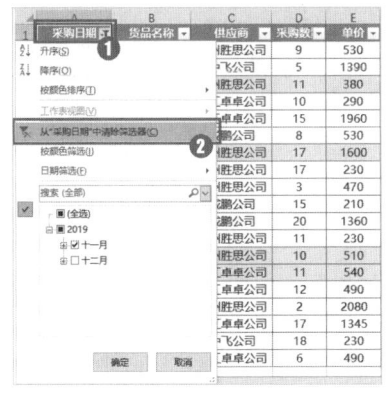

图4-4 清除数据筛选

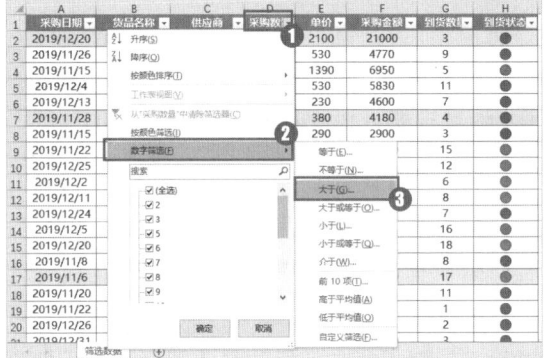

图4-5 选择"数字筛选"命令

打开"自定义自动筛选"对话框,在文本框中输入"15",然后单击"确定"按钮,这样采购数量超过15件的记录就被筛选出来了,如图4-6所示。

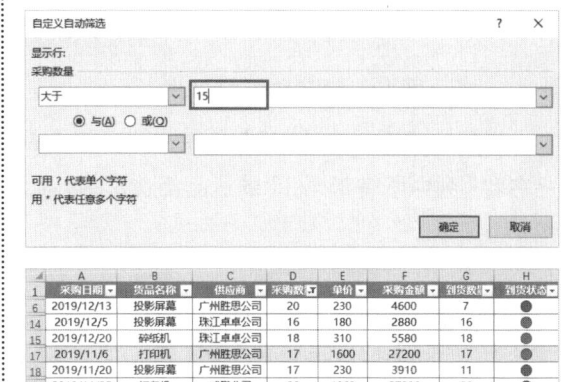

图4-6 自定义筛选条件

| 技术看板 |

除了上面的举例,数字筛选还有其他的筛选规则,比如等于、不等于、前10项、高于平均值等。

4.1.3 文本筛选

文本筛选就是按照指定的文本来筛选。比如,想筛选货品名称中带"机"的采购记录。首先清除原有的数字筛选,然后单击"货品名称"右侧的下拉按钮,在展开的筛选框中,选择"文本筛选"命令,展开列表框,选择"包含"命令,如图4-7所示。打开"自定义自动筛选"对话框,在文本框中输入"机",如图4-8所示。

| 技术看板 |

除了上面的举例,文本筛选还有其他的筛选规则,比如开头是、结尾是、不包含等。

图4-7 选择"文本筛选"命令

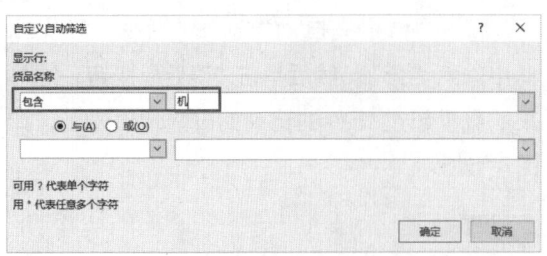

图4-8　设置文本筛选条件

设置完成后单击“确定”按钮，即可将“货品名称”列中所有带“机”的货品筛选出来，如图4-9所示。

	采购日期	货品名称	供应商	采购数	单价	采购金额	到货数	到货状态
4	2019/11/15	打印机	中飞公司	5	1390	6950	5	●
7	2019/11/28	碎纸机	广州胜思公司	11	380	4180	4	●
8	2019/11/15	碎纸机	珠江卓卓公司	10	290	2900	3	●
10	2019/12/25	传真机	珠江卓卓公司	12	430	5160	12	●
13	2019/12/24	打印机	成鹏公司	7	1170	8190	7	●
15	2019/12/20	碎纸机	珠江卓卓公司	18	310	5580	18	●
17	2019/11/6	打印机	广州胜思公司	17	1600	27200	17	●
19	2019/11/22	传真机	广州胜思公司	3	470	1410	1	●
20	2019/12/26	传真机	珠江卓卓公司	6	410	2460	2	●
22	2019/12/30	传真机	珠江卓卓公司	15	410	6150	10	●
24	2019/11/25	打印机	成鹏公司	20	1360	27200	20	●
26	2019/12/4	碎纸机	广州胜思公司	7	290	2030	7	●
27	2019/11/29	传真机	广州胜思公司	10	510	5100	3	●
30	2019/12/13	碎纸机	中飞公司	7	320	2240	7	●
31	2019/12/6	传真机	广州胜思公司	5	430	2150	5	●
32	2019/12/31	碎纸机	中飞公司	7	310	2170	2	●
34	2019/12/18	打印机	广州胜思公司	10	1345	13450	10	●
35	2019/11/22	打印机	珠江卓卓公司	17	1345	22865	6	●
39	2019/12/6	碎纸机	珠江卓卓公司	11	310	3410	11	●

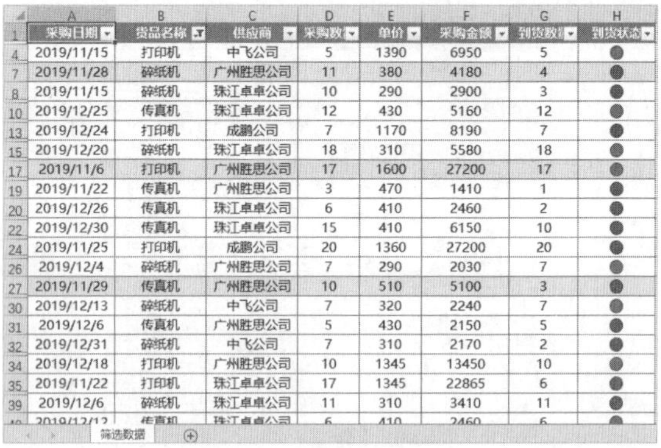

图4-9　自定义筛选条件

4.1.4　单元格格式筛选

前面3种筛选的类型，都是依据单元格中的数据来筛选的，接下来学习依据单元格格式进行筛选。单元格格式筛选是根据单元格的颜色、图标等格式进行筛选。在进行单元格格式筛选时，有以下两种方法。

1. 按单元格颜色筛选

单击“供应商”单元格右侧的下拉按钮，在展开的筛选框中，选择“按颜色筛选”命令，展开列表框，选择颜色，如图4-10所示，这样就可以筛选出某个颜色的单元格数据，如图4-11所示。

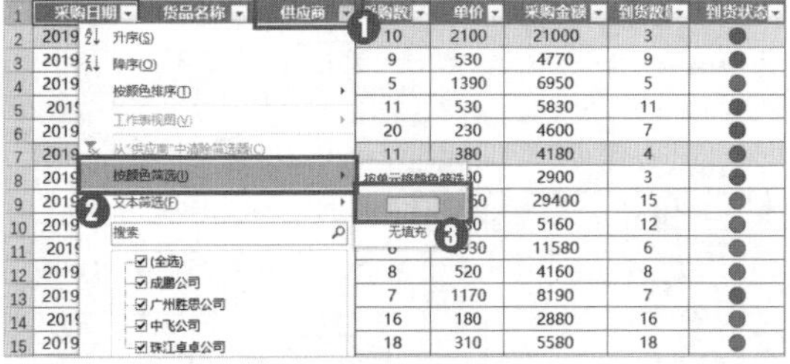

图4-10　选择颜色

	采购日期	货品名称	供应商	采购数	单价	采购金额	到货数	到货状态
2	2019/12/20	投影仪	广州胜思公司	10	2100	21000	3	●
7	2019/11/28	碎纸机	广州胜思公司	11	380	4180	4	●
17	2019/11/6	打印机	广州胜思公司	17	1600	27200	17	●
27	2019/11/29	传真机	广州胜思公司	10	510	5100	3	●
28	2019/11/13	扫描仪	珠江卓卓公司	11	540	5940	7	●
38	2019/12/20	投影屏幕	广州胜思公司	5	240	1200	2	●

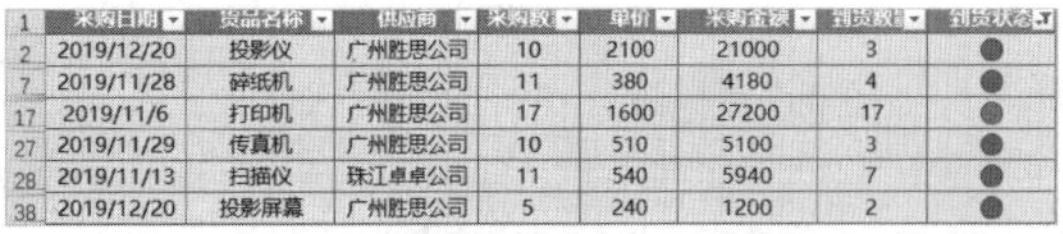

图4-11　按单元格颜色筛选

2. 按照单元格图标筛选

单击“到货状态”单元格右侧的下拉按钮，在展开的筛选框中，选择“按颜色筛选”命令，展开列表框，在“按单元格图标筛选”选项区中，选择红色图标，如图4-12所示，这样就可以筛选出到货状态都标注红色图标的单元格数据，如图4-13所示。

图4-12　选择红色图标

	采购日期	货品名称	供应商	采购数	单价	采购金额	到货数	到货状态
2	2019/12/20	投影仪	广州胜思公司	10	2100	21000	3	●
3	2019/11/26	扫描仪	广州胜思公司	9	530	4770	9	●
5	2019/12/4	扫描仪	广州胜思公司	11	530	5830	11	●
6	2019/12/13	投影屏幕	广州胜思公司	20	230	4600	7	●
7	2019/11/28	碎纸机	广州胜思公司	11	380	4180	4	●
8	2019/11/15	碎纸机	珠江卓卓公司	10	290	2900	3	●
13	2019/12/24	打印机	成鹏公司	7	1170	8190	7	●
16	2019/11/8	扫描仪	成鹏公司	8	530	4240	8	●
18	2019/11/20	投影屏幕	广州胜思公司	17	230	3910	11	●
19	2019/11/22	传真机	广州胜思公司	3	470	1410	1	●
20	2019/12/26	传真机	珠江卓卓公司	6	410	2460	2	●
21	2019/12/31	投影仪	广州胜思公司	9	2080	18720	3	●
22	2019/12/30	传真机	珠江卓卓公司	15	410	6150	10	●
23	2019/11/29	投影屏幕	成鹏公司	15	210	3150	5	●
24	2019/11/25	打印机	成鹏公司	20	1360	27200	20	●
27	2019/11/29	传真机	广州胜思公司	10	510	5100	3	●
28	2019/11/13	扫描仪	珠江卓卓公司	11	540	5940	7	●
29	2019/11/27	扫描仪	珠江卓卓公司	12	490	5880	12	●
31	2019/12/6	传真机	广州胜思公司	5	430	2150	5	●

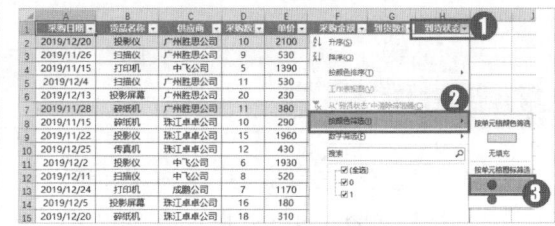

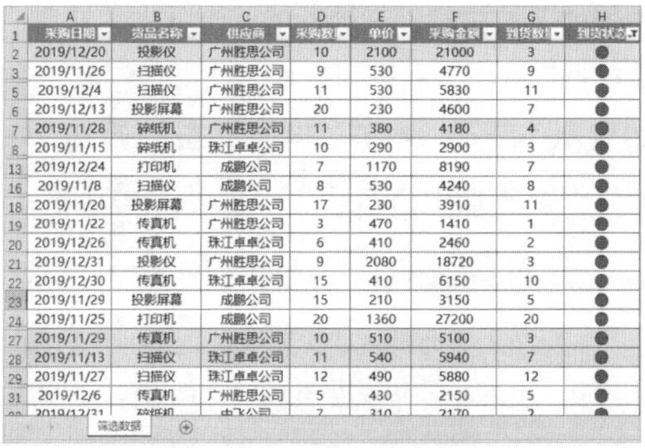

图4-13　按单元格图标筛选

第4章 数据筛选、排序与汇总

4.1.5 多条件筛选

前面的日期筛选、数字筛选等都是单个条件的筛选,在实际工作中,经常会同时筛选多个条件。比如,想找12月份从珠江卓卓公司采购的产品记录,该怎么操作呢?此时可以用多条件筛选的方式,先在"采购日期"列中筛选出12月的记录,然后在"供应商"列中筛选出珠江卓卓公司,就可以解决这个问题。其具体操作步骤如下。

第1步 筛选12月份的记录。单击"采购日期"单元格右侧的下拉按钮,在展开的筛选框中,只选中"十二月"复选框即可。

第2步 筛选供应商记录。单击"供应商"单元格右侧的下拉按钮,在展开的筛选框中,只选中"珠江卓卓公司"复选框即可,完成后的效果如图4-14所示。

图4-14 多条件筛选数据效果

▎技术看板▕

如果后续不再需要筛选,可以直接单击"数据"选项卡→"排序和筛选"组→"清除"按钮,清除整个表格的数据筛选。

根据要求对货品采购表进行筛选

在4.1节中,我们已经掌握了数据筛选的5种类型。在本案例中,要求在货品采购表中筛选出12月份采购单价大于500元且小于2000元的采购记录。

1. 筛选12月份的采购记录

筛选12月份的采购记录的具体操作步骤如下。

第1步 切换工作表。打开本章提供的"货品采购表.xlsx"工作簿,该工作簿中包含"筛选数据""数据排序""汇总计算"3张工作表,单击"筛选数据"工作表标签,切换至该工作表,如图4-15所示。

第2步 启用筛选。选中工作表中的任意一个单元格,然后单击"数据"选项卡→"排序和筛选"组→"筛选"按钮,启用"筛选"功能。

图4-15 打开工作簿

第3步 设置筛选条件。单击"采购日期"右侧的下拉按钮,在展开的筛选框中,只选中"十二月"复选框,如图4-16所示。

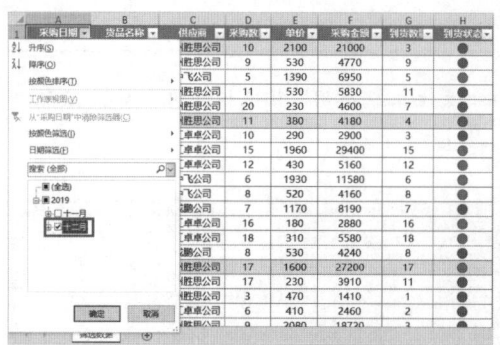

图4-16　设置12月份筛选条件

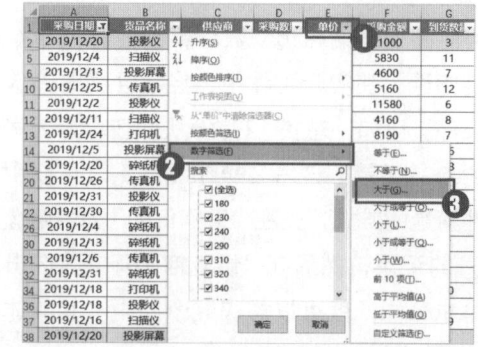

第4步 筛选出数据。在上一步中单击“确定”按钮，即可筛选出12月份的采购记录，如图4-17所示。

	采购日期	货品名称	供应商	采购数	单价	采购金额	到货数	到货状态
2	2019/12/20	投影仪	广州胜思公司	10	2100	21000	3	●
5	2019/12/4	扫描仪	广州胜思公司	11	530	5830	11	●
6	2019/12/13	投影屏幕	广州胜思公司	20	230	4600	7	●
10	2019/12/25	传真机	珠江卓卓公司	12	430	5160	12	●
11	2019/12/2	投影仪	中飞公司	6	1930	11580	6	●
12	2019/12/11	扫描仪	中飞公司	8	520	4160	8	●
13	2019/12/24	打印机	成鹏公司	7	1170	8190	7	●
14	2019/12/5	投影屏幕	珠江卓卓公司	16	180	2880	16	●
15	2019/12/20	碎纸机	珠江卓卓公司	18	310	5580	18	●
20	2019/12/26	传真机	珠江卓卓公司	6	410	2460	2	●
21	2019/12/31	投影仪	广州胜思公司	9	2080	18720	3	●
22	2019/12/30	传真机	珠江卓卓公司	15	410	6150	10	●
26	2019/12/4	碎纸机	广州胜思公司	7	290	2030	7	●
30	2019/12/13	碎纸机	中飞公司	7	320	2240	7	●
31	2019/12/6	传真机	广州胜思公司	5	430	2150	5	●
32	2019/12/31	碎纸机	中飞公司	7	310	2170	2	●
34	2019/12/18	打印机	广州胜思公司	10	1345	13450	10	●
36	2019/12/18	投影仪	珠江卓卓公司	19	2080	39520	6	●
37	2019/12/16	扫描仪	成鹏公司	19	490	9310	19	●
38	2019/12/20	投影屏幕	广州胜思公司	5	240	1200	2	●
39	2019/12/6	碎纸机	珠江卓卓公司	11	310	3410	11	●
40	2019/12/12	传真机	珠江卓卓公司	6	410	2460	6	●
42	2019/12/31	打印机	中飞公司	13	1390	18070	13	●
43	2019/12/27	打印机	珠江卓卓公司	7	1200	8400	2	●

图4-17　筛选出12月份采购数据

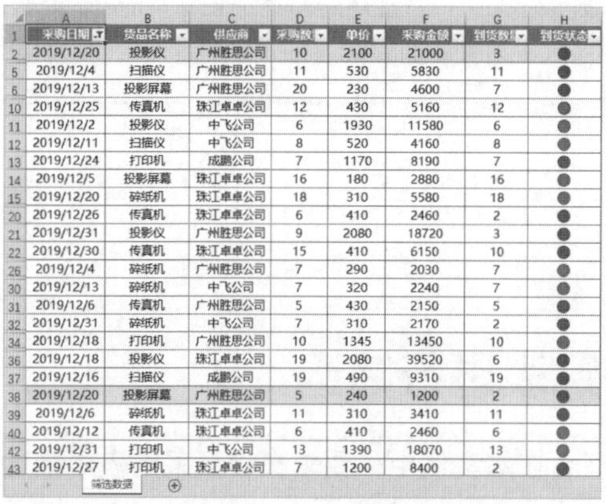

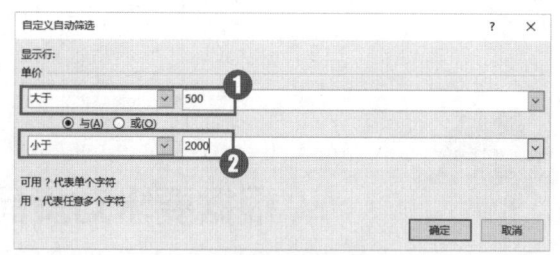

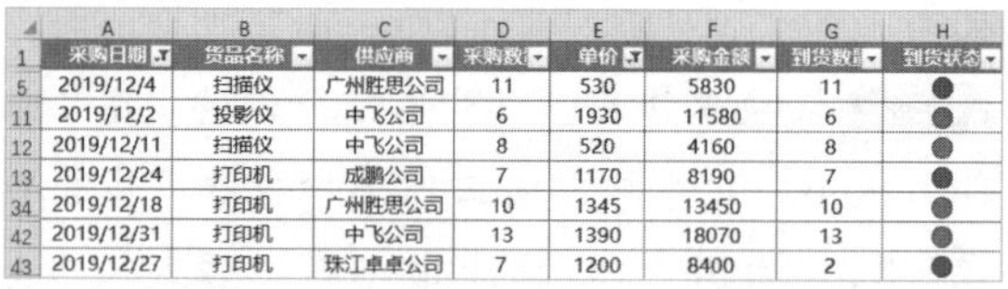

2. 筛选采购单价大于500元、小于2000元的采购记录

筛选采购单价大于500元、小于2000元的采购记录的具体操作步骤如下。

第1步 选择数字筛选命令。单击“单价”右侧的下拉按钮，在展开的筛选框中，选择“数字筛选”命令，展开列表框，选择“大于”命令，如图4-18所示。

图4-18　选择数字筛选命令

第2步 设置筛选条件。在打开的“自定义自动筛选”对话框中，设置第1个筛选条件为“大于”并输入500，第2个筛选条件为“小于”并输入2000，如图4-19所示。

图4-19　设置筛选条件

第3步 筛选出数据。在上一步中单击“确定”按钮，即可筛选出采购单价大于500元且小于2000元的采购记录，如图4-20所示。

	采购日期	货品名称	供应商	采购数	单价	采购金额	到货数	到货状态
5	2019/12/4	扫描仪	广州胜思公司	11	530	5830	11	●
11	2019/12/2	投影仪	中飞公司	6	1930	11580	6	●
12	2019/12/11	扫描仪	中飞公司	8	520	4160	8	●
13	2019/12/24	打印机	成鹏公司	7	1170	8190	7	●
34	2019/12/18	打印机	广州胜思公司	10	1345	13450	10	●
42	2019/12/31	打印机	中飞公司	13	1390	18070	13	●
43	2019/12/27	打印机	珠江卓卓公司	7	1200	8400	2	●

图4-20　筛选出采购单价大于500元且小于2000元的采购记录

4.2 数据排序

为了让表格数据更加利于查看且有条理，通常需要对表格数据进行排序。很多读者会认为，排

第 4 章 数据筛选、排序与汇总

序是随心所欲，高兴在哪里排序就在哪里排序，其实不然，排序对数据是有一定要求的。下面继续结合本章的货品采购表来讲解数据排序的相关知识。

4.2.1 排序的作用与规则

在生活中，排名无处不在。比如，在学生时代，考试成绩要排名；工作中，业绩也要排名。还有很多的TOP排行榜，如世界500强、福布斯富豪榜等。除了排名，还可以对数据进行排序，这不仅可以方便归类整理数据，而且还可以使图表更加直观，更具有冲击力。排序使得无序的数据变得有秩序，变得容易理解。

排序的规则主要有升序、降序和自定义排序3种，下面将分别进行介绍。

- 升序：对数字来说，就是按从小到大的顺序进行排序；对文本来说，就是按首字母从A到Z来排序；对日期来说，就是按从早到晚的时间进行排序。
- 降序：对数字来说，就是按从大到小的顺序进行排序；对文本来说，就是按首字母从Z到A来排序；对日期来说，就是按从晚到早的时间进行排序。
- 自定义排序：就是按照用户自己设定的一种排序规则来进行排序，谁排在前，谁排在后，都由用户预先设定好。

技术看板

有时候表格中的日期数据无法正确排序，原因是此时表格中的日期数据属于文本型数据。而真正的日期格式是数值型数据，可以直接按照日期的排序规则进行排序。因此，当遇到这种无法排序的日期时，最简单的处理方法便是先将日期数据转换成数值型数据，然后再对日期数据进行排序。

4.2.2 Excel 的 3 种排序方式

在Excel中，常见的排序类型有3种，分别是单列排序、多列排序和单元格格式排序，下面将分别进行介绍。

1. 单列排序

单列排序是指按照某一列的数据值对整个表格进行排序。单列排序的方法很简单，主要有以下两种。

- 通过按钮排序。选中"采购日期"列中的任意单元格，然后单击"数据"选项卡→"排序和筛选"组→"升序"按钮，如图4-21所示，可以实现"采购日期"列中的升序排列。

图4-21 通过按钮排序

- 通过筛选框排序。启用"筛选"功能，单击"采购日期"右侧的下拉按钮，在展开的筛选框中选择"升序"命令，如图4-22所示，也可以实现单列排序。

图4-22 通过筛选框排序

为"采购日期"和"升序",单击"确定"按钮,如图4-23所示,即可先按供应商进行排序,且在同一个供应商记录中,采购日期靠前排在最上面。

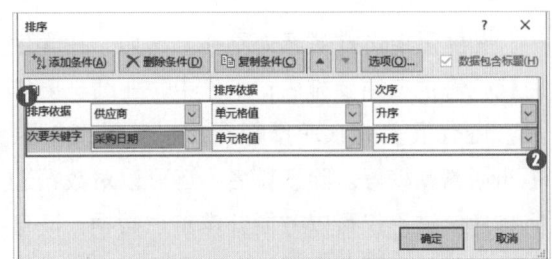

图4-23 设置排序条件

| 注意 |

在进行排序操作时需要注意的是,在已经操作排序的数据表上,Excel表头上方都有相应的标志提示,当单元格中的筛选按钮是带向上箭头的标志时,代表升序;当筛选按钮是带向下箭头的标志时,代表降序。

| 技术看板 |

在"排序"对话框中如果需要添加次要关键字排序条件,则直接单击"添加条件"按钮即可;如果需要删除多余的关键字排序条件,则直接单击"删除条件"即可;如果需要直接复制关键字排序条件,则直接单击"复制条件"按钮即可。

2. 多列排序

多列排序就是基于多列数据进行排序的方法。当以多列进行排序时,先对第一列数据进行排序,当第一列排序存在相同数据时,再对第二列数据进行排序,以此类推。

多列排序也可以理解为对多个关键字进行排序。在Excel中,多列排序有"主""次"之分,即先对"主关键字"进行排序,再对"次要关键字"进行排序。

多列排序既可以同时升序和降序,还可以通过"自定义排序"功能进行排序。

多列排序的方法很简单,只需要选中数据表的任意单元格,单击"数据"选项卡→"排序和筛选"组→"排序"按钮,打开"排序"对话框。在货品采购表中设置排序依据条件为"供应商"和"升序";设置次要关键字的排序条件

如果想升级一下排序难度,则可以通过"自定义排序"功能实现。比如,要想将"供应商"列的数据按广州胜思公司、珠江卓卓公司、成鹏公司、中飞公司的顺序来排列,则需要将广州胜思公司、珠江卓卓公司、成鹏公司、中飞公司的顺序作为自定义序列,其具体方法是:在"排序"对话框中,设置"排序依据"为"供应商",在"次序"列表框中,选择"自定义序列"选项,打开"自定义序列"对话框,在"输入序列"文本框中输入"广州胜思公司""珠江卓卓公司""成鹏公司""中飞公司",单击"添加"按钮,如图4-24所示。添加自定义序列后,单击"确定"按钮,回到"排序"对话框,在"次序"列表框中,将显示新添加的序列,如图4-25所示。选择自定义的序列,单击"确定"按钮即可按照自定义的顺序进行排序。

第4章
数据筛选、排序与汇总

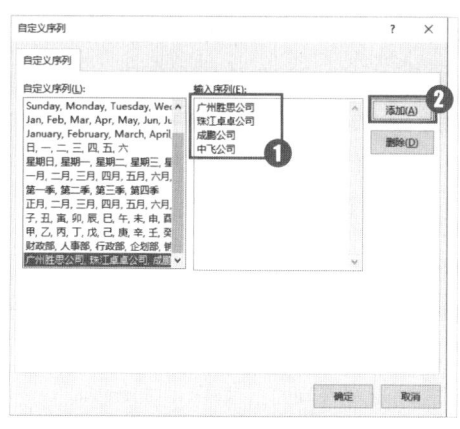

图4-24 添加自定义序列

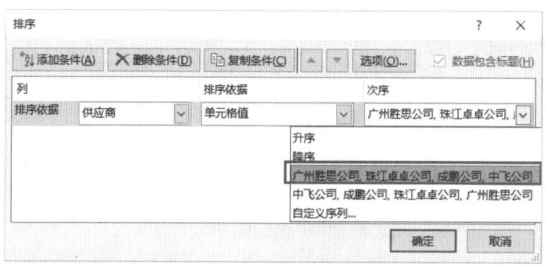

图4-25 选择自定义序列

| 技术看板 |

在添加自定义序列时，还可以直接选择"文件"选项卡，在"文件"界面中，选择"选项"命令，打开"Excel选项"对话框，在左侧列表框中，选择"高级"选项，在对应的页面中，单击"编辑自定义列表"按钮，如图4-26所示。这同样可以打开"自定义序列"对话框进行序列的自定义操作。

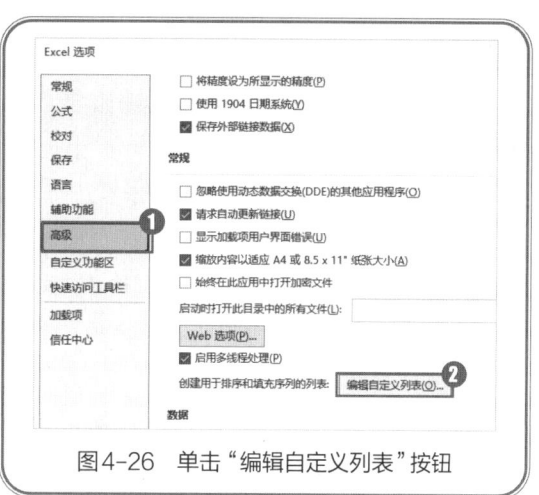

图4-26 单击"编辑自定义列表"按钮

3. 单元格格式排序

前面讲了依据单元格的值进行排序，但在Excel中还有一种按照单元格格式排序的方式。例如，在货品采购表中把"到货状态"列中绿色标记的记录排在最前面。其具体方法是：打开"排序"对话框，设置"列"为"到货状态"，"排序依据"为"条件格式图标"，在"次序"列表框中选择绿色图标，并设置"在顶端"位置，如图4-27所示，单击"确定"按钮，可以将标绿色的记录放在顶端。

图4-27 设置单元格格式排序条件

根据要求对货品采购表进行排序

在4.2节中，我们已经掌握了数据排序的规则与方式。下面依据这3种排序方式，先对供应商进行自定义排序，再对货品名称进行升序排序，最后对日期进行升序排序。

1. 添加自定义序列

添加自定义序列的具体操作步骤如下。

第1步 切换工作表。在"货品采购表.xlsx"工作簿中，单击"数据排序"工作表标签，切换至该工作表。

第2步 打开"Excel选项"对话框。选择"文件"选项卡，在"文件"界面中选择"选项"命令，打开"Excel选项"对话框。

第3步 设置自定义序列。在"Excel选项"对话框的左侧列表框中选择"高级"选项，在右侧界面的"常规"选项区中，单击"编辑自定义列表"按钮，打开"自定义序列"对话框，单击"从单元格中导入序列"按钮，如图4-28所示。

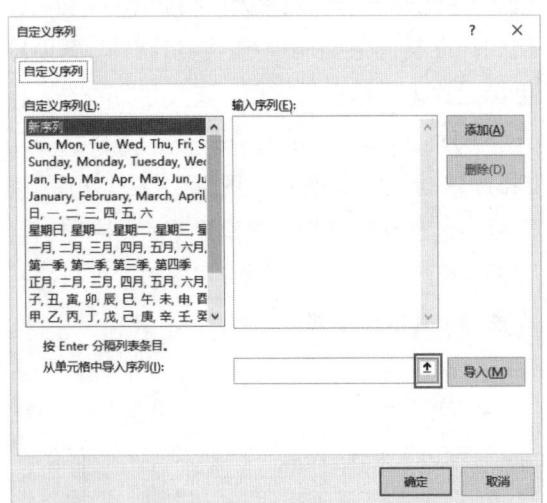

图4-28 单击"从单元格中导入序列"按钮

第4步 添加自定义序列。再次打开"自定义序列"对话框，选中K2:K5单元格范围，返回到"自定义序列"对话框，单击"导入"按钮，再单击两次"确定"按钮，即可完成自定义序列的添加。

2. 对供应商进行自定义排序

对供应商进行自定义排序的具体操作步骤如下。

第1步 单击"排序"按钮。选中工作表中的任意一个单元格，单击"数据"选项卡→"排序和筛选"组→"排序"按钮。

第2步 设置排序条件。打开"排序"对话框，设置"列"为"供应商"，在"次序"列表框中选择"自定义排序"选项，打开"自定义序列"对话框，选择刚创建的序列。

第3步 选择自定义序列。单击"确定"按钮，返回到"排序"对话框，在"次序"列表框中选择自定义的序列即可，如图4-29所示。

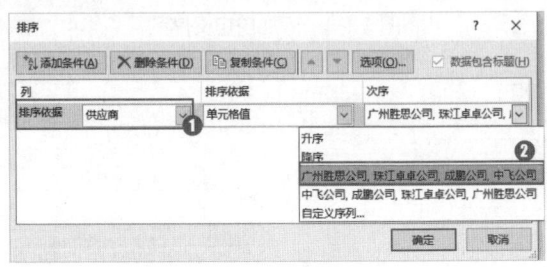

图4-29 选择自定义序列

3. 添加剩余的排序条件

添加剩余的排序条件的具体操作步骤如下。

第1步 添加多个排序条件。在"排序"对话框中，单击两次"添加条件"按钮，添加两个排序条件。

第2步 设置第1个排序条件。选择第1个次要关键字，设置"列"为"货品名称"，"次序"为"升序"。

第3步 设置第2个排序条件。选择第2个次要关键字，设置"列"为"采购日期"，"次序"为"升序"，如图4-30所示。

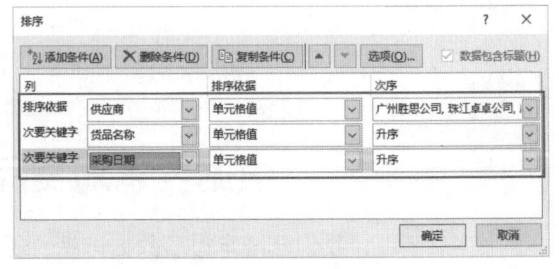

图4-30 设置排序条件

第 4 章
数据筛选、排序与汇总

> **技术看板**
>
> 在"排序"对话框中,单击"选项"按钮,可以在打开的"排序选项"对话框中设置按方向排序、字母排序和笔画排序的方法。

第4步 排序数据效果。单击"确定"按钮,完成货品采购表的排序操作,最终的排序效果如图4-31所示。

A	B	C	D	E	F	G	H		A	B	C	D	E	F	G	H
采购日期	货品名称	供应商	采购数	单价	采购金额	到货数	到货状态									
2019/11/22	传真机	广州胜思公司	3	470	1410	1	●	22	2019/12/30	传真机	珠江卓公司	15	410	6150	10	●
2019/11/29	传真机	广州胜思公司	10	510	5100	3	●	23	2019/11/22	打印机	珠江卓公司	17	1345	22865	6	●
2019/12/6	传真机	广州胜思公司	5	430	2150	5	●	24	2019/12/27	打印机	珠江卓公司	7	1200	8400	2	●
2019/11/6	打印机	广州胜思公司	17	1600	27200	17	●	25	2019/11/13	扫描仪	珠江卓公司	11	540	5940	7	●
2019/12/18	打印机	广州胜思公司	10	1345	13450	10	●	26	2019/11/7	扫描仪	珠江卓公司	12	490	5880	12	●
2019/11/26	扫描仪	广州胜思公司	9	530	4770	9	●	27	2019/11/15	碎纸机	珠江卓公司	10	290	2900	3	●
2019/12/4	扫描仪	广州胜思公司	11	530	5830	11	●	28	2019/12/6	碎纸机	珠江卓公司	11	310	3410	11	●
2019/11/28	碎纸机	广州胜思公司	11	380	4180	4	●	29	2019/12/20	碎纸机	珠江卓公司	18	310	5580	18	●
2019/12/4	碎纸机	广州胜思公司	7	290	2030	7	●	30	2019/12/5	投影屏幕	珠江卓公司	16	180	2880	16	●
2019/11/5	投影屏幕	广州胜思公司	11	230	2530	11	●	31	2019/11/22	投影仪	珠江卓公司	15	1960	29400	15	●
2019/11/20	投影屏幕	广州胜思公司	17	230	3910	11	●	32	2019/12/18	投影仪	珠江卓公司	19	2080	39520	6	●
2019/12/13	投影屏幕	广州胜思公司	20	230	4600	7	●	33	2019/11/25	投影仪	珠江卓公司	20	1360	27200	20	●
2019/11/29	投影仪	广州胜思公司	5	240	1200	2	●	34	2019/12/24	打印机	成鹏公司	7	1170	8190	7	●
2019/11/29	投影仪	广州胜思公司	2	2080	4160	2	●	35	2019/11/8	扫描仪	成鹏公司	8	530	4240	8	●
2019/12/20	投影仪	广州胜思公司	10	2100	21000	3	●	36	2019/12/16	扫描仪	成鹏公司	19	490	9310	19	●
2019/12/31	投影仪	广州胜思公司	9	2080	18720	3	●	37	2019/11/29	投影屏幕	成鹏公司	15	210	3150	5	●
2019/11/8	传真机	珠江卓公司	6	490	2940	6	●	38	2019/11/15	打印机	中飞公司	5	1390	6950	5	●
2019/12/12	传真机	珠江卓公司	6	410	2460	6	●	39	2019/12/31	打印机	中飞公司	13	1390	18070	13	●
2019/12/25	传真机	珠江卓公司	12	430	5160	12	●	40	2019/12/17	扫描仪	中飞公司	8	520	4160	8	●
2019/12/26	传真机	珠江卓公司	6	410	2460	2	●	41	2019/12/11	碎纸机	中飞公司	12	340	4080	12	●
2019/12/30	传真机	珠江卓公司	15	410	6150	10	●	42	2019/12/13	碎纸机	中飞公司	7	320	2240	7	●
2019/11/22	打印机	珠江卓公司	17	1345	22865	6	●	43	2019/12/31	碎纸机	中飞公司	7	310	2170	2	●
2019/12/27	打印机	珠江卓公司	7	1200	8400	2	●	44	2019/11/19	投影屏幕	中飞公司	18	230	4140	6	●
								45	2019/12/2	投影仪	中飞公司	6	1930	11580	6	●

图 4-31 排序数据效果

4.3 数据分类汇总

在学习Excel中最常用的筛选和排序功能后,接下来进入数据分类汇总的学习。数据分类汇总是最常用、最简单的一种数据分析方法。因为在经过分类汇总后,可以快速地描述数据的整体情况,并且能够根据结果做出一个大致的预判。

最常用的数据汇总方式有两种:一种是快速汇总,特点在于快,但只能汇总全部数据;另一种是分类汇总,可以根据需求,实现分类、部分数据的汇总。下面继续结合本章的货品采购表来讲解数据分类汇总方式的相关知识。

4.3.1 快速汇总

快速汇总的特点是快,可以通过创建超级表,也就是为表格套用表格样式来实现。只要在超级表中单击几次,就可以完成数据的快速汇总操作。

> **技术看板**
>
> 超级表是Excel中的一个表格样式,具有美化表格、数据统计、自带筛选器、自动填充、切片器等多种功能。

下面介绍用超级表来快速汇总数据的具体方法。

第1步 切换工作表。打开一张工作表，选中任意一个单元格，单击"开始"选项卡→"样式"组→"套用表格格式"下拉按钮，在展开的列表框中选择需要套用的表格格式，即可将普通的数据表变成超级表。

第2步 设置表格样式选项。选中超级表的任意一个单元格，在"表设计"选项卡→"表格样式选项"组中，选中"汇总行"复选框，如图4-32所示。

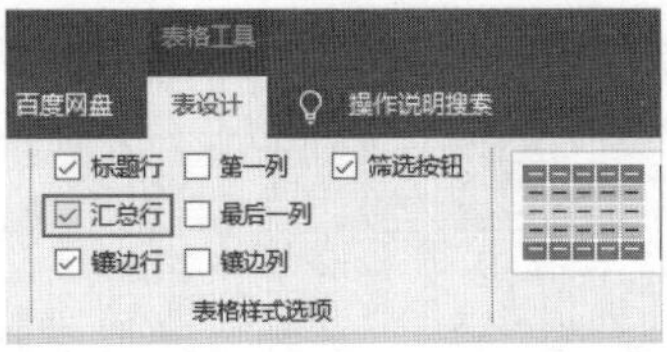

图4-32 选中"汇总行"复选框

第3步 汇总数据。在"采购金额"列底部的单元格中，单击下拉按钮，展开列表框，选择"求和"选项，在"到货状态"底部的单元格中，单击下拉按钮，选择"无"选项，即可汇总采购金额，得到求和数据，如图4-33所示。

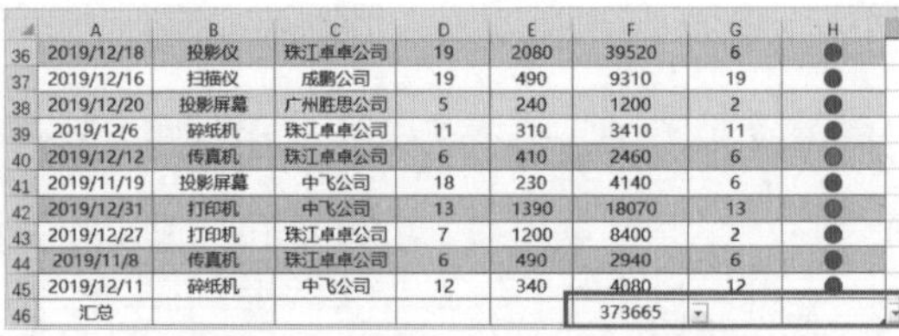

图4-33 汇总采购金额，得到求和数据

| 注意 |

使用超级表的快速汇总功能只能对数据进行全部汇总操作。

4.3.2 分类汇总

在实际工作中，有时只需要汇总一部分的数据，则可以采用"分类汇总"功能。分类汇总可以将同类数据按照某种指定的方式计算汇总，如按区域汇总销售额数据、按季度汇总采购金额数据等。

分类汇总的方法很简单，只需要选中分类汇总的列，单击"升序"按钮，即可升序排列数据。再单击"数据"选项卡→"分级显示"组→"分类汇总"按钮，打开"分类汇总"对话框，设置"分类字段"为"供应商"，"汇总方式"为"求和"，在"选定汇总项"列表框中，只选中"采购金额"复选框，如图4-34所示。单击"确定"按钮，即可完成分类汇总操作，分类汇总后表格的左上角多了3个分级按钮，如图4-35所示。

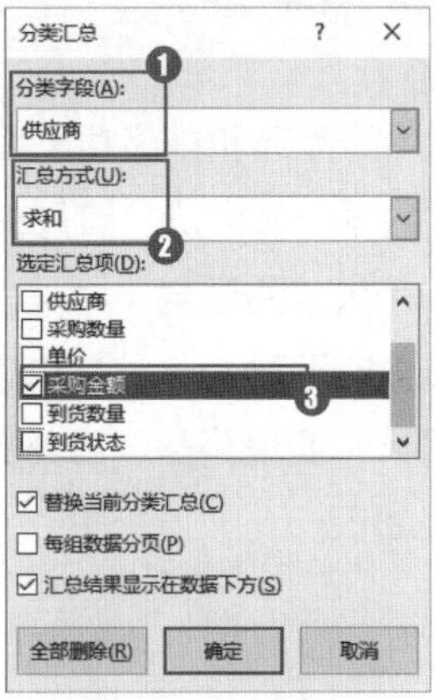

图4-34 设置分类汇总条件 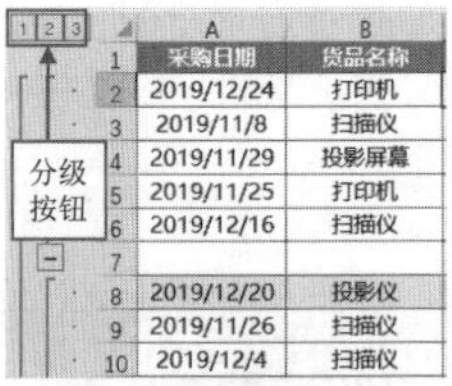　　图4-35 显示分类汇总级别

| 技术看板 |

单击表格左侧的1按钮，可查看一级汇总数据；单击表格左侧的2按钮，可查看二级汇总数据；单击表格左侧的3按钮，可查看三级汇总数据。

第4章
数据筛选、排序与汇总

实战演练

根据要求对货品采购表进行分类汇总

通过4.3节对数据汇总的学习,相信大家已经掌握了两种数据汇总的方法。下面根据货品名称分类汇总采购数量、到货数量和采购金额。

1. 对货品名称进行排序

对货品名称进行排序的具体操作步骤如下。

第1步 切换工作表。在"货品采购表.xlsx"工作簿中,单击"汇总计算"工作表标签,切换至该工作表。

第2步 排序数据。单击"货品名称"列中的B2单元格,单击"数据"选项卡→"排序和筛选"组→"升序"或"降序"按钮,即可对货品名称进行升序或降序操作。

2. 对数据进行分类汇总

对数据进行分类汇总的具体操作步骤如下。

第1步 打开对话框。单击"数据"选项卡→"分级显示"组→"分类汇总"按钮,打开"分类汇总"对话框。

第2步 设置分类汇总条件。在"分类汇总"对话框中,设置"分类字段"为"货品名称","汇总方式"为"求和",在"选定汇总项"列表框中,选中"采购数量""采购金额""到货数量"复选框,如图4-36所示。

第3步 单击"确定"按钮,完成数据的分类汇总操作,效果如图4-37所示。

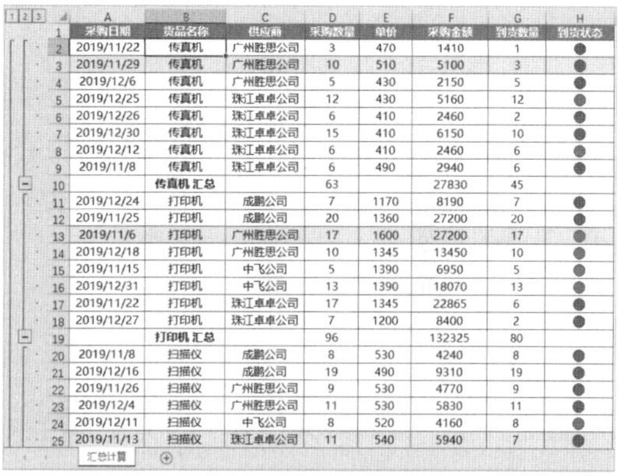

图4-37 分类汇总数据

技术看板

要删除表格中已有的分类汇总,只需在"分类汇总"对话框中单击"全部删除"按钮即可;若要将分类汇总结果显示在数据的上方,只需取消选中"汇总结果显示在数据下方"复选框即可;若需要创建多次分类汇总效果,则需取消选中"替换当前分类汇总"复选框。

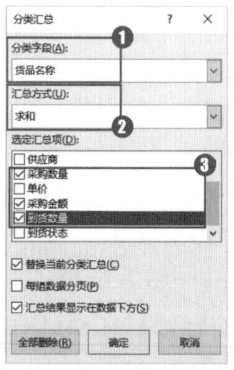

图4-36 设置分类汇总条件

第5章 数据处理综合实例——制作某火锅店6月份销售业绩表

通过第3章和第4章内容的学习,我们已经掌握了Excel中数据处理模块的方法。下面通过一个数据处理的综合应用案例来检验所学的内容,实现数据处理的从0到1。

5.1 案例背景

红姐开了一家麻辣火锅店,因为生意红火,2年内扩张到8家连锁火锅店。现在红姐想了解各个火锅店的业绩情况,但是只有一张销售业绩数据表(见图5-1)和一张目标业绩数据和往年同期业绩数据表(见图5-2)。

图5-1 销售业绩数据表

图5-2 目标业绩数据和往年同期业绩数据表

由于只有这些零散的数据,所以看不出销售的趋势,也不便于做经营决策。现在需要帮助红姐整理、分析这些数据,进而得到6月份各个火锅店的销售业绩,并对比去年同期的业绩,看看业绩有没有增长,同时看看目标业绩有没有达成。下面我们就来帮助红姐分析各个火锅店的经营情况,并结合所学知识,在工作表中完成数据整理和表格可视化工作,完成后的最终业绩报表效果如图5-3所示。

第 5 章
数据处理综合实例——制作某火锅店6月份销售业绩表

	A	B	C	D	E	F	G	H
1				2021年6月麻辣火锅公司门店业绩报表				
2	完成、1、未完成、0、负值				制表人		制表日期	
3	店铺名称	目标业绩额	实际业绩额	去年同期	营业额排名	完成度	差值	同比增长率
4	广州一店	800,000	816,625	647,960	8	✓ 102%	16,625	26%
5	广州二店	1,000,000	1,086,894	800,312	1	✓ 109%	86,894	36%
6	广州三店	950,000	986,242	769,611	3	✓ 104%	36,242	28%
7	广州四店	950,000	965,228	764,058	4	✓ 102%	15,228	26%
8	深圳一店	1,000,000	1,017,600	805,483	2	✓ 102%	17,600	26%
9	深圳二店	900,000	888,992	724,558	6	✗ 99%	-11,008	23%
10	深圳三店	900,000	879,538	720,773	7	✗ 98%	-20,462	22%
11	深圳四店	900,000	945,133	730,999	5	✓ 105%	45,133	29%

图5-3 火锅店最终业绩报表效果

5.2 案例分析

在对本案例的经营数据进行分析之前，需要先明确数据分析的最终目标，这一步非常重要，因为它决定了数据分析的方向和最终的分析结果。

5.2.1 案例分析目标

本案例数据分析的主要需求有3个，分别如下。

- 汇总6月份各个火锅店的销售业绩。
- 对比去年同期的业绩查看增长趋势。
- 查看目标业绩是否达成。

下面我们对这3个需求进行拆解，以获取案例分析的相关数据。

- 第一个需求：汇总6月份各个火锅店的销售业绩，需要从实际销售业绩表中获取各火锅店6月份的数据，然后用筛选功能和分类汇总功能，对各个火锅店6月的业绩进行分类汇总。
- 第二个需求：要对比去年同期的业绩查看增长趋势，就需要用今年6月的业绩和去年6月的业绩来计算同比增长率。
- 第三个需求：要查看目标业绩是否达成。需要计算今年6月份的实际业绩与目标业绩的比值，从而计算出完成率情况。

> **注意**
> 数据源有可能存在不规范的问题，所以获取实际销售数据的时候，记得检查一下单元格格式是否正确、表中是否有重复行等。

由此可见，要解决以上3个需求，在最终的业绩报表中一定要有这8项数据指标，它们分别是店铺名称、目标业绩额、实际业绩额、去年同期、营业额排名、完成度、差值（目标业绩差距）、同比增长率。通过对这8项指标进行分析，可以一目了然地了解火锅店的业绩情况。

5.2.2 案例实现思路

当明确了案例分析目标后，接下来需要梳理本案例的实现思路，并搭建具体的思路框架。根据本案例最终呈现的数据，可以将案例的实现思路分成以下3步。

（1）汇总原始数据。一是需要汇总计算6月份各个门店的实际业绩额；二是需要整理目标业绩额和去年同期的业绩额。

（2）计算数据。根据汇总整理的原始数据计算各门店的营业额排名、目标完成度、目标差值和同比增长率。

（3）可视化数据报表。就是为表格添加各种数据条和标识，优化表格样式，让数据更加直观。

5.3 实现过程

在了解了案例目标和实现思路后，接下来进入案例的实现过程。案例实现过程包括汇总原始数据、计算数据、数据报表可视化与美化处理三个方面的内容，下面详细讲解其实现过程。

5.3.1 汇总原始数据

汇总原始数据的方法很简单，只要把已经整理好的目标业绩额和去年同期的业绩额数据复制到表格中，然后对6月份各门店的营业额数据进行汇总就可以了。

> **注意**
>
> 在进行汇总前，需要删除重复值，否则最终计算出的数据是错误的。

1. 筛选6月份的数据

在筛选6月份的数据之前，可以看到日期列中的日期格式不规范，需要将日期格式修改成统一的日期格式，不然没法进行筛选。然后用"筛选"功能，筛选出6月份的业绩数据，并把6月份的数据复制到一张新的工作表中。

2. 分类汇总

筛选完6月份的数据后，下一步要对各门店的数据进行汇总。分类别进行汇总时需要用到"分类汇总"的功能。

分类汇总的第一步操作是排序。表格最终要呈现的是按照广州一店、广州二店、广州三店、广州四店这样的顺序进行排序，需要使用"自定义排序"功能进行数据排序。接着使用"分类汇总"功能，在"分类汇总"对话框中，选择分类字段为"店铺"，按照各个门店汇总销售金额。最后在完成汇总操作后单击左上角的2级别，查看汇总数据。

3. 定位可见单元格

最后需要将分类汇总后的数据复制到报表中，先选中这个范围，然后复制数据并粘贴到报表中。在粘贴数据时，需要注意新复制的数据包括其他被隐藏起来的数据。此时，需要选中这个数据范围，单击"开始"选项卡→"编辑"组→"查找和选择"下拉按钮，在展开的列表框中，选择"定位条件"命令，打开"定位条件"对话框，选中"可见单元格"单选按钮，如图5-4所示，单击"确定"按钮，则选中的范围就是筛选后可见的单元格。

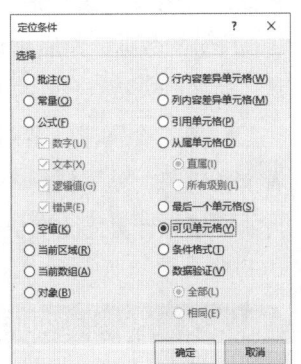

图5-4 "定位条件"对话框

实战演练

汇总整理6月份的销售业绩数据

在制作本案例效果前，需要先将原始数据进行复制和粘贴操作，然后筛选出6月份的销售业绩，并对销售业绩进行汇总操作。

1. 复制粘贴原始数据

复制粘贴原始数据的具体操作步骤如下。

第1步 切换工作表。打开本章提供的“某火锅店6月份销售业绩表.xlsx”工作簿，该工作簿中包含“2021年6月店铺业绩汇报”“基础数据”“原始数据”“6月份业绩数据”4张工作表，单击“基础数据”工作表标签，切换工作表，如图5-5所示。

	A	B	C	D	E	F
1	店铺名称	目标业绩额	2020年6月业绩额			
2	广州一店	800,000	647,960			
3	广州二店	1,000,000	800,312			
4	广州三店	950,000	769,611			
5	广州四店	950,000	764,058			
6	深圳一店	1,000,000	805,483			
7	深圳二店	900,000	724,558			
8	深圳三店	900,000	720,773			
9	深圳四店	900,000	730,999			

2021年6月店铺业绩汇报 | 基础数据 | 原始数据 | 6月份业绩数据

图5-5 打开工作簿

第2步 复制数据。选中目标业绩额B2:B9单元格范围并右击，在打开的快捷菜单中选择“复制”命令，即可复制数据。

第3步 粘贴数据。切换到“2021年6月店铺业绩汇报”工作表，选中B4单元格，按快捷键“Ctrl+V”粘贴数据。

第4步 复制数据。切换至“基础数据”工作表，选中2020年6月业绩额C2:C9单元格范围并右击，在打开的快捷菜单中选择“复制”命令来复制数据。

第5步 粘贴数据。切换至“2021年6月店铺业绩汇报”工作表，选中D4单元格，按快捷键“Ctrl+V”粘贴数据，如图5-6所示。

	A	B	C	D	E	F
1	2021年6月麻辣火锅公司门店业绩报表					
2						
3	店铺名称	目标业绩额	实际业绩额	去年同期	营业额排名	完成度
4	广州一店	800,000		647,960		
5	广州二店	1,000,000		800,312		
6	广州三店	950,000		769,611		
7	广州四店	950,000		764,058		
8	深圳一店	1,000,000		805,483		
9	深圳二店	900,000		724,558		
10	深圳三店	900,000		720,773		
11	深圳四店	900,000		730,999		

图5-6 复制和粘贴数据

2. 筛选6月销售业绩数据

筛选6月销售业绩数据的具体操作步骤如下。

第1步 打开对话框。切换至“原始数据”工作表，单击“开始”选项卡→“编辑”组→“查找和选择”下拉按钮，在展开的列表框中，选择“替换”命令，打开“查找和替换”对话框。

第2步 规范日期格式。在对话框中输入寻找目标“.”，替换为“/”，依次单击“全部替换”和“确定”按钮即可。

第3步 启用“筛选”功能。单击“数据”选项卡→“排序和筛选”组→“筛选”按钮，启用“筛选”功能。

第4步 设置筛选条件。单击“日期”右侧的下拉按钮，展开筛选框，只选中“六月”复选框，单击“确定”按钮，如图5-7所示。

第5步 筛选数据。根据上一步操作即可筛选出6月份的销售业绩数据，如图5-8所示。

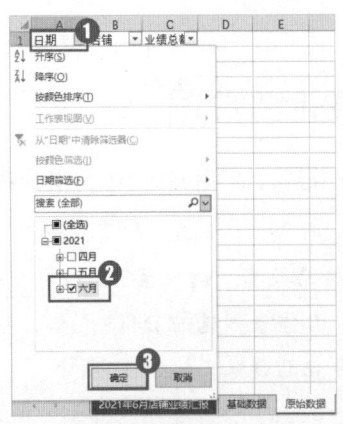

图5-7 设置筛选条件

	日期	店铺	业绩总额
499	2021/6/1	广州二店	45718
500	2021/6/1	广州三店	41357
501	2021/6/1	广州四店	40485
502	2021/6/1	深圳三店	28204
503	2021/6/1	深圳一店	16166
504	2021/6/1	深圳二店	9299
505	2021/6/1	深圳四店	9223
506	2021/6/1	广州一店	5820
507	2021/6/2	广州二店	59974
508	2021/6/2	深圳四店	59443
509	2021/6/2	广州四店	46575
510	2021/6/2	广州一店	36188
511	2021/6/2	深圳一店	26399
512	2021/6/2	深圳二店	18124
513	2021/6/2	广州三店	17916
514	2021/6/2	深圳三店	9384
515	2021/6/3	深圳四店	59627
516	2021/6/3	广州二店	54457
517	2021/6/3	广州一店	50681
518	2021/6/3	广州三店	39176
519	2021/6/3	深圳二店	32963
520	2021/6/3	广州四店	18298
521	2021/6/3	深圳一店	15264

图5-8 筛选6月销售业绩数据

第6步 复制和粘贴数据。按快捷键“Ctrl+A”全选数据，按快捷键“Ctrl+C”复制数据，切换至“6月份业绩数据”工作表，选中A1单元格，按快捷键“Ctrl+V”粘贴数据。

3. 汇总6月各店铺销售业绩

汇总6月各店铺销售业绩的具体操作步骤如下。

第1步 打开“Excel选项”对话框。选择“文件”选项卡，在“文件”界面中选择“选项”命令，打开“Excel选项”对话框，在左侧列表框中选择“高级”选项，在右侧界面的“常规”选项区中，单击“编辑自定义列表”按钮。

第2步 选中单元格范围。打开“自定义序列”对话框，单击“从单元格中导入序列”文本框中的按钮，在“2021年6月店铺业绩汇报”工作表中，选中A4:A11单元格范围。

第3步 自定义序列。按“Enter”键确定单元格范围，回到“自定义序列”对话框，单击“导入”按钮，添加自定义序列，如图5-9所示，单击两次“确定”按钮即可。

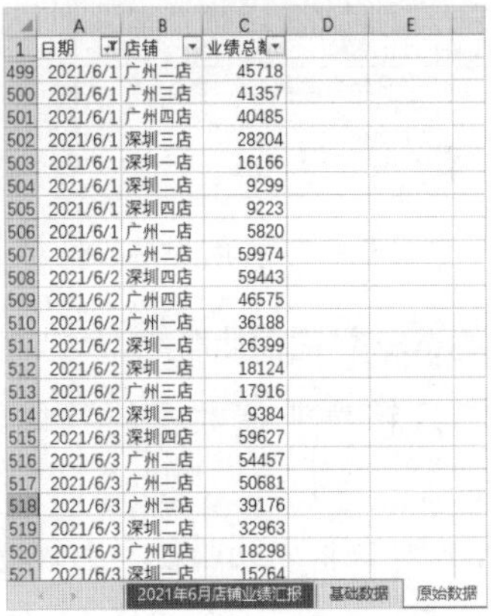

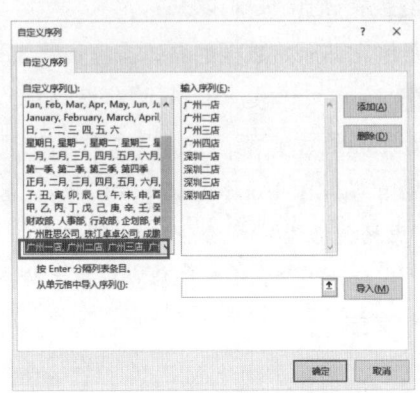

图5-9 添加自定义序列

第4步 删除重复值。在“6月份业绩数据”工作表中，单击“数据”选项卡→“数据工具”组→“删除重复值”按钮，打开“删除重复值”对话框，单击“全选”按钮，全选所有列，单击“确定”按钮，如图5-10所示，即可删除重复值。

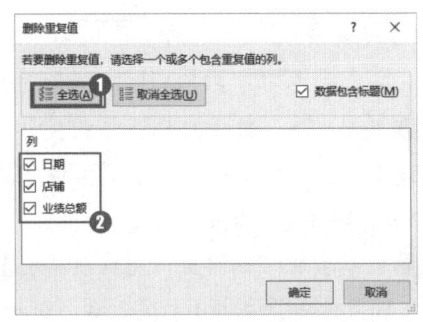

图5-10 删除重复值

第5步 设置排序条件。单击“数据”选项卡→“排序和筛选”组→“排序”按钮，打开“排序”对话框，设置“列”的“排序依据”为“店铺”，“次序”为自定义序列，如图5-11所示，单击“确定”按钮，即可自定义排序数据。

第 5 章
数据处理综合实例——制作某火锅店6月份销售业绩表

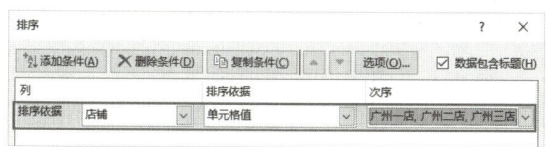

图5-11 设置排序条件

图5-13 查看汇总数据

第6步 设置分类汇总条件。单击"数据"选项卡→"分级显示"组→"分类汇总"按钮,打开"分类汇总"对话框,设置"分类字段"为"日期","汇总方式"为"求和",在"选定汇总项"列表框中,只选中"业绩总额"复选框,如图5-12所示。

第8步 设置定位条件。选中C32:C249单元格范围,单击"开始"选项卡→"编辑"组→"查找和选择"下拉按钮,在展开的列表框中,选择"定位条件"命令,打开"定位条件"对话框,选中"可见单元格"单选按钮,单击"确定"按钮。

第9步 粘贴汇总数据。按快捷键"Ctrl+C"复制数据,切换到"2021年6月店铺业绩汇报"工作表,选择C4单元格并右击,在弹出的快捷菜单中选择"值"命令,即可只粘贴数值数据,如图5-14所示。

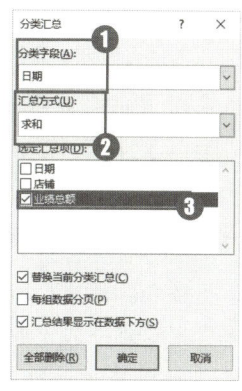

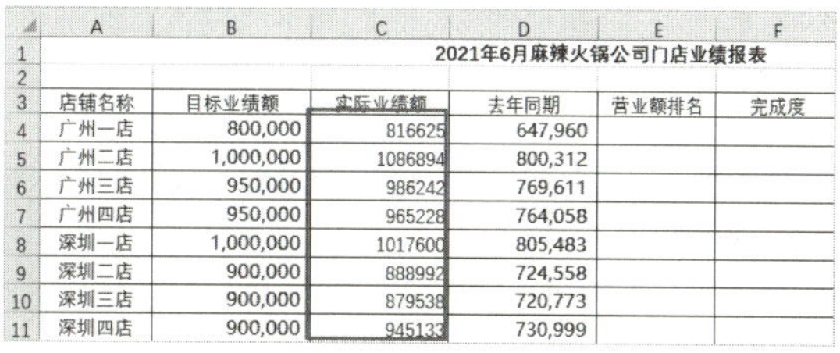

图5-12 设置分类汇总

第7步 查看汇总数据。在"分类汇总"对话框中单击"确定"按钮,即可分类汇总数据,单击左上方2按钮,查看汇总数据,如图5-13所示。

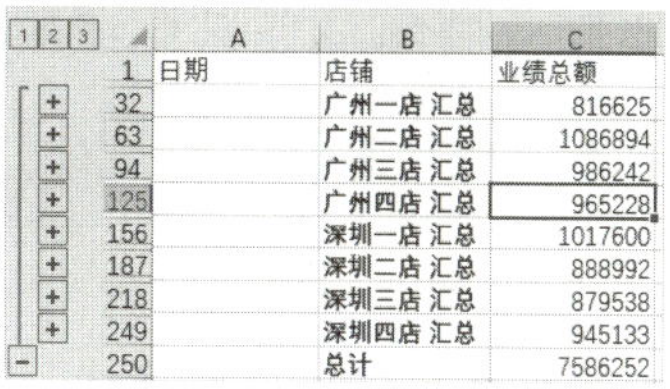

图5-14 粘贴汇总数据

5.3.2 计算数据

在对数据汇总整理之后,将进入第2个实现过程:用公式计算数据指标。在销售业绩表中需要计算出4个数据指标。

(1)营业额排名的计算:可以使用RANK函数。其具体操作方法是:选中E4单元格,输入公式"=RANK"后并加上左右括号。设置第个参数是要排序的数值,就是广州 店的营业额,也就是C4单元格;设置第二个参数是数据列表,也就是C4:C11这个范围;按"F4"键锁定第2个参数区域,最后按"Enter"键完成输入。

此处不对RANK函数展开讲解,RANK函数的用法在后面第8章会详细讲解。

(2)业绩完成度的计算:完成度=实际业绩额/目标业绩额,其公式为"=C4/B4"。

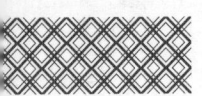

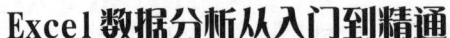

(3)实际业绩额与目标业绩额的差值：差值=实际业绩额-目标业绩额，其公式为“=C4-B4”。

(4)同比增长率：同比增长率=(实际业绩额-去年同期业绩)/去年同期业绩，其公式为“=(C4-D4)/D4”。

最后，选中E4:H4范围，在单元格上双击即可填充公式，最后调整所有数据的数据格式，完成数据的计算。

实战演练

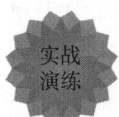

计算营业额排名、完成度、差值和同比增长率

在整理并汇总好原始数据后，接下来需要使用各种函数和公式计算营业额排名、完成度、差值和同比增长率等4个数据指标，其操作步骤如下。

第1步 计算营业额排名。选中E4单元格，输入公式“=RANK(C4,$C$4:$C$11)”，按“Enter”键确定，即可排名出营业额。

第2步 计算完成度。选中F4单元格，输入公式“=C4/B4”，按“Enter”键确定，即可计算出业绩完成度。

第3步 计算差值。选中G4单元格，输入公式“=C4-B4”，按“Enter”键确定，即可计算出业绩差值。

第4步 计算同比增长率。选中H4单元格，输入公式“=(C4-D4)/D4”，按“Enter”键确定，即可计算出同比增长率。

第5步 填充公式。选中E4:H4单元格范围，将鼠标指针移动至右下角，当鼠标指针呈十字填充柄形状时，双击来填充公式，如图5-15所示。

2021年6月麻辣火锅公司门店业绩报表

店铺名称	目标业绩额	实际业绩额	去年同期	营业额排名	完成度	差值	同比增长率
广州一店	800,000	816625	647,960	8	1.02	16,625	0.260301562
广州二店	1,000,000	1086894	800,312	1	1.09	86,894	0.358087846
广州三店	950,000	986242	769,611	3	1.04	36,242	0.281481164
广州四店	950,000	965228	764,058	4	1.02	15,228	0.26329153
深圳一店	1,000,000	1017600	805,483	2	1.02	17,600	0.263341374
深圳二店	900,000	888992	724,558	6	0.99	-11,008	0.226943875
深圳三店	900,000	879538	720,773	7	0.98	-20,462	0.22027046
深圳四店	900,000	945133	730,999	5	1.05	45,133	0.292933369

图5-15　计算并填充各种数据

第6步 设置数字格式。选中C4:C11单元格范围，单击“开始”选项卡→“数字”组→“千位分隔样式”按钮，将其设置成带千分位符的数字格式。

第7步 设置数字格式。选中F4:F11和H4:H11单元格范围，单击“开始”选项卡→“数字”组→“百分比样式”按钮，将数字格式设置成百分比样式，如图5-16所示。

2021年6月麻辣火锅公司门店业绩报表

店铺名称	目标业绩额	实际业绩额	去年同期	营业额排名	完成度	差值	同比增长率
广州一店	800,000	816,625	647,960	8	102%	16,625	26%
广州二店	1,000,000	1,086,894	800,312	1	109%	86,894	36%
广州三店	950,000	986,242	769,611	3	104%	36,242	28%
广州四店	950,000	965,228	764,058	4	102%	15,228	26%
深圳一店	1,000,000	1,017,600	805,483	2	102%	17,600	26%
深圳二店	900,000	888,992	724,558	6	99%	-11,008	23%
深圳三店	900,000	879,538	720,773	7	98%	-20,462	22%
深圳四店	900,000	945,133	730,999	5	105%	45,133	29%

图5-16　设置数字格式

5.3.3 数据报表可视化与美化处理

当将数据报表需要用到的数据全部计算出来之后，需要对数据报表进行可视化和美化处理，以方便用户阅读。

第5章
数据处理综合实例——制作某火锅店6月份销售业绩表

1. 用"条件格式"可视化处理表格数据

在数据报表中,实际业绩额、完成度、差值和同比增长率这4个指标是非常重要的。因为实际业绩额是这份报表的核心,而目标完成情况和同比增长情况可以通过完成度、差值和同比增长率这三个指标来体现。此时,可以用"条件格式"功能将这4个重要的指标进行标注。

- 数据条:对实际业绩额、差值和同比增长率这3个数据添加数据条,用于显示目标完成情况。
- 图标:对完成度这个数据添加已完成(√)或未完成(×)的图标,用于显示目标是否达成。

在这里不对条件格式做展开讲解,后面第18章会详细讲解条件格式的内容。

2. 表格美化

我们还可以对表格做一个基础美化,以突出重点信息,让读者看得更舒服。例如,具体的美化要求如下。

- 调整字体为微软雅黑。
- 调整标题行的背景颜色和字体颜色。
- 调整表格的边框样式。
- 取消网格线。

对"2021年6月店铺业绩汇报"表格进行可视化与美化处理

在完成数据的计算操作后,接下来需要对数据报表进行可视化操作,由于数据可视化中的条件格式内容需要在第18章才学到,这里不详细讲述条件格式使用方法,只讲解表格的美化方法。

第1步 添加数据条。打开"2021年6月店铺业绩汇报"表格,框选C4:C11单元格范围,单击"开始"选项卡→"样式"组→"条件格式"下拉按钮,在展开的列表框中,选择"数据条"命令,再次展开列表框,选择"橙色数据条"样式即可。

第2步 添加其他数据条。使用同样的方法,框选G4:G11和H4:H11单元格范围,为其分别添加橙色数据条。

第3步 添加图标集。框选F4:F11单元格范围,单击"开始"选项卡→"样式"组→"条件格式"下拉按钮,在展开的列表框中,选择"图标集"命令,再次展开列表框中,在"标记"中选择"三个符号(有圆圈)"这一组,并更改条件格式的规则,把"类型"更改为数字,"值"更改为1,黄色图标更改为"无单元格图标"。

第4步 输入文本。在第2行依次输入完成、1、未完成、0、负值、制表人和制表日期。

第5步 更改字体格式。框选A1:H11单元格范围,单击"开始"选项卡→"字体"组→"字体"下拉按钮,展开列表框,将字体更改为微软雅黑。

第6步 设置边框效果。框选A1:H11单元格范围,单击"开始"选项卡→"字体"组→"下框线"下拉按钮,展开列表框,选择"无框线"命令即可。

第7步 设置字体格式。框选A3:H3单元格范围,在"字体"组中,设置背景色为黑色,字体颜色为白色,加粗。

第8步 设置边框效果。框选A11:H11单元格范

资源下载码:ESJFX

围，单击"开始"选项卡→"字体"组→"下框线"下拉按钮，展开列表框，选择"粗下框线"命令即可。

第9步 设置边框效果。使用同样的方法，依次为第1行、第2行添加粗下框线效果。

第10步 设置边框效果。框选A10:H10单元格范围，单击"开始"选项卡→"字体"组→"下框线"下拉按钮，展开列表框，选择"线型"命令，再次展开列表框，选择虚线线型，添加下框线，并依次使用同样的方法对第4～10行添加下框线。

第11步 设置对齐方式。依次框选E4:F11和A2:H2单元格范围，单击"开始"选项卡→"对齐方式"组→"居中"按钮，设置居中对齐。

第12步 隐藏网格线。单击"视图"选项卡，在"显示"组中，取消选中"网格线"复选框，即可隐藏网格线，得到最终的案例效果，如图5-17所示。

	A	B	C	D	E	F	G	H
1				2021年6月麻辣火锅公司门店业绩报表				
2	完成、1、未完成、0、负值				制表人		制表日期	
3	店铺名称	目标业绩额	实际业绩额	去年同期	营业额排名	完成度	差值	同比增长率
4	广州一店	800,000	816,625	647,960	8	✓ 102%	16,625	26%
5	广州二店	1,000,000	1,086,894	800,312	1	✓ 109%	86,894	36%
6	广州三店	950,000	986,242	769,611	3	✓ 104%	36,242	28%
7	广州四店	950,000	965,228	764,058	4	✓ 102%	15,228	26%
8	深圳一店	1,000,000	1,017,600	805,483	2	✓ 102%	17,600	26%
9	深圳二店	900,000	888,992	724,558	6	✗ 99%	-11,008	23%
10	深圳三店	900,000	879,538	720,773	7	✗ 98%	-20,462	22%
11	深圳四店	900,000	945,133	730,999	5	✓ 105%	45,133	29%

图5-17 最终案例效果

第 3 篇
公式与函数

📖 本篇导读

本篇系统介绍了公式与函数基础（如引用方式、错误排查）、逻辑函数、统计函数、查询函数、文本与日期函数等，并通过工资表等案例来强化应用。通过本篇学习，读者能够掌握复杂计算与数据查询的核心技能，灵活运用函数解决实际业务问题，提升自动化分析效率。

📎 本篇内容安排

第 6 章　公式与函数应用常识

第 7 章　逻辑函数

第 8 章　统计函数

第 9 章　查询函数

第 10 章　文本函数

第 11 章　日期函数

第 12 章　公式与函数综合实例——制作 2022 年 10 月工资表

第6章 公式与函数应用常识

通过前面章节的学习，相信读者已经能够解决90%的常见数据处理问题。今天将开启Excel新的篇章——公式与函数。在数据分析过程中，公式与函数的功能非常强大，主要用于计算和求解数据分析问题，简化和标准化数据处理过程，自动化和批处理大量数据，以及作为沟通和共享数据分析结果的手段。掌握公式与函数，可以提高用户的工作效率，减少分析误差，增强数据分析的可重复性和可验证性，扩展其分析能力，以及提高对数据分析结果的沟通效果和合作效率。

6.1 认识公式与函数

要想灵活运用公式与函数的强大功能，需要先了解公式和函数的基本概念、特点和应用场景，并掌握它们的语法规则和常见用法。只有深入理解和熟练掌握公式和函数，才能在实际数据分析中更好地应用它们，提高数据处理效率和分析能力。

下面我们就来认识公式与函数。

6.1.1 认识公式

公式是以等号"="开始，其后由数值或字符串、函数及参数、运算符、单元格地址等元素构成，并自动得到结果的表达式。

Excel中最简单的公式就是数学公式，可以是一个数字，也可以是常见的数学运算，如图6-1所示。

图6-1 数学公式

值	公式
	=3
	=2*5
	=A6

│技术看板│

图6-1中的所有公式都是以等号开头的，如果没有等号，Excel会将这串"公式"默认为是一串文本，而文本是不具有计算功能的。因此，想要计算、得出结果，就必须带上等号。

在Excel中，通常公式是引用单个单元格来进行计算的。比如，在C2单元格中引用A2单元格，则A2单元格的内容就被引用到C2单元格了。当修改A2单元格的内容时，C2单元格

第6章
公式与函数应用常识

也会跟着变化，图6-2所示为引用单元格的前后对比效果。

另外，在公式中还可以引用多个单元格进行数学运算，比如普通的加减乘除。关于单元格的具体引用方法，我们将在后面的6.2节中进行介绍。

| (a)引用单元格前的效果 | (b)引用单元格后的效果 |

图6-2　引用单元格的前后对比效果

6.1.2　认识函数

在表格中对数据进行计算分析时，虽然使用公式也能完成部分工作，但涉及较为复杂的计算时公式的实现过程可能相对复杂，此时使用函数则可以简化计算过程。函数是Excel中被定义好的公式模块，通过参数和运算方式得出结果，是计算数据的一大利器。

Excel中提供了11类共400多个函数，如逻辑函数、统计函数、查找与引用函数、文本函数、日期与时间函数等，虽然这些函数应用在不同的领域，并有不同的使用方法，但是它们都是建立在相同的原理上。

Excel的函数结构大体相同，都是由几个关键部分构成：等号、函数名、括号、单元格地址、参数、运算符和数值等，其中，等号、函数名、括号、参数是必须具有的。例如，"=AVERAGE(B3:B30)+D20-10"就是一个典型的公式，因为它既包含了等号、函数名、参数、括号，也包含了运算符、单元格地址和数值，如图6-3所示。

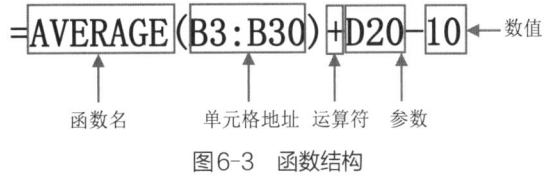

图6-3　函数结构

函数中各结构的含义如下。

- =（等号）：公式必须以"="开始，这也是其区别于其他常规数据的主要特点，否则Excel系统会自动将其识别为常规数据。

- 单元格地址：也就是要进行运算的单元格地址，分为单个单元格、单元格区域、同一工作簿中其他工作表中的单元格或其他工作簿中某张工作表中的单元格。

- 运算符：公式中的基本元素包括运算符，与日常使用的运算符相似，是指对公式中的元素进行特定类型的运算，不同的运算符进行不同的运算，如"+"（加）、"-"（减）、"*"（乘）和"/"（除）等。

- 数值或字符串：包括文本、数字等各类数据，如图6-3所示的"10"。在日常生活中，员工家庭住址、500和GD0001等都属于数值或字符串。

- 函数名及参数：函数名是用于唯一标识

该函数的名称。参数主要是指参加运算的一系列数据，可以是函数、数值、单元格引用及自定义的名称等。在公式中，参数的个数不等，用户可以根据实际需要计算的数据来设置相应的参数个数。

6.2 单元格的引用

在Excel公式中，单元格引用有相对引用、绝对引用和混合引用3种方式，理解这3种引用方式是应用函数与公式的基础。下面就来学习这3种引用方式的相关知识。

6.2.1 相对引用

相对引用是Excel中单元格引用的一种常用方法，指引用单元格的相对位置。如果公式所在单元格的位置改变，则引用也随之改变。复制的公式具有相对引用的特点，如果多行或多列地复制公式，则复制的公式中的单元格引用会自动调整。默认情况下，新公式使用的是相对引用。

比如，在C3单元格中输入公式"=D5"。当上下拖动鼠标复制公式（或填充公式）时，可以发现所复制的公式中单元格的列号没有变化，而行号发生了相应的变化；当左右拖动鼠标复制公式时，可以发现所复制的公式中单元格的行号没有变化，而列号发生了相应的变化，如图6-4所示。

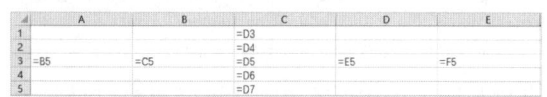

图6-4 相对引用单元格

在本章素材中的成绩表中，已知学生的口语成绩和笔试成绩，现在来计算总分，其具体操作步骤如下。

第1步 输入公式。在D4单元格中输入公式"=B4+C4"。

第2步 填充公式。将鼠标指针移至D4单元格

右下角，当指针变成黑色十字柄时，双击即可完成公式的自动填充，从而计算得出其他同学的总分，如图6-5所示。

姓名	口语得分	笔试得分	总分
李桂兰	10	41	51
王斌	12	49	61
李鹏	26	68	94
张平	20	62	82
张莉	19	51	70
张辉	17	47	64
张宇	22	51	73
刘娟	12	50	62
李斌	30	70	100
王浩	27	60	87

图6-5 计算考试总分

第3步 显示公式。单击"公式"选项卡→"公式审核"组→"显示公式"按钮，即可显示出表格中的所有公式，如图6-6所示。从这些公式中可以看到行号随着单元格的位置发生了变化，这就是相对引用。

姓名	口语得分	笔试得分	总分
李桂兰	10	41	=B4+C4
王斌	12	49	=B5+C5
李鹏	26	68	=B6+C6
张平	20	62	=B7+C7
张莉	19	51	=B8+C8
张辉	17	47	=B9+C9
张宇	22	51	=B10+C10
刘娟	12	50	=B11+C11
李斌	30	70	=B12+C12
王浩	27	60	=B13+C13

图6-6 查看相对引用的公式

6.2.2 绝对引用

绝对引用是指引用固定的单元格，即使公式所在单元格的位置发生了改变，绝对引用的单元格始终保持不变。绝对引用需要在单元格的列标和行号前面加上$符号。例如：在C2单元格中输入公式“=$A$2”，表示在C2单元格中绝对引用A2单元格。如果多行或多列地复制绝对引用的公式，那么绝对引用将不做调整。也就是说，无论将C2单元格中的“=$A$2”复制到表格中的任何位置，复制的单元格的内容都不会改变，始终是“=$A$2”。

下面以计算成绩表中的十分制成绩为例来讲解绝对引用的相关操作。

第1步 在进行绝对引用单元格之前，先取消公式的显示，然后将这里的总分从百分制换算为十分制。

第2步 在E4单元格中输入公式“=D4/B1”，然后向下自动填充公式换算其他同学的分数，如图6-7所示。

	A	B	C	D	E
1	分数制	10			
2					
3	姓名	口语得分	笔试得分	总分	十分制
4	李桂兰	10	41	51	5.1
5	王斌	12	49	61	#DIV/0!
6	李鹏	26	68	94	#VALUE!
7	张平	20	62	82	8.2
8	张莉	19	51	70	5.833333333
9	张辉	17	47	64	2.461538462
10	张宇	22	51	73	3.65
11	刘娟	12	50	62	3.263157895
12	李斌	30	70	100	5.882352941
13	王浩	27	60	87	3.954545455

图6-7　计算十分制分数

第3步 从图6-7所示的结果可以发现，只有第一个同学和第四个同学的十分制总分情况是正确的，其他同学的十分制分数出现了不同形式的错误。我们可以单击“公式”选项卡→“公式审核”组→“显示公式”按钮，将公式显示出来，发现第一个同学（李桂兰）的十分制公式的分母是B1单元格，这是正确的。但是第二个同学的十分制公式的分母就变成B2单元格，其他同学的十分制公式的分母的单元格行号都依次增加1，这显然是因为在公式中使用了单元格的相对引用，如图6-8所示。

	A	B	C	D	E
1	分数制	10			
2					
3	姓名	口语得分	笔试得分	总分	十分制
4	李桂兰	10	41	=B4+C4	=D4/B1
5	王斌	12	49	=B5+C5	=D5/B2
6	李鹏	26	68	=B6+C6	=D6/B3
7	张平	20	62	=B7+C7	=D7/B4
8	张莉	19	51	=B8+C8	=D8/B5
9	张辉	17	47	=B9+C9	=D9/B6
10	张宇	22	51	=B10+C10	=D10/B7
11	刘娟	12	50	=B11+C11	=D11/B8
12	李斌	30	70	=B12+C12	=D12/B9
13	王浩	27	60	=B13+C13	=D13/B10

图6-8　显示公式效果

第4步 在计算每位同学的十分制总分时，需要分母固定为10（B1），这时就只能使用单元格绝对引用，而不能使用相对引用。因此，对于公式中的B1单元格，需要在列标和行号前分别加上一个绝对引用符号进行锁定（$B$1），让B1单元格的列标和行号保持不变。

第5步 这样即可将计算第一个同学的十分制公式中的分母B1改成$B$1，然后再次通过快速向下填充公式，将所有公式的分母都固定为B1单元格。

技术看板

要想使用绝对引用，选择公式中的引用单元格后，按键盘上的“F4”键即可使用绝对引用，如果再次按“F4”键则可转换为相对引用。

互动测试

有一张需要统计学生答对题目概率的表格，若想用向下填充公式的方式来统计，那么在问号处可以填入哪种公式呢？如图6-9所示。

	A	B	C
1	题目量	100	
2			
3		答对数量	答对概率
4	张丹	50	?
5	王红	80	
6	李紫	30	
7	张平	100	

图6-9 如何计算"答对概率"数据

A. =B4/$B$1　　　B. =$B$4/$B$1
C. $B$4/B1　　　D. =B4/B1

答案：A。

解析：由于答对概率=答对数量/题目量，题目量（分母）是固定不变的，那就需要在公式中将B1单元格完全锁定，使之变为$B$1（绝对引用），这样在向下填充公式时，该单元格的分母始终不变，而分子B4会依次变成B5、B6、B7，如此便能算出各个学生的答对概率，如图6-10所示。

题目量	100	
	答对数量	答对概率
张丹	50	=B4/$B$1
王红	80	=B5/$B$1
李紫	30	=B6/$B$1
张平	100	=B7/$B$1

图6-10 计算出各个学生的答对概率

6.2.3 混合引用

相对引用不会锁定行和列，而绝对引用会锁定行和列。混合引用则介于相对引用和绝对引用之间，它只锁定行或只锁定列。比如，在A1单元格中输入"=F1"，只在F1单元格的列标F前添加绝对引用符号（=$F1），然后向右快速填充公式，单元格的列标被锁定没有发生变化；向下快速填充公式，由于行号没有锁定，因此行号发生了变化，如图6-11所示。

	A	B	C
1	=$F1	=$F1	=$F1
2	=$F2	=$F2	=$F2
3	=$F3	=$F3	=$F3
4	=$F4	=$F4	=$F4
5	=$F5	=$F5	=$F5
6	=$F6	=$F6	=$F6
7	=$F7	=$F7	=$F7
8	=$F8	=$F8	=$F8
9	=$F9	=$F9	=$F9
10	=$F10	=$F10	=$F10
11			

图6-11 混合引用锁定列

如果只在F1单元格的行号1前添加绝对引用符号（=F$1），再次向右快速填充公式，单元格列标发生了变化，而行号没有变化；向下快速填充公式，单元格行号也没有变化，如图6-12所示。

	A	B	C
1	=F$1	=G$1	=H$1
2	=F$1	=G$1	=H$1
3	=F$1	=G$1	=H$1
4	=F$1	=G$1	=H$1
5	=F$1	=G$1	=H$1
6	=F$1	=G$1	=H$1
7	=F$1	=G$1	=H$1
8	=F$1	=G$1	=H$1
9	=F$1	=G$1	=H$1
10	=F$1	=G$1	=H$1

图6-12 混合引用锁定行

由此可见，当锁定了某行或某列时，无论如何填充公式，被锁定的部分不会有任何变化。借助混合引用的这一特点，可以计算本章素材中的成绩表中口语和笔试的得分占比。

口语得分占比=口语得分/总分，笔试得分占比=笔试得分/总分，这两个公式中总分是固定的，那么就可以这样填写公式。在F4单元格中输入公式"=B4/$D4"，在F4单元格中向右填充公式，就完成了第一位同学的口语和笔试得分占比的计算，这里就利用了混合引用。

| 技术看板 |

若想用固定的某一列数据进行计算，就可以直接锁定列；如果想用固定的某一行数据进行计算，就可以直接锁定行。锁定的内容就使用绝对引用，不需要锁定的内容就使用相对引用。

互动测试

如果想通过填充公式的方式算出每个学员的总分，那么在问号处可以怎么填？如图 6-13 所示。

A. = B5*$B$2+C5*$C$2

B. = B5*B$2+C5*C$2

C. = B5*B2+C5*C2

	A	B	C	D
1		卷1	卷2	
2	分数占比	0.6	0.4	
3				
4	姓名	卷1	卷2	总分
5	黄红	66	33	?
6	张华	50	85	
7	涂志忠	80	78	

图6-13　如何计算每个学员的总分

答案：选项 A、B 均可。

解析：A 选项是以绝对引用的方式锁定了单元格 B2 和 C2；B 选项是以混合引用的方式引用了单元格 B2 和 C2。确定好是向下填充公式后，想固定用第 2 行的数据来计算，不希望行号发生变化，那就直接锁定第 2 行。

实战演练

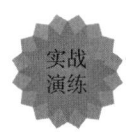

利用单元格引用计算学生成绩

在6.2节中，已经学习了相对引用、绝对引用、混合引用的相关知识，这3种单元格的引用比较灵活，在实际应用中需具体分析。重要的是，要先确定好如何填充，再确定公式中哪部分需要用哪种引用方式。下面就依据这3种单元格引用方式来计算成绩表中学生的成绩得分情况，结果如图6-14所示。

	A	B	C	D	E	F	G
1	分数制	10					
2							
3	姓名	口语得分	笔试得分	总分	十分制	口语得分占比	笔试得分占比
4	李桂兰	10	41	51	5.1	20%	80%
5	王斌	12	49	61	6.1	20%	80%
6	李鹏	26	68	94	9.4	28%	72%
7	张平	20	62	82	8.2	24%	76%
8	张莉	19	51	70	7	27%	73%
9	张辉	17	47	64	6.4	27%	73%
10	张宇	22	51	73	7.3	30%	70%
11	刘娟	12	50	62	6.2	19%	81%
12	李斌	30	70	100	10	30%	70%
13	王浩	27	60	87	8.7	31%	69%

图6-14　在成绩表中计算学生的得分情况

1. 使用相对引用计算总分

当计算公式中并不需要固定某列或某行时，如统计各个学生的口语和笔试的总分，就可以用相对引用。使用相对引用计算总分的具体操作步骤如下。

第1步 输入公式。打开本章提供的“成绩表.xlsx”工作簿，在工作表中选中D4单元格，输入公式“=B4+C4”，如图6-15所示。

	A	B	C	D	E
1	分数制	10			
2					
3	姓名	口语得分	笔试得分	总分	十分制
4	李桂兰	10	=B4+C4		
5	王斌	12	49		
6	李鹏	26	68		
7	张平	20	62		
8	张莉	19	51		
9	张辉	17	47		
10	张宇	22	51		
11	刘娟	12	50		
12	李斌	30	70		
13	王浩	27	60		

图6-15　输入相对引用公式

第2步 计算总分数据。输入公式后按“Enter”键确定，完成第一个总分数据的计算。

第3步 填充总分数据。选中D4单元格，双击单元格右下角的黑色十字填充柄，即可快速填充其他学生的总分数据，如图6-16所示。

	A	B	C	D	E
1	分数制	10			
2					
3	姓名	口语得分	笔试得分	总分	十分制
4	李桂兰	10	41	51	
5	王斌	12	49	61	
6	李鹏	26	68	94	
7	张平	20	62	82	
8	张莉	19	51	70	
9	张辉	17	47	64	
10	张宇	22	51	73	
11	刘娟	12	50	62	
12	李斌	30	70	100	
13	王浩	27	60	87	
14					

图6-16 计算其他学生总分

2. 使用绝对引用计算十分制

计算中需要固定某个单元格或者某个区域范围时，如统计十分制，应使用绝对引用，可使用快捷键“F4”或“Fn+F4”快速锁定行和列。使用绝对引用计算十分制的具体操作步骤如下。

第1步 输入公式。选中E4单元格，输入公式“=D4/B1”。

第2步 绝对引用。将光标放在分母B1前，按快捷键“F4”或“Fn+F4”将其锁定，如图6-17所示。

	A	B	C	D	E
1	分数制	10			
2					
3	姓名	口语得分	笔试得分	总分	十分制
4	李桂兰	10	41	51	=D4/$B$1
5	王斌	12	49	61	
6	李鹏	26	68	94	
7	张平	20	62	82	
8	张莉	19	51	70	
9	张辉	17	47	64	
10	张宇	22	51	73	
11	刘娟	12	50	62	
12	李斌	30	70	100	
13	王浩	27	60	87	

图6-17 绝对引用公式

第3步 计算十分制数据。锁定单元格后按“Enter”键确定，完成第一个十分制数据的计算。

第4步 填充十分制数据。双击E4单元格右下角的黑色十字填充柄，快速填充其他同学的十分制数据，如图6-18所示。

	A	B	C	D	E
1	分数制	10			
2					
3	姓名	口语得分	笔试得分	总分	十分制
4	李桂兰	10	41	51	5.1
5	王斌	12	49	61	6.1
6	李鹏	26	68	94	9.4
7	张平	20	62	82	8.2
8	张莉	19	51	70	7
9	张辉	17	47	64	6.4
10	张宇	22	51	73	7.3
11	刘娟	12	50	62	6.2
12	李斌	30	70	100	10
13	王浩	27	60	87	8.7
14					

图6-18 计算其他同学十分制数据

3. 使用混合引用计算口语得分和笔试得分的占比

计算中需要固定某一列数据时，就只锁定列，若需要固定某一行数据，就只锁定行，并确定好填充公式，进行混合引用。使用混合引用计算口语得分和笔试得分占比的具体操作步骤如下。

第1步 输入公式。选中F4单元格，输入公式“=B4/D4”。

第2步 混合引用锁定D列。将光标放在分母D4前，输入绝对引用符号$，只锁定D列，如图6-19所示。

	A	B	C	D	E	F
1	分数制	10				
2						
3	姓名	口语得分	笔试得分	总分	十分制	口语得分占比
4	李桂兰	10	41	51	5.1	=B4/$D4
5	王斌	12	49	61	6.1	
6	李鹏	26	68	94	9.4	
7	张平	20	62	82	8.2	
8	张莉	19	51	70	7	
9	张辉	17	47	64	6.4	
10	张宇	22	51	73	7.3	
11	刘娟	12	50	62	6.2	
12	李斌	30	70	100	10	
13	王浩	27	60	87	8.7	

图6-19 混合引用锁定D列

第3步 计算第一个口语得分占比和笔试得分占比。锁定D列后按“Enter”键确定，完成第一个口语得分占比的计算，向右拖动填充G4单元格，完成第一个笔试得分占比的计算。

第4步 填充口语得分占比和笔试得分占比。依次选中F4和G4单元格，双击单元格右下角的黑色十字填充柄，即可向下填充其他同学的口语得分占比和笔试得分占比，如图6-20所示。

	A	B	C	D	E	F	G
1	分数制	10					
2							
3	姓名	口语得分	笔试得分	总分	十分制	口语得分占比	笔试得分占比
4	李桂兰	10	41	51	5.1	20%	80%
5	王斌	12	49	61	6.1	20%	80%
6	李鹏	26	68	94	9.4	28%	72%
7	张平	20	62	82	8.2	24%	76%
8	张莉	19	51	70	7	27%	73%
9	张辉	17	47	64	6.4	27%	73%
10	张宇	22	51	73	7.3	30%	70%
11	刘娟	12	50	62	6.2	19%	81%
12	李斌	30	70	100	10	30%	70%
13	王浩	27	60	87	8.7	31%	69%

图6-20 计算其他同学口语和笔试得分占比

6.3 6类常见的函数错误

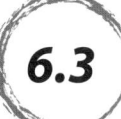

在应用函数时，经常会出现公式书写正确却没有得出正确结果的情况。为了规避这些情况，就需要根据系统提示的错误类型来进行纠错。下面总结了常见的6类错误类型，在更正这些错误后就可以顺畅地使用函数或公式了。

6.3.1 ##### 错误

#####错误也叫数据格式错误，这种类型主要出现在一个单元格有较多字符的时候，比如邮件地址、身份证号、手机号、网址链接等。比如，某张表格中的D列，“每月第1天”下面应该是具体日期，可是表格却全部变成了#号，如图6-21所示。这里遇到一连串的#号问题，一般分为两种情况。

（1）因为单元格的列宽过窄，导致信息显示不完整，所以就变成了一串#号。解决方法是：调整单元格的列宽，让信息显示完整即可。

（2）因为单元格中返回的日期和时间为负数或返回的值太大，导致出现错误。解决方法是：可以设置单元格为其他格式，如果需要使用日期和时间格式来显示，应该用较晚的日期、时间减去较早的日期、时间。

	A	B	C	D	E
1	年份	月份	日	每月第1天	
2	2021	1	1	#####	
3	2021	2	1	#####	
4	2021	3	1	#####	
5	2021	4	1	#####	
6	2021	5	1	#####	
7	2021	6	1	#####	
8	2021	7	1	#####	
9	2021	8	1	#####	
10	2021	9	1	#####	
11	2021	10	1	#####	
12	2021	11	1	#####	
13	2021	12	1	#####	

图6-21 #####错误

注意

在录入长串字符的时候一定要留够列宽，让信息显示完整。另外，也要注意日期和时间为负数或值太大的问题。

6.3.2 #DIV/0! 错误

Excel表格中如果某单元格出现“#DIV/0!”符号，说明此单元格中的计算过程有错误。错误的原因通常有以下两种。

（1）计算过程有除以0的情况，即除零错误。如果计算过程中引用了内容为0的单元格，则在进行除法计算的时候，除数为0，所以就会出现此错误提醒。

（2）计算过程中除以某数时引用了空（空值）单元格。因为Excel把空单元格中的内容当作数字0了，所以显示表示除以0的错误符号。比如在某张表格的E列中，出现了两处#DIV/0!错误，如图6-22所示。

日期	姓名	指标	业绩	完成率
2019/5/13	刘远洋	10800	1688	16%
2019/5/13	韩杰		21582	#DIV/0!
2019/5/13	王伟彬	23700	20484	86%
2019/5/13	张晓丽	6500	3205	49%
2019/5/13	李娟		17972	#DIV/0!

图6-22　#DIV/0!错误

图6-22所示的表格中韩杰和李娟对应的完成率显示#DIV/0!错误，是因为这两个人的“指标”是空的。在工作中出现信息缺失的情况很常见，可能这两个人是中途来的新人，也可能是其他原因。如果无法将信息补齐，但是后面却需要借用这个信息进一步计算，这时就可以用IFERROR函数来进行控制。IFERROR函数是专门的纠错型函数，它的功能就是当出现错误的时候，直接指定该单元格显示的内容。为了解决这一错误，可以让出现错误的单元格统一显示为“待定”，其具体操作方法是：选中E3单元格，输入公式“=IFERROR(D3/C3,"待定")”即可，如图6-23所示。

SUM　=IFERROR(D3/C3,"待定")

日期	姓名	指标	业绩	完成率
2019/5/13	刘远洋	10800	1688	16%
2019/5/13	韩杰		21582	=IFERROR(D3/C3,"待定")

图6-23　输入公式

6.3.3 #N/A 错误

N/A是“值不可用”的意思，即在用公式对数据进行处理时，找不到可以使用的数据，于是就返回这个错误。#N/A错误也叫查找错误，它经常在使用查找函数的情况下出现。出现该错误的常见原因包括搜索区域中没有搜索值、数据类型不匹配、数据源引用错误、引用返回值为#N/A错误的函数或公式。

（1）搜索区域中没有搜索值，就会导致#N/A错误，通常表示公式找不到它要找的内容。

例如，当用VLOOKUP函数根据员工姓名查找对应的部门时，可以看到李敏君所在的部门出现了#N/A的错误提醒，其含义是查无此值，如图6-24所示。

员工姓名	部门		员工姓名	部门
刘远洋	财务部		刘远洋	财务部
林小娜	运营部		王子然	市场部
王伟彬	市场部		李敏君	#N/A
张晓丽	财务部			
王子然	市场部			
林芳芳	技术部			
张敏洁	技术部			

图6-24　#N/A错误

核对图6-24所示的表格，可以发现在A列和B列都没有出现李敏君及相关信息，所以VLOOKUP函数无法查找出该名员工归属的部门。为了解决这一错误，需要借用IFERROR函数把缺失的信息备注为“未知”，其具体操作方法是：选中E4单元格，输入公式“=IFERROR(VLOOKUP(D4,$A$2:$B$8,2,0),"未知")”即可，如图6-25所示。

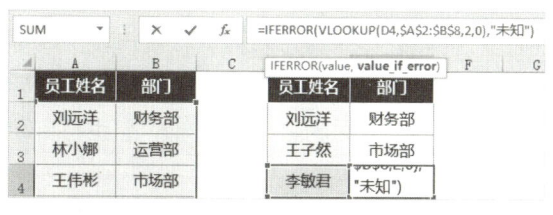

图6-25　输入参数公式

（2）数据类型不匹配。这是由于不同的单元格格式造成的。比如，A列数据为文本格式，E列数据为数字格式。在搜索时，要求搜索值的数据类型必须与数据源对象的数据类型相同，因此，数据类型不匹配时就会造成#N/A错误。解决方法是将A、E两列的数据类型统一为相同的数据类型即可。

（3）数据源引用错误。这种错误可能是由于在通过公式填充单元格时，会出现错误值。在使用相对引用时，复制填充公式后，数据源发生了变化，从而导致表查询没有结果。

（4）引用返回值为#N/A错误的函数或公式。如果我们引用的返回值中本身就存在#N/A错误的函数或公式，当然也会出现#N/A错误。

6.3.4　#NAME?错误

#NAME?错误也叫名称错误，即由于名称错误而导致的错误。出现#NAME?错误通常有以下几种情况。

（1）由于书写错误引起的#NAME?错误。

由于录入了错误的函数名称，所以造成这种错误，比如在一份成绩表的“总分”列中，统一显示#NAME?错误，如图6-26所示。

姓名	语文	数学	英文	总分
李桂兰	53	70	51	#NAME?
王斌	77	58	61	#NAME?
李鹏	88	83	94	#NAME?
张平	99	70	82	#NAME?
张莉	59	58	70	#NAME?
张辉	85	67	64	#NAME?
张宇	87	98	73	#NAME?
刘娟	77	82	62	#NAME?
李斌	100	100	100	#NAME?
王浩	77	95	87	#NAME?

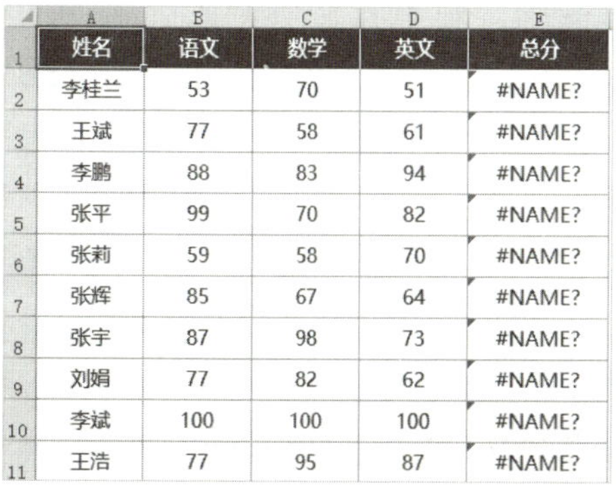

图6-26　#NAME?错误

这个错误是因为函数名称拼写不正确，只要选中E2单元格查看一下目前的公式，就可以看到计算总分需要用到SUM函数，但是这里的函数却多了一个e，如图6-27所示，只要去掉这个e就可以解决该错误。

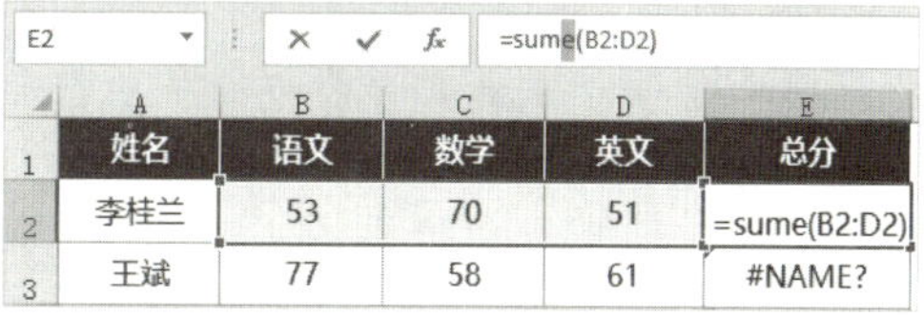

图6-27　公式多了一个e

技术看板

在表格中经常使用“定义名称”，如果将定义名称写错，也会出现#NAME?错误，因此，需要特别细心。

（2）文本中没加双引号引起的#NAME?错误。

如果在函数、公式中使用文本，需要在文本两边加上一对双引号，并且必须是在英文半角状态下输入，而不是在中文状态下输入。比

如，在某单元格中输入公式"=IF(C5>400,"达标","不达标")"，记住：一定不要忘了给文本加上双引号。

（3）由于版本不同引起的#NAME?错误。

当我们将Excel表格发给他人时，如果对方使用的版本低于我们使用的版本，当他打开表格时，就有可能会出现#NAME?错误。另外，由于低版本不支持高版本中的某些函数，也会导致出现#NAME?错误，因此，在制作表格时要避免使用高版本的函数。

6.3.5 #REF!错误

#REF!错误也叫无效单元格引用错误，出现该错误有以下三种原因。

（1）表格计算中误删了数据行列。

例如，在图6-28所示的总分统计表格中，如果删除C列，会发现D2单元格中就出现了#REF!错误，如图6-29所示。

	A	B	C	D	E
1	姓名	语文	数学	英文	总分
2	李桂兰	53	70	51	174
3	王斌	77	58	61	196
4	李鹏	88	83	94	265
5	张平	99	70	82	251
6	张莉	59	58	70	187
7	张辉	85	67	64	216
8	张宇	87	98	73	258
9	刘娟	77	82	62	221
10	李斌	100	100	100	300
11	王浩	77	95	87	259
12	陈杰	56	75	62	193
13	王凯	86	77	96	259
14	陈丽	56	53	65	174

图6-28 总分统计表格

	A	B	C	D
1	姓名	语文	英文	总分
2	李桂兰	53	51	#REF!
3	王斌	77	61	138
4	李鹏	88	94	182
5	张平	99	82	181
6	张莉	59	70	129
7	张辉	85	64	149
8	张宇	87	73	160
9	刘娟	77	62	139
10	李斌	100	100	200
11	王浩	77	87	164
12	陈杰	56	62	118
13	王凯	86	96	182
14	陈丽	56	65	121

图6-29 #REF!错误

如果出现引用错误，那就先撤销这个删除动作，然后在书写公式的时候就使用连续区域引用，例如输入公式"=SUM(B2:D2)"，这样即使后面有人把C列删除了，"总分"列也将自动更新。

（2）引用的数据中含有其他公式计算的单元格。

例如：在J2单元格中输入公式"=SUM(G2:I2)"，在F3单元格中输入公式"=SUM(B3,C3,D3,E3)"，如果将J2单元格通过复制方式粘贴到D3单元格，这时F3单元格中就会出现"#REF!"错误提示，这是因为F3公式中被引用的单元格替换为了含有其他公式计算的单元格，出现了无效单元格。

（3）公式中引用了无效区域或参数。

例如：使用INDEX函数对数据表进行查找定位。在单元格中输入公式"=INDEX(B2:E8,8,1)"，该公式的含义是查找B2:E8区域中的第8行第1列的数据。这时单元格中出现"#REF!"错误提示。然而，实际要查找的数据区域是"B2:E8"及第7行第1列，我们在"行序数"中输入的参数是"8"。这就属于公式中引用了无效的参数。当遇到这种情况时，可以直接将参数修改为正确的引用参数（输入公式"=INDEX(B2:E8,7,1)"）。

6.3.6 #VALUE! 错误

#VALUE! 错误也叫值错误，出现该错误通常有以下三种情况。

（1）运算时使用了非数值的单元格。

当对不同类型的数据进行数学运算时，就会出现 #VALUE! 错误。例如：在统计如图6-30所示表格的“总分”列中显示了 #VALUE! 错误。

	A	B	C	D
1	姓名	语文	数学	总分
2	李桂兰	53	70	123
3	王斌	A	58	#VALUE!
4	李鹏	B	68	#VALUE!
5	张平	99	70	169
6	张莉	59	58	117
7	张辉	85	67	152

图6-30 #VALUE! 错误

B3 单元格是文本数据，C3 单元格是数值数据，在 D3 单元格中输入公式“=SUM(B3+C3)”，因为对两个单元格进行数据运算时使用了非数值的单元格，所以就会出现如图6-31所示的错误显示。解决的办法是找到这些文本，把它们更改为数字格式。比如分别改成77和88，这样就能解决这个错误。

D3 fx =B3+C3

	A	B	C	D
1	姓名	语文	数学	总分
2	李桂兰	53	70	123
3	王斌	A	58	#VALUE!

图6-31 单元格公式相加

（2）输入了不符合函数语法的公式。

如果在单元格中输入了不符合函数语法的公式，也会出现 #VALUE! 的错误。

例如：在 D2 单元格中输入公式“=SUM(A1:A2+B1:B2)”，此时在 D2 单元格中就会出现 #VALUE! 错误。因为表达 A1 到 A2 与 B1 到 B2 两个区域的和不是直接将两个区域进行相加，正确的公式是“=SUM(A1:B2)”。如果两个区域不是连续的，可以分别输入公式“=SUM(A1:A2,B1:B2)”或“=SUM(A1:A2)+SUM(B1:B2)”。

（3）输入或编辑数组公式时，没有按快捷键“Ctrl+Shift+Enter”，而是直接按了“Enter”键。

6.4 嵌套函数的排错方法

学习如何识别和修正常见的错误后，能够解决简单的函数错误。不过当遇到嵌套函数时，就很难用6.3节介绍的方法排错了。接下来学习嵌套函数的排错方法。

1. 认识嵌套函数

在学习嵌套函数的排错方法之前，先认识下嵌套函数。

在某些情况下，需要将一个函数作为另一函数的参数使用，这种函数就是嵌套函数。例如：在图6-32所示的案例中，运用 IF 和 AND 嵌套函数，在C列中设置公式，若A列值小于500且B列值是未到期，则返回“补款”，否则就显示为空。其操作方法是在C2单元格中输入公式“=IF(AND(A2<500,B2="未到期"), "补款","")”，按“Enter”键确定，并自动填充公式即可。

C2 fx =IF(AND(A2<500,B2="未到期"),"补款","")

	A	B	C	D	E	F
1	金额	是否到期	提醒			
2	800	未到期				
3	200	已到期				
4	[illegible]	[illegible]				
5	300	未到期	补款			
6	200	未到期	补款			

图6-32 运用IF和AND嵌套函数

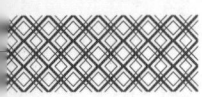

在如图6-33所示的案例中，运用INDEX和MATCH嵌套函数，可以依据月份和费用项目查找金额。其操作方法是在C9单元格中输入公式“=INDEX(B2:G6,MATCH(B9,$A$2:$A$6,0),MATCH(A9,$B$1:$G$1,0))”，根据公式先用MATCH函数查找3月在第一行的位置，之后使用MATCH函数来查找费用项目在A列中的位置。最后使用INDEX依据行数和列数，来提取数值。

=INDEX(B2:G6,MATCH(B9,$A$2:$A$6,0),MATCH(A9,$B$1:$G$1,0))

费用项目	1月	2月	3月	4月	5月	6月
绿化费	6000	2000	2000	3000	6000	5000
办公费	5000	2000	3000	4000	5000	4000
宣传费	2000	3000	4000	8000	5000	1000
工资	3000	4000	2000	4000	3000	2000
福利费	3000	2000	3000	5000	4000	2000

月份	费用项目	费用额
3月	工资	2000

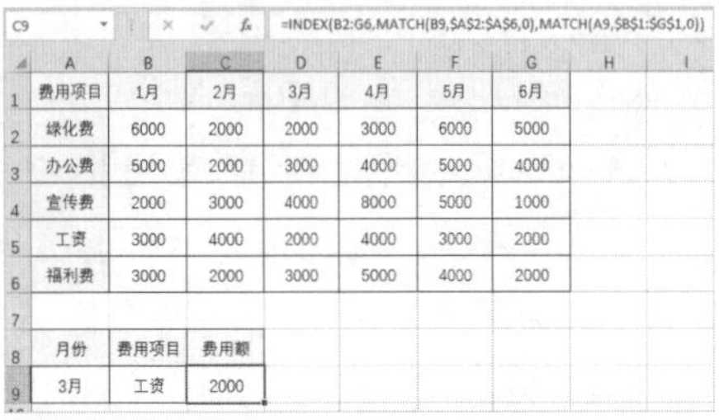

图6-33　运用INDEX和MATCH嵌套函数

注意

在公式中最多可以嵌套64个级别的函数。但是嵌套函数会增加计算的复杂程度，容易出错，建议减少嵌套函数的使用。

2. 嵌套函数的输入

嵌套函数的使用方法很简单，用户只需要单击“公式”选项卡→“函数库”组→“插入函数”按钮，打开“插入函数”对话框，在“选择函数”列表框中选择函数（见图6-34），打开“函数参数”对话框，在对话框中的各个参数文本框中，依次输入嵌套函数的参数值即可，如图6-35所示。

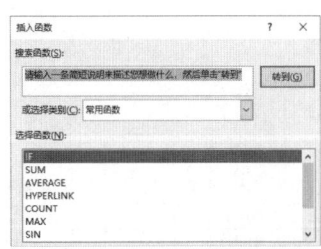

图6-34 “插入函数”对话框

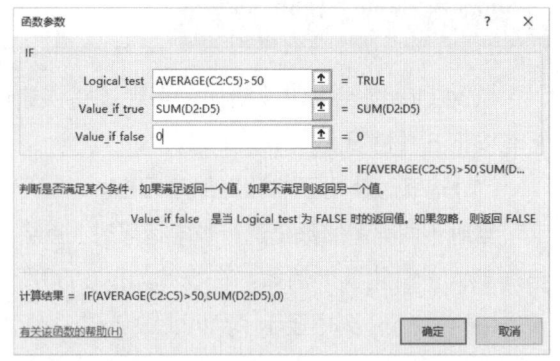

图6-35 “函数参数”对话框

3. 嵌套函数的排错

例如，当在员工信息表格中通过姓名来查询他们对应的岗位名称时，可以看到I3:I5单元格都出错了，并且是#N/A错误，表示查无此值，如图6-36所示。单击I3单元格，可以发现该单元格使用了INDEX和MATCH进行嵌套查询，其公式为“=INDEX($A$1:$F$39,MATCH($H3,$A$1:$A$39,0),MATCH(I$1,A2:F2,0))”。

=INDEX($A$1:$F$39,MATCH($H3,$A$1:$A$39,0),MATCH(I$1,A2:F2,0))

员工姓名	岗位名称	基本工资	岗位工资	月薪	年终奖
张海燕	中级工程师	2,000	7,000	9,000	18,000
王淑兰	中级工程师	2,000	7,000	9,000	13,500
李志强	中级工程师	2,000	7,000	9,000	18,000
杨磊	中级工程师	2,000	7,000	9,000	18,000
李晶	高级工程师	2,000	10,000	12,000	24,000
李婷婷	高级工程师	2,000	10,000	12,000	36,000
张秀荣	助理工程师	2,000	3,000	5,000	2,500
刘建华	助理工程师	2,000	3,000	5,000	5,000
王丽丽	初级工程师	2,000	5,000	7,000	14,000
赵敏	助理工程师	2,000	3,000	5,000	5,000
陈云	高级工程师	2,000	10,000	12,000	24,000
李海燕	高级工程师	2,000	10,000	12,000	36,000
张桂荣	初级工程师	2,000	5,000	7,000	14,000
张晶	助理工程师	2,000	3,000	5,000	5,000
刘莉	初级工程师	2,000	5,000	7,000	14,000

员工姓名	岗位名称
王丽丽	初级工程师
李凯	#N/A
张峰	#N/A
陈云	#N/A

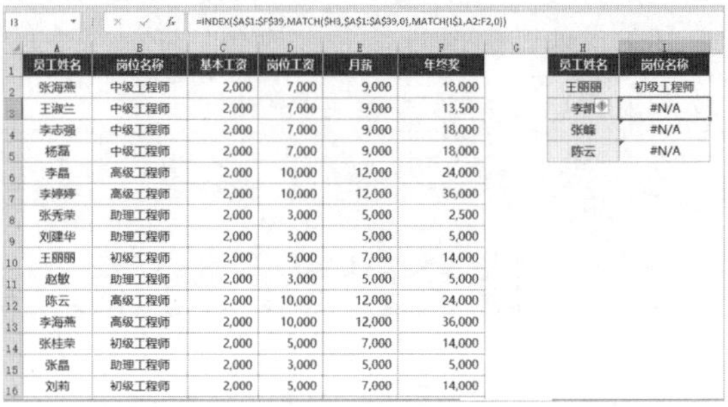

图6-36　查询嵌套函数

由于是嵌套函数，很难一眼就看出来到底是哪里出错了。此时可以巧用快捷键“F9”或按快捷键“Fn+F9”，分步骤查看验算过程，来查找出错地方。其具体的操作步骤如下。

第1步 框选第一个MATCH函数，按快捷键“Fn+F9”转换成计算的结果。这个函数查找的是李凯所在的行，确认结果为李凯的信息在第17行，说明这部分函数书写是对的，如图6-37所示。

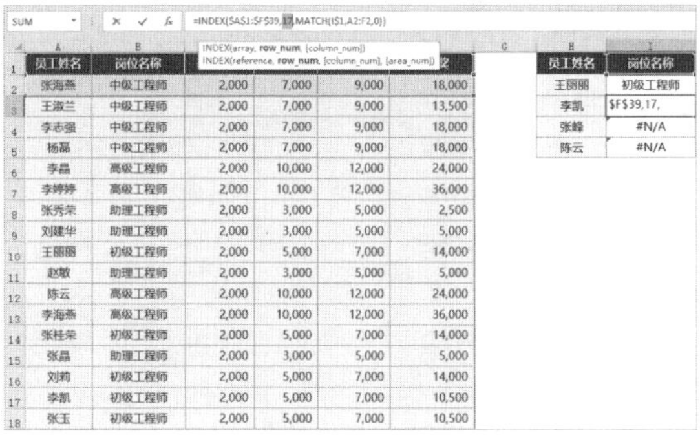

第6章
公式与函数应用常识

图6-37 核对第一个MATCH函数正确

第2步 框选第二个MATCH函数，按快捷键"Fn+F9"转换成计算的结果，结果出现了错误，说明这个函数写错了，如图6-38所示。

撤销上一步操作，来看下第二个MATCH函数，其查找的是"岗位名称"所在的列数，关键词是I1单元格，是正确的；再查看查询范围为A2:F2，是错误的，正确的查询范围应该是A1:F1，且为绝对引用。再回到I2单元格，框选这个查询范围，按"F4"键锁定，将公式修改为"MATCH($I1,$A1:$F1,0))"即可。

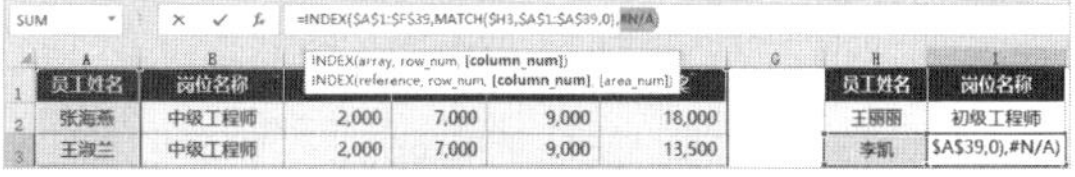

图6-38 核对第二个MATCH函数错误

第3步 验证新修改的嵌套函数，选中I3单元格，逐步验证公式的正确性即可。

分析问题，处理常见函数错误

通过6.3节和6.4节对表格中函数的一些错误分析，总结出有以下几个方面的错误：#####错误、#DIV/0!错误、#N/A错误、#NAME?错误、#VALUE!错误，以及嵌套函数的相关错误。下面以本章素材函数表为例，对表格中这些错误进行一一更正处理。

1. 更正 ##### 错误

由于本例中的列宽调整过窄，或者单元格中返回的日期和时间为负数或返回的值太大，就会出现#####错误。更正#####错误的具体操作步骤如下：

第1步 切换工作表。打开本章提供的"函数表.xlsx"工作簿，该工作簿中包含"1-#####错误""2-除零错误""3-#NA""4-#NAME"等6张工作表，单击"1-#####错误"工作表标签，切换工作表。

第2步 调整列宽。移动鼠标指针置于D列和E列之间，当鼠标指针呈双向黑色箭头形状时，按住鼠标左键并向右拖曳，拉长D列的列宽，即可解决因列宽小而出现的#####错误，如图6-39所示。

图6-39 调整列宽

第3步 删除符号。选中D13单元格，删除日期前的"=-"符号，完成#####错误的更正，如图6-40所示。

D13 =2021/12/1

	年份	月份	日	每月第1天
2	2021	1	1	2021/1/1
3	2021	2	1	2021/2/1
4	2021	3	1	2021/3/1
5	2021	4	1	2021/4/1
6	2021	5	1	2021/5/1
7	2021	6	1	2021/6/1
8	2021	7	1	2021/7/1
9	2021	8	1	2021/8/1
10	2021	9	1	2021/9/1
11	2021	10	1	2021/10/1
12	2021	11	1	2021/11/1
13	2021	12	1	2021/12/1

图6-40 删除符号

2. 更正 #DIV/0! 错误

由于表格中的函数引用了空值单元格，所以单元格中会出现#DIV/0!错误。更正#DIV/0!错误的具体操作步骤如下。

第1步 切换工作表。在工作簿中，单击"2-除零错误"工作表标签，切换至第2张工作表。

第2步 输入函数公式。选中E3单元格，输入公式"=IFERROR"，并输入第1个参数"D3/C3"、第2个参数"待定"，如图6-41所示。

IF =IFERROR(D3/C3,"待定")

	日期	姓名	指标	业绩	完成率
2	2019/5/13	刘远洋	10800	1688	16%
3	2019/5/13	韩杰		21582	3/C3,"待定")
4	2019/5/13	王伟彬	23700	20484	86%
5	2019/5/13	张晓丽	6500	3205	49%
6	2019/5/13	李娟		17972	#DIV/0!
7	2019/5/13	林芳芳	26000	17963	69%
8	2019/5/13	张敏洁	31800	10886	34%
9	2019/5/13	孙勇	31300	20215	65%

图6-41 输入函数

第3步 填充公式。按"Enter"键，完成公式的输入，然后双击E3单元格右下角的黑色十字填充柄来填充公式，更正所有#DIV/0!错误，如图6-42所示。

	日期	姓名	指标	业绩	完成率
2	2019/5/13	刘远洋	10800	1688	16%
3	2019/5/13	韩杰		21582	待定
4	2019/5/13	王伟彬	23700	20484	86%
5	2019/5/13	张晓丽	6500	3205	49%
6	2019/5/13	李娟		17972	待定
7	2019/5/13	林芳芳	26000	17963	69%
8	2019/5/13	张敏洁	31800	10886	34%
9	2019/5/13	孙勇	31300	20215	65%

图6-42 更正# DIV/0! 错误

注意

在输入函数中的参数时，要注意双引号和括号都是在英文状态下输入。

3. 更正 #N/A 错误

在本例中使用VLOOKUP查找函数，但没有查找到员工李敏君对应的部门，因此出现了#N/A错误。更正#N/A错误的具体操作步骤如下。

第1步 切换工作表。在工作簿中，单击"3-#NA"工作表标签，切换至第3张工作表。

第2步 更正函数。选中E2单元格，在VLOOKUP函数前套用IFERROR函数，在VLOOKUP函数后补充一个逗号，并补充参数为"未知"，如图6-43所示。

IF =IFERROR(VLOOKUP(D4,$A$2:$B$8,2,0),"未知")

IFERROR(**value**, value_if_error)

	员工姓名	部门
2	刘远洋	财务部
3	林小娜	运营部
4	王伟彬	市场部
5	张晓丽	财务部
6	王子然	市场部
7	林芳芳	技术部
8	张敏洁	技术部

员工姓名	部门
刘远洋	财务部
王子然	市场部
李敏君	:(VLOOKUP

图6-43 更正函数

第3步 更正错误。补充完参数后按“Enter”键，完成公式的更改，更正#N/A错误，如图6-44所示。

	A	B	C	D	E
1	员工姓名	部门		员工姓名	部门
2	刘远洋	财务部		刘远洋	财务部
3	林小娜	运营部		王子然	市场部
4	王伟彬	市场部		李敏君	未知
5	张晓丽	财务部			
6	王子然	市场部			
7	林芳芳	技术部			
8	张敏洁	技术部			
9					

图6-44　更正#N/A错误

4. 更正 #NAME? 错误

在本例中输入函数时，将SUM输入成SUME，导致表格中出现了#NAME?错误。更正#NAME?错误的具体操作步骤如下。

第1步 切换工作表。在工作簿中，单击“4-#NAME”工作表标签，切换至第4张工作表。

第2步 更改函数名称。选中E2单元格，删除函数名称中的e，如图6-45所示。

IF　=sum(B2:D2)

SUM(number1, [number2], ...)　计算单元格区域中所有数值的和

SUM / SUMIF / SUMIFS / SUMPRODUCT / SUMSQ / SUMX2MY2 / SUMX2PY2 / SUMXMY2

	A	B	C	D	E
1	姓名	语文	数学		
2	李桂兰	53	70		=sum(B2:D2)
3	王斌	77	58		#NAME?
4	李鹏	88	83		#NAME?
5	张平	99	70		#NAME?
6	张莉	59	58		#NAME?
7	张辉	85	67	64	#NAME?
8	张宇	87	98	73	#NAME?
9	刘娟	77	82	62	#NAME?
10	李斌	100	100	100	#NAME?
11	王浩	77	95	87	#NAME?
12	陈杰	56	75	62	#NAME?
13	王凯	86	77	96	#NAME?
14	陈丽	56	53	65	#NAME?

图6-45　更改函数名称

第3步 填充公式。更正函数名称后按“Enter”键，完成公式的更改，然后选中E2单元格并双击右下角的黑色十字填充柄，填充公式，更正所有的#NAME?错误，如图6-46所示。

	A	B	C	D	E
1	姓名	语文	数学	英文	总分
2	李桂兰	53	70	51	174
3	王斌	77	58	61	196
4	李鹏	88	83	94	265
5	张平	99	70	82	251
6	张莉	59	58	70	187
7	张辉	85	67	64	216
8	张宇	87	98	73	258
9	刘娟	77	82	62	221
10	李斌	100	100	100	300
11	王浩	77	95	87	259
12	陈杰	56	75	62	193
13	王凯	86	77	96	259
14	陈丽	56	53	65	174

图6-46　更正#NAME? 错误

5. 更正 #VALUE! 错误

在本例中计算总分数据时，因为引用的数据为非数值的数据，所以出现了#VALUE!错误。更正#VALUE!错误的具体操作步骤如下。

第1步 切换工作表。在工作簿中，单击“5-#VALUE!”工作表标签，切换至第5张工作表，如图6-47所示。

	A	B	C	D
1	姓名	语文	数学	总分
2	李桂兰	53	70	123
3	王斌	A	58	#VALUE!
4	李鹏	B	68	#VALUE!
5	张平	99	70	169
6	张莉	59	58	117
7	张辉	85	67	152

图6-47　切换至第5张工作表

第2步 更正第1个#VALUE!错误。从工作表中可以看出，B3和B4单元格里面填写的均为非数值数据，选中B3单元格，修改为任意数字，比如77，按“Enter”键完成，更正#VALUE!错误。

第3步 更正第2个#VALUE!错误。选中B4单元格，同样修改为任意数字，比如88，按“Enter”键完成，更正#VALUE!错误，如图6-48所示。

姓名	语文	数学	总分
李桂兰	53	70	123
王斌	77	58	135
李鹏	88	68	156
张平	99	70	169
张莉	59	58	117
张辉	85	67	152

图6-48 更正#VALUE!错误

6. 嵌套函数排错

嵌套函数排错的具体操作步骤如下。

第1步 切换工作表。在工作表中，单击“6-嵌套的公式排错”工作表标签，切换至第6张工作表，如图6-49所示。

I3 =INDEX($A$1:$F$39,MATCH($H3,$A$1:$A$39,0),MATCH(I$1,A2:F2,0))

员工姓名	岗位名称	基本工资	岗位工资	月薪	年终奖
张海燕	中级工程师	2,000	7,000	9,000	18,000
王淑兰	中级工程师	2,000	7,000	9,000	13,500
李志强	中级工程师	2,000	7,000	9,000	18,000
杨磊	中级工程师	2,000	7,000	9,000	18,000
李晶	高级工程师	2,000	10,000	12,000	24,000
李婷婷	高级工程师	2,000	10,000	12,000	36,000
张秀荣	助理工程师	2,000	3,000	5,000	2,500
刘建华	助理工程师	2,000	3,000	5,000	5,000
王丽丽	初级工程师	2,000	5,000	7,000	14,000
赵敏	助理工程师	2,000	3,000	5,000	5,000
陈云	高级工程师	2,000	10,000	12,000	24,000
李海燕	高级工程师	2,000	10,000	12,000	36,000
张桂荣	初级工程师	2,000	5,000	7,000	14,000
张晶	助理工程师	2,000	3,000	5,000	5,000
刘莉	初级工程师	2,000	5,000	7,000	14,000

员工姓名	岗位名称
王丽丽	初级工程师
李凯	#N/A
张峰	#N/A
陈云	#N/A

1-#####错误 | 2-除零错误 | 3-#NA | 4-#NAME | 5-#VALUE! | 6-嵌套的公式排错

图6-49 切换至第6张工作表

第2步 检查公式。选中I3单元格，在编辑栏中选中第1个MATCH函数，按快捷键“Fn+F9”；选中第2个MATCH函数，按快捷键“Fn+F9”。然后按“Enter”键即可检查公式。

第3步 修改公式。选中I2单元格，修改第2个MATCH函数的查询范围，按快捷键“Fn+F4”锁定，然后按“Enter”键即可修改公式。

第4步 填充公式。选中I2单元格并双击单元格右下角的黑色十字填充柄，填充公式，完成并更正嵌套函数的排错，如图6-50所示。

员工姓名	岗位名称	基本工资	岗位工资	月薪	年终奖
张海燕	中级工程师	2,000	7,000	9,000	18,000
王淑兰	中级工程师	2,000	7,000	9,000	13,500
李志强	中级工程师	2,000	7,000	9,000	18,000
杨磊	中级工程师	2,000	7,000	9,000	18,000
李晶	高级工程师	2,000	10,000	12,000	24,000
李婷婷	高级工程师	2,000	10,000	12,000	36,000
张秀荣	助理工程师	2,000	3,000	5,000	2,500
刘建华	助理工程师	2,000	3,000	5,000	5,000
王丽丽	初级工程师	2,000	5,000	7,000	14,000
赵敏	助理工程师	2,000	3,000	5,000	5,000
陈云	高级工程师	2,000	10,000	12,000	24,000
李海燕	高级工程师	2,000	10,000	12,000	36,000
张桂荣	初级工程师	2,000	5,000	7,000	14,000
张晶	助理工程师	2,000	3,000	5,000	5,000
刘莉	初级工程师	2,000	5,000	7,000	14,000
李凯	初级工程师	2,000	5,000	7,000	10,500
张玉	初级工程师	2,000	5,000	7,000	10,500
张峰	中级工程师	2,000	7,000	9,000	18,000

员工姓名	岗位名称
王丽丽	初级工程师
李凯	初级工程师
张峰	中级工程师
陈云	高级工程师

图6-50 嵌套函数排错并更正

第7章 逻辑函数

通过第6章的学习，我们不仅认识了Excel公式的几种形式，还了解了单元格的引用方式、常见函数的排错方法，为后续正确使用函数打下了基础。接下来我们将要学习逻辑函数，也就是根据具体条件做出判断的函数。

本章将通过判断学生成绩表中的学生成绩情况来学习逻辑函数的具体应用方法和技巧。

7.1 认识逻辑函数

逻辑函数是指执行逻辑测试并返回逻辑值（TRUE 或 FALSE）的函数。Excel中的逻辑函数主要用于执行逻辑判断及基于结果的后续处理，常用的逻辑函数包括IF函数、AND函数、OR函数、TRUE函数、FALSE函数、IFERROR函数、NOT函数等。

在应用逻辑函数前，需要先了解逻辑函数中条件的表示方式和判断方法。下面通过一个案例讲解逻辑函数的条件判断方法。

在图7-1所示的成绩表中，如果想判断学生的笔试成绩是否合格，那么可以在D2单元格中输入判断的条件"=B2>=60"。按"Enter"键确定后，可以看到D2单元格中显示了FALSE，如图7-2所示。

图7-1 成绩表

图7-2 成绩表中笔试成绩判断结果

在这里，由于判断对象是笔试成绩，判断逻辑是大于等于，而判断标准就是60分；条件就是"B2>=60"，用公式组合起来就是"=B2>=60"。

当完成公式的填充后，可以看到Excel判断后返回结果为TRUE和FALSE。这两个值统称为布尔值。其中，TRUE表示这个条件的结果是成立的，FALSE表示这个条件的结果是不成立的。由此可以看出，在图7-2所示的表格中，陈宇的笔试成绩是58。58小于60，条件不成立，所以结果就是FALSE。而方言的笔试成绩是63，大于等于60，条件成立，所以结果是TRUE。

按照同样的方法，判断所有学生上机测试成绩的及格情况，结果如图7-3所示。

	A	B	C	D	E
1	姓名	笔试	上机测试	笔试>=60	上机测试>=60
2	陈宇	58	50	FALSE	FALSE
3	方言	63	51	TRUE	FALSE
4	王乐	49	88	FALSE	TRUE
5	张玲玲	59	90	FALSE	TRUE
6	刘辉	72	58	TRUE	FALSE

图7-3 成绩表中上机测试成绩判断结果

7.2 IF 函数详解

IF 函数通过逻辑测试判断条件是否成立。如果结果为TRUE，就返回用户指定的第二参数；如果结果为FALSE，就返回用户指定的第三参数。它可以用来判断数值大小、文本内容、条件逻辑等，返回的结果可以按照所需要的形式呈现。

下面用IF函数来判断学生的上机测试成绩及格情况，并用"及格"代替TRUE，"不及格"代替FALSE，让结果更直观地呈现出来。

当接触到一个新的函数时，我们可以借助函数板来快速认识它。在E2单元格中输入公式"=IF"，按"Tab"键，打开函数板，如图7-4所示。

图7-4 函数板

在函数板中，可以看到IF函数有3个参数，其含义分别如下。

- logical_test：根据提示需要填写的条件判断的表达式。
- value_if_true：条件判断成立时的返回值，这个值可以自己定义。
- value_if_false：条件判断不成立时的返回值。

了解了IF函数的3个参数组成后，就可以结合需求在编辑栏中填写公式。比如，这里要判断学生的上机测试成绩是否大于等于60分，如果成绩大于等于60分，则显示"及格"，否则就显示"不及格"。根据上述需求，改写为对应参数"C2>=60,"及格","不及格""，将其填入函数板中即可，如图7-5所示。

	A	B	C	D	E
1	姓名	笔试	上机测试	笔试>=60	上机测试>=60
2	陈宇	58	50	FALSE	不及格
3	方言	63	51	TRUE	不及格
4	王乐	49	88	FALSE	及格
5	张玲玲	59	90	FALSE	及格
6	刘辉	72	58	TRUE	不及格

图7-5 IF公式

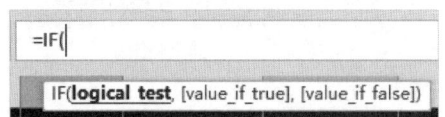

技术看板

IF函数的语法结构为：IF(logical_test,[value_if_true],[value_if_false])。

实战演练

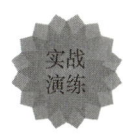

利用简单逻辑判断函数判断学生成绩及格情况

在7.1节和7.2节学习了逻辑函数和IF函数的基础知识，下面就依据所学内容，用逻辑函数来判断学生的语文成绩是否及格，用IF函数来判断数学成绩是否及格，如图7-6所示。

序号	姓名	签到情况	语文	数学	语文>=60	数学>=60
1	李桂兰	已签到	53	70	FALSE	及格
2	王斌	未签到	0	0	FALSE	不及格
3	李鹏	已签到	88	83	TRUE	及格
4	张平	已签到	99	70	TRUE	及格
5	张莉	已签到	59	58	FALSE	不及格
6	张辉	已签到	85	67	TRUE	及格
7	张宇	已签到	87	98	TRUE	及格
8	刘娟	未签到	0	0	FALSE	不及格
9	李斌	已签到	100	100	TRUE	及格
10	王浩	已签到	77	95	TRUE	及格
11	陈杰	已签到	56	75	FALSE	及格
12	王凯	已签到	86	77	TRUE	及格
13	陈丽	已签到	56	53	FALSE	不及格
14	陈敏	已签到	82	73	TRUE	及格
15	王秀珍	已签到	74	76	TRUE	及格
16	李玉兰	未签到	0	0	FALSE	不及格

1-初识逻辑函数　2-IF嵌套函数

图7-6　学生成绩及格情况的判断效果

1. 判断语文成绩及格情况

判断语文成绩及格情况的操作步骤如下。

第1步 打开本章提供的“学生成绩表.xlsx”工作簿，该工作簿中包含“1-初识逻辑函数”和“2-IF嵌套函数”两张工作表，单击“1-初识逻辑函数”工作表标签，切换至该工作表，如图7-7所示。

序号	姓名	签到情况	语文	数学	语文>=60	数学>=60
1	李桂兰	已签到	53	70		
2	王斌	未签到	0	0		
3	李鹏	已签到	88	83		
4	张平	已签到	99	70		
5	张莉	已签到	59	58		
6	张辉	已签到	85	67		
7	张宇	已签到	87	98		
8	刘娟	未签到	0	0		
9	李斌	已签到	100	100		
10	王浩	已签到	77	95		
11	陈杰	已签到	56	75		
12	王凯	已签到	86	77		
13	陈丽	已签到	56	53		
14	陈敏	已签到	82	73		
15	王秀珍	已签到	74	76		
16	李玉兰	未签到	0	0		

1-初识逻辑函数　2-IF嵌套函数

图7-7　打开工作簿

第2步 确定判断条件为语文成绩大于等于60分，选中F2单元格，运用布尔函数先输入公式开头“=”，再输入判断条件“D2>=60”，如图7-8所示。

序号	姓名	签到情况	语文	数学	语文>=60	数学>=60
1	李桂兰	已签到	53	70	=D2>=60	
2	王斌	未签到	0	0		
3	李鹏	已签到	88	83		
4	张平	已签到	99	70		
5	张莉	已签到	59	58		
6	张辉	已签到	85	67		
7	张宇	已签到	87	98		
8	刘娟	未签到	0	0		
9	李斌	已签到	100	100		

图7-8　输入公式和判断条件

第3步 按“Enter”键确定，完成第一个语文成绩的判断情况。

第4步 选中F2单元格，并双击单元格右下角的黑色十字填充柄，快速完成其他同学语文成绩的判断情况，如图7-9所示。

序号	姓名	签到情况	语文	数学	语文>=60	数学>=60
1	李桂兰	已签到	53	70	FALSE	
2	王斌	未签到	0	0	FALSE	
3	李鹏	已签到	88	83	TRUE	
4	张平	已签到	99	70	TRUE	
5	张莉	已签到	59	58	FALSE	
6	张辉	已签到	85	67	TRUE	
7	张宇	已签到	87	98	TRUE	
8	刘娟	未签到	0	0	FALSE	
9	李斌	已签到	100	100	TRUE	
10	王浩	已签到	77	95	TRUE	
11	陈杰	已签到	56	75	FALSE	
12	王凯	已签到	86	77	TRUE	
13	陈丽	已签到	56	53	FALSE	
14	陈敏	已签到	82	73	TRUE	
15	王秀珍	已签到	74	76	TRUE	
16	李玉兰	未签到	0	0	FALSE	
17	刘秀英	已签到	94	100	TRUE	
18	王萍	已签到	88	83	TRUE	
19	王萍	已签到	97	69	TRUE	
20	张波	已签到	83	85	TRUE	

图7-9　判断语文成绩及格情况

2. 判断数学成绩及格情况

判断数学成绩及格情况的操作步骤如下。

第1步 确定判断条件为数学成绩大于等于60分，选中G2单元格，输入“=IF”，按“Tab”键打开函数板。

第2步 输入第1个参数（判断条件）为“E2>=60”，输入第2个参数（条件成立的结果）为“及格”，输入第3个参数（条件不成立的结果）为“不及格”，如图7-10所示。

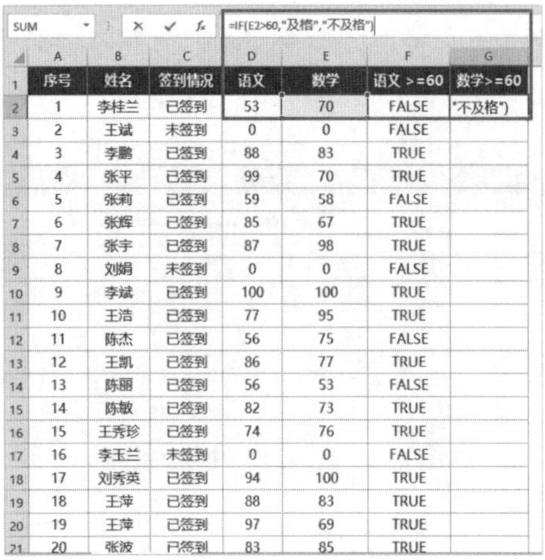

SUM　=IF(E2>60,"及格","不及格")

	A	B	C	D	E	F	G
1	序号	姓名	签到情况	语文	数学	语文 >=60	数学>=60
2	1	李桂兰	已签到	53	70	FALSE	"不及格")
3	2	王斌	未签到	0	0	FALSE	
4	3	李鹏	已签到	88	83	TRUE	
5	4	张平	已签到	99	70	TRUE	
6	5	张莉	已签到	59	58	FALSE	
7	6	张辉	已签到	85	67	TRUE	
8	7	张宇	已签到	87	98	TRUE	
9	8	刘娟	未签到	0	0	FALSE	
10	9	李斌	已签到	100	100	TRUE	
11	10	王浩	已签到	77	95	TRUE	
12	11	陈杰	已签到	56	75	FALSE	
13	12	王凯	已签到	86	77	TRUE	
14	13	陈丽	已签到	56	53	FALSE	
15	14	陈敏	已签到	82	73	TRUE	
16	15	王秀珍	已签到	74	76	TRUE	
17	16	李玉兰	未签到	0	0	FALSE	
18	17	刘秀英	已签到	94	100	TRUE	
19	18	王萍	已签到	88	83	TRUE	
20	19	王萍	已签到	97	69	TRUE	
21	20	张波	已签到	83	85	TRUE	

图7-10　输入函数参数

第3步 输入完成后按“Enter”键确定，完成第一个数学成绩的判断情况。

第4步 选中G2单元格，并双击单元格右下角的黑色十字填充柄，快速完成其他同学数学成绩的判断情况，如图7-11所示。

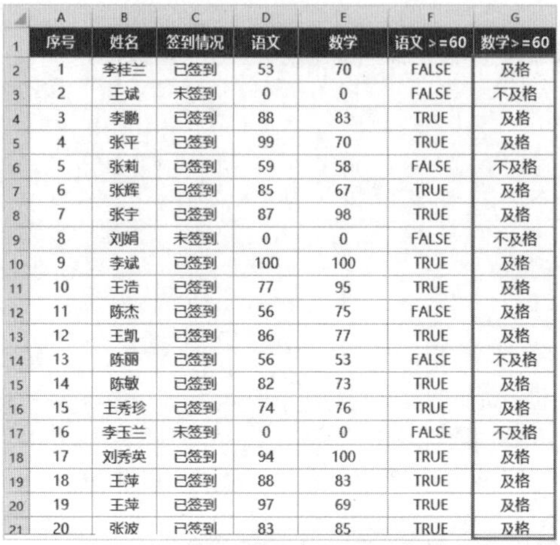

	A	B	C	D	E	F	G
1	序号	姓名	签到情况	语文	数学	语文 >=60	数学>=60
2	1	李桂兰	已签到	53	70	FALSE	及格
3	2	王斌	未签到	0	0	FALSE	不及格
4	3	李鹏	已签到	88	83	TRUE	及格
5	4	张平	已签到	99	70	TRUE	及格
6	5	张莉	已签到	59	58	FALSE	不及格
7	6	张辉	已签到	85	67	TRUE	及格
8	7	张宇	已签到	87	98	TRUE	及格
9	8	刘娟	未签到	0	0	FALSE	不及格
10	9	李斌	已签到	100	100	TRUE	及格
11	10	王浩	已签到	77	95	TRUE	及格
12	11	陈杰	已签到	56	75	FALSE	及格
13	12	王凯	已签到	86	77	TRUE	及格
14	13	陈丽	已签到	56	53	FALSE	不及格
15	14	陈敏	已签到	82	73	TRUE	及格
16	15	王秀珍	已签到	74	76	TRUE	及格
17	16	李玉兰	未签到	0	0	FALSE	不及格
18	17	刘秀英	已签到	94	100	TRUE	及格
19	18	王萍	已签到	88	83	TRUE	及格
20	19	王萍	已签到	97	69	TRUE	及格
21	20	张波	已签到	83	85	TRUE	及格

图7-11　判断数学成绩及格情况

7.3 多个条件的逻辑判断

通过基础知识和实战演练的学习，可以快速掌握IF函数的基本用法和书写公式的要点。但是，在实际工作中，不会只有简单的、单一条件的判断，有时还需要对多个条件进行判断，此时可以通过IF函数嵌套AND和OR函数来帮忙。

7.3.1 IF和AND函数嵌套

IF函数和AND函数嵌套使用，表示全部符合某些条件，要判断的事项才成立；只要不符合其中一个条件，判断的事项就不成立。

比如，在成绩表中判断学生是否需要补考，这里有三门学科，只要有一门学科低于60分就需要补考，如果三科全及格就不需要补考。可以先用IF函数写下判断过程，在成绩表的G2单元格中，输入公式“=IF（三科全及格,"通过","补考"）”。然后用AND函数将“三科全及格”这个参数表达出来，在G2单元格输入“=AND”，按“Tab”键选用AND函数，填入3个分数条件“C2>=60,D2>=60,E2>=60”（表示语文大于等于60，数学大于等于60，英语也大于等于60），补齐右括号，其最终的公式为“=IF(AND(C2>=60,D2>=60,E2>=60),"通过","补考")”，如图7-12所示，再按“Enter”键即可。

SUM =IF(AND(C2>=60,D2>=60,E2>=60),"通过","补考")

	A	B	C	D	E	F	G	H	I
1	序号	姓名	语文	数学	英文	总分	是否需要补考	是否有单科满分	成绩等级
2	1	陈宇	58	69	=IF(AND(C2>=60,D2>=60,E2>=60),"通过","补考")				
3	2	方言	79	60	75	AND(logical1, [logical2], [logical3], [logical4], ...)			
4	3	王乐	89	95	95	279			
5	4	张玲玲	100	70	83	253			
6	5	刘辉	69	58	70	197			

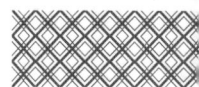

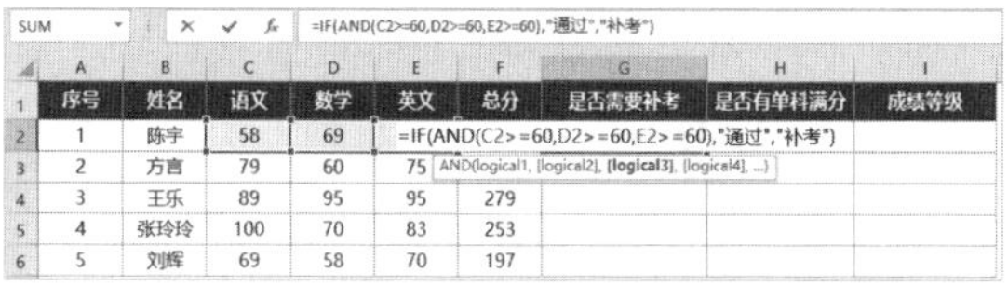

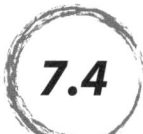

图7-12　IF和AND公式

技术看板

AND代表“和”“且”的意思，如果有3个条件让AND函数判断，那么只有在所有条件都为TRUE的情况下，AND函数才会输出TRUE这个结果。这些条件中只要有一个是FALSE，那么AND函数就会输出FALSE。

7.3.2 IF和OR函数嵌套

IF函数与OR函数嵌套使用，表示只要部分条件符合，判断的事项就成立；全部条件都不符合，则判断的事项不成立。

比如，需要判断学生是否有单科满分，如果三科中有一科的成绩为100分，就显示“有”，反之则显示“无”，同样先写出IF函数公式“=IF(有单科满分,"有","无")”，然后用OR函数表达出“三科有单科满分”的判断条件，公式写作“=OR(C2=100,D2=100,E2=100)”。

现在直接在IF函数中嵌套OR函数，选中H2单元格，在第一个参数的位置写下OR函数，按“Tab”键选用，输入OR函数的三个参数“C2=100, D2=100,E2=100”，补齐右括号，其最终的公式为“=IF(OR(C2=100, D2=100,E2=100),"有","无")”，如图7-13所示，再按“Enter”键确定即可。

SUM =IF(OR(C2=100,D2=100,E2=100),"有","无")

	A	B	C	D	E	F	G	H	I
1	序号	姓名	语文	数学	英文	总分	是否需要补考	是否有单科满分	成绩等级
2	1	陈宇	58	69	48	175	=IF(OR(C2=100,D2=100,E2=100),"有","无")		
3	2	方言	79	60	75	214			
4	3	王乐	89	95	95	279			
5	4	张玲玲	100	70	83	253			
6	5	刘辉	69	58	70	197			

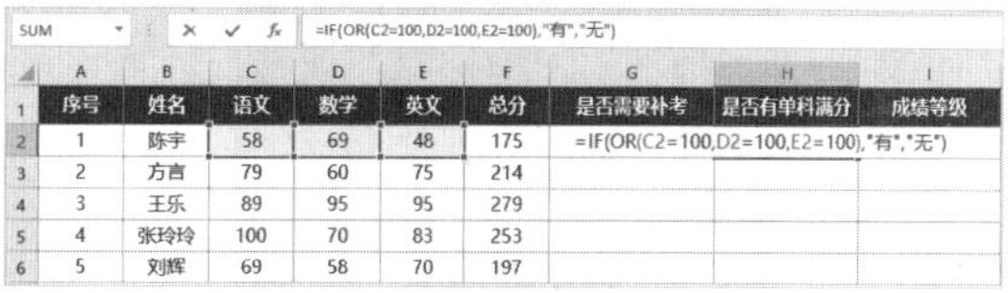

图7-13　IF和OR公式

技术看板

OR代表“或”的意思，OR函数和AND函数用法完全相同，只是含义不同，AND函数需要所有条件都满足才成立，OR函数只要有一个条件满足就成立，结果就输出TRUE值。如果在3个条件中没有一个条件是成立的，那结果就输出FALSE值。

7.4 多层条件判断

IF函数不仅可以进行单条件判断，还可以进行多层条件判断。下面将详细讲解多层条件判断的基础知识与判断方法。

7.4.1 IF多重嵌套函数

嵌套函数的使用不难，只要把两个函数写好之后，组合成一个公式即可。下面我们学习如何运用IF函数的多重嵌套来判断成绩的等级。比如，等级的判断要求是：三科的总分大于等于270分，等级评为A；总分大于等于240分，小于270分，评为B；总分大于等于180分，小于240，评为C；180分以下评为D，如图7-14所示。其含义如下。

- 条件1："总分>=270"成立时，则评为A，否则进入条件2判断。
- 条件2：当"总分>=240"成立时，则评为B，否则进入条件3判断。
- 条件3：当"总分>=180"成立时，则评为C，否则评为D。

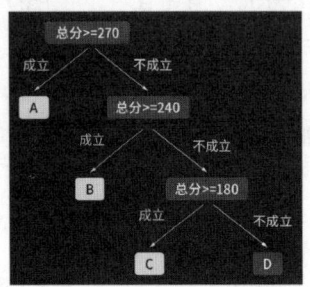

图7-14 成绩等级判断

整个逻辑套上IF函数，则3个条件如下。

- 条件1：=IF(总分>=270,"A",条件2)。
- 条件2：=IF(总分>=240,"B",条件3)。
- 条件3：=IF(总分>=180,"C","D")。

| 技术看板 |

如果单元格的编辑栏比较小，不能完整显示函数公式，则可以将光标放在编辑栏下边缘，然后下拉扩大编辑栏，保证有足够的空间查看和书写。

IF多重嵌套函数的编写方法很简单，在编辑栏中输入条件1的公式"=IF(F2>=270,"A",条件2)"，当条件1不成立时，进入条件2的判断，输入条件2的公式"IF(F2>=240,"B",条件3)"，当条件2不成立时，进入条件3的判断，输入条件3的公式"IF(F2>=240,"C","D")"，最终公式为"=IF(F2>=270,"A",IF(F2>=240,"B",IF(F2>=180,"C","D")))"，如图7-15所示，按"Enter"键确定，即可完成成绩等级评定。

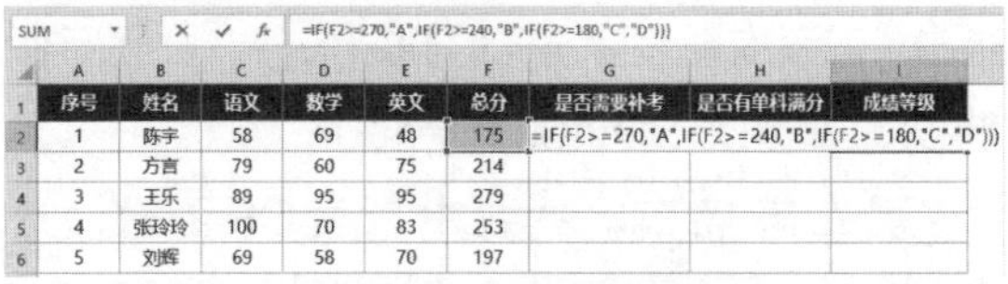

图7-15 IF多重嵌套公式

7.4.2 IFS函数

嵌套函数虽然好用，但也不要嵌套太多层。嵌套越多出现的括号就越多，写的时候就容易出现多一个或少一个括号的情况，不仅写的时候麻烦，后续维护起来也很麻烦。所以，IF函数的嵌套最好不要超过3个。如果条件判断超过了3个，就可以用IFS函数来替换原先的嵌套IF函数，实现多个条件的判断。

| 技术看板 |

IFS函数通常用来判断一组数据是否满足一个或多个条件，其语法结构为"=IFS(条件1,值1,[条件2,值2],[条件3,值3]…)"。

以7.4.1节中的成绩判断为例，使用IFS函数进行多条件判断的方法是：在K2单元格中输入"=IFS"，写出条件和对应的结果，如果F2单元格的成绩大于等于270分，返回等级A；如果F2单元格的成绩大于等于240分，返回等级B；如果F2单元格的成绩大于等于180分，返回等级C；如果F2单元格的成绩大于等于0分，返回等级D，如图7-16所示。

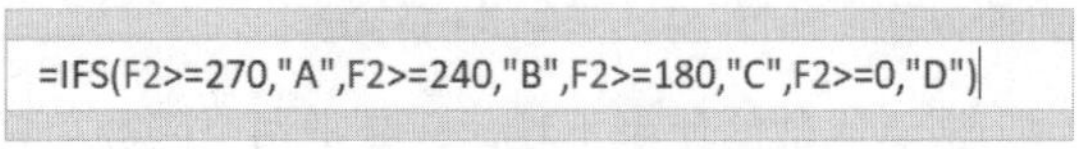

=IFS(F2>=270,"A",F2>=240,"B",F2>=180,"C",F2>=0,"D")

图7-16 IFS公式

注意

IFS函数的函数名是由IF(如果)+S(表示复数)组成，且IFS函数的“条件”和“值”是成对出现的，这样不仅写起来方便，而且看起来更简洁明了。

实战演练

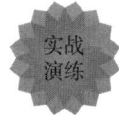

利用函数嵌套完成学生成绩表中的条件判断

在7.3节和7.4节中介绍了多个条件和多层条件的逻辑判断方法。下面就利用IF函数、AND函数、OR函数的嵌套，判断学生成绩表(见图7-17)中是否有学生需要补考及单科满分情况，并用IF多重嵌套函数和IFS函数来划分学生成绩等级。

	A	B	C	D	E	F	G	H	I
1	序号	姓名	语文	数学	英文	总分	是否需要补考	是否有单科满分	成绩等级
2	1	李桂兰	53	70	51	174			
3	2	王斌	77	58	61	196			
4	3	李鹏	88	83	94	265			
5	4	张平	99	70	82	251			
6	5	张莉	59	58	70	187			
7	6	张辉	85	67	64	216			
8	7	张宇	87	98	73	258			
9	8	刘娟	77	82	62	221			
10	9	李斌	100	100	100	300			
11	10	王浩	77	95	87	259			
12	11	陈杰	56	75	62	193			
13	12	王凯	86	77	96	259			
14	13	陈丽	56	53	65	174			
15	14	陈敏	82	73	77	232			
16	15	王秀珍	74	76	81	231			
17	16	李玉兰	83	69	84	236			
18	17	刘秀英	94	100	92	286			
19	18	王萍	88	83	83	254			
20	19	王萍	97	69	99	265			
21	20	张波	83	85	86	254			

总分	对应成绩等级
总分≥270	A
240≤总分<270	B
180≤总分<240	C
总分<180	D

1-初识逻辑函数　2-if嵌套函数

图7-17　学生成绩表

1. 判断学生是否需要补考

判断学生是否需要补考的具体操作步骤如下。

第1步 切换工作表。在“学生成绩表.xlsx”工作簿中，单击“2-IF嵌套函数”工作表标签，切换至该工作表。

第2步 输入IF公式。选中G2单元格，输入IF函数，输入第1个参数(判断条件)，为“三科通过”，输入第2个参数(条件成立的结果)为“通过”，输入第3个参数(条件不成立的结果)为“补考”。

第3步 输入AND公式。在IF函数第1个参数位置输入AND函数，参数为“C2>=60,D2>=60,E2>=60”，如图7-18所示。

SUM　=IF(AND(C2>=60,D2>=60,E2>=60),"通过","补考")

	A	B	C	D	E	F	G	H
1	序号	姓名	语文	数学	英文	总分	是否需要补考	是否有单科满分
2	1	李桂兰	53	70			=IF(AND(C2>=60,D2>=60,E2>=60),"通过","补考")	
3	2	王斌	77	58	61	196		
4	3	李鹏	88	83	94	265		
5	4	张平	99	70	82	251		
6	5	张莉	59	58	70	187		
7	6	张辉	85	67	64	216		
8	7	张宇	87	98	73	258		
9	8	刘娟	77	82	62	221		
10	9	李斌	100	100	100	300		
11	10	王浩	77	95	87	259		
12	11	陈杰	56	75	62	193		

图7-18　输入嵌套函数公式

第4步 判断第一个补考情况。输入公式后按“Enter”键确定，完成第一个补考情况的判断。

第5步 判断其他学生补考情况。选中G2单元格并双击其右下角的黑色十字填充柄，快速完成其他学生补考情况的判断，如图7-19所示。

	A	B	C	D	E	F	G	H	I
1	序号	姓名	语文	数学	英文	总分	是否需要补考	是否有单科满分	成绩等级
2	1	李桂兰	53	70	51	174	补考		
3	2	王斌	77	58	61	196	补考		
4	3	李鹏	88	83	94	265	通过		
5	4	张平	99	70	82	251	通过		
6	5	张莉	59	58	70	187	补考		
7	6	张辉	85	67	64	216	通过		
8	7	张宇	87	98	73	258	通过		
9	8	刘娟	77	82	62	221	通过		
10	9	李斌	100	100	100	300	通过		
11	10	王浩	77	95	87	259	通过		
12	11	陈杰	56	75	62	193	补考		
13	12	王凯	86	77	96	259	通过		
14	13	陈丽	56	53	65	174	补考		
15	14	陈敏	82	73	77	232	通过		
16	15	王秀珍	74	76	81	231	通过		
17	16	李玉兰	83	69	84	236	通过		
18	17	刘秀英	94	100	92	286	通过		
19	18	王萍	88	83	83	254	通过		
20	19	王萍	97	69	99	265	通过		

图7-19　判断学生补考情况

2. 判断学生是否有单科满分

判断学生是否有单科满分的具体操作步骤如下。

第1步 输入IF公式。选中H2单元格，输入IF函数，输入第1个参数为判断条件；输入第2个参数（条件成立的结果）为“有”；输入第3个参数（条件不成立的结果）为“无”。

第2步 输入OR公式。在IF函数第1个参数位置输入OR函数，参数为“C2=100,D2=100,E2=100”，如图7-20所示。

SUM　=IF(OR(C2=100,D2=100,E2=100),"有","无")

	A	B	C	D	E	F	G	H	I
1	序号	姓名	语文	数学	英文	总分	是否需要补考	是否有单科满分	成绩等级
2	1	李桂兰	53	70	51	174	=IF(OR(C2=100,D2=100,E2=100),"有","无")		
3	2	王斌	77	58	61	196	补考 OR(logical1, [logical2], [logical3], [logical4], ...)		
4	3	李鹏	88	83	94	265	通过		
5	4	张平	99	70	82	251	通过		
6	5	张莉	59	58	70	187	补考		
7	6	张辉	85	67	64	216	通过		
8	7	张宇	87	98	73	258	通过		
9	8	刘娟	77	82	62	221	通过		
10	9	李斌	100	100	100	300	通过		
11	10	王浩	77	95	87	259	通过		
12	11	陈杰	56	75	62	193	补考		
13	12	王凯	86	77	96	259	通过		
14	13	陈丽	56	53	65	174	补考		
15	14	陈敏	82	73	77	232	通过		
16	15	王秀珍	74	76	81	231	通过		
17	16	李玉兰	83	69	84	236	通过		

图7-20　输入嵌套函数公式

第3步 判断第一个单科满分情况。按“Enter”键确定，完成第一个单科满分情况的判断。

第4步 判断其他学生单科满分情况。双击H2单元格右下角的黑色十字填充柄，快速完成其他学生单科满分情况的判断，如图7-21所示。

	A	B	C	D	E	F	G	H	I
1	序号	姓名	语文	数学	英文	总分	是否需要补考	是否有单科满分	成绩等级
2	1	李桂兰	53	70	51	174	补考	无	
3	2	王斌	77	58	61	196	补考	无	
4	3	李鹏	88	83	94	265	通过	无	
5	4	张平	99	70	82	251	通过	无	
6	5	张莉	59	58	70	187	补考	无	
7	6	张辉	85	67	64	216	通过	无	
8	7	张宇	87	98	73	258	通过	无	
9	8	刘娟	77	82	62	221	通过	无	
10	9	李斌	100	100	100	300	通过	有	
11	10	王浩	77	95	87	259	通过	无	
12	11	陈杰	56	75	62	193	补考	无	
13	12	王凯	86	77	96	259	通过	无	
14	13	陈丽	56	53	65	174	补考	无	
15	14	陈敏	82	73	77	232	通过	无	
16	15	王秀珍	74	76	81	231	通过	无	
17	16	李玉兰	83	69	84	236	通过	无	
18	17	刘秀英	94	100	92	286	通过	有	
19	18	王萍	88	83	83	254	通过	无	
20	19	王萍	97	69	99	265	通过	无	

图7-21　判断学生单科满分情况

3. 用IF嵌套函数判断学生成绩等级

用IF嵌套函数判断学生成绩等级的具体操作步骤如下。

第1步 设置条件1判断。选中I2单元格，输入IF函数，输入第1个参数“F2>=270”；输入第2个参数，条件1成立则结果为“A”，不成立则进入条件2判断。

第2步 设置条件2判断。输入条件2判断的IF函数，输入条件2判断的第1个参数“F2>=240”；输入第2个参数，条件2成立则结果为“B”，不成立则进入条件3判断。

第3步 设置条件3判断。输入条件3判断的IF函数，输入条件3判断的第1个参数“F2>=180”；输入第2个参数，条件成立的结果为“C”；输入第3个参数，条件不成立的结果为“D”，如图7-22所示。

第4步 判断第一个学生成绩等级。输入完成后按“Enter”键确定，完成第一个学生成绩等级的判断。

第5步 判断其他学生成绩等级。选中I2单元格并双击其右下角的黑色十字填充柄，快速完成其他学生成绩等级的判断，如图7-23所示。

=IF(F2>=270,"A",IF(F2>=240,"B",IF(F2>=180,"C","D")))

序号	姓名	语文	数学	英文	总分	是否需要补考	是否有单科满分	成绩等级
1	李桂兰	53	70	51	174			
2	王斌	77	58	61	196	补考	无	
3	李鹏	88	83	94	265	通过	无	
4	张平	99	70	82	251	通过	无	
5	张莉	59	58	70	187	补考	无	
6	张辉	85	67	64	216	通过	无	
7	张宇	87	98	73	258	通过	无	
8	刘娟	77	82	62	221	通过	无	
9	李斌	100	100	100	300	通过	有	
10	王浩	77	95	87	259	通过	无	
11	陈杰	56	75	62	193	补考	无	
12	王凯	86	77	96	259	通过	无	
13	陈丽	56	53	65	174	补考	无	
14	陈敏	82	73	77	232	通过	无	
15	王秀珍	74	76	81	231	通过	无	
16	李玉兰	83	69	84	236	通过	无	
17	刘秀英	94	100	92	286	通过	有	
18	王萍	88	83	83	254	通过	无	
19	王坤	97	69	99	265	通过	无	

图7-22 输入嵌套函数公式

序号	姓名	语文	数学	英文	总分	是否需要补考	是否有单科满分	成绩等级
1	李桂兰	53	70	51	174	补考	无	D
2	王斌	77	58	61	196	补考	无	C
3	李鹏	88	83	94	265	通过	无	B
4	张平	99	70	82	251	通过	无	B
5	张莉	59	58	70	187	补考	无	C
6	张辉	85	67	64	216	通过	无	C
7	张宇	87	98	73	258	通过	无	B
8	刘娟	77	82	62	221	通过	无	C
9	李斌	100	100	100	300	通过	有	A
10	王浩	77	95	87	259	通过	无	B
11	陈杰	56	75	62	193	补考	无	C
12	王凯	86	77	96	259	通过	无	B
13	陈丽	56	53	65	174	补考	无	D
14	陈敏	82	73	77	232	通过	无	C
15	王秀珍	74	76	81	231	通过	无	C
16	李玉兰	83	69	84	236	通过	无	C
17	刘秀英	94	100	92	286	通过	有	A
18	王萍	88	83	83	254	通过	无	B
19	王坤	97	69	99	265	通过	无	B
20	张波	83	85	86	254	通过	无	B

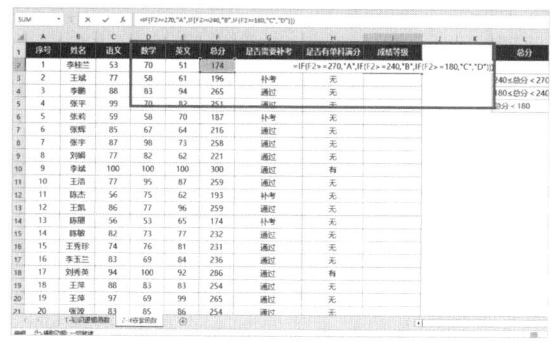

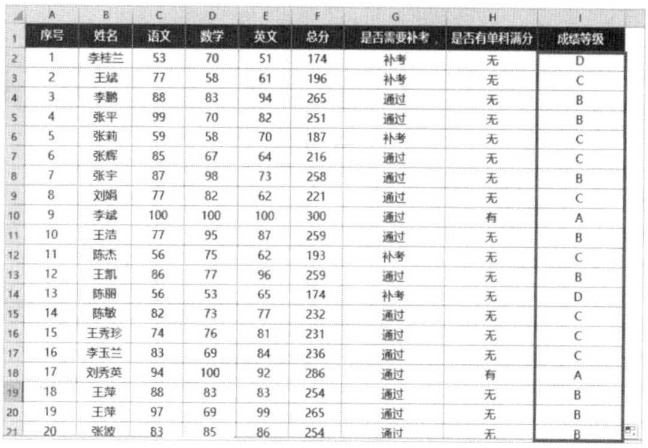

图7-23 判断学生成绩等级情况

4. 用IFS函数判断学生成绩等级

前面使用了IF嵌套函数来判断学生成绩等级，下面使用IFS函数来判断学生成绩等级，其具体操作步骤如下。

第1步 输入条件1和值1。选中J2单元格，输入IFS函数，输入第一对“条件和值”为“F2>=270,"A"”。

第2步 输入条件2和值2。输入第二对“条件和值”为“F2>=240,"B"”。

第3步 输入条件3和值3。输入第三对“条件和值”为“F2>=180,"C"”。

第4步 输入条件4和值4。输入第四对“条件和值”为“F2>=0,"D"”，如图7-24所示。

=IFS(F2>=270,"A",F2>=240,"B",F2>=180,"C",F2>=0,"D")

序号	姓名	语文	数学	英文	总分	是否需要补考	是否有单科满分	成绩等级
1	李桂兰	53	70	51	174	补考	无	D
2	王斌	77	58	61	196	补考	无	C
3	李鹏	88	83	94	265	通过	无	B
4	张平	99	70	82	251	通过	无	B
5	张莉	59	58	70	187	补考	无	C
6	张辉	85	67	64	216	通过	无	C
7	张宇	87	98	73	258	通过	无	B
8	刘娟	77	82	62	221	通过	无	C
9	李斌	100	100	100	300	通过	有	A
10	王浩	77	95	87	259	通过	无	B

总分	对应成绩等级
240≤总分<270	B
180≤总分<240	C
总分<180	D

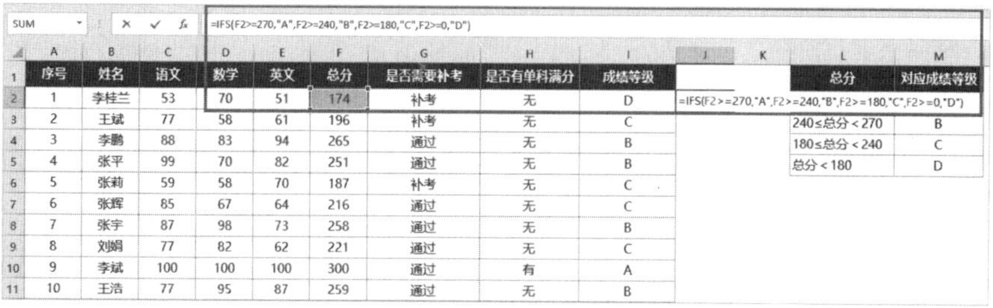

图7-24 输入IFS公式

第5步 判断学生成绩等级。公式输入完成后按“Enter”键确定，即可运用IFS函数判断学生成绩等级，如图7-25所示。

序号	姓名	语文	数学	英文	总分	是否需要补考	是否有单科满分	成绩等级	
1	李桂兰	53	70	51	174	补考	无	D	D
2	王斌	77	58	61	196	补考	无	C	
3	李鹏	88	83	94	265	通过	无	B	
4	张平	99	70	82	251	通过	无	B	
5	张莉	59	58	70	187	补考	无	C	
6	张辉	85	67	64	216	通过	无	C	
7	张宇	87	98	73	258	通过	无	B	
8	刘娟	77	82	62	221	通过	无	C	
9	李斌	100	100	100	300	通过	有	A	
10	王浩	77	95	87	259	通过	无	B	
11	陈杰	56	75	62	193	补考	无	C	
12	王凯	86	77	96	259	通过	无	B	
13	陈丽	56	53	65	174	补考	无	D	
14	陈敏	82	73	77	232	通过	无	C	
15	王秀珍	74	76	81	231	通过	无	C	
16	李玉兰	83	69	84	236	通过	无	C	

总分	对应成绩等级
总分≥270	A
240≤总分<270	B
180≤总分<240	C
总分<180	D

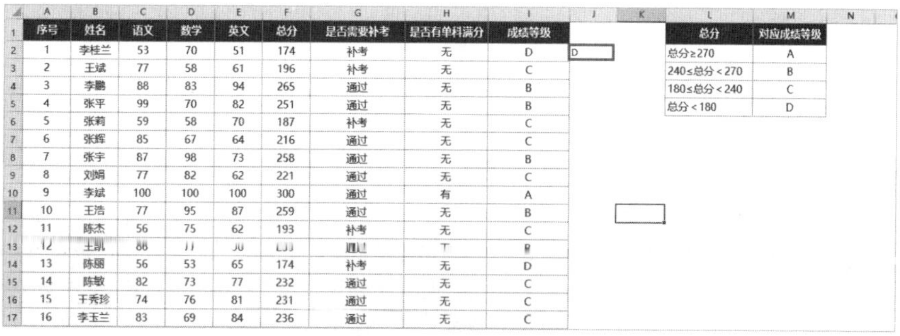

图7-25 运用IFS函数判断学生成绩等级

第8章 统计函数

通过前面章节的学习，我们不仅掌握了逻辑函数的用法，还学会了函数的嵌套用法，这大大提升了数据计算的效率。但是对于复杂条件的数据计算，仅使用逻辑函数可能无法满足要求，还需要使用统计函数进行辅助计算。

本章通过使用统计函数统计门店营业表中的销售总额、产品类别等数据，来学习统计函数的相关知识和用法。图8-1所示为在门店营业表中各类门店的统计需求结果。

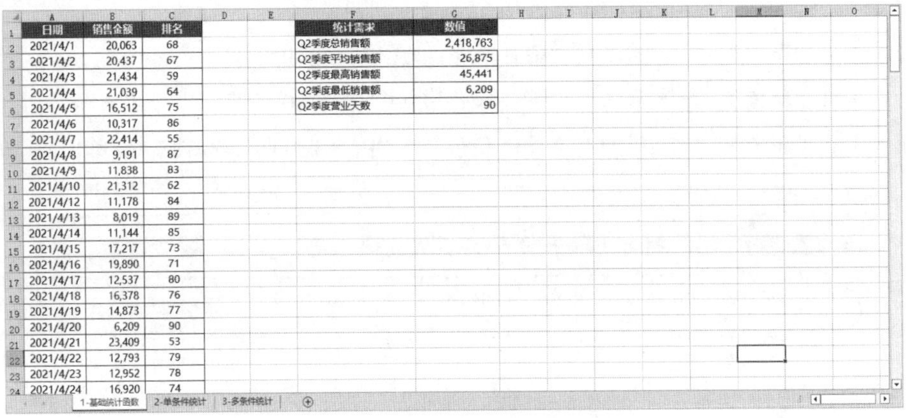

日期	销售金额	排名
2021/4/1	20,063	68
2021/4/2	20,437	67
2021/4/3	21,434	59
2021/4/4	21,039	64
2021/4/5	16,512	75
2021/4/6	10,317	86
2021/4/7	22,414	55
2021/4/8	9,191	87
2021/4/9	11,838	83
2021/4/10	21,312	62
2021/4/12	11,178	84
2021/4/13	8,019	89
2021/4/14	11,144	85
2021/4/15	17,217	73
2021/4/16	19,890	71
2021/4/17	12,537	80
2021/4/18	16,378	76
2021/4/19	14,873	77
2021/4/20	6,209	90
2021/4/21	23,409	53
2021/4/22	12,793	79
2021/4/23	12,952	78
2021/4/24	16,920	74

统计需求	数值
Q2季度总销售额	2,418,763
Q2季度平均销售额	26,875
Q2季度最高销售额	45,441
Q2季度最低销售额	6,209
Q2季度营业天数	90

（a）应用基础统计函数统计的需求结果

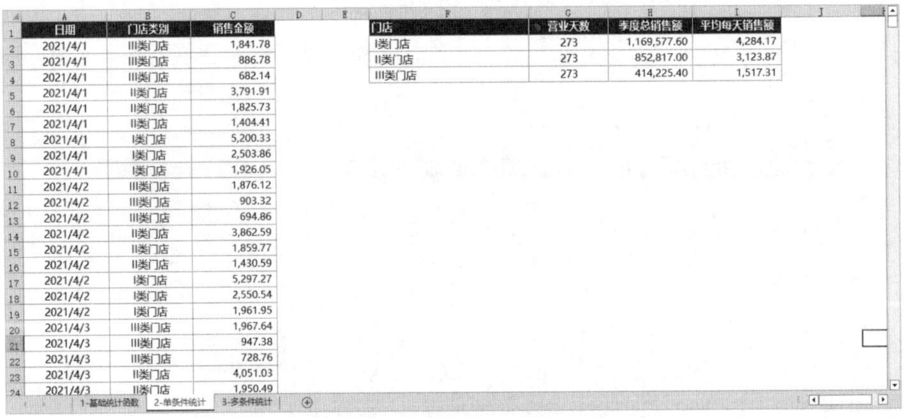

日期	门店类别	销售金额
2021/4/1	III类门店	1,841.78
2021/4/1	III类门店	886.78
2021/4/1	III类门店	682.14
2021/4/1	II类门店	3,791.91
2021/4/1	II类门店	1,825.73
2021/4/1	II类门店	1,404.41
2021/4/1	I类门店	5,200.33
2021/4/1	I类门店	2,503.86
2021/4/1	I类门店	1,926.05
2021/4/2	III类门店	1,876.12
2021/4/2	III类门店	903.32
2021/4/2	III类门店	694.86
2021/4/2	II类门店	3,862.59
2021/4/2	II类门店	1,859.77
2021/4/2	II类门店	1,430.59
2021/4/2	I类门店	5,297.27
2021/4/2	I类门店	2,550.54
2021/4/2	I类门店	1,961.95
2021/4/3	III类门店	1,967.64
2021/4/3	III类门店	947.38
2021/4/3	III类门店	728.76
2021/4/3	II类门店	4,051.03
2021/4/3	II类门店	1,950.49

门店	营业天数	季度总销售额	平均每天销售额
I类门店	273	1,169,577.60	4,284.17
II类门店	273	852,817.00	3,123.87
III类门店	273	414,225.40	1,517.31

（b）应用单条件统计函数统计的需求结果

图8-1　在门店营业表中各类门店的统计需求结果

（c）应用多条件统计函数统计的需求结果

图8-1 在门店营业表中各类门店的统计需求结果（续）

8.1 认识统计函数

统计函数是用来满足日常的统计和分析需求的，常见的统计函数有SUM函数、COUNT函数、MAX函数、RANK函数、SUMIF函数、AVERAGEIFS函数等。

在日常工作中，随处可见统计函数的影子。比如，公司要计算营业额，财务人员要做财务报表，人事部门要做员工工资表，销售部要统计某类产品的销售总额，教师给学生成绩排名，这些情况都需要用到统计函数。假设一家便利店的老板掌管着3种档次的便利店，分别是I类、II类、III类门店。每类便利店都分别售卖高端、中端和低端3类商品。现在，想看看低端产品的销售总额，该如何快速统计呢？

大多数人想着先筛选出来，然后求和。这样当然是一种办法，但是并不高效。试想，如果还想看中端产品或高端产品的销售额，是不是需要一个个筛选？这样不仅效率低，还容易出错。但是使用统计函数，就可以轻松解决这个问题。此外，求和、算平均数、计数、条件求和等问题也可以一次性解决。

常用的统计函数可以分成3类：基础统计函数、单条件统计函数和多条件统计函数。下面将对各类统计函数分别进行介绍。

8.2 基础统计函数

基础统计函数可以帮助我们完成各种表格的计算需求，比如求和、求平均值、计数、排序等。常用的基础统计函数有SUM函数、AVERAGE函数、COUNT函数、MAX函数、MIN函数和RANK

函数等，如图8-2所示。

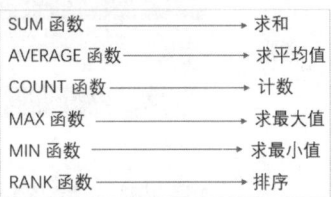

图8-2 基础统计函数

下面将对各个基础统计函数进行详细的讲解。

8.2.1 SUM函数

SUM函数是求和函数，用于计算单元格区域中所有数字的和。它会将参数中的逻辑值（TRUE视为1，FALSE视为0）及可以转换为数字的文本转换为数值并参与计算。SUM函数会忽略参数中的空单元格和非数字文本。其语法结构如下：

```
SUM(Number1,Number2,…)
```

其中，Number1,Number2,…表示1～255个待求和的参数。参数可以是常量、单元格区域、单元格引用、数组或其他函数的结果。

注意
如果参数中有错误或有不能转换成数字的文本，则会导致错误。

SUM函数的使用举例如下。

● SUM(1,2,3)，表示求1、2、3数字的和，即1+2+3=6。

● SUM(A1:A5)，表示求表中A1至A5单元格的和，即A1+A2+A3+A4+A5的和。

● SUM(A1:B3)，表示求A1至B3这个区域单元格的和，即A1+A2+A3+B1+B2+B3的和。

例如，某个学生期末考试中语文和数学的成绩如图8-3所示，要计算该学生的总分，可按如下步骤操作。

序号	姓名	签到情况	语文	数学	总分
1	李桂兰	已签到	53	70	

图8-3 学生成绩表

（1）选中F2单元格，使单元格处于录入状态。

（2）插入SUM函数。单击"开始"选项卡→"编辑"组→"求和"按钮，这时Excel会自动插入一个SUM函数，可以看到当插入求和函数时系统会自动选择求和的区域。

（3）如果系统自动选择的求和区域不是我们需要的求和区域，则需要使用鼠标手动框选出需要求和的区域，然后按"Enter"键。如果系统自动选择的求和区域正是我们需要的求和区域，则直接按"Enter"键，就可以计算出语文和数学的总分，如图8-4所示。

F2			fx	=SUM(D2:E2)	
	A	B	C	D	E	F
1	序号	姓名	签到情况	语文	数学	总分
2	1	李桂兰	已签到	53	70	123

图8-4 计算语文和数学总分

互动测试

以下公式书写正确的是（　　）。
A. =SUMB2:B6　　　B. =SUM()
C. =SUM(B2:B6)　　D. SUM(B2:B6)

答案：C。

解析：

A选项，缺少英文状态下的括号，正确写法为"=SUM(B2:B6)"。

B选项，缺少参数，正确写法为"=SUM(A2:A6)"。

D选项，公式前缺少等号，正确写法为"=SUM(B2:B6)"。

> **技术看板**
>
> 在使用SUM函数时，也可以直接在编辑栏中输入SUM函数和求和范围参数，其公式为"=SUM(D2:E2)"。

8.2.2 AVERAGE 函数

AVERAGE函数为求平均值函数，用于计算单元格区域中数据的平均值，其语法结构如下：

AVERAGE(Number1,Number2,…)

其中，Number1,Number2,…表示1～255个需要求平均值的参数。参数可以是数字，或涉及数字的名称、数组或引用。如果数组或单元格引用参数中有文字、逻辑值或空单元格，则忽略其值；如果单元格包含零值，则计算在内。

AVERAGE函数的使用举例如下。

- =AVERAGE(1,2,3)：表示求1、2、3数据的平均值，即(1+2+3)/3=2。
- =AVERAGE(A1:A5)：表示求表中A1至A5单元格的平均值，即(A1+A2+A3+A4+A5)/5。
- =AVERAGE(A1:B3)：表示求A1至B3这个区域单元格的平均值，即(A1+A2+A3+B1+B2+B3)/6。

例如，用AVERAGE函数计算某班期末考试中每个学生的平均分，如图8-5所示。

	A	B	C	D	E	F	G
1	序号	姓名	语文	数学	英文	总分	平均分
2	1	陈宇	58	69	48	175	
3	2	方言	79	60	75	214	

图8-5 某班期末考试成绩表

（1）在G2单元格中输入公式"=AVERAGE"。

（2）选中需要求平均值的单元格区域C2:E2。

（3）按"Enter"键，即可计算出平均分，如图8-6所示。

G2		×	✓	fx	=AVERAGE(C2:E2)	
	A	B	C	D	E	F	G
1	序号	姓名	语文	数学	英文	总分	平均分
2	1	陈宇	58	69	48	175	58.33333
3	2	方言	79	60	75	214	

图8-6 计算平均分

> **技术看板**
>
> 当输入AVERAGE函数的前几个字母时，Excel会弹出函数提示列表，完全不用担心函数名称拼写不准确的问题，按"Tab"键可以确定使用该函数。

8.2.3 COUNT、MAX 和 MIN 函数

1. COUNT 函数

COUNT函数是Excel中的计数函数，主要用于计算指定单元格区域中包含数字的单元格个数。其语法结构如下：

```
COUNT(Value1,Value2,…)
```

其中，Value1是必需参数，表示要参与计数的第一项、单元格引用或区域；Value2,…为可选参数，表示要参与计数的其他项、单元格引用或区域，最多可包含255个参数。

| 技术看板 |

COUNT函数只能对单元格中的数字型数据进行统计，对空值、逻辑值、错误值、文本等数据不进行计算，因此可以利用该函数来判断给定的单元格区域中是否包含空单元格。

COUNT函数的使用举例如下。

• COUNT(A1,E1)：表示计算A1和E1两个单元格中有几个数字（不包括B1、C1、D1单元格）。

• COUNT(A1:E1)：表示计算从A1单元格到E1单元格中数字的个数（包括B1、C1、D1单元格）。如果A1为0，C1为3，E1为5，其他均为空，则计算出A1到E1单元格中数字的个数COUNT(A1:E1)=3。

• COUNT("A1","E1","234","hello")：表示统计"A1"、"E1"、"234"、"hello"数据中数字的个数，计算结果为1，因为只有"234"为数字，hello是文本，而由于A1和E1都加了引号，所以是字符，不是数字。因此，计算结果为1。

• COUNT(A1:E1, 2)：表示计算A1到E1单元格和数字2一起，一共有多少个数字。

2. MAX 函数

MAX函数是找出特定范围内的最大值，其语法结构如下：

```
MAX(Number1,Number2,…)
```

其中，Number1是必需的，后续的参数是可选的，表示要从1到255个参数中查找最大值。

| 技术看板 |

参数可以是数字或包含数字的名称、数组或引用。逻辑值和直接键入参数列表中代表数字的文本会被计算在内。如果参数是一个数组或引用，则只使用其中的数字，而其中的空白单元格、逻辑值或文本将不计算在内。如果参数中不包含任何数字，则MAX的返回值为0。

MAX函数的使用举例如下。

• MAX（A1:E6）：表示找出表格中A1单元格至E6单元格区域中的最大值。

• MAX（A1:E6,100）：表示找出表格中A1单元格至E6单元格区域和数值100之中的最大值。

3. MIN 函数

MIN函数是找出特定范围内的最小值，其语法结构如下：

```
MIN(Number1,Number2,…)
```

其中，Number1是必需的，后续的参数是可选的，表示要从1到255个参数中查找最小值。

| 技术看板 |

函数参数可以是数字、逻辑值、空白单元格，或者表示数值的文字串。如果参数是数组或引用，则MIN函数仅使用其中的数字、数组或引用中的空白单元格，而逻辑值、文字或错误值将忽略。如果参数中不含数字，则MIN函数返回值为0。如果参数中有错误值或无法转换成数值的文字时，将引起错误。

MIN函数的使用举例如下。

第 8 章 统计函数

- MIN（A1:E6）：表示找出表格中A1单元格至E6单元格区域中的最小值。
- MIN（A1:E6,60）：表示找出表格中A1单元格至E6单元格区域和数值60之中的最小值。

8.2.4 RANK 函数

RANK函数是排名函数，用于计算当前数值在特定范围中的大小排名。其语法结构如下：

RANK (Number,Ref,[Order])

其中，Number表示要排名的数值或单元格名称（单元格内必须为数值型数字）；Ref表示需要排名的参照数值区域，可以是一组数或对一个数据列表的引用（例如B2:B10单元格区域）；Order表示排序是以降序排列还是以升序排列，0表示降序，1表示升序，如果想降序排列，则可以不填或填写0，如果想升序排列，则填写1。

> **注意**
>
> 使用RANK函数排名时，函数的第二个参数一定要使用绝对引用，如$B$2:$B$10，不然公式会报错。

> **技术看板**
>
> 排序是在固定的范围内进行，所以需要锁定这个范围，以免范围发生变动。与锁定单元格一样，可以按快捷键"Fn+F4"锁定这个范围。

RANK函数的使用举例如下。
- RANK(B2, $B$2:$B$10,0)：表示求B2单元格中的数据在B2至B10单元格区域中进行降序排列的位次是多少。
- RANK(88, $B$2:$B$10,1)：表示求数字88在B2至B10单元格区域中进行升序排列的位次是多少。

> **技术看板**
>
> 使用RANK函数还可以对多个区域同时进行排名。例如：RANK(B2,($B$2:$B$10,$H$2:$H$10),0)。注意：公式中的($B$2:$B$10,$H$2:$H$10)，一定要加括号，不然会报错，括号的作用是将$B$2:$B$10与$H$2:$H$10这两个区域连接起来，变成一个区域，然后再进行排序。

利用基础统计函数完成第二季度销售统计需求

利用基础统计函数，计算本章素材"门店营业表"中Q2季度的总销售额、平均销售额、最高和最低销售额及营业天数,并对日销售额进行排序,从而完成统计需求。

1. 用SUM函数计算Q2季度总销售额

用SUM函数计算Q2季度总销售额的具体操作步骤如下。

第1步 切换工作表。打开本章提供的"门店营业表.xlsx"工作簿,该工作簿中包含"1-基础统计函数""2-单条件统计""3-多条件统计"3张工作表,单击"1-基础统计函数"工作表标签,切换至该工作表。

第2步 输入公式。选中G2单元格,输入公式"=SUM",按"Tab"键选用SUM函数,输入计算区域B2:B91,输入右括号,如图8-7所示。

图8-7 输入SUM公式

第3步 求和数据。公式输入完成后按"Enter"键确定,完成Q2季度总销售额的计算,如图8-8所示。

图8-8 求和计算总销售额

2. 计算Q2季度的平均销售额、最高和最低销售额及营业天数

计算Q2季度的平均销售额、最高和最低销售额及营业天数的具体操作步骤如下。

第1步 计算平均销售额。在G3单元格中输入公式"=AVERAGE(B2:B91)",按"Enter"键确定,完成Q2季度平均销售额的计算,如图8-9所示。

图8-9 计算平均销售额

第2步 计算最高销售额。在G4单元格中输入公式"=MAX(B2:B91)",按"Enter"键确定,统计出最高销售额,如图8-10所示。

图8-10 计算最高销售额

第3步 计算最低销售额。在G5单元格中输入公式"=MIN(B2:B91)",按"Enter"键确定,统计出最低销售额,如图8-11所示。

第 8 章
统计函数

图8-11 计算最低销售额

第4步 计算营业天数。在G6单元格中输入公式"=COUNT(B2:B91)",按"Enter"键确定,统计出Q2季度的营业天数,如图8-12所示。

图8-12 计算营业天数

3. 用 RANK 函数对 Q2 季度日销售额排序

用RANK函数对Q2季度日销售额排序的具体操作步骤如下。

第1步 输入公式。在C2单元格中输入公式"=RANK",按"Tab"键选用RANK函数,输入第一个参数排序数据为B2,输入第二个参数数据列表为B2:B91,然后补齐右括号。

第2步 排名第一个销售金额。选中数据列表B2:B91,按快捷键"Fn+F4"锁定区域,按"Enter"键确定,对第一个销售金额数据进行排名,如图8-13所示。

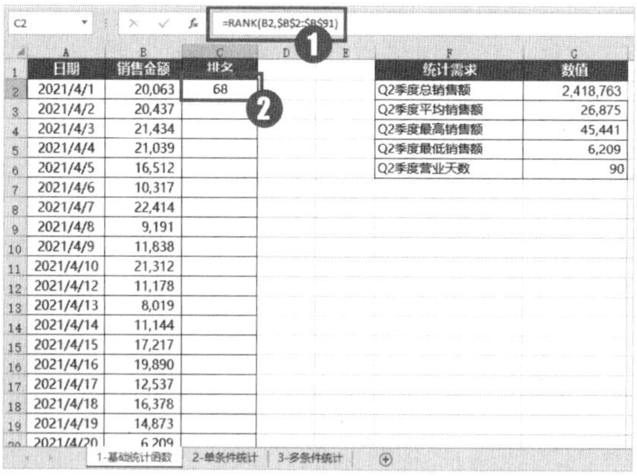

图8-13 排名第一个销售金额

第3步 排名其他销售金额。选择C2单元格并双击右下角的黑色填充柄,实现快速填充,完成其他销售金额数据的排名,如图8-14所示。

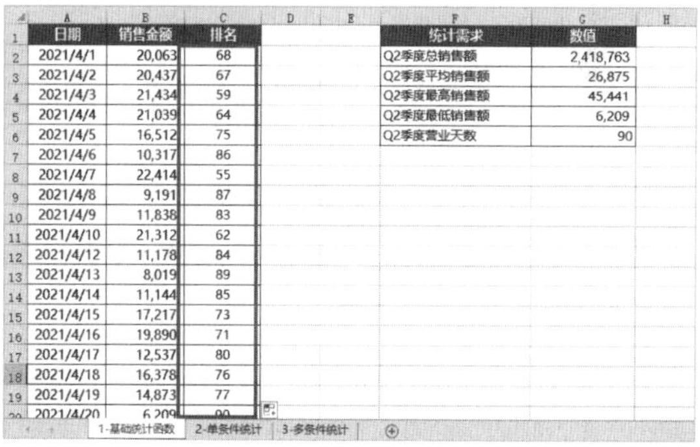

图8-14 排名其他销售金额

8.3 单条件统计函数

在使用统计函数统计数据时,不仅可以使用基础统计函数,还可以使用单条件统计函数。在单条件统计函数中,我们重点学习常用的COUNTIF函数、SUMIF函数、AVERAGEIF函数。

8.3.1 COUNTIF函数

COUNTIF函数是对指定区域中符合指定条件的单元格计数的一个函数。把COUNTIF函数拆解开来看，分别是COUNT和IF两个函数。其中，COUNT函数的作用就是计数，IF函数的作用就是根据条件来判断。所以这两个函数结合起来，就是根据条件计数，计算区域范围内符合条件的个数，其语法结构如下：

```
COUNTIF(Range,Criteria)
```

其中，Range表示用于条件判断的单元格区域，Criteria表示以数字、表达式或文本形式定义的条件。

比如，要想统计某便利店中如图8-15所示的区域中所有水果的个数，没有任何的条件，那么使用计数函数COUNT即可，公式为“=COUNT(水果区域)”，得出结果为12。

苹果	香蕉	柠檬	柠檬
苹果	苹果	香蕉	苹果
香蕉	香蕉	柠檬	苹果

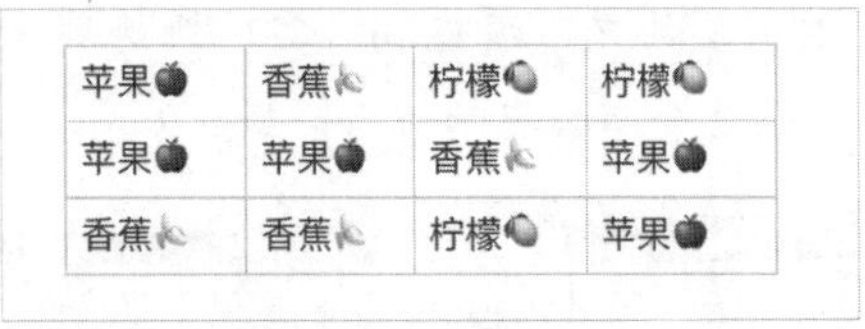

图8-15 水果统计表

如果想计算这个区域中柠檬的个数（包含一个条件：柠檬），那么就要用条件计数函数COUNTIF。公式为“=COUNTIF(水果区域,=柠檬)”，得出的计算结果是3，如图8-16所示。

苹果	香蕉	柠檬	柠檬
苹果	苹果	香蕉	苹果
香蕉	香蕉	柠檬	苹果

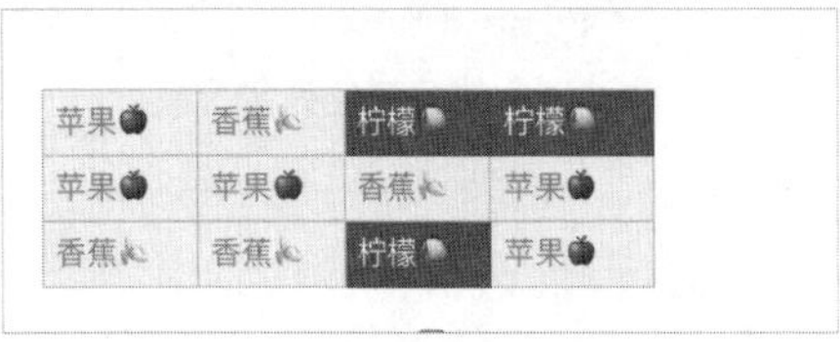

图8-16 统计柠檬数量

例如，如果要计算本章素材“课堂练习”表格中I类门店的营业天数，怎么办？

表格中的数据都是按天进行统计的，其中有一列是“门店类别”，I类门店的营业天数就等于“I类门店”在其中出现的次数。那么需要套用COUNTIF函数公式，条件区域就是“门店类别”列，条件就是“I类门店”。

统计I类门店的营业天数的操作方法如下。

首先，选中G1单元格，在这个单元格中输入公式“=COUNTIF()”。

然后，设置第一个参数，选中“门店类别”列，也就是B列，并输入一个逗号隔开；设置第二个参数，也就是需要输入的条件，输入“I类门店”，注意一下，这里“I类门店”需要用双引号引起来，如图8-17所示。

G1 =COUNTIF(B:B,"I类门店") ❶

	A	B	C	D	E	F	G
1	日期	门店类别	销售金额			I类门店营业天数	91 ❷
2	2021/4/1	III类门店	3,410.71				
3	2021/4/1	II类门店	7,022.05			门店	季度总销售额
4	2021/4/1	I类门店	9,630.24			I类门店	
5	2021/4/2	III类门店	3,474.29			II类门店	
6	2021/4/2	II类门店	7,152.95			III类门店	
7	2021/4/2	I类门店	9,809.76				
8	2021/4/3	III类门店	3,643.78				
9	2021/4/3	II类门店	7,501.90				
10	2021/4/3	I类门店	10,288.32				
11	2021/4/4	III类门店	3,576.63				
12	2021/4/4	II类门店	7,363.65				
13	2021/4/4	I类门店	10,098.72				

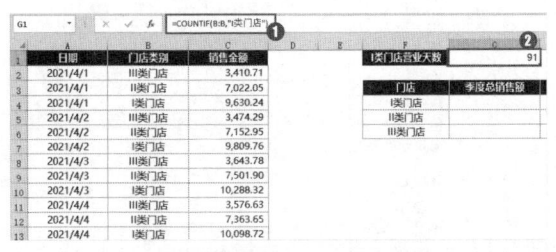

图8-17 计算I类门店营业天数

最后，按“Enter”键即可得到计算结果。

技术看板

COUNTIF(Range,Criteria)默认处理的都是数值，如果公式中包含文本，就需要给文本添加双引号。添加双引号的情况有两种。①条件是文本。例如，统计B列中I类门店的个数，那么条件I类门店就需要加上双引号，如公式“=COUNTIF(B:B," I类门店")”。②条件含逻辑运算符。例如，统计C列中销售金额大于5000的单元格个数，>5000也要加上双引号，如公式“=COUNTIF(C:C,">5000")”。

8.3.2 SUMIF 函数

SUMIF函数是一个按条件求和的函数,把SUMIF函数拆解开来看,分别是SUM和IF两个函数。其中,SUM函数是求和函数,IF函数是逻辑判断函数,合起来就是条件求和,即根据指定条件对单元格、区域或引用进行求和。其语法结构如下:

```
SUMIF(Range,Criteria,Sum_range)
```

其中,Range表示条件区域,即用于条件判断的单元格区域;Criteria表示条件,即由数字、逻辑表达式等组成的判定条件;Sum_range表示求和区域,即需要求和的单元格、区域或引用。当省略Sum_range参数时,则条件区域就是实际求和区域。

> **技术看板**
>
> SUMIF函数用于对满足条件的单元格区域求和,该条件可以是数值、文本或表达式,通常应用在人事、工资和成绩统计中。另外,在SUMIF函数中,Sum_range参数与Range参数的大小和形状可以不同。

例如,在图8-18所示的表格中,要计算星期一到星期三柠檬一共卖出了多少个,则可以直接输入SUMIF函数,然后设置"条件区域"为"水果"列,"条件"为"柠檬","求和区域"为"数量"列,套用的公式就是"=SUMIF(水果区域,柠檬,数量区域)",计算结果为7。

星期	水果	数量
星期一	苹果	6
星期一	柠檬	2
星期二	香蕉	7
星期二	柠檬	4
星期三	柠檬	1
星期三	苹果	3

图8-18 计算柠檬总数量

在本章的素材"课堂练习"表格中,如果要计算I类门店季度总销售额,则可以先分析一下,I类门店季度总销售额中的条件是"I类门店",对应条件区域是"门店类别"列,要求和的是季度总销售额,所以求和区域是"销售金额"列。其具体的操作方法如下。

首先,选中G4单元格,输入公式"=SUMIF()"。

然后,设置第1个参数条件区域为"门店类别",设置第2个参数条件为"I类门店",设置第3个参数求和区域为"销售金额",如图8-19所示。

最后,按"Enter"键,即可得到计算结果。

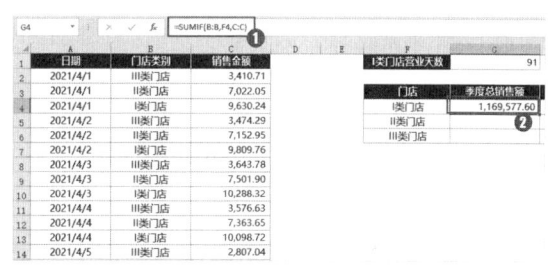

图8-19 计算I类门店季度总销售额

互动测试

(单选题)关于单条件统计函数,以下说法错误的是(   )。

A. SUMIF函数是先求和再判断

B. COUNTIF函数是先判断再计数

C. SUMIF函数是先筛选再求和

答案:A。

解析:COUNTIF和SUMIF函数都是先判断(筛选)再统计。

8.3.3 AVERAGEIF 函数

AVERAGEIF 函数是求某个区域内满足给定条件的所有单元格的平均值（算术平均值）。把 AVERAGEIF 函数拆解开来看，分别是 AVERAGE 和 IF 两个函数，也就是对范围中符合条件的值求平均值，其语法结构如下：

AVERAGEIF(Range, Criteria, [Average_range])

其中，Range 表示条件区域，即要计算平均值的一个或多个单元格，包含数字或数字的名称、数组或引用；Criteria 表示条件，即形式为数字、表达式、单元格引用或文本的条件，用来定义将计算平均值的单元格；Average_range 表示求和区域，即计算平均值的实际单元格区域。

| 技术看板 |

在 AVERAGEIF 函数中，如果条件区域和求值区域相同，则可以省略求值区域参数（不写 Average_range 参数）。

例如，如果要计算本章素材"课堂练习"中的 I 类门店平均每天销售额，则可以选中 H4 单元格，输入 AVERAGEIF 函数，设置第 1 个参数条件区域为"门店类别"，设置第 2 个参数条件为"I 类门店"，设置第 3 个参数求平均值的区域为"销售金额"，再按"Enter"键即可得到计算结果，如图 8-20 所示。

图 8-20 计算 I 类门店季度平均销售额

利用单条件统计函数计算三类门店的营业情况

在掌握了单条件统计函数的基础知识后，下面就利用 COUNTIF 函数、SUMIF 函数、AVERAGEIF 函数分别计算本章素材"门店营业表"中三类门店的营业天数、季度总销售额与平均每天销售额。

1. 统计各门店营业天数

统计各门店营业天数的具体操作步骤如下。

第1步 输入公式。在打开的"门店营业表"工作簿中，单击"2-单条件统计"工作表标签，切换至该工作表。根据 8.3.1 小节的分析，确定使用 COUNTIF 函数来计算，选中 G2 单元格用于计算 I 类门店营业天数，输入公式"=COUNTIF()"。

第 8 章
统计函数

第2步 计算I类门店营业天数。输入第1个参数条件区域为"B:B",输入第2个参数条件为"F2",按"Enter"键,完成I类门店营业天数的计算,如图8-21所示。

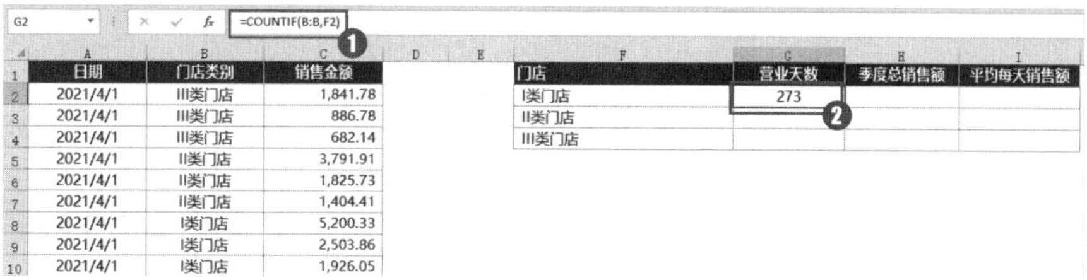

图8-21 计算I类门店营业天数

第3步 计算其他门店营业天数。选中G2单元格,并双击单元格右下角的黑色十字填充柄来自动填充公式,完成其他门店营业天数的计算,如图8-22所示。

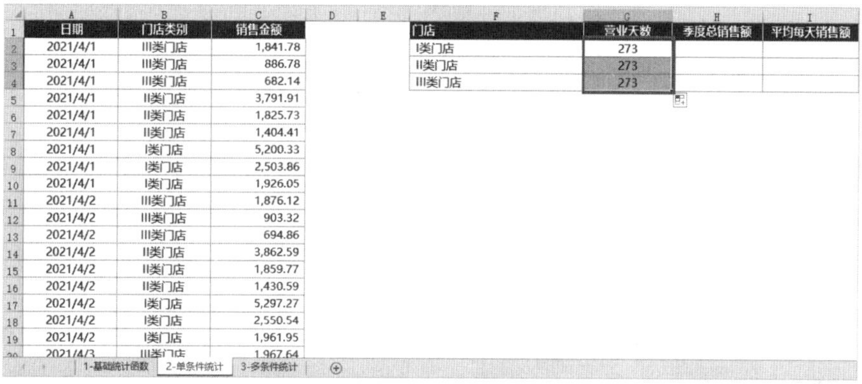

图8-22 计算其他门店营业天数

2. 统计各门店季度总销售额

统计各门店季度总销售额的具体操作步骤如下。

第1步 输入公式。根据8.3.2小节的分析,确定使用SUMIF函数来计算,选中H2单元格用于计算I类门店季度总销售额,输入公式"=SUMIF()"。

第2步 计算I类门店总销售额。输入第1个参数条件区域为"B:B",输入第2个参数条件为"F2",输入第3个参数求和区域为"C:C",按"Enter"键,完成I类门店总销售额的计算,如图8-23所示。

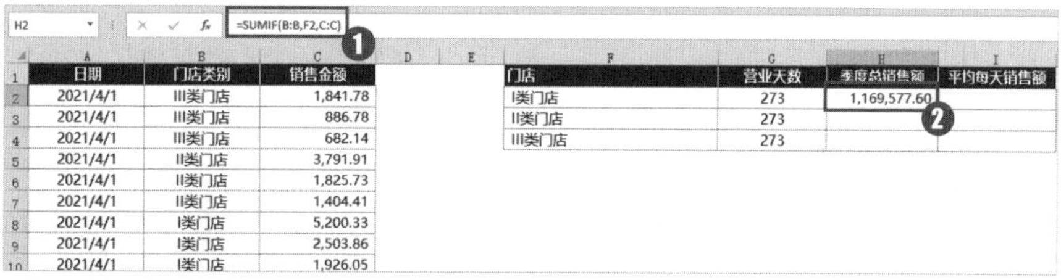

图8-23 计算I类门店总销售额

第3步 计算其他门店总销售额。选中H2单元格,并双击单元格右下角的黑色十字填充柄来自动填充公式,完成其他门店总销售额的计算,如图8-24所示。

Excel 数据分析从入门到精通

图8-24 计算其他门店总销售额

3. 统计各门店平均每天销售额

统计各门店平均每天销售额的具体操作步骤如下。

第1步 输入公式。根据8.3.3小节的分析，确定使用AVERAGEIF函数来计算，选中I2单元格用于计算I类门店平均每天销售额，输入公式"=AVERAGEIF()"。

第2步 计算I类门店平均每天销售额。输入第1个参数条件区域为"B:B"，输入第2个参数条件为"F2"，输入第3个参数平均值区域为"C:C"，按"Enter"键，完成I类门店平均每天销售额的计算。

第3步 计算其他门店平均每天销售额。选中I2单元格，并双击单元格右下角的黑色十字填充柄来自动填充公式，完成其他门店平均每天销售额的计算，如图8-25所示。

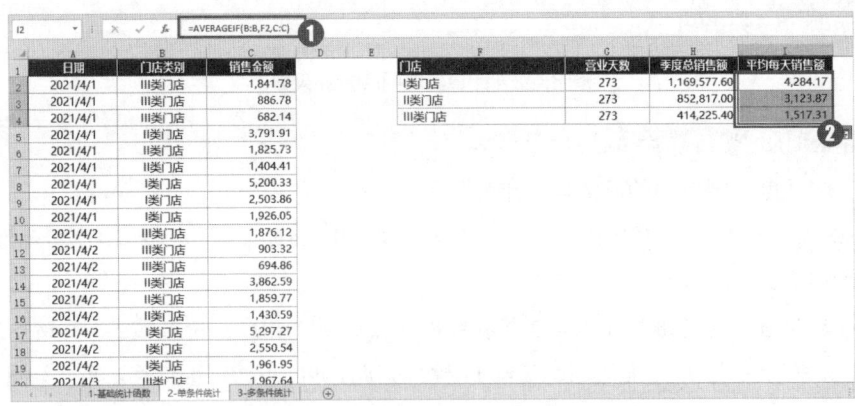

图8-25 计算其他门店平均每天销售额

 多条件统计函数

多条件统计比单条件统计更为复杂，常见的多条件统计函数有COUNTIFS函数、SUMIFS函数、AVERAGEIFS函数、MAXIFS函数、MINIFS函数等。本节将讲解多条件统计函数计算复杂数据的方法，以应对更复杂的实际情况。

第8章 统计函数

8.4.1 COUNTIFS 函数

COUNTIFS 是 COUNTIF 函数的拓展，用于对符合多个条件的数据进行计数，其语法结构如下：

COUNTIFS(Criteria_range1,Criteria1, Criteria_range2,Criteria2,…)

该函数是在COUNTIF的基础上，增加一个或多个条件，其中条件区域和条件是成对出现的。

例如，要计算素材文件"课堂练习"中III类门店中端产品销售金额大于1000元的天数，由于这里的统计涉及三个条件，所以需要用到COUNTIFS函数。

首先，分析COUNTIFS函数中的条件区域和条件分别如下。

- 第1个条件，是III类门店，对应的条件区域是"门店类别"列。

- 第2个条件，是中端产品，对应的条件区域是"产品类别"列。

- 第3个条件，是销售金额大于1000元，对应的条件区域是"销售金额"列。

其次，根据条件区域和条件写出这个公式，选中H2单元格，输入COUNTIFS函数，设置第1个条件中条件区域是B列，条件是"III类门店"；设置第2个条件中条件区域是C列，条件是"中端"；设置第3个条件中条件区域是D列，条件是">1000"，其完整公式如图8-26所示。

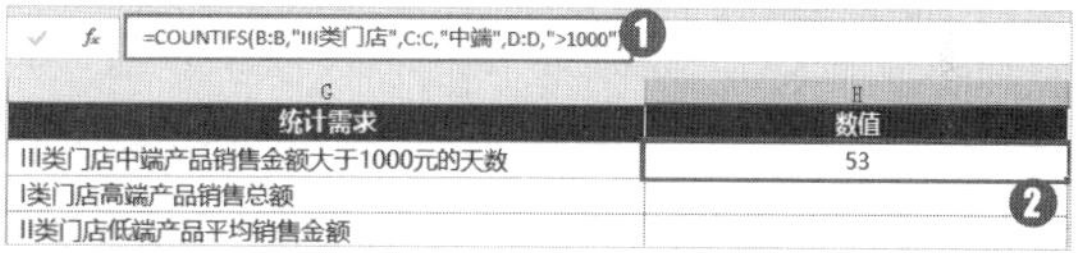

图8-26 计算III类门店中端产品销售金额大于1000元的天数

最后，按"Enter"键，即可计算出III类门店中端产品销售金额大于1000元的天数。

8.4.2 SUMIFS 函数

SUMIFS 是 Office 2007 新增的函数，该函数是 SUMIF 函数的拓展，用于对范围中符合多个条件的值求和。其语法结构如下：

SUMIFS(Sum_range, Criteria_range1, Criteria1, [Criteria_range2, Criteria2],…)

其中，Criteria_range1表示计算关联条件的第一个区域；Criteria1表示条件1，条件的形式为数字、表达式、单元格引用或文本等。

技术看板

根据语法结构可以发现SUMIFS增加了多个条件区域和条件，另外在SUMIFS中，求和区域变成了第1个参数。

例如，现在要计算素材文件"课堂练习"中I类门店高端产品销售总额，这就要用到SUMIFS函数。SUMIFS函数中的求和区域是"销售金额"列，第1个条件是I类门店，对应的区域是"门店类别"列，第2个条件是高端产品，对应的区域是"产品类别"列。

根据条件区域和条件写出公式，在H3单元格中，输入函数"=SUMIFS"，设置第1个参数为求和区域，选中D列；设置第1个条件区域为B列，设置第1个条件为"I类门店"；设置第2个条件区域为C列，设置第2个条件为"高端"，得到完整的公式为"=SUMIFS(D:D,B:B,"I类门店",C:C,"高端")"，按"Enter"键即可计算出I类门店高端产品销售总额，如图8-27所示。

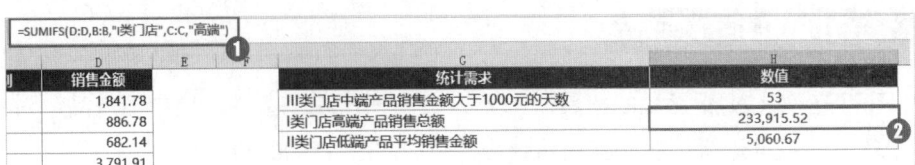

图8-27 计算I类门店高端产品销售总额

互动测试

（单选题）关于条件统计函数，以下说法错误的是（　　）。
A. COUNTIFS的条件可以是3个　　　　B. COUNTIF的条件只有1个
C. SUMIFS的条件只有2个　　　　　　D. SUMIFS的条件可以是多个
答案：C。
解析：SUMIFS的条件可以是2个及2个以上。

| 技术看板 |

无论是COUNTIFS函数还是SUMIFS函数，如果它们的条件只有一个，这时作用相当于是COUNTIF和SUMIF。如果它们的条件是多个，最多允许127个条件。

除了上面介绍的COUNTIFS、SUMIFS等多条件函数，还有多条件求均值AVERAGEIFS函数、多条件求最大值MAXIFS函数和多条件求最小值MINIFS函数。这几个函数的语法结构与SUMIFS函数基本一致，第1个参数是统计区域，剩余的参数是条件区域和条件，其语法结构分别如下：

```
AVERAGEIFS(Average_range,Criteria_range1,Criteria1,Criteria_range2,Criteria2,…)
MAXIFS(Max_range, Criteria_range1, Criteria1, [Criteria_range2, Criteria2], …)
MINIFS(Min_range, Criteria_range1, Criteria1, [Criteria_range2, Criteria2], …)
```

| 技术看板 |

MAXIFS和MINIFS是2016版新增的函数，只有在Office 2016、Office 2019和Office 365中才可以使用。

利用多条件统计函数完成各类门店三个统计需求

在8.4节中学习了多条件统计函数的基础知识和应用方法后，下面就利用SUMIFS函数、COUNTIFS函数、AVERAGEIFS函数、MAXIFS函数和MINIFS函数，完成本章素材文件"门店营业表"中满足相关条件的各类门店的三个统计需求。

1. 统计各类门店各产品的销售总额

在统计各类门店各产品的销售总额时，整个区域都可以通过填充相同的公式来完成计算，但需要先确定好这些参数的引用方式。

第8章 统计函数

技术看板

由于是在销售金额、门店类别、产品类别这3个区域里进行判断和计算,无论在哪里填充这个公式,这些区域都不会改变,所以需要用绝对引用锁定这些区域。比如G4这个判断条件,当向下填充公式时,行号会变,G4会依次变为G5、G6,跟门店类别是能对应的。当向右填充公式时,列会变,G4会依次变为H4、I4、J4,这时判断条件有错误,不再是门店了,所以需要锁定列。比如H3这个判断条件,如果向下填充公式,H3会变成H4、H5,此时判断条件有错误,所以需要锁定行,不让行号发生改变。如果向右填充公式,H3会依次变成I3、J3,能与产品类别对应上。

统计各类门店各产品的销售总额的具体操作步骤如下。

第1步 输入公式。在打开的"门店营业表"工作簿中,单击"3-多条件统计"工作表标签,切换至该工作表。分析问题,确定使用SUMIFS函数来计算,选中H4单元格,计算I类门店低端产品总销售额,并输入公式"=SUMIFS()"。

第2步 输入多个函数参数。输入第1个参数求和区域为"D:D"(D列),第2个参数条件区域1为"B:B"(B列),第3个参数条件1为"G4"(G4单元格),第4个参数条件区域2为"C:C"(C列),第5个参数条件2为"H3"(H3单元格)。

第3步 单元格引用参数。在编辑栏单击第1个参数求和区域,按"F4"键绝对引用;单击第2个参数条件区域,按"F4"键绝对引用;单击第3个参数条件G4单元格,按3次"F4"键,只锁定列;单击第4个参数条件区域,按"F4"键绝对引用;单击第5个参数条件H3单元格,按2次"F4"键,只锁定行。输入后的完整公式为"=SUMIFS($D:$D,$B:$B,$G4,$C:C,H3)"。

第4步 计算I类门店低端产品销售总额。公式输入完成后按"Enter"键,完成I类门店低端产品销售总额数据的计算,如图8-28所示。

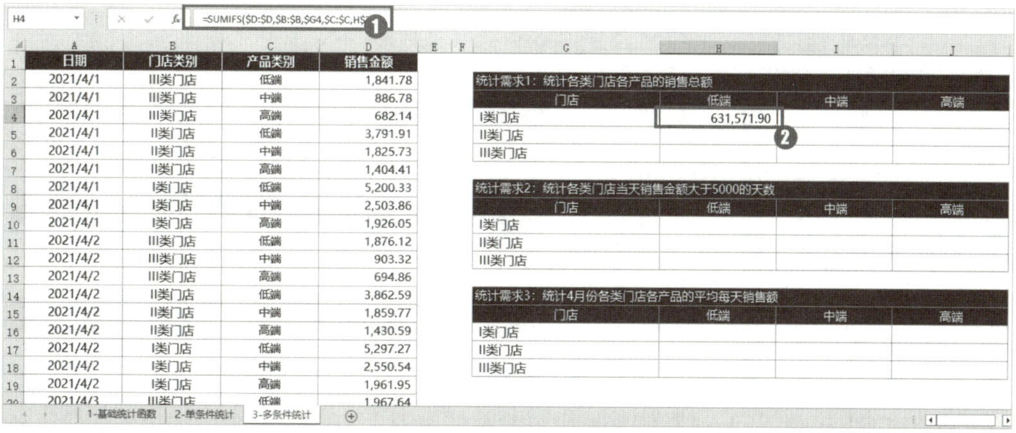

图8-28 计算I类门店低端产品销售总额

第5步 计算其他门店各产品销售总额。选中H4单元格,按住鼠标左键并向下和向右拖曳,即可填充公式,从而完成其他门店各产品销售总额的计算,如图8-29所示。

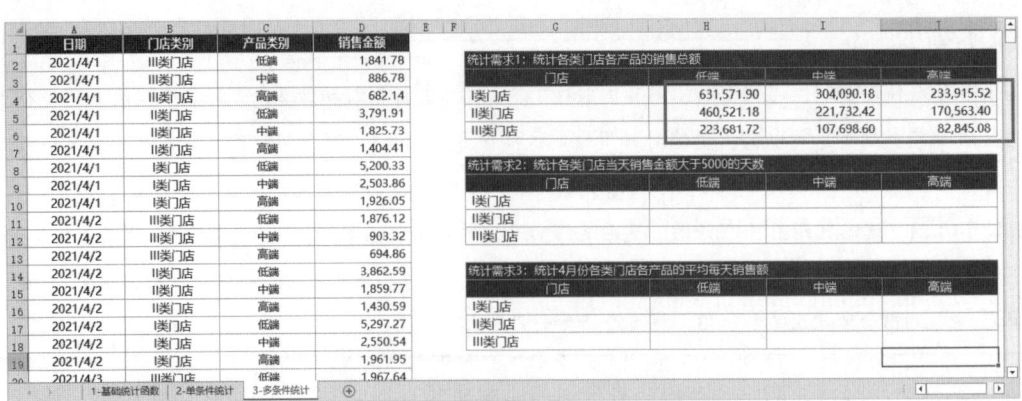

图 8-29 计算其他门店各产品销售总额

2. 统计各类门店当天销售金额大于 5000 的天数

统计各类门店当天销售金额大于 5000 的天数的具体操作步骤如下。

第1步 输入公式。分析问题，确定使用 COUNTIFS 函数来计算，选中 H10 单元格用于计算 I 类门店低端产品每天销售金额大于 5000 的天数，输入公式"=COUNTIFS()"。

第2步 输入多个函数参数。输入第 1 个参数条件区域 1 为"B:B"（B 列），按"F4"键锁定；输入第 2 个参数条件 1 为"G10"（G10 单元格），只锁定列；输入第 3 个参数条件区域 2 为"C:C"（C 列），按"F4"键锁定；输入第 4 个参数条件 2 为"H9"（H9 单元格），只锁定行；输入第 5 个参数条件区域 3 为"D:D"（D 列），按"F4"键锁定；输入第 6 个参数条件 3 为">5000"。输入后的完整公式为"=CONNTIFS（$B:$B, $G10, $C:$C,H$9,$D:$D, ">5000"）"。

第3步 计算 I 类门店低端产品每天销售额大于 5000 的天数。公式输入完成后按"Enter"键，完成 I 类门店低端产品每天销售额大于 5000 的天数的计算，如图 8-30 所示。

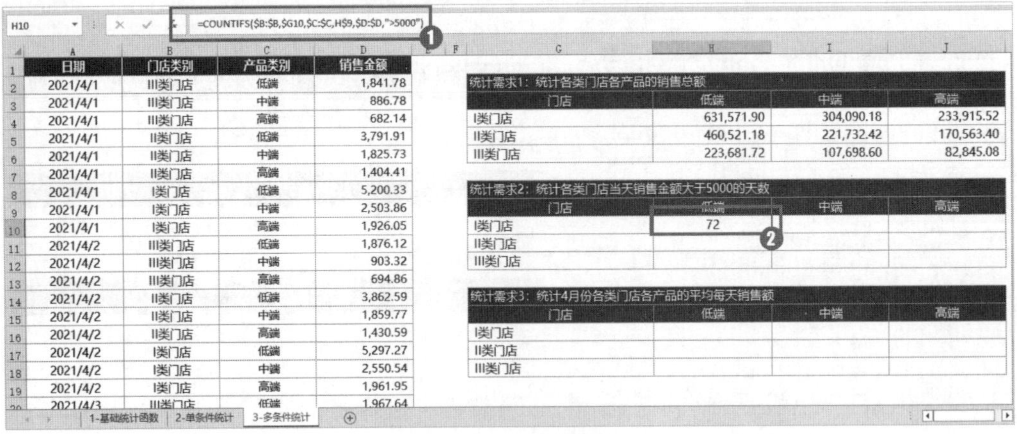

图 8-30 计算 I 类门店低端产品每天销售额大于 5000 的天数

第4步 计算其他门店各类产品每天销售额大于 5000 的天数。选中 H9 单元格，按住鼠标左键并向下和向右拖曳，即可填充公式，从而完成其他门店各类产品每天销售额大于 5000 的天数的计算，如图 8-31 所示。

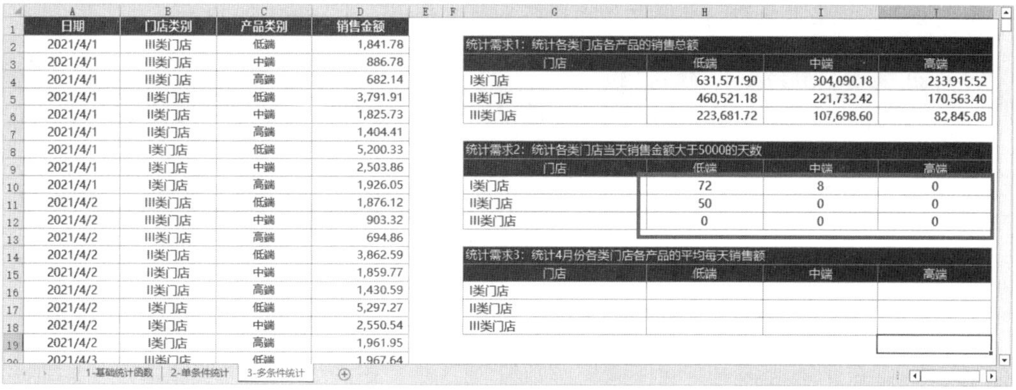

日期	门店类别	产品类别	销售金额
2021/4/1	III类门店	低端	1,841.78
2021/4/1	III类门店	中端	886.78
2021/4/1	III类门店	高端	682.14
2021/4/1	II类门店	低端	3,791.91
2021/4/1	II类门店	中端	1,825.73
2021/4/1	II类门店	高端	1,404.41
2021/4/1	I类门店	低端	5,200.33
2021/4/1	I类门店	中端	2,503.86
2021/4/1	I类门店	高端	1,926.05
2021/4/2	III类门店	低端	1,876.12
2021/4/2	III类门店	中端	903.32
2021/4/2	III类门店	高端	694.86
2021/4/2	II类门店	低端	3,862.59
2021/4/2	II类门店	中端	1,859.77
2021/4/2	II类门店	高端	1,430.59
2021/4/2	I类门店	低端	5,297.27
2021/4/2	I类门店	中端	2,550.54
2021/4/2	I类门店	高端	1,961.95

统计需求1：统计各类门店各产品的销售总额

门店	低端	中端	高端
I类门店	631,571.90	304,090.18	233,915.52
II类门店	460,521.18	221,732.42	170,563.40
III类门店	223,681.72	107,698.60	82,845.08

统计需求2：统计各类门店当天销售金额大于5000的天数

门店	低端	中端	高端
I类门店	72	8	0
II类门店	50	0	0
III类门店	0	0	0

统计需求3：统计4月份各类门店各产品的平均每天销售额

门店	低端	中端	高端
I类门店			
II类门店			
III类门店			

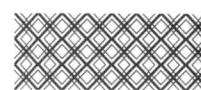

图8-31　计算其他门店各类产品每天销售额大于5000的天数

3. 统计 4 月份各类门店各类产品的平均每天销售额

统计4月份各类门店各产品的平均每天销售额的具体操作步骤如下。

第1步 输入公式。分析问题，确定使用AVERAGEIFS函数来计算，选中H16单元格用来计算4月份I类门店低端产品的平均每天销售额，输入公式“=AVERAGEIFS()”。

第2步 输入多个函数参数。输入第1个参数平均值区域为“D:D”（D列），按“F4”键锁定；输入第2个参数中的条件区域为“B:B”（B列），按“F4”键锁定，条件为“G16”（G16单元格），只锁定列；输入第3个参数中的条件区域为“C:C”（C列），按“F4”键锁定，条件为“H15”单元格，只锁定行；输入第4个参数中条件区域为“A:A”（A列），按“F4”键锁定，条件为“>=2021-4-1”；输入第5个参数的条件区域为“A:A”（A列），按“F4”键锁定，条件为“<2021-5-1”。输入后的完整公式为“=AVERAGEIFS($D:$D, $B:$B, $G16, $C:$C,H$15,$A:$A, ">=2021-4-1", $A:$A, "<2021-5-1")”。

第3步 计算I类门店低端产品的平均每天销售额。公式输入完成后按“Enter”键，完成I类门店低端产品的平均每天销售额数据的计算，如图8-32所示。

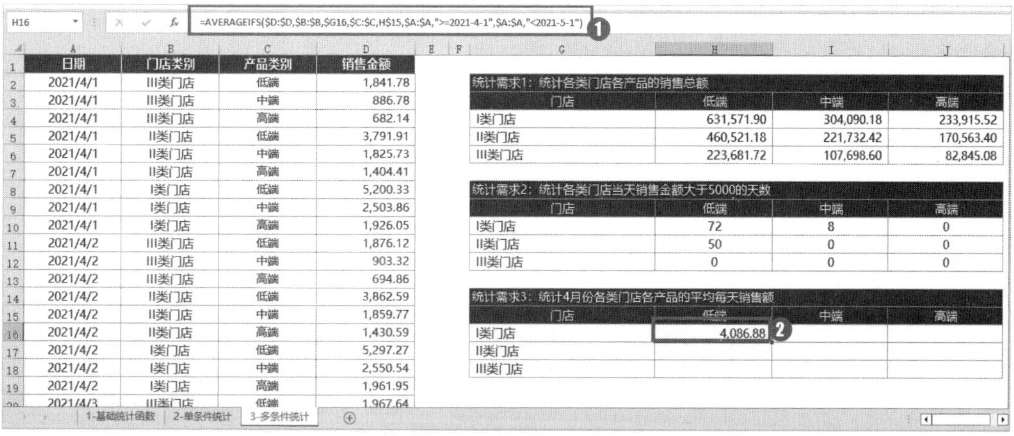

日期	门店类别	产品类别	销售金额
2021/4/1	III类门店	低端	1,841.78
2021/4/1	III类门店	中端	886.78
2021/4/1	III类门店	高端	682.14
2021/4/1	II类门店	低端	3,791.91
2021/4/1	II类门店	中端	1,825.73
2021/4/1	II类门店	高端	1,404.41
2021/4/1	I类门店	低端	5,200.33
2021/4/1	I类门店	中端	2,503.86
2021/4/1	I类门店	高端	1,926.05
2021/4/2	III类门店	低端	1,876.12
2021/4/2	III类门店	中端	903.32
2021/4/2	III类门店	高端	694.86
2021/4/2	II类门店	低端	3,862.59
2021/4/2	II类门店	中端	1,859.77
2021/4/2	II类门店	高端	1,430.59
2021/4/2	I类门店	低端	5,297.27
2021/4/2	I类门店	中端	2,550.54
2021/4/2	I类门店	高端	1,961.95

统计需求1：统计各类门店各产品的销售总额

门店	低端	中端	高端
I类门店	631,571.90	304,090.18	233,915.52
II类门店	460,521.18	221,732.42	170,563.40
III类门店	223,681.72	107,698.60	82,845.08

统计需求2：统计各类门店当天销售金额大于5000的天数

门店	低端	中端	高端
I类门店	72	8	0
II类门店	50	0	0
III类门店	0	0	0

统计需求3：统计4月份各类门店各产品的平均每天销售额

门店	低端	中端	高端
I类门店	4,086.88		
II类门店			
III类门店			

图8-32　计算I类门店低端产品的平均每天销售额

第4步 计算其他门店各类产品的平均每天销售额。选中H16单元格，按住鼠标左键并向下和向右拖曳，填充公式，完成其他门店各产品的平均每天销售额的计算，如图8-33所示。

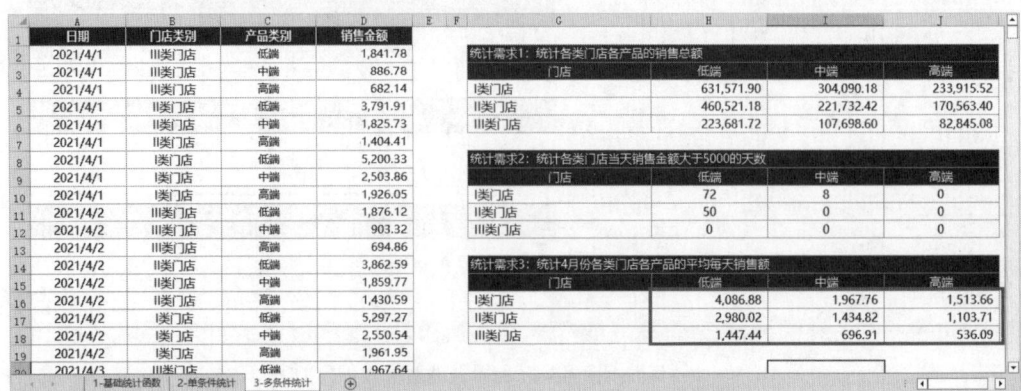

图8-33 计算其他门店各产品的平均每天销售额

第9章 查询函数

通过第8章的学习，我们已经掌握了统计函数的使用方法。接下来，我们学习查询函数的使用方法。在日常工作中，经常需要查找一些信息，比如员工的身份证号、银行卡号、本季度销售业绩等。数据少还好说，当数据很多时，一条条查找不仅费时间，还特别累人。这时候，Excel中的查询函数就派上了用场，使用查询函数，可以快速查找、匹配需求，查找出想要的数据。比如，要在汽车4S店的客户来访登记表中查看试用过车的客户信息，此时可以写查询函数，让店长根据客户的姓名进行查找就可以了。

9.1 认识 VLOOKUP 函数

VLOOKUP函数是数据查询中使用较频繁的一个函数，是Excel中的一个纵向(按列)查找函数，它可以快速地从已有的数据中找到想要的信息，其语法结构如下：

```
VLOOKUP(Lookup_value,Table_array,
Col_index_num,[Range_lookup])
```

VLOOKUP函数中的4个参数分别表示查找的值、查找范围、返回列数、查找方式，简单理解就是：要找什么，在哪里找，结果所在列的序号是多少，按什么方式找。

下面对VLOOKUP函数中的4个参数进行详细讲解。

- Lookup_value(查找的值)：是指查询信息的唯一关键词，比如客户信息档案表中的客户姓名“王华”，如图9-1所示。Lookup_value为需要在数据表第一列中进行查找的值。

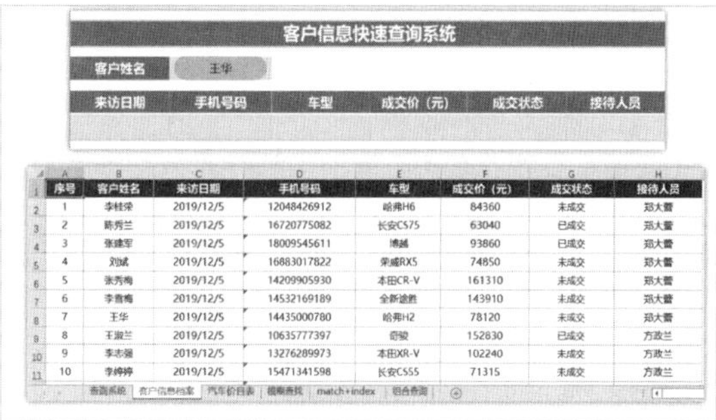

序号	客户姓名	来访日期	手机号码	车型	成交价（元）	成交状态	接待人员
1	李桂荣	2019/12/5	12048426912	哈弗H6	84360	未成交	郑大蕾
2	陈秀兰	2019/12/5	16720775082	长安CS75	63040	已成交	郑大蕾
3	张建军	2019/12/5	18009545611	博越	93860	已成交	郑大蕾
4	刘斌	2019/12/5	16883017822	荣威RX5	74850	未成交	郑大蕾
5	张秀梅	2019/12/5	14209905930	本田CR-V	161310	未成交	郑大蕾
6	李雪梅	2019/12/5	14532169189	全新途胜	143910	未成交	郑大蕾
7	王华	2019/12/5	14435000780	哈弗H2	78120	未成交	郑大蕾
8	王淑兰	2019/12/5	10635777397	奇骏	152830	已成交	方政兰
9	李志强	2019/12/5	13276289973	本田XR-V	102240	未成交	方政兰
10	李婷婷	2019/12/5	15471341598	长安CS55	71315	未成交	方政兰

图9-1　查找的关键词

技术看板

Lookup_value参数可以为数值、引用或文本字符串。使用这个参数时，需要注意两点：①引用单元格格式类别搜寻的单元格格式的类别要相同，比如数字“123”同为数值格式或同为文本格式；②在引用单元格时，要使用绝对引用将引用的单元格进行固定，绝对引用不会因为使用下拉方式（或复制）将函数添加到新的单元格中而发生改变。

• Table_array（查找范围）：是指包含关键词的数据表。比如，客户信息档案表的B列至H列，如图9-2所示。由于VLOOKUP函数的限制，所选范围的第一列必须是查找值的所在列，如果要查找的值在B列，则所选区域的第一列就必须是B列。

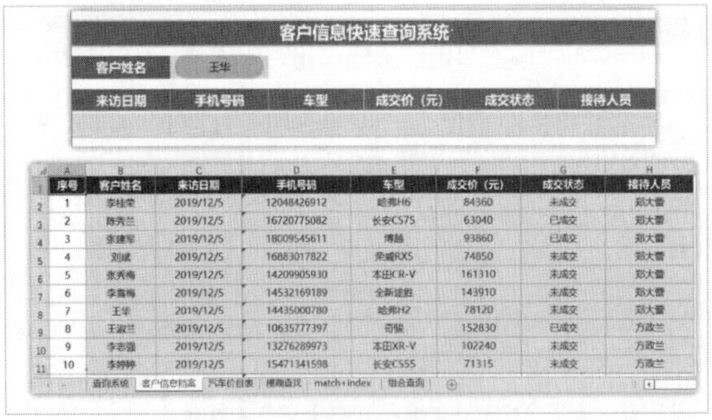

序号	客户姓名	来访日期	手机号码	车型	成交价（元）	成交状态	接待人员
1	李桂荣	2019/12/5	12048426912	哈弗H6	84360	未成交	郑大蕾
2	陈秀兰	2019/12/5	16720775082	长安CS75	63040	已成交	郑大蕾
3	张建军	2019/12/5	18009545611	博越	93860	已成交	郑大蕾
4	刘斌	2019/12/5	16883017822	荣威RX5	74850	未成交	郑大蕾
5	张秀梅	2019/12/5	14209905930	本田CR-V	161310	未成交	郑大蕾
6	李雪梅	2019/12/5	14532169189	全新途胜	143910	未成交	郑大蕾
7	王华	2019/12/5	14435000780	哈弗H2	78120	未成交	郑大蕾
8	王淑兰	2019/12/5	10635777397	奇骏	152830	已成交	方政兰
9	李志强	2019/12/5	13276289973	本田XR-V	102240	未成交	方政兰
10	李婷婷	2019/12/5	15471341598	长安CS55	71315	未成交	方政兰

图9-2　查找的范围列

|技术看板|

根据Lookup_value、Table_array这两个参数，Excel从上到下查找名为王华的行记录，如果找到了就停止。换句话说，假如表格中有2个王华，那么VLOOKUP函数只能找到第一个王华。

• Col_index_num（返回列数）：是指返回的结果在查找数据表中所在列的序号。比如，在客户信息档案表中，如果要返回来访日期，那么返回的列序号就是2；如果要返回王华的手机号码，那么返回的列序号就是3，如图9-3所示。

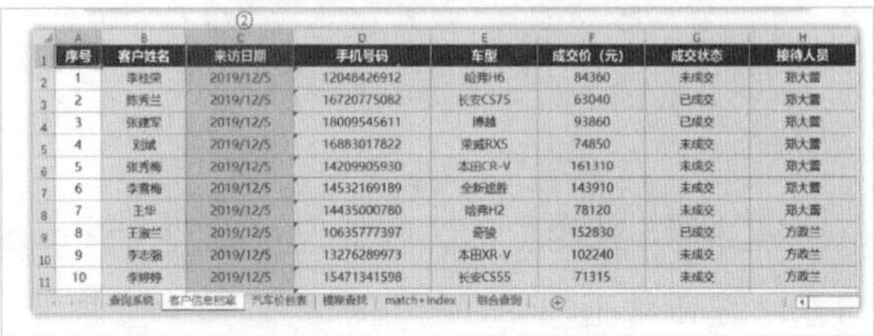

序号	客户姓名	来访日期	手机号码	车型	成交价（元）	成交状态	接待人员
1	李桂荣	2019/12/5	12048426912	哈弗H6	84360	未成交	郑大蕾
2	陈秀兰	2019/12/5	16720775082	长安CS75	63040	已成交	郑大蕾
3	张建军	2019/12/5	18009545611	博越	93860	已成交	郑大蕾
4	刘斌	2019/12/5	16883017822	荣威RX5	74850	未成交	郑大蕾
5	张秀梅	2019/12/5	14209905930	本田CR-V	161310	未成交	郑大蕾
6	李雪梅	2019/12/5	14532169189	全新途胜	143910	未成交	郑大蕾
7	王华	2019/12/5	14435000780	哈弗H2	78120	未成交	郑大蕾
8	王淑兰	2019/12/5	10635777397	奇骏	152830	已成交	方政兰
9	李志强	2019/12/5	13276289973	本田XR-V	102240	未成交	方政兰
10	李婷婷	2019/12/5	15471341598	长安CS55	71315	未成交	方政兰

图9-3　返回列数结果

|技术看板|

这里的列数不是Excel默认的列数，而是查找范围的第几列。如果Col_index_num的值小于1，则VLOOKUP函数返回错误值#VALUE!；如果Col_index_num的值大于Table_array的列数，则VLOOKUP函数返回错误值#REF!。

• Range_lookup（查找方式）：分为精确查找和近似查找两种方式。输入0或FALSE表示精确查找；输入1或TRUE表示近似查找；如果Range_lookup省略，则默认为1，表示查找方式为近似匹配值。

9.2 关键词查询

在使用VLOOKUP函数查询数据时，可以通过关键词或反方向进行查询。其中，关键词查询的查询方式有单关键词查询和多关键词查询两种。下面将分别对单关键词查询、多关键词查询和反向查询等内容进行介绍。

9.2.1 单关键词查询

单关键词查询是指使用的VLOOKUP函数中的第1个参数"查找的值"为唯一的值，并且要根据这唯一的值进行一个关键词的信息查询。

在本章提供的"数据查询表"中，使用VLOOKUP函数中的单关键词可以查询客户的试车信息。比如，要查找的值是李志强，需要先来查李志强的来访日期。

其具体操作步骤如下。

第1步 输入公式。选中A6单元格，输入"=VLOOKUP()"。

第2步 设置函数的相关参数。设置第1个参数"查找的值"为B3单元格；第2个参数"查找范围"为客户信息档案中的B列至H列；第3个参数"返回列数"为2；第4个参数"查找方式"为精确查找，即0。完整的公式为"=VLOOKUP(B3,客户信息档案!B:H,2,0)"。

第3步 公式输入完成后按"Enter"键，即可找到李志强的来访日期，如图9-4所示。

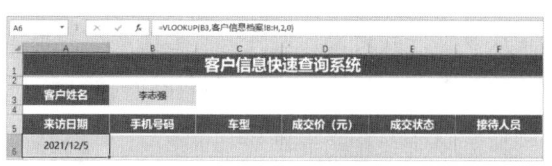

图9-4 查找出来访日期

接着查找剩余的信息。比如，查找手机号码时，查找的关键词还是B3，查找的范围也是同一个，只有列数不一样，可以双击复制公式"=VLOOKUP(B3,客户信息档案!B:H,2,0)"，然后将该公式粘贴到B6单元格中。由于"手机号码"位于查找范围的第3列，因此将公式中的2修改为3即可。其他的"车型""成交价"等信息也以此类推。这样查找客户的试车信息就完成了，如图9-5所示。在这个"客户信息快速查询系统"中，当在"客户姓名"中输入其他客户名称进行测试时，"客户姓名"下方的信息就会自动匹配。

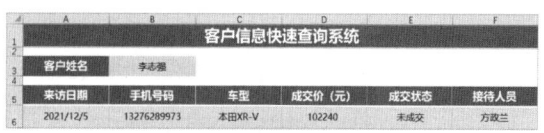

图9-5 查找客户试车信息

┃技术看板┃

在查找客户的试车信息时，一个一个输入客户姓名有点麻烦，还容易输错，比如当把"陈秀兰"输入成"陈秀蓝"，或者多敲了一个空格，就会查找不出结果。此时可以用"数据验证"功能创建一个关于客户姓名的下拉列表，这样不仅可以快速选择客户姓名，而且当输入的姓名不在列表内时，系统还会自动报错。创建客户姓名下拉列表的方法参见下面的实战演练。

制作客户信息快速查询系统

在学会了VLOOKUP函数的基础知识和单关键词查询方法后，可以利用VLOOKUP函数的单关键词查询和数据验证功能，制作一个客户信息快速查询系统，如图9-6所示。

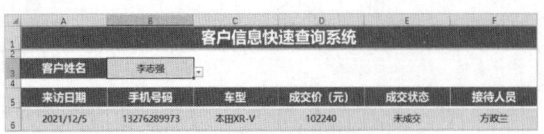

图9-6 客户信息快速查询系统

下面详细讲解具体的制作方法。

1. 查找王华的来访时间

查找王华的来访时间的具体操作步骤如下。

第1步 切换工作表。打开本章素材中的"数据查询表.xlsx"工作簿,该工作簿中包含"查询系统""客户信息档案""汽车价目表""反向查询""文本模糊查询"等8张工作表,单击"查询系统"工作表标签,切换至该工作表,如图9-7所示。

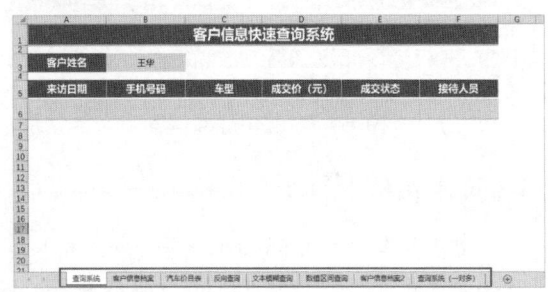

图9-7 打开工作簿

第2步 输入公式。在工作表中选中A6单元格,输入公式"=VLOOKUP()"。

第3步 输入第1个参数。输入第1个参数(查询关键词)为B3单元格,然后输入逗号。

第4步 输入第2个参数。输入第2个参数(查询范围),在工作簿中选择"客户信息档案"工作表,框选B列至H列,再直接输入逗号。

第5步 输入第3个和第4个参数。输入第3个参数(序列号)为2,第4个参数(精确查询)为0,此时完成后的公式为"=VLOOKUP(B3,客户信息档案!B:H,2,0)"。

第6步 查找来访时间。公式输入完成后按"Enter"键确定,即可查找出王华的来访时间,如图9-8所示。

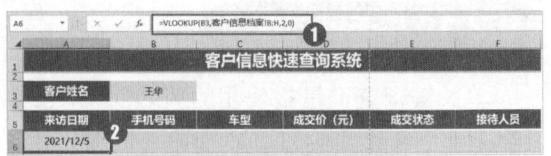

图9-8 查找王华的来访时间

2. 查找王华的其他信息

查找王华的其他信息的具体操作步骤如下。

第1步 复制公式。双击A6单元格全选公式,按快捷键"Ctrl+C"复制公式。

第2步 查找手机号码。双击B6单元格,按快捷键"Ctrl+V"粘贴公式,在编辑栏中更改公式中第3个参数为对应"手机号码"所在的序列号3,按"Enter"键确定,即可查找出王华的手机号码,如图9-9所示。

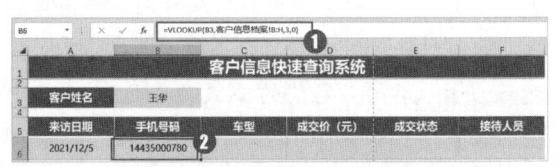

图9-9 查找王华的手机号码

第3步 查找其他信息。重复第1步和第2步,完成车型、成交价、成交状态及接待人员等信息的查找,查找出的最终信息如图9-10所示。

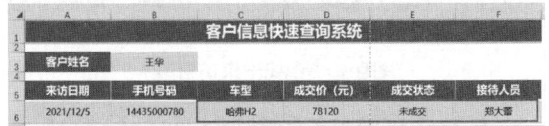

图9-10 查找王华其他信息

| 技术看板 |

在复制公式后修改公式中对应的列序号时,要注意,这里的列序号是指"客户信息档案"工作表中"车型""成交价(元)""成交状态""接待人员"在该表查询区域中所处的列数,它们分别为4、5、6、7,如图9-11所示。

图9-11 "客户信息档案"工作表

3. 创建客户姓名的下拉列表

创建客户姓名下拉列表的具体操作步骤如下。

第1步 打开"数据验证"对话框。选中B3单元格,然后单击"数据"选项卡→"数据工具"组→"数据验证"按钮,打开"数据验证"对话框。

第2步 设置数据验证参数。在对话框中设置"允许"为"序列",在"来源"文本框中,选中"客户信息档案"工作表中的B2:B29单元格范围,单击"确定"按钮,如图9-12所示。

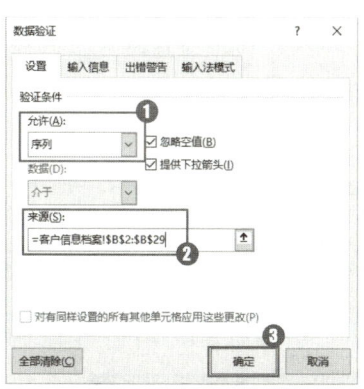

图9-12 设置数据验证参数

第3步 创建下拉列表。此时已经完成客户姓名下拉列表的创建,在B3单元格中,单击右侧的下拉按钮,在展开的列表框中,可以选择其他的客户姓名选项,如图9-13所示。

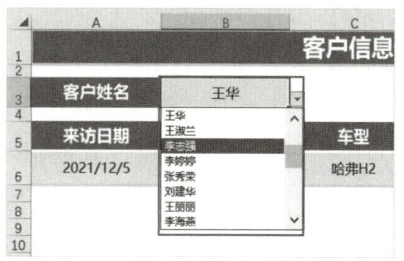

图9-13 创建客户姓名的下拉列表

第4步 查询其他客户信息。当选择其他客户姓名选项时,可以查询其他客户的相关信息,如图9-14所示。

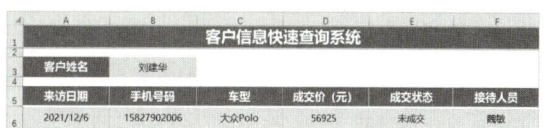

图9-14 查找其他客户相关信息

| 技术看板 |

当输入的姓名不在列表内时,系统将会出现错误提醒,如输入"王淑蓝",结果如图9-15所示。

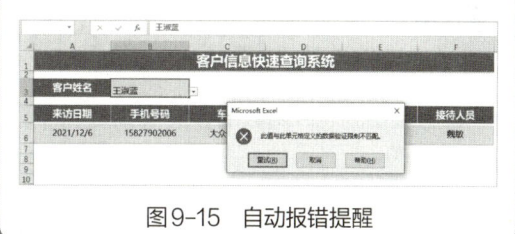

图9-15 自动报错提醒

9.2.2 多关键词查询

前面我们学习了VLOOKUP函数单关键词的查询,在实际工作中,我们经常遇到多个关键词的查询,那么又该怎么操作呢?其实,多关键词查询也很简单,通常是将多关键词合并成一个关键词来进行查询。例如,在"汽车价目表"工作表("数据查询表.xlsx"工作簿)中

要查找威驰高配版汽车的价格,这时就要用到多关键词查询。在VLOOKUP函数中将"车型"和"配置"这两个关键词合并成一个关键词,再进行查询。

其具体的操作步骤如下。

第1步 构建辅助列(用&作为连接符)。在"原价"之前插入一列,用来存放合并后的数据,列名为"车型&配置"。在H2单元格中输入"=F2&G2",按"Enter"键即可,如图9-16所示。

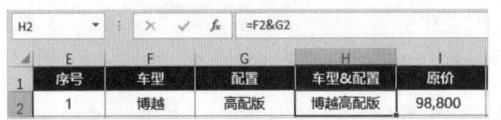

图9-16 构建辅助列公式

|注意|
这里的"&"是连接符,它可以把左右两边的值拼接成一个文本,按快捷键"Shift+7"就可以输入这个符号。

第2步 输入公式。这里可以用VLOOKUP函数进行查询。选中B4单元格,在其中输入公式"=VLOOKUP()"。

第3步 设置VLOOKUP函数的参数。设置第1个参数(查找的值),用"&"符号把两个关键词拼接起来;设置第2个参数(查找范围),选择包含查找值和返回值的列,这里要注意的是,起始列必须是查找值所在的列;设置第3个参数(返回的列数),由于要返回汽车的原价,所以列数是2;设置第4个参数为0,也就是精确查找。完整的公式为"=VLOOKUP(F2&G2,H:K,2,0)",如图9-17所示。

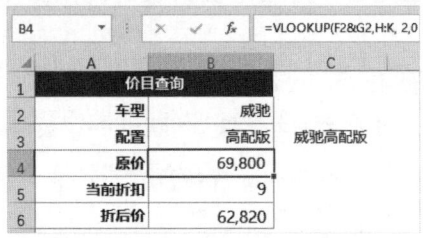

图9-17 用VLOOKUP多关键词查询

这样就可以用多个关键词查询威驰高配版的原价,如果要查询剩余的"当前折扣"和"折后价"数据,则只需更改列序号即可查询出来。

根据"汽车价目表"查询汽车信息

利用VLOOKUP函数的多关键词查询和数据验证功能,可以创建汽车价格查询系统,如图9-18所示。

A	B	C	D	E	F	G	H	I	J	K
价目查询				序号	车型	配置	车型&配置	原价	当前折扣	折后价
车型	飞度			1	博越	高配版	博越高配版	98,800	9.5折	93,860
配置	低配版	飞度低配版		2	博越	低配版	博越低配版	65,200	9.5折	61,940
原价	48,700			3	飞度	高配版	飞度高配版	73,800	8.5折	62,730
当前折扣	9			4	飞度	低配版	飞度低配版	48,700	8.5折	41,395
折后价	41,395			5	奇骏	高配版	奇骏高配版	179,800	8.5折	152,830
				6	奇骏	低配版	奇骏低配版	118,700	8.5折	100,895
				7	瑞纳	高配版	瑞纳高配版	49,900	9折	44,910
				8	瑞纳	低配版	瑞纳低配版	32,900	9折	29,610
				9	威驰	高配版	威驰高配版	69,800	9折	62,820
				10	威驰	低配版	威驰低配版	46,100	9折	41,490
				11	悦纳	高配版	悦纳高配版	72,800	9.5折	69,160
				12	悦纳	低配版	悦纳低配版	48,000	9.5折	45,600
				13	赛欧3	高配版	赛欧3高配版	62,900	9.5折	59,755
				14	赛欧3	低配版	赛欧3低配版	41,500	9.5折	39,425
				15	哈弗H2	高配版	哈弗H2高配版	86,800	9折	78,120
				16	哈弗H2	低配版	哈弗H2低配版	57,300	9折	51,570
				17	哈弗H6	高配版	哈弗H6高配版	88,800	9.5折	84,360
				18	哈弗H6	低配版	哈弗H6低配版	58,600	9.5折	55,670

图9-18 创建汽车价格查询系统

具体的创建过程如下。

1. 创建辅助列

创建辅助列的具体操作步骤如下。

第1步 切换工作表。在打开的"数据查询表.xlsx"工作簿中,单击"汽车价目表"工作表标签,切换至"汽车价目表"工作表。

第2步 插入空白列。选中H列并右击,在弹出的快捷菜单中选择"插入"命令,如图9-19所示。这时即可在选择列的左侧插入一个空白列,该列命名为H列,如图9-20所示。

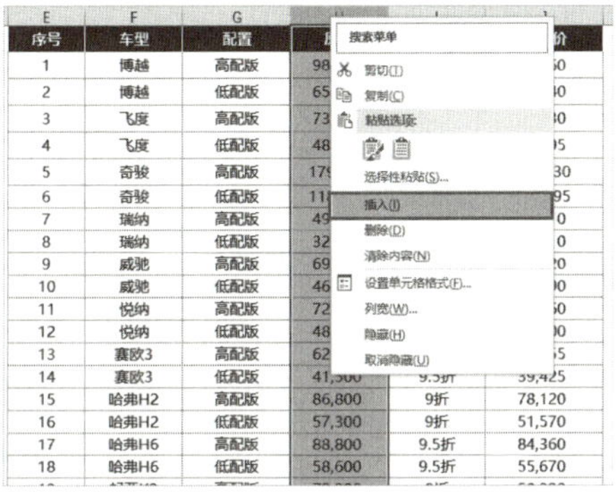

图9-19 选择"插入"命令 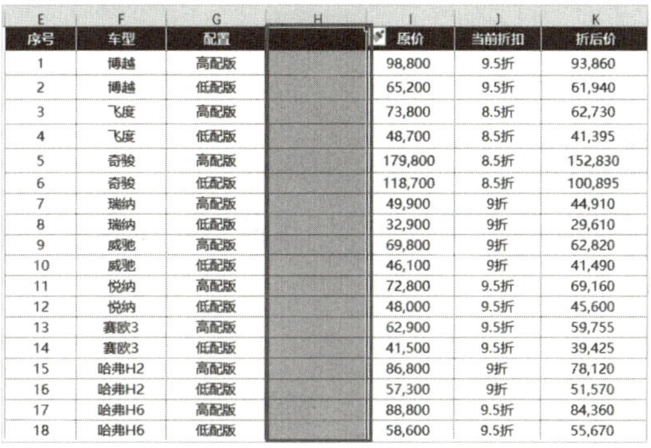　　　　图9-20 插入列

第3步 制作连接符文本。选中H1单元格,输入文本"车型&配置",选中H2单元格,输入公式"=F2&G2",按"Enter"键,完成连接符文本的制作,如图9-21所示。

图9-21 输入公式制作连接符文本

第4步 制作其他连接符文本。选中H2单元格,并双击单元格右下角的黑色十字填充柄,即可自动填充公式,从而完成其他连接符文本的制作,如图9-22所示。

图9-22 制作其他连接符文本

第5步 输入公式。选中C3单元格，输入公式"=B2&B3"，如图9-23所示，按"Enter"键确定即可。

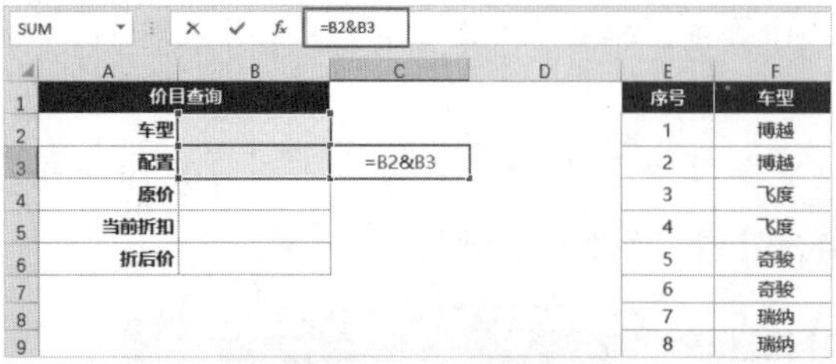

公式"=VLOOKUP()"，输入第1个参数（查询关键词）为C3单元格；第2个参数（查询范围）为H:K列；第3个参数（序列号）为2；第4个参数（精确查询）为0，完成后的公式为"=VLOOKUP（C3, H:K,2,0）"，按"Enter"键，完成飞度低配版原价的查询，如图9-24所示。

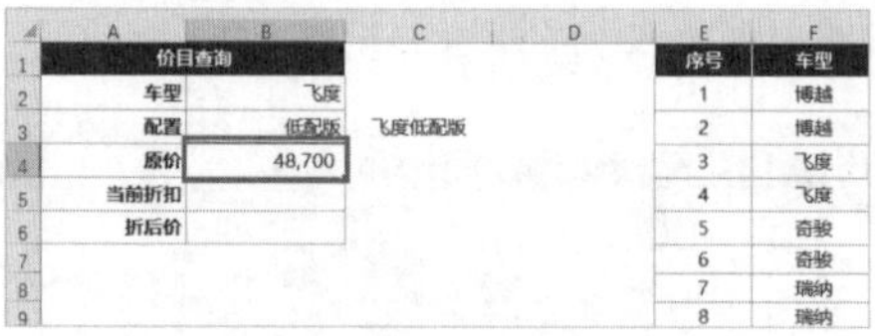

图9-23 输入公式

图9-24 查询飞度低配版原价

2. 查询飞度低配版的价格信息

查询飞度低配版的价格信息的具体操作步骤如下。

第1步 查询飞度低配版的原价。依次在B2和B3单元格中输入文本"飞度"和"低配版"。

第2步 查询价格信息。选中B4单元格，输入

第3步 查询飞度低配版的当前折扣和折后价。复制B4单元格中的公式，按快捷键"Ctrl+V"，将复制后的公式粘贴在B5和B6单元格，然后修改序列号分别为3和4，完成飞度低配版的当前折扣和折后价的查询，如图9-25所示。

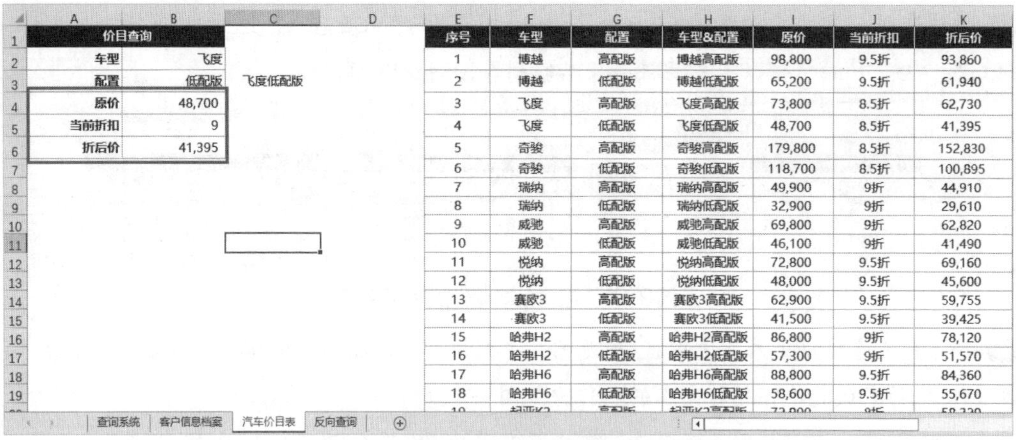

图9-25 查询飞度低配版当前折扣和折后价

3. 创建车型和配置的下拉列表

创建车型和配置的下拉列表的具体操作步骤如下。

第1步 复制数据。选中F列和G列并右击，在弹出的快捷菜单中选择"复制"命令，复制数据。

第2步 粘贴数据。选中M列并右击，在弹出的

快捷菜单中选择"粘贴"命令，粘贴数据。

第3步 删除M列中的重复值。选中M列，单击"数据"选项卡→"数据工具"组→"删除重复值"按钮，打开"删除重复项警告"对话框，选中"以当前选定区域排序"单选按钮，单击"删除重复项"按钮，如图9-26所示。删除M列重复值后的效果如图9-27所示。

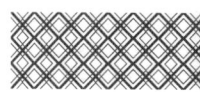

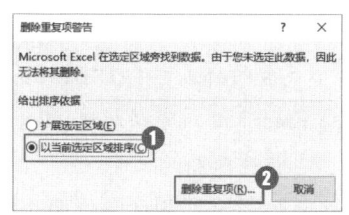

图9-26 选中“以当前选定区域排序”单选按钮

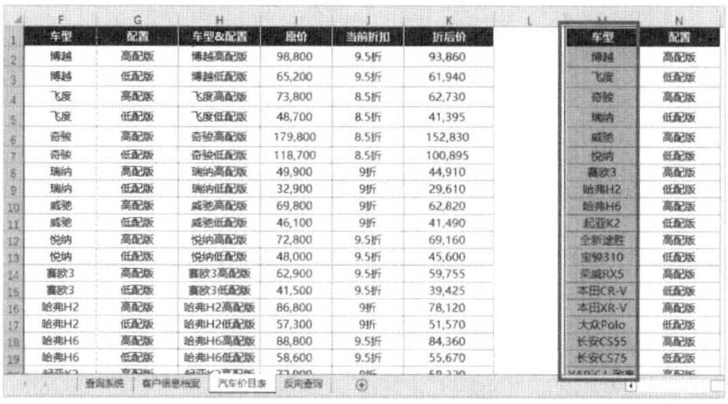

车型	配置	车型&配置	原价	当前折扣	折后价		车型	配置
博越	高配版	博越高配版	98,800	9.5折	93,860		博越	高配版
博越	低配版	博越低配版	65,200	9.5折	61,940		飞度	低配版
飞度	高配版	飞度高配版	73,800	8.5折	62,730		奇骏	高配版
飞度	低配版	飞度低配版	48,700	8.5折	41,395		瑞纳	低配版
奇骏	高配版	奇骏高配版	179,800	8.5折	152,830		威驰	高配版
奇骏	低配版	奇骏低配版	118,700	8.5折	100,895		悦纳	低配版
瑞纳	高配版	瑞纳高配版	49,900	9折	44,910		赛欧3	高配版
瑞纳	低配版	瑞纳低配版	32,900	9折	29,610		哈弗H2	低配版
威驰	高配版	威驰高配版	69,800	9折	62,820		哈弗H6	高配版
威驰	低配版	威驰低配版	46,100	9折	41,490		起亚K2	低配版
悦纳	高配版	悦纳高配版	72,800	9.5折	69,160		全新途胜	高配版
悦纳	低配版	悦纳低配版	48,000	9.5折	45,600		宝骏310	低配版
赛欧3	高配版	赛欧3高配版	62,900	9.5折	59,755		荣威RX5	高配版
赛欧3	低配版	赛欧3低配版	41,500	9.5折	39,425		本田CR-V	低配版
哈弗H2	高配版	哈弗H2高配版	86,800	9折	78,120		本田XR-V	高配版
哈弗H2	低配版	哈弗H2低配版	57,300	9折	51,570		大众Polo	低配版
哈弗H6	高配版	哈弗H6高配版	88,800	9.5折	84,360		长安CS55	高配版
哈弗H6	低配版	哈弗H6低配版	58,600	9.5折	55,670		长安CS75	低配版

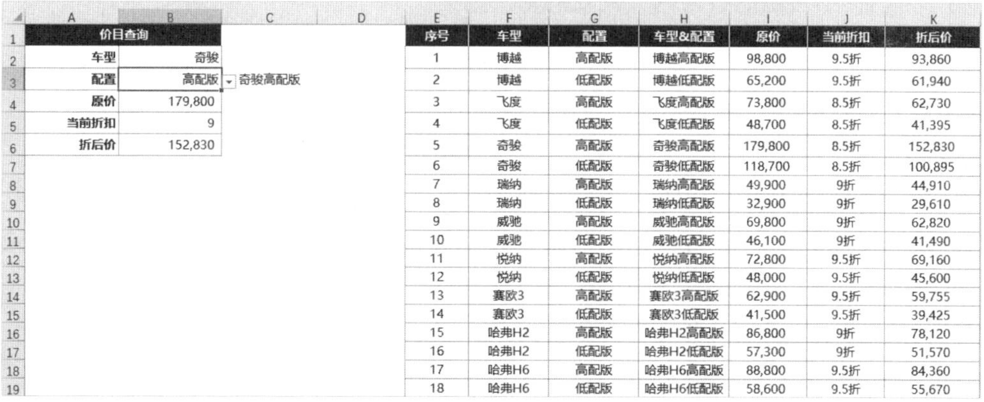

图9-27 删除重复值

第4步 删除N列中的重复值。按照第3步中的操作，删除N列中的重复值。

第5步 设置“车型”数据验证条件。选中B2单元格，单击“数据”选项卡→“数据工具”组→“数据验证”按钮，打开“数据验证”对话框，设置“允许”为“序列”，在“来源”文本框中框选M2:M21单元格范围，单击“确定”按钮，创建“车型”下拉列表，且在B2单元格中显示一个下拉按钮。

第6步 设置“配置”数据验证条件。选中B3单元格，单击“数据”选项卡→“数据工具”组→“数据验证”按钮，打开“数据验证”对话框，设置“允许”为“序列”，在“来源”文本框中框选N2:N3单元格范围，单击“确定”按钮，创建“配置”下拉列表，且在B3单元格中显示一个下拉按钮。

第7步 查询价格信息。完成“车型”和“配置”下拉列表的创建后，在“车型”下拉列表中选择“奇骏”选项，在“配置”下拉列表中选择“高配版”选项，可以查询奇骏高配版的价格信息，查询结果如图9-28所示。

价目查询		
车型	奇骏	
配置	高配版	奇骏高配版
原价	179,800	
当前折扣	9	
折后价	152,830	

序号	车型	配置	车型&配置	原价	当前折扣	折后价
1	博越	高配版	博越高配版	98,800	9.5折	93,860
2	博越	低配版	博越低配版	65,200	9.5折	61,940
3	飞度	高配版	飞度高配版	73,800	8.5折	62,730
4	飞度	低配版	飞度低配版	48,700	8.5折	41,395
5	奇骏	高配版	奇骏高配版	179,800	8.5折	152,830
6	奇骏	低配版	奇骏低配版	118,700	8.5折	100,895
7	瑞纳	高配版	瑞纳高配版	49,900	9折	44,910
8	瑞纳	低配版	瑞纳低配版	32,900	9折	29,610
9	威驰	高配版	威驰高配版	69,800	9折	62,820
10	威驰	低配版	威驰低配版	46,100	9折	41,490
11	悦纳	高配版	悦纳高配版	72,800	9.5折	69,160
12	悦纳	低配版	悦纳低配版	48,000	9.5折	45,600
13	赛欧3	高配版	赛欧3高配版	62,900	9.5折	59,755
14	赛欧3	低配版	赛欧3低配版	41,500	9.5折	39,425
15	哈弗H2	高配版	哈弗H2高配版	86,800	9折	78,120
16	哈弗H2	低配版	哈弗H2低配版	57,300	9折	51,570
17	哈弗H6	高配版	哈弗H6高配版	88,800	9.5折	84,360
18	哈弗H6	低配版	哈弗H6低配版	58,600	9.5折	55,670

图9-28 查询奇骏高配版价格信息

9.2.3 反向查询

在查询数据时，不仅可以使用VLOOKUP函数进行正向查询，还可以使用INDEX和MATCH函数反向查询。

1. INDEX函数

INDEX函数用于返回表或区域中的值或对值的引用。INDEX函数分为数组形式和引用形式。

（1）数组形式。

数组形式，返回数组中指定的单元格或单元格数组的数值。其语法结构如下：

```
INDEX(Array, Row_num, [Column_num])
```

其中，Array参数表示单元格区域或数组常量；Row_num参数表示选择数组中的某行后，函数从该行返回数值；Column_num参数表示选择数组中的某列后，函数从该列返回数值。

┌─ 技术看板 ──────────
│
│   与VLOOKUP函数不同，INDEX函数的查找区域是不受限制的，一般情况下会选中整张表格。指定行数就是要返回的值在这个范围的第几行。指定列数就是要返回的值在这个范围的第几列。INDEX函数则是通过行和列来定位返回值的。
│
└─────────────────

（2）引用形式。

引用形式，返回指定的行与列交叉处的单元格引用。其语法结构如下：

```
INDEX(Reference,Row_num,Column_num,
Area_num)
```

其中，Reference参数表示对一个或多个单元格区域的引用；Row_num参数表示返回引用中的行编号；Column_num参数表示返回引用中的列编号；Area_num参数可选，仅在Reference包含多个不连续区域时使用，用于指定从第几个区域中返回结果。

在了解了INDEX函数的语法结构后，可以使用INDEX函数查询数据。

例如：在"数据查询表.xlsx"工作簿的"反向查询"工作表中查询李晶的工号，其操作步骤如下。

第1步 选中J2单元格，输入公式函数"=INDEX()"。

第2步 设置第一个参数查找区域为A列到G列

范围；设置第二个参数查找行数为6，第三个参数列数为1。完整的公式为"=INDEX(A:G,6,1)"。

第3步 按"Enter"键，可以看到INDEX返回的值是0099，也就是李晶的工号。

INDEX函数通过行和列定位两个轴交叉的位置，从而找到唯一的值，如图9-29所示。

图9-29　查找李晶工号

┌─ 技术看板 ──────────
│
│   如果同时使用了Row_num和Column_num参数，INDEX函数则返回Row_num和Column_num交叉处单元格中的值。另外，Row_num和Column_num必须指向数组中的某个单元格；否则，INDEX函数将返回#REF!错误值。
│
└─────────────────

2. MATCH 函数

MATCH函数，又称为匹配函数，用于返回指定数值在指定数组区域中的位置。其语法结构如下：

```
MATCH(Lookup_value, Lookup_array,
Match_type)
```

MATCH函数有3个参数：Lookup_value、Lookup_array、Match_type。其中，Lookup_value表示需要在数据表中查找的值。它可以是数值（包括数字、文本或逻辑值），也可以是对数字、文本或逻辑值的单元格引用。Lookup_array表示要查找的数值所在的连续的单元格区域，区域必须是某一行或某一列，引用的查找区域必须是一维数组。Match_type表示查询

的方式，用数字-1、0或1表示。-1表示查找大于或等于查找值（Lookup_value）的最小值，此时查找区域需要按降序排列；0表示精确匹配；1表示查找小于或等于查找值（Lookup_value）的最大值，此时查找区域需要按升序排列。

MATCH函数可以自动识别行数和列数，不需要自己手动去数。它常用来查找某个值在一行或一列中的序号。如果是在列中查找，那过程就是从上到下找，直到找到第一个满足条件的值，并返回它的序号；如果是在行中查找，那过程就是从左到右找，并返回序号。

例如：在"数据查询表.xlsx"工作簿的"反向查询"工作表中查询李晶所在的行，其操作步骤如下。

第1步 选中表格中的J2单元格，输入MATCH函数。

第2步 设置第一个参数Lookup_value（要查找的值）为李晶；设置第二个参数Lookup_array（查找值所在的区域）为"员工姓名"列；设置第三个参数Match_type（查找方式）为0，即查找方式为精确查找。完整的公式为"=MATCH(I2,B:B,0)"。

第3步 按"Enter"键，可以看到返回值是6，也就是李晶在这一列的第6个位置，也可以说是第6行的位置，如图9-30所示。

图9-30 查找李晶工号

> **注意**
> 在返回序号时返回的不是数据本身，而是该数据在单列或单行所在的相对位置。

使用MATCH函数还可以查找工号所在的列数，其操作步骤如下。

第1步 设置函数要查找的值为工号。查找值所在的区域为第一行表头，也就是A1到G1单元格，如果不希望拖动的时候范围会变化，可按"F4"键锁定查找范围；查找方式设置为0。

第2步 按"Enter"键，即可看到工号在该范围的第1列。

第3步 通过向右拖动复制J2单元格中来填充岗位名称、岗位工资、月薪、年终奖的列的内容，可以看到岗位名称、岗位工资、月薪、年终奖的列数也显示出来了，它们分别是3、5、6、7，如图9-31所示。

图9-31 MATCH函数在行中查找序号

3. INDEX函数与MATCH函数的嵌套使用

MATCH函数是查找某个值的行列号，而INDEX函数是通过行列号去查找值，可以把它们嵌套使用，提高信息的查询效率。

例如，嵌套使用INDEX函数与MATCH函数来查询工号信息，操作过程如下。

第1步 输入公式。选中J2单元格，输入公式为"=INDEX()"。

第2步 设置参数。在INDEX函数的第2个参数行数中，使用查询李晶的MATCH函数；在第3个参数列数中，使用查询工号的MATCH函数；其整个公式为"=INDEX(A1:G39,MATCH(I2,B1:B29,0),MATCH(J1,A1:G1,0))"，表达的含义是在左侧数据区域里，查找李晶所在的行序号，查找工号所在的列序号，再根据行列交叉单元格，返回李晶的工号值。

第3步 按“Enter”键完成输入。如果要将公式应用到其他行和列，需要注意每个参数的相对引用和绝对引用，其完整公式为“=INDEX($A$1:$G$39,MATCH($I2,$B$1:$B$29,0),MATCH(J$1,$A$1:$G$1,0))”。继续查找员工的工号、岗位名称、岗位工资、月薪和年终奖等信息时，公式结构及查询结果如图9-32所示。

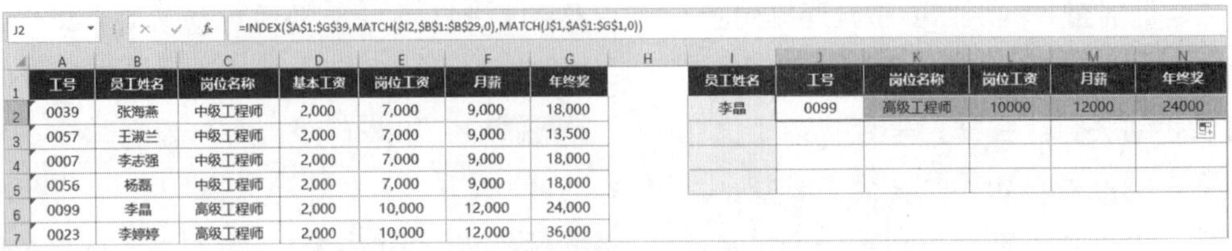
J2 =INDEX($A$1:$G$39,MATCH($I2,$B$1:$B$29,0),MATCH(J$1,$A$1:$G$1,0))

工号	员工姓名	岗位名称	基本工资	岗位工资	月薪	年终奖
0039	张海燕	中级工程师	2,000	7,000	9,000	18,000
0057	王淑兰	中级工程师	2,000	7,000	9,000	13,500
0007	李志强	中级工程师	2,000	7,000	9,000	18,000
0056	杨磊	中级工程师	2,000	7,000	9,000	18,000
0099	李晶	高级工程师	2,000	10,000	12,000	24,000
0023	李婷婷	高级工程师	2,000	10,000	12,000	36,000

员工姓名	工号	岗位名称	岗位工资	月薪	年终奖
李晶	0099	高级工程师	10000	12000	24000

图9-32 INDEX函数与MATCH函数嵌套使用

实战演练

批量查询员工的工号、薪资等信息

在学会了使用INDEX和MATCH函数反向查询数据后，请读者尝试使用INDEX函数和MATCH函数组合公式查找多个员工的工号、岗位名称、岗位工资、月薪和年终奖等信息，如图9-33所示。

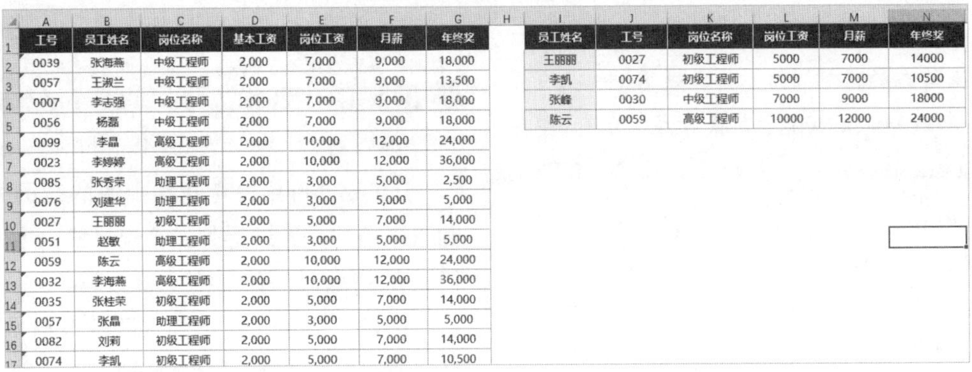

工号	员工姓名	岗位名称	基本工资	岗位工资	月薪	年终奖
0039	张海燕	中级工程师	2,000	7,000	9,000	18,000
0057	王淑兰	中级工程师	2,000	7,000	9,000	13,500
0007	李志强	中级工程师	2,000	7,000	9,000	18,000
0056	杨磊	中级工程师	2,000	7,000	9,000	18,000
0099	李晶	高级工程师	2,000	10,000	12,000	24,000
0023	李婷婷	高级工程师	2,000	10,000	12,000	36,000
0085	张秀荣	助理工程师	2,000	3,000	5,000	2,500
0076	刘建华	助理工程师	2,000	3,000	5,000	5,000
0027	王丽丽	初级工程师	2,000	5,000	7,000	14,000
0051	赵敏	助理工程师	2,000	3,000	5,000	5,000
0059	陈云	高级工程师	2,000	10,000	12,000	24,000
0032	李海燕	高级工程师	2,000	10,000	12,000	36,000
0035	张桂荣	初级工程师	2,000	5,000	7,000	14,000
0057	张晶	助理工程师	2,000	3,000	5,000	5,000
0082	刘莉	初级工程师	2,000	5,000	7,000	14,000
0074	李凯	初级工程师	2,000	5,000	7,000	10,500

员工姓名	工号	岗位名称	岗位工资	月薪	年终奖
王丽丽	0027	初级工程师	5000	7000	14000
李凯	0074	初级工程师	5000	7000	10500
张峰	0030	中级工程师	7000	9000	18000
陈云	0059	高级工程师	10000	12000	24000

图9-33 批量查询员工的工号、薪资等信息

1. 查找王丽丽的工号

查找王丽丽的工号的具体操作步骤如下。

第1步 在打开的“数据查询表.xlsx”工作簿中，单击“反向查询”工作表标签，切换至“反向查询”工作表。选中J2单元格，输入公式“=INDEX()”。

第2步 输入第1个参数（查询范围）为A1:G39区域。

第3步 输入第2个参数（行号）为MATCH函数，用于计算王丽丽所在的行数，设置关键词为I2单元格，查询范围为B1:B39范围，查询模式为精确查询0。

第4步 输入第3个参数（列号）也为MATCH函数，用于计算工号所在的列数，设置关键词为J1单元格，查询范围为A1:G1范围，查询模式为精确查询0。完整的公式为“=INDEX(A1:G39,MATCH(I2,B1:B39,0), MATCH(J1,A1:G1,0))”。

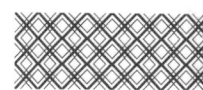

第5步 输入完成后按“Enter”键，即可查找出王丽丽的工号，如图9-34所示。

工号	员工姓名	岗位名称	基本工资	岗位工资	月薪	年终奖
0039	张海燕	中级工程师	2,000	7,000	9,000	18,000
0057	王淑兰	中级工程师	2,000	7,000	9,000	13,500
0007	李志强	中级工程师	2,000	7,000	9,000	18,000
0056	杨磊	中级工程师	2,000	7,000	9,000	18,000
0099	李晶	高级工程师	2,000	10,000	12,000	24,000
0023	李婷婷	高级工程师	2,000	10,000	12,000	36,000
0085	张秀荣	助理工程师	2,000	3,000	5,000	2,500
0076	刘建华	助理工程师	2,000	3,000	5,000	5,000
0027	王丽丽	初级工程师	2,000	5,000	7,000	14,000
0051	赵敏	助理工程师	2,000	3,000	5,000	5,000
0059	陈云	高级工程师	2,000	10,000	12,000	24,000
0032	李海燕	高级工程师	2,000	10,000	12,000	36,000
0035	张桂荣	初级工程师	2,000	5,000	7,000	14,000
0057	张晶	助理工程师	2,000	3,000	5,000	5,000
0082	刘莉	初级工程师	2,000	5,000	7,000	14,000
0074	李凯	初级工程师	2,000	5,000	7,000	10,500

员工姓名	工号	岗位名称
王丽丽	0027	
李凯		
张峰		
陈云		

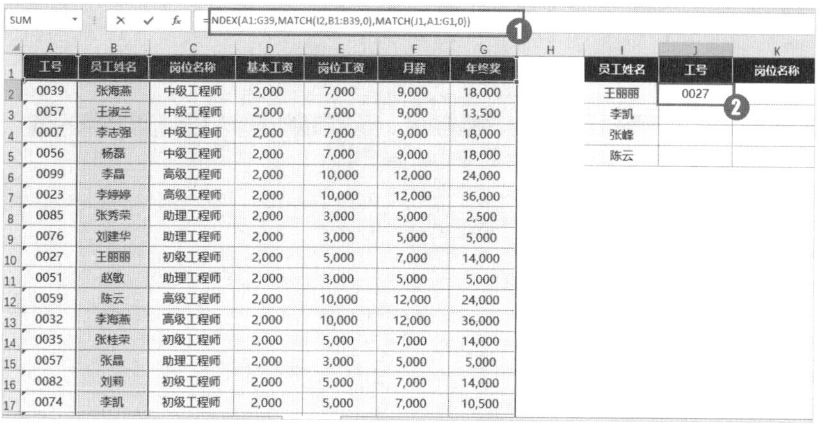

图9-34　查找王丽丽工号

2. 查找其他员工信息

查找其他员工信息的具体操作步骤如下。

第1步 锁定参数。选中J2单元格，然后在编辑栏中选择INDEX函数中第1个参数查询范围，按“F4”键锁定。

第2步 锁定列。第1个MATCH函数是查找行数，其关键词为I2单元格，向下填充需要变化，向右填充需要固定，所以只锁定列，只要在列标前加上绝对引用符号$。

第3步 锁定行。第2个MATCH函数查找列数，其关键词J1单元格，向下填充需要固定，向右填充需要变化，所以只锁定行，在行标前加上绝对引用符号$，其锁定后的公式效果如图9-35所示，按“Enter”键确定即可。

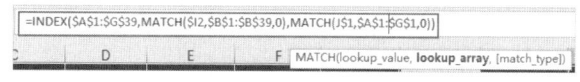

图9-35　锁定公式中的数据

第4步 查询信息。选中J2单元格，按住鼠标左键并向右拖曳至N2单元格进行复制填充，可以查询出王丽丽的工号、岗位名称、岗位工资、月薪和年终奖等信息，如图9-36所示。

工号	员工姓名	岗位名称	基本工资	岗位工资	月薪	年终奖
0039	张海燕	中级工程师	2,000	7,000	9,000	18,000
0057	王淑兰	中级工程师	2,000	7,000	9,000	13,500
0007	李志强	中级工程师	2,000	7,000	9,000	18,000
0056	杨磊	中级工程师	2,000	7,000	9,000	18,000
0099	李晶	高级工程师	2,000	10,000	12,000	24,000
0023	李婷婷	高级工程师	2,000	10,000	12,000	36,000
0085	张秀荣	助理工程师	2,000	3,000	5,000	2,500
0076	刘建华	助理工程师	2,000	3,000	5,000	5,000
0027	王丽丽	初级工程师	2,000	5,000	7,000	14,000
0051	赵敏	助理工程师	2,000	3,000	5,000	5,000
0059	陈云	高级工程师	2,000	10,000	12,000	24,000
0032	李海燕	高级工程师	2,000	10,000	12,000	36,000
0035	张桂荣	初级工程师	2,000	5,000	7,000	14,000
0057	张晶	助理工程师	2,000	3,000	5,000	5,000
0082	刘莉	初级工程师	2,000	5,000	7,000	14,000
0074	李凯	初级工程师	2,000	5,000	7,000	10,500

员工姓名	工号	岗位名称	岗位工资	月薪	年终奖
王丽丽	0027	初级工程师	5000	7000	14000
李凯					
张峰					
陈云					

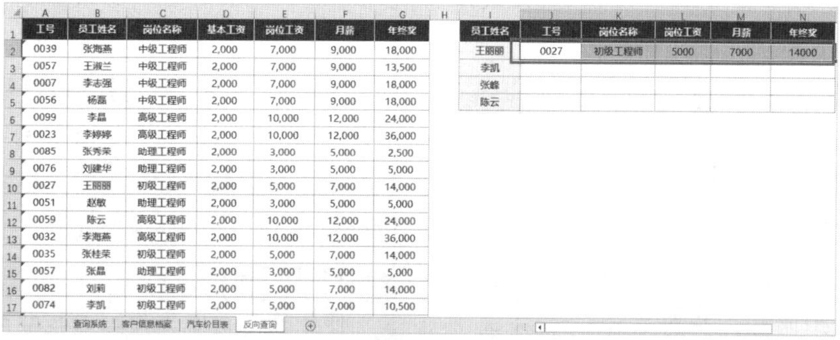

图9-36　查询工号、岗位名称、岗位工资、月薪和年终奖等信息

第5步 查询其他员工信息。选中I1:N2区域后，移动鼠标指针至N2单元格右下角，双击黑色十字填充柄向下自动填充公式，可以查询其他员工的工号、岗位名称、岗位工资、月薪和年终奖等信息，如图9-37所示。

图9-37 查询其他员工信息

9.3 文本模糊查询

在日常工作中，有时候查找的值和查找范围的值并不是一一对应的。如果不记得查找值的全称，而只能记住部分关键字，那么可用部分关键字来查找数据，这种方式称为文本模糊查询。如果忘记了客户的全名，可以借助通配符来实现查询。通配符的种类很多，比如"*"，它可以表示任意数量的字符。例如，"王*"可以表示王华、王博、王佳佳等。下面通过"数据查询表.xlsx"工作簿中的"文本模糊查询"工作表，来介绍以单个姓氏"王"来查询匹配客户信息的方法。

（1）将要查找的客户姓名可以写作"王*"。王某的试车日期可以用VLOOKUP函数进行查找匹配，查找的值是王某，锁定查找值的位置；查找范围选"客户信息档案2"表的B列，按"Enter"键确定，可以看到客户王某的姓名已经查找出来了，如图9-38所示。

图9-38 文本模糊查找客户姓名

（2）继续匹配其他的试车信息。可以继续使用VLOOKUP函数，将公式中的查找区间"B:B"修改为"B:H"，然后按"Enter"键确定，

这样王某的试车信息就匹配出来了，如图9-39所示。

图9-39 文本模糊查找其他试车信息

因为VLOOKUP函数只能返回第一个满足条件的值，所以这个王某就是王华。从客户信息档案中可以看到姓王的客户很多，但手动查找比较麻烦，为了快速查找姓王的客户，可以使用FILTER函数。

使用通配符实现模糊查找的用法很多，下面再列举几种使用文本模糊查询的情况。

（1）如果不仅记得客户姓王，而且还记得客户的姓名是三个字，那就可以用"王??"作为查找值，可以看到第一个姓王，且姓名是三个字的客户是王淑兰。这里的问号也是一种通配符，一个问号表示任意一个字符，有几个问号就代表几个字符，如图9-40所示。

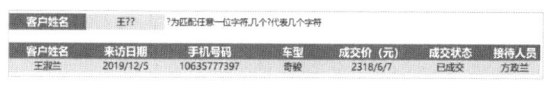

图9-40 用"王??"实现文本的模糊查找

注意

输入"王??"时，问号是英文字符。

互动测试

下列选项中，哪个表示查找到"×建×"（×表示未知文字）？（　　）

A．*建

B．?建

C．*建*

D．?建?

答案：D。

解析：*表示任意数量的字符，所以A选项"*建"有可能找到的是×建或××建；C选项"*建*"有可能找到的是××建或×建×。一个"?"表示任意一个字符，所以B选项"?建"找的是×

建；D选项找到的是×建×。故选D。

（2）如果不记得客户姓名具体有几个字，但能清楚记得要查找的名字里含有"玉"字，客户可能叫"×玉"，也有可能叫"××玉"，还有可能叫"×玉×"，总之就是不知道具体名字，那要怎么查呢？这种情况可以用"*关键字*"来表示。例如，如果想查找包含"玉"字的客户，可使用"*玉*"来查找，查找到的客户姓名是李玉华，如图9-41所示。如果想查找包含"英"字的客户，可使用"*英*"来查找。

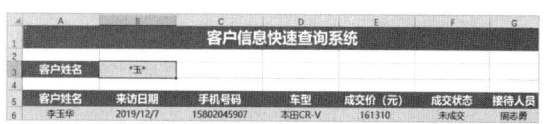

图9-41 用"*玉*"实现文本的模糊查找

互动测试

下列选项中，哪个表示查找包含"军"字的值？（　　）

A．*军

B．*军*

C．?军?

D．??军

答案：选B。

解析：*[字符]*表示包含[字符]的值。

9.4 区间查询

如果要查找的值不是文本，而是数值，则可以模糊查找数据。数值的模糊查找通常叫区间查询，就是某一区间对应一个结果。比如，公司每年年末都会发放年终奖，且年终奖的发放系数分为0.5、1、1.5、2和3等几个等级，每个系数都有对应的分数区间，分别为0～59、60～69、70～79、80～89和90～100。比如，想查询第一个员工考核评分为73分的年终奖发放系数是多少，如图9-42所示，但是从图中给出的分数区间，发现没有73分的值，应该怎么查找呢？此时，我们可以通过查找考核评分的分数区间进行查找。

	A	B	C	D	E	F	G	H	I	J
1	员工姓名	岗位名称	月薪	年度考核评分	系数	年终奖		分数区间	考核分数(区间起点)	年终奖发放系数
2	张海燕	中级工程师	9,000	73				0~59	0	0.5
3	王淑兰	中级工程师	9,000	76				60~69	60	1
4	李志强	中级工程师	9,000	88				70~79	70	1.5
5	杨磊	中级工程师	9,000	86				80~89	80	2
6	李晶	高级工程师	12,000	89				90~100	90	3
7	李婷婷	高级工程师	12,000	90						
8	张秀荣	助理工程师	5,000	52						

图9-42 查询第一个员工考评73分的年终奖发放系数

进行分数区间查找最简单的方法，就是使用VLOOKUP函数进行近似查找，把VLOOKUP的第4个参数设置为1，如图9-43所示。

图9-43 VLOOKUP函数参数

|技术看板|

近似查找对查找范围有两个使用要求。①要构建出一列区间的起点，不能直接拿区间列作为查找范围，要把每个区间的最小值罗列出来，以保证查找范围和查找的值两者的数据类型是一致的。例如，0~50中的最小值就是0，60~69中的最小值就是60，以此类推。②区间起点列的值必须从小到大进行升序排序，以免造成匹配结果混乱。

当查找范围满足要求时，就可以用VLOOKUP函数来做近似查找，其操作步骤如下。

第1步 确定要找的值。如果要查找D2单元格中73分的年终奖系数是多少，则查找值为D2。

第2步 确定要查找的范围。查找范围是包含考核分数（区间起点）列和年终奖发放系数列的数据范围，分别对应I列和J列。根据查找值和查找范围，在查找区域里从上到下查出小于等于查找值及最接近查找值的行，这里小于等于73的值有0、60、70，其中最接近73的是70，如图9-44所示。

	A	B	C	D	E	F	G	H	I	J
1	员工姓名	岗位名称	月薪	年度考核评分	系数	年终奖		分数区间	考核分数(区间起点)	年终奖发放系数
2	张海燕	中级工程师	9,000	73				0~59	0	0.5
3	王淑兰	中级工程师	9,000					60~69	60	1
4	李志强	中级工程师	9,000					70~79	70	1.5
5	杨磊	中级工程师	9,000					80~89	80	2
6	李晶	高级工程师	12,000					90~100	90	3

图9-44 确定查找值和查找范围

第3步 确定查找结果。根据上一步知道要确定D2的系数值，需先确定查找范围是I列，返回列数是J列。完成后的公式为"=VLOOKUP(D2,$I:$J,2,1)"，按"Enter"键即可得到73分对应的系数，如图9-45所示。其中，第4个参数1表示近似查找。

	A	B	C	D	E	F	G	H	I	J
1	员工姓名	岗位名称	月薪	年度考核评分	系数	年终奖		分数区间	考核分数(区间起点)	年终奖发放系数
2	张海燕	中级工程师	9,000	73	1.5			0~59	0	0.5
3	王淑兰	中级工程师	9,000	76				60~69	60	1
4	李志强	中级工程师	9,000	88				70~79	70	1.5
5	杨磊	中级工程师	9,000	86				80~89	80	2
6	李晶	高级工程师	12,000	89				90~100	90	3
7	李婷婷	高级工程师	12,000	90						
8	张秀荣	助理工程师	5,000	52						

图9-45 定位最终值

第9章 查询函数

根据客户信息档案制作模糊查询系统

学会文本模糊查询、区间查询的方法后，我们根据客户信息档案表查找出包含关键字的记录信息，最后通过区间查询查找出每个员工的奖金系数并计算年终奖，如图9-46所示。

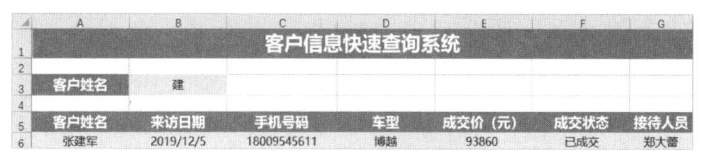

图9-46　制作模糊查询系统

1. 查找包含关键字的记录

查找包含关键字的记录的具体操作步骤如下。

第1步 切换工作表。在打开的"数据查询表.xlsx"工作簿中，单击"文本模糊查询"工作表标签，切换至"文本模糊查询"工作表。

第2步 输入部分关键词。在B3单元格中输入客户姓名的部分关键字，如"建"。

第3步 输入公式。选中A6单元格，输入公式"=VLOOKUP()"。

第4步 输入多个参数。输入第1个参数为""*"&$B$3&"*""，绝对引用B3单元格的值，并在前后连接*符号；输入第2个参数为客户信息档案工作表的B列至H列，为绝对引用；输入第3个参数为"MATCH(A5,客户信息档案!$B$1:$H$1,0)"，查找客户姓名的列序号；输入第4个参数为0（精确查找）。

第5步 查找客户姓名。按"Enter"键确定，即可查找出客户的姓名名称，如图9-47所示。

第6步 查询客户其他信息。选中A6单元格，按住鼠标左键并向右拖曳，即可填充公式，继续查询客户的其他信息，并修改"成交价"的数字格式，如图9-48所示。

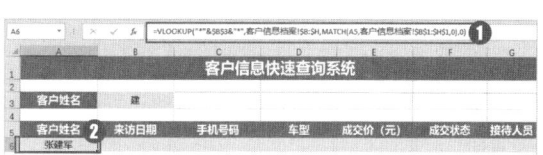

图9-47　查找客户姓名

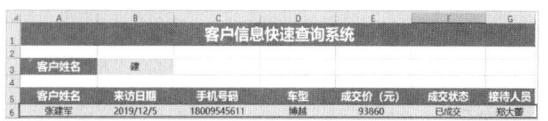

图9-48　查询客户其他信息

2. 查找奖金系数并计算年终奖

查找奖金系数并计算年终奖的具体操作步骤如下。

第1步 输入公式。在打开的"数据查询表.xlsx"工作簿中，单击"数值区间查询"工作表标签，切换至"数值区间查询"工作表，选中E2单元格，输入公式"=VLOOKUP()"。

第2步 输入多个参数。设置第1个参数查询关键词为D2单元格；设置第2个参数查询范围为I:J列，按"F4"键锁定查找范围；设置第3个参数序列号为2；设置第4个参数为1（近似查找）。

第3步 查找第一个员工奖金系数。公式输入完成后按"Enter"键，即可查找出第一个员工的奖金系数，如图9-49所示。

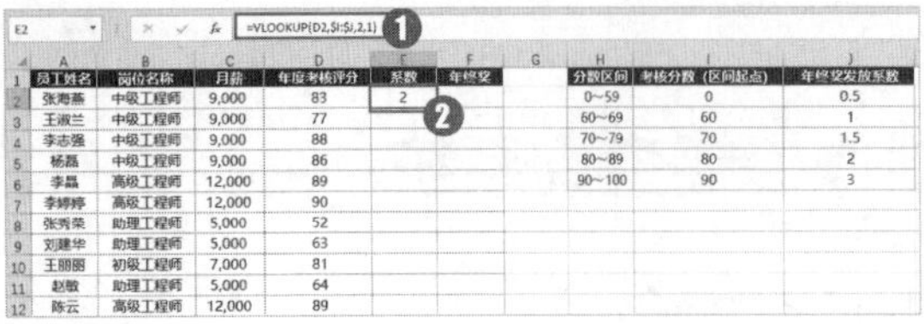

员工姓名	岗位名称	月薪	年度考核评分	系数	年终奖
张海燕	中级工程师	9,000	83	2	
王淑兰	中级工程师	9,000	77		
李志强	中级工程师	9,000	88		
杨磊	中级工程师	9,000	86		
李晶	高级工程师	12,000	89		
李婷婷	高级工程师	12,000	90		
张秀荣	助理工程师	5,000	52		
刘建华	助理工程师	5,000	63		
王丽丽	初级工程师	7,000	81		
赵敏	助理工程师	5,000	64		
陈云	高级工程师	12,000	89		

分数区间	考核分数（区间起点）	年终奖发放系数
0~59	0	0.5
60~69	60	1
70~79	70	1.5
80~89	80	2
90~100	90	3

图9-49　查找出第一个员工的奖金系数

第4步 查找其他员工奖金系数。选中E2单元格并双击单击格右下角的黑色十字填充柄，即可填充公式，完成其他员工奖金系数的查找，如图9-50所示。

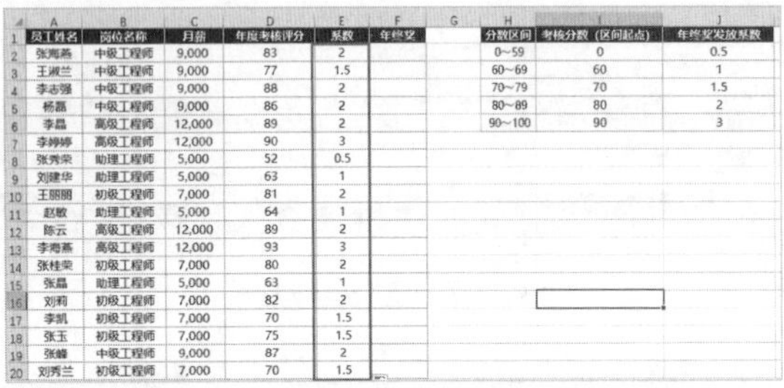

员工姓名	岗位名称	月薪	年度考核评分	系数	年终奖
张海燕	中级工程师	9,000	83	2	
王淑兰	中级工程师	9,000	77	1.5	
李志强	中级工程师	9,000	88	2	
杨磊	中级工程师	9,000	86	2	
李晶	高级工程师	12,000	89	2	
李婷婷	高级工程师	12,000	90	3	
张秀荣	助理工程师	5,000	52	0.5	
刘建华	助理工程师	5,000	63	1	
王丽丽	初级工程师	7,000	81	2	
赵敏	助理工程师	5,000	64	1	
陈云	高级工程师	12,000	89	2	
李海燕	高级工程师	12,000	93	3	
张桂荣	初级工程师	7,000	80	2	
张晶	助理工程师	5,000	63	1	
刘莉	初级工程师	7,000	82	2	
李凯	初级工程师	7,000	70	1.5	
张玉	初级工程师	7,000	75	1.5	
张峰	中级工程师	9,000	87	2	
刘秀兰	初级工程师	7,000	70	1.5	

分数区间	考核分数（区间起点）	年终奖发放系数
0~59	0	0.5
60~69	60	1
70~79	70	1.5
80~89	80	2
90~100	90	3

图9-50　查找出其他员工的奖金系数

第5步 计算第一个员工年终奖。选中F2单元格，输入公式“=C2*E2”，按“Enter”键确定，即可计算出第一个员工的年终奖，如图9-51所示。

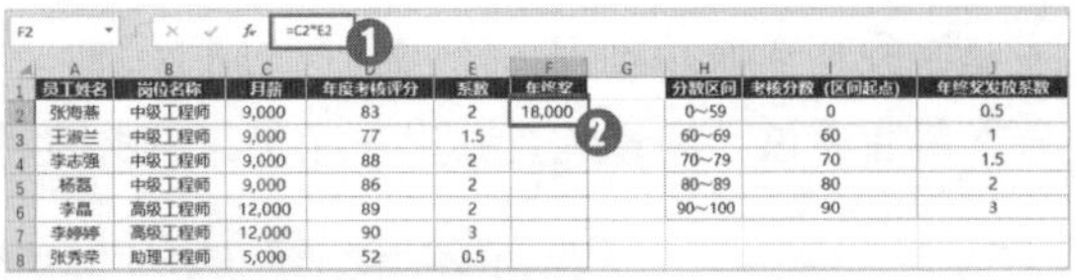

员工姓名	岗位名称	月薪	年度考核评分	系数	年终奖
张海燕	中级工程师	9,000	83	2	18,000
王淑兰	中级工程师	9,000	77	1.5	
李志强	中级工程师	9,000	88	2	
杨磊	中级工程师	9,000	86	2	
李晶	高级工程师	12,000	89	2	
李婷婷	高级工程师	12,000	90	3	
张秀荣	助理工程师	5,000	52	0.5	

分数区间	考核分数（区间起点）	年终奖发放系数
0~59	0	0.5
60~69	60	1
70~79	70	1.5
80~89	80	2
90~100	90	3

图9-51　计算第一个员工年终奖

第6步 计算其他员工年终奖。在F2单元格上双击，即可填充公式，从而完成其他员工年终奖的计算，如图9-52所示。

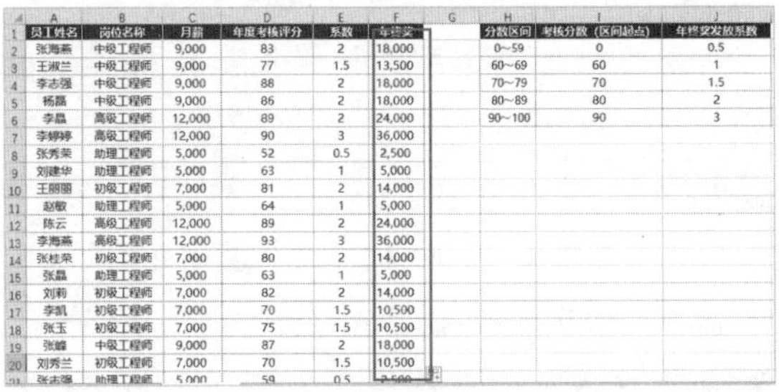

员工姓名	岗位名称	月薪	年度考核评分	系数	年终奖
张海燕	中级工程师	9,000	83	2	18,000
王淑兰	中级工程师	9,000	77	1.5	13,500
李志强	中级工程师	9,000	88	2	18,000
杨磊	中级工程师	9,000	86	2	18,000
李晶	高级工程师	12,000	89	2	24,000
李婷婷	高级工程师	12,000	90	3	36,000
张秀荣	助理工程师	5,000	52	0.5	2,500
刘建华	助理工程师	5,000	63	1	5,000
王丽丽	初级工程师	7,000	81	2	14,000
赵敏	助理工程师	5,000	64	1	5,000
陈云	高级工程师	12,000	89	2	24,000
李海燕	高级工程师	12,000	93	3	36,000
张桂荣	初级工程师	7,000	80	2	14,000
张晶	助理工程师	5,000	63	1	5,000
刘莉	初级工程师	7,000	82	2	14,000
李凯	初级工程师	7,000	70	1.5	10,500
张玉	初级工程师	7,000	75	1.5	10,500
张峰	中级工程师	9,000	87	2	18,000
刘秀兰	初级工程师	7,000	70	1.5	10,500

分数区间	考核分数（区间起点）	年终奖发放系数
0~59	0	0.5
60~69	60	1
70~79	70	1.5
80~89	80	2
90~100	90	3

图9-52　计算其他员工年终奖

9.5 一对多查询

一对多查询指的是查找的值和查找范围中的值为一对多的对应关系。比如，在客户信息档案表中，如果忘记客户姓名，但接待人员想要查看自己接待过的所有客户信息，希望在输入接待人员的名字后，查询系统就能返回接待过的所有客户的信息，应该怎么操作呢？

其实，一对多查询可以像多关键词查询一样，添加一个辅助列，构建出一对一的查找范围，把一对多问题变成一对一问题，最后再用查询函数进行查询即可。

例如，在“数据查询.xlsx”工作簿中的“客户信息档案2”工作表中查看接待人员，发现每个接待员都有多个客户，当在“查询系统”中输入一个接待人员（这里输入“方政兰”）之后，就可以返回这个接待人员对应的所有客户信息。

由此可见，解决一对多查询的思路是要知道源数据表中的“方政兰”一共接待过多少个客户，如果数据源表有多个“方政兰”，那么第一个“方政兰”就命名为“方政兰1”，第二个“方政兰”就命名为“方政兰2”，第三个“方政兰”就命名为“方政兰3”，以此类推即可，如图9-53所示。这样就可以在查询系统中引用“方政兰1”“方政兰2”“方政兰3”对应的唯一的客户信息了。

第 9 章 查询函数

图9-53 客户信息档案2

当了解了一对多的查找思路后,需要构建出1、2、3这样的序列,计算出每个接待人员出现的个数。这就需要用到COUNT()函数,因为接待人员是文本格式的数据,所以要用COUNTA()函数来统计文本个数,括号中要写上计数的单元格范围。

编写计数单元格范围的操作步骤如下。

第1步 第一行计数是1,也就是只计数它自己。

第2步 第二行计数是2,也就是从第一行开始数起,在第一行到第二行的范围里,一共有2个单元格有文本数据。

第3步 第三行计数是3,也就是从第一行开始数起,一共有3个单元格有文本数据,像这样计数范围随单元格下移逐渐递增的方式,可以通过锁定第一行来实现,其公式为"=COUNTA($H$2:H2)"。

第4步 观察表格,可以发现行数逐渐递增了。如果将接待人员换成"魏敏",那就会计算这个范围里"魏敏"出现了几次,也就是说计数是有条件的,不是只要有文本就计一次,而

是要确认接待人员是谁,是"魏敏"就继续往下计数。此时,可以加个条件使公式变成"=COUNTIF($H$2:H2,H2)",表示只要在这个范围中有和H2单元格一样的值,那就计数一次。

第5步 在查询系统中使用引用时,要明确引用的对象是什么,比如是引用"方政兰1"还是"魏敏1",所以还要用&符号在1、2、3前连接上接待人员的名字,这样,就得到了"方政兰1""方政兰2"的列数据。这样添加的"唯一值"辅助列中的每个值都是唯一的了。

第6步 有了这个"唯一值"辅助列,就可以查询数据。由于"唯一值"创建在最后一列,要匹配返回的信息都在它前面,因此不能用VLOOKUP函数,而要用INDEX函数与MATCH函数嵌套进行查找。

第7步 接着需要确定查找值。在查询系统表中要引用的是"方政兰1""方政兰2"这样的数据,所以要在查询系统表格中的第一列设置一个"记录数"列(1、2、3这样的序列数),用于记录每个接待人员接待的客户数据。查找的时候,查找值就用&进行连接,最终的查询结果如图9-54所示。

图9-54 一对多查询信息

根据"客户信息档案2"制作一对多查询系统

在掌握了文本的一对多查询思路后,我们可以根据"客户信息档案2"制作出一对多查询系统,从而查询出同一个接待人员中不同客户的试车信息,如图9-55所示。

	A	B	C	D	E	F	G
1	客户信息快速查询系统						
2							
3	接待人员	郑大蕾					
4							
5	记录数	客户姓名	来访日期	手机号码	车型	成交价（元）	成交状态
6	1	李桂荣	2019/12/5	12048426912	哈弗H6	2130/12/19	未成交
7	2	陈秀兰	2019/12/5	16720775082	长安CS75	2072/8/4	已成交
8	3	张建军	2019/12/5	18009545611	博越	2156/12/22	已成交
9	4	刘斌	2019/12/5	16883017822	荣威RX5	2104/12/5	未成交
10	5	张秀梅	2019/12/5	14209905930	本田CR-V	2341/8/25	未成交
11	6	李雪梅	2019/12/5	14532169189	全新途胜	2294/1/3	已成交
12	7	王华	2019/12/5	14435000780	哈弗H2	2113/11/18	未成交
13	8	#N/A	#N/A	#N/A	#N/A	#N/A	#N/A

图9-55 一对多查询系统

其具体操作步骤如下。

第1步 切换工作表并输入列名。在打开的"数据查询表.xlsx"工作簿中单击"客户信息档案2"工作表标签，切换至"客户信息档案2"工作表，在I列的第1行输入列名"唯一值"。

第2步 输入公式。选中I2单元格，输入公式"=COUNTIF()"，设置计数的范围为H2:H2，第一个H2为绝对引用；计数的条件选H2单元格。

第3步 计算第一个客户。在COUNTIF函数前，连接上接待人员的姓名，其最终的公式为"=H2&COUNTIF($H$2:H2,H2)"，最后按"Enter"键，即可计算出第一个客户，如图9-56所示。

图9-56 计算第一个客户

第4步 完成辅助列的构建。选中I2单元格并双击单元格右下角的黑色十字填充柄来填充公式，计算出接待人员的其他客户，完成辅助列的构建，如图9-57所示。

图9-57 构建辅助列

第5步 在"查询系统（一对多）"工作表中填充序列。切换至"查询系统（一对多）"工作表。在A6单元格中输入1，在A7单元格中输入2，然后选中A6和A7单元格，当鼠标指针变成黑色十字填充柄时，双击即可自动填充下面的序列。

第6步 输入公式。选中B6单元格，输入公式"=INDEX()"，输入INDEX函数的第1个参数（查找范围）为"客户信息档案2"表的I列。

第7步 输入第2个参数。输入INDEX函数的第2个参数（返回行数），这里用MATCH函数将接待人员连接上记录数，在"客户信息档案2"表的I列查找，查找方式为精确查找。

第8步 输入第3个参数。输入INDEX第3个参数（返回列数），这里用MATCH函数查找，查找值为B5单元格，并且范围查找在"客户信息档案2"表的A1至I1，查找方式为精确查找。

第9步 查找第一行客户姓名。最终输入的完整公式为"=INDEX(客户信息档案2!$A:$I,MATCH

($B$3&$A6,客户信息档案2!$I:$I,0),MATCH(B$5,客户信息档案2!$A$1:$I$1,0))",按"Enter"键,即可查找出第一行客户姓名记录,如图9-58所示。

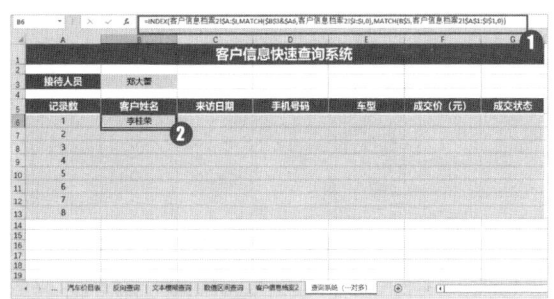

图9-58 查找第一行客户姓名记录

第10步 查找其他行客户记录。选择B6单元格,按住鼠标左键并向右和向下拖曳,填充公式,即可完成其他行客户记录的查询,如图9-59所示。

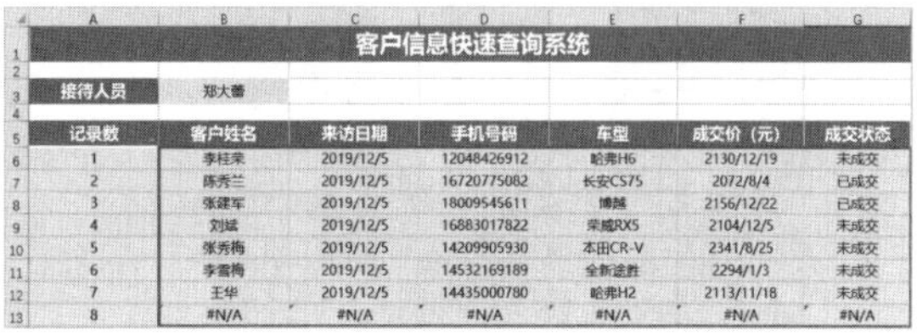

图9-59 查找其他行客户姓名记录

┃技术看板┃

注意,由于接待人员"郑大蕾"只有7个客户,没有"郑大蕾8"信息,因此在第8行时就出现"#N/A"信息。

第10章 文本函数

通过第7～9章的学习，相信读者已经掌握了逻辑函数、统计函数和查询函数的使用方法，可以高效处理表格中的数值了。但是，数据的类型除了数值，还有文本。在日常工作中，我们还经常需要对不同类型的内容进行提取处理，而且数据源表经常因为数据字符的数量不统一或文本字符的长短不一等问题，出现手动处理数据的情况。这样不仅效率低，而且还容易出错。本章我们就来学习可以快速、高效地从数据源表中获取所需文本信息的函数——文本函数。

本章通过在“员工信息业绩表”中完成各种文本信息的提取操作，来学习提取类文本函数、定位辅助类文本函数和TEXT函数的用法。图10-1所示为在“员工信息业绩表”中提取所需文本信息的结果（图中员工信息为虚构）。

员工编号	员工姓名	身份证号码	部门	编号	出生日期
F0001	刘远洋	440303199206296000	财务部	0001	19920629
O0016	林小娜	320102199003076603	运营部	0016	19900307
M0012	王伟彬	350102199308076394	市场部	0012	19930807
F0002	张晓丽	360902199503266303	财务部	0002	19950326
M0009	王子然	360902199003086422	市场部	0009	19900308
T0007	林芳芳	330102199412038230	技术部	0007	19941203
T0003	张敏洁	330102199001266300	技术部	0003	19900126
O0015	李敏君	440604199003078542	运营部	0015	19900307
M0010	黄建军	44030319891206147X	市场部	0010	19891206
T0006	韩杰	44030319930830307X	技术部	0006	19930830
O0017	刘丽丽	320102199002271749	运营部	0017	19900227
O0018	刘浩峰	440203199207073294	运营部	0018	19920707
T0004	李娟	440604199006189844	技术部	0004	19900618
M0014	张磊	440303198807190000	市场部	0014	19880719
C0019	张伟	440106199011204000	综合部	0019	19901120
T0005	张静	440604199012031922	技术部	0005	19901203
M0008	李静静	330102199310226083	市场部	0008	19931022
C0020	孙勇	440303199411239000	综合部	0020	19941123
M0011	张敏洁	360726199106202802	市场部	0011	19910620

部门编号代码	部门
F	财务部
C	综合部
M	市场部
O	运营部
T	技术部

提取文本类函数 | 定位辅助类文本函数 | 其他文本函数

（a）使用提取类文本函数提取文本信息

候选人信息	姓名	邮箱
刘远洋，liuyuanyang@qq.com	刘远洋	liuyuanyang@qq.com
韩杰，hanjie@qq.com	韩杰	hanjie@qq.com
王伟彬，wangweibin@126.com	王伟彬	wangweibin@126.com
张晓丽，zhangxiaoli@163.com	张晓丽	zhangxiaoli@163.com
李娟，lijuan@qq.com	李娟	lijuan@qq.com
林芳芳，linfangfang@163.com	林芳芳	linfangfang@163.com
张敏洁，zhangminjie@qq.com	张敏洁	zhangminjie@qq.com
孙勇，sunyong@126.com	孙勇	sunyong@126.com

（b）使用定位辅助类文本函数提取文本信息

图10-1 在“员工信息业绩表”中提取所需文本信息的结果

第 10 章 文本函数

	A	B	C	D	E	F	G
1	日期	姓名	指标	业绩	完成率	排名	日报内容:
2	2019/5/13	刘远洋	10800	1688	16%	8	刘远洋你好,你的业务指标为10800元,截至2019年5月13日的销售业绩为1688元,完成率16%,业务单元排名第8名,请确认。
3	2019/5/13	韩杰	26600	21582	81%	2	韩杰你好,你的业务指标为26600元,截至2019年5月13日的销售业绩为21582元,完成率81%,业务单元排名第2名,请确认。
4	2019/5/13	王伟彬	23700	20484	86%	1	王伟彬你好,你的业务指标为23700元,截至2019年5月13日的销售业绩为20484元,完成率86%,业务单元排名第1名,请确认。
5	2019/5/13	张晓丽	6500	3205	49%	6	张晓丽你好,你的业务指标为6500元,截至2019年5月13日的销售业绩为3205元,完成率49%,业务单元排名第6名,请确认。
6	2019/5/13	李娟	32400	17972	55%	5	李娟你好,你的业务指标为32400元,截至2019年5月13日的销售业绩为17972元,完成率55%,业务单元排名第5名,请确认。
7	2019/5/13	林芳芳	26000	17963	69%	3	林芳芳你好,你的业务指标为26000元,截至2019年5月13日的销售业绩为17963元,完成率69%,业务单元排名第3名,请确认。
8	2019/5/13	张敏洁	31800	10886	34%	7	张敏洁你好,你的业务指标为31800元,截至2019年5月13日的销售业绩为10886元,完成率34%,业务单元排名第7名,请确认。
9	2019/5/13	孙勇	31300	20215	65%	4	孙勇你好,你的业务指标为31300元,截至2019年5月13日的销售业绩为20215元,完成率65%,业务单元排名第4名,请确认。

（c）使用连接符（&）与TEXT函数提取文本信息

图10-1 在"员工信息业绩表"中提取所需文本信息的结果（续）

10.1 提取类文本函数

在Excel中，提取类文本函数是指用于提取文本的一类函数，常用的有LEFT函数、RIGHT函数和MID函数，下面将对这3个函数进行详细讲解。

10.1.1 LEFT 函数

LEFT函数用于从一个文本字符串的第一个字符开始返回指定个数的字符。其语法结构如下：

```
LEFT(Text,Num_chars)
```

LEFT函数中有两个参数，第一个参数Text表示需要提取文本的字符串，可以是数值、文本，也可以是引用；第二个参数Num_chars表示从左侧开始提取几位。也可以将这个函数简单理解为"LEFT(文本,从左侧起提取几位)"。

比如，要从"十方教育数据分析训练营"这个文本字符串中提取"十方教育"这四个字，则可以在B1单元格中直接输入公式"=LEFT("十方教育数据分析训练营",4)"。

在实际工作中，通常使用引用单元格来指定字符串的内容。比如，在A1单元格中输入"十方教育数据分析训练营"。在B2单元格中提取A1单元格中内容的4个字符，则在B1单元格中输入公式"=LEFT(A1,4)"，按"Enter"键即可在B1单元格中返回A1单元格中文本字符串的前4个字符的内容，如图10-2所示。

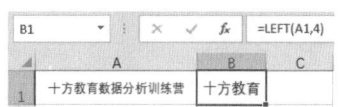

图10-2 提取文本

技术看板

如果Text字符串包含Null，则返回Null。Num_chars如果为0，则返回空值；如果Num_chars大于或等于字符串中的字符数，则返回整个字符串。另外，值得注意的是，使用LEFT函数时，空格也会被算作一个字符。

LEFT函数和VLOOKUP函数嵌套使用，可以将“员工信息业绩表”中的部门编码提取出来，然后将提取的部门编码作为VLOOKUP函数的关键词，与每个字母代表的部门进行匹配，得到对应的部门名称。其具体方法是：在D2单元格中输入LEFT函数公式“=LEFT(A2,1)”，部门编码就提取出来，如图10-3所示。

	A	B	C	D	E	F
1	员工编号	员工姓名	身份证号码	部门	编号	出生日期
2	F0001	刘远洋	440303199206296000	=LEFT(A2,1)		
3	O0016	林小娜	320102199003076603			
4	M0012	王伟彬	350102199308076394			
5	F0002	张晓丽	360902199503266303			

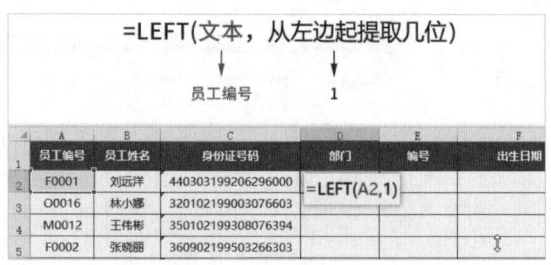

图10-3　提取部门编码

最后，在VLOOKUP函数中嵌套LEFT函数，制作出“部门”列，效果如图10-4所示。

	A	B	C	D	E	F	G	H	I
1	员工编号	员工姓名	身份证号码	部门	编号	出生日期		部门编号代码	部门
2	F0001	刘远洋	440303199206296000	财务部				F	财务部
3	O0016	林小娜	320102199003076603					C	综合部
4	M0012	王伟彬	350102199308076394					M	市场部
5	F0002	张晓丽	360902199503266303					O	运营部
6	M0009	王子然	360902199003086422					T	技术部
7	T0007	林芳芳	330102199412038230						
8	T0003	张敏洁	330102199001266300						
9	O0015	李敏君	440604199003078542						
10	M0010	黄建军	44030319891206147X						

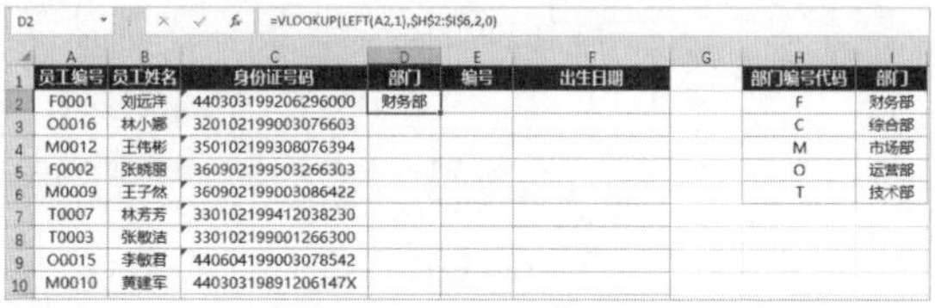

图10-4　制作“部门”列

10.1.2　RIGHT函数

RIGHT函数的用法和LEFT函数的完全相同，RIGHT是右边/右侧的意思，那么RIGHT函数就是用于提取文本中右侧起指定个数的字符。其语法结构如下：

```
RIGHT(Text,Num_chars)
```

RIGHT函数也可以简单理解为“RIGHT(文本，从右侧起提取几位)”。

比如，要从“十方教育数据分析训练营”这个字段中提取“训练营”三个字，只需要使用RIGHT函数从该字符串的右侧提取3个字符就可以了。

使用RIGHT函数也可以将“员工信息业绩表”中的“员工编号”列中的编号单独提取出来。只要在D2单元格中输入RIGHT函数公式“=RIGHT(A2,4)”，就可以提取员工编号，如图10-5所示。

	A	B	C	D
1	员工编号	员工姓名	身份证号码	编号
2	F0001	刘远洋	440303199206296000	0001

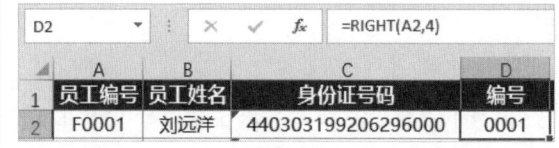

图10-5　使用RIGHT函数提取员工编号

10.1.3　MID函数

MID函数主要用于从一个文本字符串的指定位置开始，提取指定个数的字符。其语法结构如下：

```
MID(Text, Start_num, Num_chars)
```

MID函数共有三个参数。其中，Text参数为必填项，表示要提取字符的文本字符串。Start_num参数为必填项，表示文本中要提取的第一个字符的位置，文本中第一个字符的Start_ num 为1。Num_chars 参数为必填项，表示指定从文本中返回字符的个数。

MID 函数比 LEFT 函数和 RIGHT 函数更灵活一些，它除了可以指定提取的个数，还可以指定从字段中开始提取的位置。因此，MID 函数可以简单地理解为"MID(文本,从第几位提取,提取几位)"。比如，从"数据分析实战系列课程"字段中的第5个字开始，提取4个字，就能得到"实战系列"这四个字。

互动测试

若想从"数据分析实战系列课程"（C2单元格）中，从左边第5个字开始，提取4个字，正确的公式为（　　）。

A．=LEFT(C2,5)
B．=MID(C2,5,4)
C．=MID(C2,4,5)
D．=RIGHT(C2,4)

答案：B。

解析：要提取文本中间的字符，需要用到 MID 函数。由 MID 函数的语法结构"MID(Text, Start_num, Num_chars)"可知，B 选项正确。

注意

用文本函数提取出来的文本即使是数字，格式也是文本格式，是无法直接参与计算的。

在日常工作中，常使用 MID 函数从员工的身份证号码中提取员工的出生日期。在从身份证号码中提取出生日期之前，需要先了解一下身份证号码中数字字符所代表的含义。身份证号码共18位，号码的前6位是地址码，中间8位是出生日期码，最后4位是校验码，如图10-6所示。

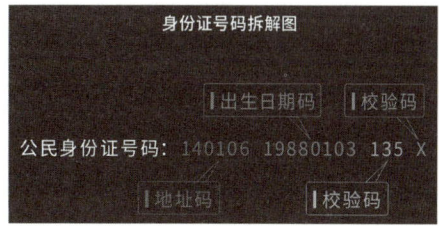

图10-6　身份证号码拆解图

从图10-6中看到需要提取的日期在文本中间，显然 LEFT 函数和 RIGHT 函数都不适用，这时就需要用到 MID 函数从文本中间提取字符。出生日期信息是身份证号码中的第7~14位，故要从字符的第7位开始提取，提取8位，在 D2 单元格中输入公式"=MID(C2,7,8)"，再按"Enter"键即可提取员工出生日期，如图10-7所示。

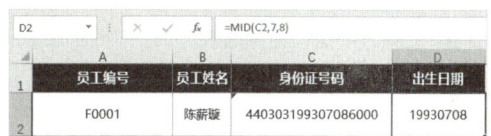

图10-7　提取员工的出生日期

技术看板

出生日期被提取后，只是一串数字，不能直观地看出员工出生的年月日，此时可以使用 TEXT 函数将数字转换为文本，并且定义文本的格式。

利用提取类文本函数提取员工的相关信息

在学会了以上3个提取类文本函数的用法后，下面我们使用 LEFT 函数和 VLOOKUP 函数从"员工信息业绩表"中提取出员工部门信息，使用 RIGHT 或 LEFT 函数提取编号信息，使用 MID 函数提取出生日期信息。

1. 填写员工部门信息

在填写员工部门信息时，需要使用LEFT函数提取部门编号，使用VLOOKUP函数匹配部门，其具体操作步骤如下。

第1步 输入公式。打开“员工信息业绩表.xlsx”工作簿，在该工作簿中包含“提取类文本函数”“定位辅助类文本函数”“其他文本函数”3张工作表。单击“提取类文本函数”工作表标签，切换至该工作表，选中D2单元格，输入公式“=VLOOKUP()”。

第2步 输入VLOOKUP函数的参数。使用LEFT函数提取部门编号，输入第1个参数“LEFT(A2,1)”；输入第2个参数为H2:I6单元格范围，并按快捷键“Fn+F4”启用绝对引用功能；输入第3个参数“2”；输入第4个参数“0”，即精准匹配，输入的完整公式为“=VLOOKUP(LEFT(A2,1),$H$2:$I$6,2,0)”。

第3步 填写第一个员工部门信息。公式输入完成后按“Enter”键，即可得到第一个员工的部门信息，如图10-8所示。

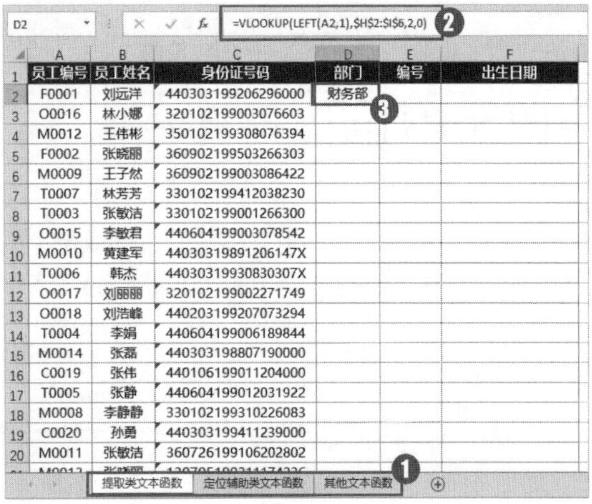

员工编号	员工姓名	身份证号码	部门	编号	出生日期
F0001	刘远洋	440303199206296000	财务部		
O0016	林小娜	320102199003076603			
M0012	王伟彬	350102199308076394			
F0002	张晓丽	360902199503266303			
M0009	王子然	360902199003086422			
T0007	林芳芳	330102199412038230			
T0003	张敏洁	330102199001266300			
O0015	李敏君	440604199003078542			
M0010	黄建军	44030319891206147X			
T0006	韩杰	44030319930830307X			
O0017	刘丽丽	320102199002271749			
O0018	刘浩峰	440203199207073294			
T0004	李娟	440604199006189844			
M0014	张磊	440303198807190000			
C0019	张伟	440106199011204000			
T0005	张静	440604199012031922			
M0008	李静静	330102199310226083			
C0020	孙勇	440303199411239000			
M0011	张敏洁	360726199106202802			

图10-8 填写第一个员工部门信息

第4步 填写其他员工部门信息。选中D2单元格，并双击单元格右下角的黑色十字填充柄来自动填充公式，完成其他员工部门信息的填写，如图10-9所示。

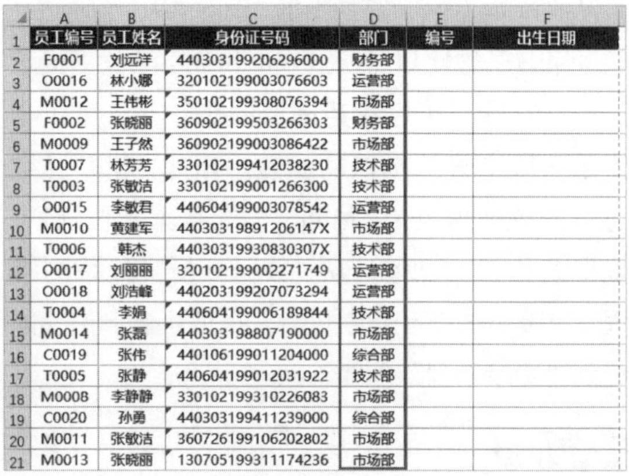

员工编号	员工姓名	身份证号码	部门	编号	出生日期
F0001	刘远洋	440303199206296000	财务部		
O0016	林小娜	320102199003076603	运营部		
M0012	王伟彬	350102199308076394	市场部		
F0002	张晓丽	360902199503266303	财务部		
M0009	王子然	360902199003086422	市场部		
T0007	林芳芳	330102199412038230	技术部		
T0003	张敏洁	330102199001266300	技术部		
O0015	李敏君	440604199003078542	运营部		
M0010	黄建军	44030319891206147X	市场部		
T0006	韩杰	44030319930830307X	技术部		
O0017	刘丽丽	320102199002271749	运营部		
O0018	刘浩峰	440203199207073294	运营部		
T0004	李娟	440604199006189844	技术部		
M0014	张磊	440303198807190000	市场部		
C0019	张伟	440106199011204000	综合部		
T0005	张静	440604199012031922	技术部		
M0008	李静静	330102199310226083	市场部		
C0020	孙勇	440303199411239000	综合部		
M0011	张敏洁	360726199106202802	市场部		
M0013	张晓丽	130705199311174236	市场部		

图10-9 填写其他员工部门信息

2. 填写员工编号信息

填写员工编号信息时需要使用RIGHT函数提取员工编号，其具体操作步骤如下。

第1步 输入公式。选中E2单元格，输入公式“=RIGHT( )”。

第2步 输入RIGHT函数的参数。设置第1个参数为A2单元格，第2个参数为4，输入的完整公式为“=RIGHT(A2,4)”。

第3步 填写第一个员工编号信息。公式输入完成后按“Enter”键，即可得到第一个员工的编号信息，如图10-10所示。

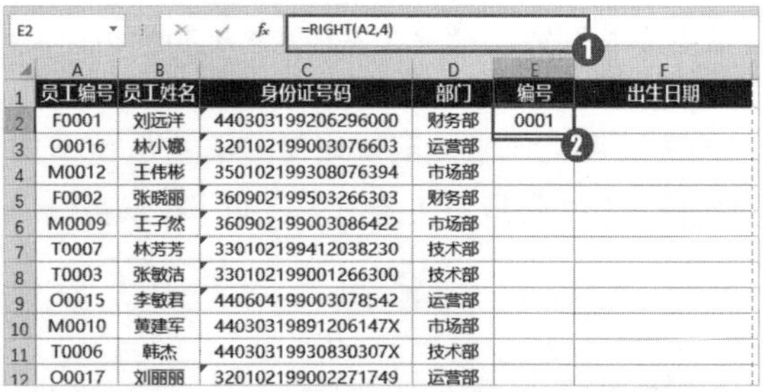

员工编号	员工姓名	身份证号码	部门	编号	出生日期
F0001	刘远洋	440303199206296000	财务部	0001	
O0016	林小娜	320102199003076603	运营部		
M0012	王伟彬	350102199308076394	市场部		
F0002	张晓丽	360902199503266303	财务部		
M0009	王子然	360902199003086422	市场部		
T0007	林芳芳	330102199412038230	技术部		
T0003	张敏洁	330102199001266300	技术部		
O0015	李敏君	440604199003078542	运营部		
M0010	黄建军	44030319891206147X	市场部		
T0006	韩杰	44030319930830307X	技术部		
O0017	刘丽丽	320102199002271749	运营部		

图10-10 填写第一个员工编号信息

第4步 填写其他员工编号信息。选中E2单元格，并双击单元格右下角的黑色十字填充柄来自动填充公式，完成其他员工编号信息的填写，如图10-11所示。

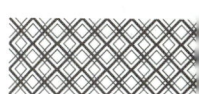

员工编号	员工姓名	身份证号码	部门	编号	出生日期
F0001	刘远洋	440303199206296000	财务部	0001	
O0016	林小娜	320102199003076603	运营部	0016	
M0012	王伟彬	350102199308076394	市场部	0012	
F0002	张晓丽	360902199503266303	财务部	0002	
M0009	王子然	360902199003086422	市场部	0009	
T0007	林芳芳	330102199412038230	技术部	0007	
T0003	张敏洁	330102199001266300	技术部	0003	
O0015	李敏君	440604199003078542	运营部	0015	
M0010	黄建军	44030319891206147X	市场部	0010	
T0006	韩杰	44030319930830307X	技术部	0006	
O0017	刘丽丽	320102199002271749	运营部	0017	
O0018	刘洁峰	440203199207073294	运营部	0018	
T0004	李娟	440604199006189844	技术部	0004	
M0014	张磊	440303198807190000	市场部	0014	
C0019	张伟	440106199011204000	综合部	0019	
T0005	张静	440604199012031922	技术部	0005	
M0008	李静静	330102199310226083	市场部	0008	
C0020	孙勇	440303199411239000	综合部	0020	
M0011	张敏洁	360726199106202802	市场部	0011	
M0013	张晓丽	130705199311174236	市场部	0013	

图10-11　填写其他员工编号信息

3. 提取员工出生日期信息

在提取员工出生日期信息时，需要用MID函数提取身份证号码中的出生日期，其具体操作步骤如下。

第1步 提取第一个员工的出生日期。选中F2单元格，输入公式“=MID()”，设置第1个参数为C2单元格，第2个参数为7，第3个参数为8，输入的完整公式为“=MID(C2,7,8)”，按“Enter”键确定，即可提取出第一个员工的出生日期，如图10-12所示。

F2　=MID(C2,7,8) ❶

员工编号	员工姓名	身份证号码	部门	编号	出生日期
F0001	刘远洋	440303199206296000	财务部	0001	19920629 ❷
O0016	林小娜	320102199003076603	运营部	0016	
M0012	王伟彬	350102199308076394	市场部	0012	
F0002	张晓丽	360902199503266303	财务部	0002	
M0009	王子然	360902199003086422	市场部	0009	

图10-12　提取第一个员工的出生日期

第2步 提取其他员工的出生日期。选中F2单元格，并双击单元格右下角的黑色十字填充柄，即可自动填充公式，提取其他员工的出生日期，如图10-13所示。

员工编号	员工姓名	身份证号码	部门	编号	出生日期
F0001	刘远洋	440303199206296000	财务部	0001	19920629
O0016	林小娜	320102199003076603	运营部	0016	19900307
M0012	王伟彬	350102199308076394	市场部	0012	19930807
F0002	张晓丽	360902199503266303	财务部	0002	19950326
M0009	王子然	360902199003086422	市场部	0009	19900308
T0007	林芳芳	330102199412038230	技术部	0007	19941203
T0003	张敏洁	330102199001266300	技术部	0003	19900126
O0015	李敏君	440604199003078542	运营部	0015	19900307
M0010	黄建军	44030319891206147X	市场部	0010	19891206
T0006	韩杰	44030319930830307X	技术部	0006	19930830
O0017	刘丽丽	320102199002271749	运营部	0017	19900227
O0018	刘洁峰	440203199207073294	运营部	0018	19920707
T0004	李娟	440604199006189844	技术部	0004	19900618
M0014	张磊	440303198807190000	市场部	0014	19880719
C0019	张伟	440106199011204000	综合部	0019	19901120
T0005	张静	440604199012031922	技术部	0005	19901203
M0008	李静静	330102199310226083	市场部	0008	19931022
C0020	孙勇	440303199411239000	综合部	0020	19941123
M0011	张敏洁	360726199106202802	市场部	0011	19910620
M0013	张晓丽	130705199311174236	市场部	0013	19931117

图10-13　提取其他员工的出生日期

10.2 定位辅助类文本函数

定位辅助类文本函数，顾名思义就是辅助文本定位的函数。常用的定位辅助类函数有FIND函数、LEN函数、LENB函数。下面将对这3个定位辅助类文本函数分别进行讲解。

10.2.1 FIND函数

FIND函数用于查找一个字符串在另一个字符中的位置。FIND函数的语法结构如下：

```
FIND(Find_text,Within_text,[Start_
num])
```

其中，Find_text参数表示要查找的字符串；Within_text参数表示在哪个文本里面找；Start_num参数表示从第几个开始（查找的起点），不填就默认从第一个开始。

比如，我们要查找s这个字母在字符串“Microsoft Excel课程”中的位置，可以使

用FIND函数来定位，在单元格中输入公式为"=FIND("s", "Microsoft Excel课程",1)"，即可查找出s是从左边算起的第6个字母。也可以输入公式"=FIND("s", "A1",1)"，A1单元格的内容为"Microsoft Excel课程"。

如果要查找的字母在文本中重复出现，比如文本中的o出现了2次，那么，此时FIND函数的第三个参数Start_num（查找起点）就必须指明，不能省略。比如，打算以第6个字母s作为查找的起点，那么FIND函数查找o的结果就会是7，也就是位于s右边的o。

> **注意**
>
> FIND函数查找的是字符的相对位置，而不是查找值。另外，FIND函数要区分大小写，而与FIND函数功能相似的SEARCH函数则不会区分大小写。

当知道了字符在文本的位置后，一般会结合LEFT函数一起使用，其公式结构为"=LEFT(字符串,FIND(字符,包含字符的文本))"。

互动测试

请问用公式 =LEFT(A1,FIND("下",A1)-1)在图10-14中能提取什么信呢？（　　）

图10-14　案例展示效果

A. 下
B. 大家
C. 大家下
D. 大家下午好
答案：B。
解析：由FIND("下",A1) 得出"下"字的位置是3，3减1等于2，那么LEFT函数就会从文本的左侧起提取2个字，即"大家"两个字。

10.2.2　LEN 函数

LEN函数用于返回文本字符串中的字符数，从而得到文本字符串的长度。其语法结构如下：

```
Len(String)
```

这个函数只有一个参数，就是文本所在的单元格名称。比如计算"Microsoft Excel课程"中的字符长度，只需要输入LEN函数，单击文本所在单元格，就可以计算出这个字符长度为16。

LEN函数还可以与RIGHT函数、FIND函数一起使用。比如，要在图10-15所示表格的"候选人信息"中提取"邮箱"时，就会嵌套使用LEN函数、RIGHT函数、FIND函数这3个函数。

从"候选人信息"文本中可以看出："邮箱"的文本长度="候选人信息"文本长度-（姓名+逗号）的文本长度，也就是用"候选人信息"文本长度-"逗号所在位置"就能得出"邮箱"文本长度。因此，首先，可以使用FIND(字符,包含字符的文本)计算出"逗号所在位置"，即FIND(",",A2)；其次，可以用LEN函数计算出"候选人信息"文本长度，即LEN(A2)计算出A2单元格的"候选人信息"文本长度为22；最后，用RIGHT函数提取邮箱信息，在C2单元格中输入RIGHT函数，定位到A2单元格，按"Enter"键确定，这样邮箱信息就提取出来了。

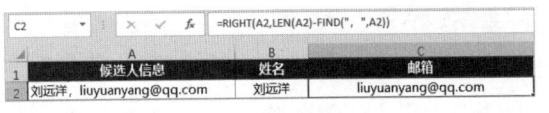

图10-15　提取邮箱信息

第 10 章
文本函数

10.2.3 LENB 函数

LENB 函数用于返回文本字符串中代表字符的字节数。其语法结构如下：

LENB(String)

LENB 函数结构和 LEN 函数一样，参数都是文本。比如候选人信息中的姓名都是中文的，而邮箱由英文、数字和其他符号组成，就可以使用与 LEN 函数相似的 LENB 函数进行操作。

由于字符和字节只在中文状态下出现不同，就可以利用 LEN 和 LENB 函数计算候选人信息中汉字（也就是姓名信息）的文本长度，其计算公式为"姓名长度=文本的字节数－文本的字符数"，其中字节数=LENB(A2)，字符数=LEN(A2)。这样就可以计算出姓名长度，如图 10-16 所示。

图 10-16 计算姓名长度

计算出姓名长度后，就可以用 LEFT 函数提取姓名信息了，其计算公式为"=LEFT("候选人信息",姓名长度)"。相应的名字提取出来后，就可以用"候选人信息"字符长度－"姓名"字符长度计算出"邮箱"的文本长度，其计算公式为"=文本字符数－姓名长度"。最后用 RIGHT 函数完成邮箱信息的提取，其计算公式为"=RIGHT("候选人信息",邮箱长度)"。

利用定位辅助类文本函数与提取类文本函数提取指定信息

嵌套使用定位辅助类文本函数与提取类文本函数，可以完成指定信息的提取操作。如使用 LEFT 和 FIND 函数的嵌套，可以完成员工姓名的提取；使用 RIGHT、FIND、LEN 函数的嵌套，可以完成邮箱信息的提取。

1. 提取候选人姓名信息

在提取候选人姓名信息时，先用 LEFT 函数提取候选人姓名；然后用 FIND 函数查找逗号位置，得到位置后减 1，就得到姓名的字符数；最后用 LEFT 函数从左边提取姓名。其具体操作步骤如下。

第1步 切换工作表。在"员工信息业绩表.xlsx"工作簿中，单击"定位辅助类文本函数"工作表标签，切换至该工作表。

第2步 输入函数和参数。在"定位辅助类文本函数"工作表中，选中 B2 单元格，输入函数公式"=LEFT()"，输入第 1 个参数为 A2 单元格，第 2 个参数为 FIND(","，A2)-1，输入的完整公式为"=LEFT(A2,FIND(","，A2)-1)"。

第3步 提取第一个候选人姓名。公式输入完成后按"Enter"键，即可提取出第一个候选人的姓名信息，如图10-17所示。

B2 =LEFT(A2,FIND("，",A2)-1)

	候选人信息	姓名	邮箱
2	刘远洋，liuyuanyang@qq.com	刘远洋	
3	韩杰，hanjie@qq.com		
4	王伟彬，wangweibin@126.com		
5	张晓丽，zhangxiaoli@163.com		
6	李娟，lijuan@qq.com		
7	林芳芳，linfangfang@163.com		
8	张敏洁，zhangminjie@qq.com		
9	孙勇，sunyong@126.com		

图10-17　提取第一个候选人姓名

第4步 提取其他候选人姓名。选中B2单元格并双击单击格右下角的黑色十字填充柄，将会自动填充公式，提取其他候选人的姓名信息，如图10-18所示。

	候选人信息	姓名	邮箱
2	刘远洋，liuyuanyang@qq.com	刘远洋	
3	韩杰，hanjie@qq.com	韩杰	
4	王伟彬，wangweibin@126.com	王伟彬	
5	张晓丽，zhangxiaoli@163.com	张晓丽	
6	李娟，lijuan@qq.com	李娟	
7	林芳芳，linfangfang@163.com	林芳芳	
8	张敏洁，zhangminjie@qq.com	张敏洁	
9	孙勇，sunyong@126.com	孙勇	

图10-18　提取其他候选人姓名

2. 提取候选人邮箱信息

在提取候选人邮箱信息时，用RIGHT函数提取候选人邮箱信息，并在RIGHT函数中嵌套LEN和FID函数，其具体操作步骤如下。

第1步 输入公式。选中C2单元格，输入公式“=RIGHT()”，输入第1个参数为A2单元格，第2个参数为LEN(A2)-FIND("，",A2)，输入的完整公式为“=RIGHT(A2,LEN(A2)-FIND("，",A2))”。

第2步 提取第一个候选人的邮箱。公式输入完成后按“Enter”键，即可提取出第一个候选人的邮箱信息，如图10-19所示。

C2 =RIGHT(A2,LEN(A2)-FIND("，",A2))

	候选人信息	姓名	邮箱
2	刘远洋，liuyuanyang@qq.com	刘远洋	liuyuanyang@qq.com
3	韩杰，hanjie@qq.com	韩杰	
4	王伟彬，wangweibin@126.com	王伟彬	
5	张晓丽，zhangxiaoli@163.com	张晓丽	
6	李娟，lijuan@qq.com	李娟	
7	林芳芳，linfangfang@163.com	林芳芳	
8	张敏洁，zhangminjie@qq.com	张敏洁	
9	孙勇，sunyong@126.com	孙勇	

图10-19　提取第一个候选人的邮箱

第3步 提取其他候选人的邮箱。选中C2单元格并双击单元格右下角的黑色十字填充柄，将会自动填充公式，提取其他候选人的邮箱信息，如图10-20所示。

	候选人信息	姓名	邮箱
2	刘远洋，liuyuanyang@qq.com	刘远洋	liuyuanyang@qq.com
3	韩杰，hanjie@qq.com	韩杰	hanjie@qq.com
4	王伟彬，wangweibin@126.com	王伟彬	wangweibin@126.com
5	张晓丽，zhangxiaoli@163.com	张晓丽	zhangxiaoli@163.com
6	李娟，lijuan@qq.com	李娟	lijuan@qq.com
7	林芳芳，linfangfang@163.com	林芳芳	linfangfang@163.com
8	张敏洁，zhangminjie@qq.com	张敏洁	zhangminjie@qq.com
9	孙勇，sunyong@126.com	孙勇	sunyong@126.com

图10-20　提取其他候选人邮箱

10.3 TEXT 函数

TEXT函数是Excel中一个非常实用的函数。TEXT函数的作用就是将数值转换为指定的文本格式。其语法结构如下：

```
TEXT(Value,Format_text)
```

其中，Value参数表示数值、计算结果为数字值的公式，或对包含数字值的单元格的引用。Format_text参数表示“单元格格式”对话框的“数字”选项卡中的“分类”列表框中的文本形式的数字格式。

技术看板

使用TEXT函数可以将数值转换为带格式的文本，其结果将不再作为数字参与计算。使用

第 10 章
文本函数

TEXT函数时，在Excel函数中如果数字格式是文本形式，则可以通过加引号把它变成字符，且引号为英文状态下的输入。

例如，使用TEXT函数可以将数值格式的日期"2019/5/13"，转换成文本格式的日期"yyyy年m月d日"。在单元格中输入公式"TEXT(J2, yyyy年m月d日)"，如图10-21所示。当然，也可以转换为短日期格式："yyyy-mm-dd"。

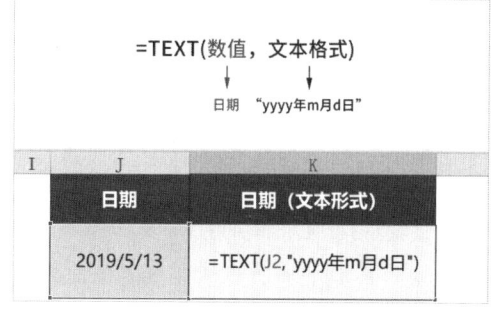

图10-21 转换长日期格式

技术看板

使用TEXT函数可以把小数转换为百分比的形式（"0%"），输入公式"=TEXT(E2,"0%")"；也可以把数值转换为科学记数法（1.22E+07），则输入公式"=TEXT(12200000,"0.00E+00")"；还可以把数值转换为货币带有1个千位分隔符和2个小数的形式（如$1,234.57），输入公式"=TEXT(1234.567,"$#,##0.00")"。

使用TEXT函数批量完成员工销售日报

本例将利用连接符（&）和TEXT函数，根据第一条日报内容，批量完成其他员工的销售日报，其具体操作步骤如下。

第1步 切换工作表。在"员工信息业绩表.xlsx"工作簿中，单击"其他文本函数"工作表标签，切换至该工作表。

第2步 在G3单元格中输入公式。选中G3单元格，对照G2单元格内容输入公式"=B3&"你好，你的业务指标为"&C3&"元，截至"&A3&"的销售业绩为"&D3&"元，完成率"&E3&"，业务单元排名第"&F3&"名，请确认。""。

技术看板

连接符（&）可以把文本和单元格里内容连接在一起。比如，在员工信息业绩表中，需要对每个新员工跟进他们的销售业绩情况输出日报，并反馈给本人进行确定。根据平时写日报的经验

可以知道，日报内容是有相应模板文本的。模板里固定的内容用下划线来表示，而其他加粗部分就是这些单元格里的内容，如图10-22所示。

G
日报内容
刘远洋你好，你的业务指标为10800元，截至2019年5月13日的销售业绩为1688元，完成率16%，业务单元排名第8名，请确认。

图10-22 日报内容模板

但是一个一个复制粘贴单元格里的内容，与模板文本连接在一起，比较麻烦，此时可以使用&连接符解决这一难题。其具体操作方法是：在单元格中输入"="，写上文本信息，按快捷键"Shift +7"，再单击对应文本的单元格，按"Enter"键，即可把文本和单元格的内容以文本形式连接在一起。不仅如此，连接符还能连接单元格和单元格。

第3步 修改公式中的内容。用"TEXT(A3,"yyyy年m月d日")"替换G3单元格公式中的A3。这样就可以将A3单元格中的"2019/5/13"数值格式，转换成G3单元格中的"2019年5月13日"文本格式。

第4步 修改公式中的内容。用"TEXT(E3,"0%")"替换G3单元格中的E3。

第5步 制作第二个员工销售日报。修改完成后的公式为"=B3&"你好，你的业务指标为"&C3&"元，截至"& TEXT(A3,"yyyy年m月d日")&"的销售业绩为"&D3&"元，完成率"&TEXT(E3,"0%")&"，业务单元排名第"&F3&"名，请确认。""。按"Enter"键，即可用&连接符和TEXT函数完成第二个员工的销售日报，如图10-23所示。

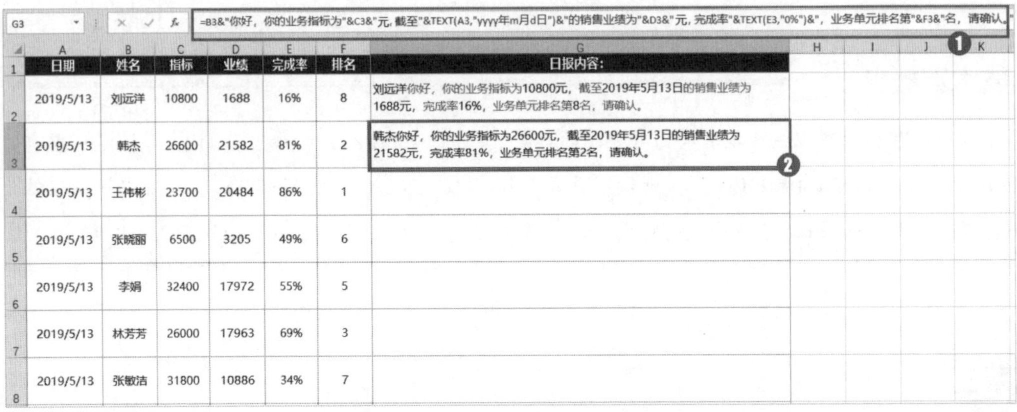

图10-23 制作第二个员工销售日报

第6步 制作其他员工销售日报。选中G2单元格并双击单元格右下角的黑色十字填充柄，将会自动填充公式，制作其他员工销售日报，如图10-24所示。

图10-24 制作其他员工销售日报

第11章 日期函数

通过第7～10章的学习，我们学会了逻辑函数、统计函数、查询函数和文本函数的使用方法。接下来我们学习日期函数的使用方法，日期函数是五大函数中的最后一类函数，它虽然没有统计函数、查询函数应用得广泛，但是在与日期相关的计算中，也有着不可替代的作用。比如在计算员工的工时、设置员工生日的自动提醒、找到合同到期的员工等应用中，都离不开日期函数。日期函数就是与日期的构造、提取、计算相关的函数，可以分为基础日期函数和日期计算函数。

本章通过在“员工花名册表”(表中身份证信息为虚构)中计算员工生日、设置合同到期提醒等操作，来学习基础日期函数和日期计算函数的用法。图11-1所示为在“员工花名册表”中使用日期函数的计算结果展示。

员工姓名	部门	身份证号码	入职时间	出生日期	今年生日	明年生日	年龄	入职年限（月）	距离下一个生日还有多少天
刘远洋	财务部	440303199206296000	2022/12/28	1992/6/29	2024/6/29	2025/6/29	31	12	180
林小娜	运营部	320102199003076603	2023/11/26	1990/3/7	2024/3/7	2025/3/7	33	1	66
王伟彬	市场部	350102199308076394	2023/10/4	1993/8/7	2024/8/7	2025/8/7	30	2	219
张晓丽	财务部	360902199503266303	2023/8/25	1995/3/26	2024/3/26	2025/3/26	28	4	85
王子然	市场部	360902199003086422	2022/5/15	1990/3/8	2024/3/8	2025/3/8	33	19	67
林芳芳	技术部	330102199412038230	2022/11/4	1994/12/3	2024/12/3	2025/12/3	29	13	337
张敏洁	技术部	330102199001266300	2023/10/30	1990/1/26	2024/1/26	2025/1/26	33	2	25
李敏君	运营部	440604199003078542	2023/7/8	1990/3/7	2024/3/7	2025/3/7	33	5	66
黄建军	市场部	44030319891206147X	2023/4/11	1989/12/6	2024/12/6	2025/12/6	34	8	340
韩杰	技术部	44030319930830307X	2023/8/22	1993/8/30	2024/8/30	2025/8/30	30	4	242
刘丽丽	运营部	320102199002271749	2022/10/22	1990/2/27	2024/2/27	2025/2/27	33	14	57
刘浩峰	运营部	440203199207073294	2022/7/30	1992/7/7	2024/7/7	2025/7/7	31	17	188
李娟	技术部	440604199006189844	2023/9/27	1990/6/18	2024/6/18	2025/6/18	33	3	169
张磊	市场部	440303198807190000	2023/7/28	1988/7/19	2024/7/19	2025/7/19	35	5	200
张伟	综合部	440106199011204000	2023/4/12	1990/11/20	2024/11/20	2025/11/20	33	8	324
张静	技术部	440604199012031922	2022/2/1	1990/12/3	2024/12/3	2025/12/3	33	23	337

计算生日 计算工作日 设置日期提醒

(a)使用日期函数计算员工今年和明年生日

年份	月份	日	每月第1天	每月最后1天	每月工作日	每月工作日（除节假日）	当年节假日	当年调休日期
2023	1	1	2023/1/1	2023/1/31	22	18	2023/1/1	2023/1/28
2023	2	1	2023/2/1	2023/2/28	20	20	2023/1/2	2023/1/29
2023	3	1	2023/3/1	2023/3/31	23	23	2023/1/21	2023/4/23
2023	4	1	2023/4/1	2023/4/30	20	20	2023/1/22	2023/5/6
2023	5	1	2023/5/1	2023/5/31	23	21	2023/1/23	2023/6/25
2023	6	1	2023/6/1	2023/6/30	22	21	2023/1/24	2023/10/7
2023	7	1	2023/7/1	2023/7/31	21	21	2023/1/25	2023/10/8
2023	8	1	2023/8/1	2023/8/31	23	23	2023/1/26	
2023	9	1	2023/9/1	2023/9/30	21	20	2023/1/27	
2023	10	1	2023/10/1	2023/10/31	22	19	2023/4/5	
2023	11	1	2023/11/1	2023/11/30	22	22	2023/4/29	
2023	12	1	2023/12/1	2023/12/31	21	21	2023/4/30	
							2023/5/1	
							2023/5/2	

计算生日 计算工作日 设置日期提醒

(b)使用日期函数计算工作日天数和去除节假日的工作日天数

图11-1 在“员工花名册表”中使用日期函数的计算结果展示

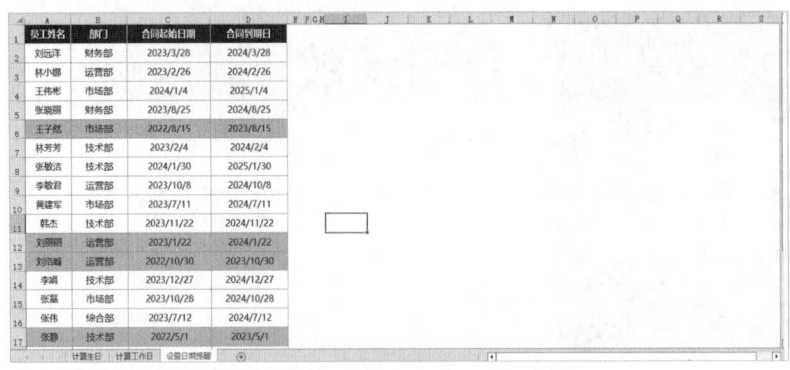

（c）使用条件格式和日期函数设置合同到期提醒

图11-1 在"员工花名册表"中使用日期函数的计算结果展示（续）

11.1 基础日期函数

基础日期函数包含6个函数，它们分别是TODAY函数、NOW函数、YEAR函数、MONTH函数、DAY函数和DATE函数，使用这些基础函数可以计算出"员工花名册表"中员工今年生日和明年生日。下面将对基础日期函数分别进行讲解。

11.1.1 TODAY、NOW函数

TODAY函数用于生成当前的日期，NOW函数用于生成当前的日期和时间。

在制作表格时，当需要加入当前的日期和时间时，如果一个个手动输入，不仅麻烦还容易出错，但现在只需要用几个快捷键和日期函数就可以解决。例如，在单元格中按快捷键"Ctrl+;"或快捷键"Ctrl+Shift+;"，Excel将自动填写今天的日期和当前的时间。其实，TODAY函数、NOW函数也有自动填写日期的功能，其具体的语法结构如图11-2所示。

从图11-2中可以发现，TODAY和NOW函数不需要参数，在单元格中可以直接输入公式"=TODAY()"或"=NOW()"，再按"Enter"键确定，就能生成当前的日期和时间。

技术看板

值得注意的是：用快捷键生成日期虽然方便，但是生成的是一个固定的日期或时间，不能实时更新，而用函数生成的日期和时间可以实时更新。假设今天是2025年6月30日，明天早上再打开这个表格，日期就会从2025/6/30变成2025/7/1，相应地，时间也会发生变化，这个功能对于我们实时地更新报表有巨大的好处。

图11-2 TODAY和NOW函数的语法结构

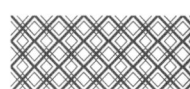

11.1.2 YEAR、MONTH、DAY 函数

YEAR函数用于提取日期中的年份，MONTH函数用于提取日期中的月份，DAY函数用于提取日期中的日。这3个函数的结构很简单，对应的函数名称就是年、月、日的英文，并且只有一个参数，就是日期，其语法结构分别如下：

```
=YEAR(日期)        提取年份
=MONTH(日期)       提取月份
=DAY(日期)         提取日
```

比如，要提取“2023/6/23”中的年、月、日，用函数表示分别是：

```
年份 =YEAR(2023/6/23)=2023
月份 =MONTH(2023/6/23)=6
日 =DAY(2023/6/23)=23
```

用这些函数也可以提取员工出生日期中的年、月、日。例如，选中工作表中E2单元格，输入公式“=YEAR()”，然后参数选择D2单元格，按“Enter”键，即可计算出生年份是1992，如图11-3所示。同理，使用MONTH函数、DAY函数可以分别提取出生日期中的月和日。

E2 =YEAR(D2)

员工姓名	部门	身份证号码	出生日期	年
刘远洋	财务部	440303199206296000	1992/6/29	1992

图11-3 计算出生年份

技术看板

在输入函数引用单元格时，会出现引用的单元格被函数遮挡的情况，此时可以先选择要引用单元格旁边的单元格，再按键盘上的上、下、左、右键就可以引用到单元格。

11.1.3 DATE 函数

在提取到年、月、日的数据后，如果想提前了解员工今年或明年的生日时间，该怎么办呢？其实可以用DATE函数解决。通过DATE函数可以在已经提取好的出生日期上计算出今年生日，便于行政人员统计员工出生月份后给员工准备礼物。

DATE函数用于将特定的年、月、日合并为完整的日期格式，其语法结构如下：

```
DATE(年,月,日)
```

DATE函数有三个参数，分别是年、月、日。比如“=DATE (2023,6,23)”得出的结果就是一个日期：2023/6/23或者2023-6-23。

用DATE函数可以计算工作表中“刘远洋”今年（2024年）生日的日期。其具体方法是：选中H2单元格，输入公式“=DATE()”，设置第1个参数年份为YEAR(TODAY())、第2个参数月份为F2单元格、第3个参数日为G2单元格，按“Enter”键即可，如图11-4所示。

H2 =DATE(YEAR(TODAY()),F2,G2)

员工姓名	部门	身份证号码	出生日期	年	月	日	今年生日
刘远洋	财务部	440303199206296000	1992/6/29	1992	6	29	2024/6/29
林小娜	运营部	320102199003076603	1990/3/7	1990	3	7	2024/3/7

图11-4 计算今年生日日期

技术看板

虽然可以直接输入年份数字，如2023，但是无法自动更新，需要每年都重新修改一次公式，比较麻烦，所以可以使用YEAR函数进行输入。然而，每年生日的月份和日不会变，则直接选中月份和日的单元格即可。

互动测试

关于"刘远洋"明年生日的计算公式,下列选项正确的是( )。

单元格提示:F2是刘远洋的出生月份,G2单元格是刘远洋的出生日。

A. =DATE(YEAR(TOMORROW()),F2,G2)

B. = DATE (YEAR (TODAY())+1,F2,G2)

C. = DATE (YEAR (TODAY ()+1),F2,G2)

D. = YEAR (TODAY ())+1&F2&G2

答案:B。

解析:A选项错,因为没有TOMORROW()这个函数。C选项计算得到的还是今年的生日日期。D选项用&拼接得到的是文本格式,不是日期格式。

根据员工花名册计算员工今年生日、明年生日

在学习了基础日期函数的知识后,可以计算出员工的出生日期、今年生日、明年生日等数据信息。人事和行政人员在统计员工年龄、出生月份时,都需要有规范的出生日期信息,以便于计算。

1. 计算出生日期

在计算出生日期时,需要用MID函数从身份证号码中提取年、月、日,再用DATE函数构建日期(注意不能用&拼接,不然数据会变成文本类型),其具体操作步骤如下。

第1步 切换工作表。打开"员工花名册表.xlsx"工作簿,该工作簿中包含"计算生日""计算工作日""设置日期提醒"3张工作表。单击"计算生日"工作表标签,切换至该工作表,如图11-5所示。

图11-5 打开工作簿

第2步 输入公式。选中E2单元格,输入公式"=DATE()"。

第3步 输入第1个参数。用MID函数从身份证号码中提取年份,输入"MID(C2,7,4)"。

第4步 输入第2个参数。用MID函数从身份证号码中提取月份,输入"MID(C2,11,2)"。

第5步 输入第3个参数。用MID函数从身份证号码中提取日,输入"MID(C2,13,2)"。

第11章
日期函数

第6步 计算第一个员工出生日期。输入完整的公式"=DATE(MID(C2,7,4),MID(C2,11,2),MID(C2,13,2))"后，按"Enter"键，即可计算出第一个员工的出生日期，如图11-6所示。

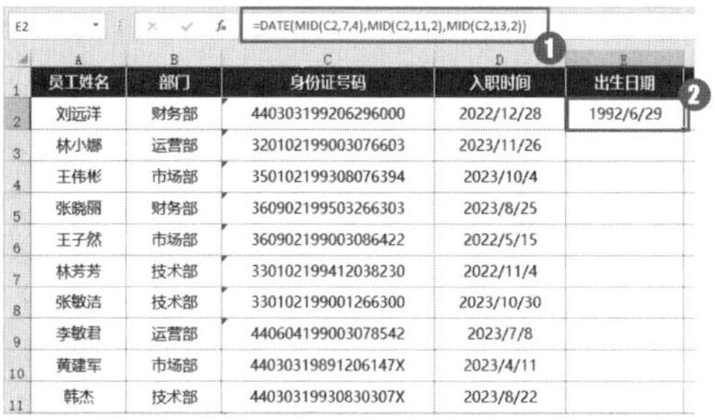

图11-6 计算第一个员工出生日期

第7步 计算其他员工出生日期。选中E2单元格，并双击单元格右下角的黑色十字填充柄，即可自动填充公式，完成其他员工出生日期的计算，如图11-7所示。

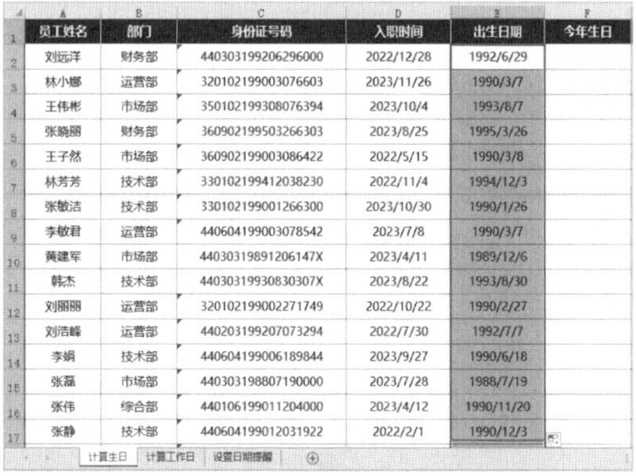

图11-7 计算其他员工出生日期

2. 计算今年生日日期

在计算员工今年（当天是2024年1月1日）生日日期时，可以先利用YEAR、TODAY函数提取今年的年份；再用MONTH、DAY函数提取出生日期中对应的出生月和日，再用DATE函数构建日期，其具体操作步骤如下。

第1步 输入公式。选中F2单元格，输入公式"=DATE()"。

第2步 输入第1个参数。用YEAR函数提取今天的年份，输入"YEAR (TODAY())"。

第3步 输入第2个参数。用MONTH函数提取生日的月份，输入"MONTH (E2)"。

第4步 输入第3个参数。用DAY函数提取生日的日，输入"DAY(E2)"。

第5步 计算第一个员工今年的生日日期。完成后的公式为"=DATE(YEAR(TODAY()),MONTH(E2),DAY(E2))"，按"Enter"键，即可计算出第一个员工今年的生日日期，如图11-8所示。

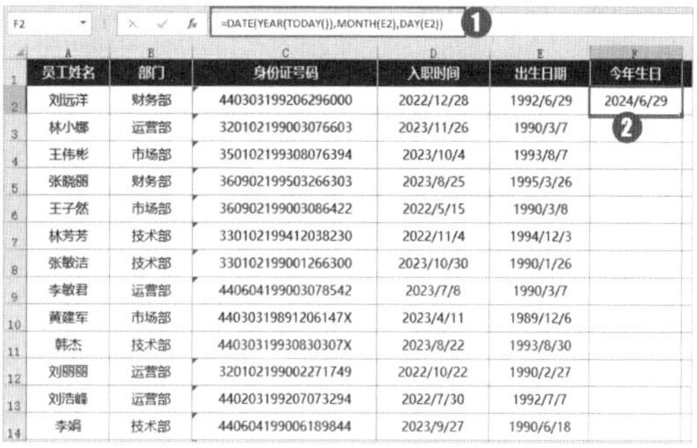

图11-8 计算第一个员工今年生日日期

第6步 选中F2单元格并双击单击格右下角的黑色十字填充柄，将会自动填充公式，完成其他员工今年生日日期的计算，如图11-9所示。

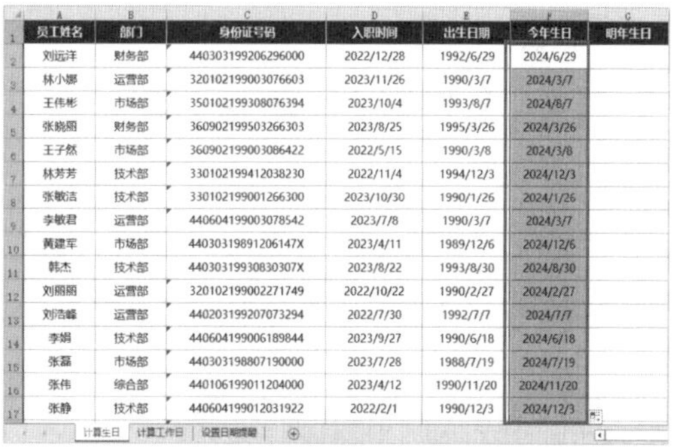

图11-9 计算其他员工今年生日日期

3. 计算明年生日日期

在计算明年生日日期时，可先用YEAR、MONTH、DAY函数提取明年生日对应的年、月、日，再用DATE函数构建日期，其具体操作步骤如下。

161

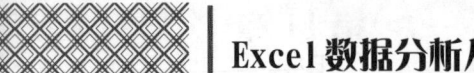

第1步 输入公式。选中G2单元格，输入公式“=DATE()”。

第2步 输入多个参数。输入第1个参数明年年份为“YEAR(TODAY())+1”，第2个参数生日的月份为“MONTH(E2)”，第3个参数生日的日为“DAY(E2)”。

第3步 完成后的公式为“=DATE(YEAR(TODAY())+1, MONTH(E2), DAY(E2))”，按“Enter”键，即可计算出第一个员工明年生日日期，如图11-10所示。

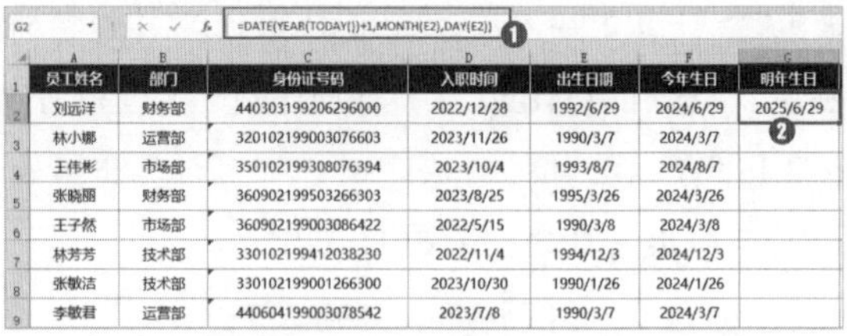

员工姓名	部门	身份证号码	入职时间	出生日期	今年生日	明年生日
刘远洋	财务部	440303199206296000	2022/12/28	1992/6/29	2024/6/29	2025/6/29
林小娜	运营部	320102199003076603	2023/11/26	1990/3/7	2024/3/7	
王伟彬	市场部	350102199308076394	2023/10/4	1993/8/7	2024/8/7	
张晓丽	财务部	360902199503266303	2023/8/25	1995/3/26	2024/3/26	
王子然	市场部	360902199003086422	2022/5/15	1990/3/8	2024/3/8	
林芳芳	技术部	330102199412038230	2022/11/4	1994/12/3	2024/12/3	
张敏洁	技术部	330102199001266300	2023/10/30	1990/1/26	2024/1/26	
李敏君	运营部	440604199003078542	2023/7/8	1990/3/7	2024/3/7	

图11-10　计算第一个员工明年生日日期

第4步 中G2单元格并双击单元格右下角的黑色十字填充柄，将会自动填充公式，完成其他员工明年生日日期的计算，如图11-11所示。

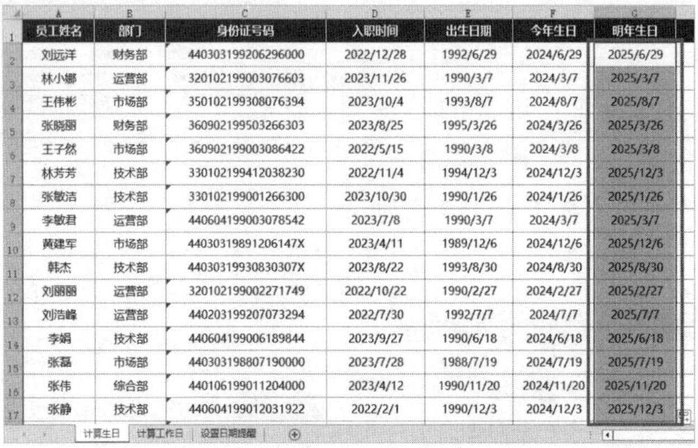

员工姓名	部门	身份证号码	入职时间	出生日期	今年生日	明年生日
刘远洋	财务部	440303199206296000	2022/12/28	1992/6/29	2024/6/29	2025/6/29
林小娜	运营部	320102199003076603	2023/11/26	1990/3/7	2024/3/7	2025/3/7
王伟彬	市场部	350102199308076394	2023/10/4	1993/8/7	2024/8/7	2025/8/7
张晓丽	财务部	360902199503266303	2023/8/25	1995/3/26	2024/3/26	2025/3/26
王子然	市场部	360902199003086422	2022/5/15	1990/3/8	2024/3/8	2025/3/8
林芳芳	技术部	330102199412038230	2022/11/4	1994/12/3	2024/12/3	2025/12/3
张敏洁	技术部	330102199001266300	2023/10/30	1990/1/26	2024/1/26	2025/1/26
李敏君	运营部	440604199003078542	2023/7/8	1990/3/7	2024/3/7	2025/3/7
黄建军	市场部	44030319891206147X	2023/4/11	1989/12/6	2024/12/6	2025/12/6
韩杰	技术部	44030319930830307X	2023/8/22	1993/8/30	2024/8/30	2025/8/30
刘丽丽	运营部	320102199002271749	2022/10/22	1990/2/27	2024/2/27	2025/2/27
刘浩峰	运营部	440203199207073294	2022/7/30	1992/7/7	2024/7/7	2025/7/7
李娟	技术部	440604199006189844	2023/9/27	1990/6/18	2024/6/18	2025/6/18
张磊	市场部	440303198807190000	2023/7/28	1988/7/19	2024/7/19	2025/7/19
张伟	综合部	440106199011204000	2023/4/12	1990/11/20	2024/11/20	2025/11/20
张静	技术部	440604199012031922	2022/2/1	1990/12/3	2024/12/3	2025/12/3

图11-11　计算其他员工明年生日日期

11.2 日期计算函数

日期计算函数，顾名思义，它有计算的功能。最典型的日期计算函数有DATEDIF函数和NETWORKDAYS函数，下面将分别进行讲解。

11.2.1 DATEDIF函数

DATEDIF函数用于计算两个日期之间的天数/月数/年数，如计算员工的年龄、入职年限，甚至是员工距离下一个生日的天数等。DATEDIF函数的语法结构如下所示：

```
DATEDIF(Start_date,End_date,Nnit)
```

DATEDIF函数一共有3个参数，其中，Start_date表示开始日期；End_date表示结束日期；Nnit表示计算方式，计算方式分为3种，D是DAY的缩写，代表计算天数；M是MONTH的缩写，代表计算月数；Y是YEAR的缩写，代表计算年数，如图11-12所示。

第 11 章 日期函数

=DATEDIF(开始日期,结束日期,"D")	计算两个日期间的天数
=DATEDIF(开始日期,结束日期,"M")	计算两个日期间的月数
=DATEDIF(开始日期,结束日期,"Y")	计算两个日期间的年数

图11-12　DATEDIF函数的语法结构

┃技术看板┃

需要注意的是，结束日期必须大于等于开始日期，否则函数会报数值错误#NUM！。

例如今天是2024年1月1日，在使用DATEDIF函数计算员工的年龄时，在G2单元格中输入公式"=DATEDIF()"。设置第1个参数（开始日期）是出生日期（E2单元格）；第2个参数（结束日期）是使用TODAY()函数来获得系统当前日期，而不能直接使用F2单元格中的今年生日的日期；设置第3个参数的计算方式是年（输入"Y"），完整的公式为"=DATEDIF(E2,TODAY(),"Y")"，按"Enter"键即可计算出员工的年龄，如图11-13所示。

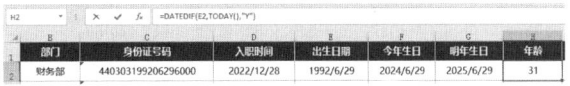

图11-13　计算员工年龄

┃技术看板┃

如果直接使用F2单元格中的今年生日作为结束日期，则计算出来的年龄可能是不准确的。如果员工今年的生日已过了，则可以使用F2单元格作为结束日期，计算的年龄如图11-14所示。但是，如果员工今年的生日没有过，则不能使用F2单元格作为结束日期。因此，无论员工今年的生日是过了还是没有过，使用TODAY()获取系统当前的日期作为结束日期计算出的结果都是正确的。

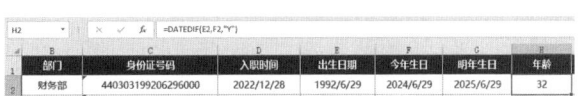

图11-14　计算员工年龄

在计算员工的年龄时，不可以用公式"当前年份减去出生年份=YEAR(TODAY())-YEAR (E2)"来求年龄。主要是用减法求年龄，算出来的有可能是虚岁，也有可能是实岁，因为没有考虑到生日是否过了。而使用DATEDIF函数求相差年数时，则会考虑到具体的生日日期过了没，今年的生日日期过了才会计入年龄，所以DATEDIF函数算出来的年龄是实岁。

┃注意┃

DATEDIF函数是隐藏函数，需要手动输入才能显示出来，直接输入"=DAT"是不能在Excel的函数提示列表中找到的。

同样地，使用DATEDIF函数还可以计算出员工的入职月数，以及距离下一个生日还有多少天。不过，在计算距离下一个生日的天数时可以用减法。日期本质上是一种数字，所以当DATEDIF函数的第3个参数是"D"时，其实就等价于结束日期减开始日期，两个公式本质上都是计算间隔天数，没有区别。

根据员工花名册计算员工年龄、入职年限、距离下一个生日的天数

在学习了基础日期函数和日期计算函数的知识后，可以计算出员工年龄、入职年限、距离下一个生日的天数等数据信息（假如今天是2024年1月1日）。

1. 计算员工年龄

在计算员工年龄时，可以利用DATEDIF函数计算出生日期到今天（TODAY函数）的间隔年数，其具体操作步骤如下。

第1步 输入公式。选中H2单元格，输入公式"=DATEDIF()"。

第2步 输入多个参数。输入第1个参数（开始日期）为E2单元格，第2个参数（结束日期）为TODAY()函数，第3个参数计算方式为"Y"。

第3步 计算第一个员工年龄。输入完整的公式"=DATEDIF(E2, TODAY(), "Y")"后，按"Enter"键，即可计算出第一个员工的年龄，如图11-15所示。

图11-15 计算第一个员工年龄

第4步 计算其他员工年龄。选中H2单元格并双击单元格右下角的黑色十字填充柄，将会自动填充公式，完成其他员工年龄的计算，如图11-16所示。

员工姓名	部门	身份证号码	入职时间	出生日期	今年生日	明年生日	年龄	入职
刘远洋	财务部	440303199206296000	2022/12/28	1992/6/29	2024/6/29	2025/6/29	31	
林小娜	运营部	320102199003076603	2023/11/26	1990/3/7	2024/3/7	2025/3/7	33	
王伟彬	市场部	350102199308076394	2023/10/4	1993/8/7	2024/8/7	2025/8/7	30	
张晓丽	财务部	360902199503266303	2023/8/25	1995/3/26	2024/3/26	2025/3/26	28	
王子然	市场部	360902199003086422	2022/5/15	1990/3/8	2024/3/8	2025/3/8	33	
林芳芳	技术部	330102199412038230	2022/11/4	1994/12/3	2024/12/3	2025/12/3	29	
张敏洁	技术部	330102199001266300	2023/10/30	1990/1/26	2024/1/26	2025/1/26	33	
李敏君	运营部	440604199003078542	2023/7/8	1990/3/7	2024/3/7	2025/3/7	33	
黄建军	市场部	440303198912061 47X	2023/4/11	1989/12/6	2024/12/6	2025/12/6	34	
韩杰	技术部	440303199308303 07X	2023/8/22	1993/8/30	2024/8/30	2025/8/30	30	
刘丽丽	运营部	320102199002271749	2022/10/22	1990/2/27	2024/2/27	2025/2/27	33	
刘浩峰	运营部	440203199207073294	2022/7/30	1992/7/7	2024/7/7	2025/7/7	31	
李娟	技术部	440604199006189844	2023/9/27	1990/6/18	2024/6/18	2025/6/18	33	
张磊	市场部	440303198807190000	2023/7/28	1988/7/19	2024/7/19	2025/7/19	35	
张伟	综合部	440106199011204000	2023/4/12	1990/11/20	2024/11/20	2025/11/20	33	
张静	技术部	440604199012031922	2022/2/1	1990/12/3	2024/12/3	2025/12/3	33	

图11-16 计算其他员工年龄

2. 按月份计算入职年限

在按月份计算入职年限时，可以利用DATEDIF函数计算入职时间到今天的间隔月数，其具体操作步骤如下。

第11章 日期函数

第1步 输入公式。选中I2单元格，输入公式"=DATEDIF()"。

第2步 计算第一个员工的入职年限。输入多个参数。输入第1个参数（开始日期）为D2单元格，第2个参数（结束日期）为TODAY函数，第3个参数（计算方式）为"M"。

第3步 输入完整的公式为"=DATEDIF(D2, TODAY(),"M")"后，按"Enter"键，即可计算出第一个员工的入职年限，如图11-17所示。

图11-17 计算第一个员工的入职年限

第4步 计算其他员工的入职年限。选中I2单元格并双击单击格右下角的黑色十字填充柄，将会自动填充公式，完成其他员工入职年限的计算，如图11-18所示。

图11-18 计算其他员工的入职年限

3. 计算距离下一个生日的天数

在计算距离下一个生日的天数时，需要用IF函数判断今年的生日过去了没有。如果还没过，那距离生日的天数=今年生日－今天，或者，距离生日的天数=DATEDIF(今天,今年生日,"D")。如果过了，那计算的就是今天到明年生日之间间隔的天数。因此，计算距离下一个生日的天数时，需要用到员工的今年生日和明年生日的数据，其具体操作步骤如下。

第1步 输入公式。选中J2单元格，输入公式"=IF()"。

· 165 ·

第2步 输入第1个参数。第1个参数为判断条件，输入"TODAY()<F2"。

第3步 输入第2个参数。第2个参数为成立的结果，指今天到今年生日之间间隔的天数，输入DATEDIF函数，再分别输入3个参数，开始日期为TODAY函数，结束日期为F2单元格，计算方式为"D"。

第4步 输入第3个参数。第3个参数为不成立的结果，指今天到明年生日之间间隔的天数，输入DATEDIF函数，再分别输入3个参数，开始日期为TODAY函数，结束日期为G2单元格，计算方式为"D"。

第5步 最终输入完成后的公式为"=IF(TODAY()<F2, DATEDIF(TODAY(),F2,"D"), DATEDIF(TODAY (),G2,"D"))"，按"Enter"键，即可计算出第一个员工距离下一个生日的天数，如图11-19所示。

图11-19 计算第一个员工距离下一个生日的天数

第6步 选中J2单元格并双击单元格右下角的黑色十字填充柄，将会自动填充公式，完成其他员工距离下一个生日的天数的计算，如图11-20所示。

图11-20 计算其他员工距离下一个生日的天数

11.2.2 NETWORKDAYS 函数

NETWORKDAYS函数主要用于计算两个日期间工作日的天数（不含周末和节假日天数），适合用来计算考勤、根据工作日的天数计算薪酬等。NETWORKDAYS函数的语法结构如下：

`NETWORKDAYS（开始日期,结束日期,[节假日]）`

NETWORKDAYS函数有3个参数，分别是开始日期、结束日期和节假日，其中节假日这个参数可以选填。如果只填了开始日期和结束日期，那函数就会自动扣除两个日期间的周末，并计算剩余日期的天数。使用NETWORKDAYS

函数，相当于把一个一个地数工作日的过程交给了Excel。

例如，要想根据每个月的第一天和最后一天计算出每个月有多少个工作日，就可以使用NETWORKDAYS函数进行计算，其具体的方法是：在G2单元格中输入NETWORKDAYS()函数，设置开始日期（就是每月的第1天）为D2单元格，设置结束日期（就是每月的最后1天）为E2单元格，就可以计算出这个月的工作日是22天，如图11-21所示。

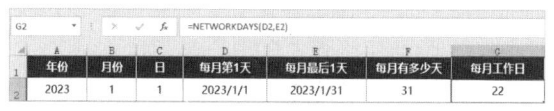

图11-21 计算每个月工作日

上述方法计算的每个月工作日是扣除周末后的工作日天数。但如果想计算出实际工作中应该打卡上班的工作日是多少天，那还要考虑到法定节假日。NETWORKDAYS函数虽然会自动扣除每个月的周末天数，但不会扣除每个月节假日的天数。此时需要先手动准备好节假日数据，再在公式中设置扣除节假日的参数，才能得到每月去除节假日后的工作日天数。如果当月存在调休上班的情况，则需要用COUNTFS函数计算调休天数并加到结果中。

例如，要计算10月份去除节假日后的工作日天数，其具体方法是：选中H2单元格，输入NETWORKDAYS()函数，设置开始日期和结束日期，分别是每月第1天和最后1天，然后设置第3个参数，框选"当年节假日"列中的日期，也就是 J2:J27 单元格范围，再用COUNTIFS函数统计出 K2:K8 单元格区域中 10 月份的调休上班天数，继续输入参数"+COUNTIES(K2:K8,">="&D2,K2:K8,"<="&E2)"，再按"Enter"键确定，即可计算出 10月份的工作日为19天，如图 11-22 所示。

图11-22 计算10月份工作日

计算2023年工作日天数及去除节假日的工作日天数

使用基础日期函数DATE函数和日期计算函数NETWORKDAYS函数，可以计算每月第1天和最后1天的日期，也可以计算每月除周末以外的工作日天数，还可以计算每月除周末和节假日外的工作日天数。

1. 计算每月第1天的日期

计算每月第1天的日期的具体操作步骤如下。

第1步 切换工作表。在打开的“员工花名册表.xlsx”工作簿中，单击“计算工作日”工作表标签，切换至该工作表。

第2步 输入公式。选中D2单元格，输入公式“=DATE()”。

第3步 输入多个参数。输入第1个参数年份为A2单元格，第2个参数月份为B2单元格，第3个参数日为C2单元格。

第4步 最终输入完成后的公式为“=DATE(A2,B2,C2)”。按“Enter”键，即可计算出1月份第1天的日期，如图11-23所示。

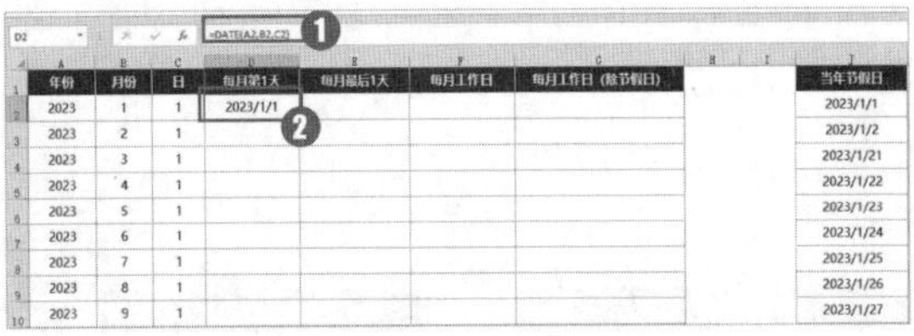

年份	月份	日	每月第1天	每月最后1天	每月工作日	每月工作日（除节假日）	当年节假日
2023	1	1	2023/1/1				2023/1/1
2023	2	1					2023/1/2
2023	3	1					2023/1/21
2023	4	1					2023/1/22
2023	5	1					2023/1/23
2023	6	1					2023/1/24
2023	7	1					2023/1/25
2023	8	1					2023/1/26
2023	9	1					2023/1/27

图11-23　计算1月份第1天的日期

第5步 计算其他月份第1天的日期。选中D2单元格并双击单元格右下角的黑色十字填充柄，将会自动填充公式，计算出其他月份第1天的日期，如图11-24所示。

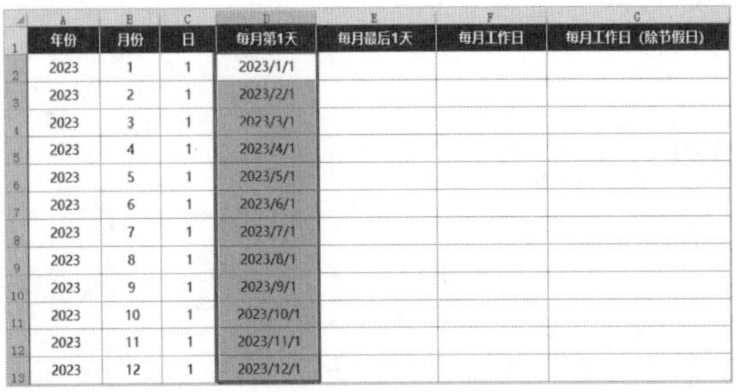

年份	月份	日	每月第1天	每月最后1天	每月工作日	每月工作日（除节假日）
2023	1	1	2023/1/1			
2023	2	1	2023/2/1			
2023	3	1	2023/3/1			
2023	4	1	2023/4/1			
2023	5	1	2023/5/1			
2023	6	1	2023/6/1			
2023	7	1	2023/7/1			
2023	8	1	2023/8/1			
2023	9	1	2023/9/1			
2023	10	1	2023/10/1			
2023	11	1	2023/11/1			
2023	12	1	2023/12/1			

图11-24　计算其他月份第1天的日期

2. 计算每月最后1天的日期

每月最后1天=下月的第1天-1，下月的第1天用DATE函数来计算，其具体操作步骤如下。

第1步 输入公式。选中E2单元格，输入公式“=DATE()-1”。

第2步 输入多个参数。输入第1个参数年份为A2单元格，第2个参数月份为B2单元格+1，第3个参数日为C2单元格。

第3步 最终输入完成后的公式为“=DATE(A2,B2+1,C2)-1”。按“Enter”键，即可计算出1月份最后1天的日期，如图11-25所示。

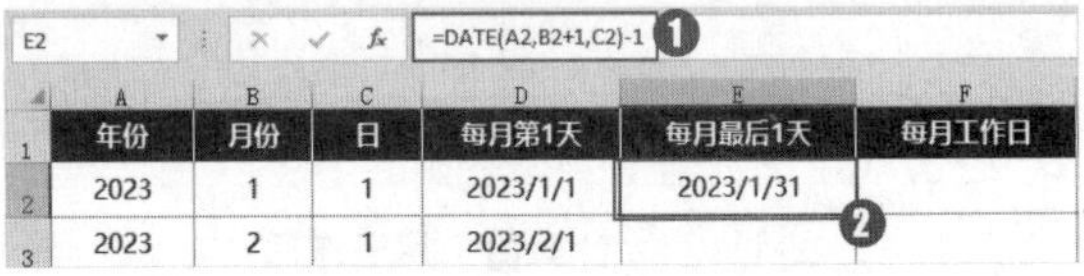

年份	月份	日	每月第1天	每月最后1天	每月工作日
2023	1	1	2023/1/1	2023/1/31	
2023	2	1	2023/2/1		

图11-25　计算1月份最后1天的日期

第4步 选中E2单元格并双击单元格右下角的黑色十字填充柄，将会自动填充公式，计算出其他月份最后1天的日期，如图11-26所示。

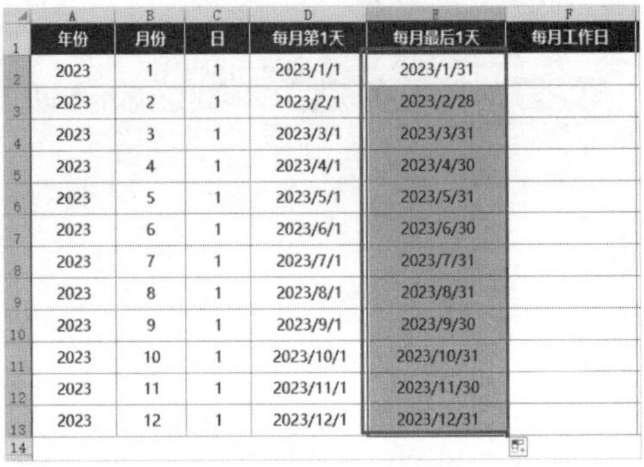

年份	月份	日	每月第1天	每月最后1天	每月工作日
2023	1	1	2023/1/1	2023/1/31	
2023	2	1	2023/2/1	2023/2/28	
2023	3	1	2023/3/1	2023/3/31	
2023	4	1	2023/4/1	2023/4/30	
2023	5	1	2023/5/1	2023/5/31	
2023	6	1	2023/6/1	2023/6/30	
2023	7	1	2023/7/1	2023/7/31	
2023	8	1	2023/8/1	2023/8/31	
2023	9	1	2023/9/1	2023/9/30	
2023	10	1	2023/10/1	2023/10/31	
2023	11	1	2023/11/1	2023/11/30	
2023	12	1	2023/12/1	2023/12/31	

图11-26　计算其他月份最后1天的日期

3. 计算每月工作日的天数

计算每月工作日的天数的具体操作步骤如下。

第1步 输入公式。选中F2单元格，输入公式“=NETWORKDAYS()”。

第2步 输入多个参数。输入第1个参数开始日期为D2单元格，第2个参数结束日期为E2单元格。

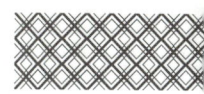

第3步 最终输入的公式为“=NETWORKDAYS(D2,E2)”。按“Enter”键，即可计算出1月份工作日的天数，如图11-27所示。

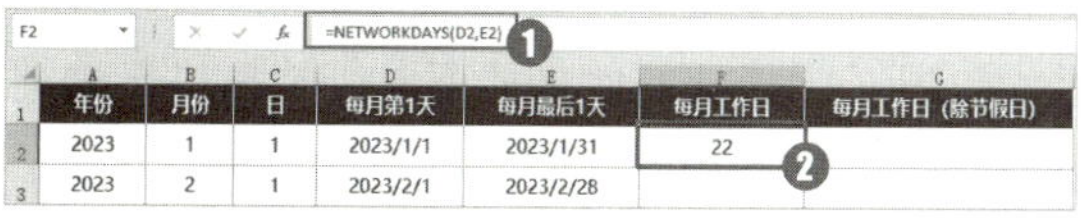

年份	月份	日	每月第1天	每月最后1天	每月工作日	每月工作日（除节假日）
2023	1	1	2023/1/1	2023/1/31	22	
2023	2	1	2023/2/1	2023/2/28		

图11-27 计算1月份工作日的天数

第4步 选中F2单元格并双击单元格右下角的黑色十字填充柄，将会自动填充公式，计算出其他月份工作日的天数，如图11-28所示。

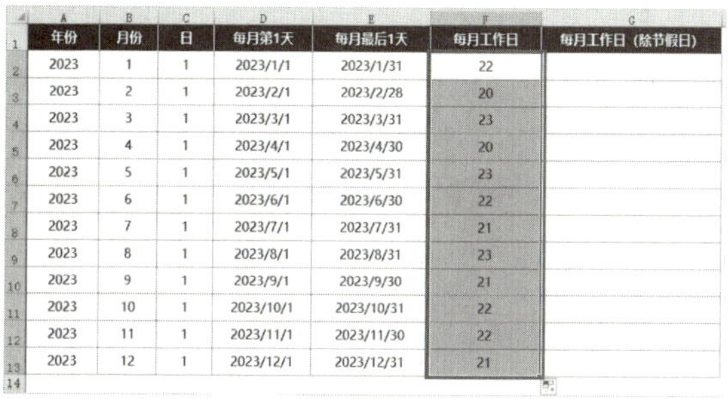

年份	月份	日	每月第1天	每月最后1天	每月工作日	每月工作日（除节假日）
2023	1	1	2023/1/1	2023/1/31	22	
2023	2	1	2023/2/1	2023/2/28	20	
2023	3	1	2023/3/1	2023/3/31	23	
2023	4	1	2023/4/1	2023/4/30	20	
2023	5	1	2023/5/1	2023/5/31	23	
2023	6	1	2023/6/1	2023/6/30	22	
2023	7	1	2023/7/1	2023/7/31	21	
2023	8	1	2023/8/1	2023/8/31	23	
2023	9	1	2023/9/1	2023/9/30	21	
2023	10	1	2023/10/1	2023/10/31	22	
2023	11	1	2023/11/1	2023/11/30	22	
2023	12	1	2023/12/1	2023/12/31	21	

图11-28 计算其他月份工作日的天数

4. 计算每月除节假日外的工作日天数

计算每月除节假日外的工作日天数的具体操作步骤如下。

第1步 输入公式。选中G2单元格，输入公式“=NETWORKDAYS()”。

第2步 输入多个参数。输入第1个参数开始日期为D2单元格，第2个参数结束日期为E2单元格，第3个参数为节假日，可框选J2:J27范围并按“F4”键锁定；第4个参数为调休天数，用COUNTIFS函数统计，其参数为“+COUNTIFS($K$2:$K$8,">="&D2,$K$2:$K$8,"<="&E2)”。

第3步 补充调休天数。用COUNTIFS函数统计调休天数，公式为“COUNTIFS($K$2:$K$8,">="&D2,$K$2:$K$8,"<="&E2)”。最终输入完成后的公式为“=NETWORKDAYS(D2,E2,$J$2:$J$27)+COUNTIFS($K$2:$K$8,">="&D2,$K$2:$K$8,"<="&E2)”。按“Enter”键，即可计算出1月份除节假日外的工作日天数，如图11-29所示。

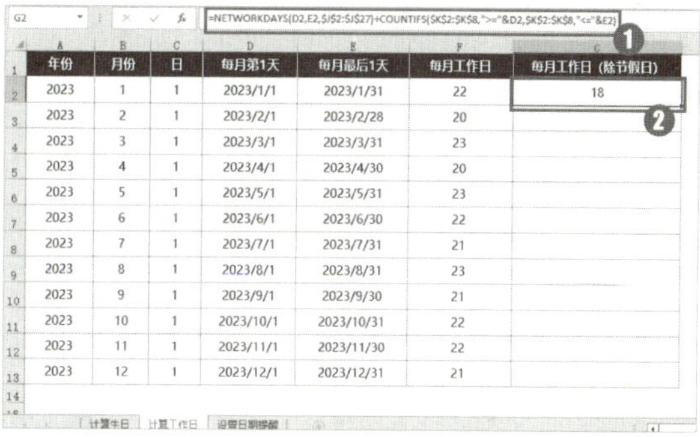

年份	月份	日	每月第1天	每月最后1天	每月工作日	每月工作日（除节假日）
2023	1	1	2023/1/1	2023/1/31	22	18
2023	2	1	2023/2/1	2023/2/28	20	
2023	3	1	2023/3/1	2023/3/31	23	
2023	4	1	2023/4/1	2023/4/30	20	
2023	5	1	2023/5/1	2023/5/31	23	
2023	6	1	2023/6/1	2023/6/30	22	
2023	7	1	2023/7/1	2023/7/31	21	
2023	8	1	2023/8/1	2023/8/31	23	
2023	9	1	2023/9/1	2023/9/30	21	
2023	10	1	2023/10/1	2023/10/31	22	
2023	11	1	2023/11/1	2023/11/30	22	
2023	12	1	2023/12/1	2023/12/31	21	

图11-29 计算1月份除节假日外的工作日天数

第4步 计算其他月份除节假日外的工作日天数。选中G2单元格并双击单元格右下角的黑色十字填充柄，将会自动填充公式，计算出其他月份除节假日外的工作日天数，如图11-30所示。

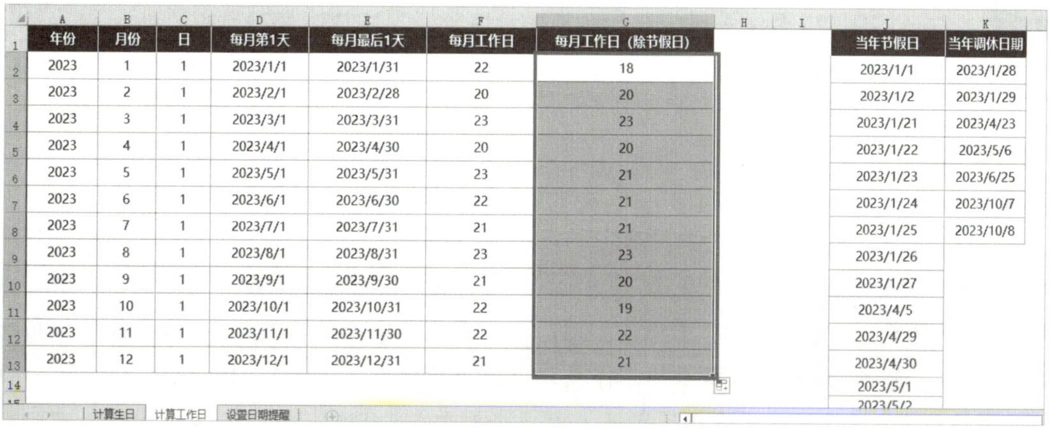

年份	月份	日	每月第1天	每月最后1天	每月工作日	每月工作日（除节假日）
2023	1	1	2023/1/1	2023/1/31	22	18
2023	2	1	2023/2/1	2023/2/28	20	20
2023	3	1	2023/3/1	2023/3/31	23	23
2023	4	1	2023/4/1	2023/4/30	20	20
2023	5	1	2023/5/1	2023/5/31	23	21
2023	6	1	2023/6/1	2023/6/30	22	21
2023	7	1	2023/7/1	2023/7/31	21	21
2023	8	1	2023/8/1	2023/8/31	23	23
2023	9	1	2023/9/1	2023/9/30	21	20
2023	10	1	2023/10/1	2023/10/31	22	19
2023	11	1	2023/11/1	2023/11/30	22	22
2023	12	1	2023/12/1	2023/12/31	21	21

当年节假日	当年调休日期
2023/1/1	2023/1/28
2023/1/2	2023/1/29
2023/1/21	2023/4/23
2023/1/22	2023/5/6
2023/1/23	2023/6/25
2023/1/24	2023/10/7
2023/1/25	2023/10/8
2023/1/26	
2023/1/27	
2023/4/5	
2023/4/29	
2023/4/30	
2023/5/1	
2023/5/2	

图11-30 计算其他月份除节假日外的工作日天数

11.3 条件格式和函数组合

条件格式和函数组合使用可以实现突出显示数据的效果。比如，条件格式下自带的格式无法突出显示一整行的数据。要想突出显示整行数据，则需要用到"条件格式"功能下的"新建规则"命令，并在"新建格式规则"对话框的"选择规则类型"列表框中选择"使用公式确定要设置格式的单元格"选项，如图11-31所示，然后在"为符合此公式的值设置格式"文本框中编写公式，就可以根据公式判断出要进行格式设置的单元格有哪些，非常实用。

图11-31 "新建格式规则"对话框

例如，在设置日期提醒表中，想把"合同到期日"在30天内的一整行数据用突出显示的方式标记出来，那么条件公式为"合同到期日的日期减去当前日期小于等于30天这个条件是否成立"，即公式"=$D2-TODAY()<=30"，如果条件成立，就要设置背景格式为浅橙色〔见图11-1（c）〕。

| 技术看板 |

在编写条件公式时，如果公式中使用了引用单元格，比如D2单元格为"合同到期日"，则到期天数=D2-TODAY()<=30，引用单元格要锁列不锁行（$D2），否则计算出来的条件判断的结果是FALSE，也就是不满足条件、不填充背景色。

利用条件格式与函数设置合同到期提醒

利用函数和条件格式功能，对合同到期日在30天内的员工，采用突出显示的方式标记出来，其具体操作步骤如下。

第1步 切换工作表。在打开的"员工花名册表.xlsx"工作簿中，单击"设置日期提醒"工作表标签，切换至该工作表。

第2步 选择命令。在工作表中选中A2:D21单元格范围，单击"开始"选项卡→"样式"组→"条件格式"下拉按钮，展开列表框，选择"新建规则"命令，如图11-32所示。

第3步 输入公式。打开"新建格式规则"对话框，在"选择规则类型"列表框中，选择"使用公式确定要设置格式的单元格"选项，在输入框中输入公式"=$D2-TODAY()<=30"，其中，D列要加$绝对引用符号锁定，如图11-33所示。

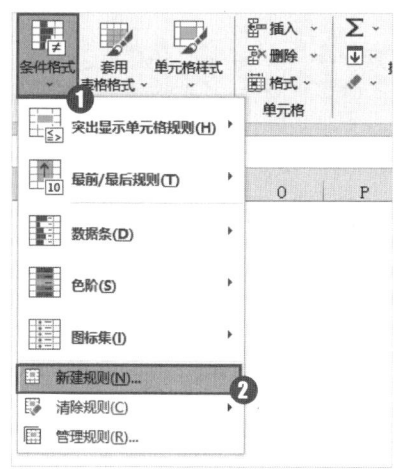

图11-32 选择“新建规则”命令

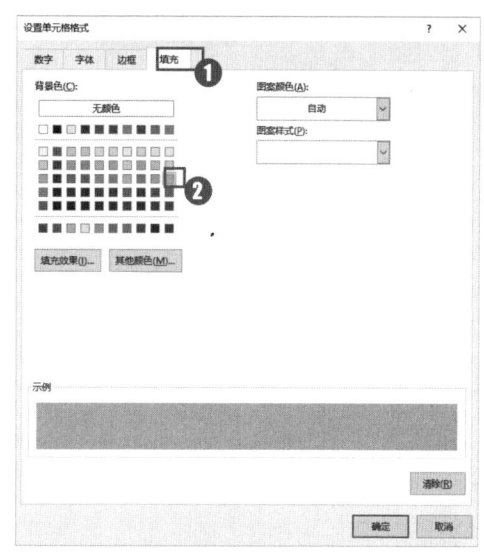

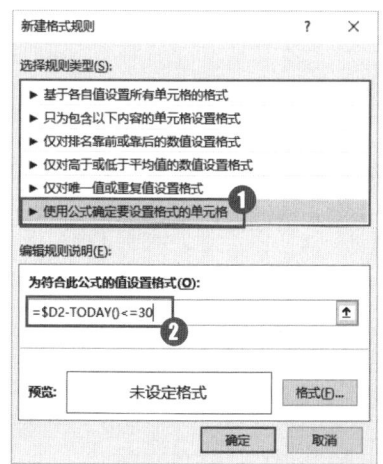

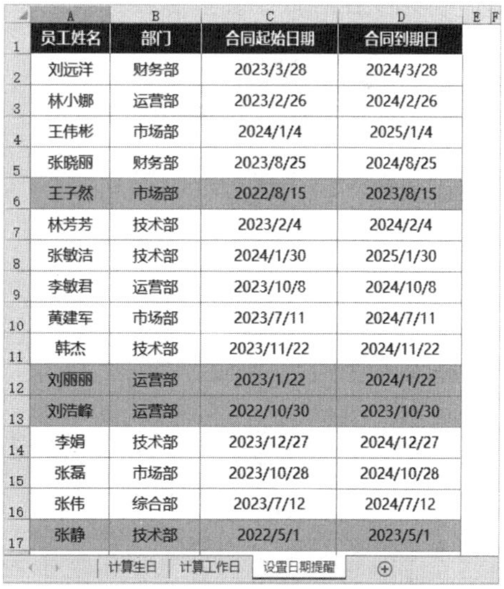

图11-33 输入公式

第4步 选择背景色。在“新建格式规则”对话框中，单击“格式”按钮，打开“设置单元格格式”对话框。选择“填充”选项卡，在“背景色”选项区中，选择一种颜色，如图 11-34 所示。

图11-34 选择背景色

第5步 突出合同到期提醒数据。单击两次“确定”按钮，即可利用条件格式与函数设置合同到期提醒，合同到期的行数据显示颜色，如图 11-35 所示。

	A	B	C	D
1	员工姓名	部门	合同起始日期	合同到期日
2	刘远洋	财务部	2023/3/28	2024/3/28
3	林小娜	运营部	2023/2/26	2024/2/26
4	王伟彬	市场部	2024/1/4	2025/1/4
5	张晓丽	财务部	2023/8/25	2024/8/25
6	王子然	市场部	2022/8/15	2023/8/15
7	林芳芳	技术部	2023/2/4	2024/2/4
8	张敏洁	技术部	2024/1/30	2025/1/30
9	李敏君	运营部	2023/10/8	2024/10/8
10	黄建军	市场部	2023/7/11	2024/7/11
11	韩杰	技术部	2023/11/22	2024/11/22
12	刘丽丽	运营部	2023/1/22	2024/1/22
13	刘浩峰	运营部	2022/10/30	2023/10/30
14	李娟	技术部	2023/12/27	2024/12/27
15	张磊	市场部	2023/10/28	2024/10/28
16	张伟	综合部	2023/7/12	2024/7/12
17	张静	技术部	2022/5/1	2023/5/1

图11-35 突出合同到期提醒数据

第12章 公式与函数综合实例——制作2022年10月工资表

通过第6～11章的学习，我们掌握了Excel中公式与函数的应用方法。接着需要做一个公式与函数的综合应用案例，检验所学的内容，实现公式与函数的实操演练。

 案例背景

在2022年10月工资表的工作簿（见图12-1）中，还包含岗位工资查询表、考勤表、节假日、奖金和项目补贴等原始数据表，我们需要运用所学的函数知识和原始数据表中的数据计算出10月份每个员工的工资。

图12-1　2022年10月工资表

工资表中除基本工资还包含岗位工资、应出勤天数、实际出勤天数、带薪假天数、实际计薪天数、应付考勤工资、奖金、项目补贴和应付工资总额等9项明细数据，最终实现效果如图12-2所示。

第 12 章
公式与函数综合实例——制作 2022 年 10 月工资表

图 12-2　2022 年 10 月工资表最终案例效果

12.2　案例解析

在对本案例的工资明细数据进行计算之前，需要先明确计算哪几项的数据，才能根据实现思路进行计算。

12.2.1　案例分析目标

为实现本案例效果，需要先计算出 9 项工资明细数据，然后制作各个员工的工资条，并编辑邮件话术，将工资条和邮件话术通过邮件发送给每个员工，让每个员工都清楚知道自己的工资金额和各项工资明细，做到心中有数。

12.2.2　案例实现思路

当明确了案例最终的呈现目标后，接下来需要了解在计算 9 项工资明细数据时需要用到的公式与函数，然后制作与发送工资条。下面将详细讲解本案例的实现思路。

（1）计算岗位工资。岗位工资是与职级挂钩的，我们可以在岗位工资查询表中查询到各个职级对应的岗位工资。需要用到的是 VLOOKUP 查询函数。

（2）计算应出勤天数。正常情况下公司都是双休，应出勤天数也就是除公休外的工作日天数，计算工作日可用 NETWORKDAYS 函数，它能自动扣除周末并计算应出勤的工作日天数，而且还可以在"2022 年 10 月工资表"中，通过 10 月第 1 天和最后 1 天数据计算出应出勤天数。

（3）计算实际出勤天数。实际出勤天数是指实际上了几天班。我们可以通过上下班打卡

· 173 ·

来计算。在考勤表中能够看到各个员工的打卡情况，如果上下班打卡状态都是正常的，就算出勤1天。在计算出勤数据时，需要判断"员工姓名""上班状态""下班状态"总共3个条件，满足条件算出勤1天，所以要用到多条件计数函数COUNTIFS。

（4）计算带薪假天数。在实际生活中，带薪假包含年假、法定假、调休假等，但在制作2022年10月工资表时，只需要考虑法定节假日，如10月有国庆假，国家规定放假7天，其中有3天是法定节假日，另外两天是正常周末，还有两天是公休日调休，所以10月的法定带薪假天数就是3天，可以直接在相应列中输入数据，也可以从节假日表中引用数据。

（5）计算实际计薪天数，也就是实际上计算薪资有多少天。出勤上班是有工资的，带薪休假也是有工资的，把这两个天数加起来，就是实际计薪的天数。

（6）计算应付考勤工资。它等于（基本工资+岗位工资）/应出勤天数*实际计薪天数。

（7）计算奖金，可以在奖金表中查找到每个员工的奖金额度。由于奖金表中没有同名的员工，只要以员工姓名为查找值进行查找即可。

（8）计算项目补贴。使用VLOOKUP查找函数，在项目补贴表中查找各个成员的补贴金额。

（9）计算应付工资总额。应付工资总额=应付考勤工资+奖金+项目补贴。

（10）制作与发送工资条。复制与粘贴数据后，使用VLOOKUP函数查找各类工资明细，完成工资条的制作，最后使用&连接符，制作所有员工的邮件发送话术。

12.3 实现过程

在了解了案例分析目标和案例实现思路后，接下来进入案例的实现过程。案例实现过程包括计算工资数据和制作工资条两个方面的内容，下面详细讲解其实现过程。

12.3.1 计算工资数据

在本案例的实操过程中，需要先计算出岗位工资、应出勤天数、应付考勤工资和应付工资总额等9项工资明细数据。

1. 计算岗位工资

各个职级都有其对应的岗位工资，我们现在就是要借助VLOOKUP函数，根据员工职级，查找匹配的工资。输入VLOOKUP函数，查找值为职级，查找的范围要选岗位工资查询表的全部数据，我们要返回这个区域中的第2列数据，也就是岗位工资，查询方式为精确查询，输入0，如此就可以查找出岗位工资，其公式结构如图12-3所示。

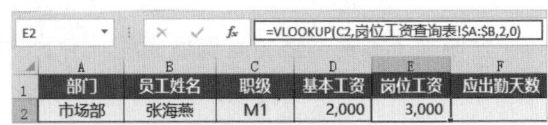

图12-3 计算岗位工资公式结构

2. 应出勤天数

应出勤天数就是除公休外的工作日数。使用NETWORKDAYS函数，计算从"10月的第一天"到"10月的最后一天"一共有多少个工作

第12章
公式与函数综合实例——制作2022年10月工资表

日。结果是21,也就是除周末以外,这个月一共有21个工作日,其公式结构如图12-4所示。

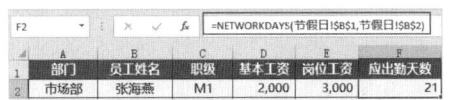

图12-4 计算应出勤天数公式结构

3. 实际出勤天数

只有上班打卡状态和下班打卡状态都显示"正常"才算出勤1天。像这种需要根据多条件来计算数量的情况,就可以使用COUNTIFS函数。

COUNTIFS函数的参数是按照[条件区域][条件]成对出现的,如果考勤表的"姓名"列中,有名为张海燕的,并且考勤表的上班打卡状态是"正常",下班打卡状态也是"正常",这3个条件都满足那就计数,其公式为"=COUNTIFS(考勤表!B:B,'2022年10月工资表'!B2,考勤表!D:D,"正常",考勤表!E:E,"正常")"。

> **注意**
> 在使用COUNTIFS函数时,函数中的条件区域都要锁死,用绝对引用进行固定。

4. 带薪假天数

带薪假天数就是计算有多少天是带薪休假的。在节假日表中,可以直接将这个数字复制或引用过来。如果是引用,则要注意这个节假日天数是绝对引用,其公式为"=节假日!$B$3"。

5. 实际计薪天数

现在我们已经知道了每个员工实际出勤天数和带薪休假天数,只要把两者相加,就能得到实际计薪天数,其公式为"=G2+H2"。

6. 应付考勤工资

现在计算出了岗位工资、应出勤天数和实际计薪天数,那就可以用基本工资+岗位工资来计算总工资,用总工资除以应出勤天数求出每个工作日的工资是多少,再乘以实际计薪的天数,就可以算出应付考勤工资,其公式结构如图12-5所示。

图12-5 计算应付考勤工资公式结构

7. 奖金

在计算奖金时,可以在奖金表中查看到部门、员工姓名、职级和奖金4列数据,如图12-6所示。

图12-6 奖金表

想要查找奖金数据,首先我们需要一个唯一值列来作为查找值。在奖金表中的"职级"列中,F1职级的奖金有500元也有1000元,由于职级与奖金不是一对一的关系,所以职级不能作为查找值。同理,部门和奖金列也不是一对一的关系,如财务部的奖金有500元、1000元、2000元等,所以部门也不能作为查找值。但是,在奖金表中"员工姓名"列中的姓名是唯一的、不存在同名的人,所以用姓名作为查找值是可以的,每个员工都有自己对应的奖金。在实际工作中,公司一般都会有一个唯一值来标识每行数据,例如工号,同名就用工号查找,或者用身份证作为唯一值,总之就是找唯一值列,没有唯一值就构建唯一值。

知道了查找值，那查找的操作也就不难了，还是用VLOOKUP函数进行查找。由于我们的查找值是姓名，所以查找区域的第1列也应是姓名列，选B列到D列作为查找范围，并绝对引用这个范围；如果有查找值就返回这个范围的第3列，也就是“奖金”列，并采用精确查找的方式，这样每位员工的奖金就对应过来了，其公式结构如图12-7所示。

K2 =VLOOKUP(B2,奖金!$B:$D,3,0)

	A	B	C	D	E	F	G	H	I	J	K
1	部门	员工姓名	职级	基本工资	岗位工资	应出勤天数	实际出勤天数	带薪假天数	实际计薪天数	应付考勤工资	奖金
2	市场部	张海燕	M1	2,000	3,000	21	18	3	21	5,000	1,000

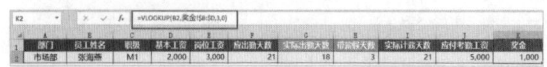

图12-7　计算奖金公式结构

8. 项目补贴

在计算项目补贴时，从项目补贴表中可以看到，有一部分员工有项目补贴，可以继续用VLOOKUP函数查找每个员工的补贴金额，注意查找范围的第1列必须是“姓名”列。但是，由于它返回的结果是#N/A，双击向下填充公式时，可以发现有的人补贴金额是数值，有的人补贴金额是#N/A。这个#N/A表示的就是“空”，也就是没有值、没有数据，如图12-8所示。

	B	C	D	E	F	G	H	I	J
1	员工姓名	职级	基本工资	岗位工资	公司实际计薪天数	应计薪天数	应付考勤工资	奖金	项目补贴
2	张海燕	M1	2,000	3,000	20	20	5,000	1,000	#N/A
3	王淑兰	M3	2,000	5,000	20	19	6,650	4,000	2,000
4	李志强	M4	2,000	6,000	20	20	8,000	4,000	2,000
5	杨磊	O3	2,000	5,000	20	20	7,000	3,000	#N/A
6	李晶	O3	2,000	5,000	20	20	7,000	3,000	#N/A
7	李婷婷	T1	2,000	4,000	20	20	6,000	500	2,000
8	张秀荣	C1	2,000	3,000	20	20	5,000	500	#N/A
9	刘建华	O2	2,000	4,000	20	20	6,000	1,500	#N/A
10	王丽丽	O1	2,000	3,000	20	20	5,000	1,500	#N/A
11	赵敏	T2	2,000	6,000	20	20	8,000	500	2,000
12	陈云	F1	2,000	3,000	20	20	5,000	500	#N/A
13	李海燕	F1	2,000	3,000	20	20	5,000	500	#N/A
14	张桂荣	O1	2,000	3,000	20	20	5,000	1,000	#N/A
15	张晶	C2	2,000	4,000	20	20	6,000	1,000	#N/A
16	刘莉	M2	2,000	4,000	20	20	6,000	3,000	#N/A
17	李凯	M2	2,000	4,000	20	20	6,000	3,000	2,000
18	张玉	T3	2,000	8,000	20	18	9,000	1,000	2,000
19	张峰	C2	2,000	4,000	20	20	6,000	1,000	#N/A
20	刘秀兰	O1	2,000	3,000	20	20	5,000	1,000	#N/A
21	张志强	O1	2,000	3,000	20	20	5,000	1,000	#N/A
22	李龙	O4	2,000	6,000	20	19	7,600	3,000	#N/A

图12-8　计算项目补贴

在计算项目补贴时出现#N/A结果的情况，是因为项目补贴并不是每个员工都有的，有另一部分员工没有项目补贴，所以就出现“查无此值”的错误提示。这些#N/A放在这里不太美观，此时可以用IFERROR函数来隐藏“查无此值”的错误提示，其方法是：在VLOOKUP函数前面加上IFERROR函数，如果查不到值，就返回空白，并可以用一对双引号表示空白文本，其公式结构如图12-9所示。

L2 =IFERROR(VLOOKUP(B2,项目补贴!$B$1:$C$13,2,0),"")

	A	B	C	D	E	F	G	H	I	J	K	L
1	部门	员工姓名	职级	基本工资	岗位工资	应出勤天数	实际出勤天数	带薪假天数	实际计薪天数	应付考勤工资	奖金	项目补贴
2	市场部	张海燕	M1	2,000	3,000	21	18	3	21	5,000	1,000	

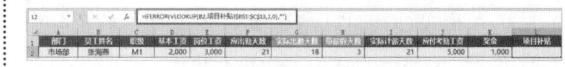

图12-9　计算项目补贴公式结构

9. 应付工资总额

应付考勤工资、奖金和项目补贴都加起来就是应付工资总额，因为这3个数据是连续单元格，所以我们可以用SUM函数来计算。输入SUM函数，选取求和范围，其公式为“=SUM(J2:L2)”，最后按“Enter”键确定即可得到应付工资总额的计算结果。

实战演练

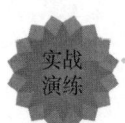

计算汇总工资明细表

在制作本案例效果时，需要运用函数完成工资明细表数据的汇总。下面将详细讲解计算汇总工资明细表的具体方法。

1. 匹配员工岗位工资

使用VLOOKUP函数，可以在岗位工资查询表中查询各个职级对应的岗位工资，其具体的操作步骤如下。

第1步 切换工作表。打开“2022年10月工资表.xlsx”工作簿，该工作簿中包含“2022年10

月工资表”“岗位工资查询表”“考勤表”“节假日”等6张工作表，单击“2022年10月工资表”工作表标签，切换工作表。

第2步 输入公式。选中E2单元格，输入公式“=VLOOKUP()”，输入第1个参数（查找关键字）为C2单元格；输入第2个参数为查询范围，单击“岗位工资查询表”工作表，框选A、B两列，直接输入逗号按“F4”键绝对引用；输入第3个参数（列序号）为2；输入第4个参数（精确查询）为0，输入的完整公式为“=VLOOKUP(C2,岗位工资查询表!$A:$B,2,0)”。

第3步 公式输入完成后按“Enter”键确定，即可匹配第一个员工的岗位工资，如图12-10所示。

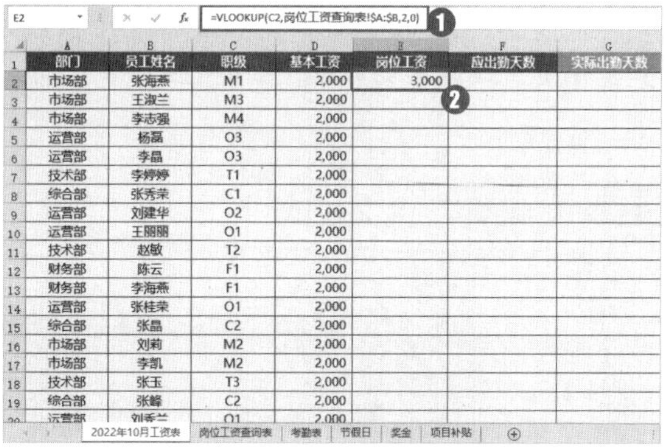

部门	员工姓名	职级	基本工资	岗位工资	应出勤天数	实际出勤天数
市场部	张海燕	M1	2,000	3,000		
市场部	王淑兰	M3	2,000			
市场部	李志强	M4	2,000			
运营部	杨磊	O3	2,000			
运营部	李晶	O3	2,000			
技术部	李婷婷	T1	2,000			
综合部	张秀荣	C1	2,000			
运营部	刘建华	O2	2,000			
运营部	王丽丽	O1	2,000			
技术部	赵敏	T2	2,000			
财务部	陈云	F1	2,000			
财务部	李海燕	F1	2,000			
运营部	张桂荣	O1	2,000			
综合部	张晶	C2	2,000			
市场部	刘莉	M2	2,000			
市场部	李凯	M2	2,000			
技术部	张玉	T3	2,000			
综合部	张峰	C2	2,000			
运营部	刘秀兰	O1	2,000			

图12-10　匹配第一个员工岗位工资

第4步 选中E2单元格并双击单元格右下角的黑色十字填充柄，将会自动填充公式，匹配其他员工的岗位工资，如图12-11所示。

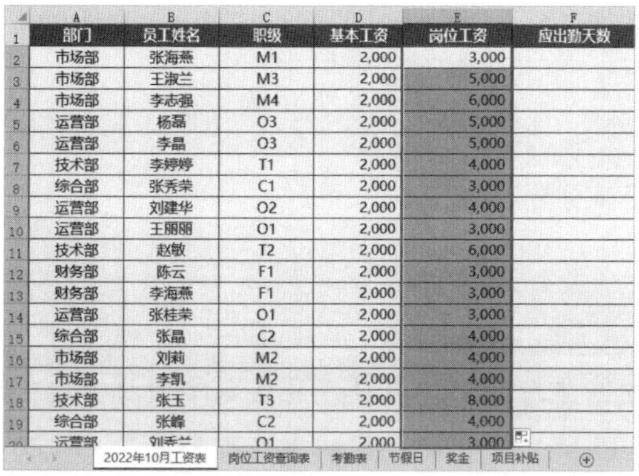

部门	员工姓名	职级	基本工资	岗位工资	应出勤天数
市场部	张海燕	M1	2,000	3,000	
市场部	王淑兰	M3	2,000	5,000	
市场部	李志强	M4	2,000	6,000	
运营部	杨磊	O3	2,000	5,000	
运营部	李晶	O3	2,000	5,000	
技术部	李婷婷	T1	2,000	4,000	
综合部	张秀荣	C1	2,000	3,000	
运营部	刘建华	O2	2,000	4,000	
运营部	王丽丽	O1	2,000	3,000	
技术部	赵敏	T2	2,000	6,000	
财务部	陈云	F1	2,000	3,000	
财务部	李海燕	F1	2,000	3,000	
运营部	张桂荣	O1	2,000	3,000	
综合部	张晶	C2	2,000	4,000	
市场部	刘莉	M2	2,000	4,000	
市场部	李凯	M2	2,000	4,000	
技术部	张玉	T3	2,000	8,000	
综合部	张峰	C2	2,000	4,000	
运营部	刘秀兰	O1	2,000	3,000	

图12-11　匹配其他员工岗位工资

2. 计算应出勤天数

在计算应出勤天数时，可以用NETWORKDAYS函数计算除周末以外的工作日天数，其具体操作步骤如下。

第1步 输入公式。选中F2单元格，输入公式“=NETWORKDAYS()”，第1个参数为每月的第一天，单击节假日表中的B1单元格，按“F4”键绝对引用，直接输入逗号；第2个参数为每月的最后一天，单击节假日表中的B2单元格，按“F4”键绝对引用，输入的完整公式为“=NETWORKDAYS(节假日!$B$1,节假日!$B$2)”。

第2步 按“Enter”键，即可计算第一个员工应出勤天数，如图12-12所示。

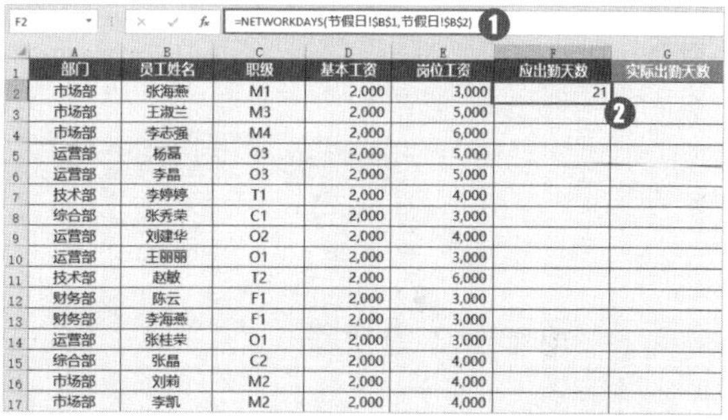

部门	员工姓名	职级	基本工资	岗位工资	应出勤天数	实际出勤天数
市场部	张海燕	M1	2,000	3,000	21	
市场部	王淑兰	M3	2,000	5,000		
市场部	李志强	M4	2,000	6,000		
运营部	杨磊	O3	2,000	5,000		
运营部	李晶	O3	2,000	5,000		
技术部	李婷婷	T1	2,000	4,000		
综合部	张秀荣	C1	2,000	3,000		
运营部	刘建华	O2	2,000	4,000		
运营部	王丽丽	O1	2,000	3,000		
技术部	赵敏	T2	2,000	6,000		
财务部	陈云	F1	2,000	3,000		
财务部	李海燕	F1	2,000	3,000		
运营部	张桂荣	O1	2,000	3,000		
综合部	张晶	C2	2,000	4,000		
市场部	刘莉	M2	2,000	4,000		
市场部	李凯	M2	2,000	4,000		

图12-12　计算第一个员工应出勤天数

第3步 选中F2单元格并双击单元格右下角的黑色十字填充柄，将会自动填充公式，即可计算其他员工应出勤天数，如图12-13所示。

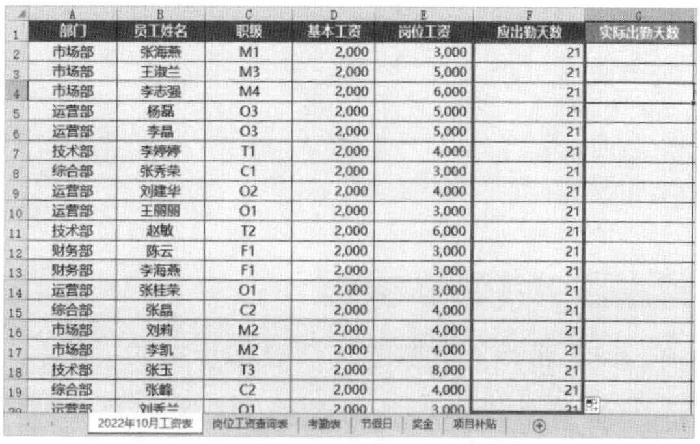

部门	员工姓名	职级	基本工资	岗位工资	应出勤天数	实际出勤天数
市场部	张海燕	M1	2,000	3,000	21	
市场部	王淑兰	M3	2,000	5,000	21	
市场部	李志强	M4	2,000	6,000	21	
运营部	杨磊	O3	2,000	5,000	21	
运营部	李晶	O3	2,000	5,000	21	
技术部	李婷婷	T1	2,000	4,000	21	
综合部	张秀荣	C1	2,000	3,000	21	
运营部	刘建华	O2	2,000	4,000	21	
运营部	王丽丽	O1	2,000	3,000	21	
技术部	赵敏	T2	2,000	6,000	21	
财务部	陈云	F1	2,000	3,000	21	
财务部	李海燕	F1	2,000	3,000	21	
运营部	张桂荣	O1	2,000	3,000	21	
综合部	张晶	C2	2,000	4,000	21	
市场部	刘莉	M2	2,000	4,000	21	
市场部	李凯	M2	2,000	4,000	21	
技术部	张玉	T3	2,000	8,000	21	
综合部	张峰	C2	2,000	4,000	21	
运营部	刘秀兰	O1	2,000	3,000	21	

图12-13　计算其他员工应出勤天数

3. 计算实际出勤天数

在计算实际出勤天数时，可以使用COUNTIFS函数计算正常上下班打卡的数量，其具体操作步骤如下。

第1步 输入公式。选中G2单元格，输入函数公式“=COUNTIFS()”，需要满足3个条件。

第2步 输入第1个参数条件区域1“考勤表!B:B,”。

第3步 输入第2个参数条件1“'2022年10月工资表'!B2,”。

第4步 输入第3个参数条件区域2“考勤表!D:D,”。

第5步 输入第4个参数条件2“"正常",”，用于判断打卡状态是否正常。

第6步 输入第5个参数条件区域3“考勤表!E:E,”。

第7步 输入第6个参数条件3“"正常"”，用于判断打卡状态是否正常。

第8步 输入的完整公式为“=COUNTIFS(考勤表!B:B,'2022年10月工资表'!B2,考勤表!D:D,"正常",考勤表!E:E,"正常")”，按“Enter”键即可计算第一个员工实际出勤天数，如图12-14所示。

G2　①=COUNTIFS(考勤表!B:B,'2022年10月工资表'!B2,考勤表!D:D,"正常",考勤表!E:E,"正常")

	A	B	C	D	E	F	G	H
1	部门	员工姓名	职级	基本工资	岗位工资	应出勤天数	实际出勤天数	带薪假天数
2	市场部	张海燕	M1	2,000	3,000	21	② 18	
3	市场部	王淑兰	M3	2,000	5,000	21		
4	市场部	李志强	M4	2,000	6,000	21		
5	运营部	杨磊	O3	2,000	5,000	21		
6	运营部	李晶	O3	2,000	5,000	21		
7	技术部	李婷婷	T1	2,000	4,000	21		

图12-14　计算第一个员工实际出勤天数

第9步 选中G2单元格并双击单元格右下角的黑色十字填充柄，将会自动填充公式，即可计算其他员工实际出勤天数，如图12-15所示。

	A	B	C	D	E	F	G	H
1	部门	员工姓名	职级	基本工资	岗位工资	应出勤天数	实际出勤天数	带薪假天数
2	市场部	张海燕	M1	2,000	3,000	21	18	
3	市场部	王淑兰	M3	2,000	5,000	21	17	
4	市场部	李志强	M4	2,000	6,000	21	18	
5	运营部	杨磊	O3	2,000	5,000	21	18	
6	运营部	李晶	O3	2,000	5,000	21	18	
7	技术部	李婷婷	T1	2,000	4,000	21	18	
8	综合部	张秀荣	C1	2,000	3,000	21	18	
9	运营部	刘建华	O2	2,000	4,000	21	18	
10	运营部	王丽丽	O1	2,000	3,000	21	18	
11	技术部	赵敏	T2	2,000	6,000	21	18	
12	财务部	陈云	F1	2,000	3,000	21	18	
13	财务部	李海燕	F1	2,000	3,000	21	18	
14	运营部	张桂荣	O1	2,000	3,000	21	18	
15	综合部	张晶	C2	2,000	4,000	21	18	
16	市场部	刘莉	M2	2,000	4,000	21	18	
17	市场部	李凯	M2	2,000	4,000	21	18	
18	技术部	张玉	T3	2,000	8,000	21	16	
19	综合部	张峰	C2	2,000	4,000	21	18	
20	运营部	刘秀兰	O1	2,000	3,000	21	18	
21	运营部	张志强	O1	2,000	3,000	21	18	
22	运营部	李龙	O4	2,000	6,000	21	18	
23	技术部	李秀云	T4	2,000	12,000	21	18	
24	财务部	李秀芳	F2	2,000	4,000	21	18	
25	市场部	李帅	M2	2,000	4,000	21	18	
26	市场部	李欣	M2	2,000	4,000	21	18	

2022年10月工资表　岗位工资查询表　考勤表　节假日　奖金　项目补贴

图12-15　计算其他员工实际出勤天数

4. 计算带薪假天数

计算带薪假天数的具体操作步骤如下。

第1步 计算第一个员工带薪假天数。选中H2单元格，绝对引用节假日表的法定节假日天数，即B3单元格，输入公式为“=节假日!$B$3”，按“Enter”键，即可计算第一个员工带薪假天数，如图12-16所示。

第 12 章
公式与函数综合实例——制作 2022 年 10 月工资表

图 12-16　计算第一个员工带薪假天数

第 2 步　计算其他员工带薪假天数。选中 H2 单元格并双击单元格右下角的黑色十字填充柄，将会自动填充公式，即可计算其他员工带薪假天数，如图 12-17 所示。

图 12-17　计算其他员工带薪假天数

5. 计算实际计薪天数

计算实际计薪天数的具体操作步骤如下。

第 1 步　计算第一个员工实际计薪天数。选中 I2 单元格，输入公式"=G2+H2"，按"Enter"键确定，即可计算第一个员工实际计薪天数，如图 12-18 所示。

图 12-18　计算第一个员工实际计薪天数

第 2 步　计算其他员工实际计薪天数。选中 I2 单元格并双击单元格右下角的黑色十字填充柄，将会自动填充公式，即可计算其他员工实际计薪天数，如图 12-19 所示。

图 12-19　计算其他员工实际计薪天数

6. 计算应付考勤工资

应付考勤工资=（基本工资+岗位工资）/应出勤天数*实际计薪天数，其具体操作步骤如下。

第 1 步　计算第一个员工应付考勤工资。选中 J2 单元格，输入公式"=(D2+E2)/F2*I2"，按"Enter"键确定，即可计算第一个员工的应付考勤工资，如图 12-20 所示。

图 12-20　计算第一个员工的应付考勤工资

第 2 步　计算其他员工应付考勤工资。选中 J2 单元格并双击单元格右下角的黑色十字填充柄，将会自动填充公式，即可计算其他员工的应付考勤工资，如图 12-21 所示。

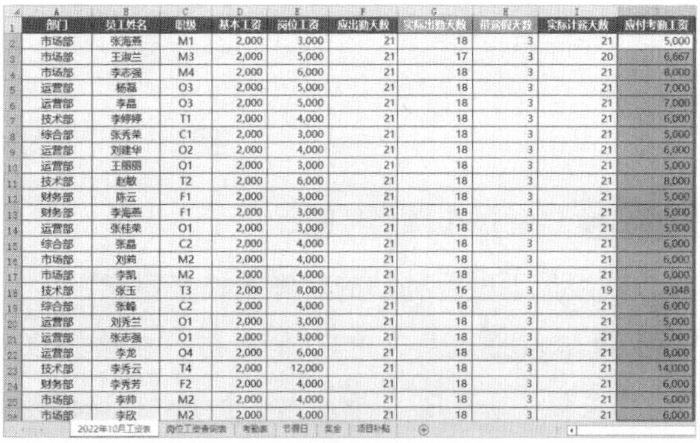

图 12-21　计算其他员工的应付考勤工资

7. 匹配员工奖金发放情况

用VLOOKUP函数可以匹配员工奖金发放情况，其具体操作步骤如下。

第1步 输入公式。选中K2单元格，在编辑栏中输入公式“=VLOOKUP()”，然后输入第1个参数查询关键字为B2，即员工姓名——张海燕；输入第2个参数查询范围，先单击“奖金”工作表，再框选B列到D列，然后输入逗号按“F4”键绝对引用；输入第3个参数列序号为3；输入第4个参数精确查询为0，输入的完整公式为“=VLOOKUP(B2,奖金!$B:$D,3,0)”。

第2步 匹配第一个员工奖金发放情况。按“Enter”键，即可匹配第一个员工的奖金发放情况，如图12-22所示。

K2 =VLOOKUP(B2,奖金!$B:$D,3,0) ❶

部门	员工姓名	职级	基本工资	岗位工资	应出勤天数	实际出勤天数	带薪假天数	实际计薪天数	应付考勤工资	奖金
市场部	张海燕	M1	2,000	3,000	21	18	3	21	5,000	1,000
市场部	王淑兰	M3	2,000	5,000	21	17	3	20	6,667 ❷	
市场部	李志强	M4	2,000	6,000	21	18	3	21	8,000	
运营部	杨磊	O3	2,000	5,000	21	18	3	21	7,000	
运营部	李晶	O3	2,000	5,000	21	18	3	21	7,000	
技术部	李婷婷	T1	2,000	4,000	21	18	3	21	6,000	
综合部	张秀荣	C1	2,000	3,000	21	18	3	21	5,000	

图12-22 匹配第一个员工奖金发放情况

第3步 匹配其他员工奖金发放情况。选中K2单元格并双击单元格右下角的黑色十字填充柄，将会自动填充公式，即可匹配其他员工奖金发放情况，如图12-23所示。

部门	员工姓名	职级	基本工资	岗位工资	应出勤天数	实际出勤天数	带薪假天数	实际计薪天数	应付考勤工资	奖金
市场部	张海燕	M1	2,000	3,000	21	18	3	21	5,000	1,000
市场部	王淑兰	M3	2,000	5,000	21	17	3	20	6,667	4,000
市场部	李志强	M4	2,000	6,000	21	18	3	21	8,000	4,000
运营部	杨磊	O3	2,000	5,000	21	18	3	21	7,000	3,000
运营部	李晶	O3	2,000	5,000	21	18	3	21	7,000	3,000
技术部	李婷婷	T1	2,000	4,000	21	18	3	21	6,000	500
综合部	张秀荣	C1	2,000	3,000	21	18	3	21	5,000	500
运营部	刘建华	O2	2,000	4,000	21	18	3	21	6,000	1,500
运营部	王丽丽	O1	2,000	3,000	21	18	3	21	5,000	1,500
技术部	赵敏	T2	2,000	6,000	21	18	3	21	8,000	500
财务部	陈云	F1	2,000	3,000	21	18	3	21	5,000	500
财务部	李海燕	F1	2,000	3,000	21	18	3	21	5,000	500
运营部	张桂荣	O1	2,000	3,000	21	18	3	21	5,000	1,000
综合部	张晶	C2	2,000	4,000	21	18	3	21	6,000	1,000
市场部	刘莉	M2	2,000	4,000	21	18	3	21	6,000	3,000
市场部	李凯	M2	2,000	4,000	21	18	3	21	6,000	3,000
技术部	张玉	T3	2,000	8,000	21	16	3	19	9,048	1,000
综合部	张峰	C2	2,000	4,000	21	18	3	21	6,000	1,000
运营部	刘秀兰	O1	2,000	3,000	21	18	3	21	5,000	1,000
运营部	张志强	O1	2,000	3,000	21	18	3	21	5,000	1,000
运营部	李龙	O4	2,000	6,000	21	18	3	21	8,000	3,000
技术部	李秀云	T4	2,000	12,000	21	18	3	21	14,000	2,000
财务部	李秀芳	F2	2,000	4,000	21	18	3	21	6,000	1,000
市场部	李帅	M2	2,000	4,000	21	18	3	21	6,000	3,000
市场部	李欣	M2	2,000	4,000	21	18	3	21	6,000	5,000

2022年10月工资表 | 岗位工资查询表 | 考勤表 | 节假日 | 奖金 | 项目补贴

图12-23 匹配其他员工奖金发放情况

8. 匹配员工项目补贴

匹配员工项目补贴的具体操作步骤如下。

第1步 输入公式。选中L2单元格，在编辑栏中输入公式“=VLOOKUP()”，然后输入第1个参数（查询关键字）为B2；输入第2个参数（查询范围），先单击“项目补贴”工作表，再框选B1:C13单元格范围，按“F4”键绝对引用，然后输入逗号；输入第3个参数（列序号）为2；输入第4个参数（精确查询）为0。

第 12 章
公式与函数综合实例——制作 2022 年 10 月工资表

第2步 输入嵌套公式。IFERROR 函数可以避免出现报错符号,输入第 1 个参数公式,匹配员工项目补贴的 VLOOKUP 函数公式;输入第 2 个参数为英文状态下的引号"",如果是错误值就显示为空。输入的完整公式为"=IFERROR (VLOOKUP(B2,项目补贴!$B$1:$C$13,2,0),"")"。

第3步 匹配员工的项目补贴。按"Enter"键,即可匹配第一个员工的项目补贴。然后选中 L2 单元格并双击单元格右下角的黑色十字填充柄,将会自动填充公式,即可匹配其他员工的项目补贴,如图 12-24 所示。

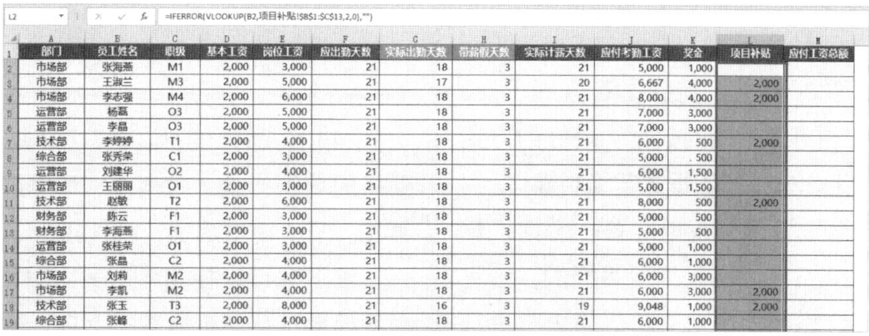

图 12-24 匹配员工的项目补贴

9. 计算应付工资总额

应付工资总额=应付考勤工资+奖金+项目补贴,可以用 SUM 函数计算,具体操作步骤如下。

第1步 计算第一个员工的应付工资总额。选中 M2 单元格,输入公式"=SUM(J2:L2)",按"Enter"键确定,即可计算第一个员工的应付工资总额,如图 12-25 所示。

图 12-25 计算第一个员工的应付工资总额

第2步 计算其他员工的应付工资总额。选中 M2 单元格并双击单元格右下角的黑色十字填充柄,将会自动填充公式,即可计算其他员工的应付工资总额,如图 12-26 所示。

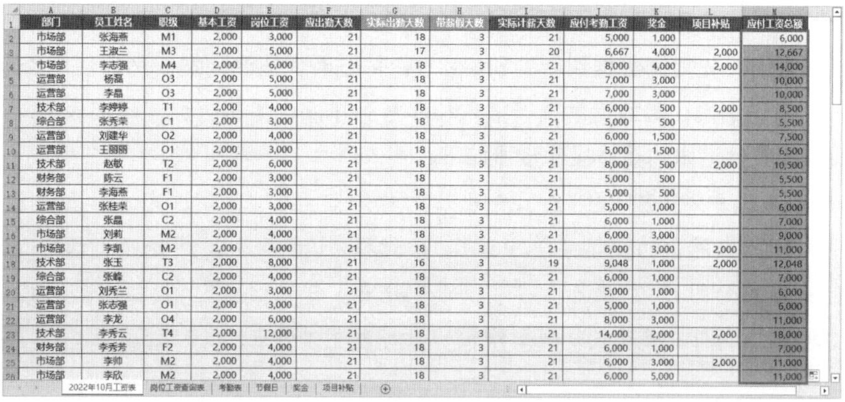

图 12-26 计算其他员工的应付工资总额

12.3.2 制作工资条

所有员工的工资明细都计算好后，接下来我们可以制作各个员工的工资条并编辑邮件话术，将工资条和邮件话术通过邮件发送给每个员工，让每个员工都清楚知道自己的工资金额和各项工资明细，做到心中有数，其具体的操作步骤如下。

（1）创建副本表。一般数据汇总好了后，如果做工资条要用到相同的数据，最好的方式是将工作表和工作表中的数据进行复制操作。

（2）批量生成话术。提前准备一份话术模板，模板中只有员工姓名是需要替换的，则可以用&连接符，将固定话术与单元格内容进行拼接，注意要用双引号将固定话术包裹起来，变成文本数据。

（3）为每一位员工的工资条添加表头标签。在给每一行添加表头时，如果在复制第1行表头后选中第2行，按快捷键"Ctrl+Shift+↓"全选有数据的行，右击打开快捷菜单，选择"插入复制的单元格"命令，这样就可以插入多行表头。

| 技术看板 |

在插入多行表头时，插入的行数跟明细数据的行数有关。如果表格中有100个员工，那插入的就是100行。在操作插入的时候，要特别注意，选数据要整行选取，这样可以保证每行的数据是不变的。

（4）在A列之前插入一个辅助列。在辅助列中的前两行输入序号1、3，向下填充序号。再找到员工明细数据，输入2、4，向下填充序号。接下来可以使用"升序"排序，让2、4这样的偶数行移动到奇数行之间。这样，每个员工的工资条就做好了。最后，可以复制话术和工资条给每个员工发送邮件了。

| 注意 |

如果用户想批量发送邮件，那么需要用Python实现。

制作工资条，编辑邮件话术

在制作工资条时，先复制数据到新的Sheet表，粘贴时保留源列宽；然后使用&连接符，制作所有员工的邮件发送话术；最后借助整行插入和序号列排序，为每行数据添加表头，做成工资条。制作工资条及编辑邮件话术的具体操作步骤如下。

第1步 选择命令。选中"2022年10月工资表"工作表标签并右击，在弹出的快捷菜单中选择"移动或复制"命令，如图12-27所示。

第2步 复制工作表。打开"移动或复制工作表"对话框，在"下列选定工作表之前"列表框中，选择"（移至最后）"选项，选中"建立副本"复选框，单击"确定"按钮，如图12-28所示，即可复制工作表。

第 12 章
公式与函数综合实例——制作2022年10月工资表

制数据,然后右击,在弹出的快捷菜单中选择"选择性粘贴"命令,展开列表框,选择"值和源格式"选项,如图12-29所示,进行选择性粘贴数据。

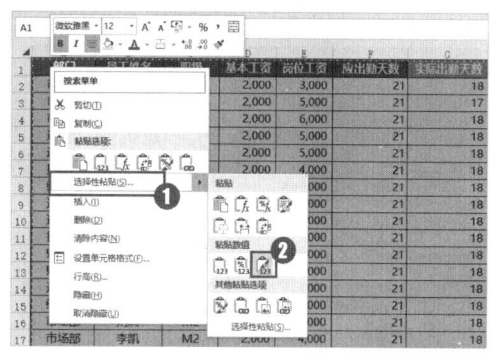

图12-29 选择"值和源格式"选项

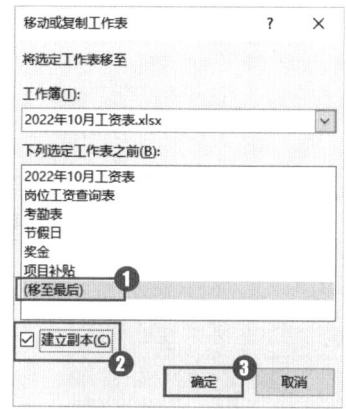

图12-27 选择"移动或复制"命令

图12-28 设置参数值

第4步 用&连接生成邮件发送文本。选中N2单元格,输入公式"="Dear "&B2&"2022年10月工资明细如下,请注意查收,如果有任何问题及疑问,请与人事部门联系"",按"Enter"键,即可用&连接生成邮件发送文本。选中N2单元格并双击单元格右下角的黑色十字填充柄,将会自动填充公式,完成其他员工的邮件发送文本的填充,如图12-30所示。

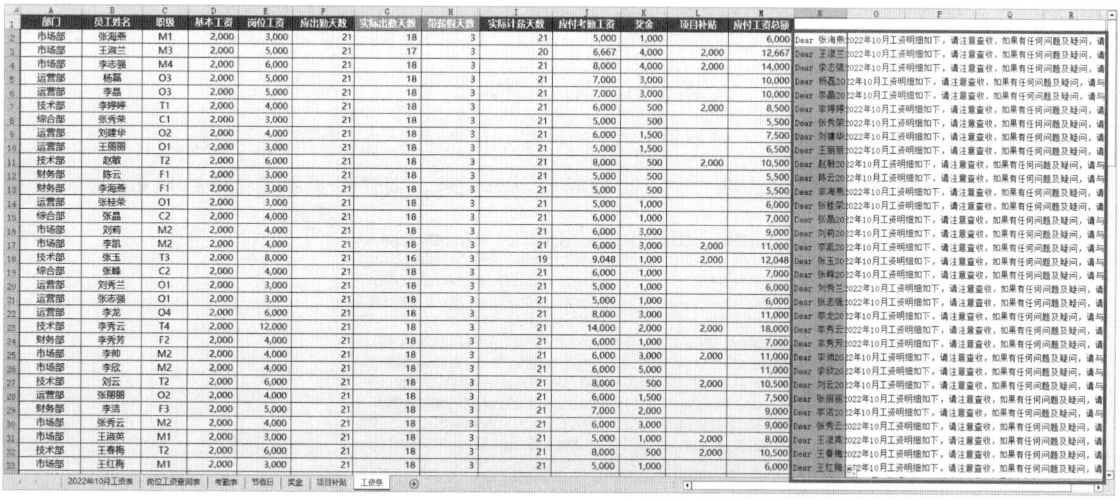

第3步 复制与粘贴数据。将复制后的工作表重命名为"工资条",在复制的工作表中,按快捷键"Ctrl+A"全选数据,按快捷键"Ctrl+C"复

图12-30 用&连接生成邮件发送文本

第5步 复制与粘贴行。复制第1行整行,选中第2行并按快捷键"Ctrl+Shift+↓"全选有数据的行,右击打开快捷菜单,选择"插入复制的单元格"命令,即可粘贴数据行,如图12-31所示。

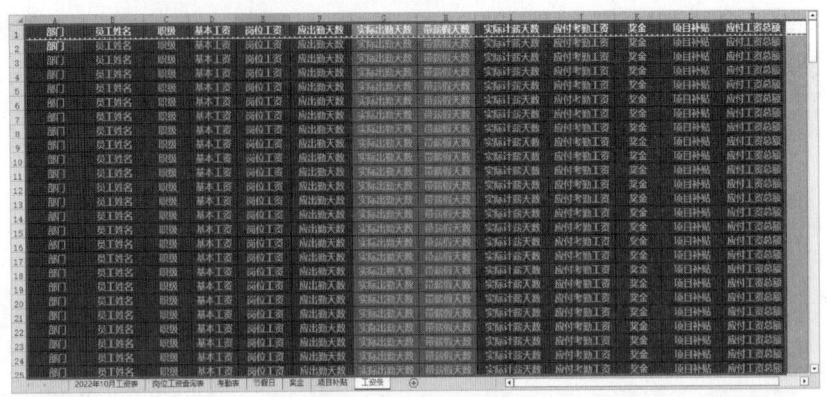

图12-31　复制与粘贴行

第6步 插入列并填充序号。在A列之前插入一个序号列，在A1和A2单元格中分别输入序号1、3，选择A1:A2单元格范围并双击单元格右下角的黑色十字填充柄，即可向下填充序号，然后将鼠标指针移动到A102单元格，将序号203替换成2，将A103单元格中的205替换成4，选择A102:A103单元格范围并双击单元格右下角的黑色十字填充柄，向下继续填充序号，如图12-32所示。

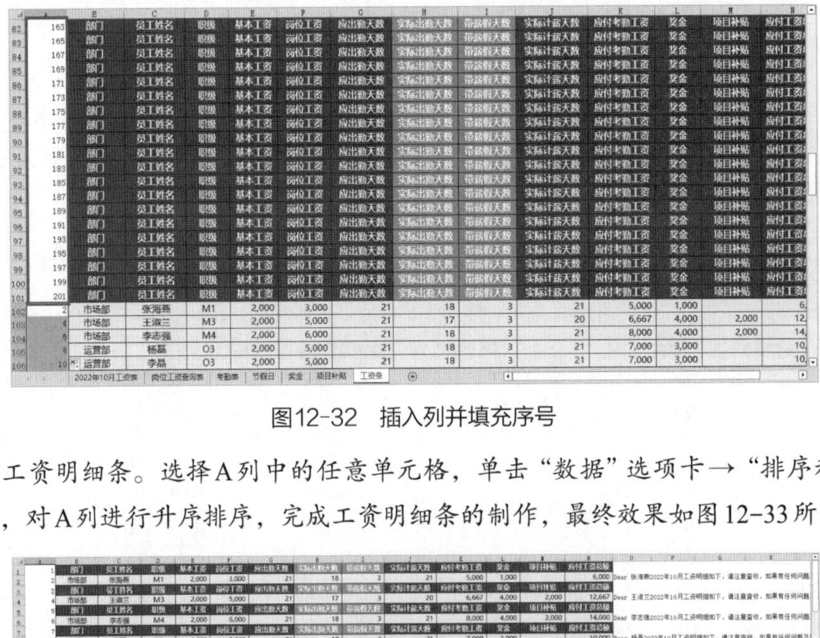

图12-32　插入列并填充序号

第7步 制作工资明细条。选择A列中的任意单元格，单击"数据"选项卡→"排序和筛选"组→"升序"按钮，对A列进行升序排序，完成工资明细条的制作，最终效果如图12-33所示。

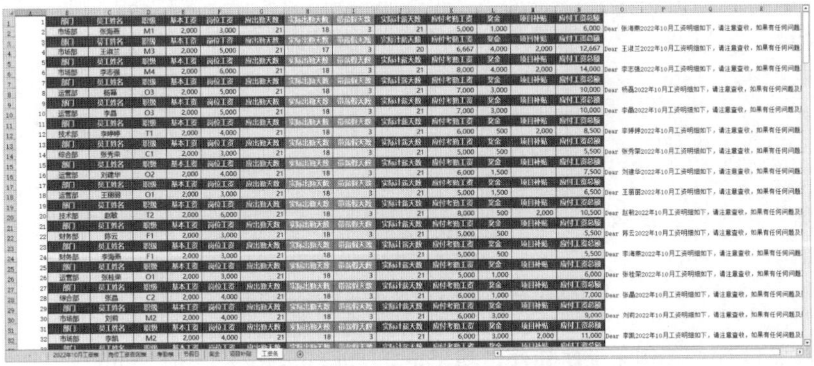

图12-33　制作工资明细条

第 4 篇
数据透视表与数据透视图

本篇导读

本篇详解数据透视表的创建、字段布局、分类汇总与动态更新，结合切片器、透视图及综合案例（如抱枕销售表），实现多维数据动态分析。通过对本篇内容的学习，能够学会快速生成交互式数据报表，掌握高效汇总与可视化分析技巧，满足复杂业务场景的需求。

本篇内容安排

第 13 章　数据透视表基础知识

第 14 章　数据透视表的计算

第 15 章　数据透视表的排序、筛选与分组统计

第 16 章　数据透视图和切片器

第 17 章　数据透视表综合实例——制作2023年抱枕销售明细表

第13章 数据透视表基础知识

通过前面章节内容的学习，相信读者已经能够快速整理好数据源表，并会用函数对信息进行快速处理了。接下来我们将用数据透视表对处理好的数据做进一步的分析。

数据透视表是一种高效、可视化、交互性的数据分析工具，它可以帮助我们快速汇总和分析大量的数据，并以易于理解和操作的方式呈现结果。例如，制作销售数据透视表，用于统计各门店不同产品的销售情况，如图13-1所示。

图13-1　用数据透视表统计各门店不同产品的销售情况

下面就来学习数据透视表的相关知识和用法。

13.1 初识数据透视表

只有先认识和了解数据透视表，才能创建出最适合数据的数据透视表，从而提高工作效率。下面将详细讲解数据透视表的基础知识。

13.1.1 数据透视表是什么

数据透视表是一种交互式表格，它可以根据实际需求进行计算，如求和、计数等，所进行的计算与数据跟数据透视表中的排列有关。

数据透视表可以动态地改变它们的版面布置，以便按照不同方式分析数据，也可以重新安排行号、列标和页字段。每一次改变版面布置时,数据透视表会立即按照新的布置重新计算数据。图13-2所示为不同字段的数据透视表版面布置。另外,如果原始数据发生更改,则可以更新数据透视表。

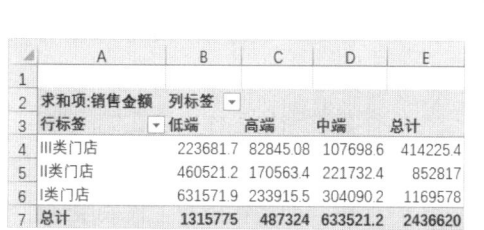

图13-2 不同字段的数据透视表版面布置

13.1.2 数据透视表的创建方法

1. 创建数据透视表的基本条件

数据透视表都是基于数据源表创建的,要想成功创建一个可用的数据透视表,那就需要了解创建数据透视表的基本条件。

- 在数据源表中,标题行不能为空,必须有内容。
- 数据区域是连续的,中间不能有空白的几列或几行。
- 数据源表里不能有合并单元格。

2. 创建数据透视表的基本步骤

创建数据透视表一般只需要3步。

(1)单击数据源表中任意一个有数据的单元格。

(2)单击"插入"选项卡→"表格"组→"数据透视表"按钮,如图13-3所示。

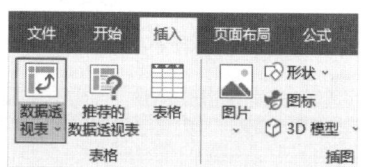

图13-3 单击"数据透视表"按钮

(3)打开"来自表格或区域的数据透视表"对话框,如图13-4所示,设置表/区域和放置位置,单击"确定"按钮,即可创建数据透视表。

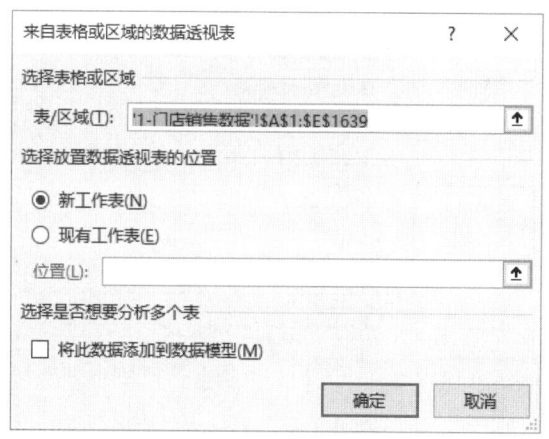

图13-4 "来自表格或区域的数据透视表"对话框

当在"来自表格或区域的数据透视表"对话框中选中"新工作表"单选按钮后,Excel会自动创建一个新的工作表,其中还有一行提示语"若要生成报表,请从数据透视表字段列表中选择字段"。此时,数据透视表就创建好了,如图13-5所示。

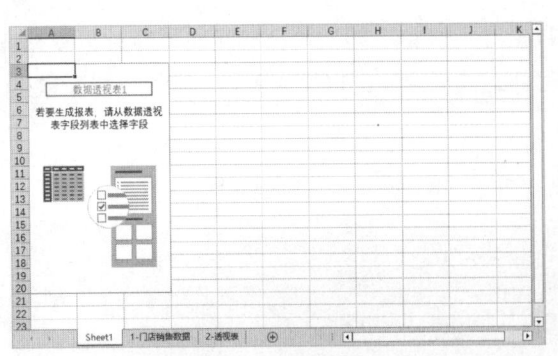

图13-5 数据透视表

中任意一个有数据的单元格，Excel就会自动识别表格中的数据范围。

3. 数据透视表的放置位置

在"来自表格或区域的数据透视表"对话框的"选择放置数据透视表的位置"选项区中，可以选择放置数据透视表的位置。如果选中"新工作表"单选按钮，系统默认直接将透视表创建在新的工作表中；如果选中"现有工作表"单选按钮，在数据源表中想要放置的单元格上单击，即可在现有工作表中创建数据透视表。

| 技术看板 |

在创建数据透视表时，如果在数据源表中选

13.2 数据透视表的字段列表功能

数据透视表创建好后，在Excel操作界面的右侧会直接打开"数据透视表字段"窗格，如图13-6所示。

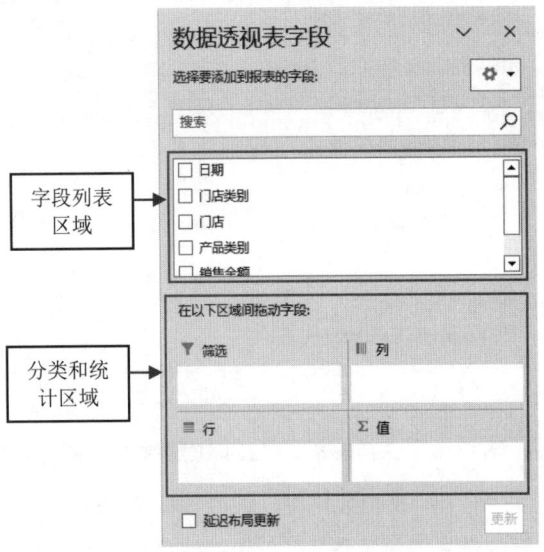

图13-6 "数据透视表字段"窗格

"数据透视表字段"窗格分为上下两个部分，其具体作用如下。

• 字段列表区域：该区域包含数据源表中的所有列标题。

• 分类和统计区域：该区域的"筛选""列""行"区域是分类区域，可以将字段拖入这三个框中；最后的"值"区域是统计区域，添加到这里的字段才会被计算和统计。

| 技术看板 |

如果没有显示"数据透视表字段"窗格，则可以自行手动打开。手动打开"数据透视表字段"窗格的方法有两种：①在数据透视表的单元格上右击，在弹出的快捷菜单中选择"显示字段列表"命令即可，如图13-7所示；②选择数据透视表中的单元格，单击"数据透视表分析"选项卡→"显示"组→"字段列表"按钮即可，如图13-8所示。

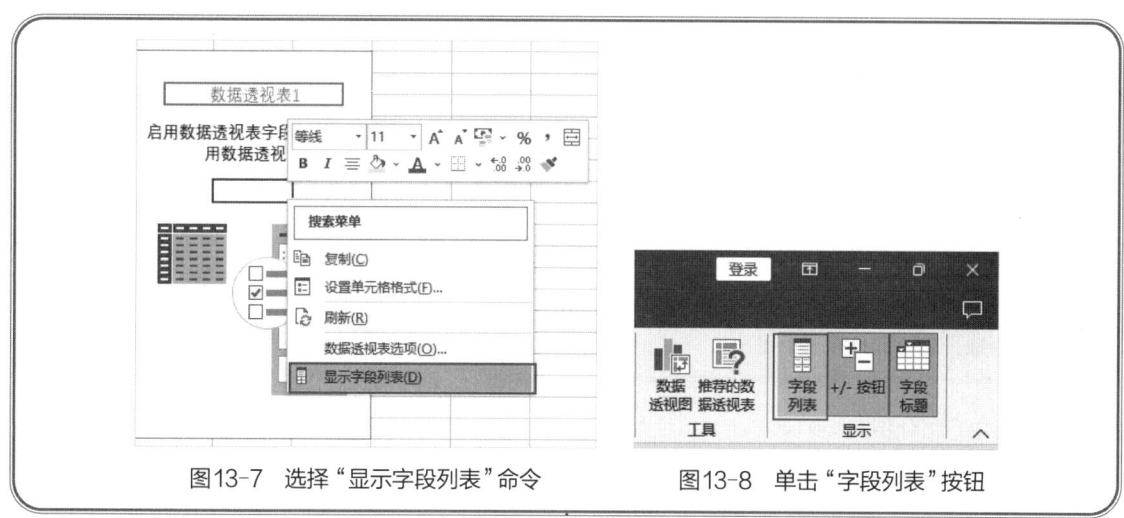

图13-7　选择"显示字段列表"命令　　　图13-8　单击"字段列表"按钮

 数据透视表的分类汇总功能

在日常的数据分析过程中，一般会从一维、二维到多维对数据进行分类汇总分析。但是，不管是几维分析，数据透视表都能完成相应的分类汇总。

下面根据门店销售数据源表中已有日期、门店类别、门店、产品类别、销售金额等列字段，从日期、门店、产品三个维度进行数据透视表的分类汇总分析。

1. 一维汇总分析

在门店销售数据源表中，一维汇总分析可以汇总日期维度的销售金额情况。创建数据透视表后，在"数据透视表字段"窗格的"字段列表"区域中，如果选中"日期"和"销售金额"复选框，则"日期"字段将自动进入"行"分类区域。由于Excel会自动帮我们对日期进行按月组合，所以在该分类区域中将多一个"月"字段，而"销售金额"字段则自动进入"值"统计区域，用于计算和统计销售金额数据，如图13-9所示。

图13-9　汇总日期维度的销售金额情况

技术看板

如果想在数据透视表中看到具体日期,可以单击月份前的加号,展开列表框,即可看到当前月份下的详细日期;也可以在月份上右击,在弹出的快捷菜单中选择"展开/折叠"→"展开整个字段"命令,即可展开详细字段数据进行查看。用同样的方法,也可以折叠整个字段。

2. 二维汇总分析

二维汇总分析又分为层级汇总和交叉汇总。其中,层级汇总是指在某一个维度下再进行维度的细分,交叉汇总是指从两个不同的维度进行汇总分析。

(1)层级汇总。

要理解层级汇总,可以从门店维度出发,完成"门店类别"和"门店"的层级汇总分析。在进行层级汇总分析时,需要先统计门店类别(I类门店、II类门店、III类门店)的销售金额,然后取消选中"日期"和"月"复选框,选中"门店类别"复选框,则可以将不同门店类别的销售金额显示出来,如图13-10所示。

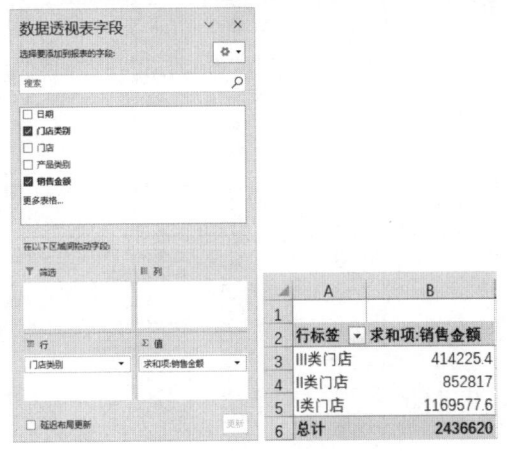

图13-10　汇总不同门店类别的销售金额情况

"门店类别"和"门店"属于包含与被包含的上下级关系,我们可以采用多级分类的层级汇总方式来统计门店类别和门店的销售金额。只需要将"门店"拖曳至行区域中"门店类别"的下方,对应的门店销售金额透视表就按照门店类型自动分析好了,如图13-11所示。

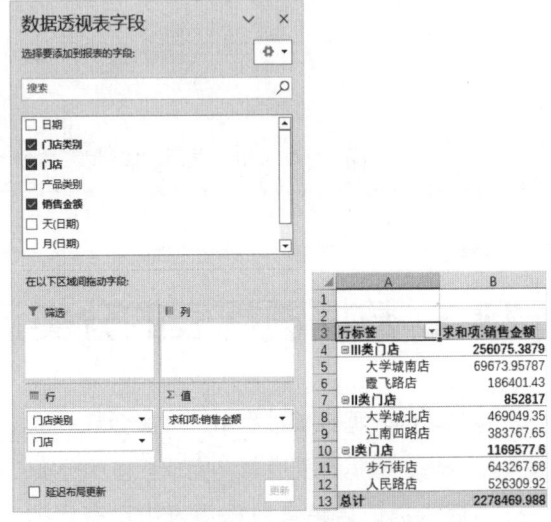

图13-11　层级汇总门店销售金额

(2)交叉汇总。

在统计不同门店类别、不同产品的销售情况时,需要先取消选中"门店"复选框,再选中"产品类别"复选框即可。在调整字段后,可以看出新的数据透视表里信息是交叉显示的,但是"门店类别"和"产品类别"字段并非上下级关系,读者很难看出来这个透视表想要传达的信息。

遇到这样的情况,我们可以采用"交叉汇总"的方式解决。将"产品类别"从"行"分类区域拖曳至"列"分类区域,这样显示出来的信息就会清晰明了,如图13-12所示。

第 13 章
数据透视表基础知识

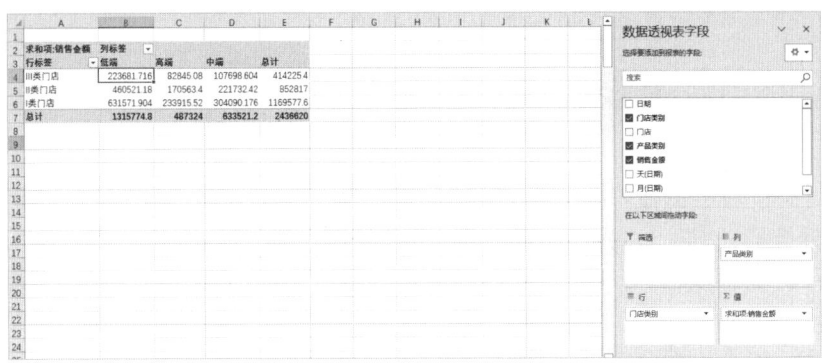

图13-12 交叉汇总不同门店类别、不同产品的销售数据

3. 多维汇总分析

在"产品类别-门店类别"数据透视表的基础上，可以将"门店"维度也统计进去，实现多维度的汇总统计。

当这种分析的维度较少时，可以直接在字段列表中选中、拖曳字段。但是当分析的维度较多时，一边对照数据透视表，一边来选中或拖曳字段就比较麻烦。此时，可以用经典数据透视表布局来显示多维汇总数据。

使用经典数据透视表布局能够更好地展示多维汇总数据。经典数据透视表布局中的上方表示筛选区域，左侧表示行分类区域，右侧表示统计区域，如图13-13所示。

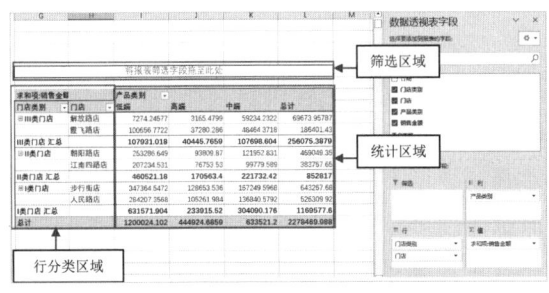

图13-13 经典数据透视表布局展示多维汇总数据

在经典数据透视表布局中，可以自由地将字段拖曳至任意区域，这其实也很方便我们设置数据透视表。设置好后，要记得取消经典数据透视表布局，不然很容易在单击移动汇总数据时出现错误操作。

技术看板

显示与隐藏经典数据透视表的方法很简单，只要在数据透视表的任意单元格上右击，在弹出的快捷菜单中选择"数据透视表选项"命令即可，如图13-14所示，打开"数据透视表选项"对话框，选择"显示"选项卡，选中"经典数据透视表布局（启用网格中的字段拖放）"复选框，如图13-15所示，单击"确定"按钮，即可显示经典数据透视表布局。如果要隐藏经典数据透视表布局，则可以在"数据透视表选项"对话框中取消选中"经典数据透视表布局（启用网格中的字段拖放）"复选框。

图13-14 选择"数据透视表选项"命令　　图13-15 选中复选框

13.4 数据透视表布局

在制作好数据透视表的分类汇总操作后，还需要调整数据透视表的布局。数据透视表的布局有4种，分别是分类汇总、总计、报表布局和空行，如图13-16所示。

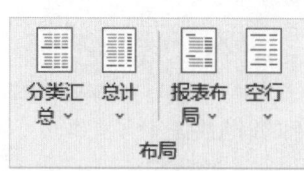

图13-16 数据透视表布局

下面将对4个数据透视表布局的功能和作用进行讲解。

• 分类汇总：用于显示数据透视表中分类汇总的位置。当数据透视表中行字段包含多级数据时，可以使用"分类汇总"命令，从而快速改变数据透视表布局并对第一级项目进行相关统计。该布局包含"不显示分类汇总""在组的底部显示所有分类汇总""在组的顶部显示所有分类汇总"3个选项。

• 总计：对数据透视表中全部的行或列进行统计。其中，行总计是指对一行内的数据进行统计，总计值在右侧；列总计是指对一列内的数据进行统计，总计值在列下方显示。该布局包含"对行和列禁用""对行和列启用""仅对行启用""仅对列启用"4个选项。

• 报表布局：数据透视表中的报表布局有压缩形式、大纲形式和表格形式3种形式。

• 空行：在启用该布局后，在上一级项目后可以留有一行空行。

13.5 美化数据透视表

数据透视表制作完成后，不仅可以调整布局，还可以对数字格式和表格样式等进行美化与设置，让数据透视表呈现得更加美观与清晰。

在数据透视表中，为了让其中的数据更具有可读性，可以设置统计区域中值字段的数字格式。如图13-17所示的数字，如果想将它设置成以万为单位，且只保留一位小数的形式，则需要将数字格式设置为"0!.0,"即可。

图13-17 设置数字格式

"0!.0,"是以万为单位的数字格式，左边0表示可以强制显示原数中小数点前的所有数字；感叹号是一种占位符，作用是能强制显示它后面的字符；感叹号后面是小数点，表示强制显示小数点；右边0与逗号结合则表示原数除以10000后，小数点后保留一位小数。格式中间需要添加感叹号和小数点，才能将123024.9438的数字格式变成12.3。

设置数字格式的方法很简单，只要在数据透视表中选择数值单元格并右击，在弹出的快捷菜单中选择"数字格式"命令，打开"设置单元格格式"对话框，在左侧列表框中选择"自定义"选项，在"类型"文本框中输入"0!.0,"，

第 13 章 数据透视表基础知识

如图 13-18 所示，单击"确定"按钮，即可设置数字格式。

图 13-18　设置数字格式

| 技术看板 |

如果要设置数字以十万为单位的格式，则可以将数字格式设置为"00!.00,"。

设置完数字格式后的数字都是靠右对齐的，用户可以单击"开始"选项卡→"对齐方式"组→"居中"按钮，将其设置为居中对齐显示。

在细节调整完成后，如果整体配色不太好看，则可以调整表格样式，其方法是：单击数据透视表任意单元格，单击"设计"选项卡→"数据透视表样式"组→"其他"按钮，展开列表框，选择数据透视表样式进行套用即可，如图 13-19 所示。

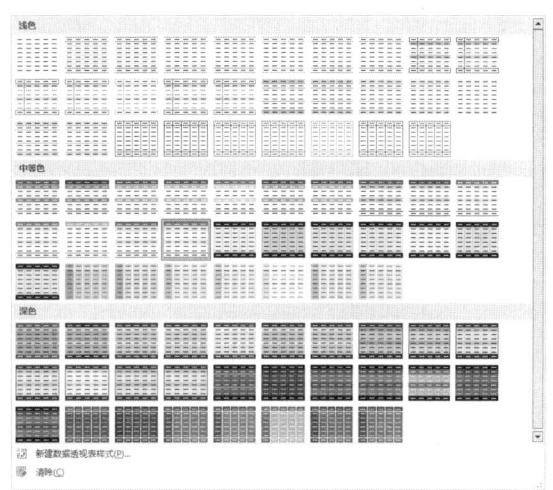

图 13-19　"数据透视表样式"列表框

实战演练　制作与美化产品销售数据透视表

在学习了数据透视表的基础知识和用法后，可以在产品销售数据表中插入数据透视表，调整数据透视表的布局和数字格式（以万为单位，保留一位小数），最后套用数据透视表样式。

1. 创建门店产品销售透视表

创建门店产品销售透视表的具体操作步骤如下。

第1步 打开"销售数据表.xlsx"工作簿，该工作簿中包含"1-门店销售数据""2-透视表""3-饮品销售数据""4-透视表""5-超级表"等 5 张工作表，单击"1-门店销售数据"工作表中的任意单元格，单击"插入"选项卡→"表格"组→"数据透视表"按钮。

第2步 设置数据透视表参数值。在打开的"来自表格或区域的数据透视表"对话框中，选中"现有工作表"单选按钮，单击"位置"右侧的按钮，单击"2-透视表"工作表中的 A3 单元格，如图 13-20 所示。

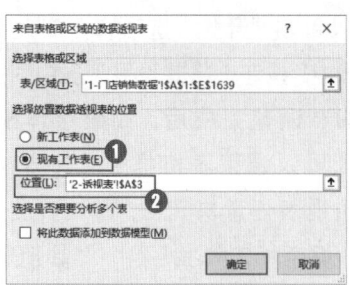

图13-20 设置参数值

第3步 设置完成后，单击"确定"按钮，即可创建数据透视表，如图13-21所示。

图13-21 创建数据透视表

第4步 在"数据透视表字段"窗格中的字段列表区域中，将"门店类别"和"门店"字段拖曳至"行"区域；将"产品类别"字段拖曳至"列"区域；将"销售金额"字段拖曳至"值"区域，如图13-22所示。

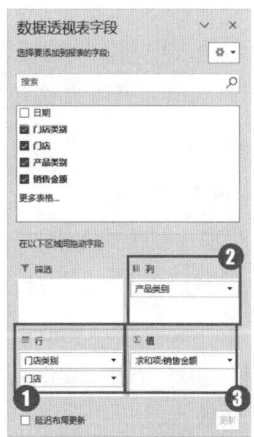

图13-22 添加字段

第5步 完成字段的添加后，门店产品销售数据透视表就创建好了，如图13-23所示。

	A	B	C	D	E
1					
2					
3	求和项:销售金额	列标签			
4	行标签	低端	高端	中端	总计
5	⊟III类门店	223681.716	82845.08	107698.604	414225.4
6	大学城南店	123024.9438	45564.794	59234.2322	227823.97
7	霞飞路店	100656.7722	37280.286	48464.3718	186401.43
8	⊟II类门店	460521.18	170563.4	221732.42	852817
9	大学城北店	253286.649	93809.87	121952.831	469049.35
10	江南四路店	207234.531	76753.53	99779.589	383767.65
11	⊟I类门店	631571.904	233915.52	304090.176	1169577.6
12	步行街店	347364.5472	128653.536	167249.5968	643267.68
13	人民路店	284207.3568	105261.984	136840.5792	526309.92
14	总计	1315774.8	487324	633521.2	2436620

图13-23 创建数据透视表

2. 调整数据透视表布局

调整数据透视表布局的具体操作步骤如下。

第1步 设置分类汇总布局。选中数据透视表中的任意单元格，单击"设计"选项卡→"布局"组→"分类汇总"下拉按钮，展开列表框，选择"在组的底部显示所有分类汇总"命令，如图13-24所示。

第2步 设置报表布局。在"布局"组中，单击"报表布局"下拉按钮，展开列表框，选择"以表格形式显示"命令，如图13-25所示。

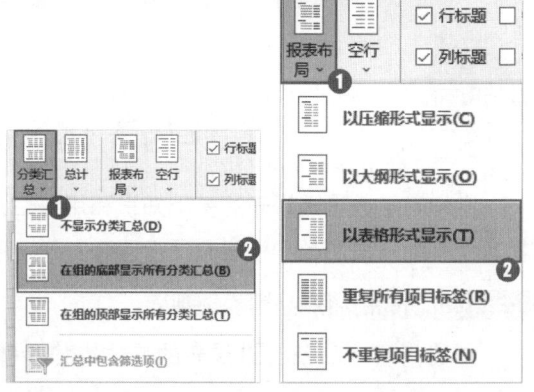

图13-24 选择"在组的底部显示所有分类汇总"命令　　图13-25 选择"以表格形式显示"命令

第3步 通过上一步即可调整数据透视表布局，其调整后的效果如图13-26所示。

第13章
数据透视表基础知识

图13-26　调整数据透视表布局效果

3. 设置数据透视表数值单位及对齐形式

设置数据透视表数值单位及对齐形式的具体操作步骤如下。

第1步 选中数据透视表中的数值单元格区域并右击，在打开的快捷菜单中选择"值字段设置"命令，打开"值字段设置"对话框，单击"数字格式"按钮，如图13-27所示。

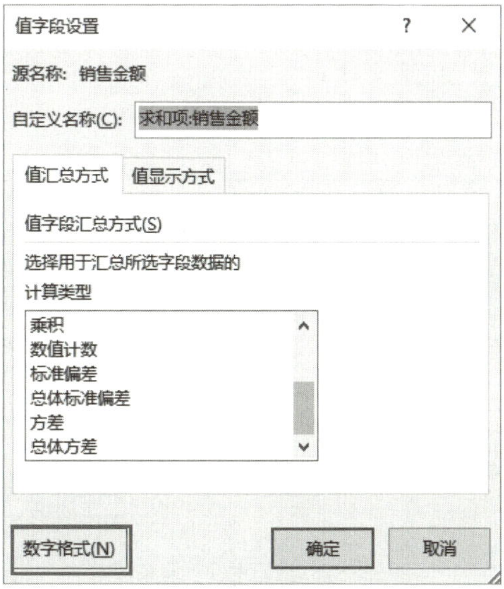

图13-27　单击"数字格式"按钮

第2步 自定义数字格式。在打开的"设置单元格格式"对话框中，在"分类"列表框中选择"自定义"选项，在"类型"文本框中输入"0!.0,"，如图13-28所示。

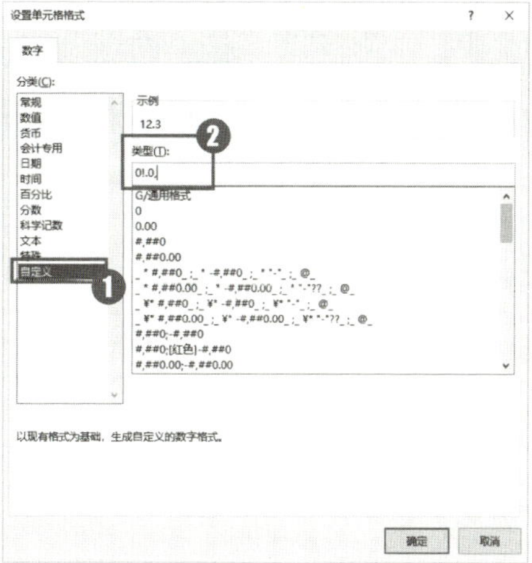

图13-28　设置数字格式

第3步 居中显示数据。自定义完数字格式后，单击两次"确定"按钮，即可设置数字格式，然后单击"开始"选项卡→"对齐方式"组→"居中"按钮，居中显示数据。

第4步 修改标签名称。将"求和项：销售金额"修改为"金额（万元）"，门店汇总改为"小计"，如图13-29所示。

图13-29　设置数据透视表数值单位及对齐形式效果

4. 美化数据透视表样式

美化数据透视表样式的具体操作步骤如下。

第1步 选择数据透视表样式。选中数据透视表任意单元格，单击"设计"选项卡→"数据透视表样式"组→"其他"按钮，展开列表框，选择"浅绿，数据透视表样式中等深浅14"表格样式。

第2步 套用样式。选择完样式即可套用数据透视表样式，美化后的数据透视表效果如图13-30所示。

	A	B	C	D	E	F
1						
2						
3	金额（万元）		产品类别			
4	门店类别	门店	低端	高端	中端	总计
5	⊟III类门店	大学城南店	12.3	4.6	5.9	22.8
6		霞飞路店	10.1	3.7	4.8	18.6
7	小计		22.4	8.3	10.8	41.4
8	⊟II类门店	大学城北店	25.3	9.4	12.2	46.9
9		江南四路店	20.7	7.7	10.0	38.4
10	小计		46.1	17.1	22.2	85.3
11	⊟I类门店	步行街店	34.7	12.9	16.7	64.3
12		人民路店	28.4	10.5	13.7	52.6
13	小计		63.2	23.4	30.4	117.0
14	总计		131.6	48.7	63.4	243.7

图13-30　美化数据透视表样式效果

13.6 更新数据透视表的数据源

在做数据处理与分析时，最不希望发生的就是原始数据的更改，因为这意味着返工。但是，使用数据透视表中的更新数据源功能，可以实现在不返工的情况下更新数据透视表中的数据。

下面我们从修改数据源、新增数据源、建立超级表3个部分来详细讲解更新数据透视表中的数据源方法，达到实时同步的效果。

13.6.1 修改数据源

当在数据源表中随意修改某一行的数据，然后在对应的数据透视表中，单击“数据透视表分析”选项卡→“数据”组→“刷新”按钮，如图13-31所示，则可以重新修改数据透视表中的数据。

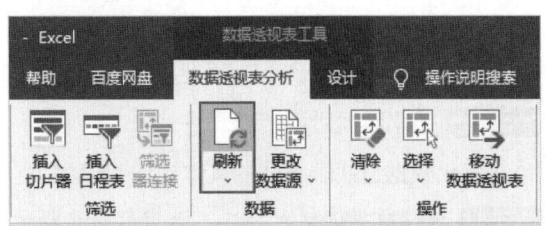

图13-31　单击“刷新”按钮

比如，数据透视表中原来4月份的销售总额是117874元，单价5～10元的销量是49515，运动饮料的销量是12411，如图13-32所示。

	A	B	C	D	E	F	G	H
1								
2	日期	销售总额		单价	总销量		产品	总销量
3	⊟第二季	352350		0～5	69014		⊟大罐饮料	8693
4	⊞4月	117874		5～10	49515		大罐椰汁	4384
5	⊞5月	118928		10～15	4309		大罐橙汁	4309
6	⊞6月	115549		15～20	4384		⊟汽水	58385
7	⊟第三季	347936		总计	127222		可乐	23006
8	⊞7月	115049					雪碧	23019
9	⊞8月	118008					果味汽水	12360
10	⊞9月	114879					⊟茶类饮料	47733
11	⊟第四季	387					红茶	12450
12	⊞10月	387					凉茶	12294
13	总计	700673					柠檬茶	22989
14							⊟运动饮料	12411
15							运动饮料	12411
16							总计	127222

图13-32　数据透视表原来数据

在饮料销售数据源表中，将D8单元格中运动饮料的销量改为86，E8单元格的销售额改为680，再在数据透视表中，单击“数据透视表分析”选项卡→“数据”组→“刷新”按钮，即可更新修改后的数据，则4月份的销售总额为117834元，单价5～10元的销量是49511，运动饮料的销量数据为12407，如图13-33所示。

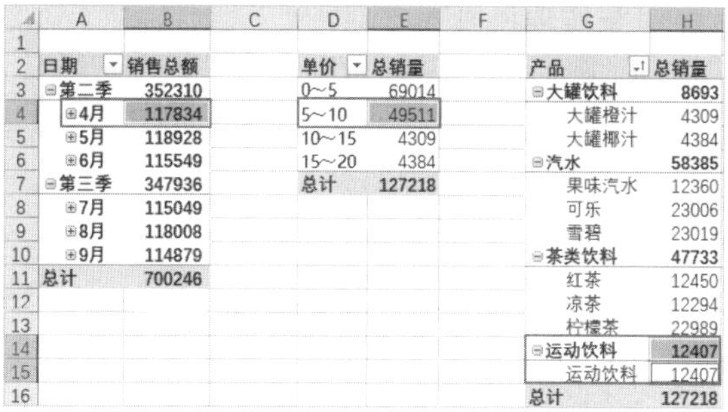

第 13 章
数据透视表基础知识

图 13-33 数据透视表修改后数据

13.6.2 新增数据源

有时候，修改数据源不是简单地改数字，而是增加了数据源，这时候简单地刷新数据透视表并不会更新，此时需要使用"更改数据源"重新更改数据源的范围才能进行新增。

比如，在饮品销售数据工作表中，按快捷键"Ctrl+Shift+↓"，直接定位到数据表最后的一行，在表格最后手动添加1行数据，如图13-34所示。

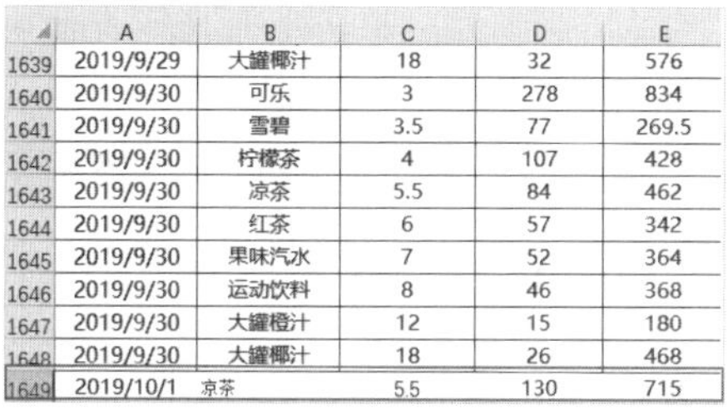

数据源新增好后，单击数据透视表中的任意单元格，单击"数据透视表分析"选项卡→"数据"组→"更改数据源"按钮，打开"更改数据透视表数据源"对话框，单击"表/区域"右侧的按钮 ↑，重新框选区域，按快捷键"Ctrl+Shift+↓"，定位到最后一行，再单击"确定"按钮，即可同步更新数据透视表数据，如图13-35所示。

图 13-34 新增数据源

图 13-35 同步更新数据源数据

13.6.3 建立超级表

超级表是一系列设定好格式的表格，它不仅可以管理和分析数据，还可以对数据进行排序、筛选和设置格式等。超级表能够自动更新数据源，当我们在数据源上新增或删减数据时，即使不用手动更改数据源区域，它也可以自动更新数据。

超级表具有自动扩充数据的功能，只要在超级表的末尾行新增数据，超级表就会自动扩展，包括颜色和样式也会自动填充到后面的表格。其具体操作方法是：在饮品销售数据表格中单击任意单元格，然后单击"插入"选项卡→"表格"组→"表格"按钮，打开"创建表"对话框，设置好表的数据来源区域，单击"确定"按钮，即可创建超级表，如图13-36所示。然后通过已经创建好的超级表创建数据透视表。当在超级表中添加数据后，在数据透视表中更新数据，即可将新添加的数据自动同步过来。

图13-36 创建超级表

通过动态数据源体验未套用与套用超级表的区别

实战演练

在13.6节中，已经掌握了数据透视表中更新数据源的方法。下面就分别来体验下未套用与套用超级表后更新数据透视表数据源的操作方法。

1. 更改数据源刷新汇总数据

更改数据源之后刷新汇总数据的具体操作步骤如下。

第1步 切换工作表。在工作簿中单击"3-饮品销售数据"工作表标签，切换工作表。

第2步 新增一行数据。按快捷键"Ctrl+Shift+↓"定位到数据表最后一行，新增1行数据（日期为"2019/10/1"，产品为"可乐"，单价为"3"，销量为"129"，销售金额为"387"），如图13-37所示。

图13-37 新增一行数据

第3步 单击"更改数据源"按钮。切换至"4-透视表"工作表，在数据透视表中单击任意单元格，然后单击"数据透视表分析"选项卡→"数据"组→"更改数据源"按钮，如图13-38所示。

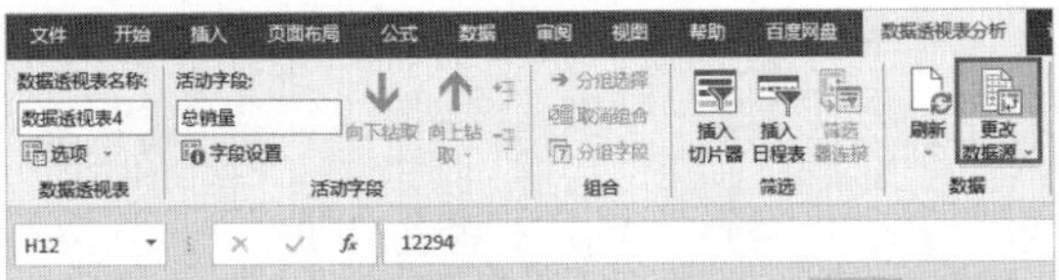

图13-38 单击"更改数据源"按钮

第4步 更新数据透视表数据。在打开的"更改数据透视表数据源"对话框中，单击"表/区域"右侧的按钮，重新框选区域，按快捷键"Ctrl+Shift+↓"定位最后一行，再单击"确定"按钮，即可同步更新数据透视表数据，如图13-39所示。

图13-39 同步更新数据透视表中数据源

第13章
数据透视表基础知识

2. 套用超级表实现动态数据源

套用超级表实现动态数据源的具体操作步骤如下。

第1步 创建超级表。切换至"3-饮品销售数据"工作表,单击"插入"选项卡→"表格"组→"表格"按钮,打开"创建表"对话框,框选表区域,单击"确定"按钮,即可创建超级表,如图13-40所示。

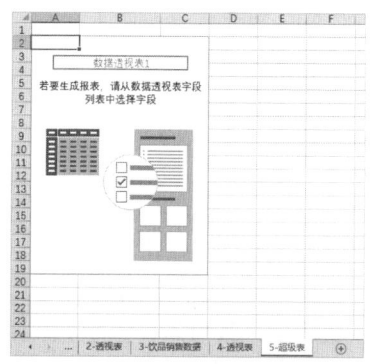

图13-40 创建超级表

第2步 创建数据透视表。在新创建的超级表中,单击任意单元格,单击"插入"选项卡→"表格"组→"数据透视表"下拉按钮,选择"表格和区域"选项,打开"来自表格或区域的数据透视表"对话框,选中"现有工作表"单选按钮,单击"位置"右侧的按钮⬆,选择"5-超级表"工作表中的A2单元格,单击"确定"按钮,即可创建新的数据透视表至"5-超级表"工作表中,如图13-41所示。

图13-41 创建数据透视表

第3步 添加字段。在"数据透视表字段"窗格中,选中"日期"和"销售金额"复选框,添加字段,如图13-42所示。

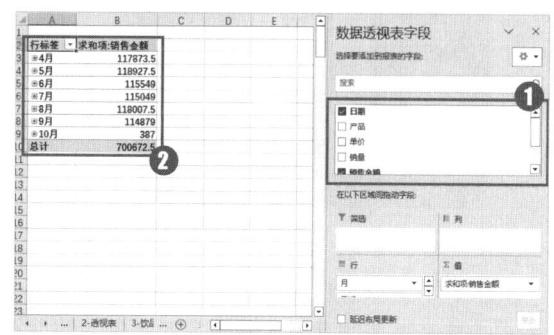

图13-42 添加字段

第4步 新增行数据。切换至"3-饮品销售数据"工作表,新增1行数据(日期为"2019/10/2",产品为"可乐",单价为"3",销量为"159",销售金额为"477"),如图13-43所示。

	A	B	C	D	E
1637	2019/9/29	运动饮料	8	86	688
1638	2019/9/29	大罐橙汁	12	16	192
1639	2019/9/29	大罐椰汁	18	32	576
1640	2019/9/30	可乐	3	278	834
1641	2019/9/30	雪碧	3.5	77	269.5
1642	2019/9/30	柠檬茶	4	107	428
1643	2019/9/30	凉茶	5.5	84	462
1644	2019/9/30	红茶	6	57	342
1645	2019/9/30	果味汽水	7	52	364
1646	2019/9/30	运动饮料	8	46	368
1647	2019/9/30	大罐橙汁	12	15	180
1648	2019/9/30	大罐椰汁	18	26	468
1649	2019/10/1	可乐	3	129	387
1650	2019/10/2	可乐	3	159	477

图13-43 新增行数据

第5步 更新数据源。切换至"5-超级表"工作表,单击日期和销售金额透视表,然后单击"数据透视表分析"选项卡→"数据"组→"刷新"按钮,即可套用超级表更新数据源,如图13-44所示。

	A	B
1		
2	行标签	求和项:销售金额
3	⊞4月	117873.5
4	⊞5月	118927.5
5	⊞6月	115549
6	⊞7月	115049
7	⊞8月	118007.5
8	⊞9月	114879
9	⊞10月	864
10	总计	701149.5

图13-44 更新数据源

第14章 数据透视表的计算

通过第13章的学习,我们已经掌握了使用数据透视表对字段进行求和的汇总方式,但是这种汇总方式在某些情况下无法满足变化多端的计算需求。例如,当我们既需要查看销售额的总和,也需要查看销售额的平均值,或者订单的数量,抑或是每个销售人员的销售业绩占销售总额的百分比及销售人员的提成情况时,就需要用到字段的求和、计数、平均值、最大值、最小值的计算方式。接下来,我们需要学习数据透视表的计算方式,包含值的汇总方式、值的显示方式和计算字段汇总数据等3种方式。

本章通过用数据透视表统计电子产品销售数据的案例来继续学习数据透视表的计算方式,如图14-1所示。

(a)用值的汇总方式汇总数据透视表数据　　(b)用字段计算数据透视表数据

图14-1 用数据透视表统计电子产品销售数据

14.1 值的汇总方式

值的汇总方式除了求和,还有计数、平均值、最大值、最小值、乘积等,如图14-2所示,我们可以根据实际需要选择不同的汇总方式。下面将对常见的值的汇总方式分别进行介绍。

第 14 章 数据透视表的计算

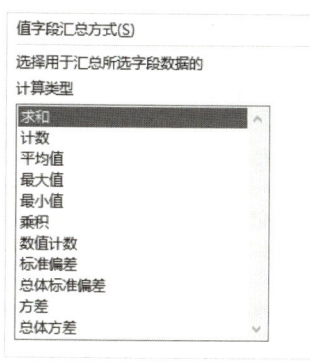

图 14-2 值的汇总方式

1. 求和

"求和"汇总方式用于对数值进行求和。如果字段包含的项目全部是数值，则该字段的默认汇总方式是"求和"。

比如，在公司第一季度销售明细表中，有订单序号，一个序号代表一个成交订单。还有销售人员、销售人员所在的部门、订单成交的月份、销售金额、销售产品、该订单的销售数量。假设，我们想看看第一季度中各个销售人员的业绩情况，则可以按此方法操作：先插入数据透视表，按"销售人员"分类，可以看出一共有 5 个销售人员；再汇总求和各个销售人员的业绩，将"销售金额"字段拖曳至"值"区域，对每个销售人员的销售额进行求和计算，最后将"销售人员"名称修改成"姓名"，销售额按降序排序，如图 14-3 所示。

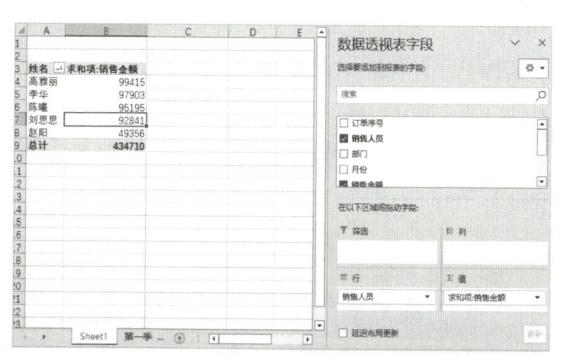

图 14-3 求和汇总数据

从图 14-3 所示的汇总结果来看，第一季度

中高雅丽的销售业绩最好，总销售额有 99415 元，赵阳的销售业绩最差，销售金额只有 49356 元。

> **技术看板**
>
> 在数据透视表中，还可以通过条件格式给表格增加数据条等样式，使数据变得更直观。具体设置方法参见第 18 章内容的讲解。

2. 计数

"计数"汇总方式用于对数据项的个数进行计数，该方式与 COUNT 函数相同。如果字段中含有"空单元格"或"非数值数据"，则该字段默认汇总方式为"计数"。

因为总的销售金额等于订单量乘以平均单笔销售金额，所以销售业绩好有可能是因为订单量多，也可能是因为平均单笔销售金额高，其关系如图 14-4 所示。

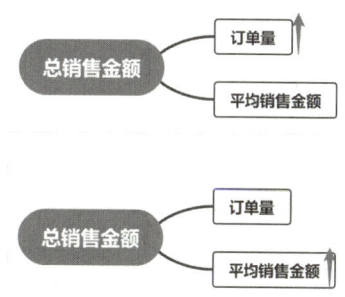

图 14-4 销售额关系图

为了方便观察各个员工业绩的构成情况，我们可以统计各个员工的"订单量"和"平均销售金额"。

首先来统计"订单量"，订单量的统计可以通过对"订单序号"进行计数得到，但是需要先求和汇总数据，才能通过汇总数据计算订单量。其具体操作是：在求和汇总方式的数据透视表上，增加要汇总的字段。将"订单序号"字段拖曳至"值"区域，再把名称改为"订单量"就可以了，如图 14-5 所示。

201

图14-5 计数汇总数据

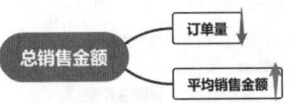

图14-7 销售额关系图

首先来统计"平均销售金额",需要借助数据透视表的"平均值"进行汇总。其具体操作步骤是:将"销售金额"字段拖曳至"值"区域,然后单击"值"区域的"销售金额"字段右侧的下拉按钮,展开列表框,选择"值字段设置"命令,如图14-8所示,打开"值字段设置"对话框,在"计算类型"列表框中选择"平均值"选项,如图14-9所示,单击"确定"按钮,即可将汇总方式修改为"平均值"。

> **技术看板**
>
> 数据透视表默认对数值型字段使用求和汇总的方式,对非数值的字段默认使用计数汇总的方式。由于订单编号是文本格式,所以默认使用计数汇总。

从图14-5所示的汇总结果可以看出,销售单量最多的还是高雅丽,倒数第一的还是赵阳,可以初步判断出赵阳销售业绩差可能是因为销售单量少。

3. 平均值

"平均值"汇总方式用于求一组数据的平均值。比如,在公司第一季度销售明细表中继续观察时,会发现李华的销售业绩比陈曦高,但订单量却比陈曦少,如图14-6所示。

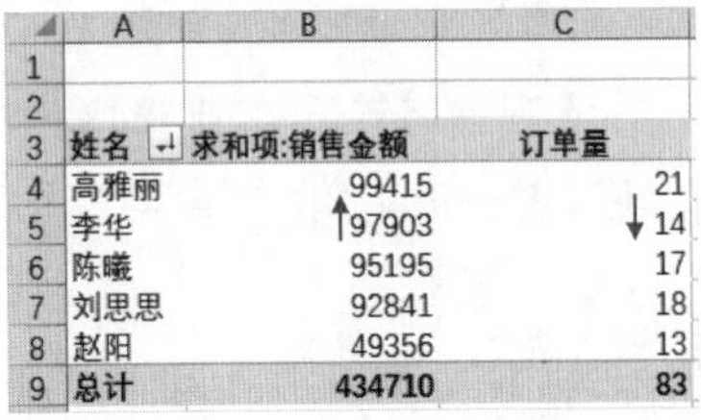

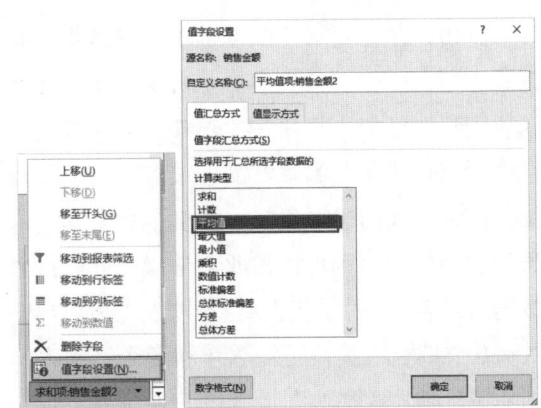

图14-8 选择"值字段设置"命令　　图14-9 选择"平均值"选项

将汇总方式修改为"平均值"后,再自定义名称为"平均销售金额"即可,每个销售人员的平均销售金额就出来了。不过显示出来的数值小数点后保留了好几位,这里可以通过"减少小数位数"按钮清除小数点位数来取整数,如图14-10所示。

图14-6 查看汇总数据

根据销售额的计算公式,销售金额高和订单量少说明平均单笔销售金额比较高,其关系如图14-7所示。

图14-10 平均值汇总数据

第 14 章 数据透视表的计算

从图14-10所示的结果可以看出，李华的平均销售金额是6993。虽然她的订单量不多，但每单的平均销售金额却是最高的。

技术看板

在修改汇总方式时，还可以直接双击数据透视表中的字段单元格，同样可以打开"值字段设置"对话框选择计算类型；还可以在数据透视表中选择列字段，并右击，在弹出的快捷菜单中选择"值汇总依据"命令，展开子菜单，如图14-11所示，在子菜单中选择汇总方式进行修改即可。

图14-11 "值汇总依据"子菜单

4. 最大值

"最大值"汇总方式用于求一组数据的最大值。比如，在公司第一季度销售明细表中，还可以用"最大值"汇总方式将每个销售人员的最大成交产品量统计出来。其具体方法是：将"产品数量"字段拖曳至"值"区域，"计算类型"选择为"最大值"，然后自定义名称为"最大成交产品量"即可，如图14-12所示。

	A	B	C	D	E
1					
2					
3	姓名	求和项:销售金额	订单量	平均销售金额	最大成交产品量
4	高雅丽	99415	21	4734	49
5	李华	97903	14	6993	42
6	陈曦	95195	17	5600	23
7	刘思思	92841	18	5158	42
8	赵阳	49356	13	3797	30
9	总计	434710	83	5237	49

图14-12 最大值汇总数据

从图14-12所示的结果可以看出，李华和刘思思的最大成交产品量是一样的。

5. 最小值

"最小值"汇总方式用于求一组数据的最小值。比如，在公司第一季度销售明细表中，还可以用"最小值"汇总方式将每个销售人员的最小成交产品量统计出来。其具体方法是：将"产品数量"字段拖曳至"值"区域，"计算类型"选择为"最小值"，然后自定义名称为"最小成交产品量"即可，如图14-13所示。

	A	B	C	D	E	F
1						
2						
3	姓名	求和项:销售金额	订单量	平均销售金额	最大成交产品量	最小成交产品量
4	高雅丽	99415	21	4734	49	3
5	李华	97903	14	6993	42	1
6	陈曦	95195	17	5600	23	1
7	刘思思	92841	18	5158	42	2
8	赵阳	49356	13	3797	30	1
9	总计	434710	83	5237	49	1

图14-13 最小值汇总数据

从图14-13所示的结果可以看出，大部分销售人员的最小订单数量都是1。

实战演练

用值的汇总方式对表格中的数据进行汇总

基于14.1节所学的知识，我们可以在电子产品销量表中创建数据透视表，并用求和、计数等值的汇总方式统计各销售人员第一季度的销售业绩、订单数、每单的销售金额及平均值、最大/最小成交产品量等数据。

1. 计算每个销售员第一季度销售业绩

计算每个销售员第一季度销售业绩的具体操作步骤如下。

第1步 创建数据透视表。打开“电子产品销量表.xlsx”工作簿，该工作簿中包含“第一季度电子产品销售表”“值的汇总方式”“计算字段”3张工作表，选中“第一季度电子产品销售表”工作表中的任意单元格，如图14-14所示，单击“插入”选项卡→“表格”组→“数据透视表”按钮，在“值的汇总方式”工作表中创建数据透视表。

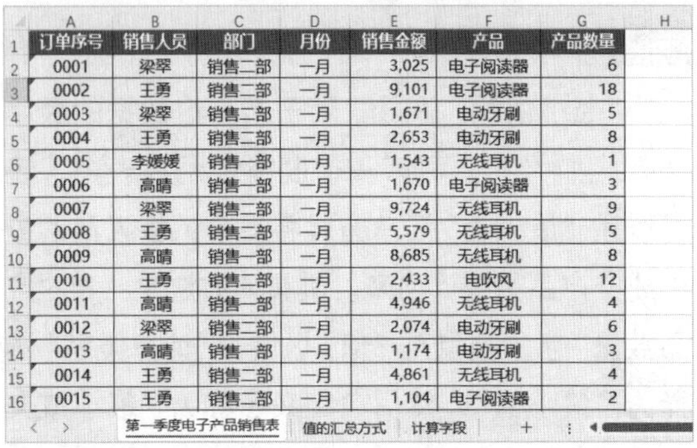

订单序号	销售人员	部门	月份	销售金额	产品	产品数量
0001	梁翠	销售二部	一月	3,025	电子阅读器	6
0002	王勇	销售二部	一月	9,101	电子阅读器	18
0003	梁翠	销售二部	一月	1,671	电动牙刷	5
0004	王勇	销售二部	一月	2,653	电动牙刷	8
0005	李媛媛	销售一部	一月	1,543	无线耳机	1
0006	高晴	销售一部	一月	1,670	电子阅读器	3
0007	梁翠	销售二部	一月	9,724	无线耳机	9
0008	王勇	销售二部	一月	5,579	无线耳机	5
0009	高晴	销售一部	一月	8,685	无线耳机	8
0010	王勇	销售二部	一月	2,433	电吹风	12
0011	高晴	销售一部	一月	4,946	无线耳机	4
0012	梁翠	销售二部	一月	2,074	电动牙刷	6
0013	高晴	销售一部	一月	1,174	电动牙刷	3
0014	王勇	销售二部	一月	4,861	无线耳机	4
0015	王勇	销售二部	一月	1,104	电子阅读器	2

图14-14　打开工作簿

第2步 添加字段。切换至“值的汇总方式”工作表，在右侧窗格中将“销售人员”字段拖曳至“行”区域，“销售金额”拖曳至“值”区域。

第3步 计算每个销售员第一季度销售业绩。修改字段名称分别为“姓名”和“销售业绩”，并居中对齐所有数据，完成每个销售员第一季度销售业绩的计算，如图14-15所示。

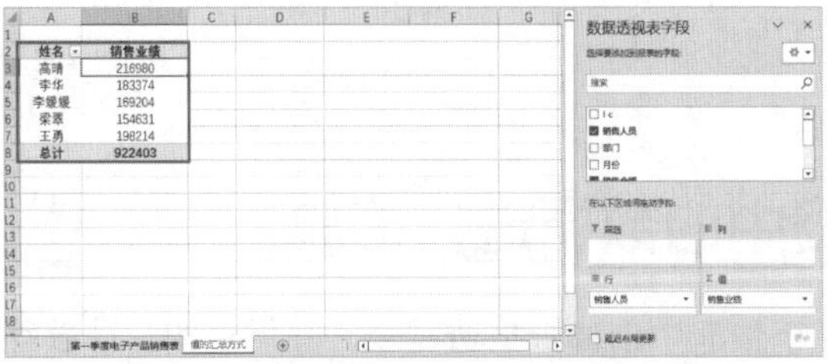

姓名	销售业绩
高晴	216980
李华	183374
李媛媛	169204
梁翠	154631
王勇	198214
总计	922403

图14-15　计算每个销售员第一季度销售业绩

2. 计算每个销售员在第一季度完成的订单数

计算每个销售员在第一季度完成的订单数的具体操作步骤如下。

第1步 添加字段。在右侧窗格中将“订单序号”字段拖曳至“值”区域。

第2步 计算每个销售员第一季度完成的订单数。修改“订单序号”字段名称为“订单量”，并居中对齐所有数据，即可完成每个销售员第一季度完成的订单数的计算，如图14-16所示。

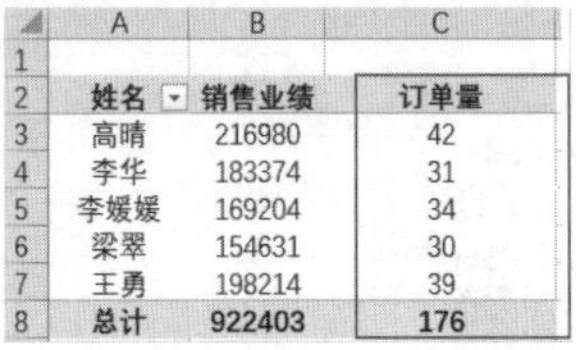

姓名	销售业绩	订单量
高晴	216980	42
李华	183374	31
李媛媛	169204	34
梁翠	154631	30
王勇	198214	39
总计	922403	176

图14-16　计算每个销售员第一季度完成的订单数

3. 计算销售员每单的销售金额平均值

计算销售员每单的销售金额平均值的具体操作步骤如下。

第1步 添加字段。在右侧窗格中将“销售金额”字段拖曳至“值”区域。

第2步 设置汇总方式。单击“值”区域中“销售金额”右侧的下拉按钮，展开列表框，选择“值字段设置”命令，打开“值字段设置”对话框，在“计算类型”列表框中选择“平均值”选项，单击“确定”按钮，设置汇总方式。

第3步 计算销售员每单的销售金额平均值。修改标签名称为“平均销售金额”，然后全选“平均销售金额”列，单击“开始”选项卡→“数字”组→“减小小数位数”按钮，清除小数位，完成销售员每单的销售金额平均值的计算，如图14-17所示。

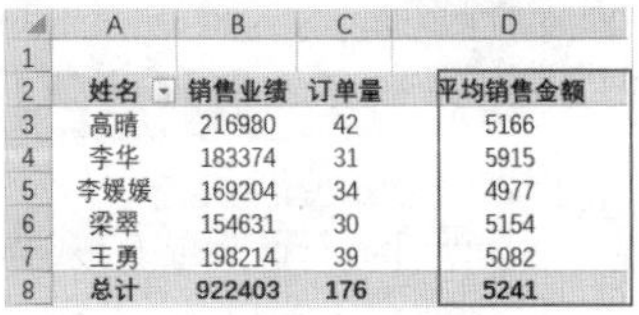

姓名	销售业绩	订单量	平均销售金额
高晴	216980	42	5166
李华	183374	31	5915
李媛媛	169204	34	4977
梁翠	154631	30	5154
王勇	198214	39	5082
总计	922403	176	5241

图14-17　计算销售员每单的销售金额平均值

4. 找出每个销售员成交的最大产品数量

找出每个销售员成交的最大产品数量的具体操作步骤如下。

第1步 添加字段。在右侧窗格中，将“产品数量”字段拖曳至“值”区域。

第2步 设置汇总方式。单击“值”区域中“产品数量”右侧的下拉按钮，展开列表框，选择“值字段设置”命令，打开“值字段设置”对话框，在“计算类型”列表框中选择“最大值”选项，单击“确定”按钮，设置汇总方式。

第3步 计算每个销售员成交的最大产品数量。修改标签名称为“最大产品成交量”，完成每个销售员成交的最大产品数量的计算，如图14-18所示。

姓名	销售业绩	订单量	平均销售金额	最大产品成交量
高晴	216980	42	5166	49
李华	183374	31	5915	42
李媛媛	169204	34	4977	42
梁翠	154631	30	5154	30
王勇	198214	39	5082	45
总计	922403	176	5241	49

图14-18　计算每个销售员成交的最大产品成交量

5. 找出每个销售员成交的最小产品数量

找出每个销售员成交的最小产品数量的具体操作步骤如下。

第1步 添加字段。在右侧窗格中将“产品数量”字段拖曳至“值”区域。

第2步 设置汇总方式。单击“值”区域中“产品数量2”右侧的下拉按钮，展开列表框，选择“值字段设置”命令，打开“值字段设置”对话框，在“计算类型”列表框中选择“最小值”选项，单击“确定”按钮，设置汇总方式。

第3步 计算每个销售员成交的最小产品数量。修改标签名称为“最小产品成交量”，完成每个销售员成交的最小产品数量的计算，如图14-19所示。

姓名	销售业绩	订单量	平均销售金额	最大产品成交量	最小产品成交量
高晴	216980	42	5166	49	1
李华	183374	31	5915	42	1
李媛媛	169204	34	4977	42	1
梁翠	154631	30	5154	30	2
王勇	198214	39	5082	45	2
总计	922403	176	5241	49	1

图14-19　计算每个销售员成交的最小产品成交量

14.2 值的显示方式

除了汇总方式，数据透视表还提供了丰富的值显示方式。比如总计的百分比、列汇总的百分比、父级汇总的百分比、父行汇总的百分比等。使用这些功能，可以快速计算每项记录占同行、同列、项目总和的百分比等。

技术看板

更改值显示方式的方法很简单，在值单元格中右击，在弹出的快捷菜单中选择“值显示方式”命令，展开子菜单，如图14-20所示，选择合适的值显示方式即可；用户还可以进入“值字段设置”对话框中，选择“值显示方式”选项卡，在“值显示方式”列表框中选择合适的值显示方式即可，如图14-21所示。

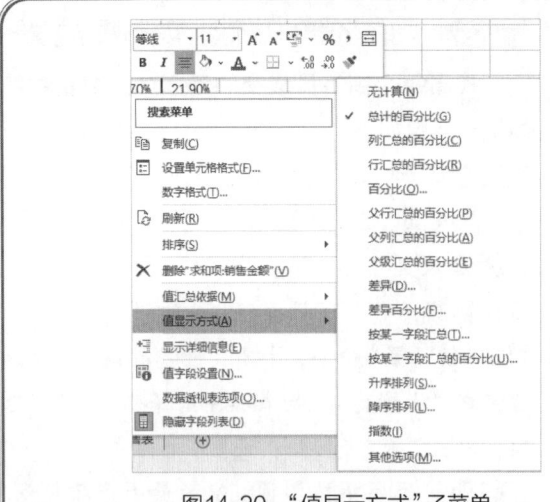

图14-20 "值显示方式"子菜单

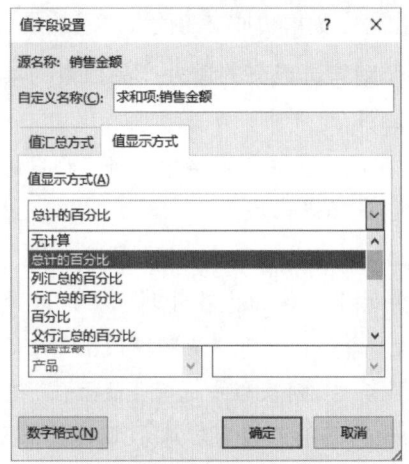

图14-21 "值显示方式"列表框

1. 总计的百分比

使用"总计的百分比"显示方式可以以百分比样式显示数据透视表数据。一般情况下,当计算每个数据项占值总和的百分比时,就可以用"总计的百分比"的显示方式来呈现,其计算公式如下:

总计的百分比=某项的值/总计的值

比如,在公司第一季度销售明细表中,想查看每一个销售人员的某项产品对总销售金额的贡献程度,则可以先将数据的显示方式全部更改为"总计的百分比"显示方式,且百分比的数据比较小,最多也就是三位数,这样我们就可以很快地找出,陈曦的洗衣机对销售总金额的贡献度是最大的,如图14-22所示。

	A	B	C	D	E	F
1						
2						
3	求和项:销售金额	产品				
4	销售人员	冰箱	空调	热水器	洗衣机	总计
5	陈曦	6.49%	2.08%	3.62%	9.70%	21.90%
6	高雅丽	7.68%	5.00%	4.54%	5.64%	22.87%
7	李华	6.40%	7.03%	5.68%	3.41%	22.52%
8	刘思思	7.20%	1.96%	7.43%	4.77%	21.36%
9	赵阳	3.64%	1.39%	3.62%	2.69%	11.35%
10	总计	31.42%	17.46%	24.91%	26.21%	100.00%

图14-22 "总计的百分比"显示方式查看数据

2. 列汇总的百分比

如果计算每个数据项占该列总和的百分比,可以用"列汇总的百分比"显示方式来呈现。其计算公式如下:

列汇总的百分比=某项的值/列总计的值

当使用"列汇总的百分比"显示方式显示数值后,每列产品的总计都变成了100%,如图14-23所示,且从图中可以很容易看出陈曦和高雅丽对洗衣机销售的贡献度最大。如果以后要按产品指定人员分工,那么洗衣机的销售任务可以优先让陈曦和高雅丽来负责。

	A	B	C	D	E	F
1						
2						
3	求和项:销售金额	产品				
4	销售人员	冰箱	空调	热水器	洗衣机	总计
5	陈曦	20.67%	11.93%	14.55%	36.99%	21.90%
6	高雅丽	24.46%	28.64%	18.23%	21.53%	22.87%
7	李华	20.36%	40.25%	22.82%	13.02%	22.52%
8	刘思思	22.92%	11.20%	29.84%	18.18%	21.36%
9	赵阳	11.59%	7.98%	14.55%	10.28%	11.35%
10	总计	100.00%	100.00%	100.00%	100.00%	100.00%

图14-23 "列汇总的百分比"显示方式查看数据

3. 行汇总的百分比

行汇总百分比就是计算每个数据项占该行

总和的百分比，其计算公式如下：

行汇总的百分比＝某项的值／行总计的值

比如，在公司第一季度销售明细表中，以销售人员为维度，看看各个产品的销售金额占比，则可以先将数据的显示方式全部更改为"行汇总的百分比"显示方式，如图14-24所示。

图14-24 "行汇总的百分比"显示方式查看数据

从图14-24中可以看出，每个销售人员的总计变成100%了。从陈曦这个维度来看，她更擅长销售洗衣机和冰箱，这两个产品在她的销售金额中的占比是最高的，那以后再给陈曦这个销售人员分配任务的时候，就可以优先让她销售冰箱和洗衣机。

4. 百分比

前面几种值显示方式都是将所有行列的总计或列总计或行总计作为分母去计算占比的，除了各种各样的总计，还可以将任意项的值作为分母，将每个数据项与之比较计算出百分比。

例如，我们可以在公司第一季度销售明细表中将一月的数据作为分母，也就是一月每个员工的销售额都是100%，然后求二月占一月、三月占一月的百分比，其操作方法是：在数据透视表中，将"销售人员"字段拖曳至"行"区域，"月份"字段拖曳至"列"区域，"销售金额"字段拖曳至"值"区域，然后选择"百分比"显示方式，将"基本字段"设置为"月份"，"基

本项"为"一月"，其显示效果如图14-25所示。

图14-25 "百分比"显示方式查看数据

从图14-25中可以看出一月这一列数据都变成了100%，因为它是基础项，是自己和自己比，所以就是100%，每个月都和一月做对比。陈曦二月和一月做对比，销售金额占比小于100%，说明陈曦二月的业绩相比一月有所降低。三月的业绩与一月相比只占4.53%。从各个月份的销售金额来看，二月、三月的值都小于100%，说明公司整体的销售业绩呈现逐渐下降的趋势。

5. 父级汇总的百分比

父级汇总的百分比可以说是父行汇总的百分比、父列汇总的百分比的一种拓展，可以选择任意基本字段作为占比依据，其计算公式如下：

父级汇总的百分比＝某项的值／指定的"基本字段"的值

> **技术看板**
>
> 通常我们所说的父级，指的是当前字段的上一级；但数据透视表的父级并不是指上一级，是可以指定的父级字段。

比如，想在公司第一季度销售明细表中计算高雅丽一月冰箱的销售金额占高雅丽一季度总销售金额的百分比，那我们可以指定销售人员作为父级字段，这样透视表下的月份和产品就会自动变成销售人员的子集。用父级汇总的百分比显示就可以计算出子集占父级的百分比。

其操作方法是：把"销售金额"字段拖曳至"值"区域，现在数据透视表中就有2个值字段了，选中新增的这列汇总值来设置值显示方式，然后右击，在弹出的快捷菜单中选择"值显示方式"→"父级汇总的百分比"命令，打开"值显示方式"对话框，由于要计算冰箱的销售金额在高雅丽这个销售人员的销售金额中的百分比，所以选择除以"销售人员"作为基本字段，如图14-26所示。单击"确定"按钮，可以看到，现在每个销售人员的销售金额都是100%，高雅丽一月冰箱的销售金额占高雅丽第一季度总销售额的23.01%，如图14-27所示。

这种显示方式就是以每个销售人员为基准，计算各个子集的占比情况。例如高雅丽的销售总额是100%，一月份的百分比是用一月销售总额除以高雅丽这个销售人员的销售总额，三个月份的销售额加起来就是100%。从高雅丽三个月份的销售额来看，可以很明显地看到月份的销售额的占比逐渐变小。

6. 父行汇总的百分比

父行汇总的百分比显示的是占前一个行字段的百分比，其计算公式如下：

父行汇总的百分比 = 某项的值 / 行上汇总行的值

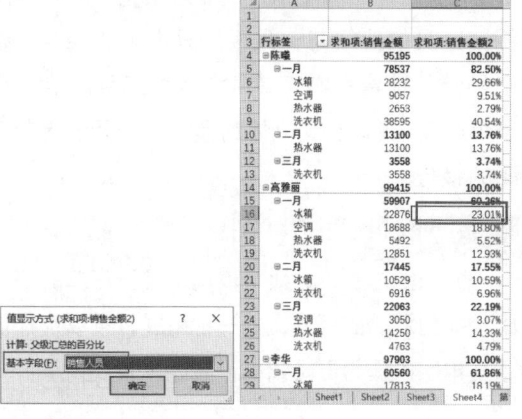

图14-26 设置基本字段　图14-27 "父级汇总的百分比"显示方式查看数据

| 技术看板 |

在"值显示方式"中选择"父行汇总的百分比"命令时，不会出现"值显示方式"对话框，因为父行汇总的百分比有默认的分母。父级汇总的百分比需要指定分母，但是父行汇总的百分比则不用，它的分母就是上一层级的值。

比如，在公司第一季度销售明细表中，如果要看各个产品类别占该月份总额的百分比，则将数据的显示方式全部更改为"父行汇总的百分比"显示方式即可。

14.3 计算字段汇总数据

数据透视表可以通过"计算字段"汇总数据。如果求和、求平均值、计数等汇总方式满足不了计算需求，则可以自己用公式创建一个新字段——计算字段。下面将详细讲解用计算字段汇总数据的方法。

 **创建计算字段**

"计算字段"功能是数据透视表独有的。创建计算字段的方法很简单，用户只要在数据透视表中，单击"数据透视表分析"选项卡→"计算"组→"字段、项目和集"下拉按钮，展开列表框，选择"计算字段"命令，如图14-28所示。在打开的"插入计算字段"对话框中可以设置计算字段的名称和公式，然后单击"确定"按

钮，如图14-29所示。

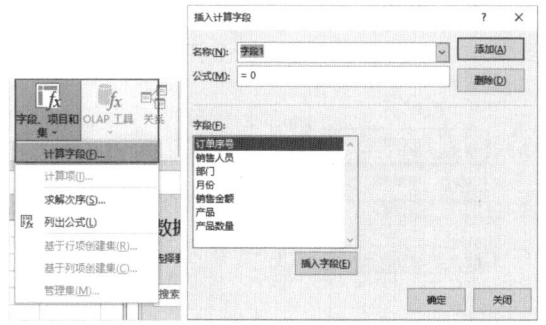

图14-28 选择"计算字段"命令　　图14-29 "插入计算字段"对话框

比如，想在数据透视表中计算出产品的单价，则可以在"插入计算字段"对话框中修改"名称"为"单价"，公式为"=销售金额/产品数量"，单击"确定"按钮，即可通过计算字段计算单价，如图14-30所示。

图14-30 通过计算字段计算单价

2. 修改计算字段

当创建好计算字段后，还可以在"插入计算字段"对话框中重新修改公式，从而完成计算字段的修改。

3. 删除计算字段

对于计算字段，既可以修改也可以删除，在"插入计算字段"对话框中单击"删除"按钮，就可以删除计算字段。

对数据透视表进行字段计算

在掌握了数据透视表中计算字段的应用方法后，接下来我们通过计算字段来计算下产品单价、销售提成等数据。

1. 计算产品单价

计算产品单价的具体操作步骤如下。

第1步 切换工作表。在"电子产品销量表.xlsx"工作簿中，单击"计算字段"工作表标签，切换工作表，该工作表中有两个数据透视表，如图14-31所示。

图14-31 切换至"计算字段"工作表

第2步 选择命令。选中第一个数据透视表字段单元格，单击"数据透视表分析"选项卡→"计算"组→"字段、项目和集"下拉按钮，展开列表框，选择"计算字段"命令。

第3步 设置计算字段。在打开的"插入计算字段"对话框中，修改"名称"为"单价"，"公式"为"=销售金额/产品数量"，如图14-32所示。

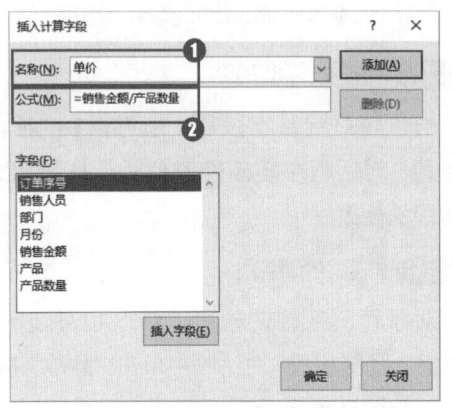

图14-32 设置计算字段

第4步 计算产品单价。设置完成后单击"确定"按钮，即可计算产品单价，然后把小数点位数设置为1位，其效果如图14-33所示。

	A	B	C	D
3	产品	求和项:销售金额	求和项:产品数量	求和项:单价
4	电子阅读器	248307	473	525.0
5	电动牙刷	193230	622	310.7
6	无线耳机	291426	267	1091.5
7	电吹风	189440	933	203.0
8	总计	922403	2295	401.9

图14-33 计算产品单价

2. 计算每个销售员的销售提成

计算每个销售员的销售提成的具体操作步骤如下。

第1步 选择命令。选中第二个数据透视表字段单元格，单击"数据透视表分析"选项卡→"计算"组→"字段、项目和集"下拉按钮，展开列表框，选择"计算字段"命令。

第2步 设置计算字段。在打开的"插入计算字段"对话框中，修改"名称"为"提成"，"公式"为"=销售金额*1%"，如图14-34所示。

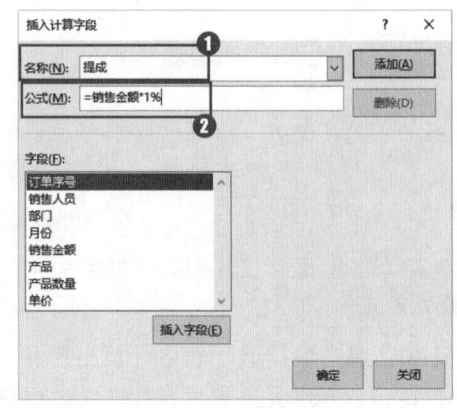

图14-34 设置计算字段

第3步 计算每个销售员的销售提成。设置完成后单击"确定"按钮，即可计算每个销售员的销售提成，其效果如图14-35所示。

	A	B	C
14	销售人员	求和项:销售金额	求和项:提成
15	李华	183374	1833.74
16	李嫒嫒	169204	1692.04
17	王勇	198214	1982.14
18	梁翠	154631	1546.31
19	高晴	216980	2169.8
20	总计	922403	9224.03

图14-35 计算销售提成

3. 修改销售提成

修改销售提成的具体操作步骤如下。

第1步 选择命令。再次选中第二个数据透视表字段单元格，单击"数据透视表分析"选项卡→"计算"组→"字段、项目和集"下拉按钮，展开列表框，选择"计算字段"命令。

第2步 修改公式。在打开的"插入计算字段"对话框中，在"名称"列表框中选择"提成"选项，将"公式"修改为"=销售金额*2%"，如图14-36所示。

第 14 章
数据透视表的计算

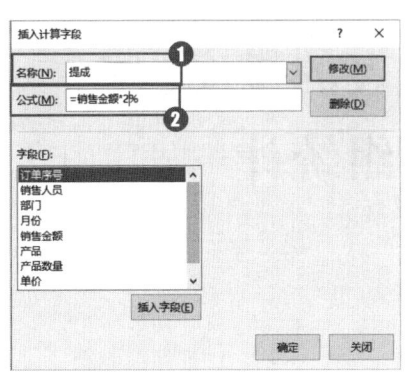

图14-36 修改计算字段

后单击"确定"按钮,即可修改每个销售员的销售提成,其效果如图14-37所示。

图14-37 修改销售提成

第3步 修改每个销售员的销售提成。设置完成

4. 删除创建好的产品单价字段

删除创建好的产品单价字段的具体操作步骤如下。

第1步 选择命令。选中第一个数据透视表字段单元格,单击"数据透视表分析"选项卡→"计算"组→"字段、项目和集"下拉按钮,展开列表框,选择"计算字段"命令,如图14-38所示。

图14-38 选择"计算字段"命令

第2步 删除计算字段。在打开的"插入计算字段"对话框中,在"名称"列表框中选择"提成"选项,单击"删除"按钮,如图14-39所示,即可删除创建好的产品单价字段。

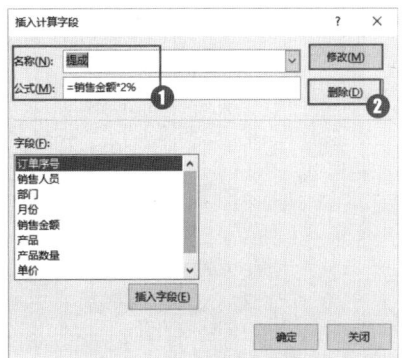

图14-39 删除计算字段

第15章 数据透视表的排序、筛选与分组统计

通过第14章的学习，我们已经能够熟练应用数据透视表对求和、平均值等进行汇总计算。但是，在实际工作中，可能还需要对数据进行排序和分组等统计，例如，对产品的销售业绩排序，查看部分产品销售业绩，或者按季度、月份和品类查看销售业绩等，可以利用数据透视表的排序、筛选、分组功能来实现。

本章通过在饮品销售数据透视表中进行透视分析并完成排序和分组统计，来学习数据透视表的排序、筛选与分组统计的相关知识和方法。图15-1所示为用数据透视表进行排序、筛选与分组统计的结果展示。

（a）用数据透视表进行排序　　　　　　　　　（b）用数据透视表进行筛选

（c）用数据透视表进行分组统计

图15-1　用数据透视表进行排序、筛选与分组统计的结果展示

第 15 章
数据透视表的排序、筛选与分组统计

15.1 数据透视表的排序

数据透视表的排序方式有自动排序、手动排序和自定义排序3种。下面对这3种排序方式进行详细介绍。

15.1.1 自动排序

数据透视表的值字段的自动排序比较简单。例如，在蛋糕销量表中，要对销量按降序排序，可在"总销量"列中选中任意单元格并右击，在弹出的快捷菜单中选择"排序"→"降序"命令，如图15-2所示。

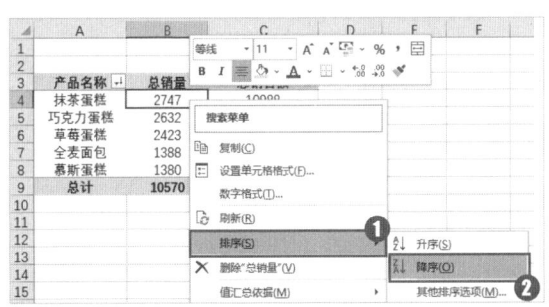

图15-2 降序排序数据

如果要按产品名称来排序，则可以单击"产品名称"单元格右侧的下拉按钮，展开列表框，选择"升序"命令，如图15-3所示，即可按照中文拼音首字母进行升序排列。

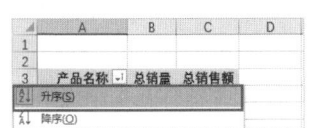

图15-3 升序排序数据

技术看板

在对数据进行排序时，在"排序"子菜单中，选择"其他排序选项"命令，可以打开"排序"对话框，在"排序选项"选项区中，可以选择排序的方式，如图15-4所示；还可以单击"其他选项"按钮，打开"其他排序选项"对话框，在该对话框中可以设置自动排序参数，如图15-5所示。

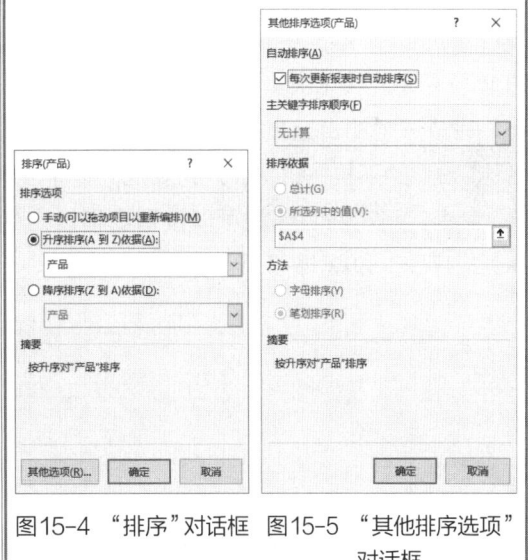

图15-4 "排序"对话框　图15-5 "其他排序选项"对话框

15.1.2 手动排序

当按照中文拼音首字母自动排序时，一般无法满足我们的排序需求，如有时我们需要把一些字段提前，这时候可以使用手动排序方法。

手动排序的方法很简单，只需要在蛋糕销量表中选中要排序的单元格，将鼠标指针移至单元格边缘，当鼠标指针变成四角箭头，按住鼠标左键并向上或向下进行拖曳，至合适位置后，释放鼠标左键，即可完成手动排序，如图15-6所示。

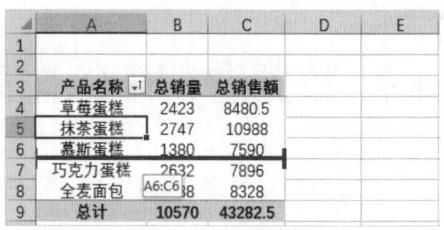

图15-6　手动排序数据

15.1.3　自定义排序

当数据量大的时候，通过手动一个个调整排序序列，其效率较低。这时候，可以使用自定义排序功能预先设定排序序列。

比如，我们在蛋糕销量表中，按特定序列"巧克力蛋糕、慕斯蛋糕、抹茶蛋糕、草莓蛋糕、全麦面包"来自定义排序。其具体方法是：先将特定的排序导入Excel（操作方法参见第4.2.2节）中，在"自定义序列"对话框中，在"输入序列"文本框中输入自定义的序列，如图15-7所示；再依次单击"添加"和"确定"按钮，完成序列的自定义操作；最后单击"产品名称"右侧的下拉按钮，展开列表框，选择"升序"命令，则产品名称就可以按照我们设定的序列排序了，如图15-8所示。

图15-7　自定义序列

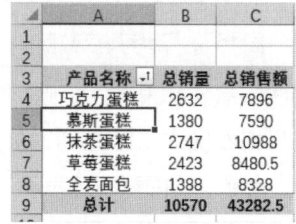

图15-8　自定义排序数据

15.2　数据透视表的筛选

当数据透视表中字段下的标签太多时，就没办法快速聚焦到想要关注的类别，此时就需要使用到数据透视表的"筛选"功能。数据透视表中的"筛选"功能有使用下拉列表筛选、标签筛选、值筛选3种方式，下面将分别进行详细介绍。

第 15 章
数据透视表的排序、筛选与分组统计

15.2.1 使用下拉列表筛选

使用下拉列表筛选方式是最简单、直接、方便的筛选方式。比如，在蛋糕销量表中，只筛选"全麦面包"的销量时，只需要单击"产品名称"右侧的下拉按钮，展开列表框，只选中"全麦面包"复选框，如图15-9所示，即可只筛选出"全麦面包"的销量数据，如图15-10所示。

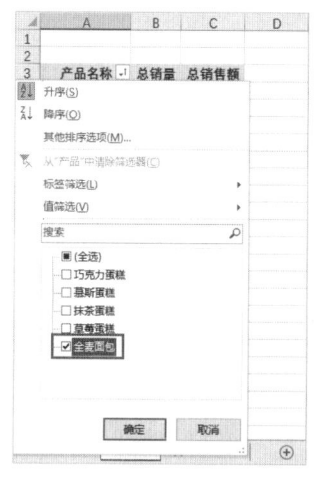

图15-9 选中"全麦面包"复选框　　图15-10 使用下拉列表筛选数据

15.2.2 使用标签筛选

我们还可以使用字段标签进行筛选。比如在蛋糕销量表中，要筛选含"蛋糕"产品的销量，只需要单击"产品名称"右侧的下拉按钮，展开列表框，选择"标签筛选"→"包含"命令，如图15-11所示。打开"标签筛选"对话框，在"包含"右侧的文本框中输入"蛋糕"，如图15-12所示。

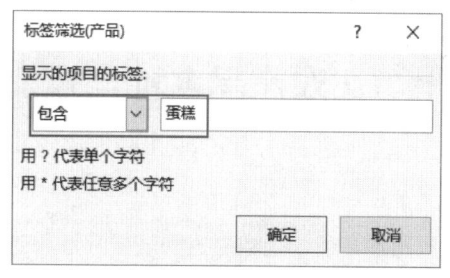

图15-12 输入包含文本

单击"确定"按钮，即可将含"蛋糕"的产品全部筛选出来，如图15-13所示。

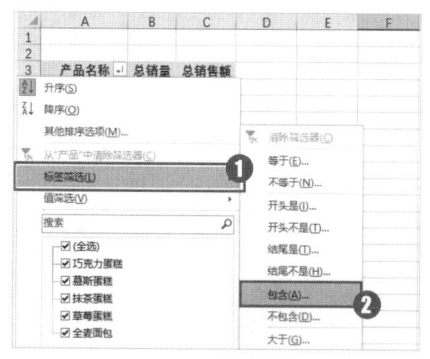

图15-11 选择"标签筛选"命令　　图15-13 使用标签筛选数据

15.2.3 使用值筛选

使用值筛选可以筛选出数据透视表中的数值。比如在蛋糕销量表中，筛选出销量前三的产品，可以单击"产品名称"右侧的下拉按钮，展开列表框，选择"值筛选"命令，再次展开子菜单，选择"前10项"命令，如图15-14所示；打开"前10个筛选"对话框，在"最大"右侧的文本框中输入3，如图15-15所示。

单击"确定"按钮，即可将销量前3项的产品全部筛选出来，如图15-16所示。

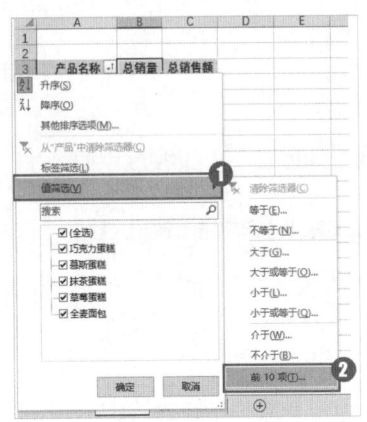

图15-14 选择值筛选的命令

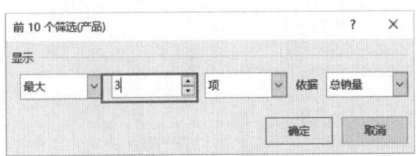

图15-15 输入包含文本

图15-16 使用值筛选数据

对产品名称自定义排序并筛选出含"茶"饮品的销售业绩

利用本章所学的数据透视表排序和筛选方法，在饮品销量表中对产品进行自定义排序，并筛选出含"茶"饮品的销售业绩。

1. 对产品名称进行排序查看

对产品名称进行排序查看的具体操作步骤如下。

第1步 切换工作表。打开"饮品销售表.xlsx"工作簿，该工作簿中包含"饮品销售数据""1-排序和筛选""2-分类组合"3张工作表，单击"1-排序和筛选"工作表标签，切换工作表，如图15-17所示。

图15-17 切换工作表

第 15 章
数据透视表的排序、筛选与分组统计

第2步 设置产品名称自定义排序规则。在"文件"界面中,选择"选项"命令,打开"Excel选项"对话框,在左侧列表框中选择"高级"选项,在右侧界面的"常规"选项区中,单击"编辑自定义列表"按钮,打开"自定义序列"对话框,单击"从单元格中导入序列"文本框中的按钮,如图15-18所示;打开"自定义序列"对话框,框选G3:G11单元格区域,如图15-19所示。返回到"自定义序列"对话框,单击"导入"按钮,再单击两次"确定"按钮,即可完成自定义序列的添加。

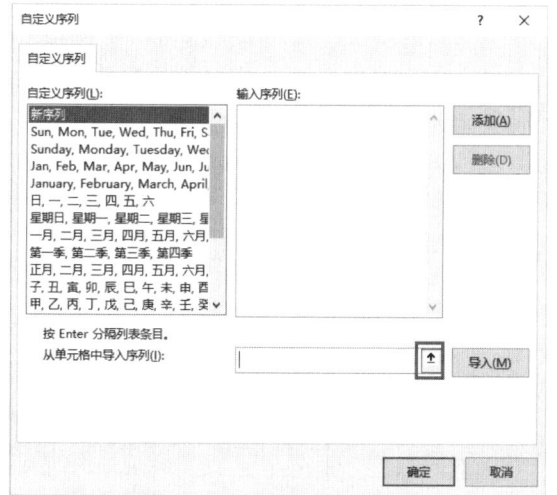

图15-18 单击文本框中的按钮

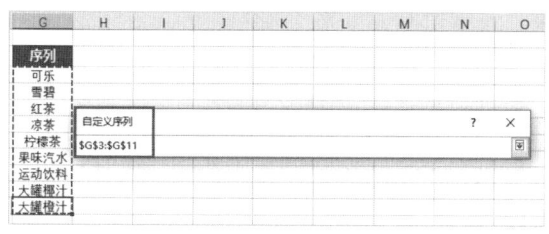

图15-19 框选自定义序列范围

第3步 自定义排序数据。在"1-排序和筛选"工作表中,单击"产品"右侧的下拉按钮,展开列表框,选择"升序"命令,即可按自定义的序列排序数据,如图15-20所示。

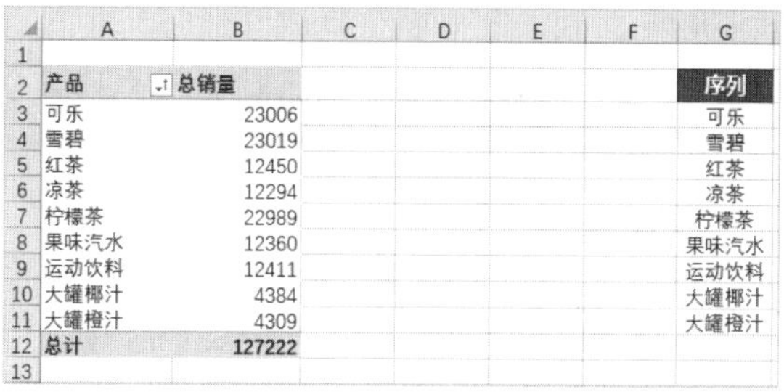

图15-20 自定义序列排序数据

2. 查看含"茶"饮品的销售业绩

查看含"茶"饮品销售业绩的具体操作步骤如下。

第1步 打开"标签筛选"对话框。在数据透视表中,单击"产品"右侧的下拉按钮,展开列表框,选择"标签筛选"命令,展开子菜单,选择"包含"命令,打开"标签筛选"对话框。

第2步 输入标签。在"包含"右侧的文本框中输入"茶",如图15-21所示。

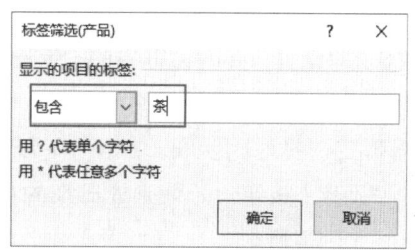

图15-21 输入标签

第3步 筛选数据。标签输入完成后单击"确定"按钮,即可筛选出所有含"茶"的产品数据,如图15-22所示。

图15-22 筛选数据

· 217 ·

15.3 数据透视表的分组统计

使用数据透视表中的"组合"功能，可以将相同类型的数据合并在一个组合里，方便查看数据。比如，想要通过季度、月份、品类查看数据，就需要对季度、月份、品类等维度进行合并、分组统计处理。分组统计包含自动分组和手动分组两种形式。

15.3.1 自动分组

在 Excel 中，自动分组主要针对日期和数值数据，只有应用了正确的日期格式和数值格式的数据才能使用自动分组功能。

1. 按日期分组

日期分组可以按照不同的日期时间进行数据汇总，如按照月份和季度汇总销售业务。其分组方法是：在"日期"列的任意单元格上右击，在弹出的快捷菜单中选择"组合"命令，打开"组合"对话框，在对话框中的"步长"列表框中有已经设定好的常用的时间步长，我们可以根据需要选择时间步长，如图15-23所示，再单击"确定"按钮，即可完成日期的自动分组，如图15-24所示。

| 技术看板 |

创建日期分组后，在日期单元格上右击，在弹出的快捷菜单中选择"展开/折叠"命令，再在展开的子菜单中选择不同的命令，即可批量折叠日期到不同组别层级，如图15-25所示。

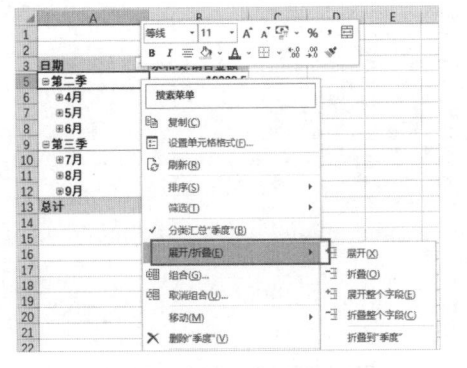

图15-25 "展开/折叠"子菜单

2. 按数值分组

我们还可以按照数值自动分组。比如按照单价区间汇总产品的销量，其分组方法是：在"单价"列中的任意单元格上右击，在弹出的快捷菜单中选择"组合"命令，打开"组合"对话框。如果想让单价按照1元的间距对数值进行分组，就设置"起始于"为0、"步长"为1，如图15-26所示；单击"确定"按钮，单价就会以1元的间距分组并显示相应的销量情况，如图15-27所示。

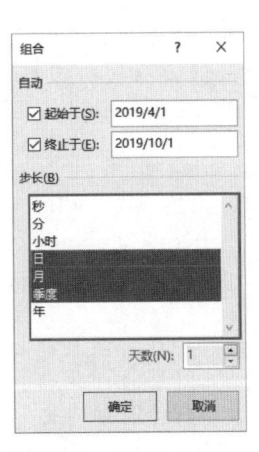 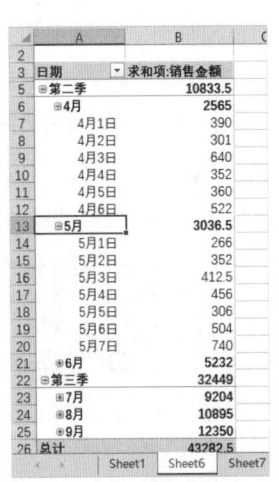

图15-23 "组合"对话框　　图15-24 按日期分组数据

第 15 章
数据透视表的排序、筛选与分组统计

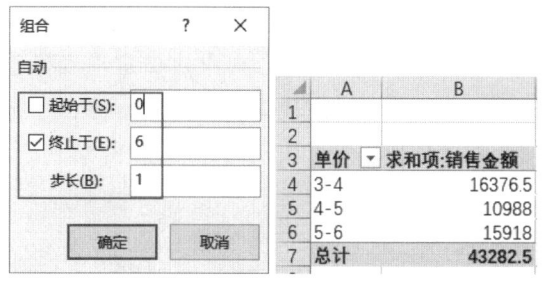

图15-26 "组合"对话框　图15-27 按数值分组数据

| 技术看板 |

除了可以用右键快捷菜单执行"组合"命令，还可以直接单击"数据透视表分析"选项卡→"组合"组→"分组选择"按钮，来执行"组合"命令。

15.3.2 手动分组

无法自动分组的字段，就只能通过手动分组实现。比如，在蛋糕销量表中，在"产品"列中，按住Ctrl键不放，连续选中巧克力蛋糕、慕斯蛋糕、抹茶蛋糕和草莓蛋糕，然后右击，在弹出的快捷菜单中选择"组合"命令，将手动创建分组"数据组1"，并重命名组名称，重复以上操作，可以对其他产品进行组合分类，如图15-28所示。

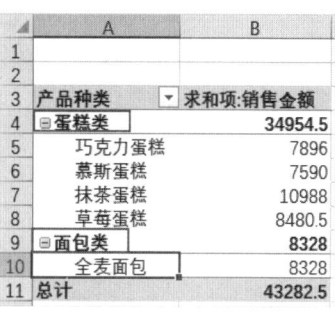

图15-28 手动分组数据

| 注意 |

在单击选择单元格的过程中，要选中相应的蛋糕，而不要误选到数据组。

| 技术看板 |

当分完组之后，如果想取消某一个分组，可在分组标签上右击，在弹出的快捷菜单中选择"取消组合"命令；如果要取消全部分组，就框选标签列并右击，在弹出的快捷菜单中选择"取消组合"命令。

对所有饮料按产品类别进行分组

在15.3节中，我们已经掌握了数据透视表中的分组统计方法。下面将饮品销售表中的数据按照季度和月份进行分组查看，并将所有饮料按照品类进行分组查看。

1. 按季度和月份查看销售数据

按季度和月份查看销售数据的具体操作步骤如下。

第1步 切换工作表。在"饮品销售表.xlsx"工作簿中，单击"2-分类组合"工作表标签，切换工作表，该工作表中包含两个数据透视表，如图15-29所示。

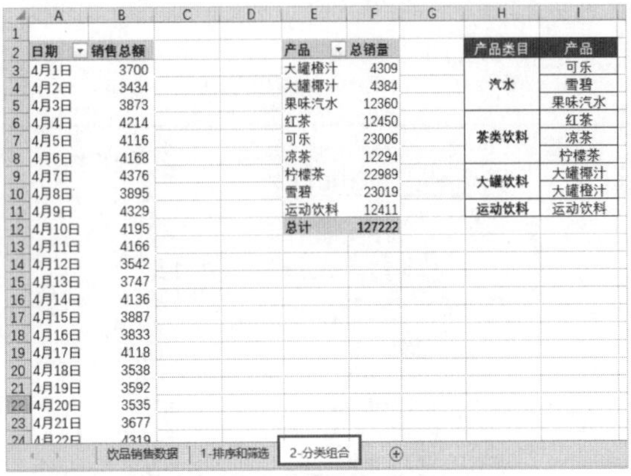

图15-29 切换工作表

第2步 选择步长选项。在日期销售总额透视表中，选择"日期"列中的任意单元格并右击，在打开的快捷菜单中选择"组合"命令，打开"组合"对话框，在"步长"列表框中选择"季度""月""日"选项，如图15-30所示。

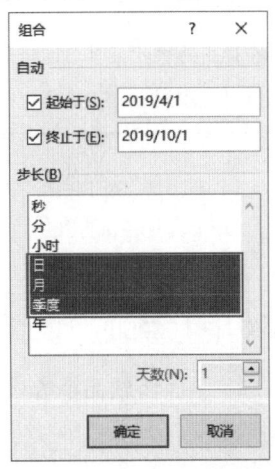

图15-30 选择步长选项

第3步 选择"折叠整个字段"命令。选择步长选项后单击"确定"按钮，即可按日期分组数据，然后选择"日期"列中的任意单元格并右击，在打开的快捷菜单中选择"展开/折叠"→"折叠整个字段"命令，如图15-31所示。

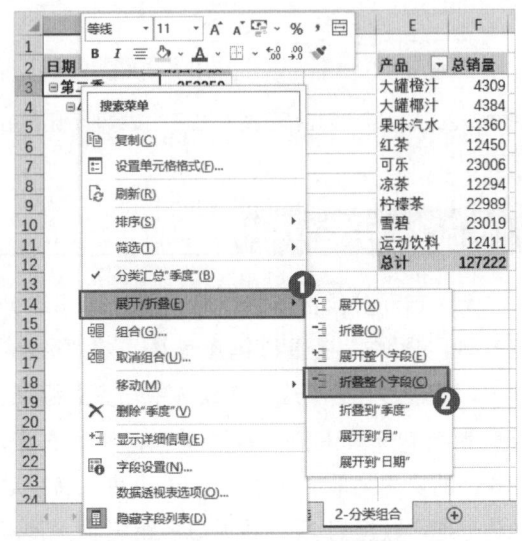

图15-31 选择"折叠整个字段"命令

第4步 展开与折叠数据。选择上述命令后即可折叠整个字段，然后展开季度下的月份数据，即可按季度和月份查看销售数据，如图15-32所示。

图15-32 按季度和月份查看销售数据

2. 按品类查看销售数据

按品类查看销售数据的具体操作步骤如下。

第1步 创建"汽水"分组。在"2-分类组合"工作表中，在按住"Ctrl"键的同时选中可乐、雪碧、果味汽水并右击，在打开的快捷菜单中选择“组合”命令创建“数据组1”分组，然后将“数据组1”改为“汽水”，如图15-33所示。

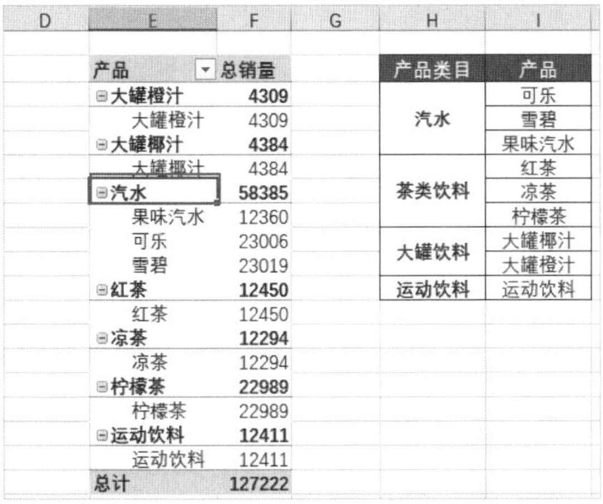

产品	总销量
⊟大罐橙汁	4309
大罐橙汁	4309
⊟大罐椰汁	4384
大罐椰汁	4384
⊟汽水	58385
果味汽水	12360
可乐	23006
雪碧	23019
⊟红茶	12450
红茶	12450
⊟凉茶	12294
凉茶	12294
⊟柠檬茶	22989
柠檬茶	22989
⊟运动饮料	12411
运动饮料	12411
总计	127222

产品类目	产品
汽水	可乐
	雪碧
	果味汽水
茶类饮料	红茶
	凉茶
	柠檬茶
大罐饮料	大罐椰汁
	大罐橙汁
运动饮料	运动饮料

图15-33　创建“汽水”分组

第2步 创建“茶类饮料”分组。在按住“Ctrl”键的同时选中红茶、凉茶、柠檬茶并右击，在打开的快捷菜单中选择“组合”命令创建“数据组2”分组，然后将“数据组2”改为“茶类饮料”。

第3步 创建“大罐饮料”分组。在按住“Ctrl”键的同时选中大罐椰汁、大罐橙汁并右击，在打开的快捷菜单中选择“组合”命令创建“数据组3”分组，然后将“数据组3”改为“大罐饮料”，如图15-34所示。

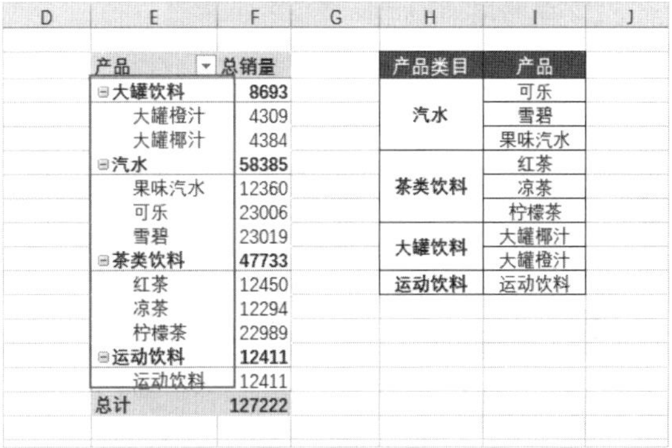

产品	总销量
⊟大罐饮料	8693
大罐橙汁	4309
大罐椰汁	4384
⊟汽水	58385
果味汽水	12360
可乐	23006
雪碧	23019
⊟茶类饮料	47733
红茶	12450
凉茶	12294
柠檬茶	22989
⊟运动饮料	12411
运动饮料	12411
总计	127222

产品类目	产品
汽水	可乐
	雪碧
	果味汽水
茶类饮料	红茶
	凉茶
	柠檬茶
大罐饮料	大罐椰汁
	大罐橙汁
运动饮料	运动饮料

图15-34　创建其他分组数据

第16章 数据透视图和切片器

通过第15章的学习,我们已经学会了数据源的排序、筛选与分组统计的方法。接下来,我们要学习动态透视图表的创建方法:先将数据透视表的数据可视化成数据透视图,再通过切片器连接数据透视表中的数据,实现在单击切片器按钮时,数据透视表中的数据会随之动态变化,数据透视图也随着数据透视表的变化而变化。

本章将通过在门店销售数据透视表中添加切片器和数据透视图的案例,来讲解切片器和数据透视图的相关知识和用法。图16-1所示为在门店销售数据表中添加数据透视图和切片器的结果。

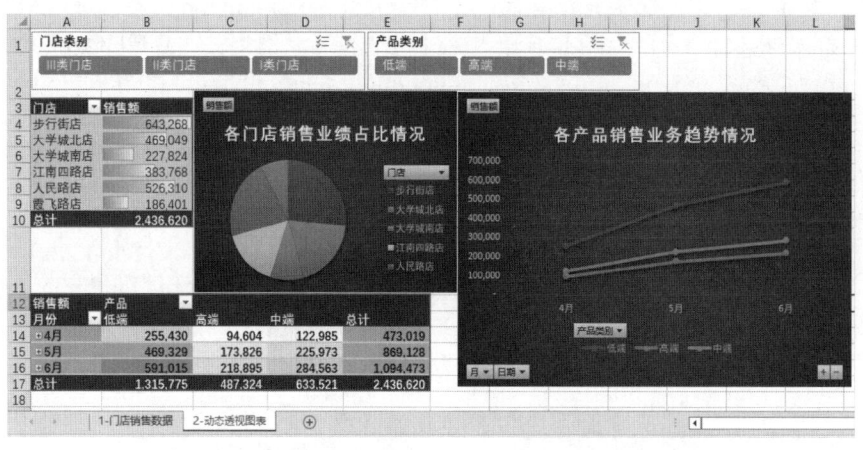

图16-1 在门店销售数据表中添加切片器和数据透视图结果

16.1 数据透视图

数据透视图是一种将数据透视表可视化成图表的方法,它可以帮助用户更直观地理解数据。使用数据透视图,可以从不同的维度透视数据,并以图表的形式呈现出来,使数据更加易于理解。与数据透视表相比,数据透视图能够以更加生动、形象的方式呈现数据,使用户更容易理解数据的关系和趋势。

与普通图表相比,数据透视图的特点如下。

- 交互性：普通图表是静态图表，不会随着数据源的变化自动变化。数据透视图则可以通过刷新自动与数据源保持一致。
- 数据源：普通图表是将数据区域作为数据源，而数据透视图则是根据数据源的缓存数据创建或在数据透视表的基础上创建。
- 元素调整：在普通图表中我们可以对任何元素（图表标题、图例、坐标轴等元素）的位置进行调整和移动，而在数据透视图中则会受到一定的限制。
- 图表类型：普通图表可以使用任何图表类型（只要数据源数据类型适合），而数据透视图则不可以，其中XY散点图、股价图和气泡图是不能使用的。

16.1.1 创建数据透视图

创建数据透视图有两个途径：一是在数据源表格上直接创建，二是在数据透视表基础上创建。下面将分别进行介绍。

1. 在数据源表格直接创建

在数据源表格直接创建数据透视图的方法很简单，方法如下。

在数据源表格中，单击"插入"选项卡→"图表"组→"数据透视图"下拉按钮，展开列表框，选择"数据透视图"命令，如图16-2所示，打开"创建数据透视图"对话框，在对话框中设置表区域和放置位置，如图16-3所示。

图16-2 选择"数据透视图"命令

单击"确定"按钮，即可创建数据透视表和数据透视图，然后在"数据透视图字段"窗格中的字段列表中，选中字段复选框，添加字段，其效果如图16-4所示。

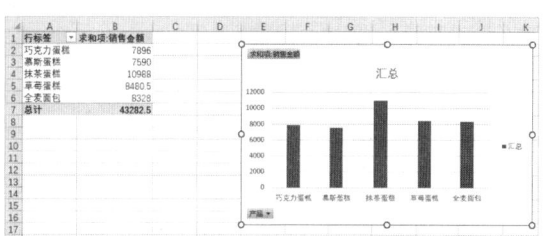

图16-4 创建数据透视表和数据透视图

2. 在数据透视表基础上创建

在创建数据透视图时，还可以直接在数据透视表的基础上进行创建，其操作方法也很简单，只要在数据透视表中单击任一字段的单元格，然后单击"数据透视表分析"选项卡→"工具"组→"数据透视图"按钮，如图16-5所示，打开"插入图表"对话框，选择图表类型，单击"确定"按钮即可，如图16-6所示。

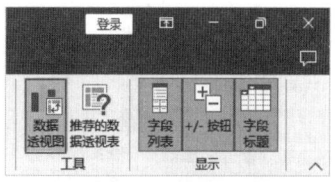

图16-5 单击"数据透视图"按钮

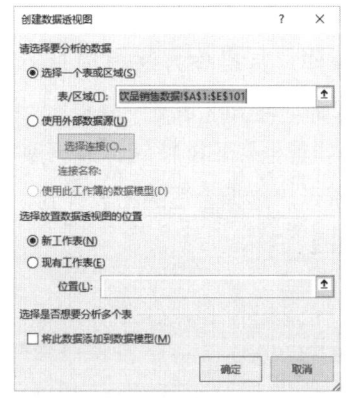

图16-3 "创建数据透视图"对话框

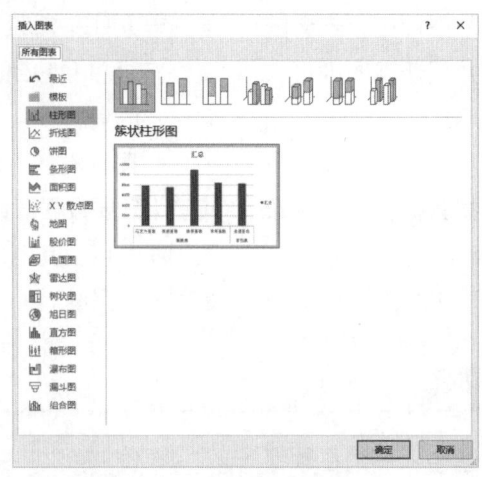

图16-6 "插入图表"对话框

16.1.2 编辑数据透视图

默认的数据透视图除了有图形、标题、图例,还有字段按钮。数据透视图中的字段按钮与数据透视表中字段的下拉按钮作用相同,可以通过图表中的字段按钮对展示的数据字段进行筛选,在进行筛选后,相应的数据透视表也会发生变化。

在日常工作中,我们更习惯在数据透视表中筛选数据,以及为了数据透视图的美观呈现,一般会将数据透视图中的字段按钮进行隐藏,其具体方法是:在数据透视图中的字段按钮上右击,在弹出的快捷菜单中选择"隐藏图表上的所有字段按钮"命令即可,如图16-7所示。

| 技术看板 |

在数据透视图中隐藏字段按钮后,数据透视图就变成了一张静态图,只能观看数据,不能交互数据。

在创建数据透视图后,我们还可以根据需要调整其布局。调整数据透视图布局的方法也很简单,选中数据透视图,单击"设计"选项卡→"图表布局"组→"快速布局"下拉按钮,展开列表框,如图16-8所示,选择合适的布局即可调整数据透视图布局。

此外,还可以对数据透视图进行图表样式美化操作,其操作方法很简单,只要选中数据透视图,单击"设计"选项卡→"图表样式"组→"其他"下拉按钮,展开列表框,如图16-9所示。选择合适的图表样式,即可美化数据透视图。

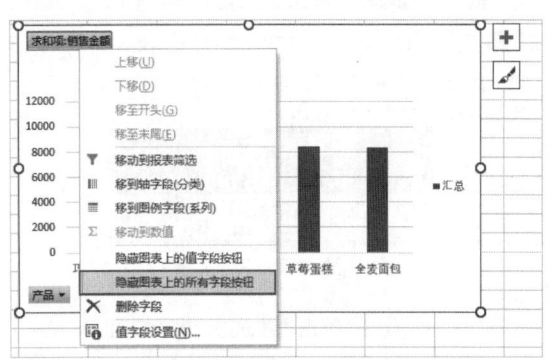

图16-7 选择"隐藏图表上的所有字段按钮"命令

第 16 章
数据透视图和切片器

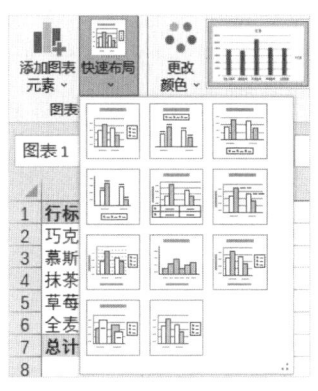

图 16-8 "快速布局"列表框

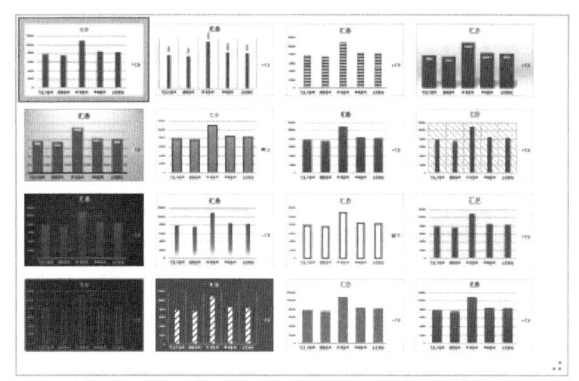

图 16-9 "图表样式"列表框

16.2 切片器

切片器是一个筛选工具，专属于数据透视表和超级表。因此它只能筛选数据透视表的数据，而不能筛选普通表格的数据。

切片器也常被称作"汇报神器"。不管要汇报什么数据，只要单击切片器按钮就可以进行数据筛选，让数据透视表和数据透视图进行动态变化。

16.2.1 创建切片器

创建切片器的方法很简单，方法如下。

在数据透视表中，单击"数据透视表分析"选项卡→"筛选"组→"插入切片器"按钮，如图16-10所示。打开"插入切片器"对话框，可选中单个或多个字段复选框，如图16-11所示。

字段设置完成后单击"确定"按钮，即可创建切片器，图16-12所示为创建的多个切片器效果。

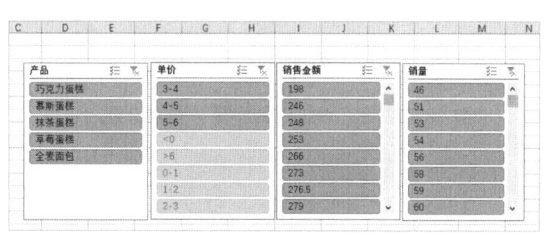

图 16-12 创建切片器效果

> **技术看板**
>
> 当一个切片器不够用时，可以继续用"插入切片器"功能，增加多个切片器。

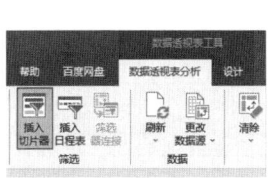 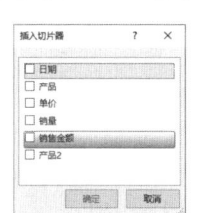

图 16-10 单击"插入切片器"按钮　　图 16-11 "插入切片器"对话框

> **注意**
>
> 要给哪个数据透视表创建切片器，就单击哪个数据透视表，以免创建出不对应的切片器。

16.2.2 使用切片器

在创建好切片器后，可以调整一下切片器的摆放位置和高度。如果想筛选数据，则可以直接单击切片器中的字段按钮，就能远程控制、筛选数据透视表中的数据字段，让数据透视表的数据动态变化起来。比如，要筛选出慕斯蛋糕的销售金额，则可以直接在"产品"切片器中，单击"慕斯蛋糕"字段按钮，即可筛选出"慕斯蛋糕"的销售金额，如图16-13所示。

图16-13 使用切片器筛选数据

如果想要筛选多个字段，那么可以单击切片器右上角的多选按钮，如图16-14所示，这时候多次单击不同字段按钮，就可以实现多选的功能。

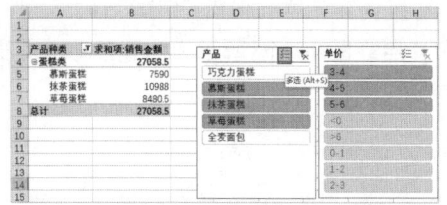

图16-14 使用切片器筛选多个字段

技术看板

在筛选多个字段时，可以在切片器中按住Ctrl键进行多选，还可以按快捷键"Alt+S"进行多选。

在切片器中也可以清除筛选数据，其操作方法也很简单，用户只要在切片器的右上角，单击"清除筛选器"按钮，如图16-15所示，或按快捷键"Alt+C"，就可以实现清除筛选功能。

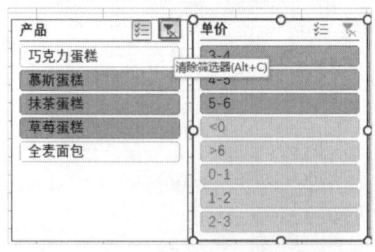

图16-15 清除筛选数据

在创建好切片器后，还可以设置切片器与数据透视表和数据透视图的连接关系，这样在切片器中单击字段按钮时，所有数据透视表和数据透视图都会动态变化。

创建切片器与数据透视表连接关系的方法很简单，用户只要先选中切片器，然后单击"切片器"选项卡→"切片器"组→"报表连接"按钮，如图16-16所示；打开"数据透视表连接"对话框，选中数据透视表复选框，如图16-17所示，单击"确定"按钮，即可让切片器连接两张数据透视表，实现对两张数据透视表的控制。

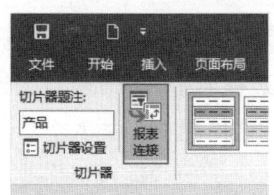

图16-16 单击"报表连接"按钮

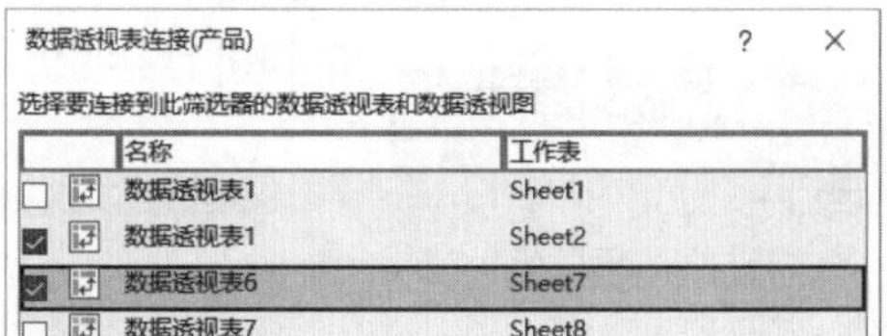

图16-17 "数据透视表连接"对话框

第 16 章
数据透视图和切片器

> **技术看板**
>
> 当单击切片器时，不仅数据透视表的字段会发生变化，而且数据透视图也会跟着变化。这是因为切片器对数据透视表起着控制、筛选的作用，数据透视图是数据透视表的可视化展现方式，所以单击切片器时，数据透视表的数据被筛选，连带着数据透视图也一起变化。

16.2.3 美化切片器

在创建好多个切片器后，可以对切片器更换样式进行美化，以便进行区分。美化切片器样式的方法很简单，在选中切片器后，单击"切片器"选项卡→"切片器样式"组→"其他"按钮，展开的列表框如图16-18所示，然后选择合适的切片器样式即可。

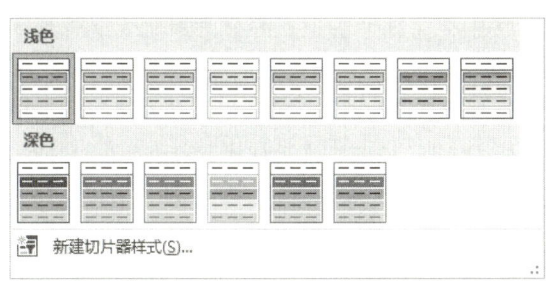

图16-18 "切片器样式"列表框

美化切片器除了可以更换样式，还可以调整切片器各类元素的布局。比如，想把切片器放在上面，由竖向排列改为横向排列，那么可以先选中切片器，然后在"切片器"选项卡→"按钮"组中，修改"列"参数，这样切片器就是横向排列的，最后调整切片器大小即可，如图16-19所示。

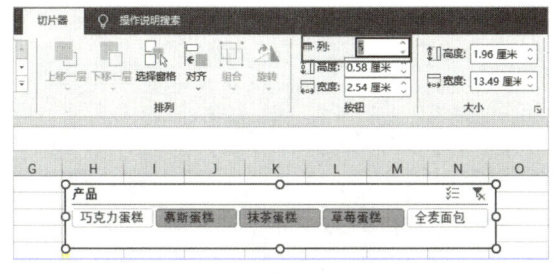

图16-19 调整切片器布局

> **技术看板**
>
> 在单击切片器时，数据透视表的列宽会自动调整，有时还会导致字段显示不全。这是因为，Excel中数据透视表是默认自动更新列宽的。如果不想自动更新列宽，可以单击数据透视表中的任意字段，然后单击"数据透视表分析"选项卡→"数据透视表"组→"选项"按钮，打开"数据透视表选项"对话框，选中"布局和格式"选项卡，取消选中"更新时自动调整列宽"复选框，如图16-20所示，单击"确定"按钮，即可取消自动更新列宽。

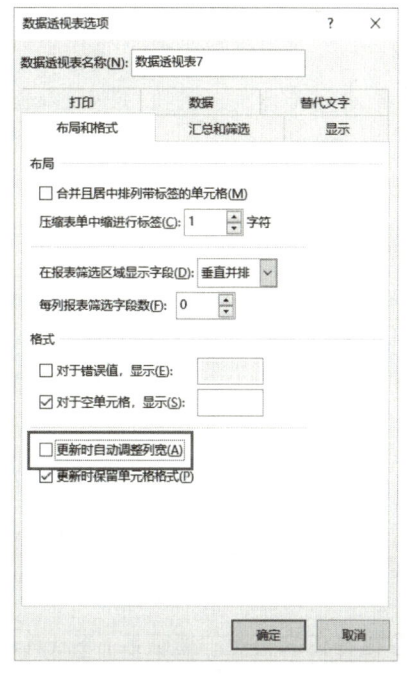

图16-20 取消自动更新列宽功能

16.3 美化数据看板

在创建好动态数据透视图看板后，可以通过添加条件格式和设置数据透视表样式来美化数据看板，最后还可以调整数据透视图的大小和位置，缩小行高，让整个数据看板之间的关联性更强。

实战演练

制作第二季度门店销售业绩数据看板

在学习了数据透视图和切片器的应用方法后，下面练习创建数据透视图，用饼图展示各门店销售额占比情况，用折线图展示各类产品销售业绩趋势，并进行美化。然后给数据透视表添加切片器，设置切片器的报表连接，让每个切片器都能同时控制两张表，最后美化数据看板。

1. 创建数据透视图

创建数据透视图的具体操作步骤如下。

第1步 切换工作表。打开“门店销售表.xlsx”工作簿，该工作簿中包含“1-门店销售数据”和“2-动态透视图表”两张工作表，单击“2-动态透视图表”工作表标签，切换工作表，如图16-21所示。

门店	销售额
步行街店	643,268
大学城北店	469,049
大学城南店	227,824
江南四路店	383,768
人民路店	526,310
霞飞路店	186,401
总计	2,436,620

销售额	产品			
月份	低端	高端	中端	总计
4月	255,430	94,604	122,985	473,019
5月	469,329	173,826	225,973	869,128
6月	591,015	218,895	284,563	1,094,473
总计	1,315,775	487,324	633,521	2,436,620

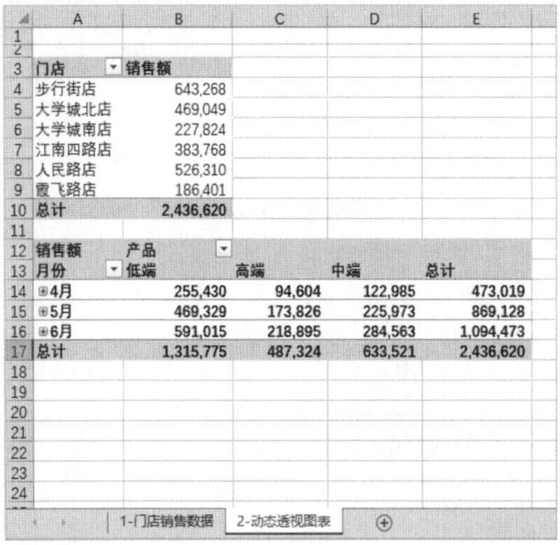

图16-21 切换工作表

第2步 选择图表类型。选中第1个数据透视表中的任意字段单元格，然后单击“数据透视表分析”选项卡→“工具”组→“数据透视图”按钮，打开“插入图表”对话框，在左侧列表框中选择“饼图”选项，在右侧列表框中选择“饼图”图表，如图16-22所示。

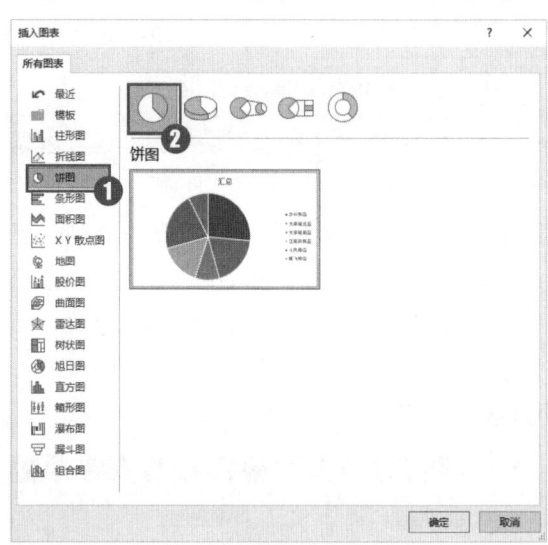

图16-22 选择图表类型

第3步 创建饼图。单击“确定”按钮，即可创建饼图，如图16-23所示。

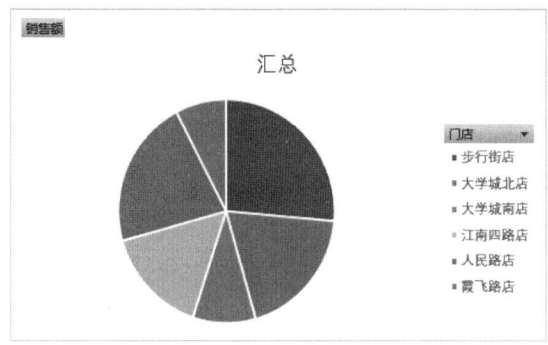

图16-23 创建饼图

第4步 选择图表类型。选中第2个数据透视表中的任意字段单元格,然后单击"数据透视表分析"选项卡→"工具"组→"数据透视图"按钮,打开"插入图表"对话框,在左侧列表框中选择"折线图"选项,在右侧列表框中选择"带数据标记的折线图"图表,如图16-24所示。

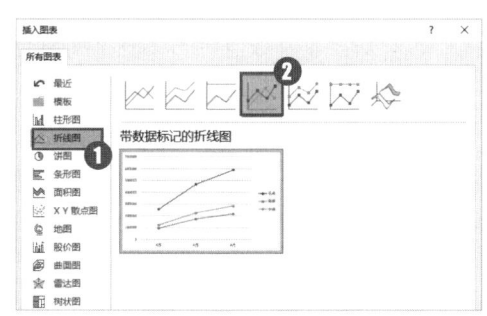

图16-24 选择图表类型

第5步 创建折线图。单击"确定"按钮,即可创建带数据标记的折线图,如图16-25所示。

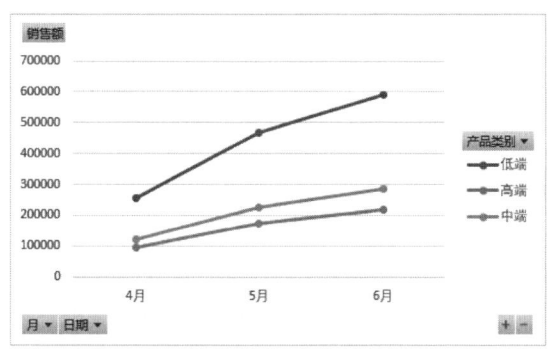

图16-25 创建折线图

第6步 选择图表布局。选择折线图,单击"设计"选项卡→"图表布局"组→"快速布局"下拉按钮,展开列表框,选择"布局3"图表布局,如图16-26所示。

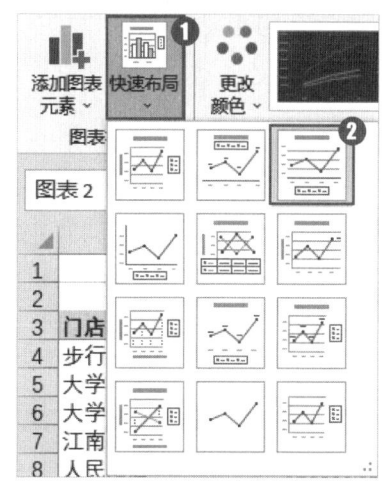

图16-26 选择"布局3"图表布局

第7步 更改图表布局。选择"布局3"后即可快速更改图表的布局,其效果如图16-27所示。

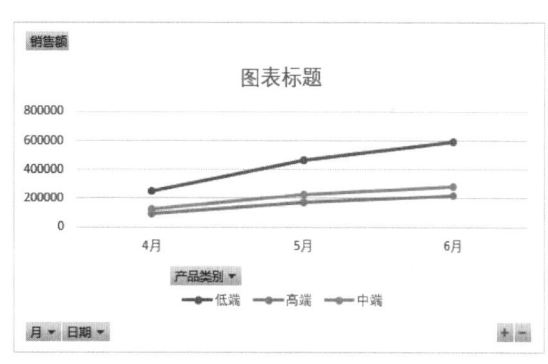

图16-27 更改图表布局

2. 使用切片器

使用切片器的具体操作步骤如下。

第1步 单击"插入切片器"按钮。选中第1个数据透视表中的任意字段单元格,单击"数据透视表"选项卡→"筛选"组→"插入切片器"按钮。

第2步 创建切片器。在打开的"插入切片器"对话框中选中"门店类别"和"产品类别"复选框,单击"确定"按钮,即可创建两个切片器,如图16-28所示。

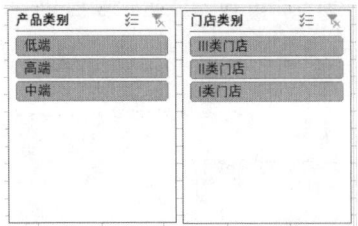

图16-28　创建两个切片器

第3步　调整切片器布局。选中"门店类别"切片器，在"切片器"选项卡→"按钮"组中，修改"列"参数为3，调整切片器的布局，如图16-29所示。

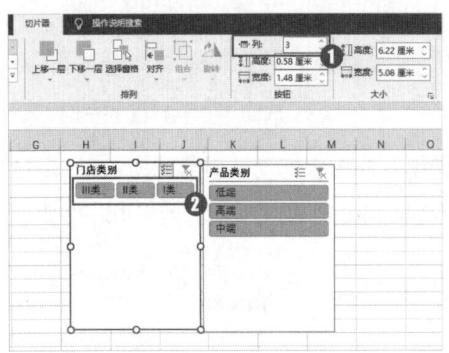

图16-29　调整切片器布局

第4步　设置报表连接。单击"切片器"选项卡→"切片器"组→"报表连接"按钮，打开"数据透视表连接"对话框，选中两个数据透视表复选框，如图16-30所示，单击"确定"按钮，即可设置报表连接。

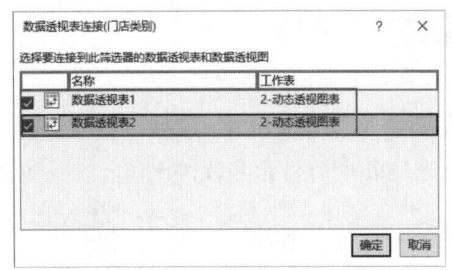

图16-30　选中数据透视表复选框

第5步　使用同样的方法，将"产品类别"切片器的"列"设置为3，并创建报表连接。

第6步　调整切片器大小，将切片器并列放置在第1行，如图16-31所示。

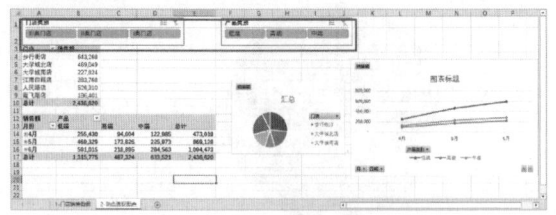

图16-31　调整切片器大小和位置

3. 设置条件格式和套用表格样式

设置条件格式和套用表格样式的具体操作步骤如下。

第1步　选择条件格式。选中第1个数据透视表中的B4:B9单元格区域，单击"开始"选项卡→"样式"组→"条件格式"下拉按钮，展开列表框，选择合适的选项即可，如图16-32所示。

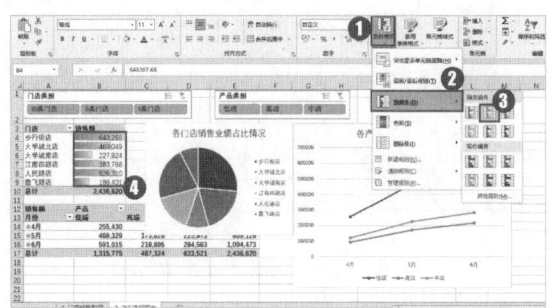

图16-32　设置条件格式

第2步　选择条件格式。选中第2个数据透视表中的B14:D16单元格区域，单击"开始"选项卡→"样式"组→"条件格式"下拉按钮，展开列表框，选择"绿-白色阶"选项即可。

第3步　更改数据透视表样式。选中第1个数据透视表，单击"设计"选项卡→"数据透视表样式"组→"其他"下拉按钮，展开列表框，选择"深灰色-数据透视表样式深色8"样式，即可更改数据透视表样式，如图16-33所示。

第 16 章
数据透视图和切片器

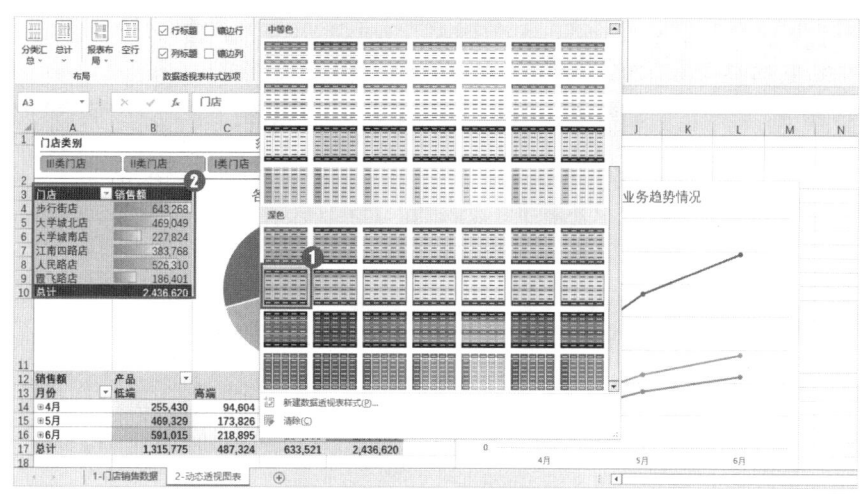

图16-33 更改数据透视表样式

第4步 更改数据透视表样式。使用同样的方法，更改第2个数据透视表的样式为"深灰色-数据透视表样式深色8"样式，其效果如图16-34所示。

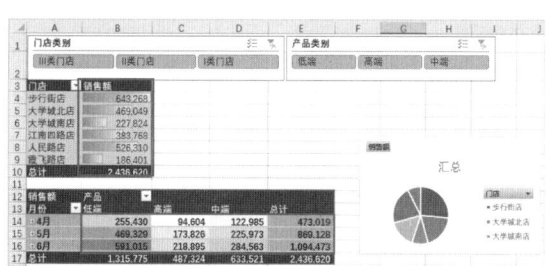

图16-34 设置条件格式并套用表格样式

4. 美化数据看板

美化数据看板的具体操作步骤如下。

第1步 更改切片器样式。选中"产品类别"和"门店类别"切片器，单击"切片器"选项卡→"切片器样式"组→"其他"下拉按钮，展开列表框，选择"浅绿，切片样式深色6"切片器样式，如图16-35所示。

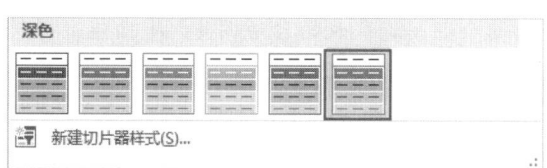

图16-35 选择切片器样式

第2步 更改切片器样式。进行上一步操作后，即可更改切片器样式，如图16-36所示。

图16-36 更改切片器样式

第3步 更改饼图图表样式。选中饼图和折线图，单击"设计"选项卡→"图表样式"组→"其他"下拉按钮，展开列表框，选择"样式7"样式，即可更改饼图的图表样式，如图16-37所示。

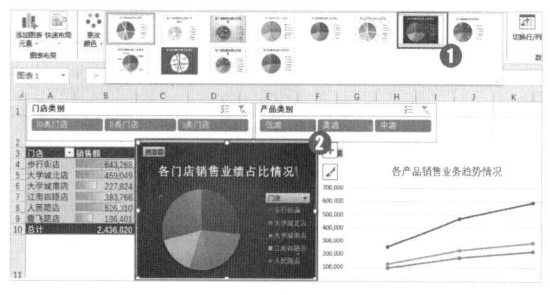

图16-37 更改图表样式

第4步 更改折线图图表样式。使用同样的方法，将折线图的图表样式修改为"样式7"。

第5步 修改数据透视图。修改两个数据透视图的标题，调整两个数据透视图的大小并拖动至适当位置，效果如图16-38所示。

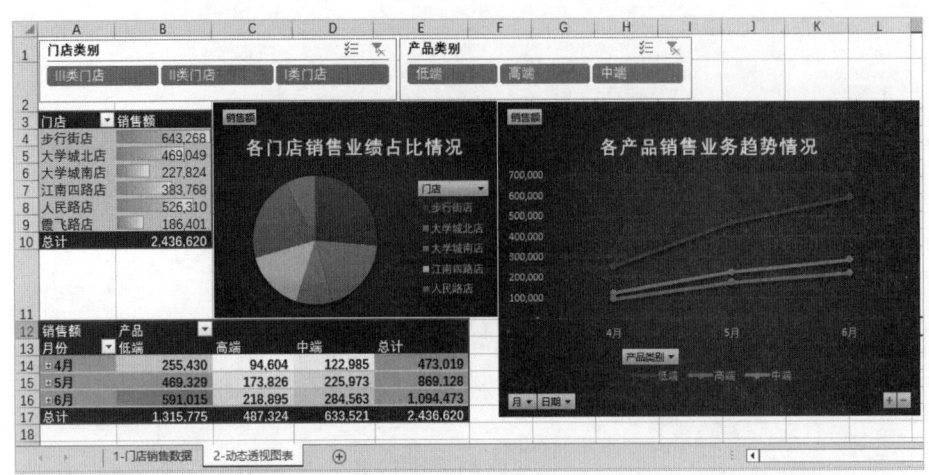

图16-38 更改数据透视图样式、标题、大小和位置

第6步 取消自动调整列宽。选中第1个数据透视表,单击"数据透视表分析"选项卡→"数据透视表"组→"选项"按钮,打开"数据透视表选项"对话框,选择"布局和格式"选项卡,取消选中"更新时自动调整列宽"复选框,如图16-39所示,单击"确定"按钮,即可取消自动调整列宽。

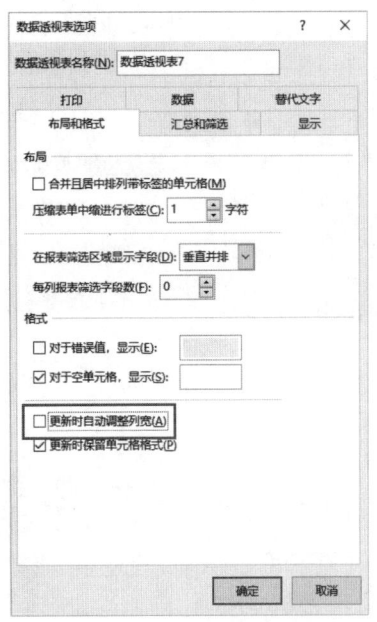

图16-39 取消自动更新列宽

第7步 取消自动调整列宽。使用同样的方法,取消第2个数据透视表的自动调整列宽功能,得到最终的案例效果。

第17章 数据透视表综合实例——制作2023年抱枕销售明细表

通过第13～16章内容的学习,我们掌握了Excel中数据透视表的应用方法。接着需要通过一个数据透视表的综合应用案例来检验所学的内容,实现数据透视表的实操演练。

 17.1 案例背景

暖姐在网上开了个家居店,专门销售抱枕,生意非常火爆,店内抱枕销往全国各地。在2023年结束后,暖姐想看看抱枕销售业绩如何。但是这里只有一份2022—2023年的销售明细表,如图17-1所示,通过这些数据,暖姐完全没办法了解整体业绩情况,更不便于她制定新的销售策略。

所以,现在需要帮助暖姐分析数据,通过2023年的抱枕销售业绩情况,做一个全年的总览回顾,如图17-2所示。

图17-1 2022—2023年的销售明细表

图17-2 2023年业绩总览表

最后从不同维度对比2022年同期的业绩看看有没有增长。借助这数据的力量,来辅助她制定2024年的销售策略,其最终效果如图17-3所示。

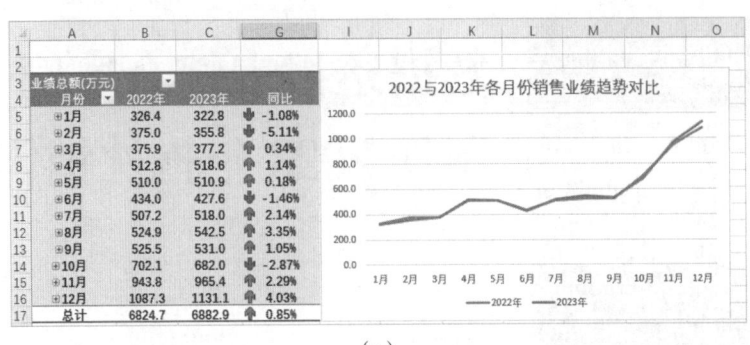

(a)

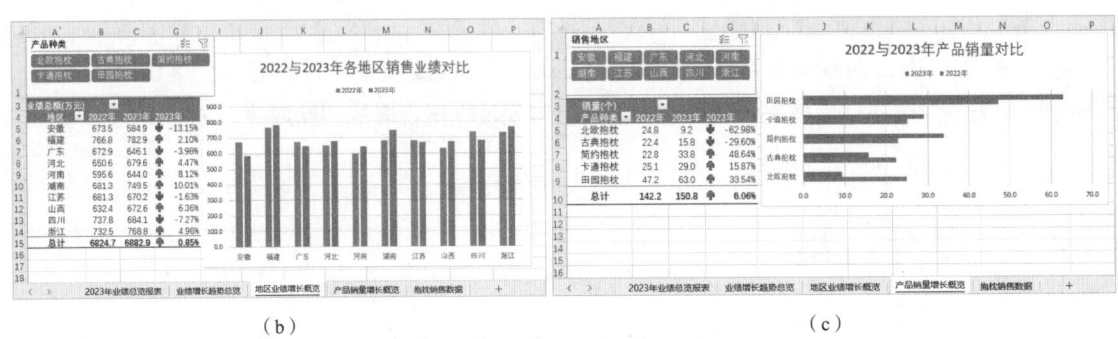

(b) (c)

图17-3 业绩与产品销量数据报表

17.2 实现思路

在制作本案例的抱枕销售明细表的数据透视表之前,需要先明确制作的表格包括2023年业绩总览报表、业绩与产品销量数据报表,才能根据所制作的表格来决定制作最终数据透视表的实现思路。

本案例效果需要分成以下两部分。

第一部分是对2023年业绩的整体分析,根据销售明细表中已有的数据源,可以从日期(也就是时间)、地区和产品3个维度进行整体分析,通过这3个维度的分析可以对2023年的总体销售数据有个初步的了解。

第二部分是要对比2022年和2023年的数据,从业绩增长趋势、地区业绩增长趋势和产品销量增长趋势3个维度去分析。首先,需要做一个业绩增长趋势总览表,以便于观察2022年的趋势和2023年的趋势之间的区别,以及不同日期的销售业绩的同期对比;其次,做一个地区业绩增长趋势总览表,查看每个地区相对于2022年有无增长;最后,做一个产品销量增长趋势总览表,从产品维度去做同期对比,因为产品的价格可能会随着时间变化而变化,也可能会因不同地区的消费水平而不同,所以用销量会更精准一些。

当明确了案例最终的呈现目标后,接下来就要在Excel中把这些需求一一实现,以便我们对数据进行分析。下面详细分析每个任务的实现思路。

第17章 数据透视表综合实例——制作2023年抱枕销售明细表

1. 制作2023年业绩总览表

要对2023年业绩情况做静态分析，需要从日期、地区、产品3个维度来分析，并根据每个维度在抱枕销售数据源表中创建数据透视表和数据透视图。

- 日期维度：在进行日期维度分析时，需要创建一个"日期-金额"的数据透视表，还要插入数据透视折线图，辅助观察全年业绩趋势数据，如图17-4所示。

月份	金额
1月	xxx
2月	xxx
……	xxx
……	xxx
11月	xxx
12月	xxx
总计	xxx

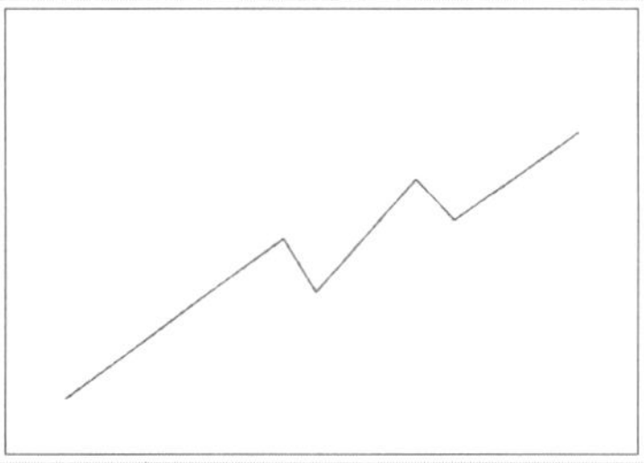

图17-4 创建日期维度数据透视表与数据透视图

- 地区和产品维度：在进行地区和产品维度分析时，可以创建一个产品地区-销售业绩的交叉数据透视表，从表格中纵向观察地区的业绩情况，横向观察产品的业绩情况，并观察出各个地区中各个产品的销售业绩情况，如图17-5所示。

求和项:金额	销售地区					
产品种类	地区1	地区2	地区3	地区4	……	总计
产品1	xxx	xxx	xxx	xxx	xxx	xxx
产品2	xxx	xxx	xxx	xxx	xxx	xxx
产品3	xxx	xxx	xxx	xxx	xxx	xxx
……	xxx	xxx	xxx	xxx	xxx	xxx
总计	xxx	xxx	xxx	xxx	xxx	xxx

图17-5 创建地区和产品维度交叉数据透视表

制作2023年业绩总览表的具体实现思路如下。

①创建"日期-金额"数据透视表。
②在已有的数据透视表中插入数据透视折线图。
③复制并制作"产品和地区-销售业绩"的交叉数据透视表。
④设置数据表中数值的数字格式。
⑤给数据透视表和数据透视图套用表格样式。
⑥用"条件格式"功能对数据呈现进行美化。
⑦美化数据看板。

2. 制作2022年和2023年业绩增长对比报表

在2023年业绩总览表看板中，全年的销售业绩呈现上升趋势，田园抱枕的销售业绩最佳，福建和浙江的销售业绩名列前茅。但是，知道2023年的总体情况还不够，还需要知道从2022年到2023年的销售趋势，以及2024年还能不能按照这个销售趋势持续发展。

下面，我们从业绩增长趋势总览、地区业绩增长概览、产品销量增长概览三个维度对比分析2022—2023年的销售趋势变化，并分别作出三张数据报表进行对比，其具体的实现思路如下。

①制作业绩增长趋势总览表：因为要对比2022年和2023年中各月份的销售业绩，我们需要从时间维度入手，创建一个按照年份、月份两个维度统计销售业绩的交叉数据透视表和一个数据折线图图表，用来展示2022年和2023年两年的业绩趋势，如图17-6所示。

金额			
月份	2022	2023	同比
1月	xxx	xxx	xx%
2月	xxx	xxx	xx%
……	xxx	xxx	xx%
11月	xxx	xxx	xx%
12月	xxx	xxx	xx%
总计	xxx	xxx	xx%

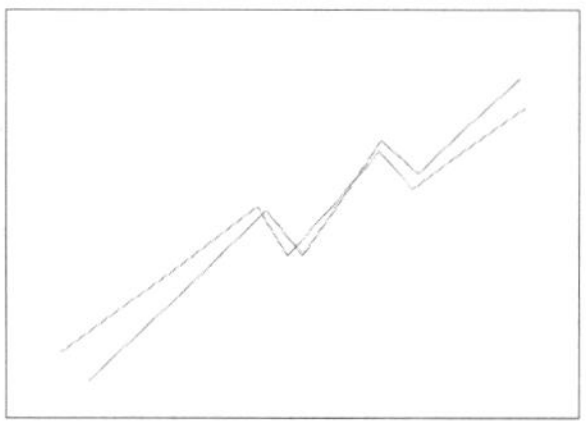

图17-6 创建年份和月份统计销售业绩的交叉数据透视表

②制作地区业绩增长概览表：在通过时间维度，对比观察两年来的业绩趋势变化情况时，还需要进一步深入分析，先从地区维度入手，创建一个按照地区和年份统计的销售业绩的交叉数据透视表和一个数据透视柱形图，用来展

示各地区的业绩对比情况，如图17-7所示。

产品销量趋势概览和地区业绩增长概览一样，需要创建两个数据透视表，唯一的区别是计算值的字段不一样。然后创建一个条形图展示数据，如图17-8所示。

图17-7　创建地区和年份统计销售业绩的交叉数据透视表

③制作产品销量增长概览表：通过产品维度分析，可以查看各个产品的销量变化情况。

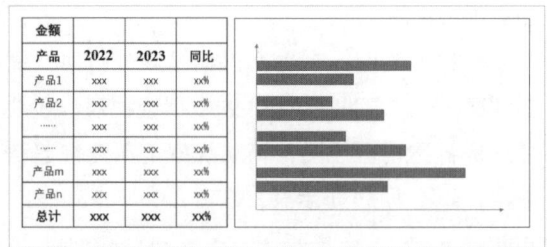

图17-8　创建产品种类和销量的交叉数据透视表

17.3　实现过程

在了解了案例背景和实现思路后，接下来进入案例的实现过程。案例实现过程包括制作2023年业绩总览表和制作业绩增长数据报表两个方面的内容，下面详细讲解其实现过程。

17.3.1　制作2023年业绩总览表

制作本案例效果时，需要完成2023年业绩总览表，并试着分析2023年的业绩情况。下面将详细讲解制作2023年业绩总览表的具体操作步骤。

1. 创建数据透视表

创建"日期-金额"的数据透视表和"产品-地区"两个维度与销售业绩的交叉数据透视表，其具体的操作步骤如下。

第1步　创建数据透视表。打开"2023年抱枕销售明细表.xlsx"工作簿（见图17-1），选中"抱枕销售数据"工作表的任意单元格，然后单击"插入"选项卡→"表格"组→"数据透视表"按钮，打开"来自表格或区域的数据透视表"对话框，保持默认的参数值设置，单击"确定"按钮，创建数据透视表。

第2步　添加字段。在"数据透视表字段"窗格中的字段列表区域中，选中"月"和"金额"字段，取消选中"年"和"季度"字段，完成字段的调整，如图17-9所示。

图17-9　添加字段

第3步　选择多个命令。单击"行标签"单元格右侧的下拉按钮，展开列表框，选择"日期筛

第 17 章
数据透视表综合实例——制作2023年抱枕销售明细表

选"→"介于"命令，如图17-10所示。

图17-10 选择"介于"命令

第4步 设置日期筛选条件。在打开的"日期筛选（月）"对话框中，在"介于"右侧的文本框中依次输入2023年第一天和最后一天的日期，如图17-11所示。

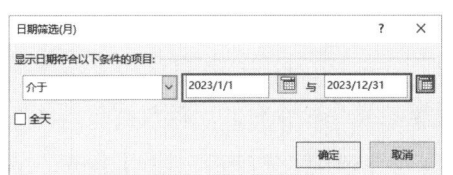

图17-11 设置日期筛选条件

第5步 筛选2023年数据。设置完成后单击"确

定"按钮，即可筛选出2023年的销售数据，则数据透视表中的销售金额数据随之发生变化，如图17-12所示。

第6步 复制并粘贴数据。选中数据透视表1中的A3:B16单元格范围，按快捷键"Ctrl+C"复制数据透视表1中的数据，选中A18单元格，按快捷键"Ctrl+V"粘贴数据透视表1中的数据，如图17-13所示。

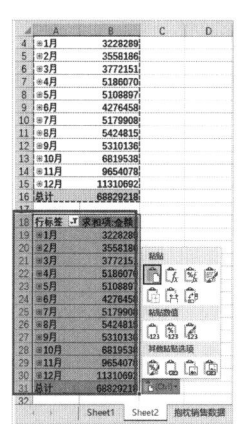

图17-12 筛选2023年销售数据　　图17-13 复制并粘贴数据

第7步 调整字段。选中数据透视表2中的任意字段单元格，在"数据透视表字段"窗格中，取消选中"日期"和"月"字段，将"产品种类"字段拖曳至"行"区域，"销售地区"字段拖曳至"列"区域，其数据透视表效果如图17-14所示。

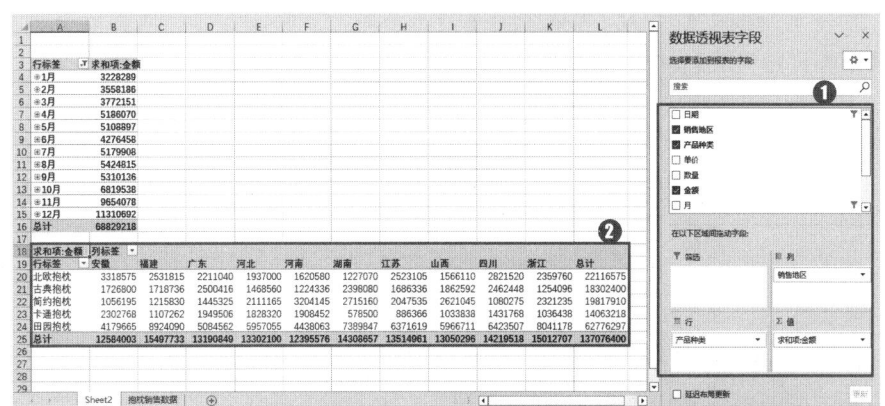

图17-14 调整字段效果

第8步 设置数字格式。选中两张数据透视表中的数据并右击，在弹出的快捷菜单中选择"数字格式"命令，打开"设置单元格格式"对话框，在左侧列表框中选择"自定义"选项，在右侧的"类型"文

本框中输入“0!.0,”，单击“确定”按钮，完成数字格式的设置，其效果如图17-15所示。

行标签	求和项:金额
1月	322.8
2月	355.8
3月	377.2
4月	518.6
5月	510.9
6月	427.6
7月	518.0
8月	542.5
9月	531.0
10月	682.0
11月	965.4
12月	1131.1
总计	6882.9

求和项:金额	列标签										
行标签	安徽	福建	广东	河北	河南	湖南	江苏	山西	四川	浙江	总计
北欧抱枕	331.9	253.2	221.1	193.7	162.1	122.7	252.3	156.6	282.2	236.0	2211.7
古典抱枕	172.7	171.9	250.0	146.9	122.4	239.8	168.6	186.3	246.2	125.4	1830.2
简约抱枕	105.6	121.6	144.5	211.1	320.4	271.5	204.8	262.1	108.0	232.1	1981.8
卡通抱枕	230.3	110.7	195.0	182.8	190.8	57.9	88.6	103.4	143.2	103.6	1406.3
田园抱枕	418.0	892.4	508.5	595.7	443.8	739.0	637.2	596.7	642.4	804.1	6277.6
总计	1258.4	1549.8	1319.1	1330.2	1239.6	1430.9	1351.5	1305.0	1422.0	1501.3	13707.6

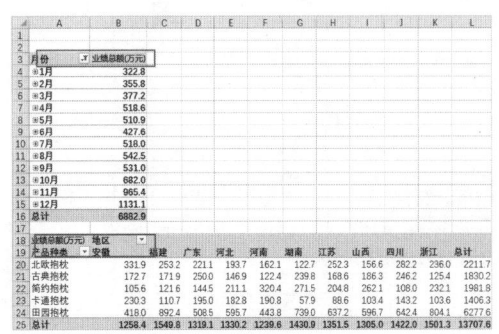

图17-15　设置数字格式

第9步 设置固定列宽。依次选中两张数据透视表中的任意字段，单击“数据透视表分析”选项卡→“数据透视表”组→“选项”按钮，打开“数据透视表选项”对话框，在“布局和格式”选项卡中，取消选中“更新时自动调整列宽”复选框，单击“确定”按钮，即可设置数据透视表的固定列宽。

第10步 修改数据透视表行列标签名称。在数据透视表1中，将行标签修改为“月份”，列标签修改为“业绩总额(万元)”；在数据透视表2的字段中，将行标签修改为“产品种类”，列标签修改为“地区”，“求和项:金额”字段修改为“业绩总额(万元)”，效果如图17-16所示。

月份	业绩总额(万元)
1月	322.8
2月	355.8
3月	377.2
4月	518.6
5月	510.9
6月	427.6
7月	518.0
8月	542.5
9月	531.0
10月	682.0
11月	965.4
12月	1131.1
总计	6882.9

业绩总额(万元)	地区										
产品种类	安徽	福建	广东	河北	河南	湖南	江苏	山西	四川	浙江	总计
北欧抱枕	331.9	253.2	221.1	193.7	162.1	122.7	252.3	156.6	282.2	236.0	2211.7
古典抱枕	172.7	171.9	250.0	146.9	122.4	239.8	168.6	186.3	246.2	125.4	1830.2
简约抱枕	105.6	121.6	144.5	211.1	320.4	271.5	204.8	262.1	108.0	232.1	1981.8
卡通抱枕	230.3	110.7	195.0	182.8	190.8	57.9	88.6	103.4	143.2	103.6	1406.3
田园抱枕	418.0	892.4	508.5	595.7	443.8	739.0	637.2	596.7	642.4	804.1	6277.6
总计	1258.4	1549.8	1319.1	1330.2	1239.6	1430.9	1351.5	1305.0	1422.0	1501.3	13707.6

图17-16　修改数据透视表标签名称

2. 创建数据透视图

创建数据透视图的具体操作步骤如下。

第1步 创建折线图图表。选中数据透视表1中的任意字段单元格，单击“数据透视表分析”选项卡→“工具”组→“数据透视图”按钮，打开“插入图表”对话框，选择“折线图”图表类型，单击“确定”按钮，即可创建折线图图表，如图17-17所示。

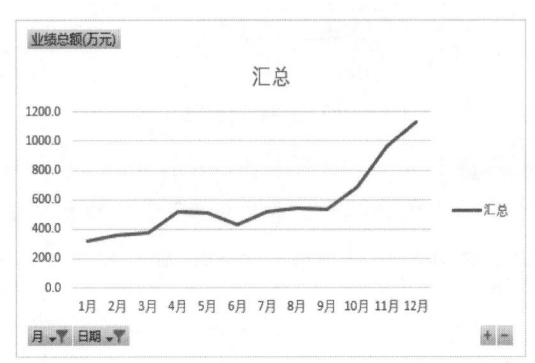

图17-17　创建折线图

第2步 隐藏字段按钮。选择折线图上的字段按钮并右击，在打开的快捷菜单中选择“隐藏图表上的所有字段按钮”命令，即可隐藏图表上的字段按钮，如图17-18所示。

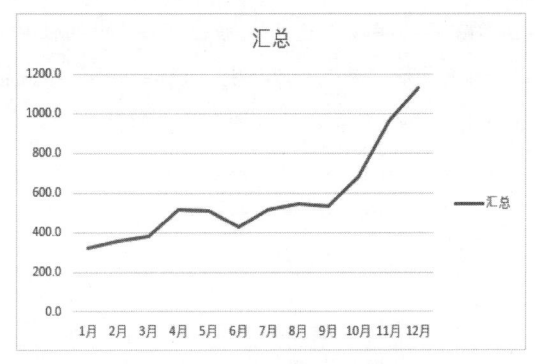

图17-18　隐藏图表的字段按钮

第3步 选择图表颜色。选择折线图，单击“设计”选项卡→“图表样式”组→“更改颜色”下拉按钮，展开列表框，选择“彩色调色板4”颜色，如图17-19所示。

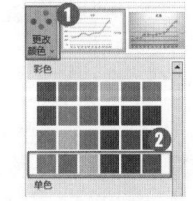

图17-19　选择图表颜色

第 17 章
数据透视表综合实例——制作 2023 年抱枕销售明细表

第4步 更改图表颜色。选择颜色后即可更改图表的颜色，其效果如图 17-20 所示。

图 17-20　更改图表颜色

第5步 调整图表。修改图表标题为"各月份抱枕销售业绩趋势"，调整数据透视图大小，并拖动至数据透视表1右侧，如图 17-21 所示。

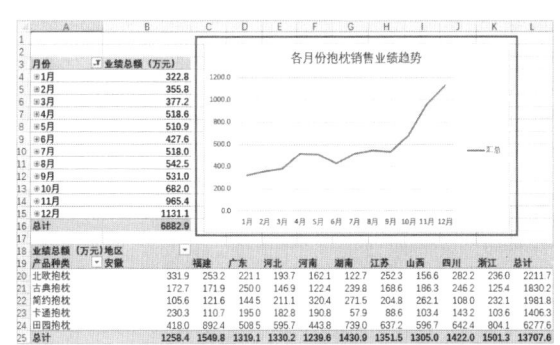

图 17-21　调整图表

3. 调整与美化数据透视表

调整与美化数据透视表的具体操作步骤如下。

第1步 设置数据透视表样式。依次选中两张数据透视表中的任意字段单元格，单击"设计"选项卡→"数据透视表样式"组→"其他"按钮，展开列表框，选择"浅绿，数据透视表样式中等深浅14"表格样式，效果如图 17-22 所示。

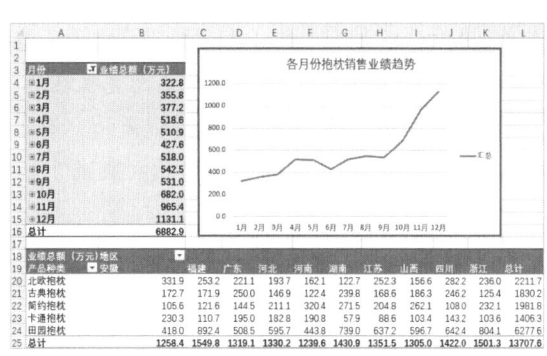

图 17-22　设置数据透视表样式效果

第2步 添加数据条格式。选中数据透视表1中的 B4:B15 单元格范围，单击"开始"选项卡→"样式"组→"条件格式"下拉按钮，展开列表框，选择"数据条"命令，展开子菜单，选择"绿色数据条"图标，即可添加数据条格式。

第3步 添加色阶格式。选中数据透视表2中的 B20:K24 单元格范围，单击"开始"选项卡→"样式"组→"条件格式"下拉按钮，展开列表框，选择"色阶"命令，展开子菜单，选择"绿-白色阶"图标，即可添加色阶格式，如图 17-23 所示。

图 17-23　添加条件格式效果

第4步 制作表头效果。合并第一行单元格，输入标题名为"2023年度抱枕销售业绩总览看板"，为单元格填充深绿色，设置字体颜色为白色。

第5步 修改工作表名称。选择数据透视表工作表标签并右击,在打开的快捷菜单中选择"重命名"命令,将名称修改为"2023年业绩总览报表"。

第6步 添加筛选字段。在数据透视表的中间插入两行,选中数据透视表2的任意字段,在"数据透视表"窗格中,将"年"字段拖曳至"筛选"区域中,如图17-24所示。

图17-24 添加筛选字段

第7步 筛选2023年数据。在"筛选"区域中单击"年"右侧的下拉按钮,展开筛选框,只选择"2023年"选项,单击"确定"按钮,只筛选2023年销售业绩,然后隐藏新添加的两行,最终的案例效果如图17-25所示。

图17-25 筛选2023年数据

17.3.2 制作2022年和2023年增长对比报表

制作本案例效果时,需要完成业绩增长趋势总览、地区业绩增长概览和产品销量增长概览3张数据透视表。下面将详细讲解制作这3张数据透视表具体的操作步骤。

第17章

数据透视表综合实例——制作2023年抱枕销售明细表

1. 创建业绩增长趋势总览表

在"业绩增长趋势总览"数据透视表中,以年份和月份2个维度来创建统计销售业绩的交叉数据透视表及数据透视折线图,以查看两个年份的业绩同比增长情况,其具体的操作步骤如下。

第1步 切换工作表。在"2023年抱枕销售明细表.xlsx"工作簿(见图17-1)中,单击"抱枕销售数据"工作表标签,切换工作表。

第2步 创建数据透视表。选中"抱枕销售数据"工作表中的任意字段单元格,然后单击"插入"选项卡→"表格"组→"数据透视表"按钮,打开"来自表格或区域的数据透视表"对话框,保持默认参数值,单击"确定"按钮,创建数据透视表。

第3步 添加字段。在"数据透视表字段"窗格中的"字段列表"区域中,选中"日期"和"金额"字段,将"年"字段拖曳至"列"区域,取消选中"季度"字段,完成字段的调整,如图17-26所示。

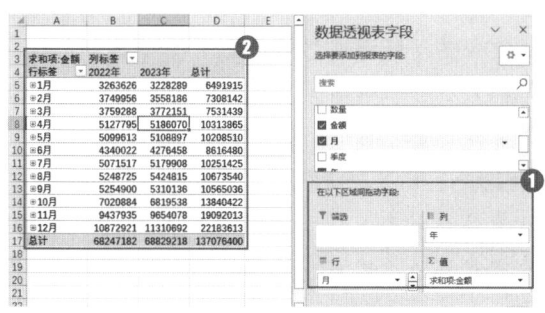

图17-26 添加字段效果

第4步 设置数字格式。选中数据透视表中的数据字段并右击,在弹出的快捷菜单中选择"数字格式"命令,打开"设置单元格格式"对话框,在左侧列表框中选择"自定义"选项,在右侧的"类型"文本框中输入"0!.0,",单击"确定"按钮,完成数字格式的设置,如图17-27所示。

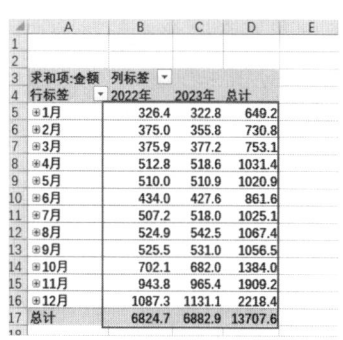

图17-27 设置数字格式

第5步 复制并粘贴数据。选中数据透视表1中的A3:D17单元格范围,按快捷键"Ctrl+C"复制数据,选中E3单元格,按快捷键"Ctrl+V"粘贴选中的数据。

第6步 选择多个命令。选中数据透视表2中的2023年数据并右击,在弹出的快捷菜单中选择"值显示方式"→"差异百分比"命令,如图17-28所示。

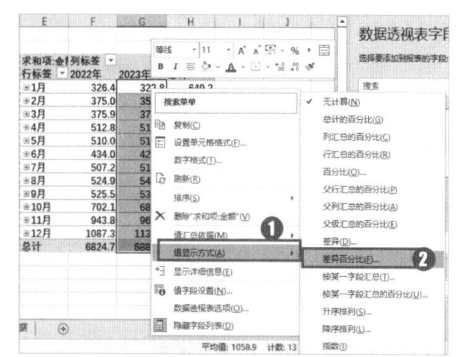

图17-28 选择"差异百分比"命令

第7步 设置基本字段。在打开的"值显示方式"对话框中,设置"基本字段"为"年",如图17-29所示,单击"确定"按钮,即可将值显示方式设置为"差异百分比"。

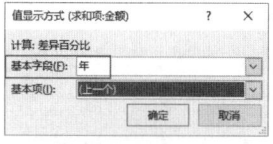

图17-29 设置基本字段

第8步 添加箭头条件格式。选中G5:G17单元格范围，单击“开始”选项卡→“样式”组→“条件格式”下拉按钮，展开列表框，选择“图标集”命令，展开子菜单，选择“三向箭头（彩色）”图标，即可添加箭头条件格式，如图17-30所示。

	A	B	C	D	E	F	G	H
1								
2								
3	求和项:金额	列标签			求和项:金额	列标签		
4	行标签	2022年	2023年	总计	行标签	2022年	2023年	总计
5	⊞1月	326.4	322.8	649.2	⊞1月		-1.08%	
6	⊞2月	375.0	355.8	730.8	⊞2月		-5.11%	
7	⊞3月	375.9	377.2	753.1	⊞3月		0.34%	
8	⊞4月	512.8	518.6	1031.4	⊞4月		1.14%	
9	⊞5月	510.0	510.9	1020.9	⊞5月		0.18%	
10	⊞6月	434.0	427.6	861.6	⊞6月		-1.46%	
11	⊞7月	507.2	518.0	1025.1	⊞7月		2.14%	
12	⊞8月	524.9	542.5	1067.4	⊞8月		3.35%	
13	⊞9月	525.5	531.0	1056.5	⊞9月		1.05%	
14	⊞10月	702.1	682.0	1384.0	⊞10月		-2.87%	
15	⊞11月	943.8	965.4	1909.2	⊞11月		2.29%	
16	⊞12月	1087.3	1131.1	2218.4	⊞12月		4.03%	
17	总计	6824.7	6882.9	13707.6	总计		0.85%	

图17-30 添加箭头条件格式

第9步 编辑条件格式。再次选中G5:G17单元格范围，单击“开始”选项卡→“样式”组→“条件格式”下拉按钮，展开列表框，选择“管理规则”命令，在打开的“条件格式规则管理器”对话框中单击“编辑规则”按钮，打开“编辑格式规则”对话框，修改“类型”均为“数字”，单击“确定”按钮，重新编辑条件格式，如图17-31所示。

	A	B	C	D	E	F	G	H
1								
2								
3	求和项:金额	列标签			求和项:金额	列标签		
4	行标签	2022年	2023年	总计	行标签	2022年	2023年	总计
5	⊞1月	326.4	322.8	649.2	⊞1月		-1.08%	
6	⊞2月	375.0	355.8	730.8	⊞2月		-5.11%	
7	⊞3月	375.9	377.2	753.1	⊞3月		0.34%	
8	⊞4月	512.8	518.6	1031.4	⊞4月		1.14%	
9	⊞5月	510.0	510.9	1020.9	⊞5月		0.18%	
10	⊞6月	434.0	427.6	861.6	⊞6月		-1.46%	
11	⊞7月	507.2	518.0	1025.1	⊞7月		2.14%	
12	⊞8月	524.9	542.5	1067.4	⊞8月		3.35%	
13	⊞9月	525.5	531.0	1056.5	⊞9月		1.05%	
14	⊞10月	702.1	682.0	1384.0	⊞10月		-2.87%	
15	⊞11月	943.8	965.4	1909.2	⊞11月		2.29%	
16	⊞12月	1087.3	1131.1	2218.4	⊞12月		4.03%	
17	总计	6824.7	6882.9	13707.6	总计		0.85%	

图17-31 重新编辑条件格式

第10步 创建折线图。选中数据透视表1中的任意字段单元格，单击“数据透视表分析”选项卡→“工具”组→“数据透视图”按钮，打开“插入图表”对话框，选择“折线图”图表类型，单击“确定”按钮，即可创建折线图，如图17-32所示。

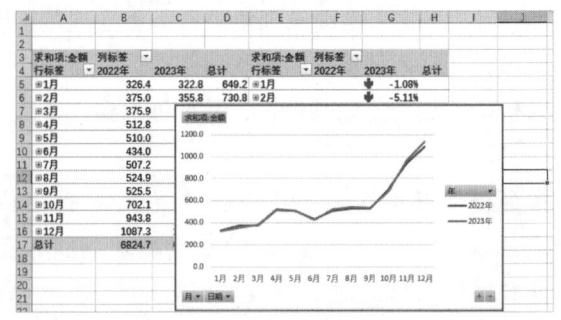

图17-32 创建折线图

第11步 隐藏重复列。选择重复列对象，右击，在弹出的快捷菜单中选择“隐藏”命令，即可隐藏重复信息列。

> **注意**
>
> 在制作数据透视折线图时，当有些信息重复，且数据透视表不能进行单独删除时，可以使用“隐藏行”或“隐藏列”命令，将重复的数据隐藏起来。

第12步 美化数据透视表。为两张数据透视表套用“浅绿，数据透视表样式中等深浅14”表格样式，修改数据透视表的标签名称，并居中对齐数据。

第13步 美化数据透视图。在数据透视图中隐藏所有字段按钮，添加并修改数据透视图标题，更改数据透视图颜色，调整其大小及位置，最后重命名工作表为“业绩增长趋势总览”，最终效果如图17-33所示。

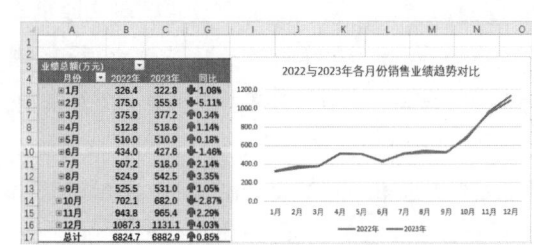

图17-33 业绩增长趋势总览表最终效果

第 17 章
数据透视表综合实例——制作2023年抱枕销售明细表

2. 创建地区业绩增长概览表

在"地区业绩增长概览"数据透视表中，以地区和年份2个维度来创建统计销售业绩的交叉数据透视表及数据透视柱形图，插入产品种类切片器，查看各产品在各地区的同比增长情况，其具体的操作步骤如下。

第1步 切换工作表。在"2023年抱枕销售明细表.xlsx"工作簿（见图17-1）中，单击"抱枕销售数据"工作表标签，切换工作表。

第2步 创建数据透视表。选中"抱枕销售数据"工作表中的任意单元格，然后单击"插入"选项卡→"表格"组→"数据透视表"按钮，打开"来自表格或区域的数据透视表"对话框，保持默认参数值，单击"确定"按钮，创建数据透视表。

第3步 添加字段。在"数据透视表字段"窗格中的字段列表区域中，将"年"字段拖曳至"列"区域，"销售地区"字段拖曳至"行"区域，"金额"字段拖曳至"值"区域，完成字段的调整，如图17-34所示。

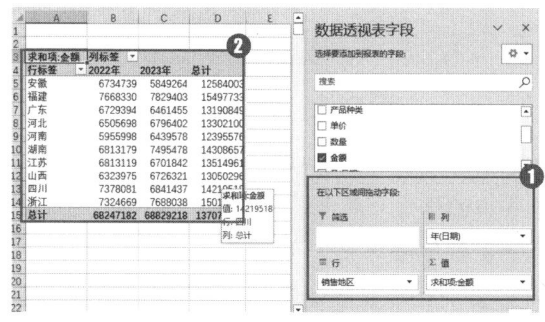

图17-34 添加字段效果

第4步 设置数字格式。选中数据透视表中的字段单元格并右击，在弹出的快捷菜单中选择"数字格式"命令，打开"设置单元格格式"对话框，在左侧列表框中选择"自定义"选项，在右侧的"类型"文本框中输入"0!.0,"，单击"确定"按钮，完成数字格式的设置，如图17-35所示。

	A	B	C	D	E
1					
2					
3	求和项:金额	列标签			
4	行标签	2022年	2023年	总计	
5	安徽	673.5	584.9	1258.4	
6	福建	766.8	782.9	1549.8	
7	广东	672.9	646.1	1319.1	
8	河北	650.6	679.6	1330.2	
9	河南	595.6	644.0	1239.6	
10	湖南	681.3	749.5	1430.9	
11	江苏	681.3	670.2	1351.5	
12	山西	632.4	672.6	1305.0	
13	四川	737.8	684.1	1422.0	
14	浙江	732.5	768.8	1501.3	
15	总计	6824.7	6882.9	13707.6	

图17-35 设置数字格式

第5步 复制并粘贴数据。选中数据透视表1中的A3:D15单元格范围，按快捷键"Ctrl+C"复制数据，选中E3单元格，按快捷键"Ctrl+V"粘贴选中的数据。

第6步 设置值显示方式。选中数据透视表2中的2023年数据并右击，在弹出的快捷菜单中选择"值显示方式"→"差异百分比"命令，打开"值显示方式"对话框，设置"基本字段"为"年"，单击"确定"按钮，即可将值显示方式设置为"差异百分比"，如图17-36所示。

	A	B	C	D	E	F	G	H
3	求和项:金额	列标签			求和项:金额	列标签		
4	行标签	2022年	2023年	总计	行标签	2022年	2023年	总计
5	安徽	673.5	584.9	1258.4	安徽		-13.15%	
6	福建	766.8	782.9	1549.8	福建		2.10%	
7	广东	672.9	646.1	1319.1	广东		-3.98%	
8	河北	650.6	679.6	1330.2	河北		4.47%	
9	河南	595.6	644.0	1239.6	河南		8.12%	
10	湖南	681.3	749.5	1430.9	湖南		10.01%	
11	江苏	681.3	670.2	1351.5	江苏		-1.63%	
12	山西	632.4	672.6	1305.0	山西		6.36%	
13	四川	737.8	684.1	1422.0	四川		-7.27%	
14	浙江	732.5	768.8	1501.3	浙江		4.96%	
15	总计	6824.7	6882.9	13707.6	总计		0.85%	

图17-36 设置值显示方式

第7步 添加箭头条件格式。选中G5:G15单元格范围，单击"开始"选项卡→"样式"组→"条件格式"下拉按钮，展开列表框，选择"图标集"命令，展开子菜单，选择"三向箭头（彩色）"图标，即可添加箭头条件格式。

第8步 编辑条件格式。再次选中G5:G15单元格范围，单击"开始"选项卡→"样式"组→"条件格式"下拉按钮，展开列表框，选择"管理规则"命令,在打开的"条件格式规则管理器"对话框中单击"编辑规则"按钮,打开"编辑格式规则"对话框,修改"类型"均为"数字",单击"确定"按钮,重新编辑条件格式,如图17-37所示。

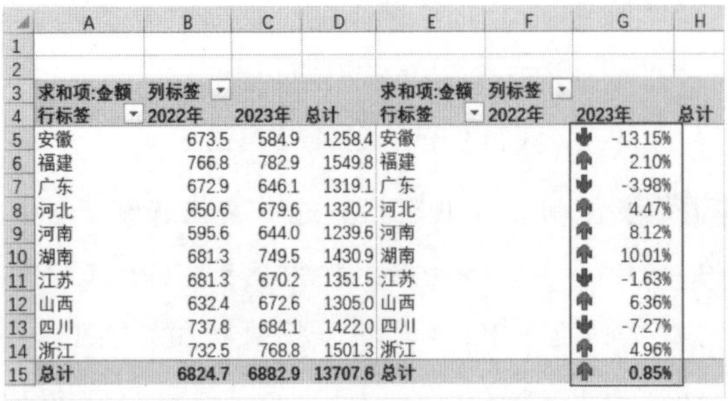

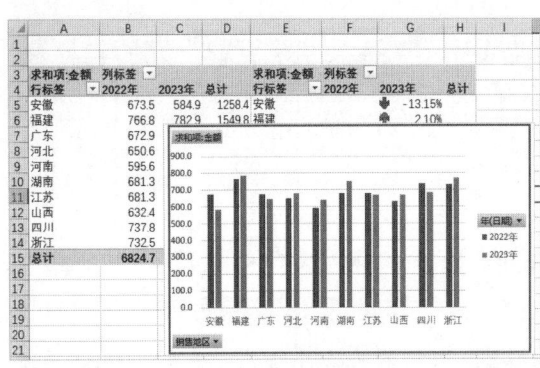

图17-37　重新编辑条件格式

第9步 创建柱形图。选中数据透视表1中的任意字段单元格,单击"数据透视表分析"选项卡→"工具"组→"数据透视图"按钮,打开"插入图表"对话框,选择"簇状柱形图"图表类型,单击"确定"按钮,即可创建柱形图,如图17-38所示。

图17-38　创建柱形图

第10步 创建切片器。选中数据透视表1中的任意字段单元格,单击"数据透视表分析"选项卡→"筛选"组→"插入切片器"按钮,打开"插入切片器"对话框,选中"产品种类"复选框,单击"确定"按钮,即可插入切片器,并设置切片器的"列"为3,效果如图17-39所示。

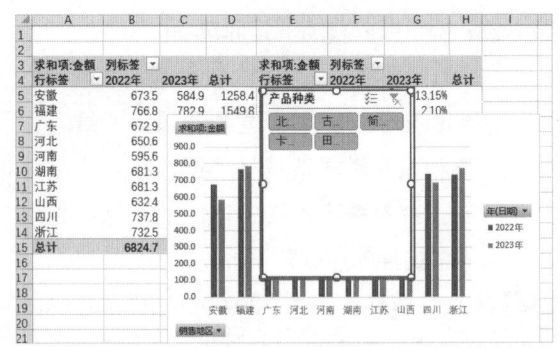

图17-39　创建切片器

第11步 美化切片器。选中切片器,单击"切片器"选项卡→"切片器"组→"报表连接"按钮,打开"数据透视表连接"对话框,选中"数据透视表3"复选框,单击"确定"按钮,创建报表连接,并为切片器套用"浅绿,切片器样式深色6"切片器样式,最后调整切片器的大小和位置,如图17-40所示。

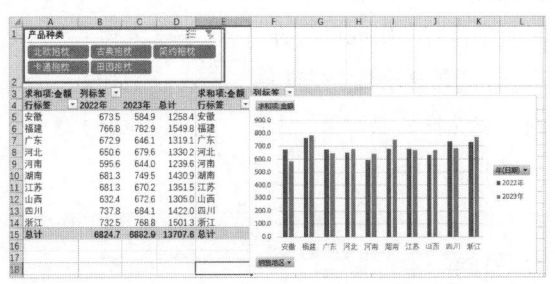

图17-40　美化切片器

第12步 隐藏重复列。选择重复列对象并右击,在弹出的快捷菜单中选择"隐藏"命令,即可隐藏重复信息列。

第13步 美化数据透视表。为两张数据透视表套用"浅绿,数据透视表样式中等深浅14"表格样式,修改数据透视表的标签名称,并居中对齐数据。

第14步 美化数据透视图。在数据透视图中隐藏所有字段按钮,添加并修改数据透视图标题,更改数据透视图颜色,调整其大小及位置,最后重命名工作表为"地区业绩增长概览",最终效果如图17-41所示。

第17章
数据透视表综合实例——制作2023年抱枕销售明细表

图17-41 地区业绩增长概览表最终效果

3. 创建产品销量增长概览表

在"产品销量增长概览"数据透视表中，以产品种类和年份2个维度来创建统计销量的交叉数据透视表及数据透视条形图，插入地区切片器，查看各地区的各产品在2个年份中的销量对比增长情况，其具体的操作步骤如下。

第1步 切换工作表。在"2023年抱枕销售明细表.xlsx"工作簿中，单击"抱枕销售数据"工作表标签，切换工作表。

第2步 创建数据透视表。选中"抱枕销售数据"工作表中的任意字段单元格，然后单击"插入"选项卡→"表格"组→"数据透视表"按钮，打开"来自表格或区域的数据透视表"对话框，保持默认参数值，单击"确定"按钮，创建数据透视表。

第3步 添加字段。在"数据透视表字段"窗格中的字段列表区域中，将"年"字段拖曳至"列"区域，"产品种类"字段拖曳至"行"区域，"数量"字段拖曳至"值"区域，完成字段的调整，如图17-42所示。

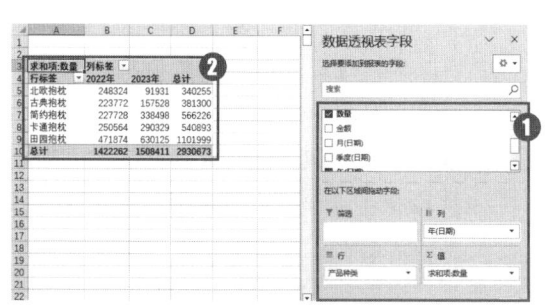

图17-42 添加字段效果

第4步 设置数字格式。选中数据透视表中的数据字段单元格并右击，在弹出的快捷菜单中选择"数字格式"命令，打开"设置单元格格式"对话框，在左侧列表框中选择"自定义"选项，在右侧的"类型"文本框中输入"0!.0,"，单击"确定"按钮，完成数字格式的设置，如图17-43所示。

	A	B	C	D
1				
2				
3	求和项:数量	列标签		
4	行标签	2022年	2023年	总计
5	北欧抱枕	24.8	9.2	34.0
6	古典抱枕	22.4	15.8	38.1
7	简约抱枕	22.8	33.8	56.6
8	卡通抱枕	25.1	29.0	54.1
9	田园抱枕	47.2	63.0	110.2
10	总计	142.2	150.8	293.1

图17-43 设置数字格式

第5步 复制并粘贴数据。选中数据透视表1中的A3:D10单元格范围，按快捷键"Ctrl+C"复制数据，选中E3单元格，按快捷键"Ctrl+V"粘贴选中的数据。

第6步 设置值显示方式。选中数据透视表2中的2023年数据并右击，在弹出的快捷菜单中选择"值显示方式"命令，展开子菜单，选择"差异百分比"命令，打开"值显示方式"对话框，设置"基本字段"为"年"，单击"确定"按钮，即可将值显示方式设置为"差异百分比"，如图17-44所示。

	A	B	C	D	E	F	G	H
1								
2								
3	求和项:数量	列标签			求和项:数量	列标签		
4	行标签	2022年	2023年	总计	行标签	2022年	2023年	总计
5	北欧抱枕	24.8	9.2	34.0	北欧抱枕		-62.98%	
6	古典抱枕	22.4	15.8	38.1	古典抱枕		-29.60%	
7	简约抱枕	22.8	33.8	56.6	简约抱枕		48.64%	
8	卡通抱枕	25.1	29.0	54.1	卡通抱枕		15.87%	
9	田园抱枕	47.2	63.0	110.2	田园抱枕		33.54%	
10	总计	142.2	150.8	293.1	总计		6.06%	

图17-44 设置值显示方式

第7步 添加箭头条件格式。选中G5:G10单元格范围，单击"开始"选项卡→"样式"组→"条件格式"下拉按钮，展开列表框，选择"图标集"命令，展开子菜单，选择"三向箭头（彩色)"图标,即可添加箭头条件格式。

第8步 编辑条件格式。再次选中G5:G10单元格范围,单击"开始"选项卡→"样式"组→"条件格式"下拉按钮,展开列表框,选择"管理规则"命令,打开"条件格式规则管理器"对话框,单击"编辑规则"按钮,打开"编辑格式规则"对话框,修改"类型"均为"数字",单击"确定"按钮,重新编辑条件格式,如图17-45所示。

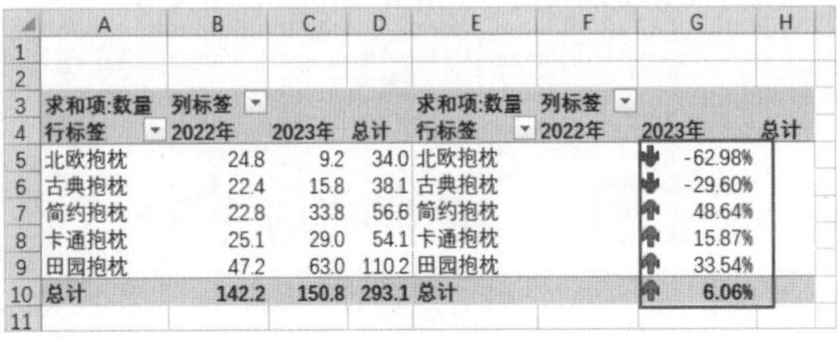

置切片器的"列"为5,效果如图17-47所示。

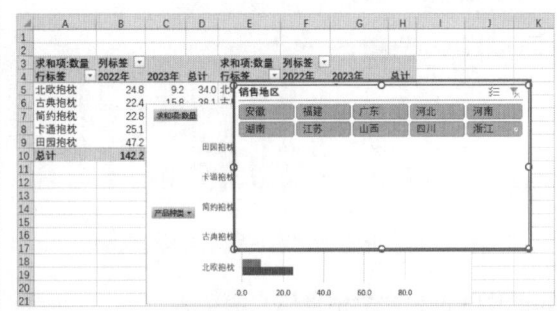

图17-47 创建切片器

第11步 美化切片器。选中切片器,单击"切片器"选项卡→"切片器"组→"报表连接"按钮,打开"数据透视表连接"对话框,选中"数据透视表5"复选框,单击"确定"按钮,创建报表连接,并为切片器套用"浅绿,切片器样式深色6"切片器样式,最后调整切片器的大小和位置,如图17-48所示。

图17-45 重新编辑条件格式

第9步 创建条形图。选中数据透视表1中的任意字段单元格,单击"数据透视表分析"选项卡→"工具"组→"数据透视图"按钮,打开"插入图表"对话框,选择"簇状条形图"图表类型,单击"确定"按钮,即可创建条形图,如图17-46所示。

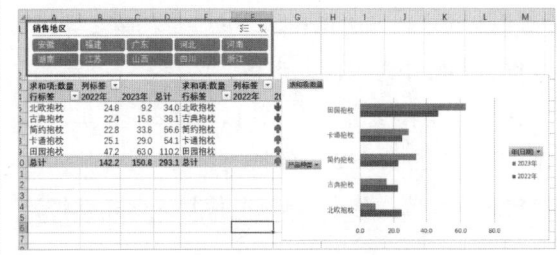

图17-48 美化切片器

第12步 隐藏重复列。选择重复列对象并右击,在弹出的快捷菜单中选择"隐藏"命令,即可隐藏重复信息列。

第13步 美化数据透视表。为两张数据透视表套用"浅绿,数据透视表样式中等深浅14"表格样式,修改数据透视表的标签名称,并居中对齐数据。

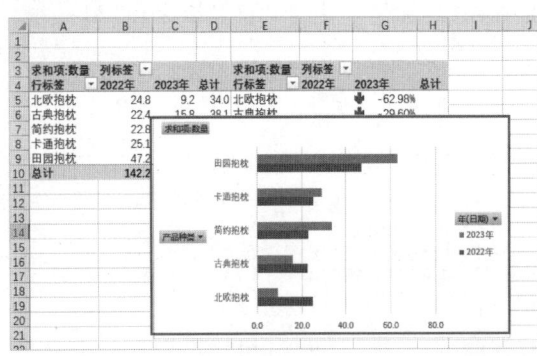

图17-46 创建条形图

第10步 创建切片器。选中数据透视表1中的任意字段单元格,单击"数据透视表分析"选项卡→"筛选"组→"插入切片器"按钮,打开"插入切片器"对话框,选中"销售地区"复选框,单击"确定"按钮,即可插入切片器,并设

第14步 美化数据透视图。在数据透视图中隐藏所有字段按钮,添加并修改数据透视图标题,更改数据透视图颜色,调整其大小及位置,最后重命名工作表为"产品销量增长概览",最终效果如图17-49所示。

第 17 章
数据透视表综合实例——制作 2023 年抱枕销售明细表

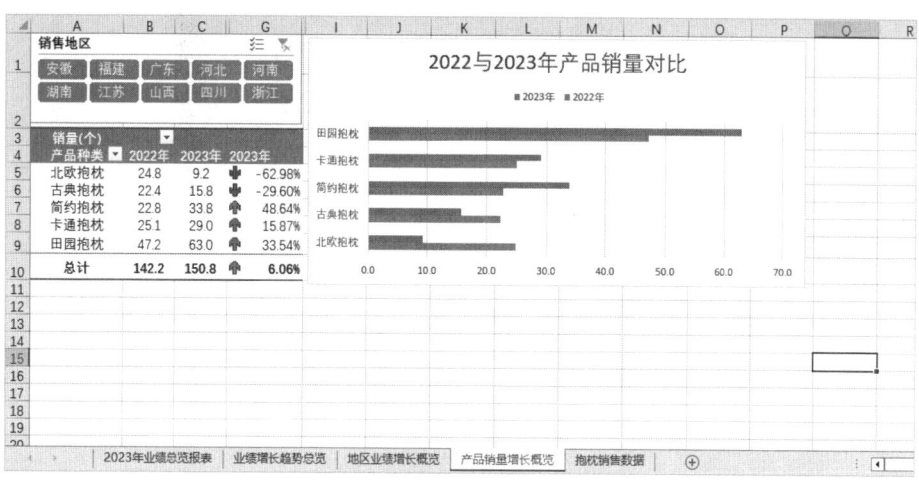

图 17-49　产品销量增长概览表最终效果

第 5 篇

数据可视化

本篇导读

本篇聚焦条件格式、迷你图、图表（柱形图、折线图、饼图等）的创建与美化，以及复合图表（如柱线组合图）的设计，通过动态图表案例来强化实战能力。通过对本篇内容的学习，能够提升数据图形化的表达能力，掌握专业图表设计与动态看板制作，增强数据汇报的直观性与说服力。

本篇内容安排

第18章 数据条件格式与迷你图应用

第19章 图表的创建、编辑与美化

第20章 复合图表的应用

第21章 图表应用综合实例——制作销售业绩的动态图表

第18章 数据条件格式与迷你图应用

前面我们已经学习了数据的规范与整理、数据的排序与筛选、函数公式的应用及数据透视表和透视图的应用，接下来我们将学习表格数据可视化操作，用更直观的方式将数据展现给读者，以便于读者理解数据之间的关系和趋势。

本章通过在销售数据表中添加条件格式和迷你图的案例，来学习使用条件格式及添加迷你图的相关知识和用法。图18-1所示为在销售数据表中添加条件格式和迷你图的最终效果图。

（a）突出显示单元格　　　　　　　　　　（b）使用图标集和数据条显示单元格

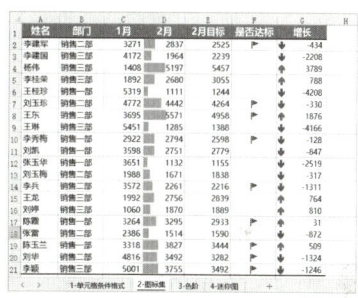

（c）使用色阶显示单元格　　　　　　　　　（d）使用迷你图显示单元格

图18-1　在销售数据表中添加条件格式和迷你图的最终效果图

 ## 18.1　数据可视化的含义

数据可视化就是把密密麻麻的数据表格，转化成更容易看懂和记忆的样子，让读者更轻松、更容易理解数据。我们可以从三方面实现数据可视化。

- 突出显示单元格：通过手动选取或设置单元格格式，标记单元格的边框、填充颜色或者是字体大小等，让读者更快地看到我们想要传达的重点信息。
- 图形化表达：用数据条、图标集、色阶、迷你图等方式进行可视化，让读者快速清楚地看清数据走势，知道当前的状态，比较数据大小，其表达类型如图18-2所示。
- 图表表达：用图表形式进行数据可视化展示，可以快速查看与分析数据，图表内容会在第19章讲述，这里不再详细概述。

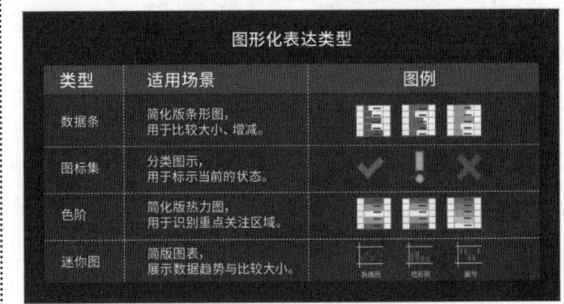

图18-2　图形化表达类型

18.2 突出显示单元格

突出显示单元格不仅可以对指定文本内容进行自定义格式标记，还可以快速标记重复值、包含文本内容等。突出显示单元格的方法有以下两种。

1. 手动设置单元格格式

手动设置单元格格式可以重点突出显示数据，其操作方法很简单，单击"开始"选项卡→"字体"组→"字体设置"按钮，打开"设置单元格格式"对话框（见图18-3），在该对话框中可以设置数字、对齐、字体、边框、填充、保护等内容。

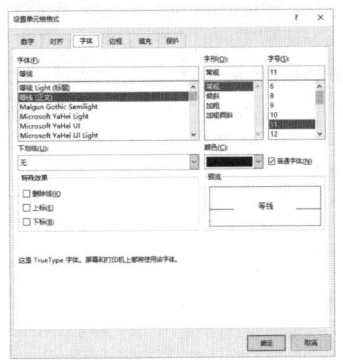 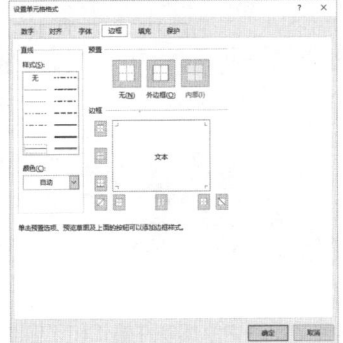 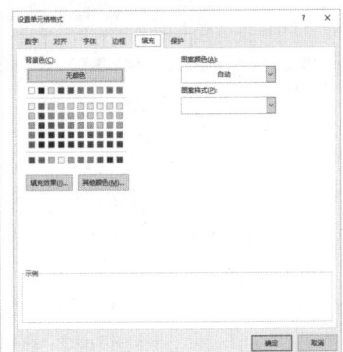

图18-3　"设置单元格格式"对话框

> **技术看板**
>
> 在"开始"选项卡的"字体"组中，显示了常用的字体设置选项，如图18-4所示，用户也可以单击"字体"、"字体颜色"或"边框"等按钮来设置单元格的各种格式效果。
>
>
>
> 图18-4　"字体"组

比如，在第一季度销售表中"销售三部"的销售业绩不太好，我们就可以将这些单元格标注出来，让领导一眼就能看到他最关注的部门情况。其操作方法是：使用"筛选"功能，筛选出"销售三部"的数据；框选B列单元格，使用快捷键"Ctrl+G"定位可见单元格，然后给筛选出来的单元格设置边框和填充颜色，其效果如图18-5所示。

	A	B	C	D	E	F
1	姓名	部门	1月	2月	3月	总计
2	陈曦	销售二部	3310	2900	3645	9855
3	刘洋洋	销售三部	4360	2160	5768	12288
4	赵琦	销售三部	1550	4269	1130	6949
5	李敏敏	销售三部	1963	2680	4987	9630
6	王佳元	销售一部	5360	1573	3610	10543
7	柳西西	销售二部	4772	4442	1169	10383
8	陈宇	销售二部	3695	5589	3965	13249
9	黄琴	销售三部	5451	1365	3998	10814
10	柯宇	销售一部	2933	2794	5470	11197
11	杨茗茗	销售一部	3790	2751	5077	11618

（a）原数据

	A	B	C	D	E	F
1	姓名	部门	1月	2月	3月	总计
2	陈曦	销售二部	3310	2900	3645	9855
3	刘洋洋	销售三部	4360	2160	5768	12288
4	赵琦	销售三部	1550	4269	1130	6949
5	李敏敏	销售三部	1963	2680	4987	9630
6	王佳元	销售一部	5360	1573	3610	10543
7	柳西西	销售二部	4772	4442	1169	10383
8	陈宇	销售二部	3695	5589	3965	13249
9	黄琴	销售三部	5451	1365	3998	10814
10	柯宇	销售一部	2933	2794	5470	11197
11	杨茗茗	销售一部	3790	2751	5077	11618

（b）设置后效果

图18-5　手动设置单元格格式效果

2. 条件选取设置单元格格式

除了手动选取设置，我们还可以通过条件格式进行选取设置。使用"条件格式"功能选取设置单元格格式的方法有"突出显示单元格规则"和"最前/最后规则"两种，下面将分别进行介绍。

（1）突出显示单元格规则。

"突出显示单元格规则"是指设置符合条件值的单元格范围显示指定的单元格格式效果，以方便查找单元格范围中某个特定的单元格。

单击"开始"选项卡→"样式"组→"条件格式"下拉按钮，展开列表框，选择"突出显示单元格规则"命令，再次展开子菜单，可以选择各种突出显示单元格规则的命令，如图18-6所示。"突出显示单元格规则"子菜单中包含有"大于""小于""介于""等于""文本包含""发生日期""重复值"等选项，主要用于突出显示大于、小于、介于、等于、文本包含、发生日期和重复值等条件。

图18-6　"突出显示单元格规则"子菜单

在"突出显示单元格规则"子菜单中，各选项的含义如下。

• 大于、小于、介于及等于：是指在选取的数据范围中，对大于、小于、介于、等于某些数值的数据进行突出显示。

• 文本包含：是指在选取的数据范围中，对包含某些文本值的数据进行突出显示。

• 发生日期：是指在选取的日期格式的数据范围中，对于符合筛选条件的日期进行突出显示。

• 重复值：是指在选取的数据范围中，对数值相同的数据进行突出显示。

• 其他规则：是指在选取的数据范围中，设定特殊的甄选规则，对于满足条件的数据进行突出显示。

在第一季度销售表中，如果需要突出显示"销售三部"的文本数据，则可以在第一季度销售表中选中B2:B11单元格范围，单击"开始"选项卡→"样式"组→"条件格式"下拉按钮，展开列表框，选择"突出显示单元格规则"→"文本包含"命令，打开"文本中包含"对话框，在文本框中输入"销售三部"，如图18-7所示。单击"确定"按钮，即可突出显示"销售三部"的单元格文本，如图18-8所示。

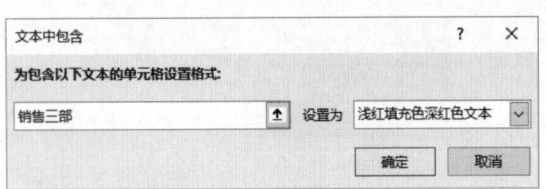

图18-7 "文本中包含"对话框

	A	B	C	D	E	F
1	姓名	部门	1月	2月	3月	总计
2	陈曦	销售二部	3310	2900	3645	9855
3	刘洋洋	销售三部	4360	2160	5768	12288
4	赵琦	销售三部	1550	4269	1130	6949
5	李敏敏	销售三部	1963	2680	4987	9630
6	王佳元	销售一部	5360	1573	3610	10543
7	柳西西	销售二部	4772	4442	1169	10383
8	陈宇	销售二部	3695	5589	3965	13249
9	黄琴	销售三部	5451	1365	3998	10814
10	柯宇	销售一部	2933	2794	5470	11197
11	杨茗茗	销售一部	3790	2751	5077	11618

图18-8 突出显示单元格文本

┃技术看板┃

在"文本中包含"对话框的"设置为"列表框中可以选择不同的颜色进行填充以突出显示，也可以在"设置为"列表框中选择"自定义格式"选项，打开"设置单元格格式"对话框，在"填充"选项卡中重新选择填充颜色。

在图18-9所示的第一季度销售表中，使用"突出显示单元格规则"命令还可以切换部门进行突出显示。其具体方法是：首先，在L1单元格设置一个部门的数据验证，其"来源"框

选L2:L4单元格范围；然后需要编辑规则，框选B2:B11单元格范围，单击"开始"→"样式"→"条件格式"按钮，在列表框中选择"管理规则"命令，打开"条件格式规则管理器"对话框，在"显示其格式规则"列表框中选择"当前工作表"命令，单击"编辑规则"按钮，如图18-10所示。

图18-9 第一季度销售表

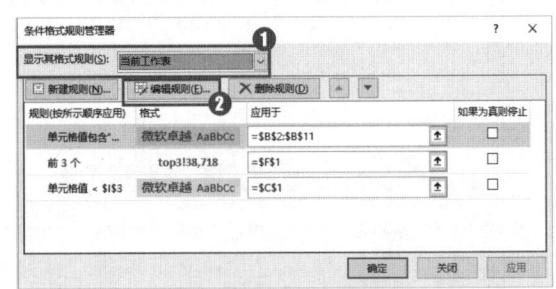

图18-10 "条件格式规则管理器"对话框

在打开的"编辑格式规则"对话框中，在"包含"右侧的文本框中引用L1单元格，依次单击"确定"按钮即可，在L1单元格中选择不同的部门就可以切换显示部门数据，如图18-11所示。

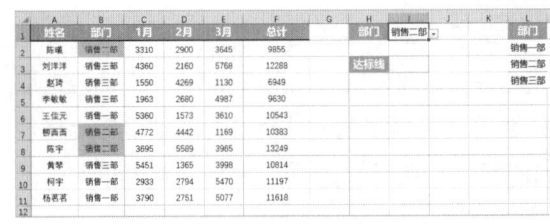

图18-11 切换显示部门数据

（2）最前/最后规则。

"最前/最后规则"主要用于突出显示前10项、前10%、最后10项、最后10%、高于平均

第 18 章
数据条件格式与迷你图应用

值和低于平均值等条件。

单击"开始"选项卡→"样式"组→"条件格式"下拉按钮,展开列表框,选择"最前/最后规则"命令,再次展开子菜单,可以选择各种子命令,如图18-12所示。

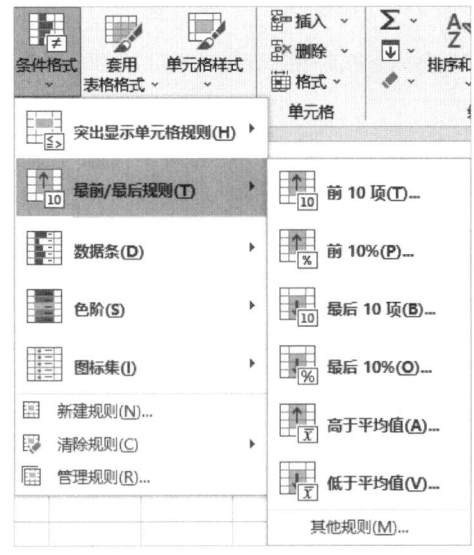

图18-12 "最前/最后规则"子菜单

比如,在第一季度销售表中,如果想突出显示2月份业绩高于平均值的单元格数据,其操作方法是:在第一季度销售表中,选中D2:D11单元格范围,单击"开始"选项卡→"样式"组→"条件格式"下拉按钮,展开列表框,选择"最前/最后规则"→"高于平均值"命令,打开"高于平均值"对话框,保持默认参数设置,单击"确定"按钮,即可突出显示,如图18-13所示。

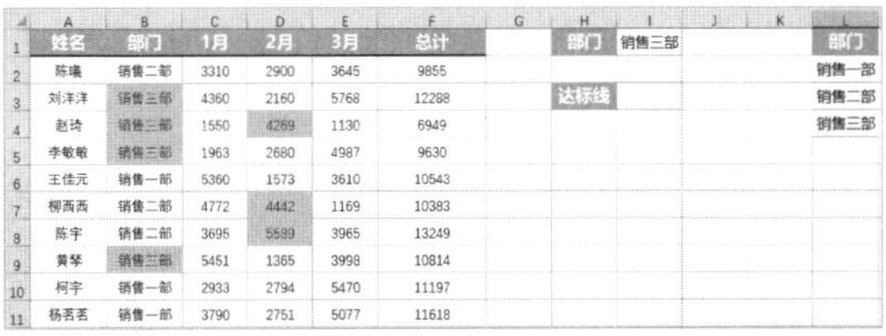

图18-13 突出显示2月份业绩高于平均值的单元格数据

| 技术看板 |

Excel中的自定义格式设置虽然能改变数据显示样式,但并不会改变数据原有的内容。这相当于数据套了一层外衣,数据本身并没有发生任何变化。比如,要在销售数据排名前三的单元格内显示"TOP3!"字样,而不改变原有数据。其具体方法是:选中F2:F11单元格范围,然后单击"开始"选项卡→"样式"组→"条件格式"下拉按钮,展开列表框,选择"最前/最后规则"→"前10项"命令。打开"前10项"对话框,修改参数为3,然后在"设置为"列表框中选择"自定义格式"命令,如图18-14所示。打开"设置单元格格式"对话框,在"数字"选项卡下的左侧列表框中选择"自定义"选项,在右侧列表框中选择"#,##0"选项,然后在"类型"文本框中的文本前输入"TOP3!",如图18-15所示。

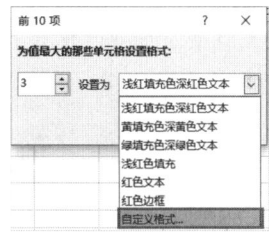

图18-14 选择"自定义格式"命令

图18-15 自定义格式

在"设置单元格格式"对话框中的"字体"和"填充"选项卡中，设置字体颜色和填充颜色，单击"确定"按钮，即可在销售数据排名前三的单元格内显示"TOP3"字样，如图18-16所示。

图18-16 在销售数据排名前三的单元格内显示"TOP3!"字样

在销售数据表中突出显示特定部门并按要求标注业绩

使用突出显示单元格的方法，在销售数据表中突出显示"销售三部"部门，并分别标注出1月份未达标的业绩（3000以下的业绩）、2月份高于平均值的业绩、3月份前20%的业绩，以及一季度前三名的业绩。

1. 突出"销售三部"部门

突出显示"销售三部"的具体操作步骤如下。

第1步 切换工作表。打开"销售数据表.xlsx"工作簿，单击"1-单元格条件格式"工作表标签，切换至该工作表，如图18-17所示。

图18-17 切换工作表

第2步 设置数据序列验证。在工作表中选中I1单元格，单击"数据"选项卡→"数据工具"组→"数据验证"按钮，打开"数据验证"对话框，在"允许"列表框中选择"序列"命令，在"来源"文本框中选中L2:L4单元格范围，如图18-18所示，单击"确定"按钮，设置数据序

列验证。

图18-18 设置序列参数

第3步 选择条件格式命令。在工作表中选中B2:B21单元格范围，单击"开始"选项卡→"样式"组→"条件格式"下拉按钮，展开列表框，选择"突出显示单元格规则"→"文本包含"命令。

第4步 设置文本包含条件。在打开的"文本中包含"对话框中，在文本框中选中I1单元格，如图18-19所示。

·254·

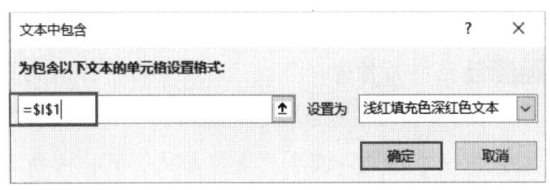

图18-19　设置文本包含条件

第5步 突出显示文本数据。设置完成后单击"确定"按钮，再单击I1单元格右侧的下拉按钮，展开列表框，选择"销售三部"选项，即可突出显示"销售三部"文本数据，如图18-20所示。

姓名	部门	1月	2月	3月	总计
李建军	销售二部	3271	2837	3748	9856
李建国	销售三部	4172	1964	5231	11367
杨伟	销售三部	1408	5197	1038	7643
李桂荣	销售三部	1892	2680	4733	9305
王桂珍	销售一部	5319	1111	3611	10041
刘玉珍	销售二部	4772	4442	1169	10383
王东	销售二部	3695	5571	3845	13111
王琳	销售三部	5451	1285	3924	10660
李秀梅	销售一部	2922	2794	5633	11349
刘凯	销售一部	3598	2751	5077	11426
张玉华	销售一部	3651	1132	4355	9138
刘玉梅	销售二部	1988	1671	3564	7223
李兵	销售二部	3572	2261	5043	10876
王龙	销售三部	1992	2756	4912	9660
刘婷	销售三部	1060	1870	3580	6510
陈霞	销售一部	3264	3295	2817	9376
张雷	销售二部	2386	1514	1488	5388
陈玉兰	销售一部	3318	3827	3935	11080
刘华	销售二部	4816	3492	5530	13838
李颖	销售三部	5001	3755	3717	12473

部门	销售三部
达标线	

部门
销售一部
销售二部
销售三部

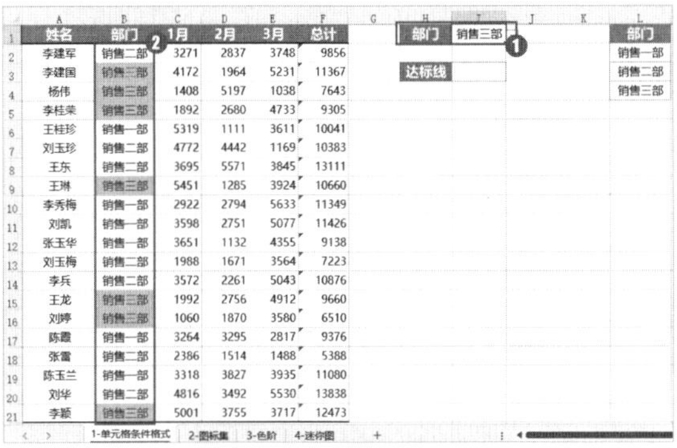

图18-20　突出显示"销售三部"文本数据

2. 标注1月份未达标的业绩

在本案例中，指定低于3000的业绩为未达标的业绩，现将1月份中未达标的业绩数据全部突出标注出来，其具体操作步骤如下。

第1步 输入数值。选中I3单元格，输入数值3000，如图18-21所示。

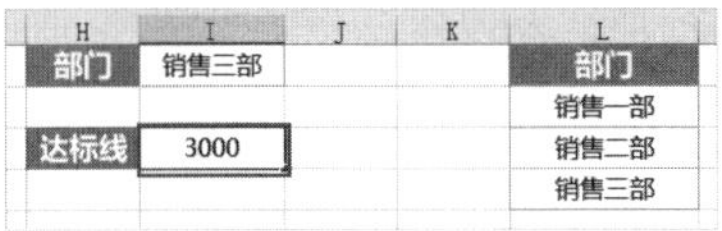

图18-21　输入数值

第2步 选择条件格式命令。选中C2:C21单元格范围，单击"开始"选项卡→"样式"组→"条件格式"下拉按钮，展开列表框，选择"突出显示单元格规则"→"小于"命令。

第3步 设置参数值。在打开的"小于"对话框中，在文本框中引用I3单元格，在"设置为"列表框中选择"黄填充色深黄色文本"选项，如图18-22所示。

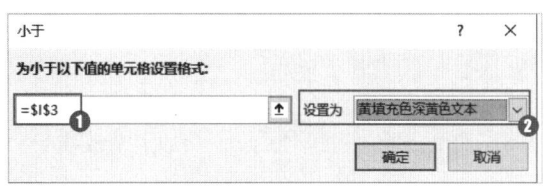

图18-22　设置参数值

第4步 标注出1月份未达标的业绩。设置完成后单击"确定"按钮，即可标注出1月份未达标的业绩，如图18-23所示。

姓名	部门	1月	2月	3月	总计
李建军	销售二部	3271	2837	3748	9856
李建国	销售三部	4172	1964	5231	11367
杨伟	销售三部	1408	5197	1038	7643
李桂荣	销售三部	1892	2680	4733	9305
王桂珍	销售一部	5319	1111	3611	10041
刘玉珍	销售二部	4772	4442	1169	10383
王东	销售二部	3695	5571	3845	13111
王琳	销售三部	5451	1285	3924	10660
李秀梅	销售一部	2922	2794	5633	11349
刘凯	销售一部	3598	2751	5077	11426
张玉华	销售一部	3651	1132	4355	9138
刘玉梅	销售二部	1988	1671	3564	7223
李兵	销售二部	3572	2261	5043	10876
王龙	销售三部	1992	2756	4912	9660
刘婷	销售三部	1060	1870	3580	6510
陈霞	销售一部	3264	3295	2817	9376
张雷	销售二部	2386	1514	1488	5388
陈玉兰	销售一部	3318	3827	3935	11080
刘华	销售二部	4816	3492	5530	13838
李颖	销售三部	5001	3755	3717	12473

部门	销售三部
达标线	3000

部门
销售一部
销售二部
销售三部

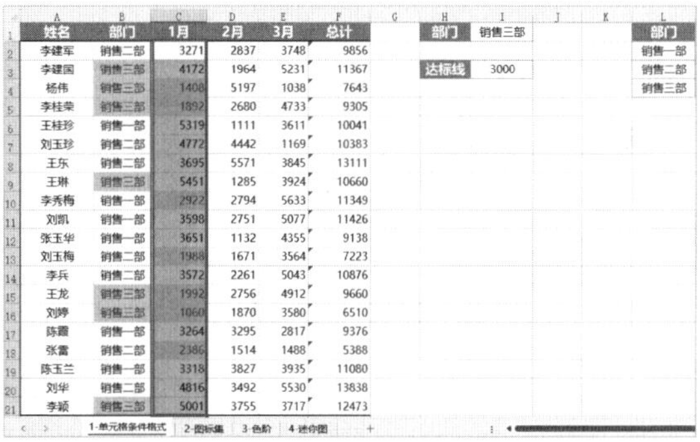

图18-23　标注出1月份未达标业绩单元格

3. 标注2月份高于平均值的业绩

标注2月份高于平均值的业绩的具体操作步骤如下。

第1步 选择条件格式命令。在"1-单元格条件格式"工作表中选中D2:D21单元格范围，单击"开始"选项卡→"样式"组→"条件格式"下拉按钮，展开列表框，选择"最前/最后规则"→"高于平均值"命令。

第2步 设置边框参数。在打开的"高于平均值"对话框中，在"设置为"列表框中选择"自定义格式"命令，打开"设置单元格格式"对话框，选择"边框"选项卡，在"颜色"列表框中选择"灰色"颜色，单击"外边框"按钮，如图18-24所示。

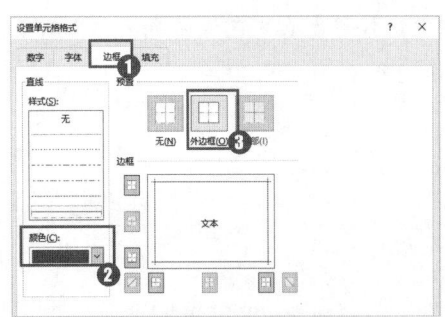

图18-24 设置边框参数

第3步 设置填充参数。选择"填充"选项卡，在"图案颜色"列表框中选择"淡蓝色"颜色，在"图案样式"列表框中选择"细 对角线 条纹"样式，如图18-25所示。

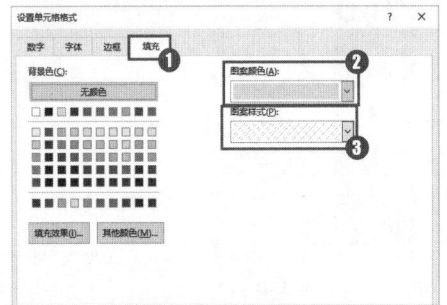

图18-25 设置填充参数

第4步 标注出2月份高于平均值的业绩。设置完成后单击"确定"按钮，即可标注出2月份高于平均值的业绩，如图18-26所示。

姓名	部门	1月	2月	3月	总计
李建军	销售二部	3271	2837	3748	9856
李建国	销售三部	4172	1964	5231	11367
杨伟	销售三部	1408	5197	1038	7643
李桂荣	销售三部	1892	2680	4733	9305
王桂珍	销售一部	5319	1111	3611	10041
刘玉珍	销售二部	4772	4442	1169	10383
王东	销售二部	3695	5571	3845	13111
王琳	销售三部	5451	1285	3924	10660
李秀梅	销售一部	2922	2794	5633	11349
刘凯	销售一部	3598	2751	5077	11426
张玉华	销售一部	3651	1132	4355	9138
刘玉梅	销售二部	1988	1671	3564	7223
李兵	销售二部	3572	2261	5043	10876
王龙	销售三部	1992	2756	4912	9660
刘婷	销售三部	1060	1870	3580	6510
陈霞	销售一部	3264	3295	2817	9376
张雷	销售二部	2386	1514	1488	5388
陈玉兰	销售一部	3318	3827	3935	11080
刘华	销售二部	4816	3492	5530	13838
李颖	销售三部	5001	3755	3717	12473

部门	销售三部
达标线	3000

部门
销售一部
销售二部
销售三部

1-单元格条件格式 2-图标集 3-色阶 4-迷你图

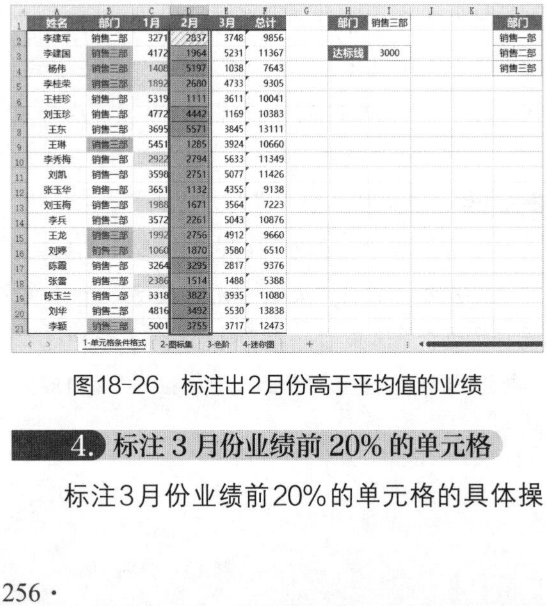

图18-26 标注出2月份高于平均值的业绩

4. 标注3月份业绩前20%的单元格

标注3月份业绩前20%的单元格的具体操作步骤如下。

第1步 选择条件命令。在"1-单元格条件格式"工作表中选中E2:E21单元格范围，单击"开始"选项卡→"样式"组→"条件格式"下拉按钮，展开列表框，选择"最前/最后规则"→"前10%"命令。

第2步 设置参数值。在打开的"前10%"对话框中，在文本框中输入20%，在"设置为"列表框中选择"绿填充色深绿色文本"命令，如图18-27所示。

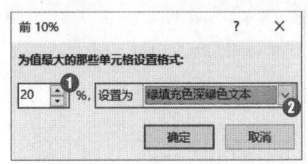

图18-27 设置参数值

第3步 标注出3月份业绩前20%单元格。设置完成后单击"确定"按钮，即可标注出3月份业绩前20%的单元格，如图18-28所示。

姓名	部门	1月	2月	3月	总计
李建军	销售二部	3271	2837	3748	9856
李建国	销售三部	4172	1964	5231	11367
杨伟	销售三部	1408	5197	1038	7643
李桂荣	销售三部	1892	2680	4733	9305
王桂珍	销售一部	5319	1111	3611	10041
刘玉珍	销售二部	4772	4442	1169	10383
王东	销售二部	3695	5571	3845	13111
王琳	销售三部	5451	1285	3924	10660
李秀梅	销售一部	2922	2794	5633	11349
刘凯	销售一部	3598	2751	5077	11426
张玉华	销售一部	3651	1132	4355	9138
刘玉梅	销售二部	1988	1671	3564	7223
李兵	销售二部	3572	2261	5043	10876
王龙	销售三部	1992	2756	4912	9660
刘婷	销售三部	1060	1870	3580	6510
陈霞	销售一部	3264	3295	2817	9376
张雷	销售二部	2386	1514	1488	5388
陈玉兰	销售一部	3318	3827	3935	11080
刘华	销售二部	4816	3492	5530	13838
李颖	销售三部	5001	3755	3717	12473

1-单元格条件格式 2-图标集 3-色阶 4-迷你图

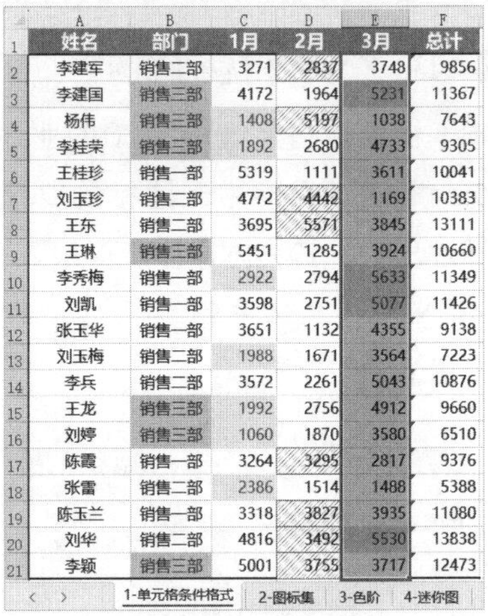

图18-28 标注出3月份业绩前20%的单元格

5. 标注一季度前3名的业绩

标注一季度前3名的业绩的具体操作步骤如下。

第1步 选择条件命令。在"1-单元格条件格式"工作表中选中F2:F21单元格范围，单击"开始"

选项卡→"样式"组→"条件格式"下拉按钮，展开列表框，选择"最前/最后规则"→"前10项"命令。

第2步 修改前10项参数。打开"前10项"对话框，将数值修改为3，在"设置为"列表框中选择"自定义格式"命令。

第3步 设置数字参数值。在打开的"设置单元格格式"对话框中选择"数字"选项卡，在左侧列表框中选择"自定义"选项，在右侧列表框中选择"#,##0"选项，在"类型"文本框中的文本前输入"TOP3!"，如图18-29所示。

"颜色"列表框中选择"红色"颜色，如图18-30所示。

图18-30 设置字体参数值

第5步 标注第一季度前3名的业绩。设置完成后单击"确定"按钮，即可标注一季度前3名的业绩，如图18-31所示。

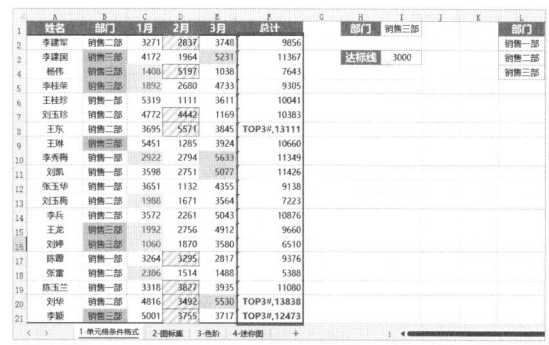

图18-31 标注第一季度前3名的业绩

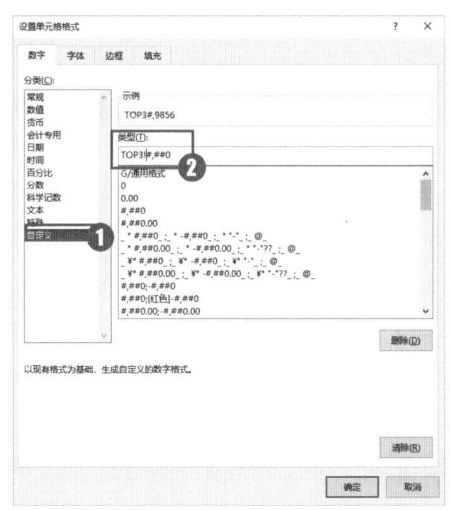

图18-29 设置数字参数值

第4步 设置字体参数值。选择"字体"选项卡，在"字形"列表框中选择"加粗"选项，在

18.3 数据图形化表达方式

设置单元格格式的可视化方式只能帮助读者快速定位重点信息，但如果想让读者快速了解数据的情况，则可以借助图形化表达方式来展现数据。在Excel中，常见的数据图形化表达方式有图标集、数据条、色阶和迷你图，下面将分别进行介绍。

18.3.1 图标集

使用图标集可以对数据进行注释，并可以按阈值（就是临界值）将数据分为3～5个类别，每个图标代表一个范围的值。

单击"开始"选项卡→"样式"组→"条件格式"下拉按钮，展开列表框，选择"图标集"命令，在展开的子菜单中可以选择各种图标，图标集分为"方向""形状""标记""等级"4类，如图18-32所示，我们可以根据图标的含义和颜色来表达数据含义。

当数据大于0时就标识向上图标，当数据等于0时就不标识图标，当数据小于0时就标识向下图标。

2. 标记

"标记"图标集具有明显的提醒对错、注意的含义。比如，在第一季度销售表中可以用"标记"图标集来判断销售员业绩是否达标，✔表示达标，✘表示未达标。其具体操作方法是：选中目标数据区域，单击"开始"选项卡→"样式"组→"条件格式"下拉按钮，展开列表框，选择"图标集"命令，在展开的子菜单中选择"标记"中的第二个图标集，添加标记图标集。然后选择已添加的图标集，单击"开始"选项卡→"样式"组→"条件格式"下拉按钮，展开列表框，选择"管理规则"命令，在打开的"条件格式规则管理器"对话框中单击"编辑规则"按钮，打开"编辑格式规则"对话框。选中"仅显示图标"复选框，修改"类型"为"数字"，"值"为1，如图18-33所示。单击"确定"按钮，即可标记出销售业绩是否达标，如图18-34所示。

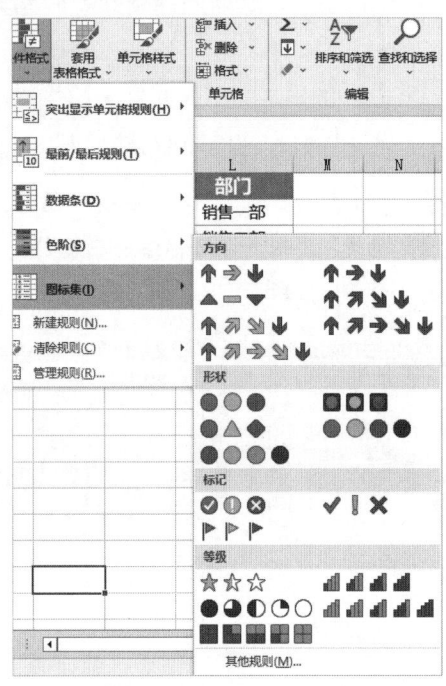

图18-32 "图标集"子菜单

1. 方向

"方向"图标集可以通过箭头方向来表达上升、小幅度上升、持平、小幅度下降、下降等数据变化情况；箭头标记的颜色可以传达相关情绪，当我们不想传达情绪时，可以使用没有颜色的箭头标记。

在"方向"图标集中常用第一组箭头图标对增长数据进行标识。在使用这组箭头图标后，

图18-33 编辑条件格式规则

第 18 章
数据条件格式与迷你图应用

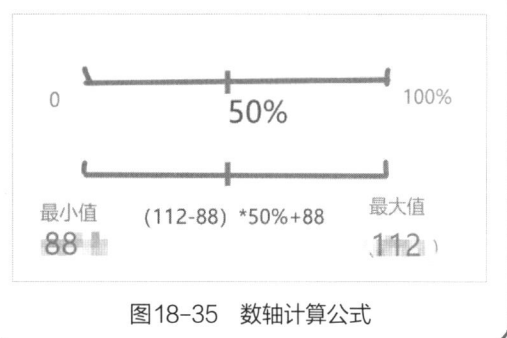

图 18-34　标记销售业绩是否达标

最小值之间的差值乘以输入的50%，再加上最小值88。最后Excel根据计算结果和规则给相应数据标记图标。

图 18-35　数轴计算公式

| 技术看板 |

在编辑条件格式规则时，如果选择的"类型"是"百分比"选项，则会把数据区域里的最大值和最小值之间的差值划分成100份，当输入的百分比为50时，它的位置是在正中间。图18-35所示的数轴对应位置的值是这样计算的：最大值和

3. 等级与形状

"等级"图标集可以用来表示完成情况、优先级或其他等级排序；"形状"图标集则可以自行定义使用，在使用时需要在旁边做好图标注释。

18.3.2　数据条

数据条可以非常直观地查看选定区域中数值的大小情况。Excel软件中预设了"数据条"样式，先选定区域范围，再单击"开始"选项卡→"样式"组→"条件格式"下拉按钮，展开列表框，选择"数据条"命令，然后在展开的子菜单中选择数据条样式即可，如图18-36所示。

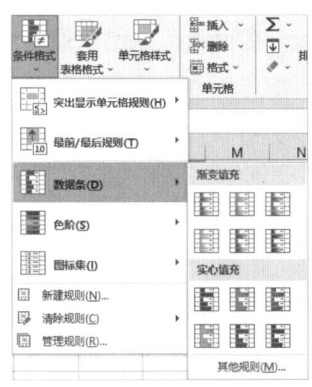

图 18-36　"数据条"子菜单

| 技术看板 |

数据条类似于图表中的"条形图"，但又有所不同。数据条的使用更方便，且与表格本身融为一体，不用另外插入图表。

在第一季度销售表中可以使用"数据条"功能对每月的销售业绩进行标记，不需要筛选和排序数据，就可以让销售数据的高低对比一目了然。比如，以1月份销售业绩为例，在第一季度销售表中选中1月份销售数据，单击"开始"选项卡→"样式"组→"条件格式"下拉按钮，展开列表框，选择"数据条"命令，选择"绿色数据条"样式，即可使用数据条展示数据，如图18-37所示。

Excel数据分析从入门到精通

	A	B	C	D	E	F
1	姓名	部门	1月	2月	2月目标	是否达标
2	陈曦	销售二部	3310	2900	3150	✘
3	刘洋洋	销售三部	4360	2160	2000	✔
4	赵琦	销售三部	1550	4269	4680	✘
5	李敏敏	销售三部	1963	2680	3520	✘
6	王佳元	销售一部	5360	1573	1600	✘
7	柳西西	销售二部	4772	4442	4100	✔
8	陈宇	销售二部	3695	5589	4900	✔
9	黄琴	销售三部	5451	1365	1630	✘
10	柯宇	销售一部	2933	2794	5470	✘
11	杨茗茗	销售一部	3790	2751	5077	✘

图18-37 使用数据条展示数据

|技术看板|

在给单元格数据添加数据条后，有时会发生数据条和数字重叠看不清的情况，此时我们可以通过扩大数据条最大值来解决这一问题。其操作方法很简单，先选中带数据条的单元格范围，再在"条件格式"列表框中选择"管理规则"命令，在打开的"条件格式管理器"对话框中单击"编辑规则"按钮，打开"编辑格式规则"对话框，修改"最大值"为"数字"，然后修改值参数的输入，最后单击"确定"按钮即可将数据条和数字分开。

18.3.3 色阶

色阶使用颜色渐变来表示数据值的大小，即可以用不同的颜色过渡来表示单元格数值的大小。比如，在第一季度销售表中各个员工的销售数据密密麻麻，此时可以用颜色的深浅/明亮来表示数值的大小，通过整体的颜色分布情况，快速找到隐藏在数据下的规律，而"色阶"功能则可以满足我们的需求。

单击"开始"选项卡→"样式"组→"条件格式"下拉按钮，展开列表框，选择"色阶"命令，展开的子菜单如图18-38所示。在展开的子菜单中选择不同的色阶样式，可以得到不同的色阶效果。

|技术看板|

在应用了各种条件格式后，如果要清除条件格式，则可以在"条件格式"列表框中选择"清除规则"→"清除整个工作表的规则"命令来清除整个工作表中的条件格式。

比如，在第一季度销售表中，想用"双色色阶"模式显示1～3月每个员工的销售业绩，则可以先选择1～3月销售数据，再在"条件格式"列表框中选择"色阶"命令，然后在展开的子菜单中选择"绿-白色阶"样式。该色阶样式设置最大值对应颜色为绿色，最小值对应颜色为白色。

如果想了解每个员工总销售业绩的对比，则可以用"三色色阶"模式显示。其操作方法与"双色色阶"模式相同，只要在"色阶"子菜单中选择"绿-黄-红色阶"样式即可，该色阶样式可以将最低值、中间值、最高值分别设置为绿色、黄色、红色，图18-39所示为使用"双色色阶"（C2:E11）和"三色色阶"（F2:F11）模式展示销售数据。

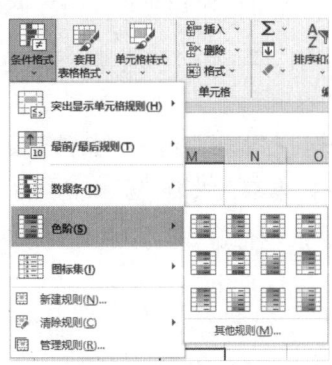

图18-38 "色阶"子菜单

第 18 章
数据条件格式与迷你图应用

姓名	部门	1月	2月	3月	总计
陈曦	销售二部	3310	2900	3645	9855
刘洋洋	销售三部	4360	2160	5768	12288
赵琦	销售三部	1550	4269	1130	6949
李敏敏	销售三部	1963	2680	4987	9630
王佳元	销售一部	5360	1573	3610	10543
柳西西	销售二部	4772	4442	1169	10383
陈宇	销售二部	3695	5589	3965	13249
黄琴	销售三部	5451	1365	3998	10314
柯宇	销售一部	2933	2794	5470	11197
杨茗茗	销售一部	3790	2751	5077	11618

图18-39　使用"双色色阶"和"三色色阶"模式展示数据

> **技术看板**
>
> 数据条与色阶的功能比较相似，都是在不更改原表单顺序的前提下为单元格中的数据增添"带颜色的"柱状条或背景颜色，以此来直观地显示选中范围数据的"大小关系"。其不同之处在于，"数据条"选项为单色系的填充，是依据图形的长度来显示数据的相对大小；而"色阶"选项则为多色系的填充，是依据颜色差异与深浅来显示数据的相对大小。

18.3.4　迷你图

使用迷你图可以进行更高阶的图形可视化操作。迷你图就是简版的图表，一般常用的迷你图有折线图、柱形图、盈亏图。迷你图可以更直观地同时展示多条数据的变化情况。

比如，我们想要在第一季度销售表中看到1～3月的销售业绩趋势，可以选用折线图。如果我们把所有的数据都放在一个图表里，这个图就会变得很杂乱，没办法关注到每一组数据的变化细节。然而，用迷你图则可以很清晰地看到不同地区销售趋势的变化情况。其具体操作方法是：先选中要添加迷你折线图的单元格范围，然后单击"插入"选项卡→"迷你图"组→"折线"按钮，如图18-40所示，打开"创建迷你图"对话框，指定数据范围和放置位置，如图18-41所示。

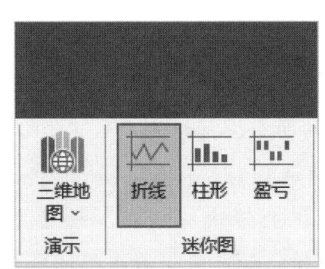

图18-40　单击"折线"按钮

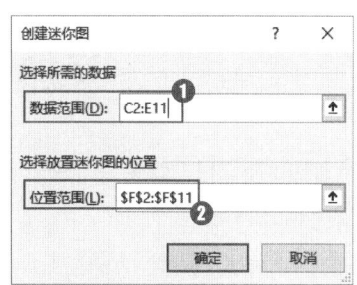

图18-41　"创建迷你图"对话框

单击"确定"按钮，即可创建出迷你折线图，如图18-42所示。

姓名	部门	1月	2月	3月	销售趋势
陈曦	销售二部	3310	2900	3645	
刘洋洋	销售三部	4360	2160	5768	
赵琦	销售三部	1550	4269	1130	
李敏敏	销售三部	1963	2680	4987	
王佳元	销售一部	5360	1573	3610	
柳西西	销售二部	4772	4442	1169	
陈宇	销售二部	3695	5589	3965	
黄琴	销售三部	5451	1365	3998	
柯宇	销售一部	2933	2794	5470	
杨茗茗	销售一部	3790	2751	5077	

图18-42　创建迷你折线图

在创建迷你折线图后，选中迷你折线图单元格，将显示"迷你图"选项卡，在该选项卡下的各个组中可以设置迷你图的显示、样式和标记颜色等，如图18-43所示。

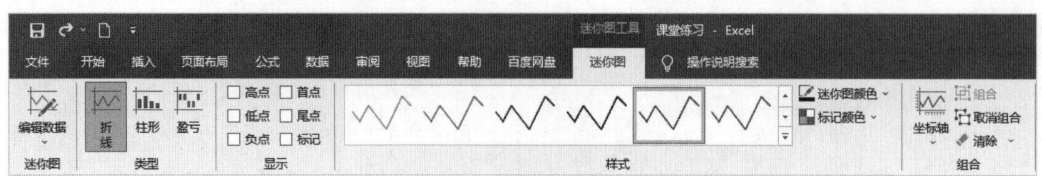

图18-43 "迷你图"选项卡

技术看板

迷你图是Excel工作表单元格中的微型图表,具有图形简洁、类型简单的特点。迷你图没有图表标题、图例、网格线等图表元素。

实战演练

在销售数据表中标注出销售人员业绩是否达标并添加2月份业绩数据条

使用"图标集"和"数据条"条件格式可以标注出销售人员业绩是否达标和业绩的增长情况,并添加2月份业绩数据条。

1. 标记销售人员业绩达标情况

在标记销售人员业绩达标情况时,可以用"旗子"图标集进行标记,当业绩达标时则显示红色旗子图标,其具体操作步骤如下。

第1步 切换工作表。打开"销售数据表.xlsx"工作簿,单击"2-图标集"工作表标签,切换至该工作表,如图18-44所示。

图18-44 切换工作表

第2步 选择旗子图标。在工作表中选中F2:F21单元格范围,单击"开始"选项卡→"样式"组→"条件格式"下拉按钮,展开列表框,选择"图标集"命令,展开子菜单,在"标记"中选择旗子图标。

第3步 设置图标集格式规则。单击"开始"选项卡→"样式"组→"条件格式"下拉按钮,展开列表框,选择"管理规则"命令,在打开的"条件格式规则管理器"对话框中单击"编辑规则"按钮,打开"编辑格式规则"对话框,选中"仅显示图标"复选框,修改"类型"为"数字",值为1,将绿色旗子图标改为红色旗子图标,其他的两个图标均为"无单元格图标",如图18-45所示。

第4步 标记业绩达标情况。设置完成后单击"确定"按钮,即可使用旗子图标集标记出销售人员业绩达标情况,如图18-46所示。

第 18 章
数据条件格式与迷你图应用

"条件格式规则管理器"对话框中单击"编辑规则"按钮,打开"编辑格式规则"对话框,修改"类型"为"数字",值为1,如图18-47所示。

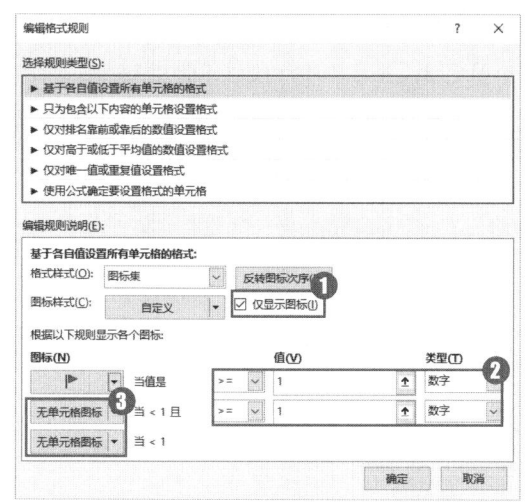

图18-45 设置图标集格式规则

图18-47 设置图标集格式规则

第3步 标记业绩增长情况。设置完成后单击"确定"按钮,即可使用方向图标集标记出销售人员的业绩增长情况,如图18-48所示。

	A	B	C	D	E	F	G
1	姓名	部门	1月	2月	2月目标	是否达标	增长
2	李建军	销售一部	3271	2837	2525		-434
3	李建国	销售三部	4172	1964	2239		-2208
4	杨伟	销售一部	1408	5197	5457		3789
5	李桂荣	销售一部	1892	2680	3055		788
6	王桂珍	销售一部	5319	1111	1244		-4208
7	刘玉珍	销售二部	4772	4442	4264	▶	-330
8	王东	销售一部	3695	5571	4958	▶	1876
9	王琳	销售三部	5451	1285	1388		-4166
10	李秀梅	销售一部	2922	2794	2598	▶	-128
11	刘凯	销售一部	3598	2751	2779		-847
12	张玉华	销售一部	3651	1132	1155		-2519
13	刘玉梅	销售一部	1988	1671	1838		-317
14	李兵	销售一部	3572	2261	2216	▶	-1311
15	王龙	销售三部	1992	2756	2839		764
16	刘婷	销售一部	1060	1870	1889		810
17	陈霞	销售一部	3264	3295	2933	▶	31
18	张雷	销售二部	2386	1514	1590		-872
19	陈玉兰	销售一部	3318	3827	3444	▶	509
20	刘华	销售二部	4816	3492	3282	▶	-1324
21	李颖	销售三部	5001	3755	3492	▶	-1246

图18-46 标记业绩达标情况

2. 标记销售人员业绩增长情况

在标记销售人员业绩增长情况时,可以用"方向"图标集进行标记。当业绩增长时则显示绿色向上方向箭头;当业绩没有增长时,则显示红色向下方向箭头。其具体操作步骤如下。

第1步 选择方向图标。选中G2:G21单元格范围,单击"开始"选项卡→"样式"组→"条件格式"下拉按钮,展开列表框,选择"图标集"命令,展开子菜单,选择第一个方向图标。

第2步 设置图标集格式规则。单击"开始"选项卡→"样式"组→"条件格式"下拉按钮,展开列表框,选择"管理规则"命令,在打开的

图18-48 标记业绩增长情况

3. 添加2月份业绩数据条

添加2月份业绩数据条的具体操作步骤如下。

第1步 选择多个命令。选中D2:D21单元格范围,单击"开始"选项卡→"样式"组→"条件格式"下拉按钮,展开列表框,选择"数据条"→"其他规则"命令。

· 263 ·

第2步 设置数据条规则。在打开的"新建格式规则"对话框中,修改"最大值"为"数字",在下方文本框中输入10000,修改"填充颜色"为"橙色,个性色2,淡色40%"颜色,如图18-49所示。

第3步 添加数据条。设置完成后单击"确定"按钮,即可标记出2月份业绩数据条,如图18-50所示。

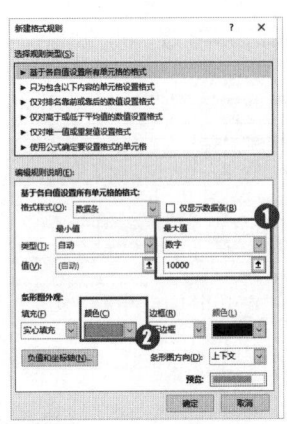

	A	B	C	D	E	F	G
1	姓名	部门	1月	2月	2月目标	是否达标	增长
2	李建军	销售二部	3271	2837	2525	▶	-434
3	李建国	销售三部	4172	1964	2239	▼	-2208
4	杨伟	销售三部	1408	5197	5457	▲	3789
5	李桂荣	销售三部	1892	2680	3055	▲	788
6	王桂珍	销售一部	5319	1111	1244	▼	-4208
7	刘玉珍	销售二部	4772	4442	4264	▶	-330
8	王东	销售三部	3695	5571	4958	▲	1876
9	王琳	销售三部	5451	1285	1388	▼	-4166
10	李秀梅	销售一部	2922	2794	2598	▶	-128
11	刘凯	销售三部	3598	2751	2779	▶	-847
12	张玉华	销售三部	3651	1132	1155	▼	-2519
13	刘玉梅	销售三部	1988	1671	1838	▶	-317
14	李兵	销售一部	3572	2261	2216	▶	-1311
15	王龙	销售三部	1992	2756	2839	▲	764
16	刘婷	销售一部	1060	1870	1889	▲	810
17	陈霞	销售一部	3264	3295	2933	▶	31
18	张雷	销售二部	2386	1514	1590	▶	-872
19	陈玉兰	销售二部	3318	3827	3444	▲	509
20	刘华	销售一部	4816	3492	3282	▼	-1324
21	李颖	销售三部	5001	3755	3492	▶	-1246

图18-49 设置数据条规则　　　　图18-50 添加2月份业绩数据条

分别设置1月到12月的双色标注和总计的三色标注

使用"色阶"条件格式可以分别设置1月到12月的双色标注和总计的三色标注,下面将进行详细讲解。

1. 设置双色色阶

在工作表中可以设置1月到12月的双色色阶效果,其具体操作步骤如下。

第1步 切换工作表。在"销售工作表"工作簿中单击"3-色阶"工作表标签,切换工作表,如图18-51所示。

	A	B	C	D	E	F	G	H	I	J	K	L	M	N
1	省份	1月	2月	3月	4月	5月	6月	7月	8月	9月	10月	11月	12月	总计
2	安徽	4310	5212	5544	7193	6090	7001	9026	6870	7110	7633	7876	13943	87808
3	福建	4314	7426	4621	7263	7204	4593	6523	9558	8693	10918	14608	10473	96194
4	广东	4950	3772	4619	7417	6271	7750	6057	7506	1981	7598	10659	16199	84779
5	广西	3515	6413	4627	7214	6235	4948	6718	7774	2457	10109	8974	14709	83693
6	贵州	4806	6050	4675	7275	6906	5851	6539	8078	5718	8614	10341	11481	86334
7	海南	3302	4310	5168	7241	6787	7505	6615	7655	2160	9977	9541	14999	85260
8	河北	2457	6240	4263	7252	6832	5098	6592	7693	3854	8716	9617	13981	82595
9	河南	3403	3320	4296	5061	7613	7579	4842	4786	6397	8862	9559	10490	76208
10	湖北	4706	3970	4685	6422	7496	5310	7709	5942	3861	6996	11880	11149	80126
11	湖南	4611	3621	5841	6648	7387	5324	6522	8939	7591	7928	12334	13791	90537
12	江苏	4712	3382	3641	5623	7007	7189	5381	5809	7240	11957	11082	13672	86695
13	江西	2081	3635	5862	6096	6488	6525	7740	5817	2981	7227	11344	10453	76249
14	山东	3493	3443	5240	6192	6233	6395	8131	5408	2846	7421	11809	11102	77713
15	山西	5012	3458	5816	5673	6324	6482	6768	5990	6185	9069	10871	11203	82851
16	四川	2149	3521	4010	5806	6700	6506	6802	8371	8418	10986	11209	15244	89713
17	云南	4979	3500	4148	5724	7335	6419	8442	5634	3028	6916	10953	10533	77611
18	浙江	4188	3474	5846	5770	6266	6471	7430	7657	6614	5930	14456	17806	91908

图18-51 切换工作表

第18章
数据条件格式与迷你图应用

第2步 选择多个命令。在工作表中选中B2:M18单元格范围,单击"开始"选项卡→"样式"组→"条件格式"下拉按钮,展开列表框,选择"色阶"→"其他规则"命令,如图18-52所示。

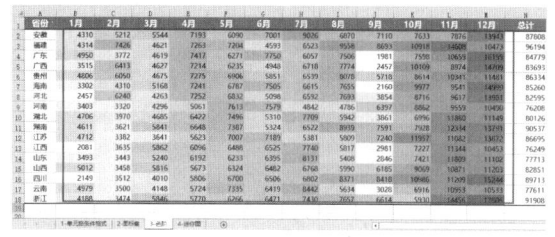

如图18-54所示。

图18-54 设置双色色阶效果

2. 设置三色色阶

在工作表中可以为"总计"数据设置三色色阶效果,其具体操作步骤如下。

第1步 选择多个命令。在"3-色阶"工作表中选中N2:N18单元格范围,单击"开始"选项卡→"样式"组→"条件格式"下拉按钮,展开列表框,选择"色阶"→"其他规则"命令。

第2步 设置色阶规则。在打开的"新建格式规则"对话框中,在"格式样式"列表框中选择"三色刻度"选项,修改"最小值"的"颜色"为"绿色","中间值"的"颜色"为"黄色","最大值"的"颜色"为"红色",如图18-55所示。

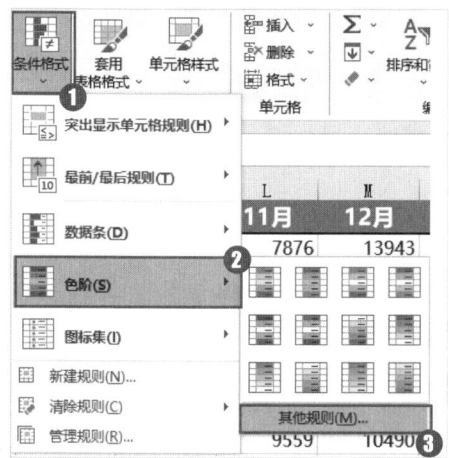

图18-52 选择"其他规则"命令

第3步 设置色阶规则。在打开的"新建格式规则"对话框中,修改"最小值"的"颜色"为"白色","最大值"的"颜色"为"绿色",如图18-53所示。

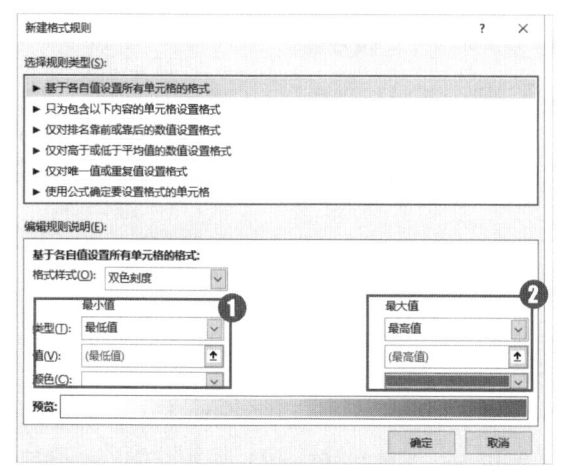

图18-53 设置色阶规则

第4步 设置双色色阶。设置完成后单击"确定"按钮,即可得到1月到12月的双色色阶效果,

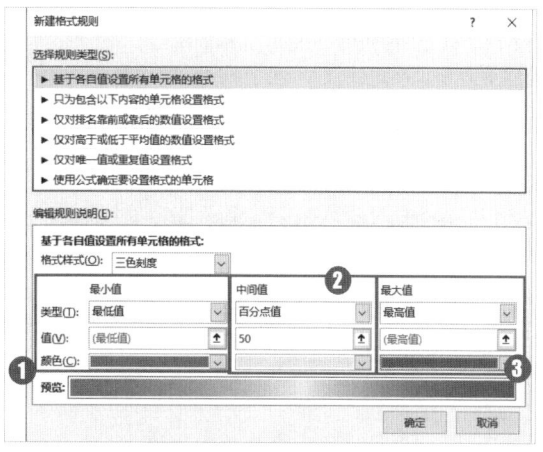

图18-55 设置色阶规则

第3步 设置三色色阶。设置完成后单击"确定"按钮,即可得到"总计"数据的三色色阶效果,如图18-56所示。

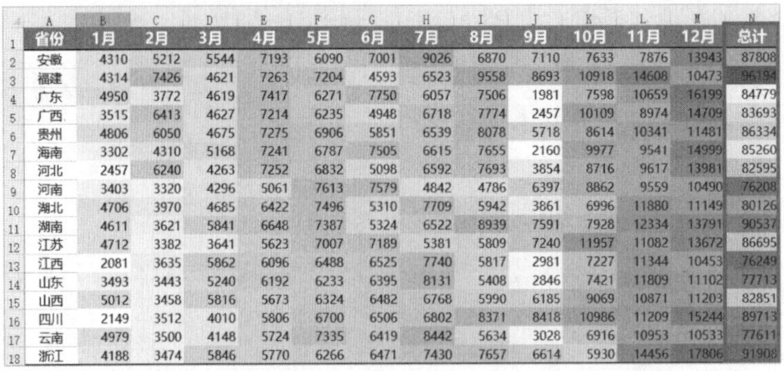

Excel数据分析从入门到精通

图18-56 设置三色色阶效果

实战演练

在销售数据表中使用迷你图按要求展示各地区的业绩情况

在销售数据表中，使用迷你折线图展示各地区销售趋势情况，使用迷你柱形图对比各地区产品业绩情况，使用迷你盈亏图展现各地区业绩增长情况。

1. 添加迷你折线图展示各地区销售趋势情况

添加迷你折线图展示各地区销售趋势情况的具体操作步骤如下。

第1步 切换工作表。在"销售工作表"工作簿中单击"4-迷你图"工作表标签，切换工作表，如图18-57所示。

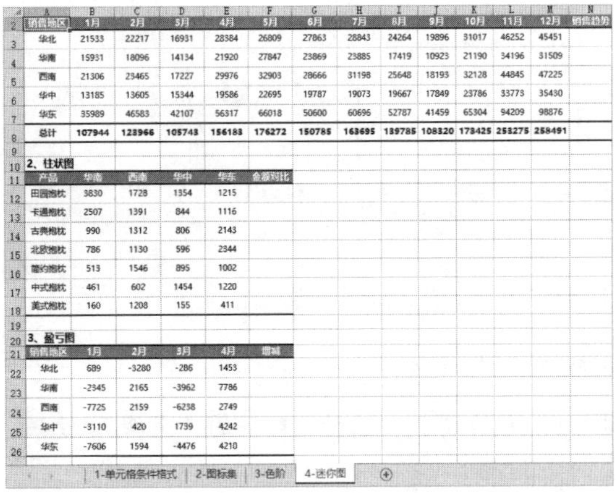

第2步 设置参数值。在工作表中选中A3:M8单元格范围，单击"插入"选项卡→"迷你图"组→"折线"按钮，打开"创建迷你图"对话框，在"位置范围"文本框中选中N3:N8单元格范围，如图18-58所示。

第3步 创建迷你折线图。设置完成后单击"确定"按钮，即可创建迷你折线图，如图18-59所示。

图18-58 设置参数值　　图18-59 创建迷你折线图

第4步 选中复选框。选中N3:N8单元格范围，在"迷你图"选项卡的"显示"组中选中"高点"和"低点"复选框，如图18-60所示。

图18-57 切换工作表

第18章
数据条件格式与迷你图应用

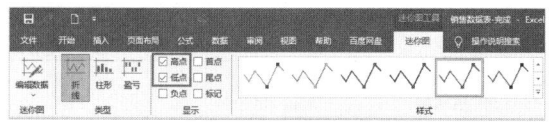

图18-60 选中复选框

第5步 设置高点颜色。单击"迷你图"选项卡→"样式"组→"标记颜色"下拉按钮,展开列表框,选择"高点"命令,在展开的子菜单中选择"橙色"颜色,如图18-61所示。

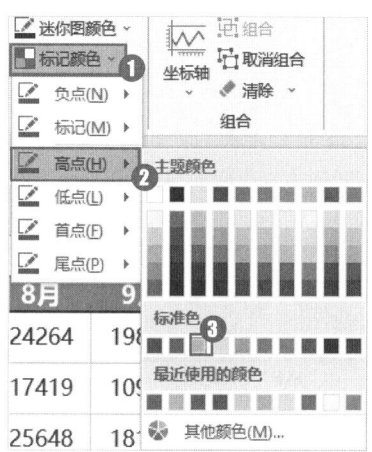

图18-61 选择高点颜色

第6步 设置低点颜色。单击"迷你图"选项卡→"样式"组→"标记颜色"下拉按钮,展开列表框,选择"低点"命令,在展开的子菜单中,选择"绿色"颜色,如图18-62所示。

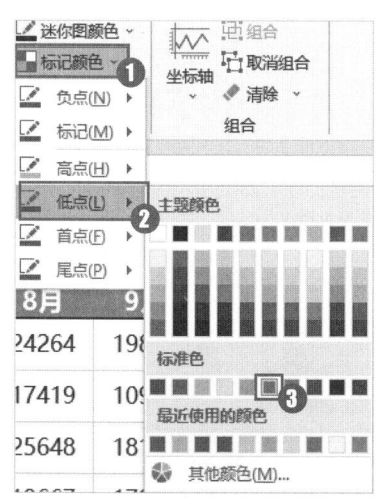

图18-62 选择低点颜色

第7步 美化迷你图。为迷你折线图添加高点和低点的标记,并设置高点和低点颜色,其效果如图18-63所示。

J	K	L	M	N
9月	10月	11月	12月	销售趋势
19896	31017	46252	45451	
10923	21190	34196	31509	
18193	32128	44845	47225	
17849	23786	33773	35430	
41459	65304	94209	98876	
108320	173425	253275	258491	

图18-63 美化迷你折线图

2. 添加迷你柱形图对比各地区产品业绩情况

添加迷你柱形图对比各地区产品业绩情况的具体操作步骤如下。

第1步 创建迷你柱形图。在工作表中选中B12:E18单元格范围,单击"插入"选项卡→"迷你图"组→"柱形"按钮,打开"创建迷你图"对话框,在"位置范围"文本框中选中F12:F18单元格范围,单击"确定"按钮,创建迷你柱形图,如图18-64所示。

	A	B	C	D	E	F
10	2、柱形图					
11	产品	华南	西南	华中	华东	金额对比
12	田园抱枕	3830	1728	1354	1215	
13	卡通抱枕	2507	1391	844	1116	
14	古典抱枕	990	1312	806	2143	
15	北欧抱枕	786	1130	596	2344	
16	简约抱枕	513	1546	895	1002	
17	中式抱枕	461	602	1454	1220	
18	美式抱枕	160	1208	155	411	

图18-64 创建迷你柱形图

第2步 美化迷你图。选中F12:F18单元格范围,在"迷你图"选项卡的"显示"组中选中"高点"和"低点"复选框,设置"高点"颜色为"橙色","低点"颜色为"蓝色",其效果如图18-65所示。

	A	B	C	D	E	F
10	2、柱形图					
11	产品	华南	西南	华中	华东	金额对比
12	田园抱枕	3830	1728	1354	1215	
13	卡通抱枕	2507	1391	844	1116	
14	古典抱枕	990	1312	806	2143	
15	北欧抱枕	786	1130	596	2344	
16	简约抱枕	513	1546	895	1002	
17	中式抱枕	461	602	1454	1220	
18	美式抱枕	160	1208	155	411	

图18-65　美化迷你柱形图

3. 添加迷你盈亏图展现各地区业绩增长情况

添加迷你盈亏图展现各地区业绩增长情况的具体操作步骤如下。

第1步 创建迷你盈亏图。在工作表中选中B22:E26单元格范围，单击"插入"选项卡→"迷你图"组→"盈亏"按钮，打开"创建迷你图"对话框，在"位置范围"文本框中选中F22:F26单元格范围，单击"确定"按钮，创建迷你盈亏图，如图18-66所示。

	A	B	C	D	E	F
18	美式抱枕	160	1208	155	411	
19						
20	3、盈亏图					
21	销售地区	1月	2月	3月	4月	增减
22	华北	689	-3280	-286	1453	
23	华南	-2345	2165	-3962	7786	
24	西南	-7725	2159	-6238	2749	
25	华中	-3110	420	1739	4242	
26	华东	-7606	1594	-4476	4210	

图18-66　创建迷你盈亏图

第2步 美化迷你图。选中F22:F26单元格范围，在"迷你图"选项卡的"显示"组中选中"负点"复选框，设置"负点"颜色为"蓝色"，"迷你图颜色"为"橙色"，其效果如图18-67所示。

	A	B	C	D	E	F
18	美式抱枕	160	1208	155	411	
19						
20	3、盈亏图					
21	销售地区	1月	2月	3月	4月	增减
22	华北	689	-3280	-286	1453	
23	华南	-2345	2165	-3962	7786	
24	西南	-7725	2159	-6238	2749	
25	华中	-3110	420	1739	4242	
26	华东	-7606	1594	-4476	4210	

图18-67　美化迷你盈亏图

第19章 图表的创建、编辑与美化

通过第18章的学习,我们已经了解了数据可视化中条件格式和迷你图的操作方法。接下来我们学习Excel中的另一个数据可视化工具——图表。使用图表可以让人更直观地查看与分析数据。

本章通过在公众号运营数据表中创建常用图表来学习柱形图、折线图、条形图、散点图和雷达图等图表的相关知识和用法。图19-1所示为在公众号运营数据表中创建常用图表的效果。

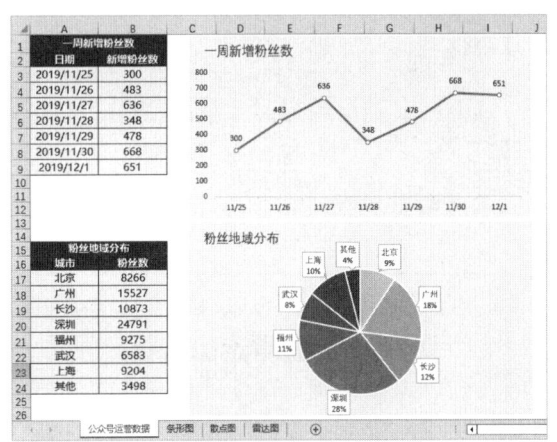

(a) 在数据表中创建折线图和饼图

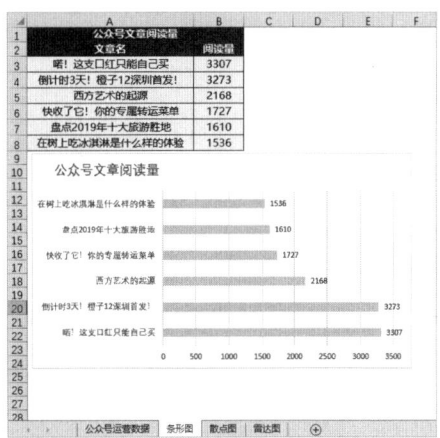

(b) 在数据表中创建条形图

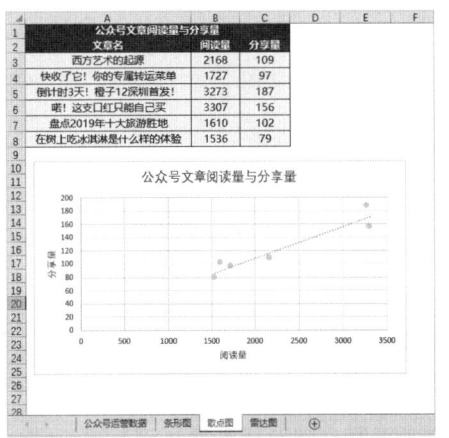

(c) 在数据表中创建散点图

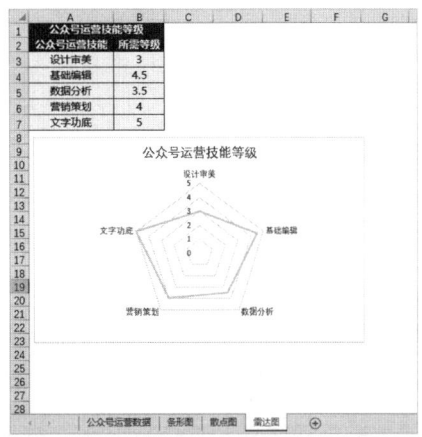

(d) 在数据表中创建雷达图

图19-1 在数据表中创建常用图表

19.1 常见的图表类型

Excel软件中提供了多种图表类型供用户使用，不同类型的图表对数据分析的侧重不同，用户可根据数据分析的具体需求选用合适的图表。下面简要地介绍常用图表类型的特点。

19.1.1 柱形图

柱形图是由一系列高度不等的柱形图形来表示数据大小的图表。它适用于展示较小的二维数据集，不适用于展示较大的数据集。通过肉眼可看的高度对比，柱形图反映出各组数据之间的差异，强调各组数据的对比情况。比如不同产品的销量，就可以用柱形图来对比展示，如图19-2所示。

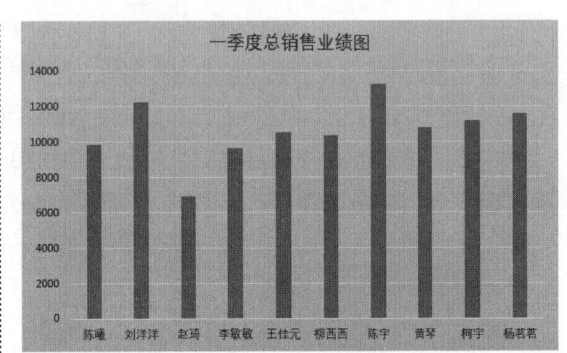

图19-2 柱形图

19.1.2 折线图

折线图是基于一段连续的、间隔相等的时间来查看数据的变化，它的特点比较明显，除了适合展示较大的数据集，还能反映数据是如何随着时间的变化而变化，可以清晰展现数据的增减趋势、增减的程度、拐点在哪里等。在生活中，折线图也得到了广泛应用，如气象台会选择用折线图来展示一个月内的气温变化，销售公司会用折线图来展示一年的销量走势变化等，如图19-3所示。

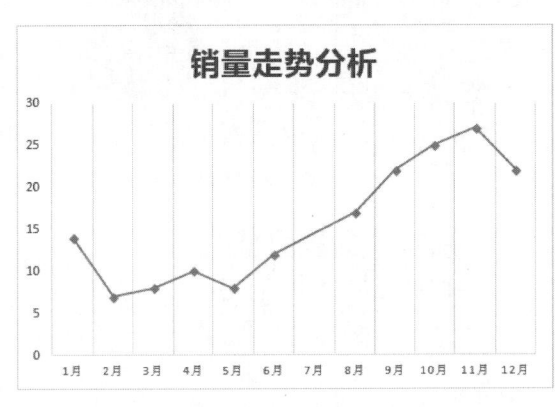

图19-3 折线图

19.1.3 饼图

饼图主要是通过饼状图形来显示各项指标在总体中的占比情况。它适用于较小的二维数据集，能够很直观地看出各个指标在总体上所占的比例大小。在日常工作中，经常会用饼图来展示各类产品的销量在总销量中的占比大小，如图19-4所示。

第 19 章
图表的创建、编辑与美化

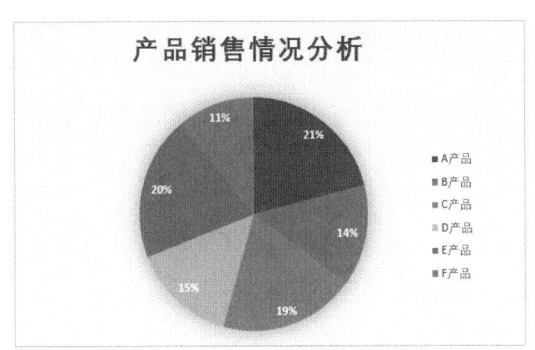

图 19-4　饼图

19.1.4　条形图

条形图是以条状图形显示数据状态，和柱形图类似。条形图常常用于显示各项目之间的数据比较情况，如图 19-5 所示。

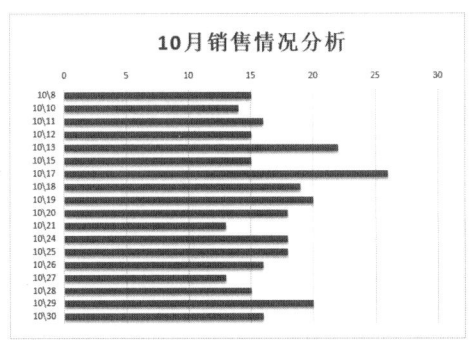

图 19-5　条形图

19.1.5　散点图

散点图就是由一些散乱的点组成的图表，这些点在哪个位置，是由其 X 值和 Y 值确定的，所以也叫作XY散点图，如图 19-6 所示。散点图适用于展示比较大的数据集，通常用于判断两个变量之间是否存在某种联系，是否有相关性，或者可以展示数据的分布和聚合情况，还可以通过散点数据制作趋势线从而获取趋势线公式，判断趋势走向。

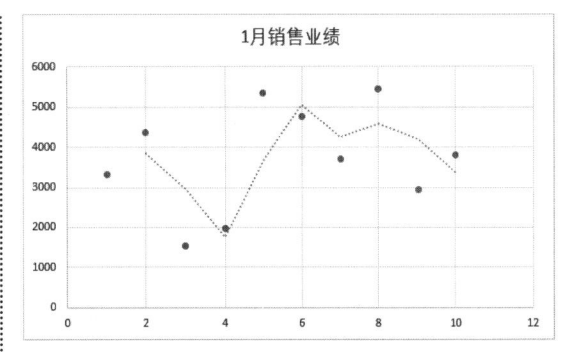

图 19-6　散点图

19.1.6 雷达图

雷达图也称为蜘蛛图、蛛网图，是一种将多个维度的数据量按照一定公式，把不同维度的数据转换成统一度量后，映射到坐标轴上的图形，如图19-7所示。

雷达图适用于展示多维度数据集。通过雷达图，不仅可以查看多维度数据的分析比较情况，也可以清楚了解到数据背后代表的人、事、物的综合情况。比如支付宝的芝麻信用五维度，从身份特质、行为偏好、履约能力、人脉关系、信用历史五个维度综合评估一个人的信用。雷达图的应用也很广泛，例如，在财务领域，雷达图常用于企业经营状况和财务分析。

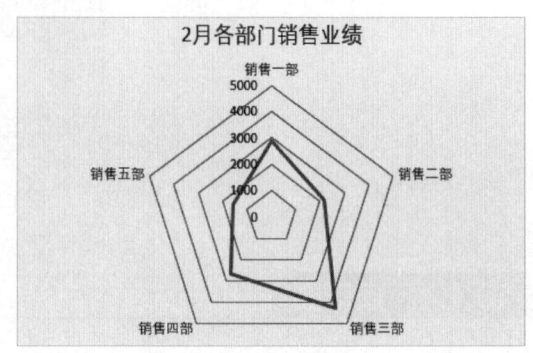

图19-7 雷达图

┃技术看板┃

在Excel中，还包含面积图、曲面图、股价图、树状图、旭日图、直方图、箱形图、瀑布图和漏斗图等图表，用户可根据数据的特点和需求来选择合适的图表类型。

19.2 图表的创建与编辑

我们可以根据数据创建图表，也可以将数据与图表相结合。下面将详细讲解图表的创建与编辑方法。

19.2.1 创建图表

要创建图表，必须以已有的表格数据为基础，同时，还可以选择全部或部分内容作为图表的数据源。比如，要在工作表中创建柱形图的具体方法是：在数据源表中选中单元格范围，单击"插入"选项卡→"图表"组→"插入柱形图或条形图"下拉按钮，展开列表框，单击"簇状柱形图"图标，如图19-8所示，即可完成簇状柱形图的创建，如图19-9所示。

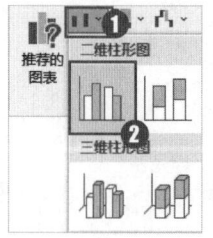

图19-8 单击"簇状柱形图"图标

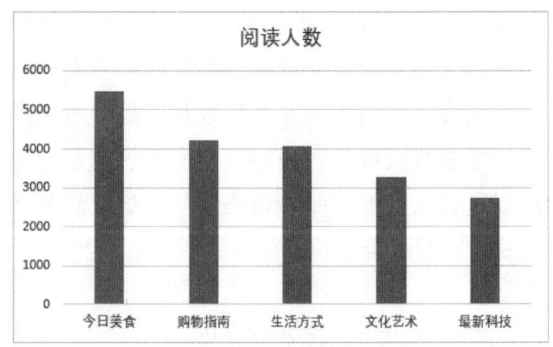

图19-9 创建簇状柱形图

第 19 章
图表的创建、编辑与美化

> **技术看板**
>
> 在 Excel 中创建图表时，除了可以单击不同类型的图表按钮进行创建，还可以单击"推荐的图表"按钮，打开"插入图表"对话框，在"推荐的图表"和"所有图表"选项卡中可以选择不同的图表类型进行创建，如图 19-10 所示。
>
>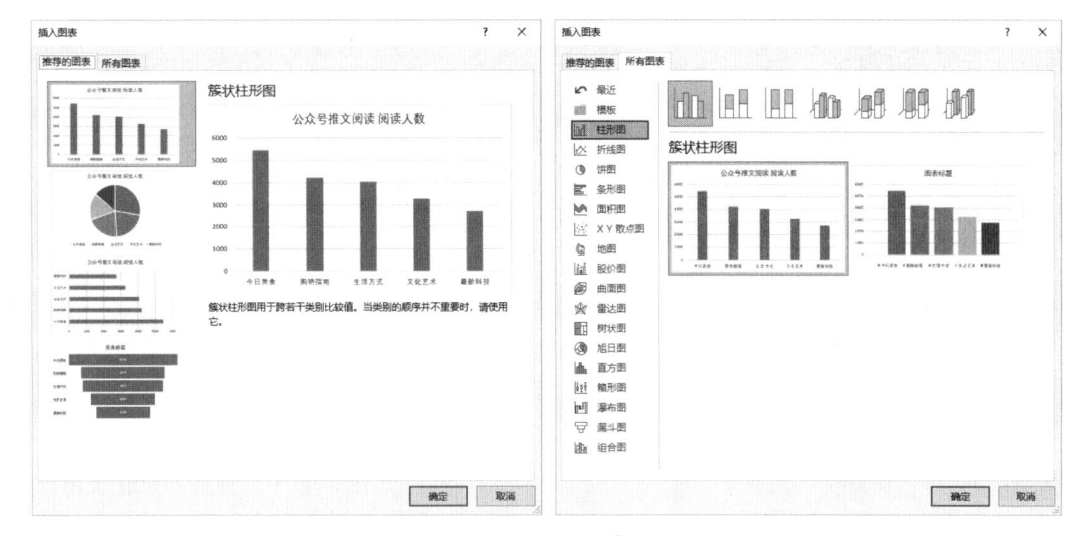
>
> 图 19-10 "插入图表"对话框

19.2.2 编辑图表

为了制作出更精准和美观的图表，我们可以对图表中的元素进行相应的编辑和修饰。

1. 图表分区

在对图表编辑前，需要先认识所有的图表元素。

图表分为图表区和绘图区两个区域，每个区域中又包含对应的图表元素，如图 19-11 所示。

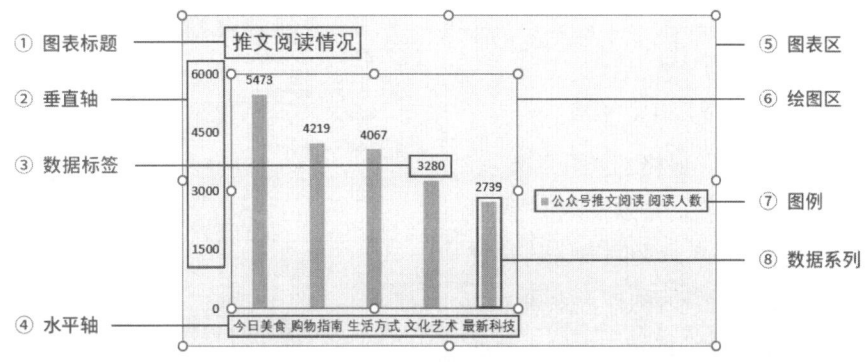

图 19-11 图表区域分布

下面将对图表中的"图表区"和"绘图区"进行介绍。

- 图表区：是整个图表对象所在的区域，它就像一个"容器"，承载了所有的图表元素，我们可以根据自己的需求增加或删减里面的元素。
- 绘图区：是包含数据系列和图形的区域，以坐标轴为边界。绘图区的内容会根据数据源的改变而改变，平时我们可以对绘图区的色彩和版式进行调整。

| 技术看板 |

图表元素包括图表标题、数据标签、水平轴、图例、网格线和数据系列等元素。

2. 设置图表区格式

在创建好的图表区上双击，可以打开"设置图表区格式"窗格，在该窗格中包含"图表选项"和"文本选项"两个区域，如图19-12所示。

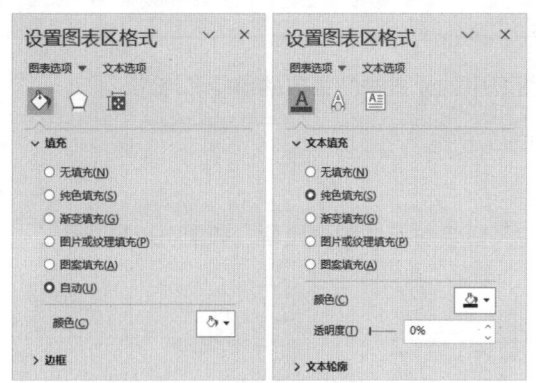

图19-12 "设置图表区格式"窗格

在"设置图表区格式"窗格的"图表选项"区域中，包含"填充与线条"、"效果"和"大小与属性"等图标，可以用来设置图表区的背景和边框，以及可以设置图表区的外形效果、大小和属性。而在"文本选项"区域中，则主要是对图表里的所有文本进行设置。

| 技术看板 |

在"设置图表区格式"窗格中不仅可以对图表区进行设置，还可以对图表的其他部分进行设置。单击选项前的小三角形按钮，展开选项区，就会看到有很多选项，我们可以对垂直轴、网格线、绘图区等进行相应的设置。

3. 设置背景和边框线

在编辑图表时可以对图表的背景和边框线进行修改，其具体方法是：选中图表，在"设置图表区格式"窗格中的"图表选项"区域中，展开"填充"选项，选中"纯色填充"单选按钮，单击"颜色"右侧的颜色块，展开列表框，选择颜色即可，如图19-13所示；继续在窗格中展开"边框"选项，选中"实线"单选按钮，然后依次设置好边框的颜色、宽度、线端类型等参数即可，如图19-14所示。

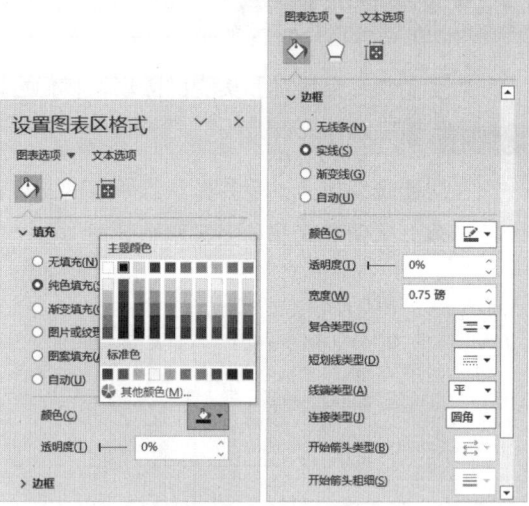

图19-13 更改图表背景颜色　　图19-14 更改图表边框

| 技术看板 |

如果想取消边框显示，则可以在"边框"选项区中选中"无线条"单选按钮。

第 19 章 图表的创建、编辑与美化

4. 设置网格线

在图表中，网格线包括水平和垂直两种，分别对应于Y轴和X轴的刻度线。一般我们会使用水平的网格线作为比较数值大小的参考线。

在图表中添加与隐藏网格线的方法很简单，用户只要单击"图表设计"选项卡→"图表布局"组→"添加图表元素"下拉按钮，展开列表框，选择"网格线"命令，在展开的子菜单中选择不同的命令，即可显示与隐藏主要和次要水平或垂直网格线，如图19-15所示。如果想要设置网格线的格式，则可以在"网格线"子菜单中选择"更多网格线选项"命令，打开"设置主要网格线格式"窗格，在该窗格中可以设置网格线的边框、颜色和效果等，如图19-16所示。

拉按钮，展开列表框，选择"图表标题"命令，在展开的子菜单中选择不同的命令，即可移动图表标题的位置，如图19-17所示。

如果想隐藏或调整图例的位置，则可以单击"图表设计"选项卡→"图表布局"组→"添加图表元素"下拉按钮，展开列表框，选择"图例"命令，在展开的子菜单中选择不同的命令即可进行调整，如图19-18所示。

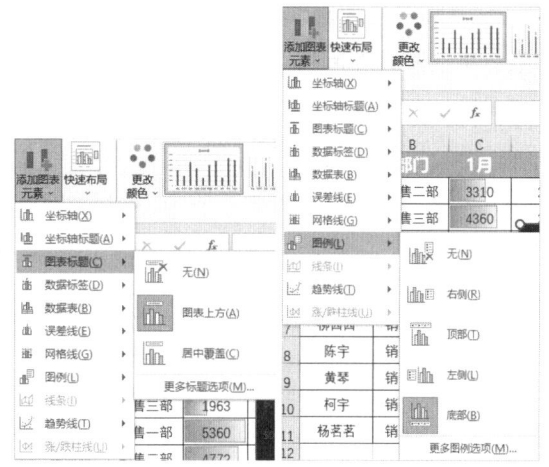

图19-17 调整图表标题位置　　图19-18 调整图例位置

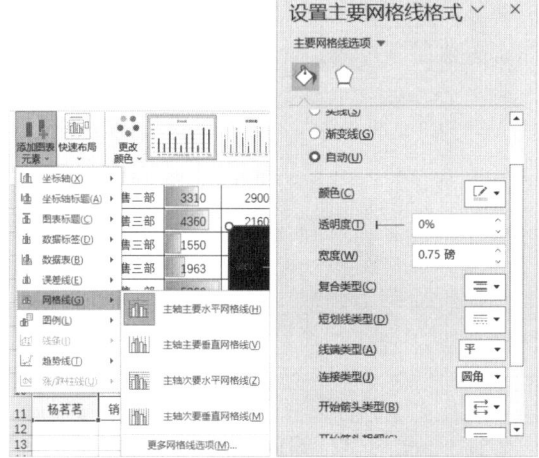

图19-15 添加与隐藏网格线　　图19-16 设置网格线格式

5. 设置标题和图例

图表中的主要文字说明会以图表标题和图例的形式展示出来。

在Excel中创建图表时，一般会默认使用系列名称作为图表标题，如果想更改图表标题，只需要单击图表标题框进行修改即可。如果想调整图表标题的位置，则可以单击"图表设计"选项卡→"图表布局"组→"添加图表元素"下

技术看板

在制作图表过程中如果需要添加或删除元素，可以单击图表右侧的加号按钮，展开列表框，该列表框包含各种图表元素，我们可以选中各种图表元素的显示/隐藏状态，如图19-19所示。如果想要显示某个图表元素，只需要选中该图表元素的复选框即可。

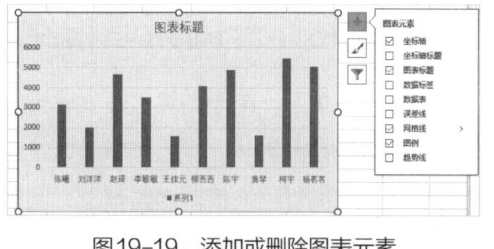

图19-19 添加或删除图表元素

6. 设置数据标签

数据标签用于表示数据系列的实际数值，用户可以对数据标签的样式进行设置。如果想调整数据标签的位置，则可以单击"图表设计"选项卡→"图表布局"组→"添加图表元素"下拉按钮，展开列表框，选择"数据标签"命令，在展开的子菜单中选择不同的命令，即可移动数据标签的位置，如图19-20所示。

如果想要设置数据标签的格式，则可以在"数据标签"子菜单中，选择"其他数据标签选项"命令，打开"设置数据标签格式"窗格，在该窗格中可以设置数据标签的标签选项、标签位置和填充颜色等格式参数，如图19-21所示。

7. 设置数据系列

在图表中，用数据源绘制的图形叫作数据系列，用来形象地展示数据，属于图表的核心部分。在设置数据系列时，可以在"设置数据系列格式"窗格中单击"填充与线条"图标，在该选项区中可以更改数据系列的填充颜色；也可以单击"效果"图标，在该选项区中，更改数据系列的阴影、发光颜色、柔化边缘和三维格式；还可以单击"系列选项"图标，在该选项区中，调整"间隙宽度"和"系列重叠"等参数，如图19-22所示。

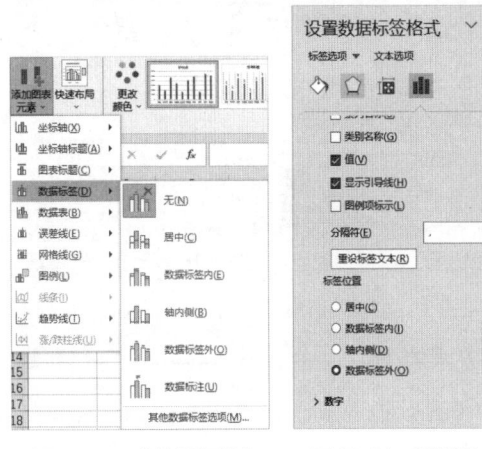

图19-20 "数据标签"命令　　图19-21 设置数据标签格式

图19-22 设置数据系列格式

实战演练

制作一周新增粉丝数和粉丝地域分布的数据图表

在了解图表类型、图表创建与图表编辑的基础知识和用法后，接下来练习在"一周新增粉丝数"表格中插入折线图并美化，在"粉丝地域分布"表格中插入二维饼图并美化。

1. 制作与编辑"一周新增粉丝数"图表

制作与编辑"一周新增粉丝数"图表的具体操作步骤如下。

第1步 切换工作表。打开"公众号运营数据表.xlsx"工作簿，单击"公众号运营数据"工作表标签，切换至该工作表，如图19-23所示。

第19章
图表的创建、编辑与美化

第2步 选择图表类型。在工作表中选中A2:B9单元格范围，单击"插入"选项卡→"图表"组→"插入折线图或面积图"下拉按钮，展开列表框，单击"带数据标记的折线图"图标，如图19-24所示。

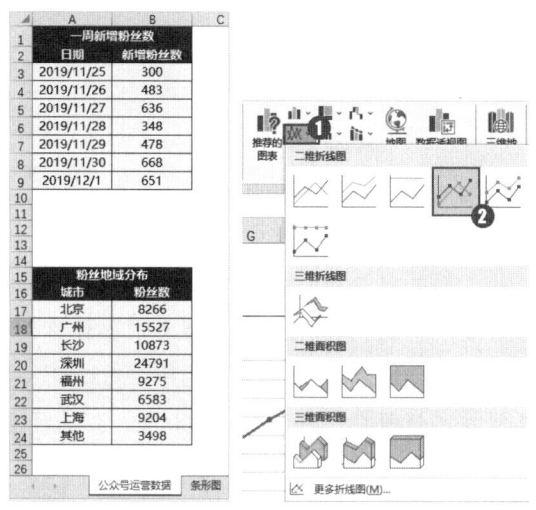

图19-23 切换工作表　　图19-24 选择折线图图表类型

第3步 创建折线图。选择图表类型后即可创建出带数据标记的折线图，如图19-25所示。

图19-25 创建折线图

第4步 选择填充颜色。选择新创建的图表并双击，打开后在"设置图表区格式"窗格中展开"填充"选项区，选中"纯色填充"单选按钮，在"颜色"列表框中选择"白色，背景1，深色

5%"，如图19-26所示。

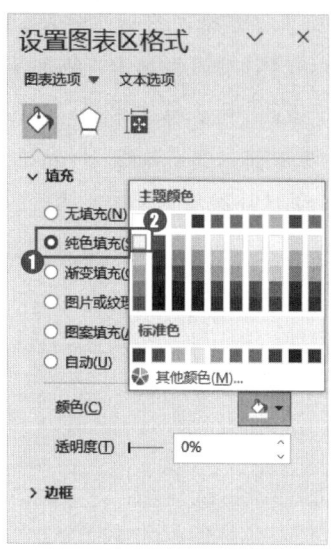

图19-26 选择填充颜色

第5步 更改图表背景填充颜色。设置完成后即可更改折线图图表区的背景填充颜色，效果如图19-27所示。

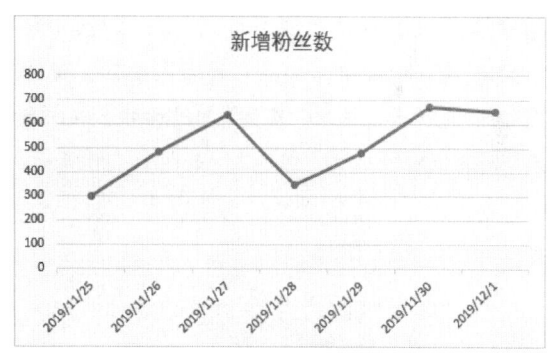

图19-27 更改图表背景填充颜色

第6步 去掉外框线。在"设置图表区格式"窗格中，展开"边框"选项区，选中"无线条"单选按钮，去掉图表的外框线。

第7步 选择图表选项。在"设置图表区格式"窗格中，单击"图表选项"右侧的下拉按钮，展开列表框，选择"系列'新增粉丝数'"选项，如图19-28所示。

第8步 设置数据系列标记格式。切换至"设置数据系列格式"窗格，单击"标记"按钮，进入"标记选项"选项区，选中"纯色填充"单选按钮，在"颜色"列表框中选择"白色"；选中"实线"单选按钮，在"颜色"列表框中，选择"绿色"，如图19-29所示。

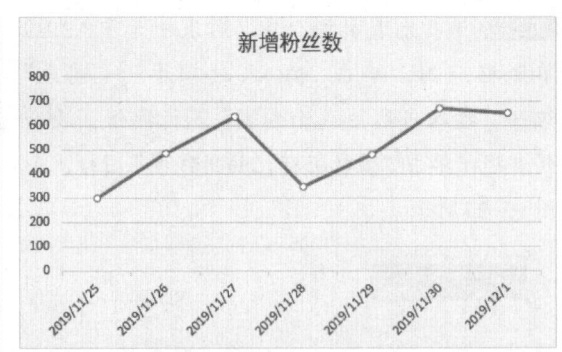

图19-31 美化数据列

第11步 取消显示主要网格线。在"设置数据系列格式"窗格中，单击"图表选项"右侧的下拉按钮，展开列表框，选择"垂直（值）轴 主要网格线"选项，切换至"设置主要网格线格式"窗格，在"线条"选项区中，选中"无线条"单选按钮，如图19-32所示，即可取消主要网格线的显示。

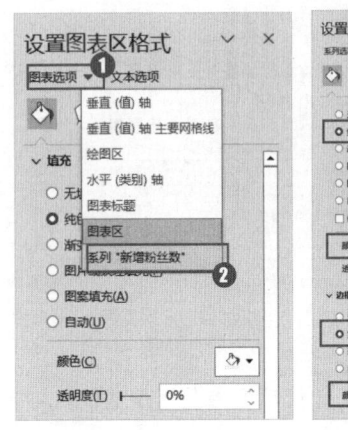 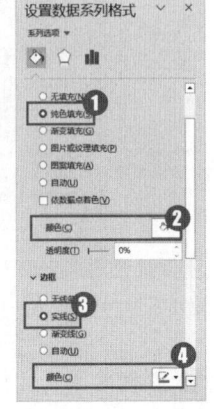

图19-28 选择"系列'新增粉丝数'"选项　　图19-29 设置数据系列标记格式

第9步 设置数据系列线条格式。在"设置数据系列格式"窗格中，单击"线条"按钮，进入"线条"选项区，选中"实线"单选按钮，在"颜色"列表框中，选择"绿色"，如图19-30所示。

第12步 设置日期类型。在"设置主要网格线格式"窗格中，单击"垂直（值）轴 主要网格线"右侧的下拉按钮，展开列表框，选择"水平（类别）轴"选项，切换至"设置坐标轴格式"窗格，单击"坐标轴选项"图标，展开"数字"选项区，在"类型"列表框中，选择"3/14"选项，如图19-33所示，即可设置坐标轴格式。

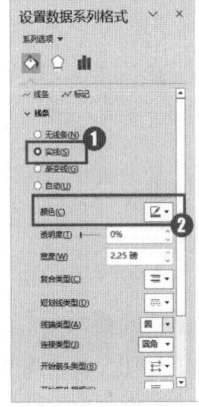

图19-30 设置数据系列线条格式

第10步 美化数据系列。设置完成后即可更改数据系列的填充颜色和线条颜色效果，如图19-31所示。

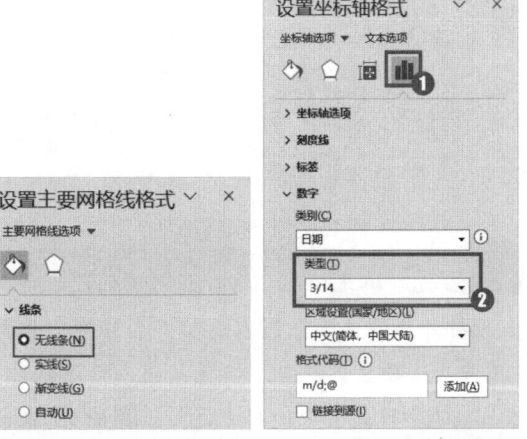

图19-32 选中"无线条"单选按钮　　图19-33 设置日期类型

第19章
图表的创建、编辑与美化

第13步 添加图表元素。单击图表右侧的加号按钮，展开列表框，选中"数据标签"复选框，添加数据标签，然后修改图表标题为"一周新增粉丝数"，并将图表标题移至图表的左上角，其最终的效果如图19-34所示。

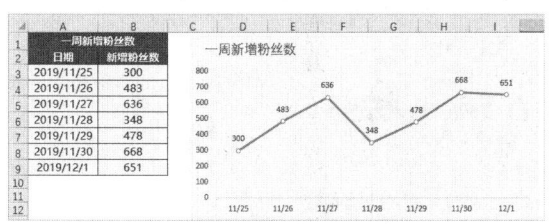

图19-34 折线图最终效果

2. 制作与编辑"粉丝地域分布"图表

制作与编辑"粉丝地域分布"图表的具体操作步骤如下。

第1步 选择图表类型。在工作表中选中A16:B24单元格范围，单击"插入"选项卡→"图表"组→"插入饼图或圆环图"下拉按钮，展开列表框，单击"二维饼图"图标，如图19-35所示。

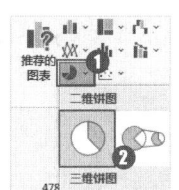

图19-35 单击"二维饼图"图标

第2步 创建饼图。根据上一步操作即可创建出二维饼图，如图19-36所示。

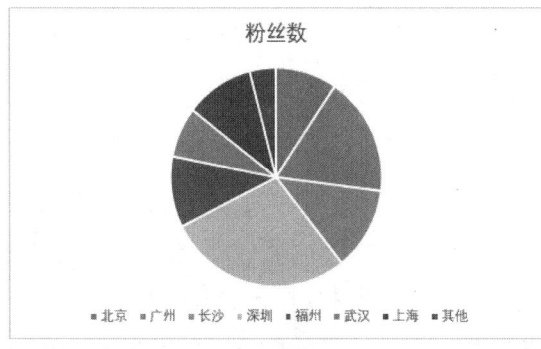

图19-36 创建饼图

第3步 更改图表背景填充颜色。选择新创建的图表并双击，打开后在"设置图表区格式"窗格中展开"填充"选项区，选中"纯色填充"单选按钮，在"颜色"列表框中，选择"白色，背景1，深色5%"，即可更改饼图的背景填充颜色。

第4步 去掉外框线。在"设置图表区格式"窗格中，展开"边框"选项区，选中"无线条"单选按钮，去掉图表的外框线。

第5步 添加与删除图表元素。单击图表右侧的加号按钮，展开列表框，选中"数据标签"复选框，单击"数据标签"右侧的下拉按钮，展开列表框，选择"数据标注"命令，取消选中"图例"复选框，完成图表元素的添加与删除，如图19-37所示。

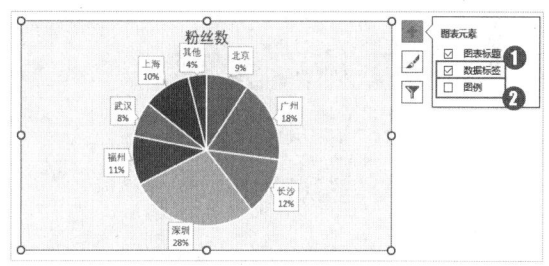

图19-37 添加与删除图表元素

第6步 美化图表。修改图表标题为"粉丝地域分布"，并将图表标题移至图表的左上角，选择饼图，单击"图表设计"选项卡→"图表样式"组→"更改颜色"下拉按钮，展开列表框，选择"单色调色板13"颜色，如图19-38所示，即可更改图表的颜色，得到最终的图表效果。

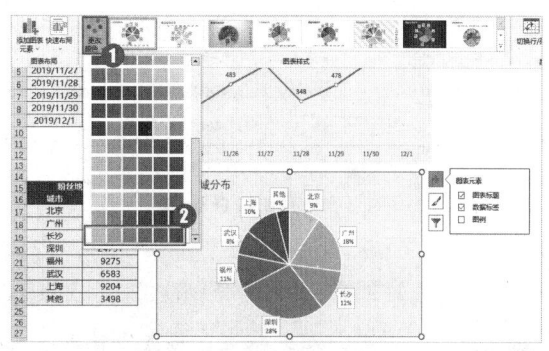

图19-38 美化饼图

实战演练

制作条形图、散点图和雷达图

使用"图表"功能，还可以在公众号数据表中制作"公众号文章阅读量"数据的条形图、"公众号文章阅读量与分享量"数据的散点图和"公众号运营技能等级"数据的雷达图。

1. 制作"公众号文章阅读量"数据的条形图

制作"公众号文章阅读量"数据的条形图的具体操作步骤如下。

第1步 切换工作表。在"公众号运营数据表.xlsx"工作簿中，单击"条形图"工作表标签，切换至该工作表，如图19-39所示。

图19-39 切换工作表

第2步 创建条形图。在工作表中选中A1:B8单元格范围，单击"插入"选项卡→"图表"组→"插入柱形图或条形图"下拉按钮，展开列表框，单击"簇状条形图"图标，即可创建簇状条形图，如图19-40所示。

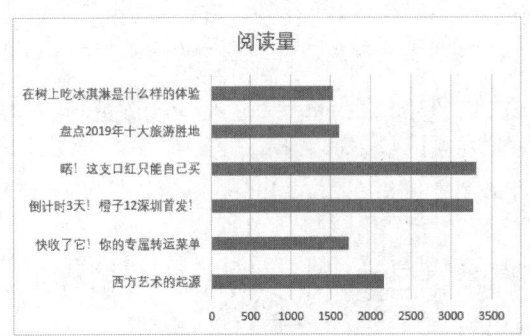

图19-40 创建条形图

第3步 降序排序数据。选中数据表中B列任意单元格，单击"数据"选项卡→"排序和筛选"组→"降序"按钮，降序排序数据，则数据表和图表数据也随之发生变化，如图19-41所示。

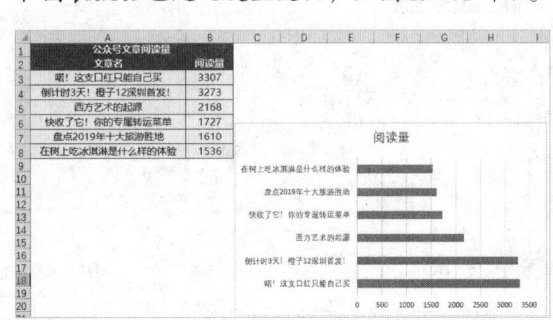

图19-41 降序排序数据

第4步 修改数据系列填充颜色。选择图表中的数据系列图形，在"设置数据系列格式"窗格中，修改其填充颜色为"绿色，个性6，淡色60%"。

第5步 美化图表。单击图表右侧的加号按钮，展开列表框，选中"数据标签"复选框，添加图表元素，修改其图表标题为"公众号文章阅读量"，并将图表标题移至图表的左上角，最终图表效果如图19-42所示。

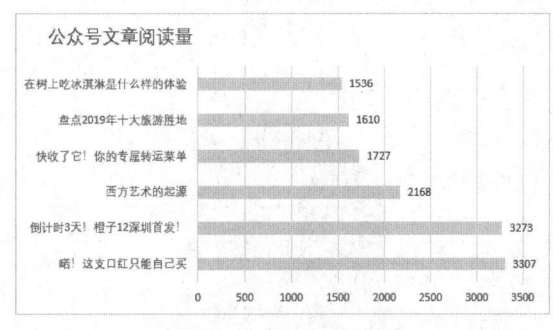

图19-42 条形图最终效果

2. 制作"公众号文章阅读量与分享量"数据的散点图

制作"公众号文章阅读量与分享量"数据的散点图的具体操作步骤如下。

第19章
图表的创建、编辑与美化

第1步 切换工作表。在"公众号运营数据表.xlsx"工作簿中,单击"散点图"工作表标签,切换至该工作表,如图19-43所示。

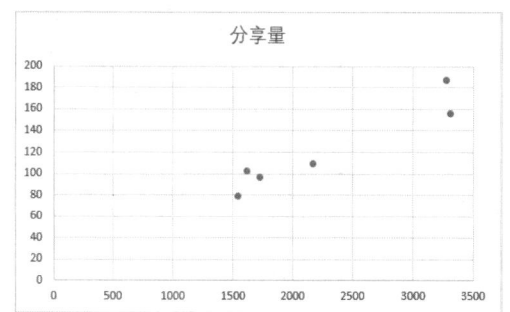

图19-43 切换工作表

第2步 创建散点图。在工作表中选中B2:C8单元格范围,单击"插入"选项卡→"图表"组→"插入散点图或气泡图"下拉按钮,展开列表框,单击"散点图"图标,即可创建散点图,如图19-44所示。

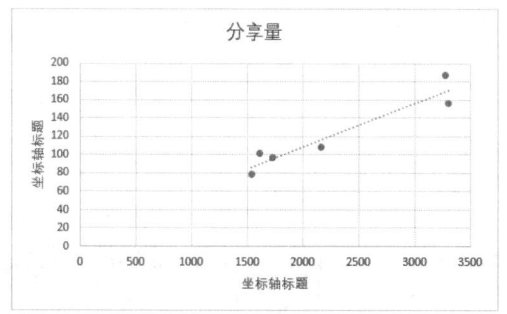

图19-44 创建散点图

第3步 添加图表元素。单击图表右侧的加号按钮,展开列表框,选中"坐标轴标题"和"趋势线"复选框,添加图表元素,如图19-45所示。

图19-45 添加图表元素

第4步 设置数据系列格式。选择图表中的数据系列图形,在"设置数据系列格式"窗格中的"标记选项"选项区中,选中"内置"单选按钮,修改"大小"为8;在"填充"选项区中,选中"纯色填充"单选按钮,修改颜色为"绿色,个性6,淡色60%",如图19-46所示。

第5步 设置趋势线格式。选择图表中的趋势线图形,在"设置趋势线格式"窗格中,修改填充颜色为"红色"颜色,"宽度"为"1.5磅",如图19-47所示。

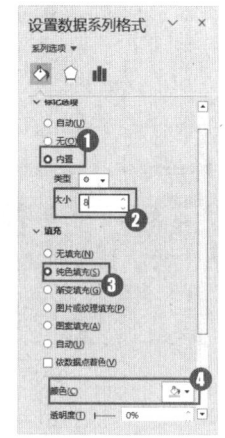 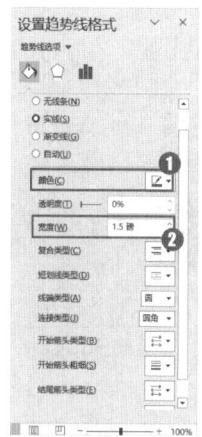

图19-46 设置数据系列格式　　图19-47 设置趋势线格式

第6步 修改标题。完成数据系列和趋势线格式的设置后,在图表中将垂直方向上的"坐标轴标题"修改为"分享量",将水平方向的"坐标轴标题"修改为"阅读量",将图表标题修改为"公众号文章阅读量与分享量",最终的图表效果如图19-48所示。

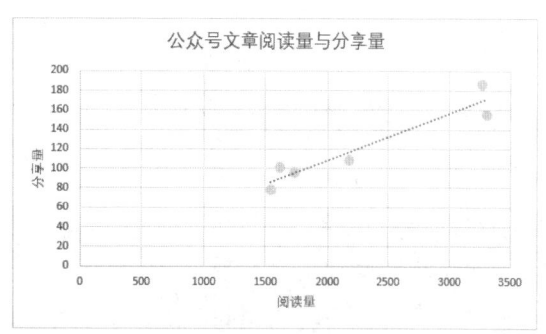

图19-48 散点图最终效果

3. 制作“公众号运营技能等级”数据的雷达图

制作“公众号运营技能等级”数据的雷达图的具体操作步骤如下。

第1步 切换工作表。在“公众号运营数据表.xlsx”工作簿中，单击“雷达图”工作表标签，切换至该工作表，如图19-49所示。

	A	B	C
1	公众号运营技能等级		
2	公众号运营技能	所需等级	
3	设计审美	3	
4	基础编辑	4.5	
5	数据分析	3.5	
6	营销策划	4	
7	文字功底	5	

图19-49　切换工作表

第2步 创建雷达图。在工作表中选中A2:B7单元格范围，单击“插入”选项卡→“图表”组→“推荐的图表”按钮，在弹出的对话框中选择“所有图表”选项卡，然后选择“雷达图”选项，单击“雷达图”图标，即可创建雷达图，如图19-50所示。

第3步 美化图表。选择图表中的数据系列图形，在“设置数据系列格式”窗格中，修改其填充颜色为“绿色，个性6，淡色60%”，然后修改其图表标题为“公众号运营技能等级”，得到最终的图表效果，如图19-51所示。

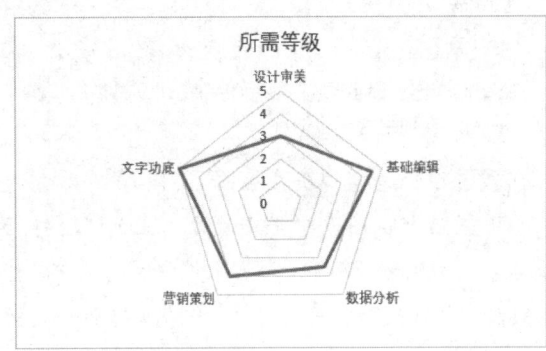

图19-50　创建雷达图

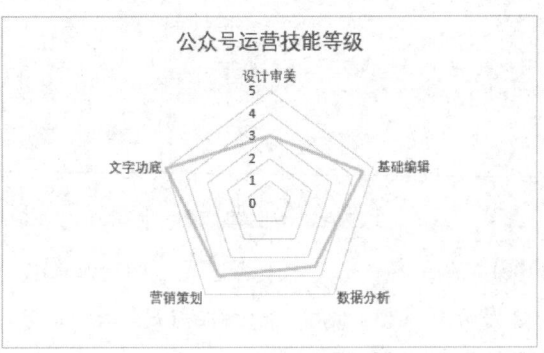

图19-51　美化图表效果

⋮

19.3 图表的美化

对图表进行美化，可以让数据更加直观、清晰、具有说服力，同时也可以提高整体的专业水平和视觉效果，让我们的工作成果更出彩。

下面通过在销售业绩数据表中美化图表，来学习图表美化的相关知识和方法。图19-52所示为美化销售业绩数据表中常用图表效果。在美化图表时，我们常会用到3种美化方法和4个操作步骤，下面将分别进行介绍。

第 19 章
图表的创建、编辑与美化

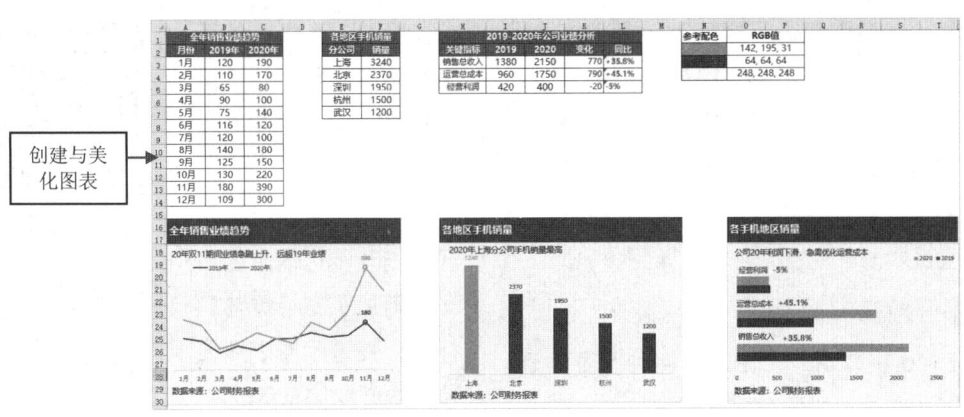

图19-52　美化销售业绩数据表中常用图表效果

19.3.1　图表美化的 3 种方法

想让平平无奇的图表变身为专业的图表有 3 种方法：突破默认配色、突破默认布局、突破默认字体。

1. 突破默认配色

在 Excel 中作图，无论选择何种图表类型，生成的图表都是默认配色，即图表背景为白色、文本颜色为灰色、系列图形颜色为蓝色，如图 19-53 所示。

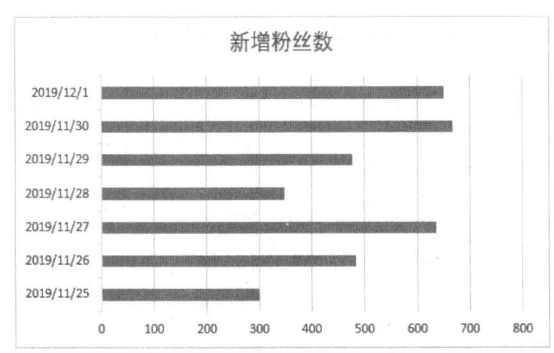

图19-53　图表默认配色

从图 19-53 的图表配色可以看出，整张图表配色没有吸引力，且图表中的配色直接影响读者对数据的理解和接受程度，所以选择配色方案是图表美化的重要一环。一般选用的配色方案有两种，分别是纯色和渐变色，如图 19-54 所示。

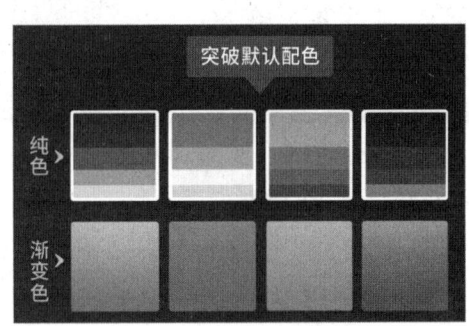

图19-54　图表配色类型

下面将对图表的两种配色方案分别进行介绍。

- 纯色配色方案通常使用单个颜色来为图表中的每个数据点或数据块着色。这种配色方案可以使数据点或数据块更易于识别和区分。例如，使用绿色表示成功的数据点，使用红色表示失败的数据点。

- 渐变色配色方案则使用一系列逐渐变化的颜色来为图表中的数据点或数据块着色。这种配色方案通常用于表示连续数据，例如时间序列或地理信息。渐变色可以使数据点或数据块在视觉上呈现出更平滑的过渡，有助于显示数据的趋势和变化。

因此，在对图表进行配色时，要有目的地突出重点信息，尽量减少不必要的配色。对于同层级的数据图表，如果不需要突出某些重点信息，则可以采用同色系配色法，通过调整饱和度、亮度来完成有层次的配色，从而丰富图表的视觉层次。

2. 突破默认布局

在 Excel 中作图，无论选择何种图表类型，生成的默认布局都如图 19-55 所示。

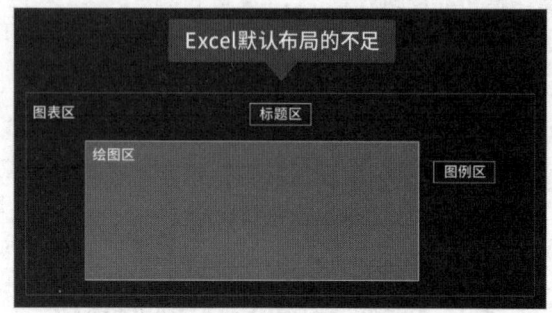

图 19-55　图表默认布局

但事实上这种布局存在以下问题。

● 默认的标题样式不突出，给读者传达的信息效率低；而且大部分制图者，设置的标题只是对图表本身的描述，并不会给出直接的观点，导致信息量传达不足。

● 默认的图表绘图区四周，浪费了大量面积，导致图表整体的空间利用效率不高。

● 默认的图表图例在绘图区右侧，读者在阅读时，视线需要往返于绘图区和图例区，体验较差。

当我们找出了图表布局不足的问题后，就可以根据表达需要，调整图表的结构布局。例如，调成如图 19-56 所示的商业图表布局。

图 19-56 所示的图表结构布局与默认的图表布局相比，主要有以下区别。

● 布局突出了标题区，提升传达信息的效率；增加了主标题与副标题，强调了图表所要传达的必要信息量。

● 采用了纵向构图方式，大大提高了空间利用率。

● 将图例置于绘图区上方，缩小图例与绘图区的距离，提升读者阅读图表、获取信息的效率。

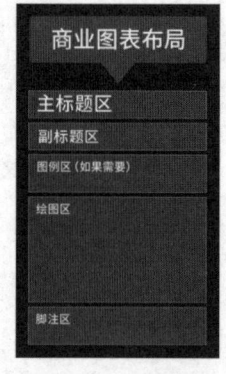

图 19-56　调整后的图表结构布局

3. 突破默认字体

在 Excel 中作图，无论选择何种图表类型，生成的默认字体都是等线和 Calibri 字体。

日常使用的字体分为有衬线字体和无衬线字体。其中，衬线字体在笔画起始和结束处有装饰，从而使得阅读容易识别，典型代表有宋体等。衬线字体一般用在大段文字排版中。无衬线字体没有额外的装饰，笔画粗细差不多，它更简约、清晰，比较有艺术感，典型代表有黑体等。无衬线字体醒目，适合用于标题、海报、图表等。

因此，在图表美化的过程中，无衬线字体通常更受欢迎，因为它们辨识度更高，并且在较小尺寸下也更容易阅读。不过，在进行字体选择时，还需要根据具体情况和设计要求进行综合考虑。

19.3.2　图表美化的 4 个步骤

图表美化一般需要 4 个步骤，分别是创建图表、修改默认配色、调整默认布局和修改默认字体，下面将分别进行介绍。

第 19 章
图表的创建、编辑与美化

1. 创建图表

我们根据 19.2.1 节所学的创建图表的方法，在 Excel 中，根据数据源表格直接创建出折线图、柱形图和条形图等图表。

2. 修改默认配色

参考已有的配色方案，来修改图表中背景、数据系列、数据标签等配色。修改默认配色的方法很简单，选中整张图表，在"设置图表区格式"窗格的"填充"选项区中，单击"颜色"按钮，展开列表框，选择合适的颜色即可，如图 19-57 所示。如果想使用自定义的颜色，则可以在"颜色"列表框中，选择"其他颜色"命令，打开"颜色"对话框，在"自定义"选项卡中，输入对应的 RGB 颜色即可，如图 19-58 所示。

在配色时，需要重点展现的数据可以用显眼的颜色（如绿色），辅助对比的数据可以用弱一点的颜色（如深灰色）。

3. 调整默认布局

为了高效利用展示空间，我们可以删除图表标题、网格线、纵坐标轴。然后，对照商务图表布局，在图表上方单元格范围中添加图表标题。一份专业的图表一定会说明数据来源，即使数据来源于公司内容，也要写清楚。因此在这里，需要在图表左下方添加数据来源。

> **技术看板**
>
> 商务图表与普通图表最大的不同在于它强调每张图表的观点，所以我们还需要在图表标题下方添加数据结论，从而减少阅读视觉跳跃，提升阅读效率。

4. 修改默认字体

为了让重点信息更突出、醒目，我们可以将图表中的"等线"字体改为"微软雅黑"，并适当放大标题和结论字体。

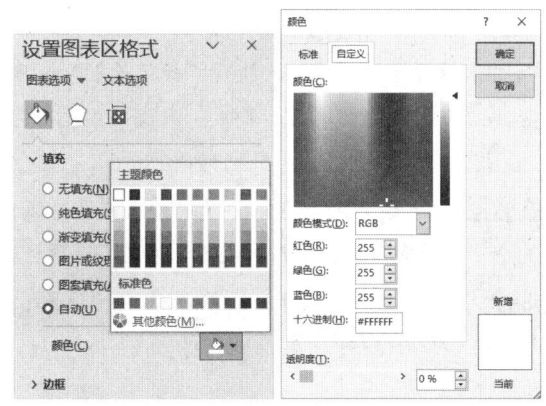

图 19-57 "颜色"列表框　　图 19-58 "颜色"对话框

实战演练

对全年销售业绩趋势图表进行美化

在销售数据业绩表中，利用折线图展示全年销售业绩趋势情况，并对图表进行美化操作。

1. 创建折线图并修改默认配色

创建折线图并修改默认配色的具体操作步骤如下。

第1步 选中单元格范围。打开"销售数据业绩表.xlsx"工作簿，在工作表中选中 A2:C14 单元格范围，如图 19-59 所示。

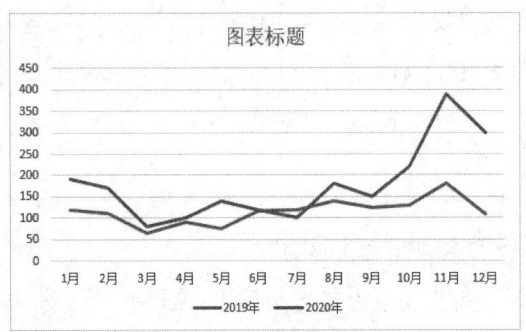

图19-59 框选单元格范围

第2步 创建折线图表。单击"插入"选项卡→"图表"组→"插入折线图或面积图"下拉按钮，展开列表框，单击"折线图"图标，即可创建二维折线图，如图19-60所示。

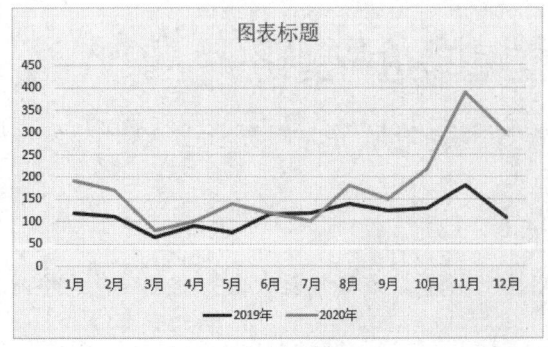

图19-60 创建折线图

第3步 修改图表配色。选择折线图并双击，在右侧"设置图表区格式"窗格中设置2020年数据系列折线的颜色为"绿色"、2019年数据系列折线的颜色为"深灰色"、图表区背景为"白色，背景1，深色5%"，其图表效果如图19-61所示。

图19-61 修改图表配色

2. 突出标记销售业绩峰值数据

在标记销售人员业绩增长情况时，可以用"方向"图标集进行标记，当业绩增长时则显示绿色向上方向箭头，当业绩没有增长时则显示红色向下方向箭头，其具体操作步骤如下。

第1步 设置标记选项。在图表中2020年数据系列图形上双击，选中2020年11月数据点，在"设置数据点格式"窗格中，单击"填充与线条"选项下的"标记"图标，展开"标记选项"选项区，选中"内置"单选按钮，修改"类型"为"圆点"、"大小"为6，如图19-62所示。

第2步 设置填充与线条。展开"填充"选项区，选中"无填充"单选按钮；展开"边框"选项区，选中"实线"单选按钮，修改颜色为"绿色"、"宽度"为"1.5磅"，如图19-63所示。

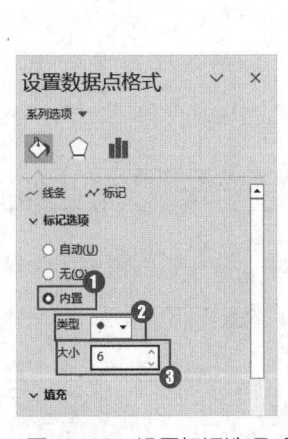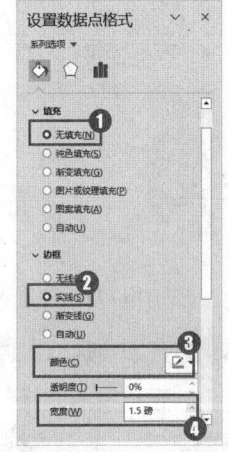

图19-62 设置标记选项　图19-63 设置填充与线条

第3步 添加数据标记点和数据标签。设置完成后即可为2020年系列图形添加数据标记点,继续选中数据标记点,单击图表右侧的加号按钮,展开列表框,选中"数据标签"复选框,添加数据标签元素,修改字体颜色为"绿色",并加粗文本,效果如图19-64所示。

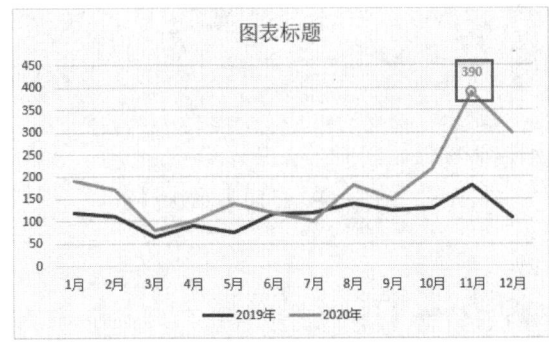

图19-64　添加数据标记点和数据标签

第4步　添加2019年数据标记点和数据标签。重复第1～3步的操作,为2019年数据系列图形添加深灰色的数据标记点和数据标签,其效果如图19-65所示。

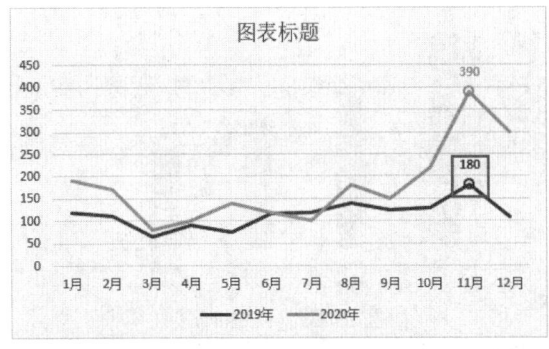

图19-65　添加2019年数据点和数据标签

3. 调整默认布局,修改默认字体

调整默认布局,修改默认字体的具体操作步骤如下。

第1步　删除图表元素。在折线图中,依次删除图表标题、网格线和纵坐标轴元素,图表效果如图19-66所示。

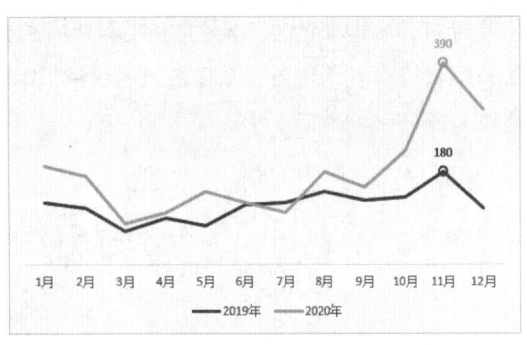

图19-66　删除图表元素

第2步　添加标题。框选图表上方单元格范围,单击"开始"选项卡→"对齐方式"组→"合并单元格"按钮,合并单元格后输入标题内容,并设置字体格式为"微软雅黑"、字号为14、字体颜色为"白色"、单元格填充颜色为"深灰色",并加粗文本,图表标题效果如图19-67所示。

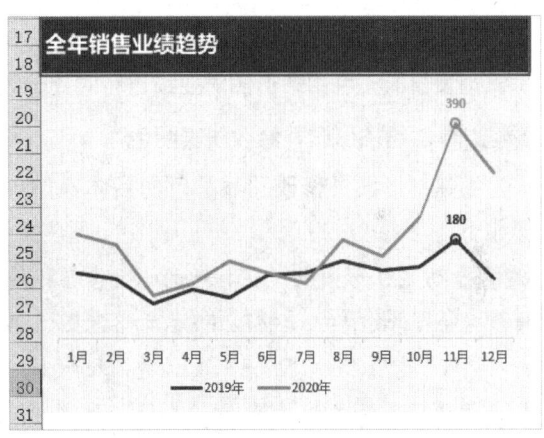

图19-67　添加图表标题

第3步　添加结论文本。单击"插入"选项卡→"文本"组→"文本框"下拉按钮,展开列表框,选择"绘制横排文本框"命令,在标题下方插入文本框,添加结论文本,设置字体格式为"微软雅黑"、字号为11、字体颜色为"黑色"、文本框填充颜色和形状轮廓颜色均为"无填充"。

第4步　备注来源文本。将图例文本移动至数据结论文本的下方,在图表左下方备注数据来源,添加结论文本,设置字体格式为"微软雅黑"、字号为11、字体颜色为"黑色"、文本框填充颜色和形状轮廓颜色均为"无填充",最终的图表效果如图19-68所示。

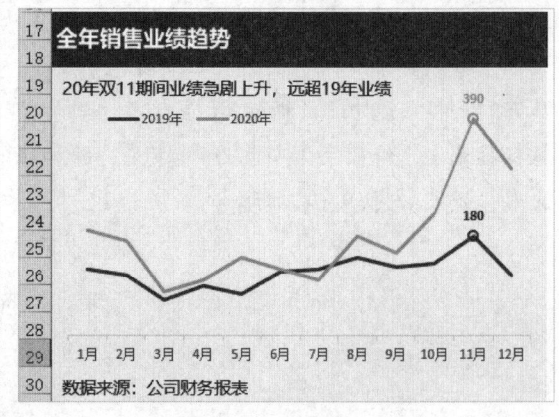

图19-68 添加文本效果

实战演练：对公司各地区手机销售业绩分析图表进行美化

为了将公司2019—2020年各地区手机销售业绩分析用图表展示，可以利用柱形图展示各地区手机销量情况；利用条形图对业绩进行对比分析，并对两张图表进行商务美化。

1. 创建柱形图并修改图表配色

创建柱形图并修改图表配色的具体操作步骤如下。

第1步 创建柱形图表。在打开的"销售数据业绩表.xlsx"工作簿中选中E2:F7单元格范围，单击"插入"选项卡→"图表"组→"插入柱形图或条形图"下拉按钮，展开列表框，单击"簇状柱形图"图标，即可创建柱形图，如图19-69所示。

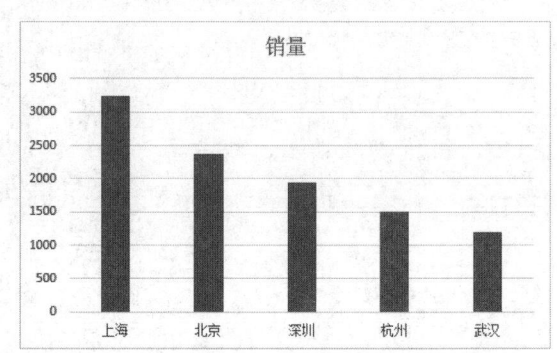

图19-69 创建柱形图

第2步 美化图表。选择柱形系列图形，修改其填充颜色为"深灰色"，选中"上海"柱形系列图形，修改其填充颜色为"绿色"，设置图表背景颜色为"白色，背景1，深色5%"，删除图表标题、网格线、纵坐标轴，为图表添加"数据标签"元素，修改"上海"数据标签的字体颜色为"绿色"，其图表效果如图19-70所示。

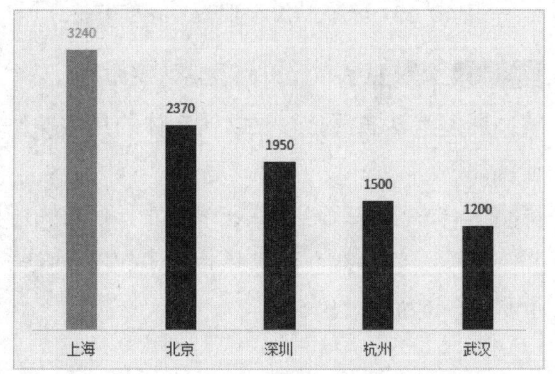

图19-70 美化图表

2. 美化柱形图并修改默认字体

美化柱形图并修改默认字体的具体操作步骤如下。

第1步 添加标题文本。选中图表上方的单元格范围，单击"开始"选项卡→"对齐方式"组→"合并单元格"按钮，合并单元格，输入标题内容，并设置字体格式为"微软雅黑"、字号为14、字体颜色为"白色"、单元格填充颜色为"深灰色"，并加粗文本。

第2步 添加结论文本。单击"插入"选项卡→"文本"组→"文本框"下拉按钮，展开列表框，选择"绘制横排文本框"命令，在标题下方插入文本框，添加结论文本，设置字体格式为"微软雅黑"、字号为11、字体颜色为"黑色"、文本框填充颜色和形状轮廓颜色均为"无填充"。

第3步 备注来源文本。在图表左下方备注数据来源，添加结论文本，设置字体格式为"微软雅黑"、字号为11、字体颜色为"黑色"、文本框填充颜色和形状轮廓颜色均为"无填充"，最终的图表效果如图19-71所示。

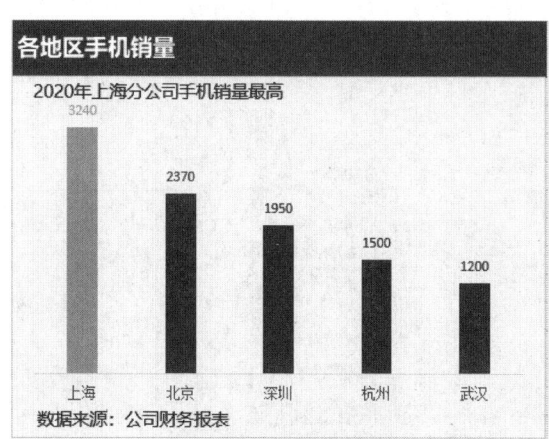

图19-71　美化柱形图

3. 创建条形图并修改图表配色

创建条形图并修改图表配色的具体操作步骤如下。

第1步 创建条形图表。在打开的"销售数据业绩表.xlsx"工作簿中选中H2:J5单元格范围，单击"插入"选项卡→"图表"组→"插入柱形图或条形图"下拉按钮，展开列表框，单击"簇状条形图"图标，即可创建条形图，如图19-72所示。

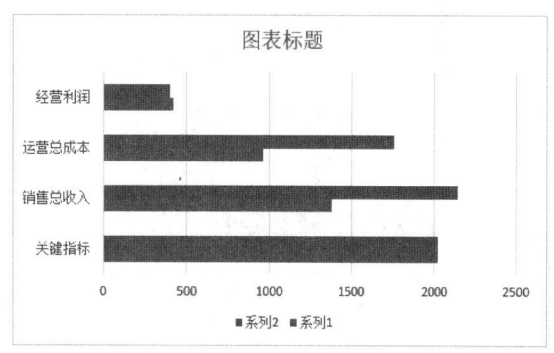

图19-72　创建条形图

第2步 取消选中复选框。选择图表，单击"图表设计"选项卡→"数据"组→"选择数据"按钮，打开"选择数据源"对话框，取消选中"关键指标"复选框，如图19-73所示。

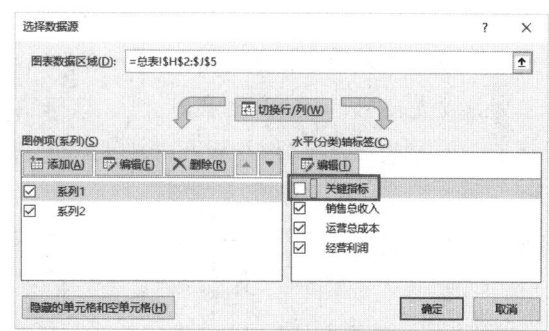

图19-73　取消选中复选框

第3步 修改图例项名称。在"选择数据源"对话框中的"图例项"列表框中，分别选择"系列1"和"系列2"选项，单击"编辑"按钮，打开"编辑数据系列"对话框，输入新的系列名称，依次单击"确定"按钮，即可取消图表中的关键指标显示，修改系列1标签为2019，系列2标签为2020。

第4步 修改图表配色。设置2020数据系列的填充颜色为"绿色",2019数据系列的填充颜色为"深灰色",设置图表背景颜色为"白色,背景1,深色5%",删除图表标题和网格线,其图表效果如图19-74所示。

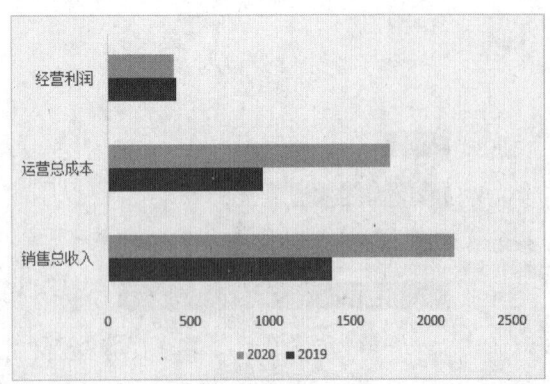

图19-74 美化条形图

4. 美化条形图并修改默认字体

美化条形图并修改默认字体的具体操作步骤如下。

第1步 添加标题文本。框选图表上方单元格范围,单击"开始"选项卡→"对齐方式"组→"合并单元格"按钮,合并单元格,输入标题内容,并设置字体格式为"微软雅黑"、字号为14、字体颜色为"白色"、单元格填充颜色为"深灰色",并加粗文本。

第2步 添加结论文本。单击"插入"选项卡→"文本"组→"文本框"下拉按钮,展开列表框,选择"绘制横排文本框"命令,在标题下方插入文本框,添加结论文本,设置字体格式为"微软雅黑"、字号为11、字体颜色为"黑色"、文本框填充颜色和形状轮廓颜色均为"无填充"。

第3步 备注来源文本。在图表左下方备注数据来源,添加结论文本,设置字体格式为"微软雅黑"、字号为11、字体颜色为"黑色"、文本框填充颜色和形状轮廓颜色均为"无填充",移动图例至图表的右上方,图表效果如图19-75所示。

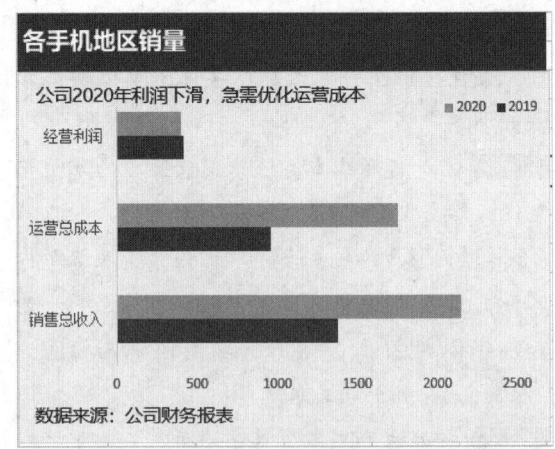

图19-75 添加图表文本

第4步 添加数据标签元素。在条形图中,选中2020年数据系列,单击图表右侧的加号按钮,展开列表框,选中"数据标签"复选框,添加数据标签元素。

第5步 设置数据标签格式。选中图表中的数据标签,双击打开"设置数据标签格式"窗格,在"标签选项"选项区中只选中"类别名称"复选框,在"标签位置"选项区中只选中"轴内侧"单选按钮,如图19-76所示。

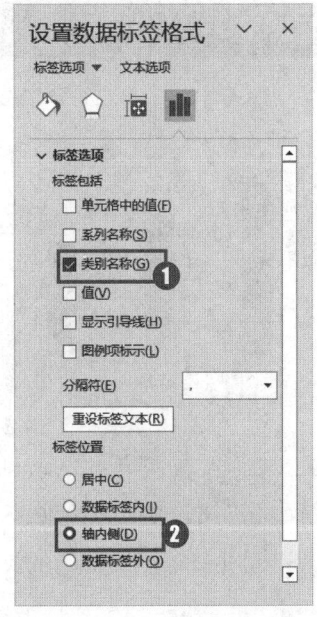

图19-76 设置数据标签格式

第 19 章 图表的创建、编辑与美化

第6步 调整数据标签。根据上一步操作即可设置数据标签格式，删除图表中的纵向坐标轴，再依次移动每个数据标签的位置，修改其字体格式为微软雅黑、字号为10。

第7步 添加同比数据文本。插入文本框，单击"插入"选项卡→"文本"组→"文本框"下拉按钮，展开列表框，选择"绘制横排文本框"命令，插入一个文本框，选择单元格，在编辑栏中输入公式"=总表!$L$5"，按"Enter"键确定，即可添加同比数据文本，效果如图19-77所示。

第8步 添加其他同比数据文本。重复第7步的操作，依次添加其他两个同比数据文本，最终图表效果如图19-78所示。

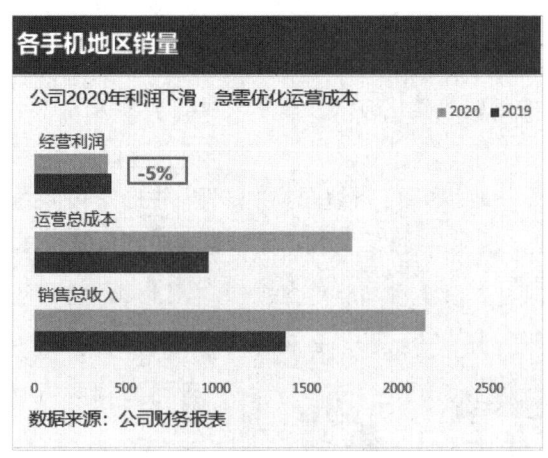

图19-77 添加同比数据文本

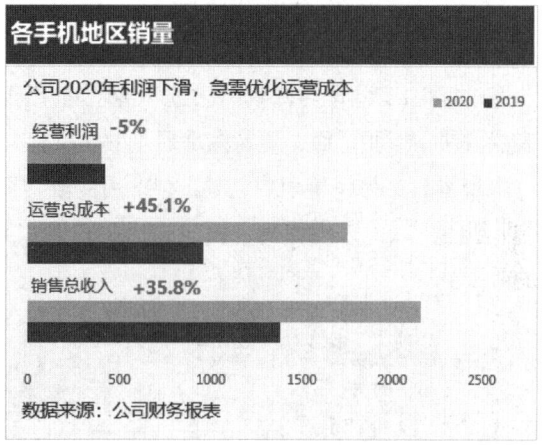

图19-78 添加其他同比数据文本

第20章 复合图表的应用

通过第19章的学习,我们已经学会了常用图表的创建与美化方法。接下来我们学习制作复合图表的方法,以更全面、更深入地展示数据。

本章将在产品销量表中创建3种常用的复合图表——柱形图-折线图、柱形图-柱形图和折线图-折线图,以此来学习复合图表的相关知识和用法。图20-1所示为在产品销量表中创建复合图表的效果。

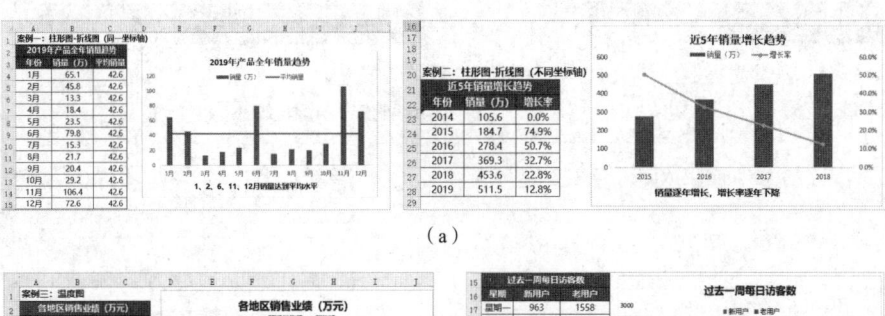

(a)

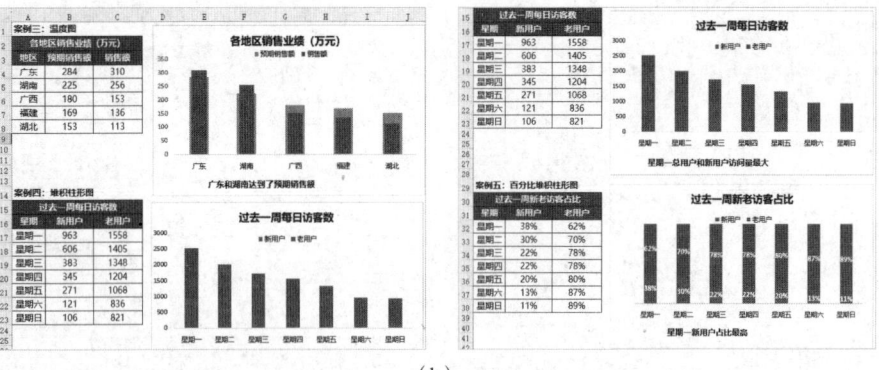

(b)

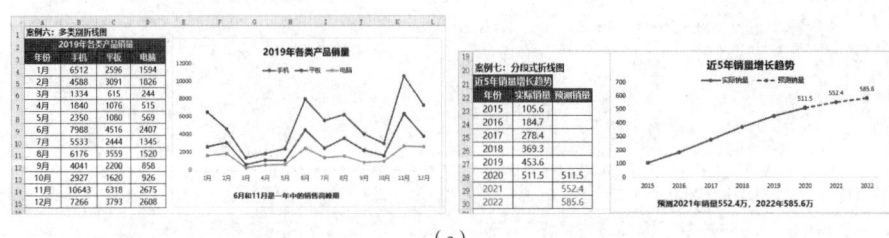

(c)

图20-1 在产品销量表中创建复合图表

第 20 章 复合图表的应用

20.1 初识复合图表

复合图表是一张图中包含两个或多个数据系列。使用复合图表可以将两个以上的基础图表混合在一起使用，并且能够合理地把数据在一张图中呈现出来。

在实际工作场景中，数据往往不是单一的，而是多维的，如果只用一张图表展示，则会出现数据混乱的情况，但是使用复合图表可以避免出现这种情况。

目前我们常使用的复合图表有柱形图-折线图、柱形图-柱形图、折线图-折线图3种，如图20-2所示。

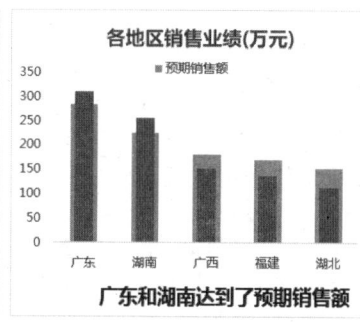

图20-2 复合图表常见类型

在图20-2中，左侧的图形属于复合图表中的"柱形图-折线图"类型，该图表中包含销量和增长率两个数据系列。可以发现柱形表示的是销量的具体数据，增长率则呈现在折线中。两种都是关于销量的数据用一张图呈现出来，比单图更容易让人快速从数据中发现问题。通过图表可以发现，虽然销量是逐年递增的情况，但是增长率是下降的，公司应该做出相应的调整。

在图20-2中，中间的图形属于复合图表中的"柱形图-柱形图"类型。图中包含预期销售额和实际销售额两个数据系列。可以发现深色的柱形表示的是实际销售额，灰色的柱形表示的是预期销售额。但两种柱形的宽度不同，所以我们可以直观地看到数据对比情况。比如，

我们可以观察到，除了广东省和湖南省，剩下地区均未达到目标销售额。

在图20-2中，右侧的图形属于复合图表中的"折线图-折线图"类型。图中包含了三条折线，分别代表了手机、平板和电脑这三类产品的销量在2019年每月的销量走势。通过图表我们可以很直观地看出，手机销量比其他两个产品高，并且在6月和11月都是三类产品的销售高峰期。

技术看板

制作复合图表需要一定的数据处理和图表制作技巧，通过不断练习和实践，可以逐渐提高自己的制作能力。同时，要注意不要为了追求视觉效果而过度复杂化，使读者难以理解。

20.2 柱形图-折线图复合图表

柱形图-折线图复合图表包含同一坐标轴和不同坐标轴两种类型,下面将分别进行介绍。

20.2.1 同一坐标轴

同一坐标轴是指在创建柱形图-折线图复合图表时,柱形图和折线图共用一个纵向或横向坐标轴。例如,在"插入图表"对话框的左侧列表框中选择"组合图",然后在右侧区域中取消选中"次坐标轴"复选框,如图20-3所示,则柱形图和折线图共用一个纵向或横向坐标轴。一般情况下,当数据差距较小,数据单位相同时,则会使用"同一坐标轴"形式。

| 技术看板 |

复合图表的创建方法与普通图表的创建方法相同,用户只要在"插入图表"对话框中选择"组合图"选项,再进行图表类型选择即可。

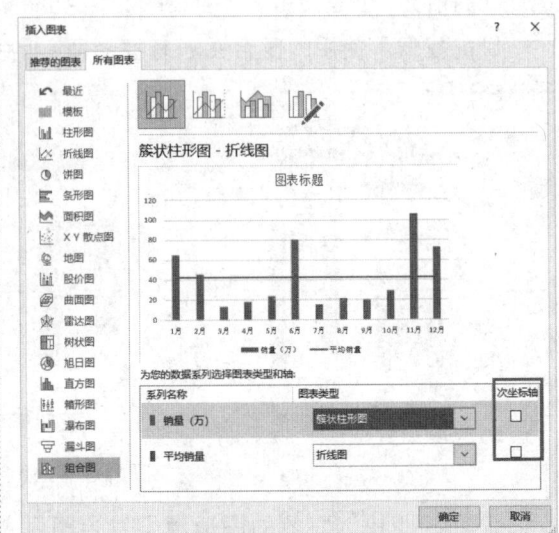

图20-3 取消选中"次坐标轴"复选框

20.2.2 不同坐标轴

不同坐标轴是指在创建柱形图-折线图复合型图表时,柱形图和折线图不共用同一个坐标轴。例如在"插入图表"对话框的"组合图"列表框中,只选中某一个图表类型的"次坐标轴"复选框,则柱形图和折线图将不共用同一个坐标轴,坐标轴会包含主坐标轴和次坐标轴。一般情况下,当数据差距较大,数据单位不相同时,会使用"不同坐标轴"的形式。

| 技术看板 |

在创建次纵坐标轴时,注意要选中正确的次坐标轴复选框,如果选中错误,创建复合图表后柱形图将会遮挡折线图。

制作柱形图-折线图复合图表

在学习了柱形图-折线图复合图表的相关知识后,接下来我们尝试在产品销量表中制作展示产品销量趋势的柱形图-折线图复合图表，以分析2019年的产品销量趋势和近5年的销量增长趋势。

1. 制作“2019年产品销量趋势”复合图表

制作“2019年产品销量趋势”复合图表的具体操作步骤如下。

第1步 切换工作表。打开“产品销量表.xlsx”工作簿，单击“柱形图-折线图”工作表标签，切换至该工作表，如图20-4所示。

案例一：柱形图-折线图（同一坐标轴）

2019年产品全年销量趋势		
年份	销量（万）	平均销量
1月	65.1	42.6
2月	45.8	42.6
3月	13.3	42.6
4月	18.4	42.6
5月	23.5	42.6
6月	79.8	42.6
7月	15.3	42.6
8月	21.7	42.6
9月	20.4	42.6
10月	29.2	42.6
11月	106.4	42.6
12月	72.6	42.6

案例二：柱形图-折线图（不同坐标轴）

近5年销量增长趋势		
年份	销量（万）	增长率
2014	105.6	0.0%
2015	184.7	74.9%
2016	278.4	50.7%
2017	369.3	32.7%
2018	453.6	22.8%
2019	511.5	12.8%

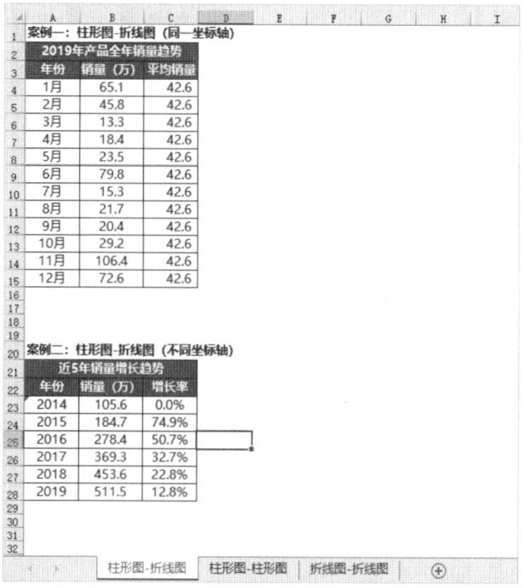

图20-4 切换工作表

第2步 计算平均销量。在C4单元格中，输入公式“=AVERAGE(B$4:B$15)”，按“Enter”键确定，然后选中C4单元格并双击单元格右下角的黑色十字填充柄，填充公式，完成平均销量的计算，如图20-5所示。

案例一：柱形图-折线图（同一坐标轴）

2019年产品全年销量趋势		
年份	销量（万）	平均销量
1月	65.1	42.6
2月	45.8	42.6
3月	13.3	42.6
4月	18.4	42.6
5月	23.5	42.6
6月	79.8	42.6
7月	15.3	42.6
8月	21.7	42.6
9月	20.4	42.6
10月	29.2	42.6
11月	106.4	42.6
12月	72.6	42.6

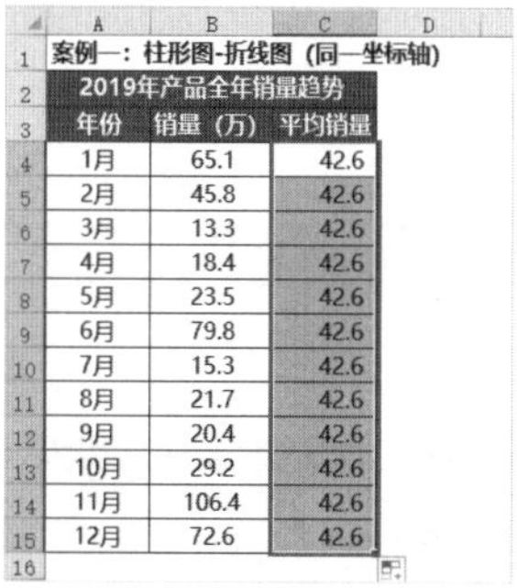

图20-5 计算平均销量

第3步 选择图表类型。在工作表中选中A3:C15单元格范围，单击“插入”选项卡→“图表”组→“推荐的图表”按钮，打开“插入图表”对话框，在左侧列表框中选择“组合图”选项，在右侧区域中修改“销量”的图表类型为“簇状柱形图”，“平均销量”的图表类型为“折线图”，如图20-6所示。

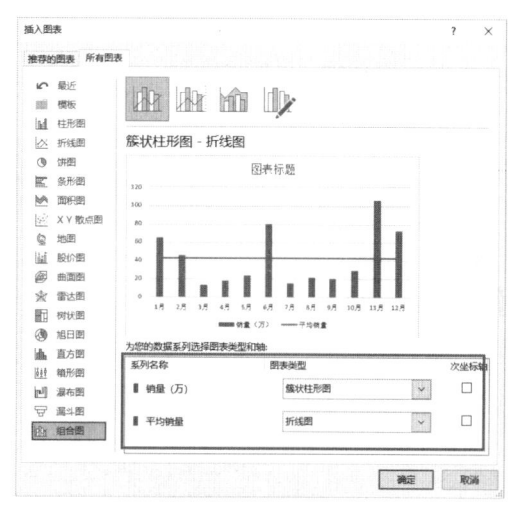

图20-6 选择图表类型

第4步 创建与美化柱形图-折线图复合图表。设置完成后单击“确定”按钮，即可创建柱形图-折线图复合图表，然后修改图表标题，删除网格线，将图例移至图表标题下方，插入结论文本框，输入文本“1、2、6、11、12月销量达到平均水平”，修改字体格式为微软雅黑，并加粗文本，其最终的复合图表效果如图20-7所示。

图20-7 创建与美化柱形图-折线图复合图表

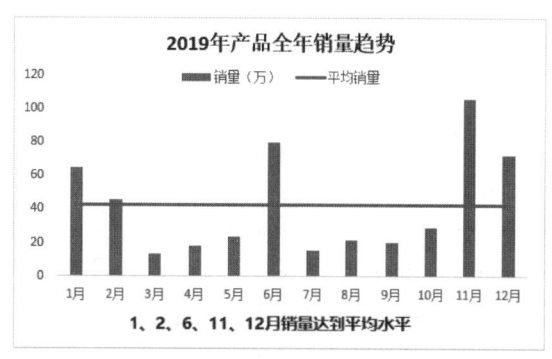

2. 制作"近5年销量增长趋势"复合图表

在制作"近5年销量增长趋势"复合图表时，可以先创建出柱形图，再修改图表类型，然后添加次坐标轴，得到复合图表，其具体操作步骤如下。

第1步 创建柱形图。在工作表中选中A22:C28单元格范围，单击"插入"选项卡→"图表"组→"插入柱形图或条形图"下拉按钮，展开列表框，单击"簇状柱形图"图标，创建柱形图，如图20-8所示。

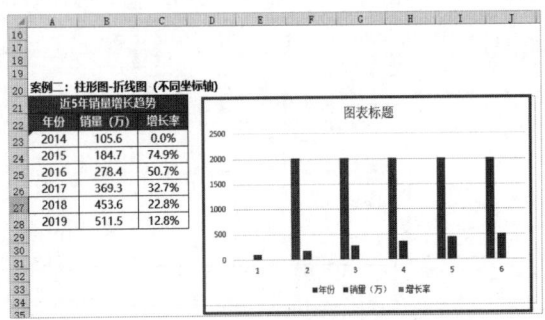

图20-8 创建柱形图

第2步 删除图例项。选中图表，单击"图表设计"选项卡→"数据"组→"选择数据"按钮，打开"选择数据源"对话框，在"图例项"列表框中，选择"年份"选项，单击"删除"按钮，如图20-9所示。单击"确定"按钮，即可删除图例项。

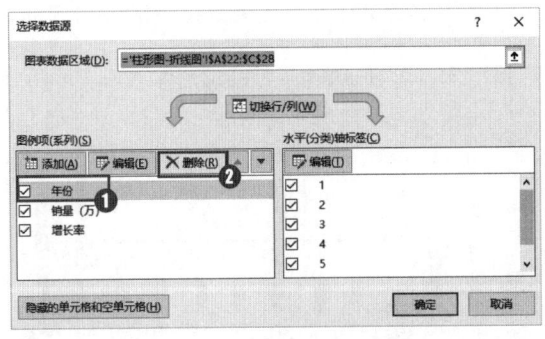

图20-9 "选择数据源"对话框

第3步 框选年份数据。在右侧的"水平（分类）轴标签"列表框，单击"编辑"按钮，打开"轴标签"对话框，框选年份数据，如图20-10所示，依次单击"确定"按钮，完成数据源的设置。

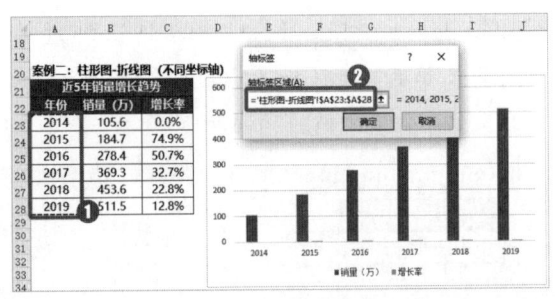

图20-10 框选年份数据

第4步 设置图表类型。选中图表，单击"图表设计"选项卡→"类型"组→"更改图表类型"按钮，打开"更改图表类型"对话框，在左侧列表框中选择"组合图"选项，在右侧区域中修改"增长率"的图表类型为"带数据标记的折线图"，选中"次坐标轴"复选框，如图20-11所示。

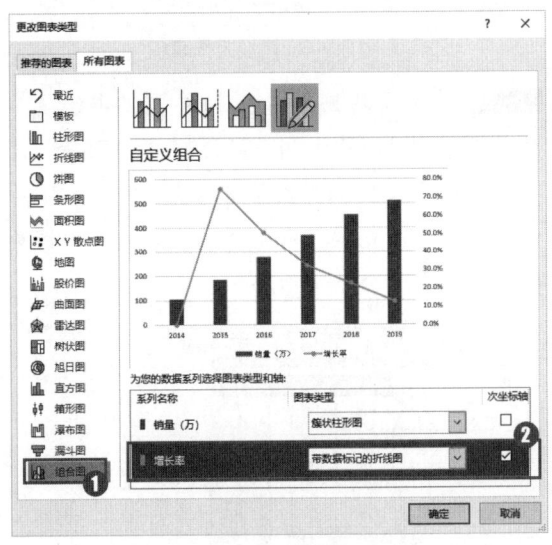

图20-11 设置图表类型

第5步 创建不同坐标轴的复合图表。设置完成后单击"确定"按钮，即可创建不同坐标轴的复合图表，如图20-12所示。

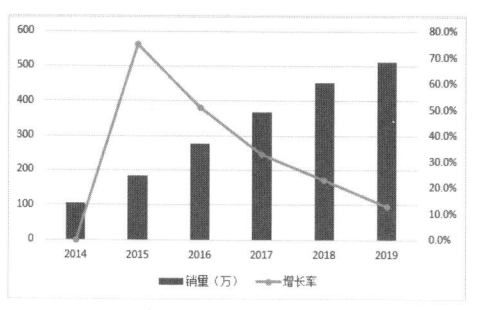

图20-12 创建不同坐标轴的复合图表

第6步 设置数据源。选中图表,单击"图表设计"选项卡→"数据"组→"选择数据"按钮,打开"选择数据源"对话框,在右侧的"水平(分类)轴标签"列表框,取消选中"2014"复选框,单击"确定"按钮,即可设置数据源,其复合图表效果如图20-13所示。

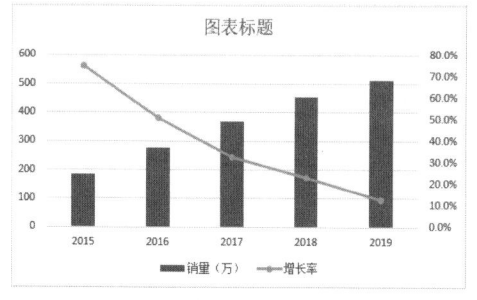

图20-13 设置数据源

第7步 美化柱形图-折线图复合图表。选中图表,修改图表标题,删除网格线,将图例移至图表标题下方,插入结论文本框,输入文本"销量逐年增长,增长率逐年下降",修改字体格式为微软雅黑,并加粗文本,其最终的复合图表效果如图20-14所示。

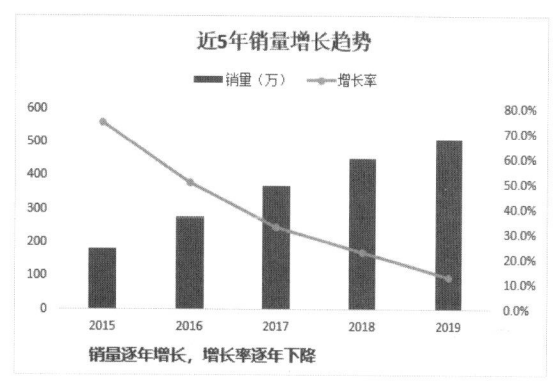

图20-14 美化复合图表效果

从图20-14中可以看出,2015—2019年的销量是逐年增长的,但是增长率是逐年下降的。

20.3 柱形图-柱形图

柱形图-柱形图复合图表根据表达的侧重点的不同,可以分为温度图、堆积柱形图和百分比堆积柱形图,下面将分别进行介绍。

20.3.1 温度图

温度图是一种利用颜色差异来表示数值大小的图表,主要用来将两个不同系列的柱形图进行叠加,用来对比实际值与目标值的差距。它通常使用不同的颜色来表示数值的大小,这样可以让读者更加直观地看出实际值与目标值之间的差距,从而帮助读者更好地进行数据分析和决策。

温度图的应用场景非常广泛。比如,在项目管理中,可以用来表示项目的计划完成进度与实际完成进度之间的差异;在销售管理中,可以用来表示销售目标与实际完成率之间的差异等。图20-15所示为某公司各分公司的销售业绩的温度图。

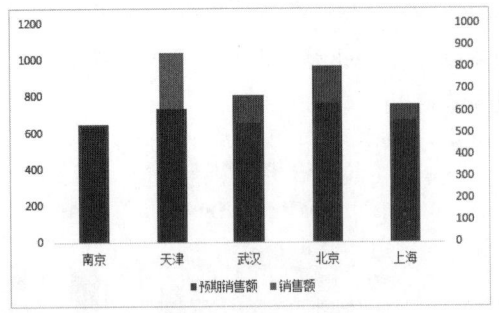

图20-15　温度图效果

制作温度图的方法很简单，用户只要在创建复合图表时，将组合图的图表类型都设置为"簇状柱形图"，然后哪个数据系列显示在最前方，则选中该数据系列的"次坐标轴"复选框，如图20-16所示，单击"确定"按钮，将创建出温度图。此时的温度图表已经有温度计的雏形了，蓝色是温度计的壳，红色是温度计的芯，最后需要在"设置数据系列格式"窗格的"系列选项"选项区中，调整主坐标轴的"间隙宽度"参数，让蓝色柱子的宽度变宽，如图20-17所示。

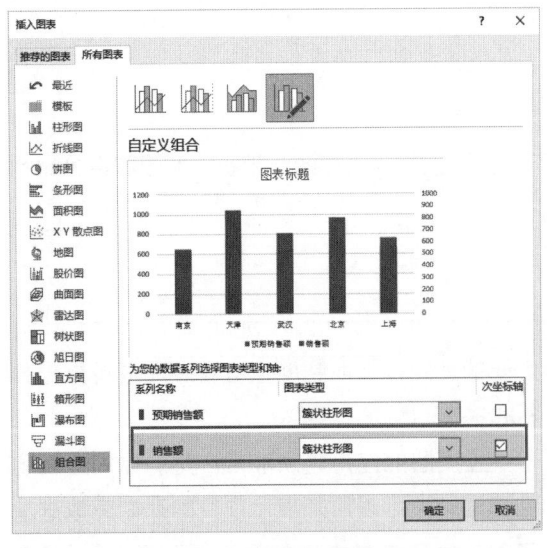

图20-16　设置温度图参数

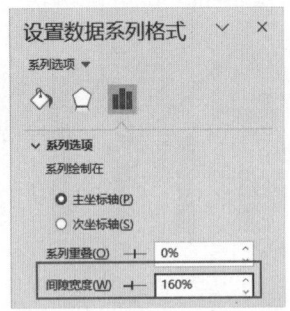

图20-17　设置间隙宽度参数

| 技术看板 |

在两个图表是相同类型的情况下，相当于有2个图层。主坐标轴是第一个图层，次坐标轴是第二个图层。Excel在组合时，把第二个图层叠加在第一个图层的上面。

| 注意 |

在创建温度图表时，一定要先创建次坐标轴，将两个系列分别绘制在不同坐标轴上，才能按照坐标轴单独设置图形的间隙宽度。

在制作温度图时，有时候实际销售额已经超出预期，但是从温度图看并没有超过预期。出现这个问题是因为两个系列的最大值不一样，导致了它们的显示比例就不一样，所以我们需要在"设置坐标轴格式"窗格的"坐标轴选项"选项区中，修改"最大值"参数值来统一坐标轴的最大值，如图20-18所示。

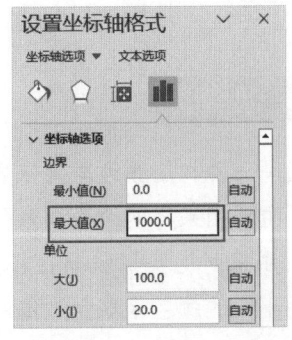

图20-18　设置最大值参数

当主次坐标轴的值是一样时，可以将"次坐标轴"隐藏。隐藏次坐标轴的方法有以下两种。

- 方法一：是针对Excel 2019以上的版本，我们直接选中次坐标轴，按Backspace键就能完成坐标轴隐藏。
- 方法二：是针对Excel的老版本，还是先单击次坐标轴，在三个柱子的图标下有一个标签，然后把坐标轴的标签设置为"无"选项，这样也可以隐藏坐标轴。

20.3.2 堆积柱形图

堆积柱形图主要用于比较不同类别的绝对大小，同时查看每个类别中的构成比例，如图20-19所示。

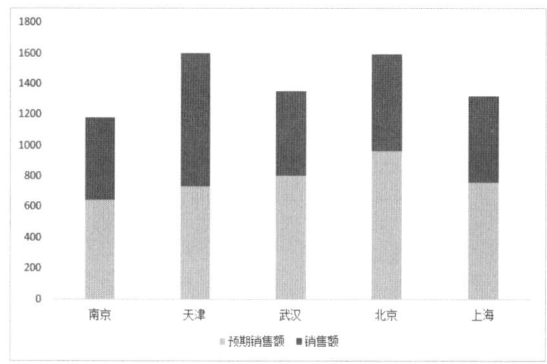

图20-19 堆积柱形图

通常情况下，堆积柱形图用不同颜色的柱子代表不同的类别，这些柱子按照一定的比例叠加在一起，每一根柱子上的值分别代表不同的数据大小，各层的数据总和代表整根柱子的高度。堆积柱形图能形象地展示一个大分类包含的每个小分类、小分类的占比情况，以及显示单个项目与整体之间的关系等优点。当侧重于比较各类别的数值大小或不同对比项所占比重，探究不同类别的数据构成时，我们可以优先使用堆积柱形图。

制作堆积柱形图的方法很简单，在工作表中选中单元格范围后，单击"插入"选项卡→"图表"组→"插入柱形图或条形图"下拉按钮，展开列表框，单击"堆积柱形图"图标即可，如图20-20所示。

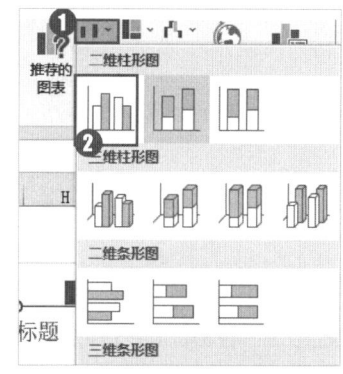

图20-20 单击"堆积柱形图"图标

| 技术看板 |

使用堆积柱形图时，需要注意选择合适的颜色和标签，以确保不同数据系列的对比清晰可见。此外，还需要谨慎选择要展示的数据序列和维度，以确保图表易于理解和解释。

20.3.3 百分比堆积柱形图

百分比堆积柱形图侧重于比较每个类别中细分类别之间的占比，每一个柱子上的每一层代表不同的占比。当比较不同类别的数据在不同分组中的占比时，如不同性别的员工在总员工数中的占比，不同地区的销售额在总销售额中的占比等，我们宜选用百分比堆积柱形图。

图20-21所示为某公司中分公司销售业绩的百分比堆积柱形图。

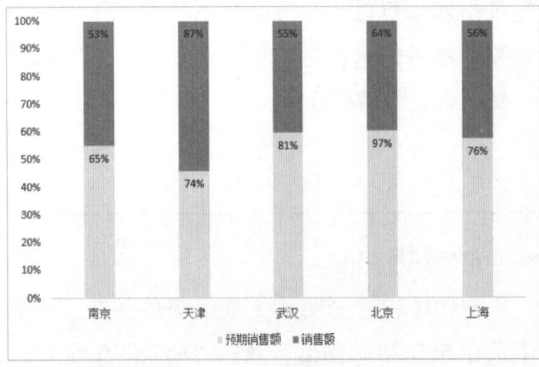

图20-21 百分比堆积柱形图

卡→"图表"组→"插入柱形图或条形图"下拉按钮,展开列表框,单击"百分比堆积柱形图"图标即可,如图20-22所示。

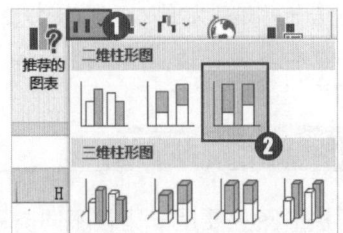

图20-22 单击"百分比堆积柱形图"图标

| 注意 |

百分比柱形图是不展示整体的数值情况的,只能看到单个项目的占比情况,这也是百分比堆积柱形图和堆积柱形图的区别。

制作百分比堆积柱形图的方法很简单,在工作表中选中单元格范围后,单击"插入"选项

实战演练

制作柱形图 - 柱形图的三种图表

在了解了柱形图-柱形图的创建方法与基础知识后,我们尝试在产品销量表中制作展示产品销量趋势的柱形图-柱形图的三种复合图表,通过温度图展示各个地区的销售业绩;通过堆积柱形图展示过去一周每日访客数量;通过百分比堆积柱形图展示过去一周新老访客占比数值。

1. 制作"各地区销售业绩(万元)"复合图表

制作"各地区销售业绩(万元)"复合图表的具体操作步骤如下。

第1步 切换工作表。在打开的"产品销量表.xlsx"工作簿中,单击"柱形图-柱形图"工作表标签,切换至该工作表,如图20-23所示。

第2步 创建柱形图表。在工作表中选中A3:C8单元格范围,单击"插入"选项卡→"图表"组→"插入柱形图或条形图"下拉按钮,展开列表框,单击"簇状柱形图"图标,即可创建簇状柱形图,如图20-24所示。

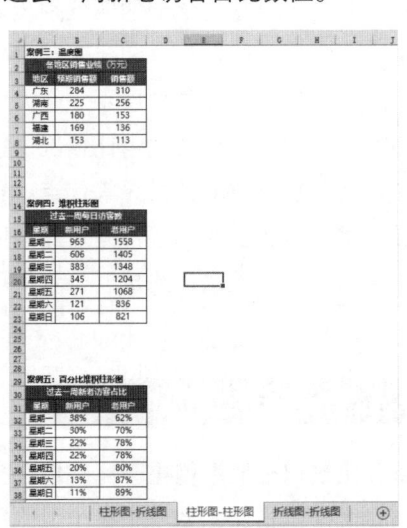

图20-23 切换工作表

第 20 章
复合图表的应用

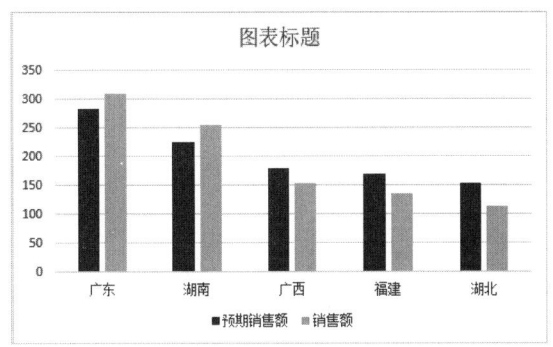

图20-24 创建簇状柱形图

第3步 设置图表类型参数。选择创建的柱形图，单击"图表设计"选项卡→"类型"组→"更改图表类型"按钮，打开"更改图表类型"对话框，在左侧列表框中选择"组合图"选项，在右侧区域中，修改"销售额"的图表类型为"簇状柱形图"，并选中其右侧的"次坐标轴"复选框，如图20-25所示。

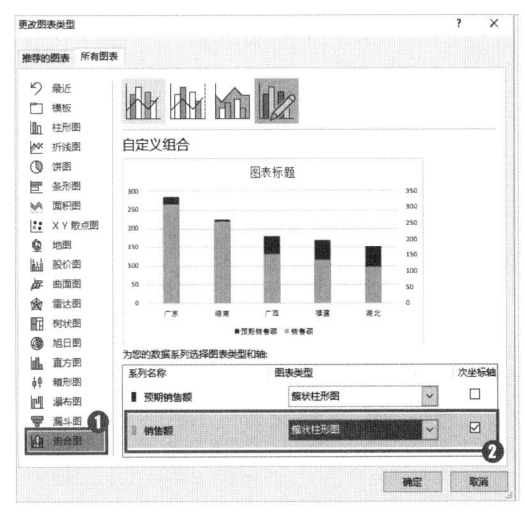

图20-25 修改图表类型

第4步 更改图表类型。设置完成后单击"确定"按钮，即可更改图表类型，其图表效果如图20-26所示。

第5步 修改参数值。在图表中选中"预期销售额"数据系列图形，在"设置数据系列格式"窗格中的"系列选项"选项区中，修改"间隙宽度"参数为150%，如图20-27所示。

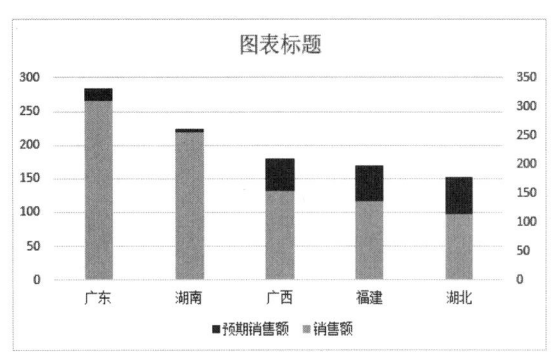

图20-26 更改图表类型

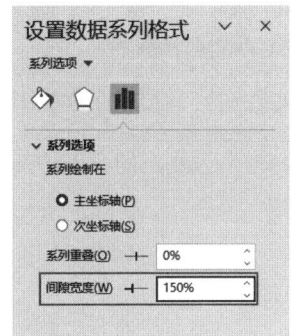

图20-27 修改参数值

第6步 设置填充颜色。在"设置数据系列格式"窗格中，展开"填充"选项区，选中"纯色填充"单选按钮，修改颜色为"白色，背景1，深色50%"颜色，如图20-28所示。

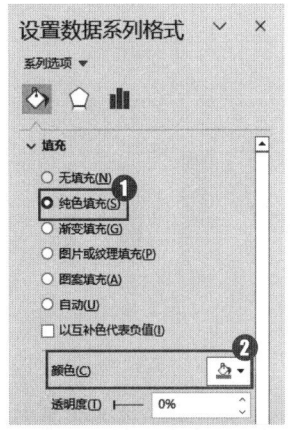

图20-28 设置填充颜色

第7步 美化图表效果。修改图表标题，删除网格线和右侧的坐标轴，将图例移至图表标题下方，插入结论文本，并修改其字体格式为"微软雅黑"、字体颜色为"黑色"，最后调整各个文本的大小，其最终效果如图20-29所示。

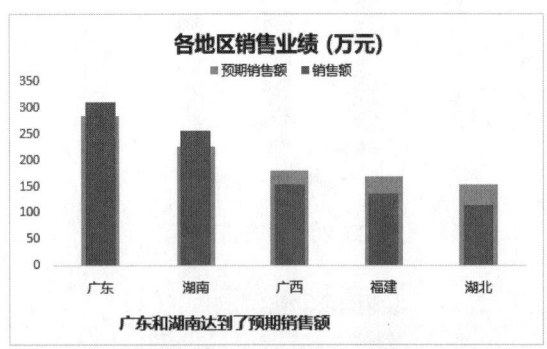

图20-29 温度图的最终效果

2. 制作"过去一周每日访客数"复合图表

制作"过去一周每日访客数"复合图表的具体操作步骤如下。

第1步 创建堆积柱形图。在"柱形图-柱形图"工作表中选中A16:C23单元格范围，单击"插入"选项卡→"图表"组→"插入柱形图或条形图"下拉按钮，展开列表框，单击"堆积柱形图"图标，即可创建堆积柱形图，如图20-30所示。

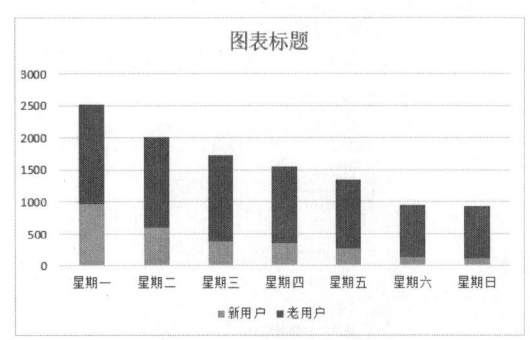

图20-30 创建堆积柱形图

第2步 美化图表效果。修改图表标题，删除网格线将图例移至图表标题下方，插入结论文本，并修改其字体格式为"微软雅黑"、字体颜色为"黑色"，最后调整各个文本的大小，其最终效

果如图20-31所示。

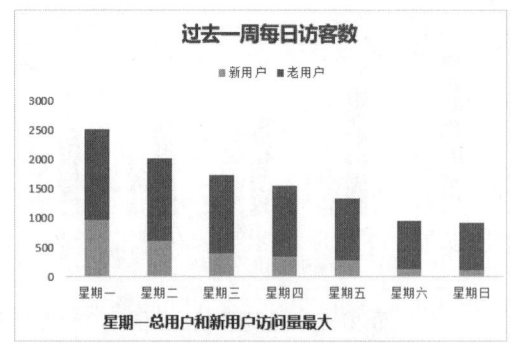

图20-31 堆积柱形图的最终效果

3. 制作"过去一周新老访客占比"复合图表

制作"过去一周新老访客占比"复合图表的具体操作步骤如下。

第1步 创建百分比堆积柱形图。在"柱形图-柱形图"工作表中选中A31:C38单元格范围，单击"插入"选项卡→"图表"组→"插入柱形图或条形图"下拉按钮，展开列表框，单击"百分比堆积柱形图"图标，即可创建百分比堆积柱形图，如图20-32所示。

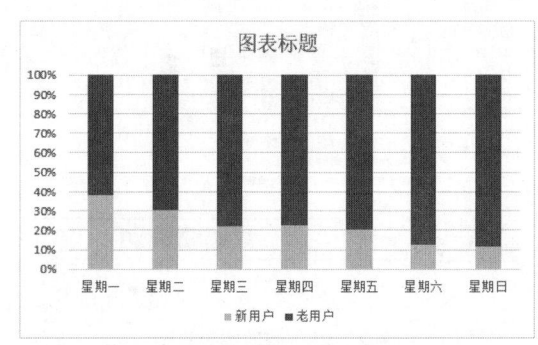

图20-32 创建百分比堆积柱形图

第2步 美化图表效果。修改图表标题，删除网格线和纵坐标轴，添加数据标签，将图例移至图表标题下方，插入结论文本，并修改其字体格式为"微软雅黑"、字体颜色为"黑色"和"白色"，最后调整各个文本的大小，其最终效果如图20-33所示。

第 20 章
复合图表的应用

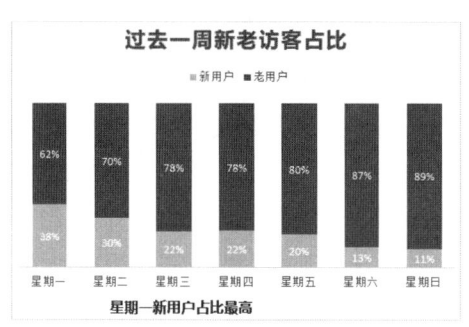

图20-33 百分比堆积柱形图的最终效果

20.4 折线图 – 折线图

折线图–折线图复合图表根据功能的不同，分为多类别折线图和分段式折线图，下面将分别进行介绍。

20.4.1 多类别折线图

多类别折线图通常用于比较多个分类在一段时间内的数据变化趋势，适用于有多个变量随时间或有序类别而变化的情况，可同时观察单变量的走势及多变量的对比。

创建多类别折线图的具体方法是：在工作表中选中单元格范围，单击"插入"选项卡→"图表"组→"插入折线图或面积图"下拉按钮，展开列表框，单击"带数据标记的折线图"图标（见图20-34），即可创建出多类别折线图，如图20-35所示。从该图表中我们可以知道，这是一份关于手机、平板和电脑三类产品在2019—2021年的销量数据，且这三类产品在2019年属于销售旺季，2020年和2021年的业绩都开始下滑。

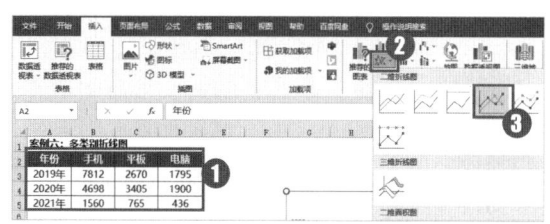

图20-34 单击"带数据标记的折线图"图标

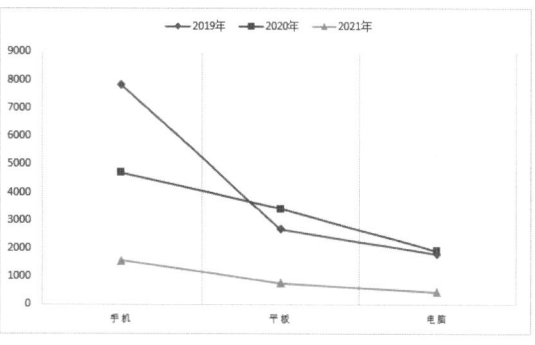

图20-35 创建多类别折线图

20.4.2 分段式折线图

分段式折线图用于区分数据趋势中的不同时间段，例如，12个月或不同季度用不同颜色的折线表示，实际值和预测值在不同折线中显示。当一组数据在折线图里区分了不同时段，且不同时段代表不同含义时，我们可以使用分段式折线图。

创建分段式折线图的具体方法是：在工作表中选中单元格范围，单击“插入”选项卡→“图表”组→“插入折线图或面积图”下拉按钮，展开列表框，单击“带数据标记的折线图”图标，即可创建出分段式折线图，如图20-36所示。通过分段式折线图可以看出实际销量和预测销量是分两段不同颜色的折线展示的，因为预测销量是未来的数据，并不是真实发生的，所以我们要把预测销量的线段改成虚线，用户只要将“预测销量”数据系列的“线条填充”修改为虚线填充即可，如图20-37所示。

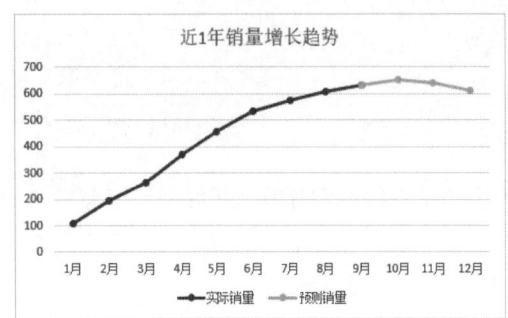

图20-36　创建分段式折线图

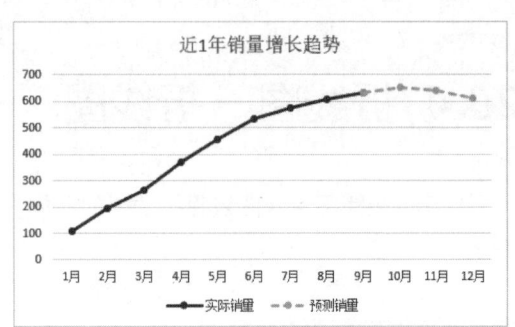

图20-37　美化多类别折线图

实战演练

制作折线图－折线图的两种图表

在了解了折线图-折线图的创建方法后，我们尝试在产品销量表中制作展示产品销量趋势的折线图-折线图的两种复合图表，用来展示2019年各类产品的销量趋势和近5年销量增长趋势。

1. 制作“2019年各类产品销量”复合图表

制作“2019年各类产品销量”复合图表的具体操作步骤如下。

第1步 切换工作表。在打开的“产品销量表.xlsx”工作簿中，单击“折线图-折线图”工作表标签，切换至该工作表，如图20-38所示。

第2步 创建折线图。在工作表中框选A3:D15单元格范围，单击“插入”选项卡→“图表”组→“插入折线图或面积图”下拉按钮，展开列表框，单击“带数据标记的折线图”图标，即可创建折线图，如图20-39所示。

案例六：多类别折线图

2019年各类产品销量			
年份	手机	平板	电脑
1月	6512	2596	1594
2月	4588	3091	1826
3月	1334	615	244
4月	1840	1076	515
5月	2350	1080	569
6月	7988	4516	2407
7月	5533	2444	1345
8月	6176	3559	1520
9月	4041	2200	858
10月	2927	1620	926
11月	10643	6318	2675
12月	7266	3793	2608

案例七：分段式折线图

近5年销量增长趋势		
年份	实际销量	预测销量
2015	105.6	
2016	184.7	
2017	278.4	
2018	369.3	
2019	453.6	
2020	511.5	511.5
2021		552.4
2022		585.6

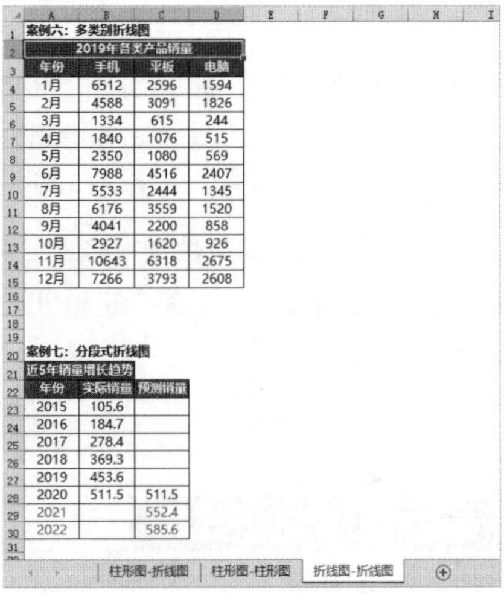

图20-38　切换工作表

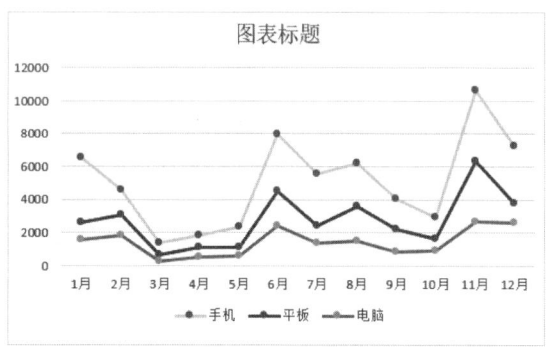

图20-39 创建折线图

第3步 美化图表效果。修改图表标题，删除网格线，将图例移至图表标题下方，插入结论文本，并修改其字体格式为"微软雅黑"、字体颜色为"黑色"，最后调整各个文本的大小，其最终效果如图20-40所示。

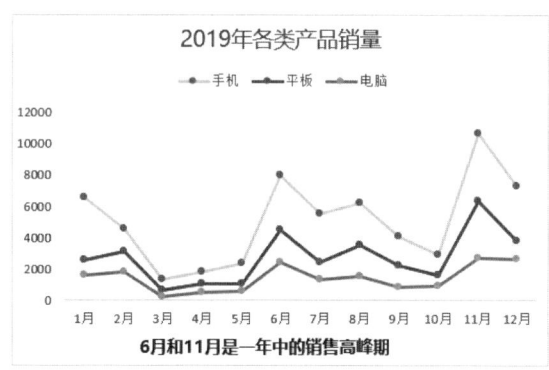

图20-40 美化图表

2. 制作"近5年销量增长趋势"复合图表

制作"近5年销量增长趋势"复合图表的具体操作步骤如下。

第1步 创建折线图。在"折线图-折线图"工作表中选中A22:C30单元格范围，单击"插入"选项卡→"图表"组→"插入折线图或面积图"下拉按钮，展开列表框，单击"带数据标记的折线图"图标（见图20-41），即可创建折线图，如图20-42所示。

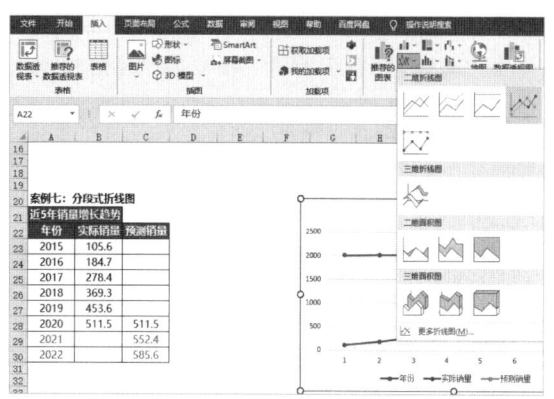

图20-41 单击"带数据标记的折线图"图标

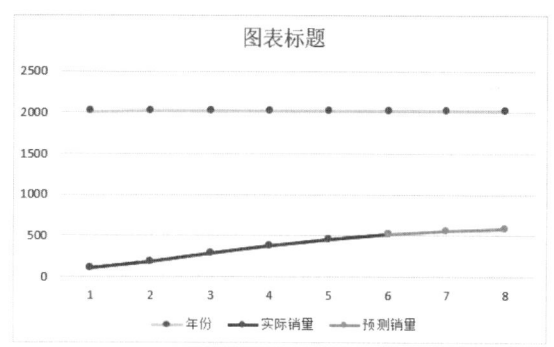

图20-42 创建折线图

第2步 删除图例项。选择新创建的图表，单击"图表设计"选项卡→"数据"组→"选择数据"按钮，打开"选择数据源"对话框，在左侧"图例项"列表框中，选择"年份"选项，单击"删除"按钮删除图例项，如图20-43所示。

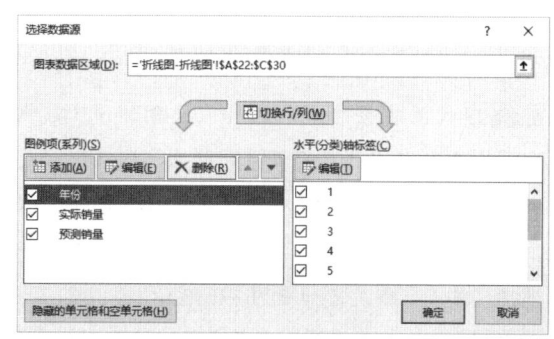

图20-43 删除图例项

第3步 设置水平轴标签。在"选择数据源"对话框的右侧"水平（分类）轴标签"列表框中，单击"编辑"按钮，打开"轴标签"对话框，选中A23:A30单元格范围，如图20-44所示，单击"确定"按钮，添加数据源，回到"选择数据源"对话框，完成水平轴标签的设置。

色和边框颜色均为"蓝色"，如图20-47所示。

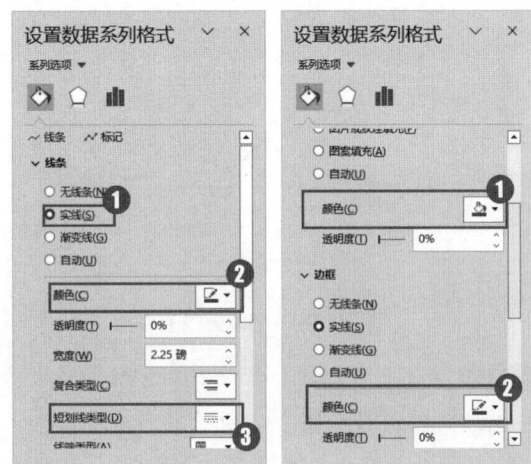

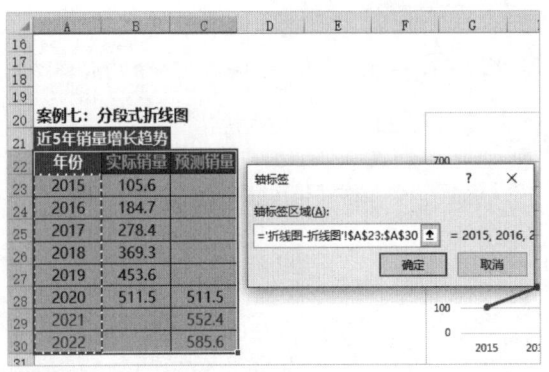

图20-44 框选单元格范围

图20-46 设置线条样式　图20-47 设置标记颜色

第4步 编辑图表数据源。设置完成后单击"确定"按钮，完成数据源的选择与编辑，其图表效果如图20-45所示。

第7步 修改数据点颜色。在2020年的数据标记点上单击两次鼠标左键，选择数据点，在"设置数据点格式"窗格中，展开"边框"选项区，修改其颜色为"深红"，如图20-48所示。

图20-45 编辑图表数据源效果

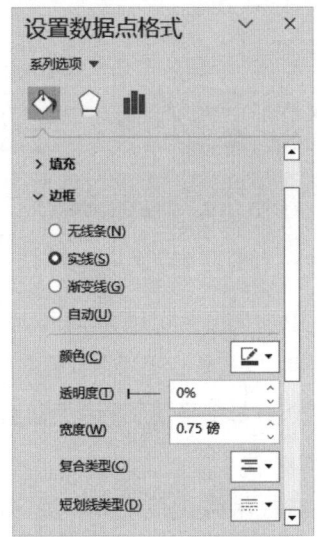

第5步 设置线条样式。选择"预测销量"数据系列图形，在"设置数据系列格式"窗格中，展开"线条"选项区，选中"实线"单选按钮，修改颜色为"蓝色"，在"短划线"类型列表框中选择"方点"样式，如图20-46所示。

图20-48 修改数据点颜色

第6步 设置标记颜色。在"设置数据系列格式"窗格中，展开"标记选项"选项区，修改填充颜

第8步 添加数据标签。继续选择"预测销量"数据系列图形，单击图表右侧的加号按钮，展开列表框，选中"数据标签"复选框，如图20-49所示。

第 20 章 复合图表的应用

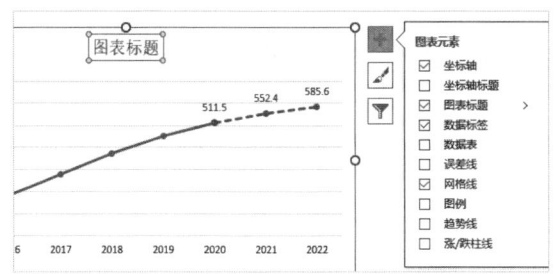

图 20-49 选中"数据标签"复选框

第9步 设置完成后即可添加"预测销量"的数据标签，如图 20-50 所示。

图 20-50 美化图表效果

第10步 美化图表效果。修改图表标题，删除网格线，将图例移至图表标题下方，插入结论文本，并修改其字体格式为"微软雅黑"、字体颜色为"黑色"，最后调整各个文本的大小，其最终效果如图 20-51 所示。

图 20-51 图表最终效果

第21章 图表应用综合实例——制作销售业绩的动态图表

在第16章我们学习了用切片器制作数据透视图的方法。其中，切片器起着控制、筛选数据透视表中数据的作用，从而使数据透视表中的数据动态化，使数据透视图产生有效联动。可以简单地理解为：动态图表=切片器+透视表+透视图。切片器是透视表的专属工具，但如果我们的作图数据不是透视表，而是普通表格，那么要如何实现控制、筛选数据的动态效果呢？可以使用"数据验证+公式"的方式。下面我们就利用静态图表、数据验证和公式来制作一个动态图表。

21.1 案例背景

在"销售业绩表"工作簿中包含两个工作表，分别是年度销售数据和目标销售数据。其中，年度销售数据表记录了各地区每天的销售业绩；目标销售数据表记录了各地区的目标销售额，如图21-1所示。

（a）年度销售数据表　　　（b）目标销售数据表

图21-1　年度销售数据表和目标销售数据表

第 21 章
图表应用综合实例——制作销售业绩的动态图表

现在需要通过这两个数据源表中的数据，制作出一个年度销售业绩报表，用来展示2022年各地区的销售业绩情况，销售业绩汇总表需要包含以下3个部分的内容，如图21-2所示。

（1）第1部分内容为年度销售业绩汇总数据表，用于汇总不同地区、总业绩、目标、完成率、1月至12月的销量等数据。通过下拉菜单选择不同地区，所对应的行高亮显示。

（2）第2部分内容为动态温度图，用于展示不同地区的完成率。当在汇总数据表的下拉菜单中选择某个地区时，则这个地区的柱形就会高亮显示。

（3）第3部分内容为业绩趋势图，用于展示不同地区1月至12月的业绩趋势情况。当在业绩汇总表的下拉菜单中选某个地区，该地区1月至12月的业绩趋势图就同步呈现。

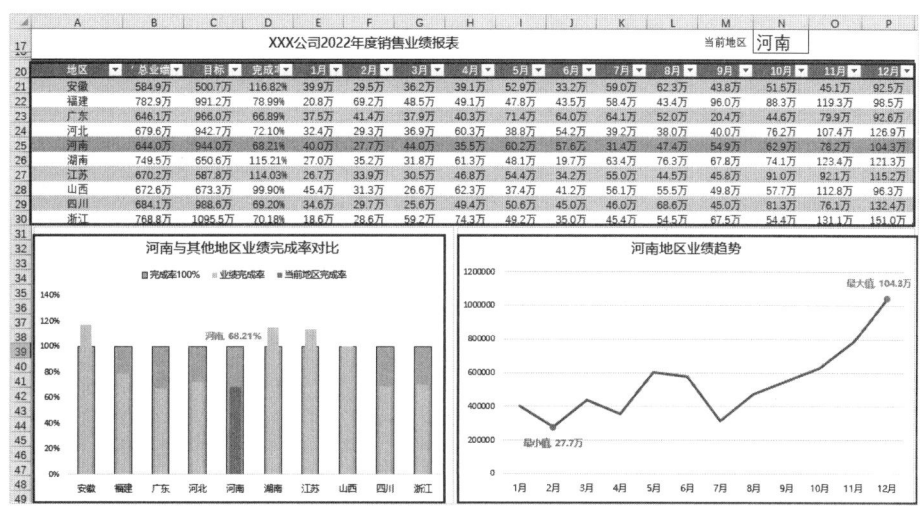

图21-2 销售业绩动态图表最终效果

21.2 实现思路

根据案例的任务需求，我们知道销售业绩动态图表由业绩汇总表、温度图表和折线图表组成。我们可将这个制作任务分解为5个小任务来逐步实现。

（1）制作汇总表。
（2）制作下拉交互菜单让汇总表动起来。
（3）制作动态温度图。
（4）制作动态折线图。
（5）制作动态化图表标题。
下面详细分析每个任务的实现思路。

1. 制作汇总表

制作汇总表时，虽然数据透视表具有快速汇总数据的功能，但是数据透视表具有很多局限性，结构也比较固定，所以我们需要先完成"月份-地区"的业绩透视表，然后引用数据透视表中的汇总数据，从而快速制作出销售业绩汇总表，其具体的实现思路如下。

①制作数据透视表。
②获取数据透视表的值数据。
③引用业绩目标数据。

④计算完成率。
⑤套用超级表。

2. 制作下拉交互菜单让汇总表动起来

在Excel中，"数据验证"中的"序列"具有筛选功能；"条件格式"可以设置单元格的格式规则。本案例使用"数据验证"中的"序列"功能和"条件格式"功能制作下拉交互菜单，让汇总表动起来，其具体的实现思路如下。

①通过"数据验证"中的"序列"功能，创建下拉菜单。

②通过"条件格式"功能，给表格中的单元格填充醒目的颜色。

3. 制作动态温度图

动态温度图用来实现高亮显示某地区的业绩完成率，该温度图需要用三个图层来实现动态效果。第一个图层：各地区目标完成率为100%的柱形图，作为背景图层。第二个图层：在第一个图层之上叠加的实际完成率的柱形图。第一个图层和第二个图层构成了普通的温度图。第三个图层：当前地区完成率的柱形图，即当用下拉菜单选择地区名称后，这时温度图会高亮显示所选地区的柱形图。所以制作该温度图需要三个数据：各地区的完成率（100%）、业绩完成率和当前地区完成率，这三个图层效果如图21-3所示。

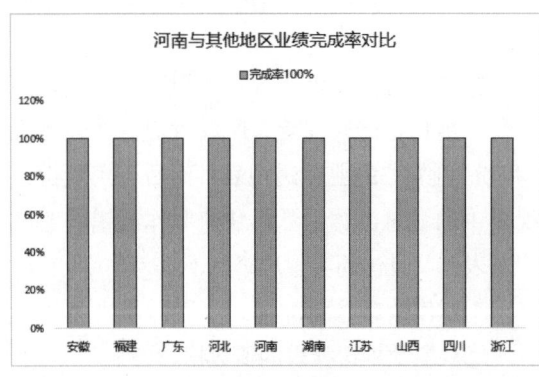

（a）第一个图层

图21-3 动态温度图的三个图层

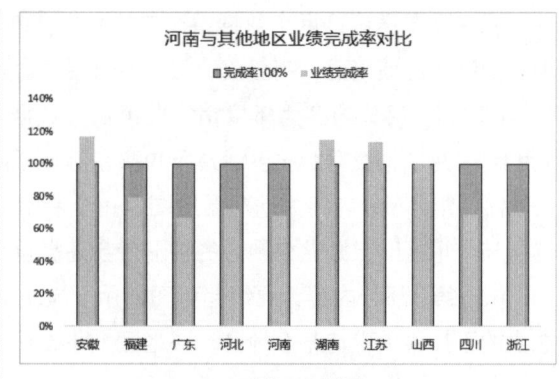

（b）第二个图层

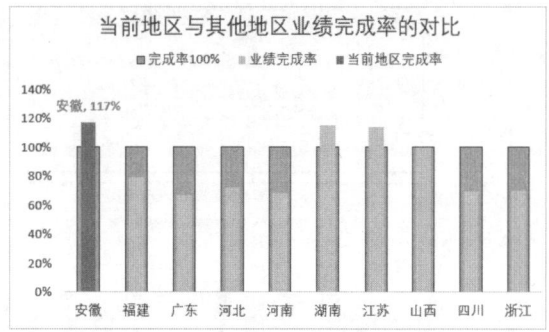

（c）第三个图层

图21-3 动态温度图的三个图层（续）

制作动态温度图的具体实现思路如下。
①准备温度图需要的数据。
②创建温度柱形图。
③更改图表类型，并调整数据系列格式和叠加顺序。
④对图表进行美化。

4. 制作动态折线图

动态折线图用来动态展示当前地区全年业绩趋势，制作该折线图需要三个数据：1～12月业绩总额、业绩最大值和业绩最小值，通过这三个数据制作出的折线图效果如图21-4所示。

制作折线图的具体实现思路如下。
①准备折线图需要的数据。
②创建折线图并设置它的数据标记。
③对图表进行细节调整。

第 21 章
图表应用综合实例——制作销售业绩的动态图表

图21-4　折线图效果

5. 制作动态化图表标题

制作好业绩汇总表和两个动态图表后，单击业绩汇总表中的下拉菜单，选择不同对象，可以发现图表中除了图表标题没有随着不同选择对象而变化，图表中的其他内容都能随着不同选择对象而同步变化。这时，可以制作动态图表标题来实现标题的同步变化，即将两张图表的标题中的"当前地区"文本替换为下拉菜单的单元格内容，让图表的标题也跟着下拉菜单动态变化。要想把标题中的"当前地区"文本替换成下拉菜单的单元格内容，那就必须要用公式引用单元格，但由于图表是无法直接输入公式的，所以需要先在N17单元格中设置标题文本的自动化，然后在图表标题中引用该单元格，其具体实现思路如下。

①在N17单元格中使用公式，通过拼接符号（&）实现标题内容自动化。

②在图表标题中引用单元格。

21.3　实现过程

在明确了案例的实现思路后，接下来进入案例的实现过程。案例实现过程包括制作汇总表、制作下拉菜单、制作温度图、制作折线图和图表标题动态化5个方面，下面详细讲解其实现过程。

21.3.1　制作汇总表

将销售数据进行汇总制作汇总表的具体操作步骤如下。

 创建数据透视表。打开"销售业绩动态图表.xlsx"工作簿，选中"年度销售数据"工作表的任意单元格中，然后单击"插入"选项卡→"表格"选项卡→"数据透视表"按钮，如图21-5所示，打开"来自表格或区域的数据透视表"对话框，保持默认参数值，单击"确定"按钮，创建数据透视表。

图21-5　单击"数据透视表"按钮

第2步 添加字段。在"数据透视表字段"窗格中,将"销售地区"字段拖曳至"行"区域,将"月"字段拖曳至"列"区域,将"销售金额"字段拖曳至"值"区域,如图21-6所示。

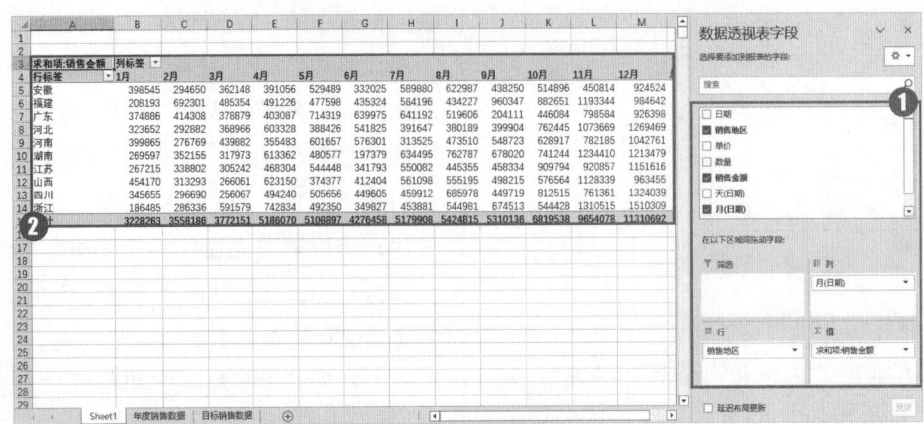

图21-6 添加字段

第3步 制作汇总表首行和首列。选中A20:D20单元格范围,依次输入地区、总业绩、目标、完成率,依次复制数据透视表的月数据为列标签,复制数据透视表中的地区数据为行标签,如图21-7所示。

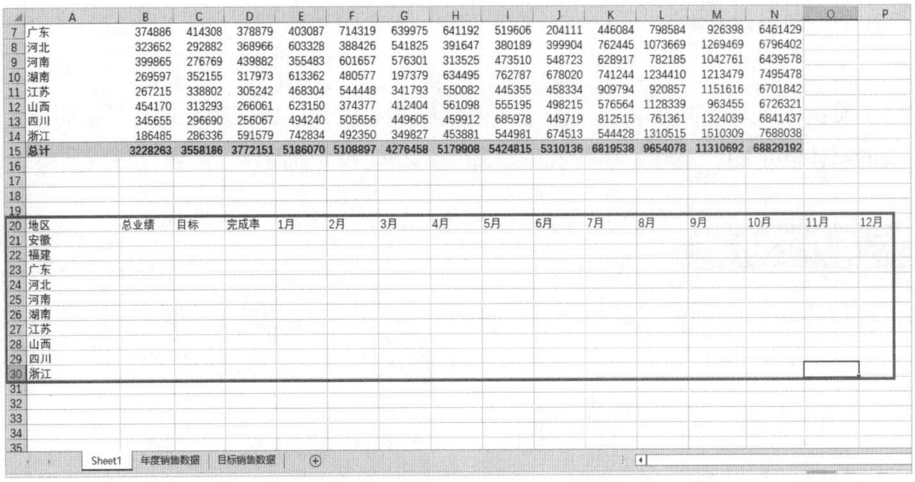

图21-7 制作汇总表首行和首列

第4步 启用GetPivotData公式。选中数据透视表中的任意单元格,单击"数据透视表分析"选项卡→"数据透视表"组→"选项"下拉按钮,展开列表框,选择"生成GetPivotData"命令,如图21-8所示。

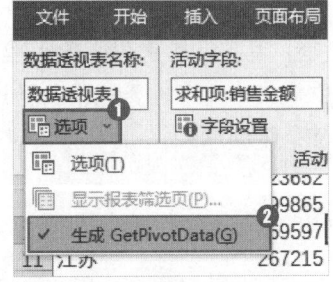

图21-8 选择"生成GetPivotData"命令

第 21 章
图表应用综合实例——制作销售业绩的动态图表

> **技术看板**
>
> GETPIVOTDATA函数的语法结构如下：
> GETPIVOTDATA("数据字段","数据透视表引用","字段1","项1","字段2","项2"…)
>
> • 第一个参数指数据透视表中值字段的名称；
> • 第二个参数用来确认数据透视表的位置，只要是数据透视表中任意一个单元格都可以，但默认用左上角的单元格；
> • 第三个参数是行或列标签的字段名；
> • 第四个参数是该字段对应的值，这里引用的就是销售地区字段下的安徽，第三个参数和第四个参数构成了一对条件。
>
> 在应用GETPIVOTDATA函数时，并不需要自己填写，只要单击"数据透视表分析"选项卡→"数据透视表"组→"选项"下拉按钮，展开列表框，选择"生成GetPivotData"命令，当该命令呈勾选状态时即可使用。

第5步 输入公式。在B21单元格下，输入"="，然后在数据透视表中单击包含安徽总业绩的单元格，其公式如图21-9所示。

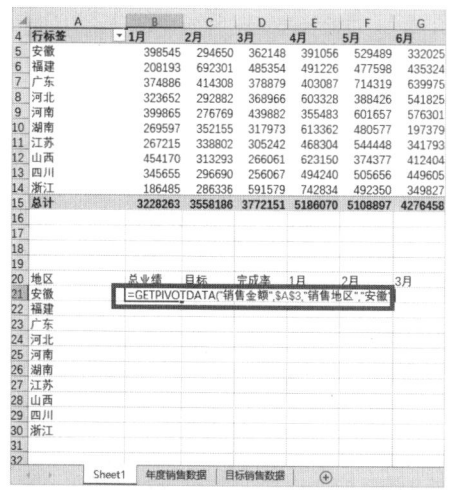

图21-9 输入公式

第6步 引用安徽总业绩数据。公式输入完成后按"Enter"键确定，即可引用安徽总业绩数据，如图21-10所示。

图21-10 引用安徽总业绩数据

第7步 引用其他地区总业绩数据。由于要向下填充公式，所以需要将公式中的"安徽"修改为A21单元格，选择B21单元格并双击单元格右下角的黑色十字填充柄，即可向下自动填充公式，完成其他地区总业绩数据的引用，如图21-11所示。

图21-11 引用其他地区总业绩

第8步 引用安徽1月的业绩。使用同样的方法，引用透视表中安徽1月的业绩，将公式中第一个条件"安徽"改成单元格A21，并锁定列；将第二个条件"1"改成单元格E20，并锁定行，按"Enter"键确定，即可引用安徽1月的业绩，如图21-12所示。

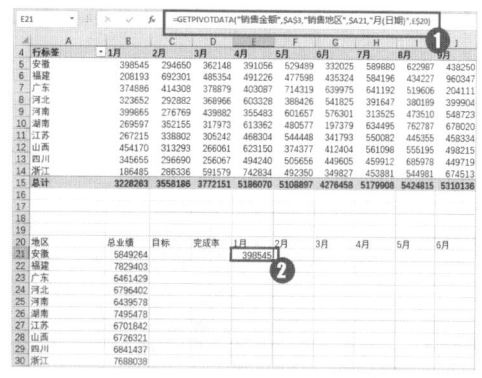

图21-12 引用安徽1月的业绩

第9步 引用其他地区其他月份数据。选择E21单元格，向下和向右填充公式，完成其他地区和其他月份数据的引用，如图21-13所示。

19																
20	地区	总业绩	目标	完成率	1月	2月	3月	4月	5月	6月	7月	8月	9月	10月	11月	12月
21	安徽	5849264			398545	294650	362148	391056	529489	332025	589880	622987	438250	514896	450814	924524
22	福建	7829403			208193	692301	485354	491226	477598	435324	584196	434227	960347	882651	1193344	984642
23	广东	6461429			374886	414308	378879	403087	714319	639975	641192	519606	204111	446084	798584	926398
24	河北	6796402			323652	292882	368966	603328	388426	541825	391647	380189	399904	762445	1073669	1269469
25	河南	6439578			399865	276769	439882	355483	601657	576301	313525	473510	548723	628917	782185	1042761
26	湖南	7495478			269597	352155	317973	613362	480577	197379	634495	762787	678020	741244	1234410	1213479
27	江苏	6701842			267215	338802	305242	468304	544448	341793	550082	445355	458334	909794	920857	1151616
28	山西	6726321			454170	313293	266061	623150	374377	412404	561098	555195	498215	576564	1128339	963455
29	四川	6841437			345655	296690	256067	494240	505656	449605	459912	685978	449719	812515	761361	1324039
30	浙江	7688038			186485	286336	591579	742834	492350	349827	453881	544981	674513	544428	1310515	1510309

图21-13　引用其他地区其他月份数据

第10步 计算安徽地区的目标业绩。在工作表中选择C21单元格，输入公式“=VLOOKUP(A21,目标销售数据!$A$2:$B$11,2,0)”，按“Enter”键确定，即可计算出安徽地区的目标业绩。

提示

使用VLOOKUP函数，设置查找地区的单元格，查找范围为目标销售数据表中的信息，锁定行列，返回列为2，通过0设置精确查找，最后向下填充公式，完成目标数据的引用。

第11步 计算其他地区的目标业绩。选中C21单元格并双击单元格右下角的黑色十字填充柄，即可向下自动填充公式，计算出其他地区的目标业绩，如图21-14所示。

C21　=VLOOKUP(A21,目标销售数据!$A$2:$B$11,2,0) ①

	A	B	C	D	E	F	G	H	I	J	K	L	M	N	O	P
19																
20	地区	总业绩	目标	完成率	1月	2月	3月	4月	5月	6月	7月	8月	9月	10月	11月	12月
21	安徽	5849264	5006970		398545	294650	362148	391056	529489	332025	589880	622987	438250	514896	450814	924524
22	福建	7829403	9912024		208193	692301	485354	491226	477598	435324	584196	434227	960347	882651	1193344	984642
23	广东	6461429	9659836		374886	414308	378879	403087	714319	639975	641192	519606	204111	446084	798584	926398
24	河北	6796402	9426610		323652	292882	368966	603328	388426	541825	391647	380189	399904	762445	1073669	1269469
25	河南	6439578	9440421		399865	276769	439882	355483	601657	576301	313525	473510	548723	628917	782185	1042761
26	湖南	7495478	6506075		269597	352155	317973	613362	480577	197379	634495	762787	678020	741244	1234410	1213479
27	江苏	6701842	5877515		267215	338802	305242	468304	544448	341793	550082	445355	458334	909794	920857	1151616
28	山西	6726321	6733047 ②		454170	313293	266061	623150	374377	412404	561098	555195	498215	576564	1128339	963455
29	四川	6841437	9885876		345655	296690	256067	494240	505656	449605	459912	685978	449719	812515	761361	1324039
30	浙江	7688038	10955454		186485	286336	591579	742834	492350	349827	453881	544981	674513	544428	1310515	1510309

图21-14　计算各个地区目标业绩

第12步 用公式“完成率=总业绩/目标”来计算安徽地区完成率。选中D21单元格，输入公式“=B21/C21”，按“Enter”键确定，计算出安徽地区的完成率。

第13步 计算其他地区完成率。选中D21单元格并双击，即可向下填充公式，计算出其他地区的完成率，如图21-15所示。

D21　=B21/C21 ①

	A	B	C	D	E	F	G	H	I	J	K	L	M	N	O	P
19																
20	地区	总业绩	目标	完成率 ②		2月	3月	4月	5月	6月	7月	8月	9月	10月	11月	12月
21	安徽	5849264	5006970	1.16822	398545	294650	362148	391056	529489	332025	589880	622987	438250	514896	450814	924524
22	福建	7829403	9912024	0.78989	208193	692301	485354	491226	477598	435324	584196	434227	960347	882651	1193344	984642
23	广东	6461429	9659836	0.6689	374886	414308	378879	403087	714319	639975	641192	519606	204111	446084	798584	926398
24	河北	6796402	9426610	0.72098	323652	292882	368966	603328	388426	541825	391647	380189	399904	762445	1073669	1269469
25	河南	6439578	9440421	0.68213	399865	276769	439882	355483	601657	576301	313525	473510	548723	628917	782185	1042761
26	湖南	7495478	6506075	1.15207	269597	352155	317973	613362	480577	197379	634495	762787	678020	741244	1234410	1213479
27	江苏	6701842	5877515	1.14025	267215	338802	305242	468304	544448	341793	550082	445355	458334	909794	920857	1151616
28	山西	6726321	6733047	0.999	454170	313293	266061	623150	374377	412404	561098	555195	498215	576564	1128339	963455
29	四川	6841437	9885876	0.69204	345655	296690	256067	494240	505656	449605	459912	685978	449719	812515	761361	1324039
30	浙江	7688038	10955454	0.70175	186485	286336	591579	742834	492350	349827	453881	544981	674513	544428	1310515	1510309
31																

图21-15　计算各个地区完成率

第 21 章
图表应用综合实例——制作销售业绩的动态图表

第14步 设置数字格式。选中D21:D30单元格范围,单击"开始"选项卡→"数字"组→"数字格式"下拉按钮,展开列表框,选择"百分比"命令,将"完成率"列数字格式设置为"百分比"。

第15步 设置数字格式。依次选中B21:C30单元格范围和E21:P30单元格范围,单击"开始"选项卡→"数字"组→"数字格式"下拉按钮,展开列表框,选择"其他数字格式"命令,打开"设置单元格格式"对话框,在左侧列表框中选择"自定义"选项,在右侧的"类型"文本框中输入"0!.0,万",单击"确定"按钮,完成数字格式的设置,如图21-16所示。

	A	B	C	D	E	F	G	H	I	J	K	L	M	N	O	P
19																
20	地区	总业绩	目标	完成率	1月	2月	3月	4月	5月	6月	7月	8月	9月	10月	11月	12月
21	安徽	584.9万	500.7万	116.82%	39.9万	29.5万	36.2万	39.1万	52.9万	33.2万	59.0万	62.3万	43.8万	51.5万	45.1万	92.5万
22	福建	782.9万	991.2万	78.99%	20.8万	69.2万	48.5万	49.1万	47.8万	43.5万	58.4万	43.4万	96.0万	88.3万	119.3万	98.5万
23	广东	646.1万	966.0万	66.89%	37.5万	41.4万	37.9万	40.3万	71.4万	64.0万	64.1万	52.0万	20.4万	44.6万	79.9万	92.6万
24	河北	679.6万	942.7万	72.10%	32.4万	29.3万	36.9万	60.3万	38.8万	54.2万	39.2万	38.0万	40.0万	76.2万	107.4万	126.9万
25	河南	644.0万	944.0万	68.21%	40.0万	27.7万	44.0万	35.5万	60.2万	57.6万	31.4万	47.4万	54.9万	62.9万	78.2万	104.3万
26	湖南	749.5万	650.6万	115.21%	27.0万	35.2万	31.8万	61.3万	48.1万	19.7万	63.4万	76.3万	67.8万	74.1万	123.4万	121.3万
27	江苏	670.2万	587.8万	114.03%	26.7万	33.9万	30.5万	46.8万	54.4万	34.2万	55.0万	44.5万	45.8万	91.0万	92.1万	115.2万
28	山西	672.6万	673.3万	99.90%	45.4万	31.3万	26.6万	62.3万	37.4万	41.2万	56.1万	55.5万	49.8万	57.7万	112.8万	96.3万
29	四川	684.1万	988.6万	69.20%	34.6万	29.7万	25.6万	49.4万	50.6万	45.0万	46.0万	68.6万	45.0万	81.3万	76.1万	132.4万
30	浙江	768.8万	1095.5万	70.18%	18.6万	28.6万	59.2万	74.3万	49.2万	35.0万	45.4万	54.5万	67.5万	54.4万	131.1万	151.0万

图21-16 设置数字格式

第16步 创建超级表。在工作表中选中A20:P30单元格范围,单击"开始"选项卡→"样式"组→"套用表格格式"下拉按钮,展开列表框,选择"橙色,表样式中等深浅17"样式,打开"创建表"对话框,单击"确定"按钮,即可套用表格格式,创建出超级表效果,然后将所有数据"居中"对齐显示,其汇总表效果如图21-17所示。

	A	B	C	D	E	F	G	H	I	J	K	L	M	N	O	P
19																
20	地区	总业绩	目标	完成率	1月	2月	3月	4月	5月	6月	7月	8月	9月	10月	11月	12月
21	安徽	584.9万	500.7万	116.82%	39.9万	29.5万	36.2万	39.1万	52.9万	33.2万	59.0万	62.3万	43.8万	51.5万	45.1万	92.5万
22	福建	782.9万	991.2万	78.99%	20.8万	69.2万	48.5万	49.1万	47.8万	43.5万	58.4万	43.4万	96.0万	88.3万	119.3万	98.5万
23	广东	646.1万	966.0万	66.89%	37.5万	41.4万	37.9万	40.3万	71.4万	64.0万	64.1万	52.0万	20.4万	44.6万	79.9万	92.6万
24	河北	679.6万	942.7万	72.10%	32.4万	29.3万	36.9万	60.3万	38.8万	54.2万	39.2万	38.0万	40.0万	76.2万	107.4万	126.9万
25	河南	644.0万	944.0万	68.21%	40.0万	27.7万	44.0万	35.5万	60.2万	57.6万	31.4万	47.4万	54.9万	62.9万	78.2万	104.3万
26	湖南	749.5万	650.6万	115.21%	27.0万	35.2万	31.8万	61.3万	48.1万	19.7万	63.4万	76.3万	67.8万	74.1万	123.4万	121.3万
27	江苏	670.2万	587.8万	114.03%	26.7万	33.9万	30.5万	46.8万	54.4万	34.2万	55.0万	44.5万	45.8万	91.0万	92.1万	115.2万
28	山西	672.6万	673.3万	99.90%	45.4万	31.3万	26.6万	62.3万	37.4万	41.2万	56.1万	55.5万	49.8万	57.7万	112.8万	96.3万
29	四川	684.1万	988.6万	69.20%	34.6万	29.7万	25.6万	49.4万	50.6万	45.0万	46.0万	68.6万	45.0万	81.3万	76.1万	132.4万
30	浙江	768.8万	1095.5万	70.18%	18.6万	28.6万	59.2万	74.3万	49.2万	35.0万	45.4万	54.5万	67.5万	54.4万	131.1万	151.0万

图21-17 创建超级表效果

21.3.2 制作下拉菜单让汇总表动起来

制作下拉菜单,并让汇总表根据规则高亮显示行的具体操作步骤如下。

第1步 设置数据验证。在工作表中,选择要放置菜单的单元格N17,单击"数据"选项卡→"数据工具"组→"数据验证"按钮,打开"数据验证"对话框,修改"允许"为"序列",在"来源"文本框中选中A21:A30单元格范围,如图21-18所示。

图21-18 设置数据验证

第2步 创建下拉菜单。设置完成后单击"确定"按钮，即可在选中的单元格中创建下拉菜单，为N17单元格添加"外边框"效果，修改其字号为18，然后在M17单元格中输入文本"当前地区"，下拉菜单效果如图21-19所示。

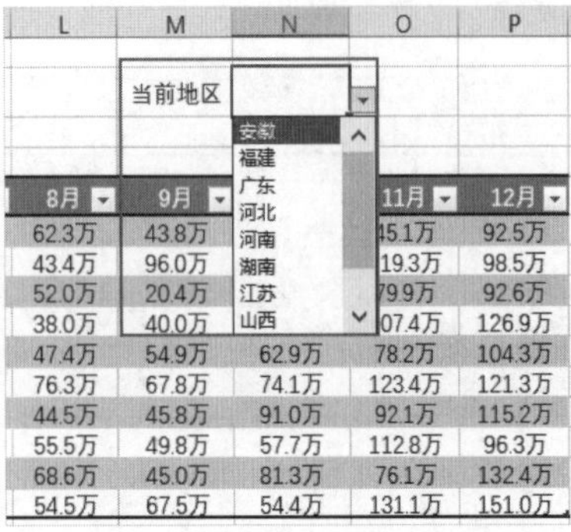

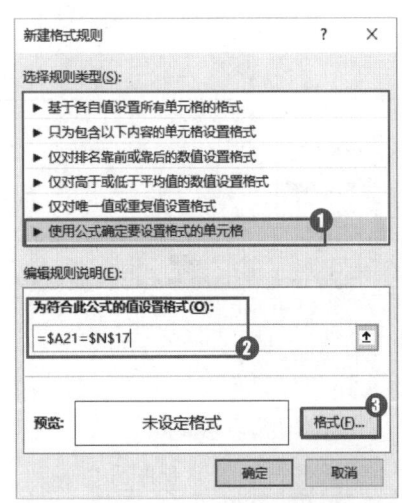

图21-19 创建下拉菜单

第3步 设置条件格式规则。选中A21:P30单元格范围，单击"开始"选项卡→"样式"组→"条件格式"下拉按钮，展开列表框，选择"新建规则"命令，打开"新建格式规则"对话框，在"选择规则类型"列表框中，选择"使用公式确定要设置格式的单元格"选项，在"为符合此公式的值设置格式"文本框中输入公式"=$A21=$N$17"，单击"格式"按钮，如图21-20所示。

图21-20 设置条件格式规则

| 技术看板 |

突出显示单元格只能根据数值大小、文本、日期或重复值突出显示单元格；最前/最后规则是按照排名突出显示单元格；数据条、色阶、图标集，三者都是对整个表进行格式设置。这些自带的格式都不能突出显示一整行，要想突出显示整行数据，需要通过"新建规则"命令实现。

第4步 选择填充颜色。打开"设置单元格格式"对话框，选择"填充"选项卡，颜色选择"浅橙色"，如图21-21所示。

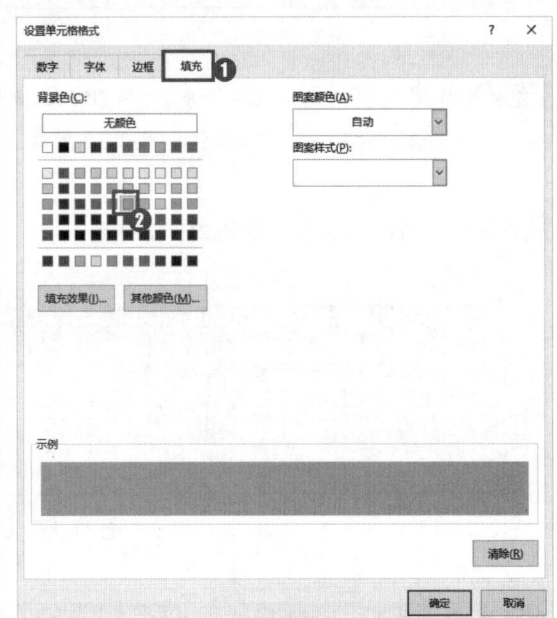

图21-21 选择填充颜色

| 注意 |

在输入公式时，公式中的A21单元格需要锁定列，N17单元格需要绝对引用。

第5步 高亮显示行。设置完成后依次单击"确定"按钮，即可完成条件格式的新建。在下拉菜单中选择"广东"选项，即可高亮显示"广东"地区行，其效果如图21-22所示。

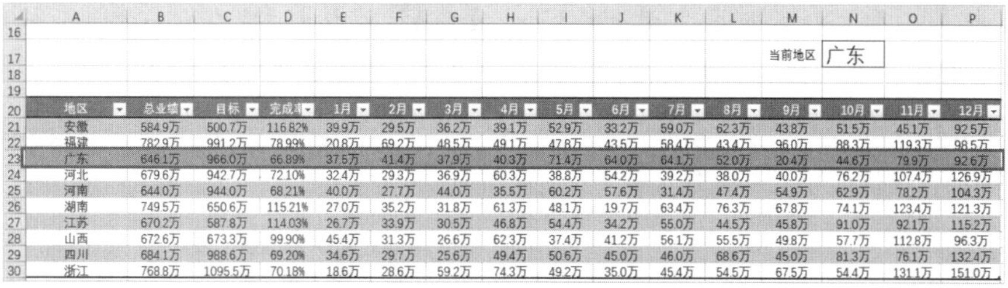

第 21 章
图表应用综合实例——制作销售业绩的动态图表

图 21-22 高亮显示行效果

21.3.3 制作动态温度图

制作温度图并让温度图突出显示当前地区，具体操作步骤如下。

第1步 输入文本。在汇总表下方选中A32单元格，并按"↓"和"→"键，在相应单元格中依次输入数据表头文本、地区、完成率100%等文本，如图21-23所示。

图 21-23 输入文本

第2步 引用地区名称。选中A34单元格，输入公式"=A21"，按"Enter"键确定，然后选择A34单元格，按住鼠标左键并向下拖曳，至A43单元格后，释放鼠标左键，引用各地区名称。

第3步 引用业绩完成率。选中C34单元格，输入公式"=D21"，按"Enter"键确定，然后选中C34单元格，按住鼠标左键并向下拖曳，至C43单元格后，释放鼠标左键，引用各地区业绩完成率，如图21-24所示。

图 21-24 引用数据

第4步 填充完成率。选中B34单元格，输入"100%"，然后选择B34单元格，双击向下填充相同的数据。

第5步 计算当前地区完成率。选中D34单元格，输入公式"=IF(A34=$N$17,C34,NA())"，按"Enter"键确定，然后选择D34单元格，双击单元格右下角的黑色十字填充柄，即可填充公式，完成当前地区完成率的计算，并修改"当前地区完成率"列的数字格式为"百分比"，如图21-25所示。

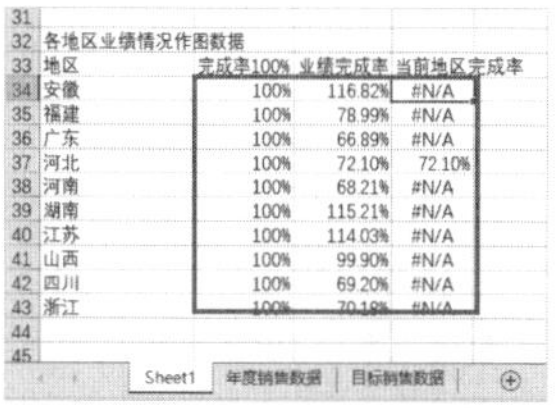

图 21-25 输入并计算数据

> **注意**
>
> 在输入公式时，公式中的N17单元格需要绝对引用。

第6步 创建柱形图表。在工作表中选中A33:D43单元格范围,单击"插入"选项卡→"图表"组→"插入柱形图或条形图"下拉按钮,展开列表框,单击"簇状柱形图"图标,创建柱形图,如图21-26所示。

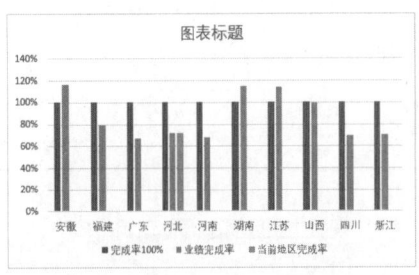

图21-26 创建柱形图

> **注意**
>
> 在计算当前地区完成率数据时,只有在下拉菜单中选择地区,该地区的完成率数据才会显示,没有显示地区的完成率数据则显示为"#N/A"。

第7步 设置参数值。选中新创建的图表,单击"图表设计"选项卡→"类型"组→"更改图表类型"按钮,打开"更改图表类型"对话框。在左侧列表框中,选择"组合图"选项;在右侧区域中,修改"当前地区完成率"图表类型为"簇状柱形图",并选中"业绩完成率"和"当前地区完成率"右侧的"次坐标轴"复选框,如图21-27所示。

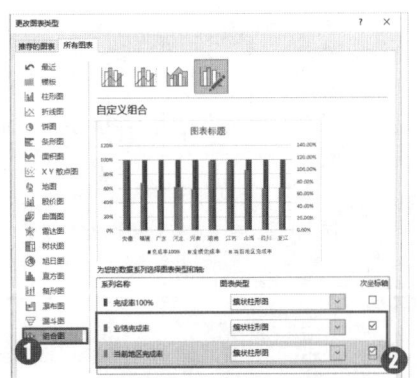

图21-27 设置参数值

第8步 更改图表类型。设置完成后单击"确定"按钮,即可更改图表类型,如图21-28所示。

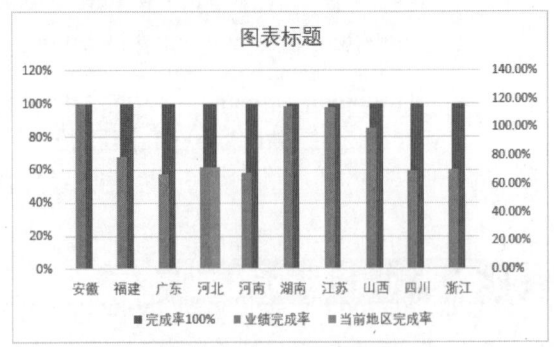

图21-28 更改图表类型

第9步 设置系列重叠参数。选中图表并双击,在打开的"设置图表区格式"窗格中单击"图表选项"右侧的下拉按钮,展开列表框,选择"系列'业绩完成率'"选项,打开"设置数据系列格式"窗格,单击"系列选项"按钮,进入"系列选项"选项区,修改"系列重叠"参数为100%,如图21-29所示,即可设置"业绩完成率"系列的系列重叠。

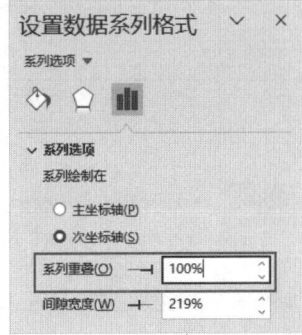

图21-29 设置系列重叠参数

> **技术看板**
>
> 系列重叠指的就是次坐标轴上所有系列的重叠度,当数值为100%时,可以将次坐标轴的系列图形完全重叠在一起。

第10步 设置间隙宽度参数。在"设置数据系列格式"窗格中,单击"系列选项"右侧的下拉按钮，展开列表框，选择"系列'完成率100%'"选项，在"系列选项"选项区中，修改"间隙宽度"参数为120%，如图21-30所示，即可设置"完成率100%"系列的间隙宽度。

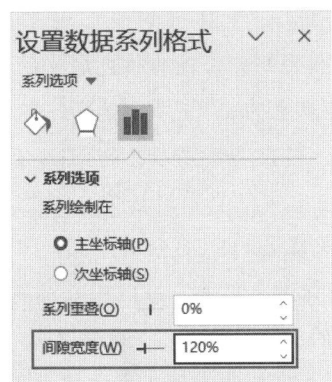

图21-30　设置间隙宽度参数

| 技术看板 |

如果既想让系列重叠，又想要单独设置系列的宽度，那可以将系列分配到主坐标轴和次坐标轴上。如果想让哪个坐标轴在最上面，就选中哪个"次坐标轴"复选框；如果想让系列重叠，所有系列的宽度应保持一致，那么可以将这些系列绘制在同一坐标轴上，然后设置系列的重叠度为100%。

第11步　查看图表效果。完成系列图形中系列重叠和间隙宽度的调整，并查看图表效果，如图21-31所示。

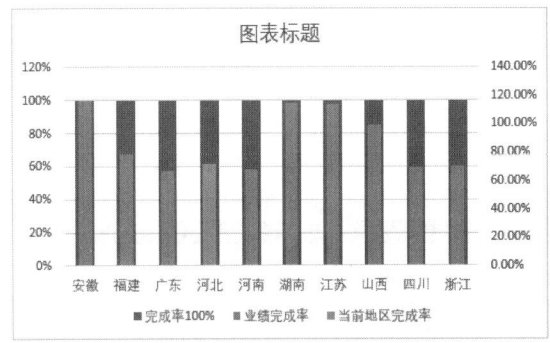

图21-31　查看图表效果

第12步　更改坐标轴刻度。仔细观察调整后的图表，发现业绩完成率超过100%的柱子并没有比完成率100%的柱子高，此时可以选择次要纵坐标轴，在"设置坐标轴格式"窗格中，单击"坐标轴选项"按钮，展开"坐标轴选项"选项区，修改"最大值"为1.2，即可更改次要纵坐标轴的刻度，其图表效果如图21-32所示。

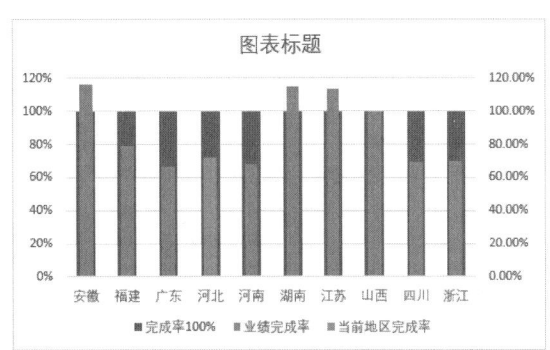

图21-32　更改坐标轴刻度

第13步　取消次要纵坐标轴的显示。继续选中图表，单击"图表设计"选项卡→"图表布局"组→"添加图表元素"下拉按钮，展开列表框，选择"坐标轴"命令，展开子菜单，选择"次要纵坐标轴"命令，取消次要纵坐标轴的显示。

第14步　隐藏网格线。单击图表右侧的加号按钮，展开列表框，取消选中"网格线"复选框，隐藏网格线。

第15步　移动图例位置。单击"图表设计"选项卡→"图表布局"组→"添加图表元素"下拉按钮，展开列表框，选择"图例"命令，展开子菜单，选择"顶部"命令，移动图例的位置。

第16步　添加数据标签。在图表中选择"当前地区完成率"系列图形，单击"图表设计"选项卡→"图表布局"组→"添加图表元素"下拉按钮，展开列表框，选择"数据标签"命令，展开子菜单，选择"数据标签外"命令，添加数据标签，其效果如图21-33所示。

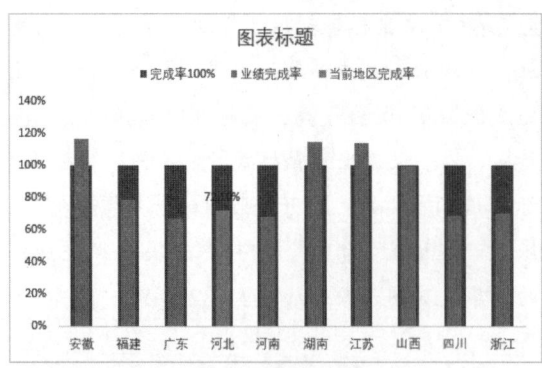

图21-33 添加与删除图表元素

第17步 设置数据标签格式。选择数据标签图形，在"设置数据标签格式"窗格中，展开"标签选项"选项区，选中"类别名称"和"值"复选框，如图21-34所示。

第18步 美化数据标签。完成数据标签格式的设置，然后将标签移至系列图形的上方，并修改字体颜色的RGB分别为237、125、49，修改字体格式为"微软雅黑"，加粗文本。

第19步 修改系列图形颜色。选择"完成率100%"系列图形，修改其填充颜色的RGB均为191、边框颜色为"黑色"；选择"业绩完成率"系列图形，修改其填充颜色的RGB分别为248、203、173；选择"当前地区完成率"系列图形，修改其填充颜色的RGB分别为237、125、49。

第20步 美化图表效果。修改图表标题，并修改相应文本的字体格式为"微软雅黑"、字体颜色为"黑色"，完成图表的美化操作，在下拉菜单中，选择不同的地区，可以查看不同地区的温度图效果，如图21-35所示。

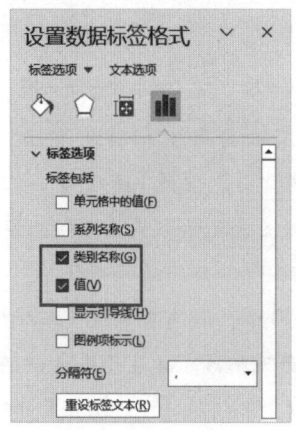

图21-34 设置数据标签格式

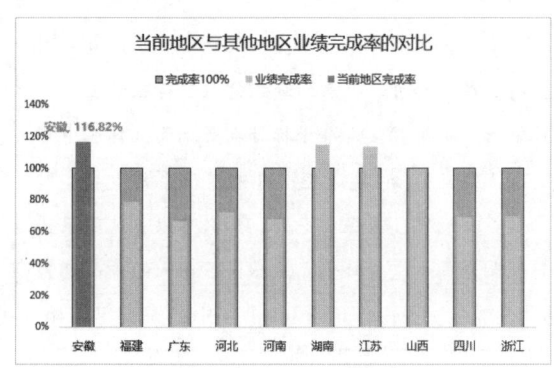

图21-35 动态温度图效果

21.3.4 制作动态折线图

制作折线图，并让折线图显示当前地区的业绩趋势，具体操作步骤如下。

第1步 输入表头数据。在温度图数据表下方选中A51单元格，依次输入表头数据，然后复制汇总表的表头1月～12月，如图21-36所示。

49													
50	当前地区全年业绩趋势的作图数据												
51		1月	2月	3月	4月	5月	6月	7月	8月	9月	10月	11月	12月
52	当前地区业绩总额												
53	最大值												
54	最小值												
55													
56													

图21-36 输入表头数据

第 21 章
图表应用综合实例——制作销售业绩的动态图表

第2步 计算1月份当前地区业绩总额。选择汇总表中高亮显示行中1月份业绩单元格的公式,按快捷键"Ctrl+C"复制公式,选中B52单元格,按快捷键"Ctrl+V"粘贴公式,修改"销售地区"为$N$17、"月份"为B51,按"Enter"键确定,计算出1月份当前地区业绩总额,如图21-37所示。

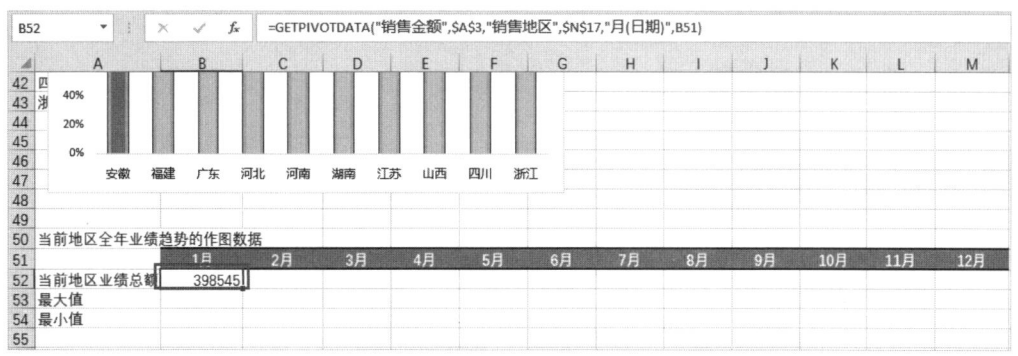

图21-37　计算1月份当前地区业绩总额

第3步 计算其他月份当前地区业绩总额。选中B52单元格,按住鼠标左键并向右拖曳,即可填充公式,计算出其他月份当前地区业绩总额,如图21-38所示。

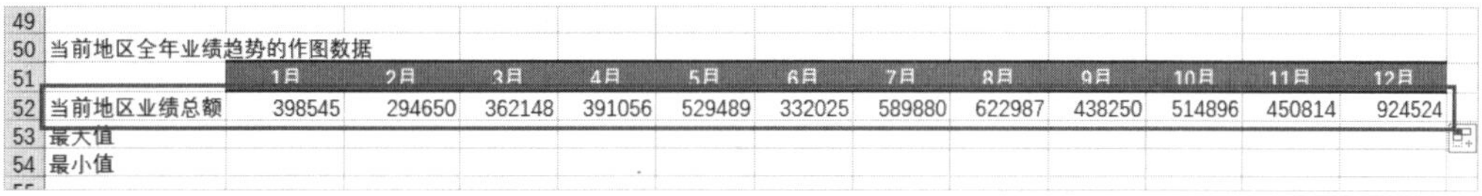

图21-38　计算其他月份当前地区业绩总额

第4步 计算最大值。选中B53单元格,输入公式"=IF(B52=MAX($B$52:$M$52),B52,NA())",按"Enter"键确定,计算出1月份最大值,在B53单元格上,按住鼠标左键并向右拖曳,即可填充公式,从而计算出月份最大值。

第5步 计算最小值。选中B54单元格,输入公式"=IF(B52=MIN($B$52:$M$52),B52,NA())",按"Enter"键确定,计算出1月份最小值,在B54单元格上,按住鼠标左键并向右拖曳,即可填充公式,从而计算出月份最小值,如图21-39所示。

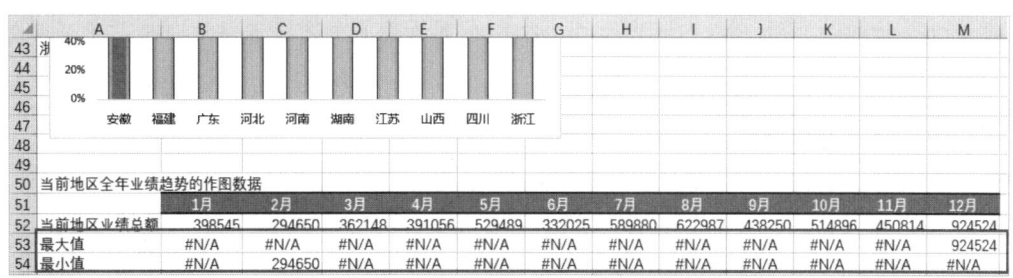

图21-39　计算最大值和最小值

第6步 创建折线图表。在工作表中框选A51:M54单元格范围,单击"插入"选项卡→"图表"组→"插入折线图或面积图"下拉按钮,展开列表框,单击"折线图"图标,创建折线图,如图21-40所示。

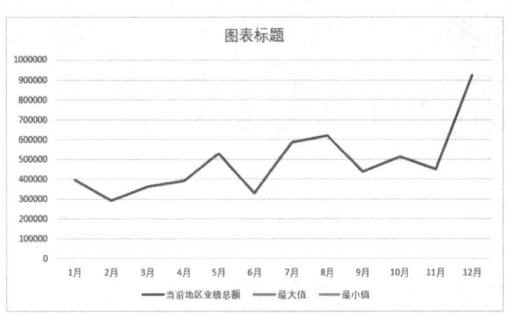

图21-40 创建折线图表

第7步 设置最大值数据系列格式。选择折线图并双击，打开"设置图表区格式"窗格，单击"图表选项"右侧的下拉按钮，展开列表框。选择"系列'最大值'"选项，打开"设置数据系列格式"窗格，在"线条"选项区中，选中"无线条"单选按钮，在"标记选项"选项区中，选中"内置"单选按钮，修改"类型"为实心圆，"大小"为7，即可设置最大值的数据系列格式，如图21-41所示。

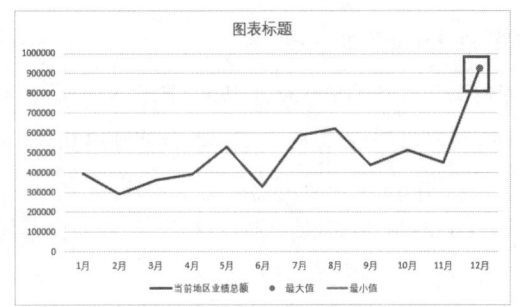

图21-41 设置最大值数据系列格式

第8步 添加数据标签。继续选择最大值系列图形并右击，在打开的快捷菜单中选择"添加数据标签"命令，添加数据标签。

第9步 设置数据标签格式。选择"最大值"的数据标签，打开"设置数据标签格式"窗格，在"标签选项"选项区中，选中"系列名称"和"值"复选框，取消选中"显示引导线"复选框；在"标签位置"选项区中，选中"靠上"单选按钮；在"数字"选项区中，修改"类别"为"自定义"、"类型"为"0!.0,万"，完成数据标签格

式的设置，并修改数据标签的字体格式，其效果如图21-42所示。

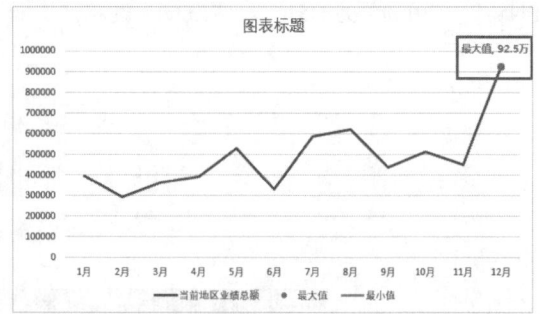

图21-42 修改最大值数据系列和数据标签格式

第10步 修改最小值的数据系列和数据标签格式。重复第7～9步，修改最小值的数据系列和数据标签格式，如图21-43所示。

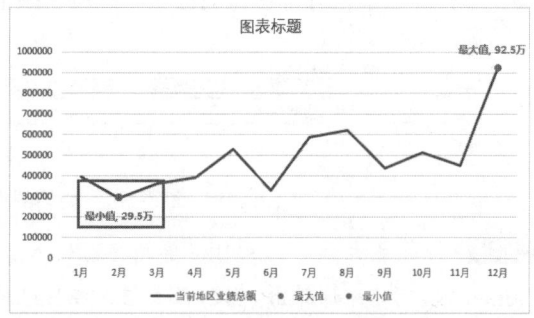

图21-43 修改最小值的数据系列和数据标签格式

第11步 美化图表效果。修改图表标题，并修改相应文本的字体格式为"微软雅黑"、字体颜色为"黑色"，删除图例项，完成图表的美化操作，在下拉菜单中选择不同的地区，可以查看不同地区的折线图效果，如图21-44所示。

图21-44 折线图效果

第 21 章
图表应用综合实例——制作销售业绩的动态图表

21.3.5 制作动态化图表标题

制作动态化图表标题的具体操作步骤如下。

第1步 输入文本。在工作表的A58～A60单元格中，依次输入相应的文本数据。

第2步 引用单元格。在B59单元格中输入"=N17&"与其他地区业绩完成率对比""，单击温度图图表标题，在编辑栏输入"="，然后引用B59单元格，如图21-45所示。

> **提示**
> N17表示汇总表中的第N列第17行的单元格内容，即"当前地区"的单元格。

第3步 动态化图表标题。设置完成后，按"Enter"键确定，则温度图的图表标题将会动态化显示，如图21-46所示。

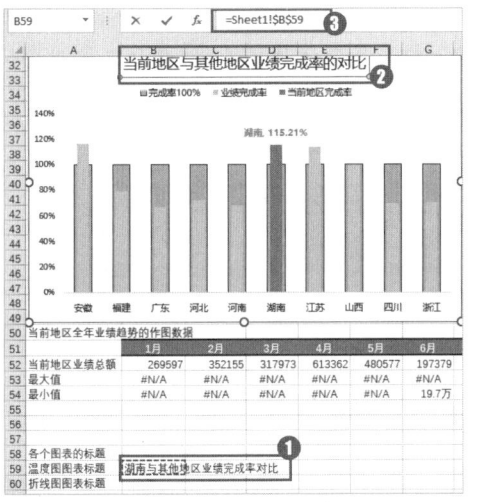

图21-45 引用单元格

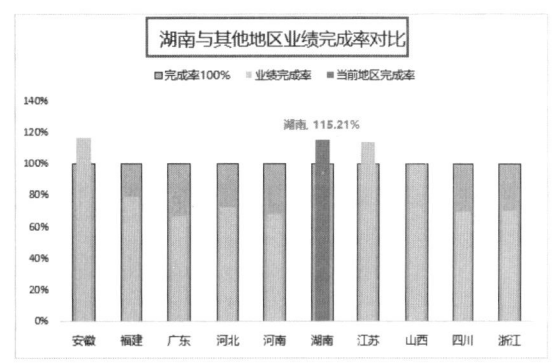

图21-46 动态化图表标题

第4步 引用单元格。在B60单元格中输入"=N17&"地区业绩趋势""，单击折线图图表标题，在编辑栏输入"="，然后引用B60单元格，如图21-47所示。

图21-47 引用单元格

第5步 动态化图表标题。按"Enter"键确定，则折线图的图表标题将动态化显示，如图21-48所示。

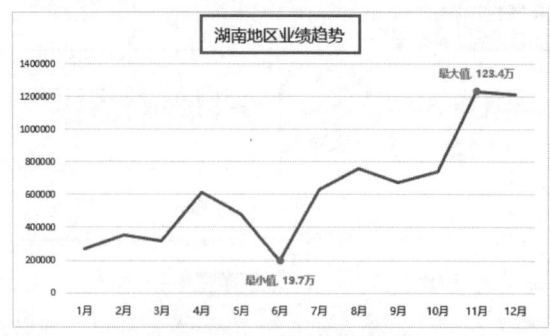

图21-48 动态化图表标题

第6步 给工作表添加大标题文本，并设置其字体格式，在"视图"选项卡下的"显示"组中，取消选中"网格线"复选框，隐藏网格线，在"当前地区"的下拉菜单中选择"河南"地区，则可以得到河南地区的动态图表效果，如图21-49所示。

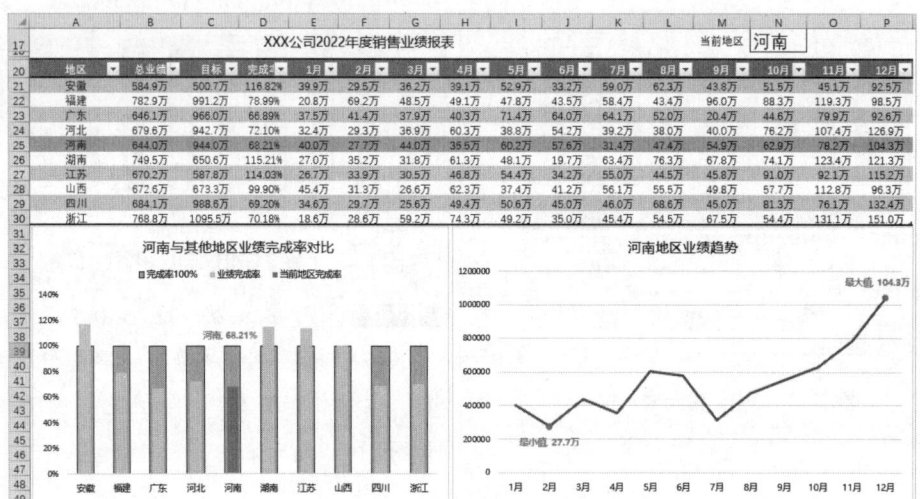

图21-49 查看动态图表效果

第 6 篇
Excel 数据分析综合案例

本篇导读

本篇通过人力数据分析看板、进销存报表、财务费用分析等综合案例，并整合前面的知识点，来实现从数据整理到可视化呈现的全流程应用。通过对本篇内容的学习，能够强化跨领域实战能力，培养系统性数据分析思维，满足企业级复杂场景的需求，提升职场竞争力。

本篇内容安排

第22章　制作公司人力数据分析看板

第23章　制作进销存报表

第24章　制作财务费用分析看板

第22章 制作公司人力数据分析看板

数据分析看板是一种用于可视化和分析数据的工具或仪表盘,通过图表、指标、图形和其他可视化元素对数据进行展示,以便用户能够更直观、快速地了解数据的情况和趋势。

数据分析看板通过可视化和汇总数据,使复杂的数据变得更容易理解和解释,能够帮助用户快速了解数据情况,发现趋势和关联,支持决策和规划。在实际工作中,我们经常需要基于某种特定的业务需求,针对性地进行数据分析和数据可视化展示。当需要同时满足多个需求时,需要将多张数据表和图表进行整合,便于用户数据纵览和专项分析,这时就需要用到数据看板。但需要注意的是,数据分析看板的使用是针对特定的业务需求和分析目的而设计的,因此,在创建和使用时需要考虑到具体情况和目标。

22.1 案例目标

本案例的目标是帮一家快速发展中的公司做一份人力数据分析看板,然后给老板汇报。本案例在制作人力分析看板之前,需要先查看该公司的员工信息表原始数据,如图22-1所示,这张表记录了各个员工的姓名、性别、部门、职称、文化程度、出生日期、入职日期和离职日期。

图22-1 员工信息表

原始数据表中每一行代表的是一位员工的信息,入职日期在2018—2021年之间,说明最早一批入职的时间是2018年,最晚一批入职的时间是2021年,离职日期都是2021年。

在查看了原始数据后,可以知道要汇总的业务目标数据分别是在职总人数、2021年新入职人数、男女人数占比、各部门人数、不同学历占比、不同年龄段占比、每月入职人数和每月离职人数7个维度的数据。

最后进行看板的制作,看板制作一共需要以下3步。

第22章 制作公司人力数据分析看板

（1）准备好7组数据，用以制作透视表，如图22-2所示。

（a）透视表1～透视表4的数据

（b）透视表5～透视表7的数据

图22-2 准备7组制作透视表数据

（2）根据透视表数据制作出部门人员分析、学历占比分析、年龄分布和全年入离职人数对比的图表，效果如图22-3所示。

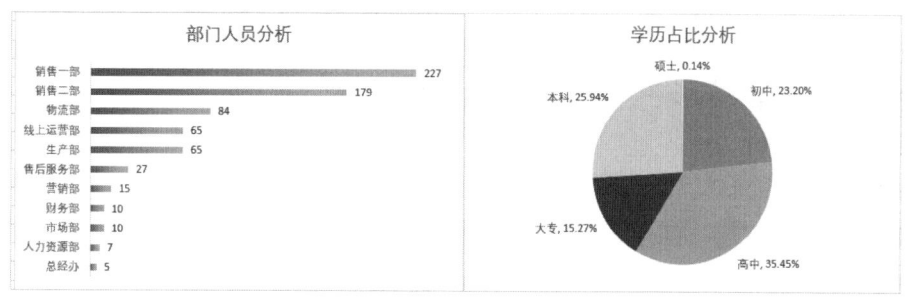

（a）制作部门人员分析和学历占比分析图表

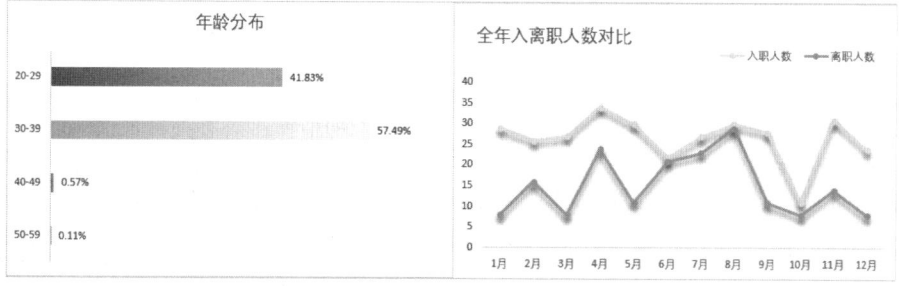

（b）制作年龄分布和全年入离职人数对比图表

图22-3 制作出部门人员分析、学历占比分析、年龄分布和全年入离职人数对比的图表效果

（3）将所有图表布局在一个工作表里，形成看板。看板的最终效果如图22-4所示。

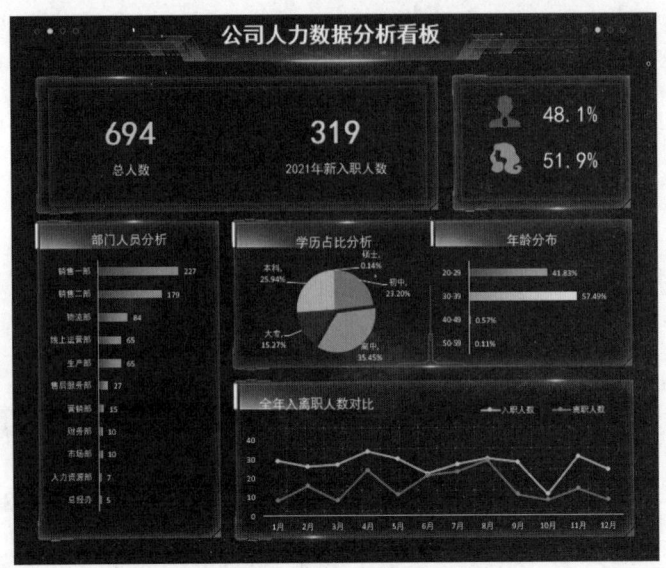

图22-4　人力分析看板效果

22.2　实现思路

根据案例的任务需求，我们可将这个制作任务分解为3个小任务来逐步实现。这3个小任务分别是：

（1）制作多个数据汇总表；
（2）制作图表效果；
（3）制作与美化人力分析看板。
下面详细分析每个任务的实现思路。

1. 制作多个数据汇总表

根据员工信息表制作7组数据，其具体制作思路如下。

①制作总人数表。
②制作2021年新入职人数表。
③制作员工男女占比表。
④制作各部门人数表。
⑤制作不同学历人数占比表。
⑥制作各年龄段人数占比表。
⑦制作每个月入职和离职人数表。

2. 制作图表效果

完成数据汇总表的制作后，接下来需要将第4～7组数据制作成图表，其具体制作思路如下。

①部门类别用条形图展示。
②学历占比用饼图展示。
③年龄分布用条形图展示。
④全年入离职的数据用折线图展示。
⑤采用如图22-5所示的配色方案美化图表。

第 22 章
制作公司人力数据分析看板

配色参考	RGB值
	255, 157, 183
	116, 231, 255
	120, 168, 254
	1, 64, 235
	255, 255, 158

图22-5 配色方案

3. 制作与美化人力分析看板

在公司人力数据分析看板表中，已经有设计好的看板框架，该看板框架共有7大板块，分别对应着7组数据，如图22-6所示。

在人力数据分析看板中，前3个板块中展示的数据直接从数据透视表中引用即可。例如，"总人数"引用第1个数据透视表数据；"2021年新入职人数"引用第2个数据透视表数据；"男女占比"引用第3个数据透视表数据。然后，将制作好的各个图表复制粘贴到看板上，并调整其位置、大小和颜色等。最后，对看板进行美化操作。

图22-6 看板框架效果

制作与美化分析看板的具体制作思路如下。
① 引用数据透视表中数据。
② 复制、粘贴与美化图表。
③ 美化看板。

22.3 实现过程

在了解了案例目标和实现思路后，接下来进入案例的实现过程。案例实现过程包括制作数据汇总表、制作图表、制作与美化看板3个方面，下面详细讲解其实现过程。

22.3.1 制作多个数据汇总表

在作图数据表中，需要先创建"是否在职"和"年龄"辅助列，然后创建1个姓名数据透视表，再复制出7个数据透视表，最后根据每组数据的需求，通过拖曳字段对每组数据进行汇总。

1. 创建"是否在职"辅助列

创建"是否在职"辅助列的具体操作步骤如下。

第1步 切换工作表。打开"人力分析看板.xlsx"工作簿，单击"员工信息表"工作表标签，切换至该工作表（见图22-1）。

第2步 新增I列。选中I列为新增列，修改列名名称为"是否在职"。

第3步 判断是否在职情况。选中I2单元格，输入公式"=IF([@离职日期]="","在职","离职")"，按"Enter"键确定，即可判断出在职或离职情况，如图22-7所示。

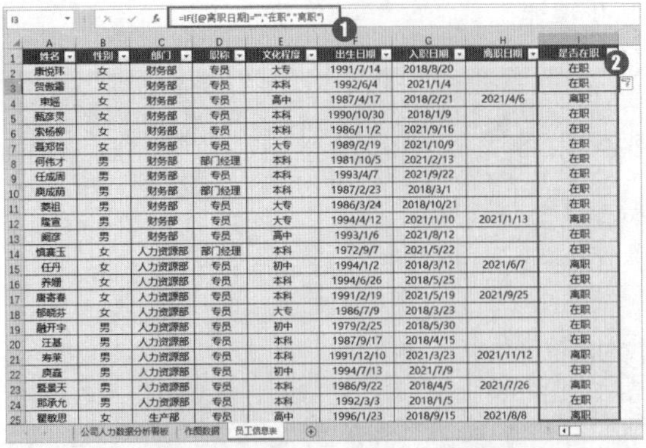

Excel数据分析从入门到精通

[图22-7 创建"是否在职"辅助列的截图]

图22-7 创建"是否在职"辅助列

2. 创建"年龄"辅助列

创建"年龄"辅助列的具体操作步骤如下。

第1步 新增J列。选中J列为新增列，修改列名为"年龄"。

第2步 计算员工年龄。假如当前日期是2021年12月20日，选中J2单元格，输入公式"=DATEDIF([@出生日期],"2021/12/20","Y")"，按"Enter"键确定，即可计算出员工的年龄，如图22-8所示。

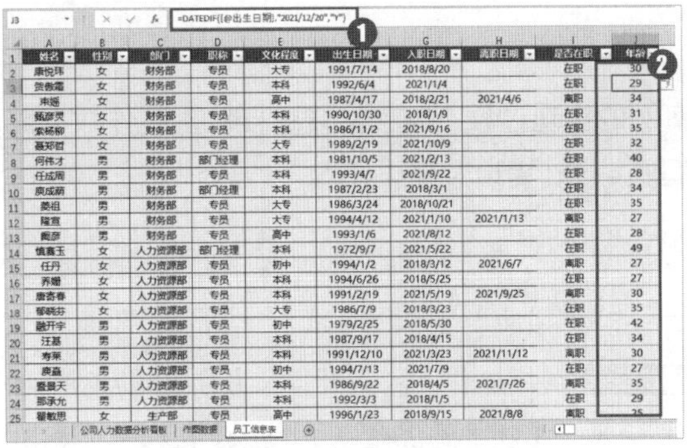

[图22-8 创建"年龄"辅助列的截图]

图22-8 创建"年龄"辅助列

3. 利用数据透视表汇总数据

利用数据透视表汇总数据的具体操作步骤如下。

第1步 创建数据透视表。在员工信息表中选中任意单元格，单击"插入"选项卡→"表格"组→"数据透视表"按钮，打开"来自表格或区域的数据透视表"对话框，选中"现有工作表"单选按钮，在"位置"文本框中，选中"作图数据"表中的A4单元格，单击"确定"按钮，创建数据透视表。

第2步 添加字段。在"数据透视表字段"窗格中，将"姓名"字段拖曳至"值"区域，如图22-9所示。

[图22-9 添加字段的截图]

图22-9 添加字段

第3步 选择第1个数据透视表，按快捷键"Ctrl+C"复制数据透视表，在其他的单元格中，按快捷键"Ctrl+V"粘贴7个数据透视表。

第4步 制作"在职总人数"数据汇总表。在"在职总人数"数据透视表中的"数据透视表字段"窗格中，将"是否在职"字段拖曳至"行"区域，并只筛选出"在职"数据，其效果如图22-10所示。

第5步 制作"2021年新入职人数"数据汇总表。在"2021年新入职人数"数据透视表中的"数据透视表字段"窗格中，将"入职日期"字段拖曳至"行"区域，并只筛选出"2021年"数据，如图22-11所示。

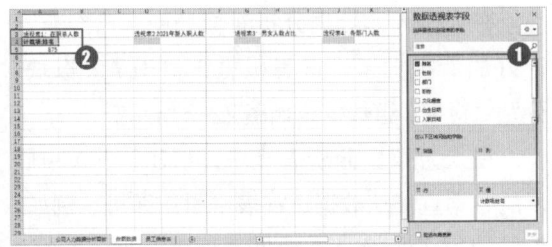

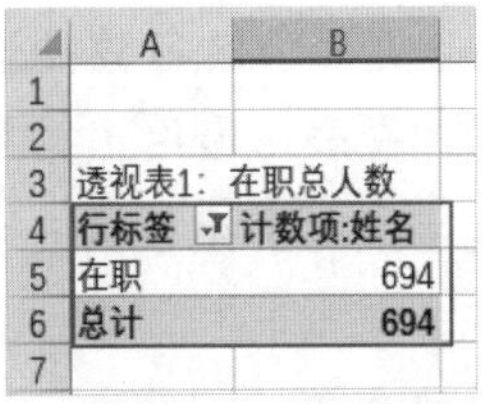

图22-10 制作"在职总人数"数据汇总表 　　图22-11 制作"2021年新入职人数"数据汇总表

第6步 制作"员工男女占比"数据汇总表。在"男女人数占比"数据透视表中的"数据透视表

字段”窗格中，将“性别”字段拖曳至“行”区域，将“是否在职”字段拖曳至“筛选”区域，并只筛选出“在职”数据，最后设置“值显示方式”为“总计的百分比”，其效果如图22-12所示。

第7步 制作“各部门人数”数据汇总表。在“各部门人数”数据透视表中的“数据透视表字段”窗格中，将“部门”字段拖曳至“行”区域，将“是否在职”字段拖曳至“筛选”区域，并只筛选出“在职”数据，其效果如图22-13所示。

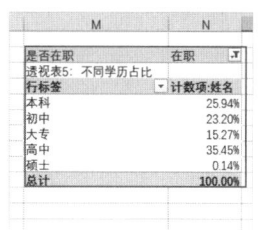

是否在职	在职
透视表3：男女人数占比	
行标签	计数项:姓名
男	48.13%
女	51.87%
总计	100.00%

图22-12 制作“员工男女占比”数据汇总表

是否在职	在职
透视表4：各部门人数	
行标签	计数项:姓名
财务部	10
人力资源部	7
生产部	65
市场部	10
售后服务部	27
物流部	84
线上运营部	65
销售二部	179
销售一部	227
营销部	15
总经办	5
总计	694

图22-13 制作“各部门人数”数据汇总表

第8步 制作“不同学历占比”数据汇总表。在“不同学历占比”数据透视表中的“数据透视表字段”窗格中，将“文化程度”字段拖曳至“行”区域，将“是否在职”字段拖曳至“筛选”区域，并只筛选出“在职”数据，最后设置“值显示方式”为“总计的百分比”，其效果如图22-14所示。

第9步 制作“各年龄段占比”数据汇总表。在“各年龄段占比”数据透视表中的“数据透视表字段”窗格中，将“年龄”字段拖曳至“行”区域，在任意一个年龄值上右击，在弹出的快捷菜单中选择“组合”命令，打开“组合”对话框，设置“起始于”为20、“步长”为10，单击“确定”按钮，分组年龄段，然后设置“值显示方式”为“总计的百分比”，其效果如图22-15所示。

是否在职	在职
透视表5：不同学历占比	
行标签	计数项:姓名
本科	25.94%
初中	23.20%
大专	15.27%
高中	35.45%
硕士	0.14%
总计	100.00%

图22-14 制作“不同学历人数占比”数据汇总表

透视表6：不同年龄段占比	
行标签	计数项:姓名
20-29	41.83%
30-39	57.49%
40-49	0.57%
50-59	0.11%
总计	100.00%

图22-15 制作“各年龄段人数占比”数据汇总表

第10步 制作“每月入职人数”数据汇总表。在“每月入职人数”数据透视表中的“数据透视表字段”窗格中，将“入职日期”字段拖曳至“行”区域，移除“季度”字段，将“年”字段拖曳至“筛选”区域，并只筛选出“2021年”数据，其效果如图22-16所示。

第11步 制作“每个月离职人数”数据汇总表。在“每个月离职人数”数据透视表中的“数据透视表字段”窗格中，将“离职日期”字段拖曳至“行”区域，然后在“行”区域中只保留“月”字段，删除其他的字段，单击“行标签”下拉按钮，展开列表框，取消选择“<2021/1/2”和“>2021/12/29”，筛选数据，其效果如图22-17所示。

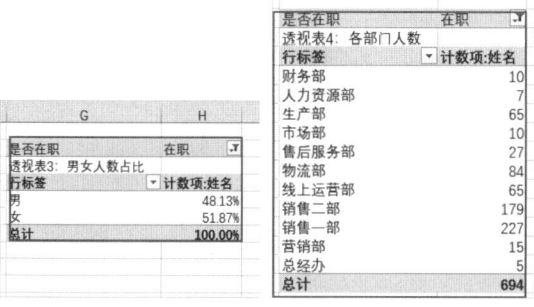

年(入职日期)	2021年
透视表7：每月入职人数	
行标签	计数项:姓名
⊞1月	29
⊞2月	26
⊞3月	27
⊞4月	34
⊞5月	30
⊞6月	22
⊞7月	27
⊞8月	30
⊞9月	28
⊞10月	11
⊞11月	31
⊞12月	24
总计	319

图22-16 制作“每个月入职人数”数据汇总表

透视表8：每月离职人数	
行标签	计数项:姓名
1月	8
2月	16
3月	8
4月	24
5月	11
6月	21
7月	23
8月	29
9月	11
10月	8
11月	14
12月	8
总计	181

图22-17 制作“每个月离职人数”数据汇总表

互动测试

在人力分析看板中，哪些数据隐藏了“在职”的条件？

A. 总人数
B. 2021年新入职人数
C. 员工男女占比
D. 各部门人数
E. 不同学历人数占比
F. 各年龄段人数占比
G. 每个月入职和离职人数

答案：ACDEF。

解析：除了B选项和G选项，其余数据都是基于"在职"员工统计的。

4. 将每个月入职和离职人数汇总

制作该数据表时需要按月分类，以计算每个月有多少人入职，有多少人离职。因此，需要先用两个数据透视表汇总数据，再用GETPIVOTDATA函数引用数据透视表的内容，制作出每月入职和离职人数的数据汇总表。将每个月入职和离职人数汇总的具体操作步骤如下。

第1步 输入表头文本。选中S20单元格，依次输入"月份""入职人数""离职人数"的表头文本。

第2步 输入并填充月份。选中S21单元格，输入"1月"文本，然后在S21单元格上，按住鼠标左键并向下拖曳，填充2月～12月的文本。

第3步 启用GETPIVOTDATA函数。选中"每月入职人数"数据透视表中的任意单元格，单击"数据透视表分析"选项卡→"数据透视表"组→"选项"下拉按钮，展开列表框，选择"生成GetPivotData"命令。

第4步 输入公式。在T21单元格下，输入"="，然后在数据透视表中单击包含1月的单元格的入职人数，其公式如图22-18所示。

第5步 引用各个月份入职人数。选择公式中的数据"1"，将其修改为S21单元格，按"Enter"键确定，引用1月份的入职人数；然后选中T21单元格，并双击单元格右下角的黑色十字填充柄，即可填充公式，引用其他月份的入职人数，其效果如图22-19所示。

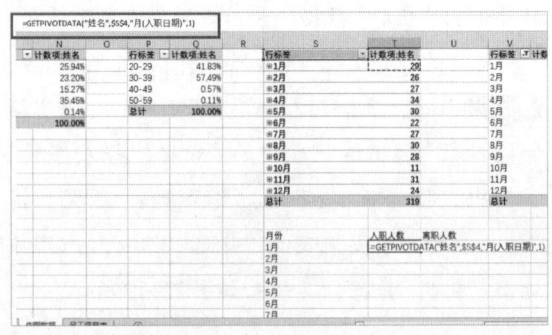

图22-18　输入公式

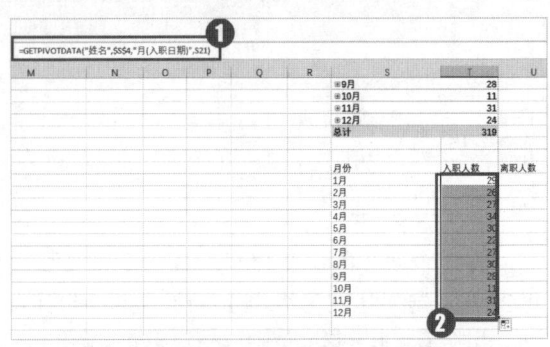

图22-19　引用各个月份入职人数

第6步 引用各个月份的离职人数。重复第3～5步，在U21～U32单元格中引用各个月份的离职人数。

第7步 添加外边框。框选S20:U32单元格范围，单击"开始"选项卡→"字体"组→"下框线"下拉按钮，展开列表框，选择"粗外侧框线"选项，添加外边框，其汇总表效果如图22-20所示。

月份	入职人数	离职人数
1月	29	8
2月	26	16
3月	27	8
4月	34	24
5月	30	11
6月	22	8
7月	27	23
8月	30	29
9月	28	11
10月	11	8
11月	31	14
12月	24	8

图22-20　制作每月入职人数和离职人数汇总表

22.3.2 制作图表效果

请将以下4组数据制作成以下4种图表。
- 将部门人员分析数据制作成条形图。
- 将学历占比分析数据制作成饼图。
- 将年龄分布数据制作成条形图。
- 将全年入离职对比数据制作成折线图。

1. 用条形图展示各部门人数

用条形图展示各部门人数的具体操作步骤如下。

第1步 创建条形图。选中"各部门人数"数据透视表中的任意单元格,单击"数据透视表分析"选项卡→"工具"组→"数据透视图"按钮,打开"插入图表"对话框,在左侧列表框中选择"条形图"选项,在右侧区域中单击"簇状条形图"图标,单击"确定"按钮,即可创建条形图,如图22-21所示。

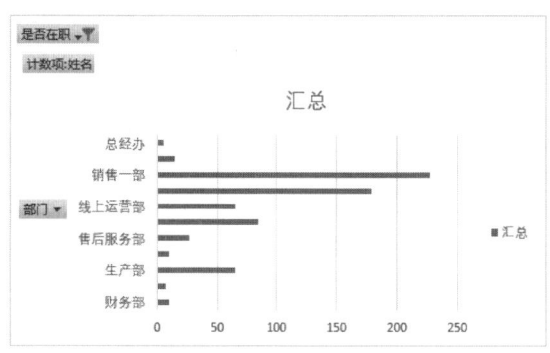

图22-21 创建条形图

第2步 修改图表元素和标题。选择新创建的图表,隐藏图表上的字段按钮,删除网格线、图例信息、水平坐标轴,修改图表标题为"部门人员分析"。

第3步 添加数据标签。为图表添加数据标签,并设置数据标签的位置为"数据标签外",如图22-22所示。

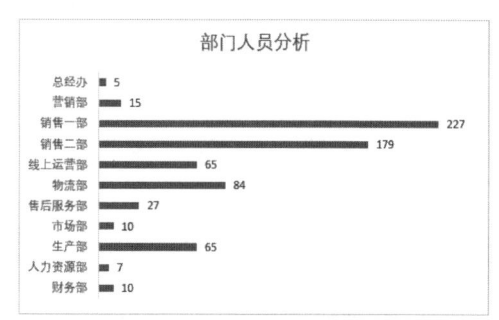

图22-22 编辑图表效果

第4步 选择系列图形,在"设置数据系列"窗格中,选中"渐变填充"单选按钮,修改"渐变方向"为"第4个:从左到右渐变",起始RGB值分别为58、110、255,结束RGB值分别为99、205、255,如图22-23所示。

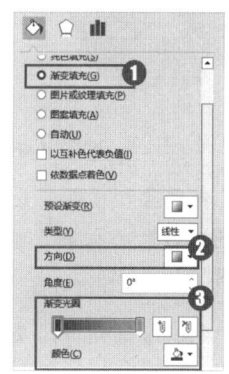

图22-23 设置渐变颜色

第5步 修改填充颜色。根据上一步操作即可修改系列图形的填充颜色,其图表效果如图22-24所示。

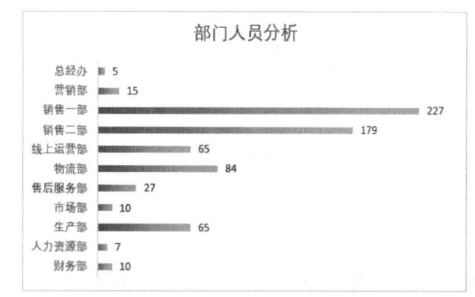

图22-24 修改系列填充颜色

2. 用饼图展示不同学历占比

用饼图展示不同学历占比的具体操作步骤如下。

第1步 创建饼图。选中"不同学历占比"数据透视表中的任意单元格，单击"数据透视表分析"选项卡→"工具"组→"数据透视图"按钮，打开"插入图表"对话框，在左侧列表框中选择"饼图"选项，在右侧区域中单击"饼图"图标，单击"确定"按钮，即可创建饼图，如图22-25所示。

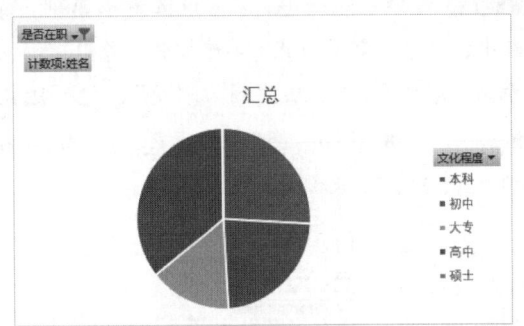

图22-25 创建饼图

第2步 修改图表元素和标题。选择新创建的图表，隐藏图表上的字段按钮，删除图例信息，修改图表标题为"学历占比分析"，为图表添加数据标签，为数据标签选中"类别名称"复选框，并设置位置为"数据标签外"，如图22-26所示。

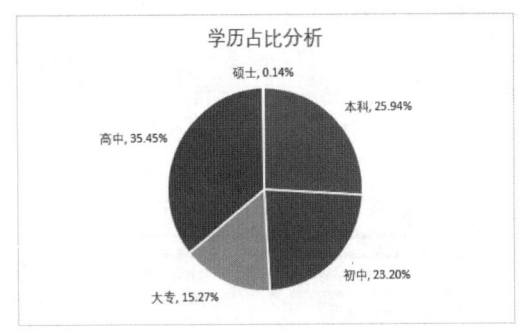

图22-26 编辑图表效果

第3步 美化图表配色。选择饼图中的各个扇区图形，根据图22-5所示的配色方案，调整各个扇区的填充颜色，并调整饼图的大小，其效果如图22-27所示。

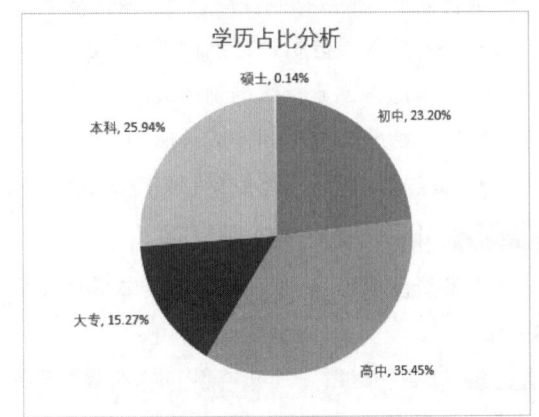

图22-27 美化图表颜色

3. 用条形图展示不同年龄段占比

用条形图展示不同年龄段占比的具体操作步骤如下。

第1步 创建条形图。选中"不同年龄段占比"数据透视表中的任意单元格，单击"数据透视表分析"选项卡→"工具"组→"数据透视图"按钮，打开"插入图表"对话框，在左侧列表框中选择"条形图"选项，在右侧区域中单击"簇状条形图"图标，单击"确定"按钮，即可创建条形图，如图22-28所示。

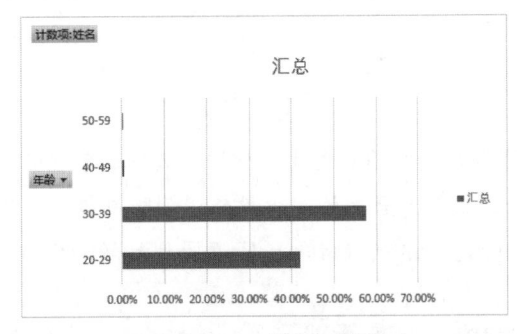

图22-28 创建条形图

第2步 修改图表元素和标题。选择新创建的图表，隐藏图表上的字段按钮，删除网格线、图例信息、水平坐标轴，修改图表标题为"年龄分布"，如图22-29所示。

第 22 章
制作公司人力数据分析看板

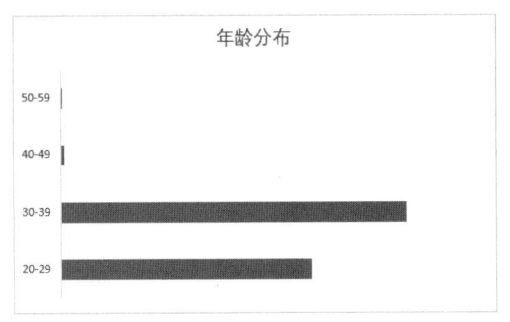

图22-29　编辑图表效果

第3步 降序排序数据。在"不同年龄段占比"数据透视表中单击"行标签"下拉按钮，展开列表框，选择"降序"命令，降序排序数据，则图表也随之变化，其效果如图22-30所示。

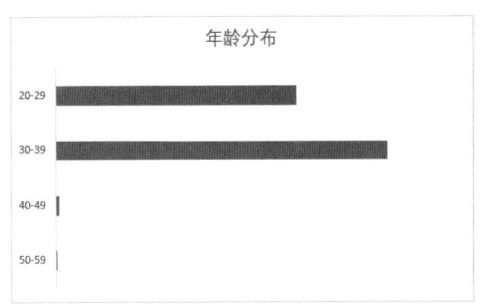

图22-30　降序排序数据

第4步 调整系列图形渐变色。选择第一个系列图形，修改其渐变色值为（58，110，255）～（99，205，255），选择第二个系列图形，修改其渐变色值为（34，215，217）～（193，255，245）。

第5步 添加数据标签。为条形图图表添加数据标签，并设置位置为"数据标签外"，如图22-31所示。

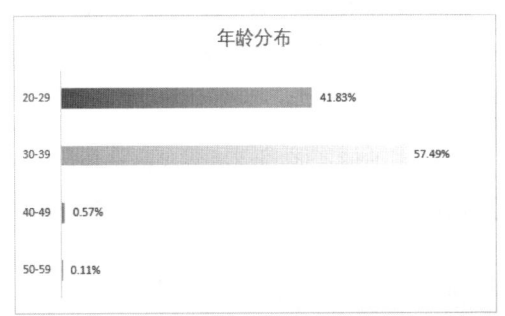

图22-31　调整系列图形渐变色

4. 用折线图展示每月入离职人数

用折线图展示每月入职和离职人数的具体操作步骤如下。

第1步 创建折线图。选中"每月入离职人数"汇总表中的单元格，单击"插入"选项卡→"图表"组→"插入折线图或面积图"下拉按钮，展开列表框，单击"带数据标记的折线图"图标，即可创建折线图，如图22-32所示。

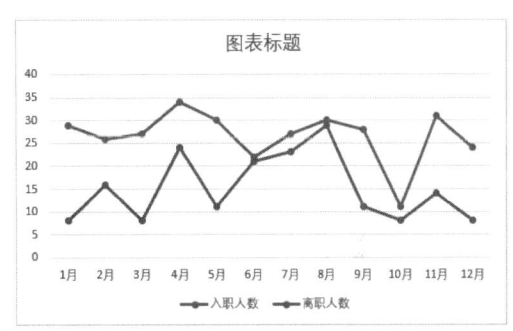

图22-32　创建折线图

第2步 修改图表元素和标题。选择新创建的图表，删除网格线，移动图表标题和图例，修改图表标题为"全年入离职人数对比"，如图22-33所示。

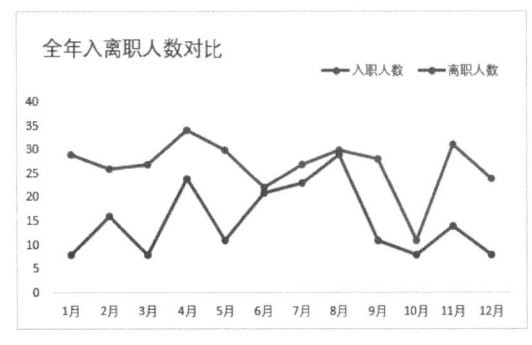

图22-33　编辑图表效果

第3步 美化系列图形。选择"入职人数"系列图形，在"设置数据系列格式"窗格的"线条"选项区中，修改填充颜色的RGB值为（79，249，255），"不透明度"为10%，在"阴影"选项区中，修改"模糊"为5磅，完成系列图形效果调整。

第4步 美化数据标记图形。选择"入职人数"系列图形中的数据标记点,在"标记选项"选项区中选中"内置"单选按钮,修改"类型"为实心圆,填充颜色RGB值为(79,249,255);在"边框"选项区中选中"无线条"单选按钮,完成数据标记效果的调整。

第5步 美化系列图形。选择"离职人数"系列图形,在"设置数据系列格式"窗格的"线条"选项区中,修改填充颜色的RGB值为(255,133,183),"不透明度"为10%;在"阴影"选项区中修改"模糊"为5磅,完成系列图形效果调整。

第6步 美化数据标记图形。选择"离职人数"系列图形中的数据标记点,在"标记选项"选项区中,选中"内置"单选按钮,修改"类型"为实心圆,填充颜色RGB值为(255,133,183);在"边框"选项区中,选中"无线条"单选按钮,完成数据标记效果的调整,最终的图表效果如图22-34所示。

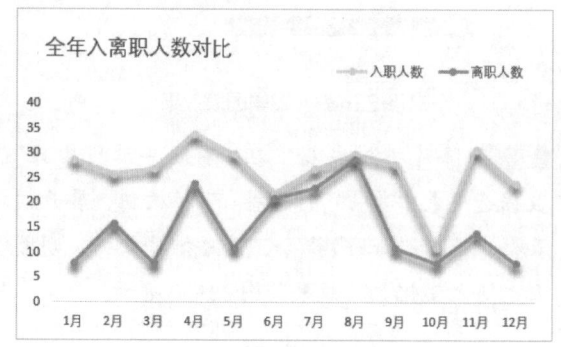

图22-34 美化折线图表效果

22.3.3 制作与美化人力分析看板

将作图数据表中的数据透视表和图表内容组合在一起形成完整的看板效果。完成看板布局后,可以将各部门人数按照人数升序排序操作,也可以将不同学历人数占比按照学历从低到高排序,让结果更直观。

1. 在看板上填充前3组数据

在看板上填充前3组数据的具体操作步骤如下。

第1步 切换工作表。在"人力分析看板"工作簿中,单击"公司人力数据分析看板"工作表标签,切换至该工作表。

第2步 引用"总人数"数据。在工作表中选中C6单元格,输入公式"=GETPIVOTDATA("姓名",作图数据!$A$4)",按"Enter"键确定,即可引用作图数据表中的"总人数"数据。

第3步 引用"2021年新入职人数"数据。选中H6单元格,输入公式"=GETPIVOTDATA("姓名",作图数据!$D$4,"年(入职日期)",2021)",按"Enter"键确定,即可引用"2021年新入职人数"数据。

第4步 引用"男女占比"数据。选中M6和M9单元格,依次输入公式"=GETPIVOTDATA("姓名",作图数据!$G$4,"性别","男")"和"=GETPIVOTDATA("姓名",作图数据!$G$4,"性别","女")",按"Enter"键确定,即可引用"男女占比"数据,如图22-35所示。

图22-35 引用3组看板数据

2. 在看板上填充图表

在看板上填充图表的具体操作步骤如下。

第1步 移动图片素材。将整个图片素材挪到看板上,方便确认各个图表的位置和大小。

第2步 复制并粘贴条形。在作图数据表中复制"部门人员分析"条形图表,粘贴至"公司人力数据分析看板"工作表中，调整位置大小，修改填充色为"无填充"、边框为"无边框"，因为看板的背景是深色，所以字体颜色更改为"白色，背景1"颜色，其效果如图22-36所示。

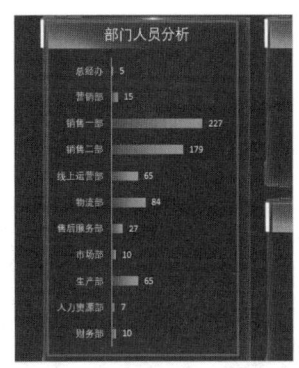

图22-36　复制并调整条形图表

第3步 复制并粘贴饼图。重复第2步的操作，将"学历占比分析"饼图复制粘贴到看板上，调整位置、大小和颜色。

第4步 复制并粘贴条形图。重复第2步的操作，将"年龄分布"条形图复制粘贴到看板上，调整位置、大小和颜色。

第5步 复制并粘贴折线图。重复第2步的操作，将"全年入职离职人数对比"折线图复制粘贴到看板上，调整位置、大小和颜色，最终的看板效果如图22-37所示。

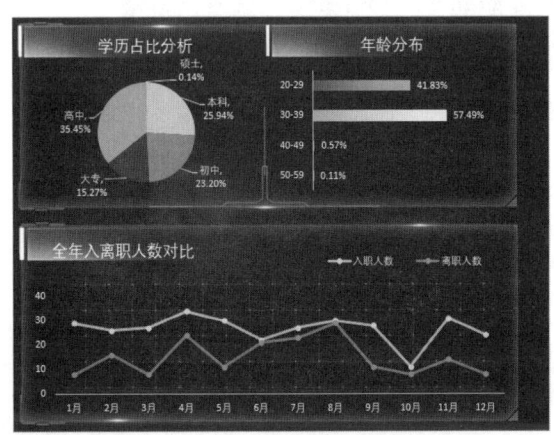

图22-37　在看板填充其他图表

3. 美化看板

美化看板的具体操作步骤如下。

第1步 升序排序数据。在作图数据表中，选中"各部门人数"数据透视表中的"计数项"单元格并右击，在弹出的快捷菜单中选择"排序"命令，展开子菜单，选择"升序"命令，升序排序数据，则看板中的图表也随之发生变化，其效果如图22-38所示。

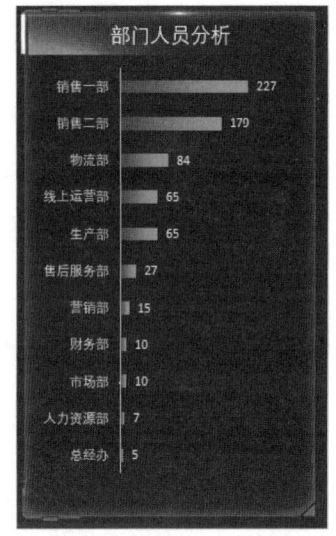

图22-38　升序排序数据

第2步 手动编写升序顺序。在作图数据表中的"不同学历占比"数据透视表下方的M13:M17单元格中，手动编写学历，按升序顺序排序，其效果如图22-39所示。

是否在职	在职
透视表5: 不同学历占比	
行标签	计数项:姓名
本科	25.94%
初中	23.20%
大专	15.27%
高中	35.45%
硕士	0.14%
总计	100.00%
初中	
高中	
大专	
本科	
硕士	

图22-39　手动编写学历升序顺序

第3步 设置学历自定义排序规则。在"文件"界面中选择"选项"命令,打开"Excel选项"对话框,在左侧列表框中选择"高级"选项,在右侧界面的"常规"选项区中单击"编辑自定义列表"按钮。打开"自定义序列"对话框,单击"从单元格中导入序列"文本框中的按钮,在打开的文本框中选中M13:M17单元格区域,返回到"自定义序列"对话框,单击"导入"按钮,再单击两次"确定"按钮,即可完成自定义序列的添加。

第4步 升序排序数据。在"不同学历占比"数据透视表中,单击"行标签"单元格右侧的下拉按钮,展开列表框,选择"升序"命令,即可升序排序学历,则看板中的图表也随之发生变化,在图表中,移动"高中"学历扇区图形的位置,突出高中学历,其效果如图22-40所示。

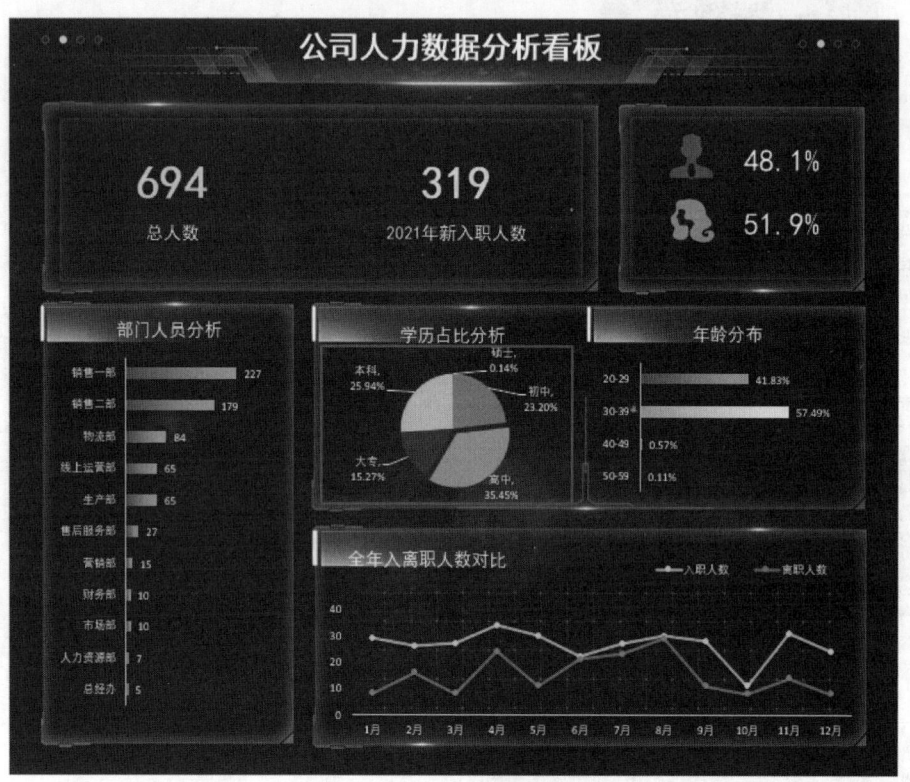

图22-40 升序排序数据

第23章 制作进销存报表

通过第2篇和第3篇内容的学习,我们掌握了Excel中数据处理和函数公式运用的方法。接下来我们通过某一家公司11月库存表的综合应用案例,来检验所学的内容,实现数据处理与公式运用的实操演练。

23.1 案例目标

本案例的目标是帮一家公司做一份11月的进销存报表,这份进销存报表由采购表、销售表和库存表三个子表组成,如图23-1所示。

(a)原始的采购表

(b)原始的销售表

(c)原始的库存表

图23-1 原始的采购表、销售表和库存表

从图23-1可以看出三个表中的数据都是不完整的，我们需要将其补充完整，得到最终的报表，如图23-2所示。

（a）完整的采购表　　　　　　　　　　　　（b）完整的销售表

（c）完整的库存表

图23-2　补充完整的采购表、销售表和库存表

实现思路

制作进销存报表时，需要分为以下3部分来完成。

（1）完成采购表的数据填充。

（2）完成销售表的数据填充。

（3）完成库存表的数据填充（根据前面两张表计算得出的数据，填充完成11月份产品的库存表）。

下面详细分析每个任务的实现思路。

1. 完成采购表的数据填充

从采购表中可以看出需要填充采购日期、采购金额、最低单价和供应商4个方面的数据，其具体制作思路如下。

①批量填充空白采购日期。

②填充采购金额数据。

③填充最低单价数据。

④填充供应商数据。

2. 完成销售表的数据填充

在销售表中，需要补充单价和销售金额的数据，其具体制作思路如下。

①使用VLOOKUP函数查找对应单价。

②填充销售金额。

3. 完成库存表的数据填充

在11月的库存表中，需要填充本月采购、本月销售、期末库存和库存状态4类数据，其具体制作思路如下。

①填充本月采购数据。

②填充本月销售数据。

③填充期末库存数据。

④填充库存状态。

⑤使用“条件格式”功能完成库存状态的警示。

23.3 实现过程

在了解了案例目标和实现思路后，接下来进入案例的实现过程。案例实现过程包括完成采购表中的数据、完成销售表中的数据、制作11月产品库存表3个方面，下面详细讲解其实现过程。

23.3.1 完成采购表的数据填充

在采购表中需要完成采购日期、采购金额、最低单价和供应商数据填充，其具体的操作步骤如下。

第1步 切换工作表。打开“进销存报表.xlsx”工作簿，单击“采购表”工作表标签，切换至该工作表[见图23-1（a）]。

第2步 定位空白单元格。在工作表中，按快捷键“Shift+Ctrl+↓”选中A3:A98单元格范围，然后按快捷键“Ctrl+G”打开“定位”对话框，单击“定位条件”按钮，在打开的“定位条件”对话框中，选中“空值”单选按钮，单击“确定”按钮，定位空白单元格。

第3步 批量填充采购日期。在编辑栏中输入公式符号“=”，然后按向上方向键↑，引用上一个单元格，最后按快捷键“Ctrl+Enter”，即可批量填充采购日期，如图23-3所示。

第4步 计算采购金额。选中F3单元格，输入公式“=D3*E3”，按“Enter”键确定，再次选中F3单元格，并双击单元格右下角的黑色十字填充柄，即可填充公式，计算出所有货品的采购金额，如图23-4所示。

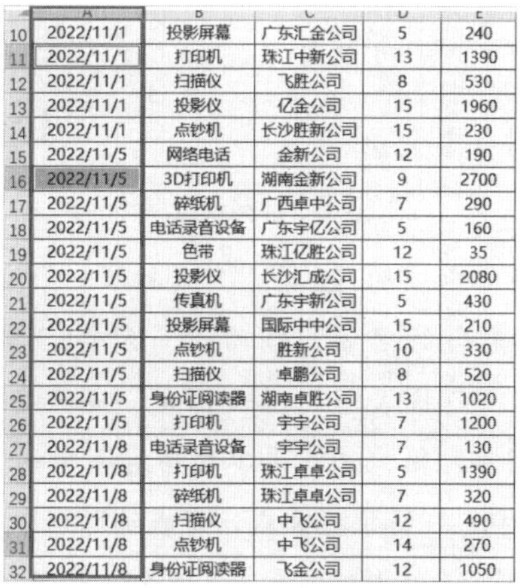

	A	B	C	D	E
10	2022/11/1	投影屏幕	广东汇金公司	5	240
11	2022/11/1	打印机	珠江中新公司	13	1390
12	2022/11/1	扫描仪	飞胜公司	8	530
13	2022/11/1	投影仪	亿金公司	15	1960
14	2022/11/1	点钞机	长沙胜新公司	15	230
15	2022/11/5	网络电话	金新公司	12	190
16	2022/11/5	3D打印机	湖南金新公司	9	2700
17	2022/11/5	碎纸机	广西卓中公司	7	290
18	2022/11/5	电话录音设备	广东宇亿公司	5	160
19	2022/11/5	色带	珠江亿胜公司	12	35
20	2022/11/5	投影仪	长沙汇成公司	15	2080
21	2022/11/5	传真机	广东宇新公司	5	430
22	2022/11/5	投影屏幕	国际中中公司	15	210
23	2022/11/5	点钞机	胜新公司	10	330
24	2022/11/5	扫描仪	卓鹏公司	8	520
25	2022/11/5	身份证阅读器	湖南卓胜公司	13	1020
26	2022/11/5	打印机	宇宇公司	7	1200
27	2022/11/8	电话录音设备	宇宇公司	7	130
28	2022/11/8	打印机	珠江卓卓公司	5	1390
29	2022/11/8	碎纸机	珠江卓卓公司	7	320
30	2022/11/8	扫描仪	中飞公司	12	490
31	2022/11/8	点钞机	中飞公司	14	270
32	2022/11/8	身份证阅读器	飞金公司	12	1050

图23-3 批量填充采购日期

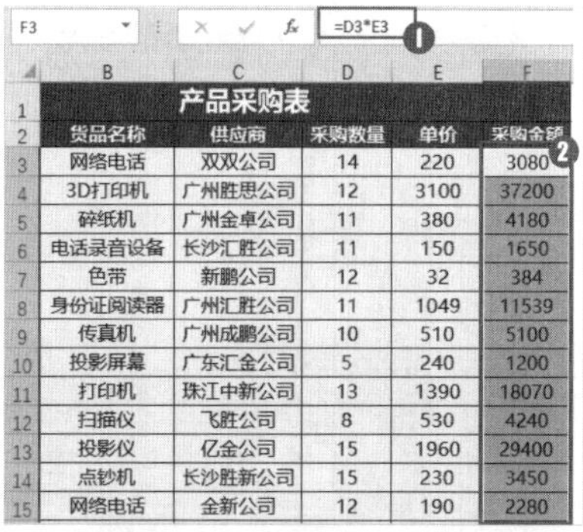

F3 =D3*E3 ❶

	B	C	D	E	F
1	产品采购表				
2	货品名称	供应商	采购数量	单价	采购金额
3	网络电话	双双公司	14	220	3080 ❷
4	3D打印机	广州胜思公司	12	3100	37200
5	碎纸机	广州金卓公司	11	380	4180
6	电话录音设备	长沙汇胜公司	11	150	1650
7	色带	新鹏公司	12	32	384
8	身份证阅读器	广州汇胜公司	11	1049	11539
9	传真机	广州成鹏公司	10	510	5100
10	投影屏幕	广东汇金公司	5	240	1200
11	打印机	珠江中新公司	13	1390	18070
12	扫描仪	飞胜公司	8	530	4240
13	投影仪	亿金公司	15	1960	29400
14	点钞机	长沙胜新公司	15	230	3450
15	网络电话	金新公司	12	190	2280

图23-4 计算采购金额

注意

在使用快捷键"Shift+Ctrl +↓"选取采购日期数据时，如果中间有空白单元格，会停止选取，再继续按这个快捷键，就能继续向下选取，直到选取完该列所有的数据。

第5步 计算最低单价。选中K3单元格，输入公式"=MINIFS($E$3:$E$98,$B$3:$B$98,J3)"，按"Enter"键确定，然后选中K3单元格，并双击单元格右下角的黑色十字填充柄，即可填充公式，计算出所有货品的最低单价，如图23-5所示。

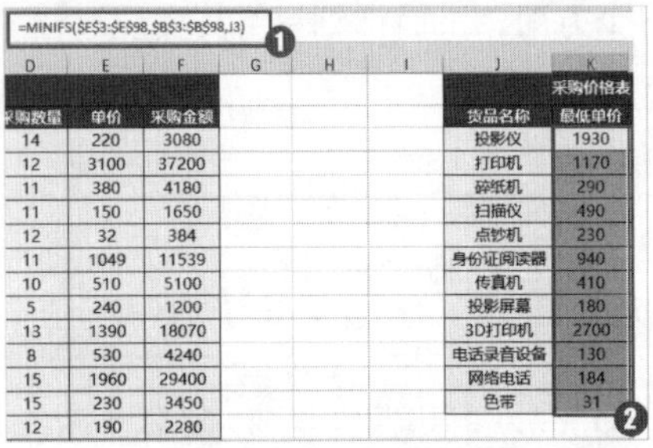

图23-5 计算最低单价

第6步 添加辅助列。在C列前插入一个空白列，修改标题行的名字为辅助列，选中C3单元格，输入公式"=B3&F3"，按"Enter"键确定，然后选中C3单元格，并双击单元格右下角的黑色十字填充柄，即可填充公式，完成辅助列中货品名称和单价组合名称的填充，其效果如图23-6所示。

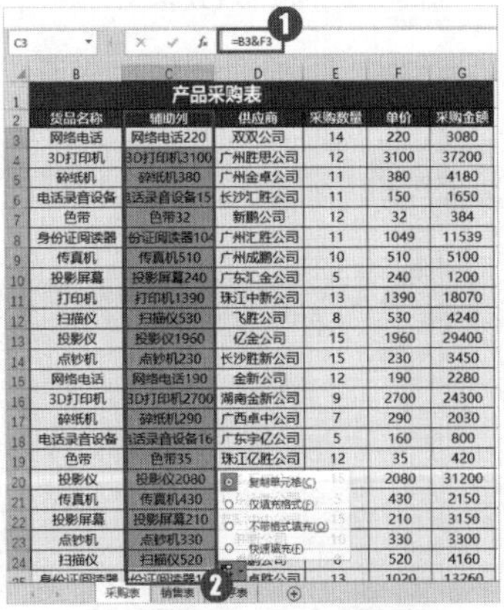

图23-6 添加辅助列

技术看板

我们需要根据货品名称，在采购表中找到对应货品的最低单价。比如要查找投影仪的最低单价，我们需要在采购表中找到所有的投影仪，然后对比单价，最后得出最低单价。最低单价可以理解为最小单价，以往我们都是通过MIN函数直接求出一组数据中的最小值，但是现在我们需要对不同货品进行条件判断，再求出对应货品的最低单价。这其实多了一层条件判断，只靠MIN函数无法实现，此时，可以用多条件统计函数中的MINIFS函数实现。它在满足某些条件的情况下，对满足条件的所有数据进行对比计算，最后返回最小值，其语法结构如图23-7所示。

MINIFS(求最小值区域,条件区域1,条件1,条件区域2,条件2...)

图23-7 MINIFS语法结构

在该公式结构中，第一个参数是最小值所在的单元格区域，第二个参数是指条件所在的区域，第三个参数是要判断的条件，如果需要增加多组条件判断，可依次添加函数参数。

第7步 查找供应商。选中M3单元格，输入公式"=VLOOKUP(K3&L3,$C$3:$D$98,2,0)"，按"Enter"键确定，然后选中M3单元格，并双击单元格右下角的黑色十字填充柄，即可填充公式，查找出所有货品的供应商，如图23-8所示。

图23-8 查找供应商

技术看板

在查找供应商时,需要用VLOOKUP函数进行查找,且由于有两个关键信息,为了方便查询,在采购表里需要构建一个辅助列,把"货品名称"和对应的"单价"组合在一起,最后根据辅助列的关键信息,用VLOOKUP函数找出对应的供应商。

23.3.2 完成销售表的数据填充

在销售表中需要完成单价和销售金额数据的填充,其具体的操作步骤如下。

第1步 切换工作表。在"进销存报表.xlsx"工作簿中,单击"销售表"工作表标签,切换至该工作表[见图23-1(b)]。

第2步 查找单价数据。选中F3单元格,输入公式"=VLOOKUP(B3,$J$3:$K$14,2,0)",按"Enter"键确定,然后选中F3单元格,并双击单元格右下角的黑色十字填充柄,即可填充公式,完成各货品名称单价数据的查找,如图23-9所示。

第3步 计算销售金额。选中G3单元格,输入公式"=E3*F3",按"Enter"键确定,然后选中G3单元格,并双击单元格右下角的黑色十字填充柄,即可填充公式,完成所有货品销售金额的计算,如图23-10所示。

图23-9 查找单价

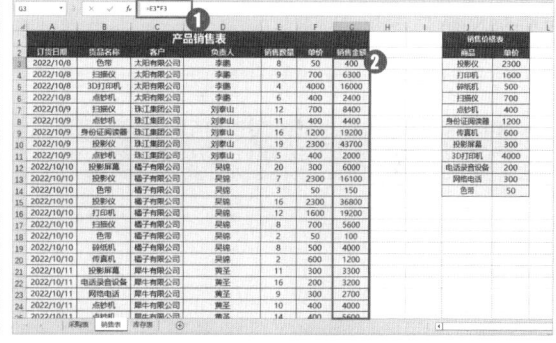

图23-10 计算销售金额

23.3.3 完成库存表的数据填充

这里的库存表是指11月产品库存表,在制作11月产品库存表时,需要根据采购表和销售表依次统计出库存表中的本月采购和本月销售的数量和金额。最后补充完整期末库存和库存状态,并对库存状态设置突出显示单元格,存货过多显示黄色,过少则为红色,其具体的操作步骤如下。

第1步 切换工作表。在"进销存报表.xlsx"工作簿中,单击"库存表"工作表标签,切换至该工作表[见图23-1(c)]。

第2步 计算货品11月的采购总数量。选中C4单元格,输入公式"=SUMIF(采购表!B3:B98,库存表!A4,采购表!E3:E98)",按"Enter"键确定,然后选中C4单元格,并双击单元格右下角的黑色十字填充柄，，即可填充公式，从而计算出货品11月的采购总数量，如图23-11所示。

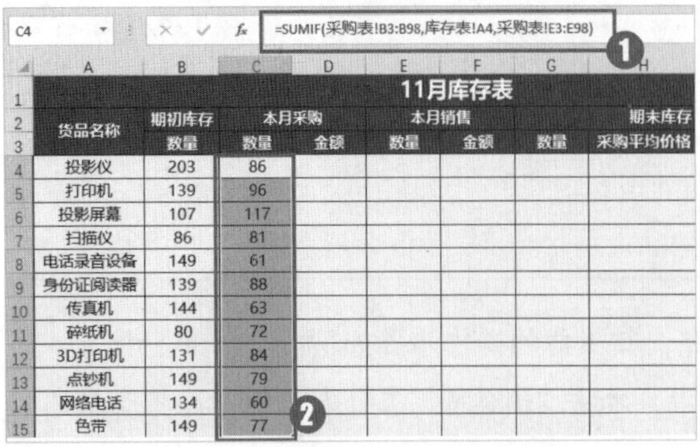
C4 =SUMIF(采购表!B3:B98,库存表!A4,采购表!E3:E98)

11月库存表							
货品名称	期初库存	本月采购		本月销售		期末库存	
	数量	数量	金额	数量	金额	数量	采购平均价格
投影仪	203	86					
打印机	139	96					
投影屏幕	107	117					
扫描仪	86	81					
电话录音设备	149	61					
身份证阅读器	139	88					
传真机	144	63					
碎纸机	80	72					
3D打印机	131	84					
点钞机	149	79					
网络电话	134	60					
色带	149	77					

图23-11 计算货品11月的采购总数量

第3步 计算货品11月的采购总金额。选中D4单元格，输入公式“=SUMIF(采购表!$B$3:$B$98,库存表!A4,采购表!$G$3:$G$98)”，按“Enter”键确定，然后选中D4单元格，并双击单元格右下角的黑色十字填充柄，即可填充公式，从而计算出货品11月的采购总金额，如图23-12所示。

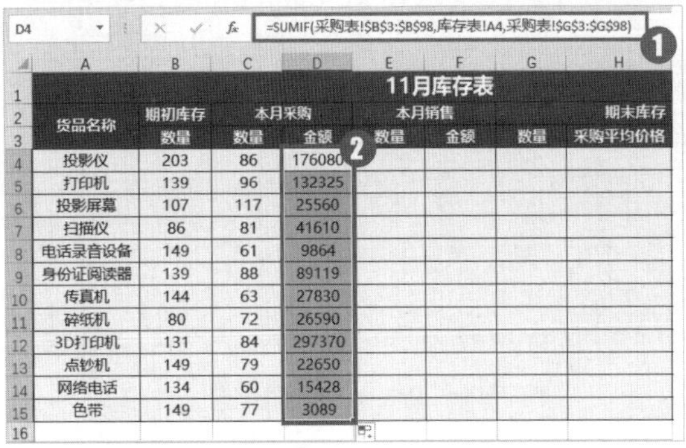
D4 =SUMIF(采购表!$B$3:$B$98,库存表!A4,采购表!$G$3:$G$98)

11月库存表							
货品名称	期初库存	本月采购		本月销售		期末库存	
	数量	数量	金额	数量	金额	数量	采购平均价格
投影仪	203	86	176080				
打印机	139	96	132325				
投影屏幕	107	117	25560				
扫描仪	86	81	41610				
电话录音设备	149	61	9864				
身份证阅读器	139	88	89119				
传真机	144	63	27830				
碎纸机	80	72	26590				
3D打印机	131	84	297370				
点钞机	149	79	22650				
网络电话	134	60	15428				
色带	149	77	3089				

图23-12 计算货品11月的采购总金额

技术看板

这里需要根据采购表里的数据来统计出不同货品的总数量和总金额。要想计算出货品在本月采购的总数量和总金额，需要用SUMIF函数，其语法结构如图23-13所示。

SUMIF(条件区域,条件,求和区域)

图23-13 SUMIF语法结构

在使用SUMIF函数时，第一个参数是条件区域，需要选择采购表中的“货品名称”列数据区域并完全锁定；第二个参数是条件，需要选择库存表中的“货品名称”列；第三个参数是求和区域，求的是数量的总和，需要选择采购表中的“采购数量”列并锁定，最后按“Enter”键确定，就可以计算出所有货品在本月采购的总数量。计算采购总金额的公式是一样的，只要把求和区域替换成“采购金额”列即可。

注意

如果选中这个数据区域，再按快捷键“F4”锁定，Excel会自动跳转到原来的工作表上。

第4步 计算货品11月的销售总数量。选中E4单元格，输入公式“=SUMIFS(销售表!$E$3:$E$252,销售表!$A$3:$A$252,">= 2022/11/1",销售表!$B$3:$B$252,A4)”，按“Enter”键确定，然后选中E4单元格，并双击单元格右下角的黑色十字填充柄，即可填充公式，从而计算出货品11月的销售总数量，如图23-14所示。

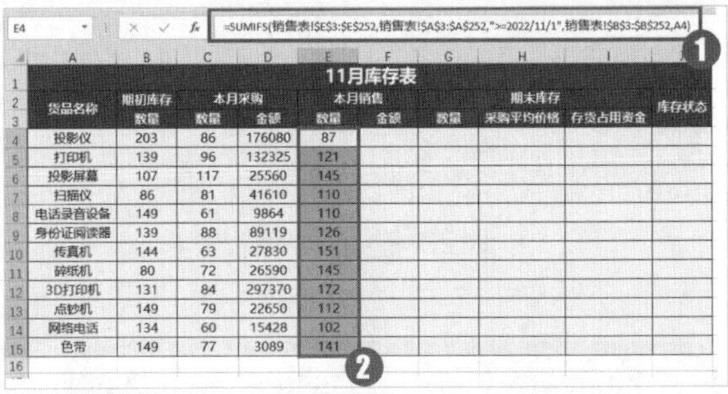
E4 =SUMIFS(销售表!$E$3:$E$252,销售表!$A$3:$A$252,">=2022/11/1",销售表!$B$3:$B$252,A4)

11月库存表									
货品名称	期初库存	本月采购		本月销售		期末库存			库存状态
	数量	数量	金额	数量	金额	数量	采购平均价格	存货占用资金	
投影仪	203	86	176080	87					
打印机	139	96	132325	121					
投影屏幕	107	117	25560	145					
扫描仪	86	81	41610	110					
电话录音设备	149	61	9864	110					
身份证阅读器	139	88	89119	126					
传真机	144	63	27830	151					
碎纸机	80	72	26590	145					
3D打印机	131	84	297370	172					
点钞机	149	79	22650	112					
网络电话	134	60	15428	102					
色带	149	77	3089	141					

图23-14 计算货品11月销售总数量

第5步 计算货品11月的销售总金额。选中F4单元格，输入公式“=SUMIFS(销售表!$G$3:$G$252,销售表!$A$3:$A$252,">=2022/11/1",销售表!$B$3:$B$252,A4)”，按“Enter”键确定，然后选中F4单元格，并双击单元格右下角的黑色十字填充柄，即可填充公式，从而计算出货品11月的销售总金额，如图23-15所示。

11月库存表									
货品名称	期初库存	本月采购		本月销售		期末库存			库存状态
	数量	数量	金额	数量	金额	数量	采购平均价格	存货占用资金	
投影仪	203	86	176080	87	200100				
打印机	139	96	132325	121	193600				
投影屏幕	107	117	25560	145	43500				
扫描仪	86	81	41610	110	77000				
电话录音设备	149	61	9864	110	22000				
身份证阅读器	139	88	89119	126	151200				
传真机	144	63	27830	151	90600				
碎纸机	80	72	26590	145	72500				
3D打印机	131	84	297370	172	688000				
点钞机	149	79	22650	112	44800				
网络电话	134	60	15428	102	30600				
色带	149	77	3089	141	7050				

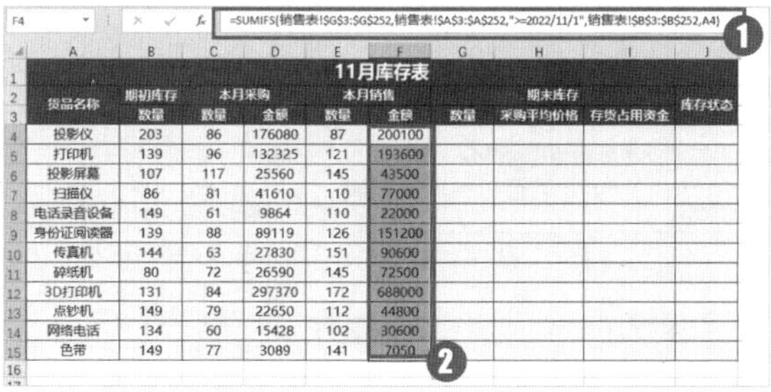

图23-15 计算货品11月的销售总金额

技术看板

在填充本月销售数据时，需要借助销售表统计出货品的数量和金额。由于销售表里的日期数据，不光有11月份的，还有10月份的。我们只要统计11月份的数据，所以又多了一个判断月份的条件，因此需要用多条件统计SUMIFS函数来实现，其语法结构如图23-16所示。

SUMIFS(求和区域,条件区域1,条件1,条件区域2,条件2)

图23-16 SUMIFS语法结构

在使用SUMIFS函数时，第一个参数是求和区域，需要选择销售表中的“销售数量”，然后锁定区域；第二个参数是条件区域1和条件1，需要选择销售表中的“订货日期”列，锁定区域，且判断的条件是大于等于2022/11/1；第三个参数是条件区域2和条件2，需要选择销售表中的“货品名称”列，锁定区域后再填写判断的条件，也就是库存表中对应的货品名称A4单元格，最后按“Enter”键确定，就可以计算出所有货品在本月销售的总数量。计算销售总金额的公式是一样的，只要把求和区域替换成“销售金额”列即可。

第6步 计算货品11月的期末库存数量。选中G4单元格，输入公式“=B4+C4-E4”，按“Enter”键确定，然后选中G4单元格，并双击单元格右下角的黑色十字填充柄，即可填充公式，从而计算出货品11月的期末库存数量，如图23-17所示。

11月库存表						
货品名称	期初库存	本月采购		本月销售		
	数量	数量	金额	数量	金额	数量
投影仪	203	86	176080	87	200100	202
打印机	139	96	132325	121	193600	114
投影屏幕	107	117	25560	145	43500	79
扫描仪	86	81	41610	110	77000	57
电话录音设备	149	61	9864	110	22000	100
身份证阅读器	139	88	89119	126	151200	101
传真机	144	63	27830	151	90600	56
碎纸机	80	72	26590	145	72500	7
3D打印机	131	84	297370	172	688000	43
点钞机	149	79	22650	112	44800	116
网络电话	134	60	15428	102	30600	92
色带	149	77	3089	141	7050	85

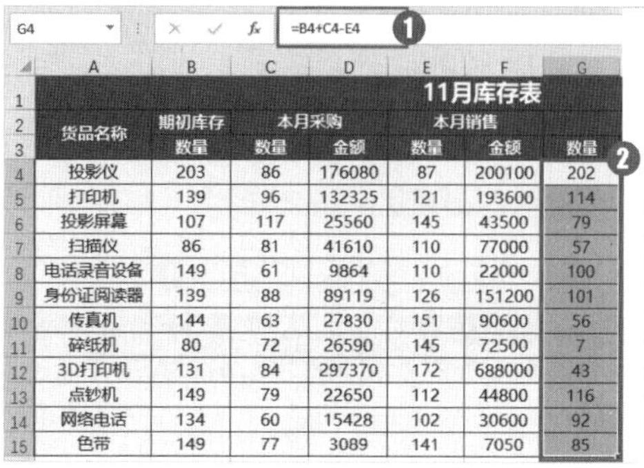

图23-17 计算货品11月期末库存数量

第7步 计算货品11月采购平均价格。选中H4单元格，输入公式“=D4/C4”，按“Enter”键确定，然后选中H4单元格，并双击单元格右下角的黑色十字填充柄，即可填充公式，从而计算出货品11月的采购平均价格，如图23-18所示。

11月库存表							
货品名称	期初库存	本月采购		本月销售			期末库存
	数量	数量	金额	数量	金额	数量	采购平均价格
投影仪	203	86	176080	87	200100	202	2047.44186
打印机	139	96	132325	121	193600	114	1378.38542
投影屏幕	107	117	25560	145	43500	79	218.461538
扫描仪	86	81	41610	110	77000	57	513.703704
电话录音设备	149	61	9864	110	22000	100	161.704918
身份证阅读器	139	88	89119	126	151200	101	1012.71591
传真机	144	63	27830	151	90600	56	441.746032
碎纸机	80	72	26590	145	72500	7	369.305556
3D打印机	131	84	297370	172	688000	43	3540.11905
点钞机	149	79	22650	112	44800	116	286.708861
网络电话	134	60	15428	102	30600	92	257.133333
色带	149	77	3089	141	7050	85	40.1168831

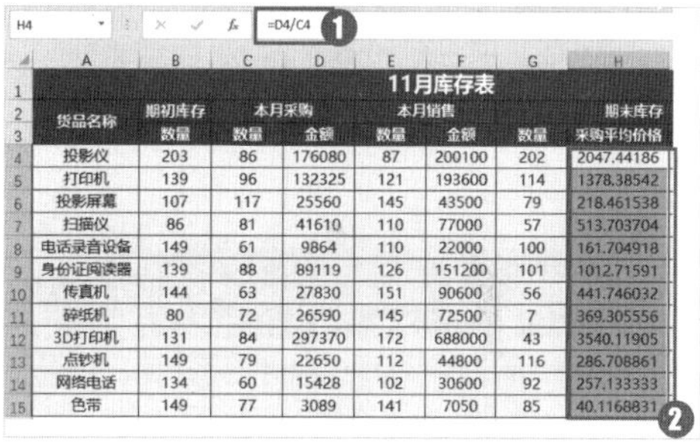

图23-18 计算11月采购平均价格

第8步 计算货品11月的存货占用资金。选中I4单元格，输入公式“=H4*G4”，按“Enter”键确定，然后选中I4单元格，并双击单元格右下角的黑色十字填充柄，填充公式，可以计算出货品11月的存货占用资金，如图23-19所示。

11月库存表									
货品名称	期初库存	本月采购		本月销售		期末库存			库存状态
	数量	数量	金额	数量	金额	数量	采购平均价格	存货占用资金	
投影仪	203	86	176080	87	200100	202	2047.44186	413583.256	
打印机	139	96	132325	121	193600	114	1378.38542	157135.938	
投影屏幕	107	117	25560	145	43500	79	218.461538	17258.4615	
扫描仪	86	81	41610	110	77000	57	513.703704	29281.1111	
电话录音设备	149	61	9864	110	22000	100	161.704918	16170.4918	
身份证阅读器	139	88	89119	126	151200	101	1012.71591	102284.307	
传真机	144	63	27830	151	90600	56	441.746032	24737.7778	
碎纸机	80	72	26590	145	72500	7	369.305556	2585.13889	
3D打印机	131	84	297370	172	688000	43	3540.11905	152225.119	
点钞机	149	79	22650	112	44800	116	286.708861	33258.2278	
网络电话	134	60	15428	102	30600	92	257.133333	23656.2667	
色带	149	77	3089	141	7050	85	40.1168831	3409.93506	

存货数量	状态
<100	存货过少
100-200	正常
>200	存货过多

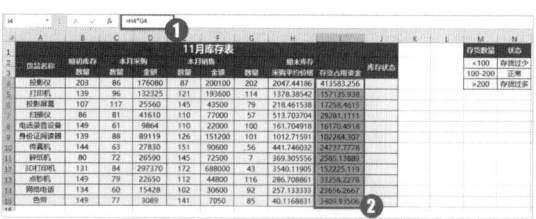

图23-19 计算11月存货占用资金

第9步 判断库存状态。选中J4单元格，输入公式"=IF(G4<100,"存货过少",IF(G4>200,"存货过多","正常"))"，按"Enter"键确定，然后选中J4单元格，并双击单元格右下角的黑色十字填充柄，即可填充公式，从而判断出11月货品的库存状态，如图23-20所示。

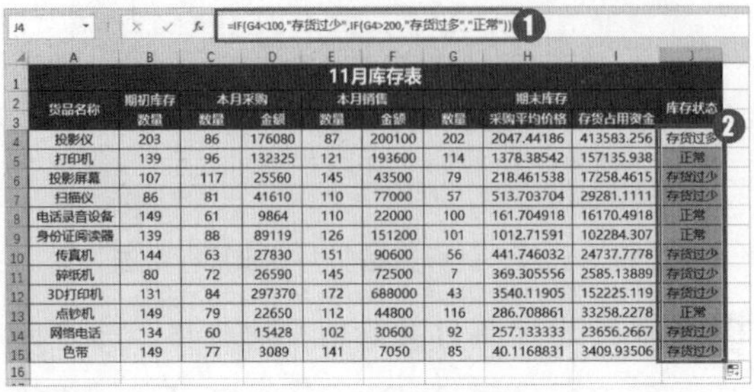

图23-20 判断库存状态

第10步 设置条件格式。选中J4:J15单元格范围，单击"开始"选项卡→"样式"组→"条件格式"下拉按钮，展开列表框，选择"突出显示单元格规则"→"文本包含"命令，打开"文本中包含"对话框，在文本框中输入"存货过多"，在"设置为"列表框中选择"自定义格式"命令，如图23-21所示。

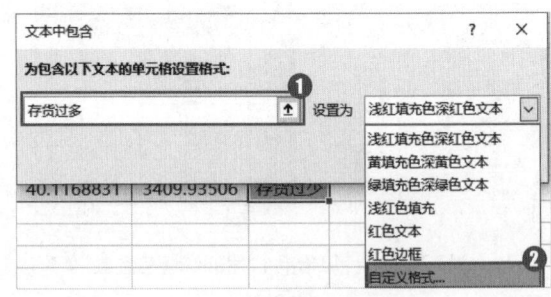

图23-21 设置条件格式

第11步 黄色突出显示文本。打开"设置单元格格式"对话框，选择"填充"选项卡，选择"黄色"颜色，单击"确定"按钮，返回到"文本中包含"对话框，单击"确定"按钮，即可用黄色突出显示文本。

第12步 突出显示其他文本。重复第10步和第11步的操作，突出显示"存货过少"文本，且使其显示红色，效果如图23-22所示。

11月库存表									
货品名称	期初库存	本月采购		本月销售		期末库存			库存状态
	数量	数量	金额	数量	金额	数量	采购平均价格	存货占用资金	
投影仪	203	86	176080	87	200100	202	2047.44186	413583.256	存货过多
打印机	139	96	132325	121	193600	114	1378.38542	157135.938	正常
投影屏幕	107	117	25560	145	43500	79	218.461538	17258.4615	存货过少
扫描仪	86	81	41610	110	77000	57	513.703704	29281.1111	存货过少
电话录音设备	149	61	9864	110	22000	100	161.704918	16170.4918	正常
身份证阅读器	139	88	89119	126	151200	101	1012.71591	102284.307	正常
传真机	144	63	27830	151	90600	56	441.746032	24737.7778	存货过少
碎纸机	80	72	26590	145	72500	7	369.305556	2585.13889	存货过少
3D打印机	131	84	297370	172	688000	43	3540.11905	152225.119	存货过少
点钞机	149	79	22650	112	44800	116	286.708861	33258.2278	正常
网络电话	134	60	15428	102	30600	92	257.133333	23656.2667	存货过少
色带	149	77	3089	141	7050	85	40.1168831	3409.93506	存货过少

存货数量	状态
<100	存货过少
100-200	正常
>200	存货过多

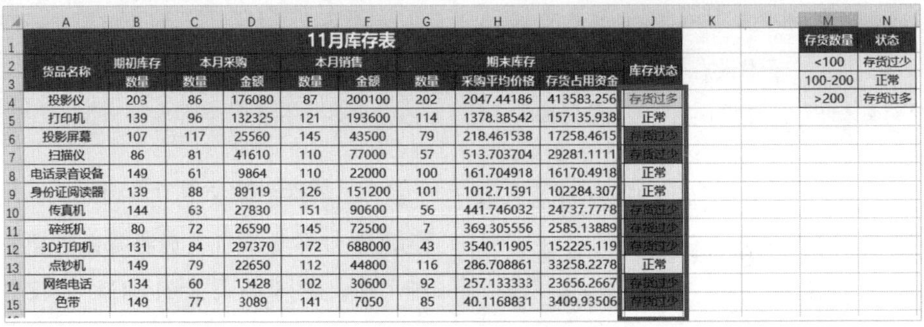

图23-22 突出显示文本

第24章 制作财务费用分析看板

财务费用分析看板是用于分析和监控财务费用的关键指标和趋势的工具。一个财务费用分析看板通常包含总体财务费用趋势、财务费用构成分析、资本结构影响、比较分析、部门或项目费用分析、预测与规划等几部分。我们可以根据实际需求进行定制和调整。视觉化的展示和交互功能可以帮助管理者更好地理解和分析财务费用情况，支持决策和优化。

本章将通过制作某公司财务费用分析看板的案例，讲解使用Excel制作财务费用分析看板的方法，具体内容包括目标确定（也就是需求分析）、数据选择（也就是核心数据分析指标）、数据整理与可视化展示、看板布局、切片器的应用与美化、测试等。

 24.1 案例目标

1. 案例背景

本案例的目标是帮财务人员制作一份公司在2023年的财务费用分析看板，并用此看板向老板做汇报。

2. 核心数据指标

制作财务费用分析看板的核心要素是"费用"，通过对费用进行拆解，可以将看板分成3个部分，它们分别是总体情况、一级细分情况和二级细分情况，如图24-1所示。

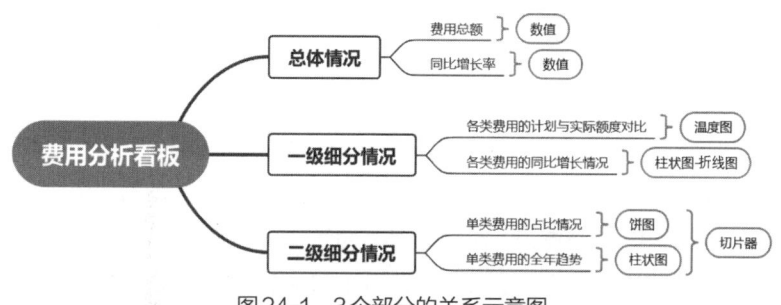

图24-1　3个部分的关系示意图

（1）总体情况。主要使用费用总额和同比增长率两方面的数据，来汇总全年的费用花费情况。

（2）一级细分情况。在总体费用的基础上，将费用划分为生产费用、销售费用、管理费用和财务费用四类，用温度图对比展示这四类费用的计划费用与实际费用的差距；用柱形图和折线图组合展示出本年各项费用的同比增长情况。

（3）二级细分情况。主要从"单类费用的占比情况""单类费用的全年趋势"两个方向进行分析。

在厘清了看板的整体框架之后，需要了解这3张原始数据表，如图24-2所示。第1张表是2023年费用核算表，该表汇总了各个月份各类费用的实际情况；第2张表是2023年费用预算表，该表的结构和核算表相同，只不过这些数字都是预算值，也就是计划的费用；第3张表是2022年的费用核算表。

费用类别	二级费用	1月	2月	3月	4月	5月	6月	7月	8月	9月	10月	11月	12月	总计
生产费用	直接材料	88.1	98.0	93.8	86.0	87.5	91.1	98.6	92.7	92.9	96.4	99.6	91.6	1,116.3
	直接人工	14.2	14.4	13.0	16.9	17.8	12.9	15.4	13.3	17.9	14.1	12.3	12.1	174.3
	制造费用	10.7	10.7	11.1	10.8	10.7	10.1	10.8	11.8	11.1	10.5	9.6	9.7	127.6
生产费用 汇总		113.0	123.1	117.9	113.7	116.0	114.1	124.8	117.8	121.9	121.0	121.5	113.4	1,418.2
销售费用	推广费用	76.0	50.2	50.2	78.1	58.0	66.8	52.4	58.9	59.3	52.1	53.5	57.5	713.0
	咨询费用	5.0	5.0	5.0	5.0	5.0	5.0	6.0	5.0	5.0	5.0	8.0	5.0	64.0
	业务经费	9.3	9.6	10.0	9.1	9.1	9.1	9.1	10.4	9.5	9.6	11.0	9.1	114.9
	人力成本	28.5	26.9	26.9	21.9	23.5	25.0	21.0	21.5	27.6	21.1	25.8	20.9	290.6
销售费用 汇总		118.8	91.7	92.1	114.1	95.6	105.9	88.5	95.8	101.4	87.8	98.3	92.5	1,182.5
管理费用	人力成本	17.0	18.9	15.0	15.3	17.8	18.3	17.3	15.8	15.8	17.1	18.8	17.3	204.4
	业务招待费	4.3	3.9	4.8	3.4	3.4	4.1	4.1	6.0	4.5	6.2	4.4	3.8	52.9
	办公费	1.1	1.1	0.8	0.9	0.9	0.8	1.0	1.1	0.8	0.8	1.1	0.9	11.3
	差旅费	1.7	0.6	2.7	2.0	3.1	4.0	0.7	0.6	4.1	2.7	3.2	4.4	29.8
	办公租赁费	10.0	10.0	10.0	10.0	10.0	10.0	10.0	11.5	11.5	11.5	11.5	11.5	127.5
	水电费	1.1	1.2	1.2	1.1	1.1	1.2	1.1	1.2	1.1	1.1	1.2	1.1	13.5
管理费用 汇总		35.2	35.7	34.4	32.7	36.2	38.3	34.2	36.1	37.9	39.3	40.1	39.2	439.4
财务费用	利息	1.4	1.4	1.4	1.4	1.3	1.3	1.3	1.3	1.1	1.1	1.1	1.1	15.2
	手续费	0.7	0.8	0.8	0.8	0.8	0.7	0.7	0.8	0.7	0.7	0.8	0.8	8.9
财务费用 汇总		2.1	2.2	2.2	2.2	2.1	2.1	2.0	2.0	1.9	1.8	1.8	1.9	24.1
总计		269.1	252.7	246.6	262.7	249.9	260.4	249.5	251.7	263.0	249.9	261.6	246.9	3,064.2

图24-2　3张原始数据表

使用3张原始数据表中的数据，在作图数据表中制作6组数据，6组数据的对应内容如下。

- 第1组数据对应"费用总额"；
- 第2组数据对应"同比增长率"；
- 第3组数据对应"计划&实际费用对比"；
- 第4组数据对应"费用同比增长"；
- 第5组数据对应"费用细分情况"；
- 第6组数据对应"××费用全年趋势"。

在制作完6组数据后，需要将这6组数据在看板中进行可视化展示，第1组数据通过函数汇总后展示出现；第2组数据通过百分比的形式进行展示；第3组数据通过制作成温度图进行展示；第4组数据通过制作成柱形图+折线图进行展示；第5组数据通过制作成饼图进行展示，并使用切片器控制"费用细分情况"的展示；第6组数据通过制作成柱形图进行展示，最后添加动态图表标题，得到最终的费用分析看板效果，如图24-3所示。

第 24 章
制作财务费用分析看板

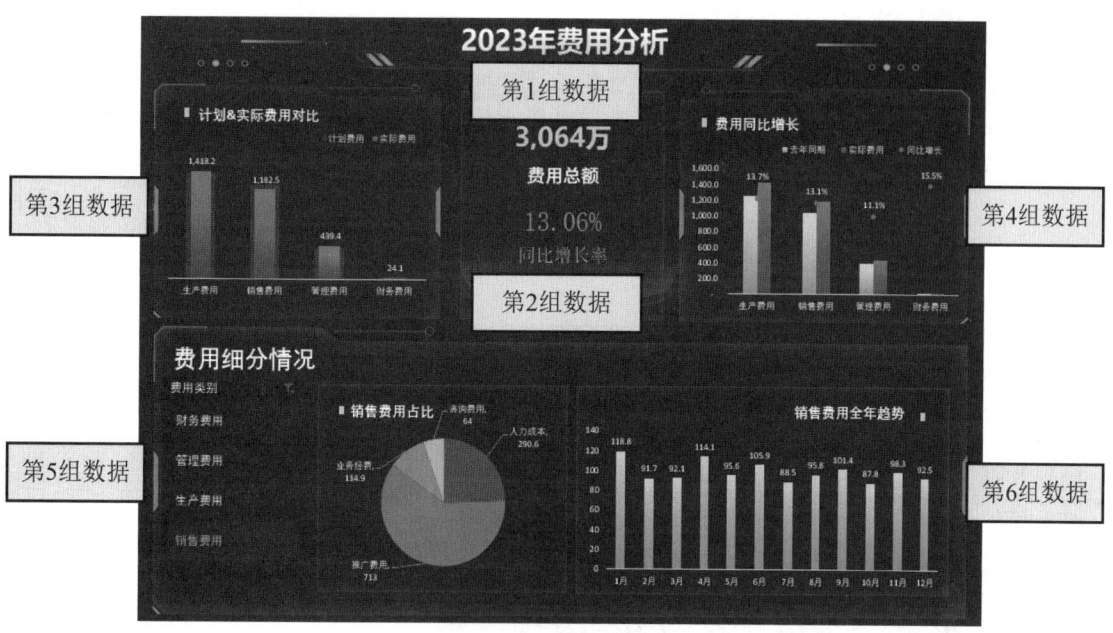

图 24-3 最终案例效果

24.2 实现思路

基于本案例的实现目的，该财务费用分析看板可以分成以下4个任务来逐步完成。

（1）汇总与可视化第1～4组数据。
（2）制作动态透视图表。
（3）制作动态图表标题。
（4）制作看板。

下面详细分析每个任务的实现思路。

1. 汇总与可视化第1～4组数据

利用2023年费用核算表、2023年费用预算表和2022年费用核算表等3张原始数据表中的数据，在作图数据表中完成第1～4组数据，并用温度图呈现第3组（"计划&实际费用对比"）数据，用柱形图和折线图呈现第4组（"费用同比增长"）数据，其具体制作思路如下。

①规范数据。
②计算2023年费用总额。
③计算同比增长率。

④计算2023年各类费用计划总额和实际总额。
⑤计算2023年各类费用同比增长。
⑥制作温度图和柱形图+折线图。

2. 制作动态透视图表

使用数据透视表汇总第5组（"费用细分情况"）和第6组（"销售费用全年趋势"）数据，然后制作切片器、饼图和柱形图，这样就可以让透视图表实现动态化了，其具体制作思路如下。

①汇总第5组数据。
②汇总第6组数据。
③创建切片器。
④创建饼图。
⑤创建柱形图。

· 349 ·

3. 制作动态图表标题

如果只有动态图表还不够，还需要让图表标题也是动态的，其具体制作思路如下。

①为第5组数据透视表添加"费用类别"筛选字段。

②用&符号拼接出标题名。

③在图表标题中引用单元格。

4. 制作看板

所有看板的材料制作完成后，就需要完成看板的制作。在"费用看板"工作表中，包含已经搭建好的看板框架和美术素材，如图24-4所示。

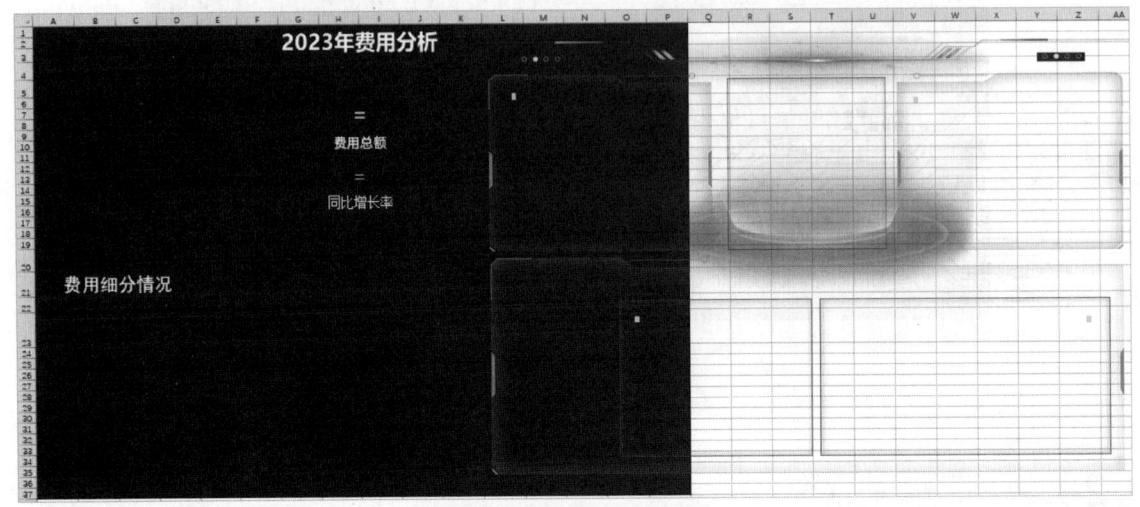

图24-4　看板框架和美术素材

我们需要根据看板框架来制作看板中各个布局的内容，其具体制作思路如下。

①引用费用总额和同比增长率数据。

②将美术素材、图表放置在看板中并对其调整。

③美化切片器。

24.3　实现过程

在了解了案例目标和实现思路后，接下来进入案例的实现过程。案例实现过程包括完成第1～4组数据的汇总和可视化、制作动态透视图表、制作动态图表标题和制作看板4个方面，下面详细讲解其实现过程。

24.3.1　汇总与可视化第1～4组数据

汇总与可视化第1～4组数据时，需要先将3张数据源表的数据规范化，方便函数计算，且确保原始数据修改时，作图数据能及时更新，最后制作两个复合图表。

1. 规范数据

由于3张原始表的A列中存在合并单元格，以及表格中有分类汇总，在进行数据汇总和可视化处理时会出现一些错误。因此，在数据汇总前需要将表格中的数据进行规范化处理，主要是解决3张原始数据表中A列数据的合并和汇总行的问题。数据规范化处理的具体操作步骤如下。

第1步 切换工作表。打开“财务费用分析看板.xlsx”工作簿，单击“2023年费用核算表”工作表标签，切换至该工作表（见图24-2）。

第2步 取消单元格合并。在工作表中选中A列，单击“开始”选项卡→“对齐方式”组→“合并后居中”下拉按钮，展开列表框，选择“取消单元格合并”命令，即可取消单元格合并。

第3步 选中空值单元格。按快捷键“Ctrl+G”打开“定位”对话框，单击“定位条件”按钮，在打开的“定位条件”对话框中，选中“空值”单选按钮，选中所有空值单元格，如图24-5所示。

	A	B	C	D	E	F	G	H	I	J	K	L	M	N	O
1	费用类别	二级费用	1月	2月	3月	4月	5月	6月	7月	8月	9月	10月	11月	12月	总计
2	生产费用	直接材料	88.1	98.0	93.8	86.0	87.5	91.1	98.6	92.7	92.9	96.4	99.6	91.6	1,116.3
3		直接人工	14.2	14.4	13.0	16.9	17.8	12.9	15.4	13.3	17.9	14.1	12.3	12.1	174.3
4		制造费用	10.7	10.7	11.1	10.8	10.7	10.1	10.8	11.8	11.1	10.5	9.6	9.7	127.6
5	生产费用 汇总		113.0	123.1	117.9	113.7	116.0	114.1	124.8	117.8	121.9	121.0	121.5	113.4	1,418.2
6	销售费用	推广费用	76.0	50.2	50.2	78.1	58.0	66.8	52.4	58.9	59.3	52.1	53.5	57.5	713.0
7		咨询费用	5.0	5.0	5.0	5.0	5.0	5.0	6.0	5.0	5.0	5.0	8.0	5.0	64.0
8		业务经费	9.3	9.6	10.0	9.1	9.1	9.1	9.1	10.4	9.5	9.6	11.0	9.1	114.9
9		人力成本	28.5	26.9	26.9	21.9	23.5	25.0	21.0	21.5	27.6	21.1	25.8	20.9	290.6
10	销售费用 汇总		118.8	91.7	92.1	114.1	95.6	105.9	88.5	95.8	101.4	87.8	98.3	92.5	1,182.5
11	管理费用	人力成本	17.0	18.9	15.0	15.3	17.8	18.3	17.3	15.8	15.8	17.1	18.8	17.3	204.4
12		业务招待费	4.3	3.9	4.8	3.4	3.4	4.1	4.1	6.0	4.5	6.2	4.4	3.8	52.9
13		办公费	1.1	1.1	0.8	0.9	0.9	0.8	1.0	1.1	0.8	0.8	1.1	0.9	11.3
14		差旅费	1.7	0.6	2.7	2.0	3.1	4.0	0.7	0.6	4.1	2.7	3.2	4.4	29.8
15		办公租赁费	10.0	10.0	10.0	10.0	10.0	10.0	10.0	11.5	11.5	11.5	11.5	11.5	127.5
16		水电费	1.1	1.2	1.2	1.1	1.0	1.1	1.2	1.1	1.2	1.1	1.1	1.2	13.5
17	管理费用 汇总		35.2	35.7	34.4	32.7	36.2	38.3	34.2	36.1	37.9	39.3	40.1	39.2	439.4
18	财务费用	利息	1.4	1.4	1.4	1.4	1.3	1.3	1.3	1.3	1.1	1.1	1.1	1.1	15.2
19		手续费	0.7	0.8	0.8	0.8	0.8	0.8	0.7	0.7	0.8	0.7	0.7	0.8	8.9
20	财务费用 汇总		2.1	2.2	2.2	2.2	2.1	2.1	2.0	2.0	1.9	1.8	1.8	1.9	24.1
21	总计		269.1	252.7	246.6	262.7	249.9	260.4	249.5	251.7	263.0	249.9	261.6	246.9	3,064.2

图24-5 选中空值单元格

第4步 快速填充数据。直接输入“=”，然后按“↑”键选中上一单元格，再按快捷键“Ctrl+Enter”在空白单元格中快速填充数据，如图24-6所示。

	A	B	C
1	费用类别	二级费用	1月
2	生产费用	直接材料	88.1
3	生产费用	直接人工	14.2
4	生产费用	制造费用	10.7
5	生产费用 汇总	制造费用	113.0
6	销售费用	推广费用	76.0
7	销售费用	咨询费用	5.0
8	销售费用	业务经费	9.3
9	销售费用	人力成本	28.5
10	销售费用 汇总	人力成本	118.8
11	管理费用	人力成本	17.0
12	管理费用	业务招待费	4.3
13	管理费用	办公费	1.1
14	管理费用	差旅费	1.7
15	管理费用	办公租赁费	10.0
16	管理费用	水电费	1.1
17	管理费用 汇总	水电费	35.2
18	财务费用	利息	1.4
19	财务费用	手续费	0.7
20	财务费用 汇总	手续费	2.1
21	总计	手续费	269.1

图24-6 快速填充数据

第5步 删除分类汇总。选中表格的数据区域，单击“数据”选项卡→“分级显示”组→“分类汇总”按钮，打开“分类汇总”对话框，单击“全部删除”按钮，即可删除分类汇总，如图24-7所示。

	A	B	C
1	费用类别	二级费用	1月
2	生产费用	直接材料	88.1
3	生产费用	直接人工	14.2
4	生产费用	制造费用	10.7
5	销售费用	推广费用	76.0
6	销售费用	咨询费用	5.0
7	销售费用	业务经费	9.3
8	销售费用	人力成本	28.5
9	管理费用	人力成本	17.0
10	管理费用	业务招待费	4.3
11	管理费用	办公费	1.1
12	管理费用	差旅费	1.7
13	管理费用	办公租赁费	10.0
14	管理费用	水电费	1.1
15	财务费用	利息	1.4
16	财务费用	手续费	0.7

图24-7 删除分类汇总

第6步 数据规范化。在“财务费用分析看板.xlsx”工作簿中，单击“2023年费用预算表”工作表标签，切换至该工作表，重复第2～5步操作，对数据进行规范化操作，如图24-8所示。

费用类别	二级费用	1月	2月	3月	4月	5月	6月
生产费用	直接材料	90	90	90	90	90	90
生产费用	直接材料	15	15	15	15	15	15
生产费用	制造费用	10.5	10.5	10.5	10.5	10.5	10.5
销售费用	推广费用	60	60	60	60	60	60
销售费用	咨询费用	5	5	5	5	5	5
销售费用	业务经费	8	8	8	8	8	8
销售费用	人力成本	30	30	30	30	30	30
管理费用	人力成本	15	15	15	15	15	15
管理费用	业务招待费	4	4	4	4	4	4
管理费用	办公费	0.8	0.8	0.8	0.8	0.8	0.8
管理费用	差旅费	3	3	3	3	3	3
管理费用	办公租赁费	10	10	10	10	10	10
管理费用	水电费	1.2	1.2	1.2	1.2	1.2	1.2
财务费用	利息	1.5	1.5	1.5	1.5	1.5	1.5
财务费用	手续费	0.8	0.8	0.8	0.8	0.8	0.8

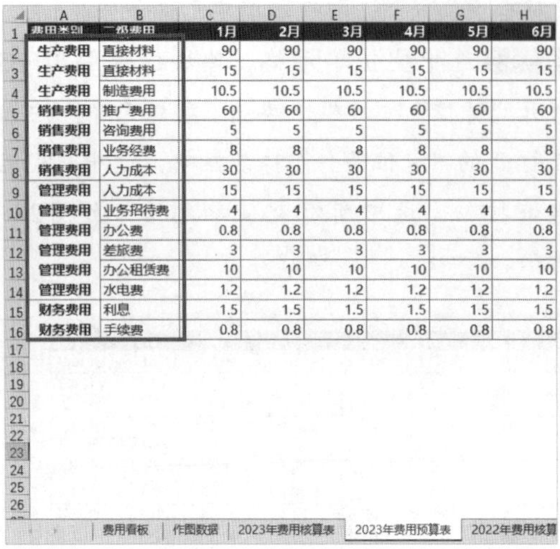

图24-8　数据规范化

第7步 数据规范化。在“财务费用分析看板.xlsx”工作簿中，单击“2022年费用核算表”工作表标签，切换至该工作表，重复第2～5步操作，对数据进行规范化操作，如图24-9所示。

费用类别	二级费用	1月	2月	3月	4月	5月	6月
生产费用	直接材料	79.3	85.3	77.9	80.8	73.5	82.0
生产费用	直接人工	13.2	12.2	11.8	15.0	15.8	11.5
生产费用	制造费用	9.7	8.8	9.8	9.4	9.5	8.4
销售费用	推广费用	71.4	42.7	45.7	69.5	49.9	58.1
销售费用	咨询费用	4.4	4.5	4.8	4.6	4.1	4.6
销售费用	业务经费	8.5	8.4	9.4	7.5	7.7	7.4
销售费用	人力成本	25.4	22.6	25.0	19.5	19.0	23.3
管理费用	人力成本	14.3	17.2	13.1	13.5	15.8	16.8
管理费用	业务招待费	3.7	3.5	4.4	3.2	2.8	3.4
管理费用	办公费	1.0	1.0	0.7	0.9	0.8	0.7
管理费用	差旅费	1.4	0.6	2.2	1.6	2.9	3.7
管理费用	办公租赁费	8.2	9.5	8.8	9.1	9.5	9.2
管理费用	水电费	0.9	1.0	1.0	1.0	0.8	0.9
财务费用	利息	1.2	1.3	1.3	1.2	1.1	1.1
财务费用	手续费	0.5	0.6	0.6	0.7	0.7	0.7

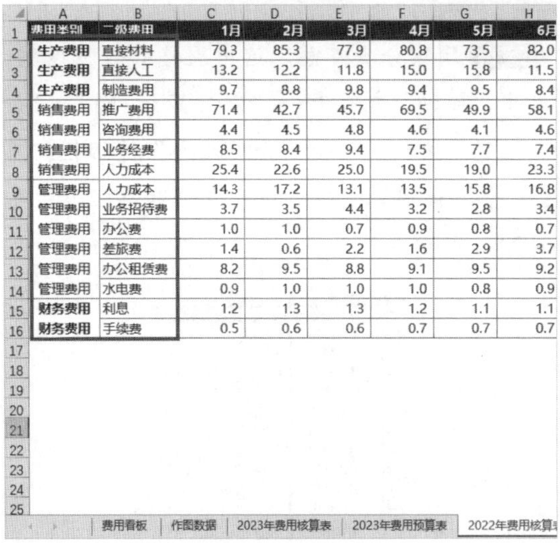

图24-9　数据规范化

2. 计算作图数据

计算作图数据的具体操作步骤如下。

第1步 切换工作表。在打开的“财务费用分析看板.xlsx”工作簿中，单击“作图数据”工作表标签，切换至该工作表，如图24-10所示。

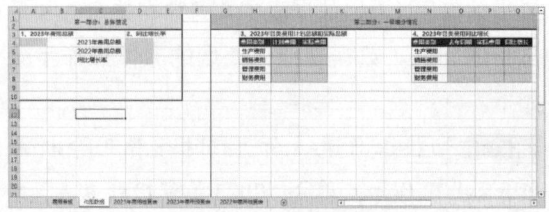

图24-10　切换工作表

第2步 计算2023年费用总额。选中A4单元格，输入公式“=SUM('2023年费用核算表'!O2:O16)”，按“Enter”键确定，即可计算第1组数据——2023年费用总额，如图24-11所示。

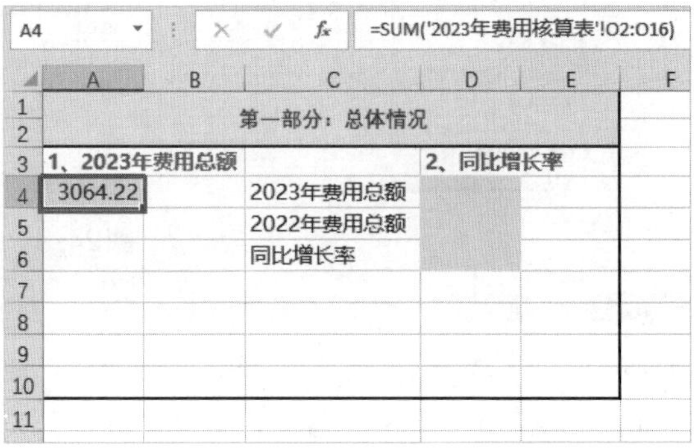

图24-11　计算2023年费用总额

第3步 计算2023年费用总额。在D4单元格中输入公式“=A4”，按“Enter”键确定，计算第2组数据——2023年费用总额。

第4步 计算2022年费用总额。在D5单元格中输入公式“=SUM('2022年费用核算表'!O2:O16)”，按“Enter”键确定，计算第2组数据——2022年费用总额。

第5步 计算同比增长率。在D6单元格中输入公式“=(D4-D5)/D5”，按“Enter”键确定，计算第2组数据——同比增长率，如图24-12所示。

	A	B	C	D	E
1			第一部分：总体情况		
2					
3	1、2023年费用总额			2、同比增长率	
4	3064.22		2023年费用总额	3064.22	
5			2022年费用总额	2710.17	
6			同比增长率	13.1%	

图24-12　计算第2组数据

第6步　计算各类费用计划总额。选中I5单元格，输入公式"=SUMIF('2023年费用预算表'!$A$2:$A$16,作图数据!H5,'2023年费用预算表'!$O$2:$O$16)"，按"Enter"键确定，然后在I5单元格上双击填充柄，即可填充公式，从而计算出第3组数据——各类费用计划总额。

第7步　计算各类费用实际总额。选中J5单元格，输入公式"=SUMIF('2023年费用核算表'!$A$2:$A$16,作图数据!H5,'2023年费用核算表'!$O$2:$O$16)"，按"Enter"键确定，然后在J5单元格上双击填充柄，即可填充公式，从而计算出第3组数据——各类费用实际总额，如图24-13所示。

3、2023年各类费用计划总额和实际总额		
费用类别	计划费用	实际费用
生产费用	1,386.0	1,418.2
销售费用	1,236.0	1,182.5
管理费用	408.0	439.4
财务费用	27.6	24.1

图24-13　计算第3组数据

第8步　计算各类费用去年同期增长。在O5单元格中输入公式"SUMIF('2022年费用核算表'!$A$2:$A$16,作图数据!H5,'2022年费用核算表'!$O$2:$O$16)"，按"Enter"键确定，然后在O5单元格上双击填充柄，即可填充公式，从而计算出第4组数据——各类费用去年同期增长。

第9步　计算各类费用实际增长。在P5单元格中输入公式"=J5"，按"Enter"键确定，然后在O5单元格上双击填充柄，即可填充公式，从而计算出第4组数据——各类费用实际增长。

第11步　计算各类费用同比增长。在Q5单元格中输入公式"=(P5-O5)/+O5)"，按"Enter"键确定，然后在Q5单元格上双击填充柄，即可填充公式，从而计算第4组数据——各类费用同比增长，如图24-14所示。

4、2023年各类费用同比增长			
费用类别	去年同期	实际费用	同比增长
生产费用	1,247.9	1,418.2	13.7%
销售费用	1,045.9	1,182.5	13.1%
管理费用	395.6	439.4	11.1%
财务费用	20.9	24.1	15.5%

图24-14　计算第四组数据

3. 将第3组数据做成温度图

将第3组数据做成温度图的具体操作步骤如下。

第1步　创建柱形图表。在"作图数据"工作表中，选中第3组数据H4:J8单元格范围，单击"插入"选项卡→"图表"组→"插入柱形图或条形图"下拉按钮，展开列表框，单击"簇状柱形图"图标，创建柱形图，如图24-15所示。

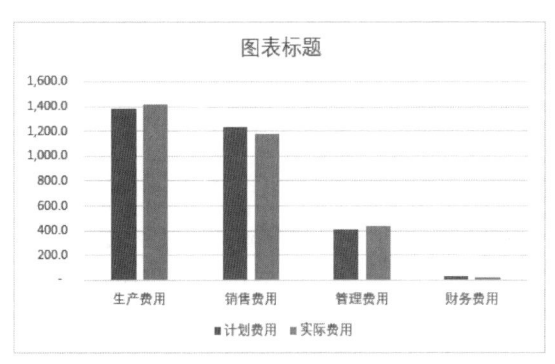

图24-15　创建柱形图

第2步　更改图表类型。选择新创建的图表，单击"图表设计"选项卡→"类型"组→"更改图表类型"按钮，打开"更改图表类型"对话框，在左侧列表框中，选择"组合图"选项，修改

"实际费用"的图表类型为"簇状柱形图",并选中其右侧的"次坐标轴"复选框,单击"确定"按钮,即可更改图表类型,如图24-16所示。

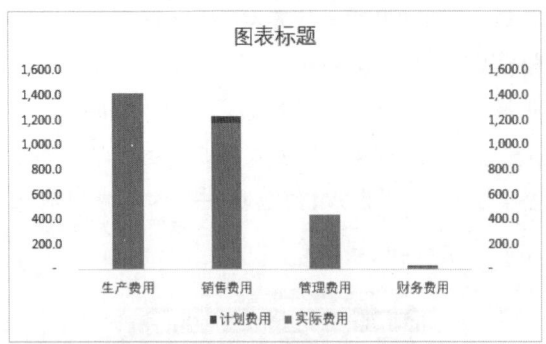

图24-16　更改图表类型

第3步 调整图表间隙宽度和系列重叠。选择图表中的"计划费用"系列图形,在"设置数据系列格式"窗格的"系列选项"选项区中,修改"间隙宽度"为120%;选择"实际费用"系列图形,在"设置数据系列格式"窗格的"系列选项"选项区中,修改"系列重叠"为100%,其图表效果如图24-17所示。

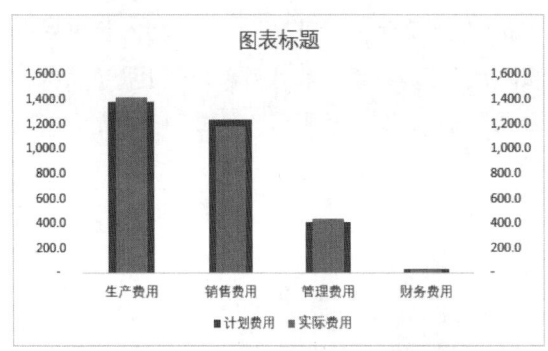

图24-17　调整图表间隙宽度和系列重叠

第4步 调整图表标题和元素。修改图表标题为"计划&实际费用对比",手动调整图例元素的位置,并删除坐标轴,调整图表的大小,如图24-18所示。

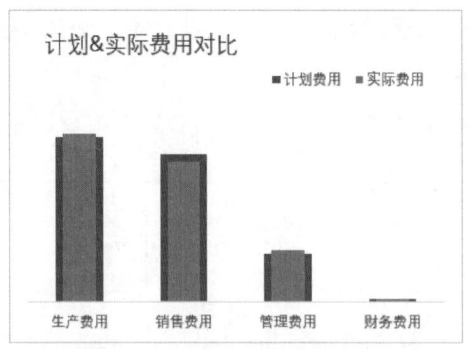

图24-18　调整图表标题和元素

第5步 美化系列图形颜色。选择"计划费用"系列图形,在"设置数据系列格式"窗格的"填充"选项区中,选中"纯色填充"单选按钮,修改颜色的RGB值为(47,143,236),"不透明度"为50%。

第6步 美化系列图形颜色。选择"实际费用"系列图形,在"设置数据系列格式"窗格的"填充"选项区中,选中"渐变填充"单选按钮,修改起始值的RGB值为(15,179,255),结束值的RGB值为(58,97,255),其图表效果如图24-19所示。

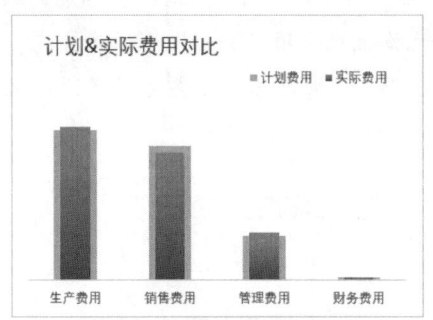

图24-19　美化系列图形颜色

第7步 添加数据标签。在图表中的"实际费用"系列图形上右击,在打开的快捷菜单中选择"添加数据标签"命令,即可添加数据标签,其图表效果如图24-20所示。

第24章
制作财务费用分析看板

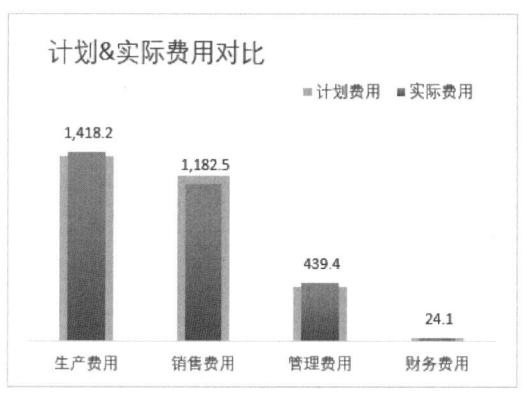

图24-20 添加数据标签

4. 将第4组数据做成柱形图+折线图

将第4组数据做成柱形图+折线图的具体操作步骤如下。

第1步 创建柱形图。在"作图数据"工作表中，选中第4组数据N4:Q8单元格范围，单击"插入"选项卡→"图表"组→"插入柱形图或条形图"下拉按钮，展开列表框，单击"簇状柱形图"图标，创建柱形图，如图24-21所示。

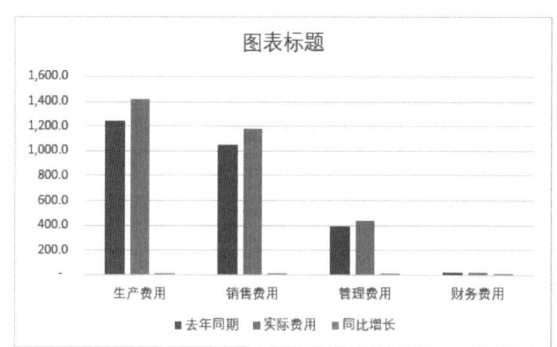

图24-21 创建柱形图

第2步 更改图表类型。选择新创建的图表，单击"图表设计"选项卡→"类型"组→"更改图表类型"按钮，打开"更改图表类型"对话框，在左侧列表框中，选择"组合图"选项，修改"同比增长"的图表类型为"折线图"，选中"同比增长"右侧的"次坐标轴"复选框，单击"确定"按钮，即可更改图表类型，效果如图24-22所示。

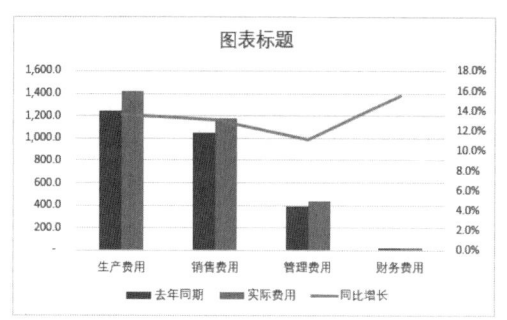

图24-22 更改图表类型

第3步 美化折线图形。选择图表上的折线图形，在"设置数据系列格式"窗格的"线条"选项区中，选中"无线条"单选按钮；在"标记选项"选项区中，选中"内置"单选按钮，修改"类型"为实心圆；在"填充"选项区中，选中"纯色填充"单选按钮，修改RGB值为（255，100，175）；在"边框"选项区中，选中"无线条"单选按钮，即可美化折线图形。

第4步 美化系列图形。选择"去年同期"系列图形，在"设置数据系列格式"窗格的"填充"选项区中，选中"渐变填充"单选按钮，修改起始值的RGB值为（196，253，235），结束值的RGB值为（31，216，216）。

第5步 美化系列图形。选择"实际费用"系列图形，在"设置数据系列格式"窗格的"填充"选项区中，选中"渐变填充"单选按钮，修改起始值的RGB值为（15，179，255），结束值的RGB值为（58，97，255），其图表效果如图24-23所示。

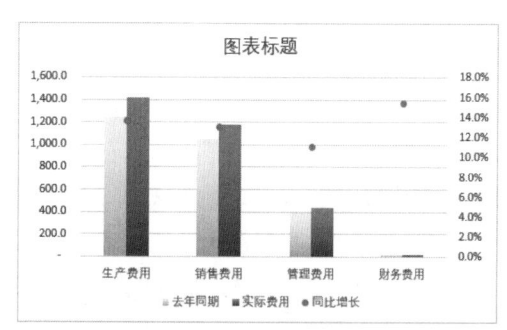

图24-23 美化系列图形

第6步 调整图表标题和元素。修改图表标题为"费用同比增长",在"同比增长"系列图形上右击,在打开的快捷菜单中选择"添加数据标签"命令,即可添加数据标签,手动调整图例元素位置,并删除网格线,最终的图表效果如图24-24所示。

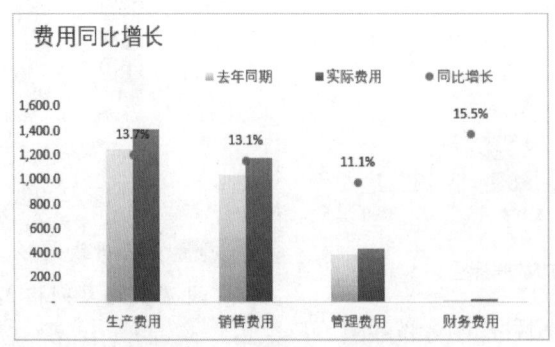

图24-24 调整图表标题和元素

24.3.2 制作动态透视图表

在制作动态透视图表时,需要先汇总第5组和第6组数据,创建出数据透视表和切片器,然后根据数据透视表创建出饼图和柱形图。

1. 汇总第5组数据——二级费用总额

汇总第5组数据——二级费用总额的具体操作步骤如下。

第1步 切换工作表。在"财务费用分析看板.xlsx"工作簿中,单击"2023年费用核算表"工作表标签,切换至该工作表。

第2步 创建数据表。在工作表中按快捷键"Ctrl+A"全选所有数据,单击"插入"选项卡→"表格"组→"数据透视表"按钮,打开"来自表格或区域的数据透视表"对话框,选中"现有工作表"单选按钮,修改"位置"为作图数据表中的U7单元格,单击"确定"按钮,即可创建数据透视表。

第3步 添加字段。在"数据透视表字段"窗格中,将"二级费用"字段拖曳至"行"区域,"总计"字段拖曳至"值"区域,如图24-25所示。

图24-25 添加字段

2. 汇总第6组数据——1～12月某费用总额

汇总第6组数据——1～12月某费用总额的具体操作步骤如下。

第1步 切换工作表。在"财务费用分析看板.xlsx"工作簿中,单击"2023年费用核算表"工作表标签,切换至该工作表。

第2步 创建数据表。在工作表中按快捷键"Ctrl+A"全选所有数据,单击"插入"选项卡→"表格"组→"数据透视表"按钮,打开"来自表格或区域的数据透视表"对话框,选中"现有工作表"单选按钮,修改"位置"为作图数据表中的AC7单元格,单击"确定"按钮,即可创

第 24 章
制作财务费用分析看板

建数据透视表。

第3步 添加字段。在"数据透视表字段"窗格中，选中"1月"～"12月"字段复选框，将"列"区域中的"数值"字段拖曳至"行"区域，如图24-26所示。

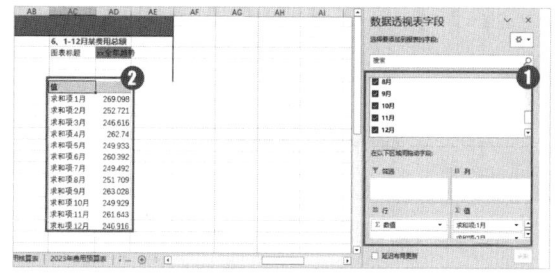

图24-26 添加字段

第4步 替换数据。按快捷键"Ctrl+H"打开"查找和替换"对话框，输入寻找目标"求和项:"，替换为空格，单击"全部替换"和"确定"按钮即可，如图24-27所示。

图24-27 替换数据

3. 插入切片器

插入切片器的具体操作步骤如下。

第1步 插入切片器。选中任意一个数据透视表中的单元格，单击"数据透视表分析"选项卡→"筛选"组→"插入切片器"按钮，打开"插入切片器"对话框，选中"费用类别"复选框，单击"确定"按钮，插入切片器，如图24-28所示。

第2步 创建报表连接。选中切片器，单击"切片器"选项卡→"切片器"组→"报表连接"按钮，打开"数据透视表连接（费用类别）"对话框，选中"数据透视表2"和"数据透视表3"复选框，如图24-29所示，单击"确定"按钮，完成报表连接。

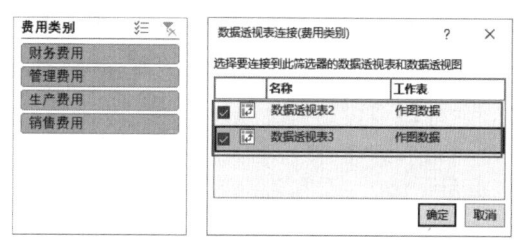

图24-28 插入切片器　　图24-29 创建报表连接

4. 将第5组数据做成饼图

将第5组数据做成饼图的具体操作步骤如下。

第1步 创建饼图。选中第5组数据U8:V21单元格范围，单击"数据透视表分析"选项卡→"工具"组→"数据透视图"按钮，打开"插入图表"对话框，在左侧列表框中，选择"饼图"选项，在右侧选项区中，单击"饼图"图标，单击"确定"按钮，创建饼图，如图24-30所示。

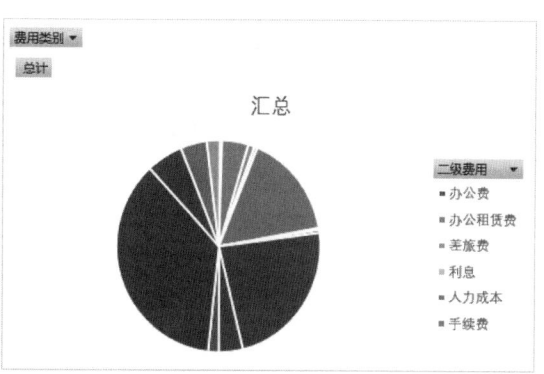

图24-30 创建饼图

第2步 隐藏字段按钮和图例。选择新创建的图表，隐藏图表上所有的字段按钮，删除图例。

第3步 添加数据标签。为图表添加数据标签，然后选择新创建的数据标签，在"设置数据标签格式"窗格的"标签选项"选项区中，选中"类别名称""值""显示引导线"复选框，在"标签位置"选项区中，选中"数据标签外"单选按钮，美化数据标签。

第4步 将图表标题移动至图表的左上角，调整图表的大小和位置，在"费用类别"切片器中，选中"生产费用"选项，查看生产费用的饼图效果，如图24-31所示。

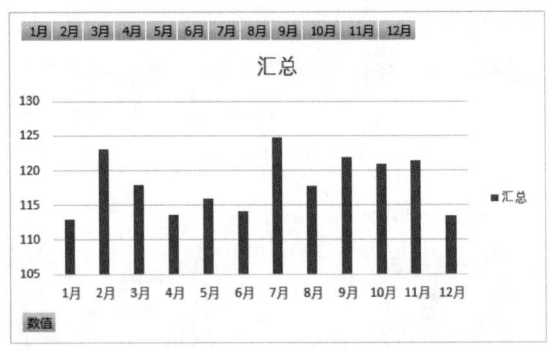

图24-32 创建柱形图

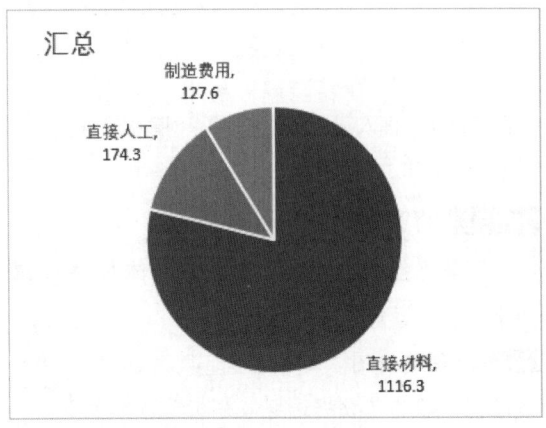

图24-31 美化饼图效果

第2步 美化图表。选择新创建的图表，隐藏图表上所有的字段按钮，删除网格线和图例，为图表添加数据标签，然后将图表标题移动至图表的左上角，调整图表的大小和位置。

第3步 美化系列图形颜色。选择系列图形，在"设置数据系列格式"窗口的"填充"选项区中，选中"渐变填充"单选按钮，修改起始RGB值为（196，253，235），结束的RGB值为（31，216，216），其图表效果如图24-33所示。

5. 将第6组数据做成柱形图

将第6组数据做成柱形图的具体操作步骤如下。

第1步 创建柱形图。选中第6组数据AC8:AD19单元格范围，单击"数据透视表分析"选项卡→"工具"组→"数据透视图"按钮，打开"插入图表"对话框，在左侧列表框中，选择"柱形图"选项，在右侧选项区中单击"簇状柱形图"图标，再单击"确定"按钮，即可创建柱形图，如图24-32所示。

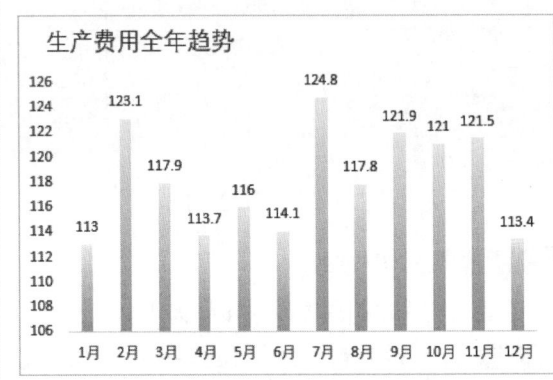

图24-33 美化柱形图效果

24.3.3 制作动态图表标题

制作动态图表标题，可以让图表标题动态化，其具体的操作步骤如下。

第1步 添加筛选字段。在"作图数据"工作表中选择第5组数据，在"数据透视表字段"窗格中，将"筛选类别"字段拖曳至"筛选"区域，添加筛选字段，如图24-34所示。

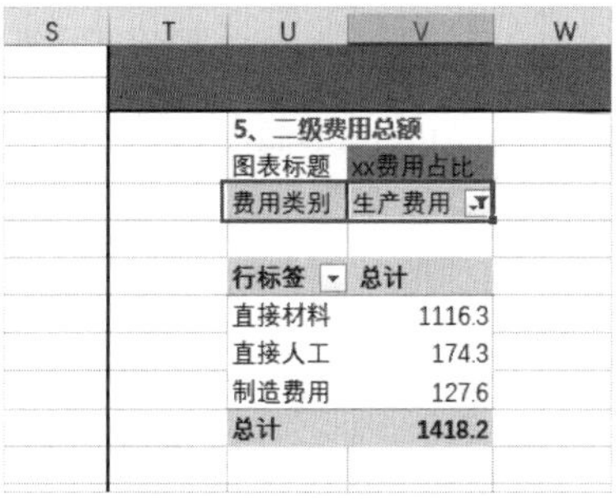

第 24 章
制作财务费用分析看板

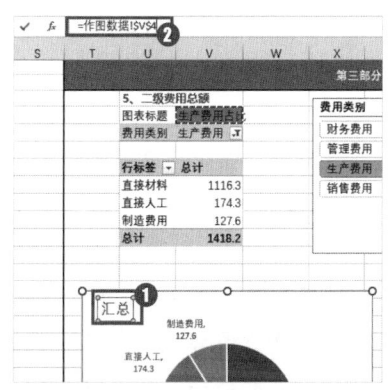

图24-34 添加筛选字段

第2步 拼接标题名。选择V4单元格，删除"××费用总比"文本，输入公式符号"="，引用V5单元格，然后输入"&"占比""，完成公式输入后按"Enter"键确定，即可拼接出标题名，如图24-35所示。

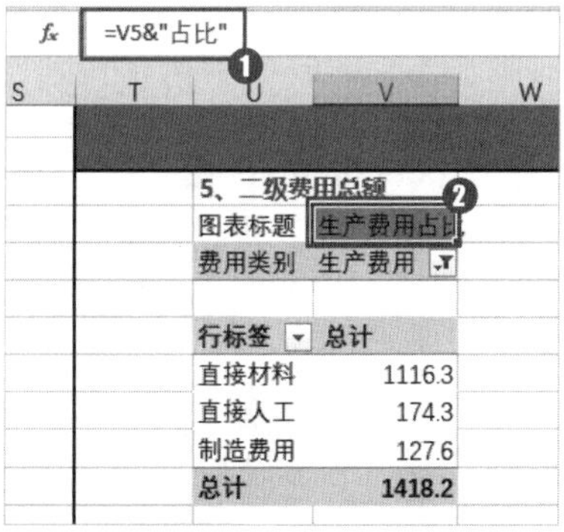

图24-35 拼接标题名

第3步 引用单元格。选择饼图图表标题，在编辑栏中输入公式符号"="，单击V4单元格，即可引用单元格，如图24-36所示。

图24-36 引用单元格

第4步 按"Enter"键确定后，即可制作动态图表标题，并且饼图的标题也随之变化，如图24-37所示。

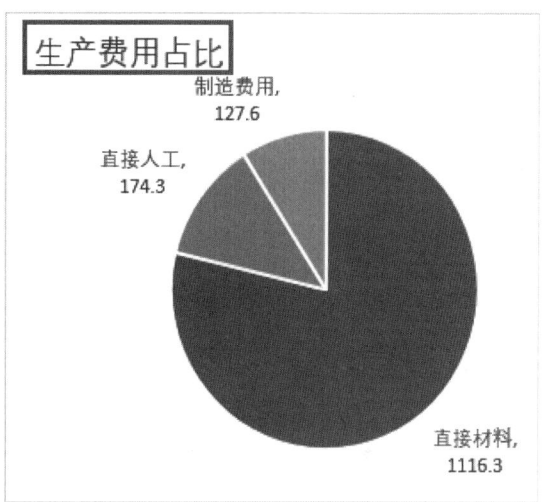

图24-37 制作动态图表标题

第5步 重复第1～4步，为柱形图制作动态图表标题。在制作动态图表标题时，引用的单元格为AD4，其图表效果如图24-38所示。

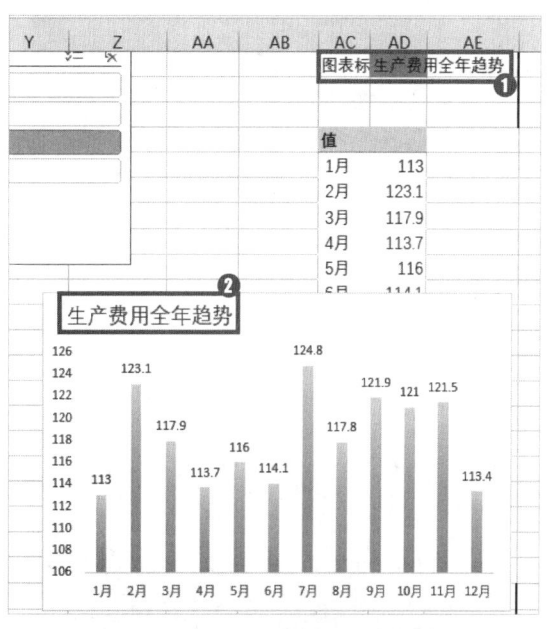

图24-38 制作柱形图动态图表标题

24.3.4 制作看板

完成所有数据、切片器和动态图表的制作后,将作图数据表中的内容组合成看板。下面将详细讲解具体的操作方法。

1. 引用数据

在看板中需要引用"费用总额"和"同比增长率"数据,其具体的操作步骤如下。

第1步 切换工作表。在"财务费用分析看板.xlsx"工作簿中,单击"费用看板"工作表标签,切换至该工作表。

第2步 引用费用总额。选中G5单元格,删除符号,输入公式"=TEXT(作图数据!$A$4,"000,0"&"万")",按"Enter"键确定,即可引用费用总额,如图24-39所示。

图24-39 引用费用总额

第3步 引用同比增长率。选中G12单元格,删除符号,输入公式"=作图数据!D6",按"Enter"键确定,即可引用同比增长率,如图24-40所示。

图24-40 引用同比增长率

2. 在看板上放置图表

在看板中将美术素材图层拖动到看板上,然后将第3~6组数据的图表拖动到看板上,调整位置、大小和样式。其具体的操作步骤如下。

第1步 移动素材。在"费用看板"工作表中,将美术素材拖曳至看板的左上方。

第2步 复制温度图。在作图数据表中复制第3组数据的温度图,粘贴至"费用看板"工作表中,调整位置大小,修改填充色为"无填充"、边框为"无边框",因为看板的背景是深色,所以字体颜色更改为"白色,背景1"颜色,其效果如图24-41所示。

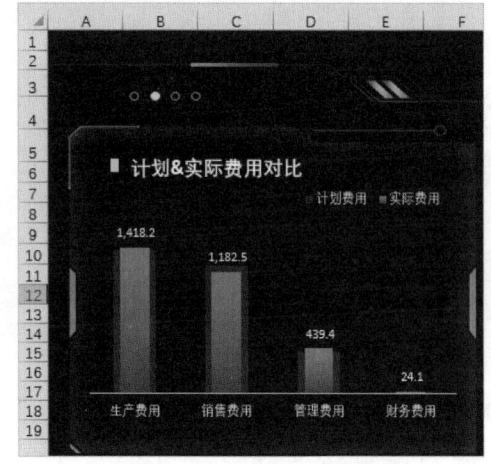

图24-41 复制温度图

第3步 复制柱形图+折线图。重复第2步的操作,将第4组数据的柱形图+折线图复制到看板上,并调整位置、大小和颜色。

第4步 复制饼图。重复第2步的操作,将第5组数据的饼图复制到看板上,调整位置、大小和颜色。

第5步 复制柱形图。重复第2步的操作,将第6组数据的柱形图,复制到看板上,调整位置、大小和颜色。

第6步 复制切片器。重复第2步的操作,将切片器复制到看板上,调整切片器的位置和大小,最终的看板效果如图24-42所示。

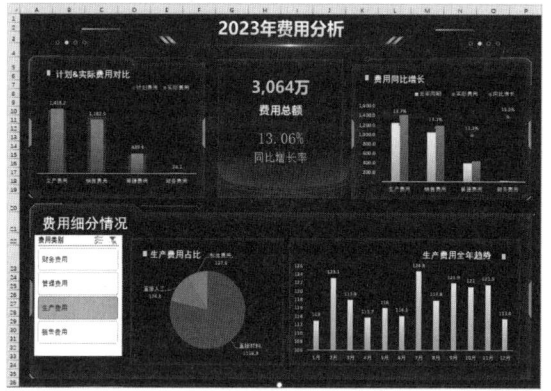

图24-42 复制其他图表和切片器

3. 在看板上美化切片器

在看板上美化切片器的具体操作步骤如下。

第1步 选择切片器元素。在"费用看板"工作表中选择切片器,单击"切片器"选项卡→"切片器样式"组→"其他"按钮,展开列表框,选择"新建切片器样式"命令,打开"新建切片器样式"对话框,在"切片器元素"列表框中,选择"整个切片器"选项,单击"格式"按钮,如图24-43所示。

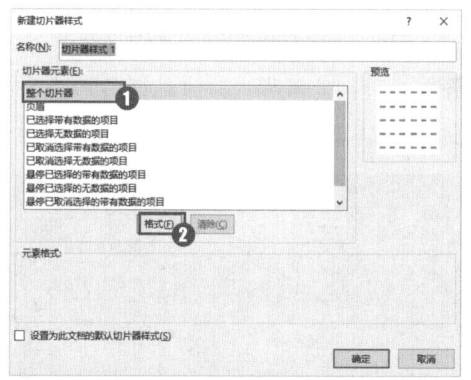

图24-43 单击"格式"按钮

第2步 设置字体格式。打开"格式切片器元素"对话框,在"字体"选项卡中的"字体"列表框中选择"黑体",在"字号"列表框中选择12,

在"颜色"列表框中选择"白色,背景1"颜色,如图24-44所示。

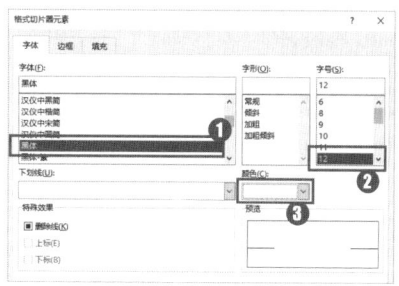

图24-44 设置字体格式

> **| 技术看板 |**
>
> 在"切片器样式"组中,新建切片器样式,并对切片器中"整个切片器""已选择带有数据的项目""悬停已选择的带有数据的项目""悬停已取消选择的带有数据的项目"4个选项分别进行格式设置,最后为切片器应用新创建的切片器样式,让切片器中被选择的按钮呈高亮显示,从而更好地进行交互体验。

第3步 设置边框格式。选择"边框"选项卡,在"颜色"列表框中,选择RGB值为(1,64,235)的颜色,如图24-45所示。

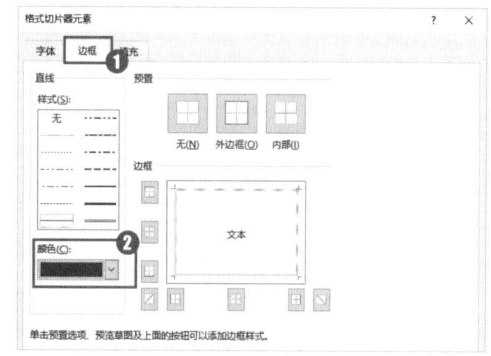

图24-45 设置边框格式

第4步 设置填充格式。选择"填充"选项卡,单击"其他颜色"按钮,打开"颜色"对话框,输入RGB值为(9,14,95),单击"确定"按钮,选择自定义的颜色,如图24-46所示。

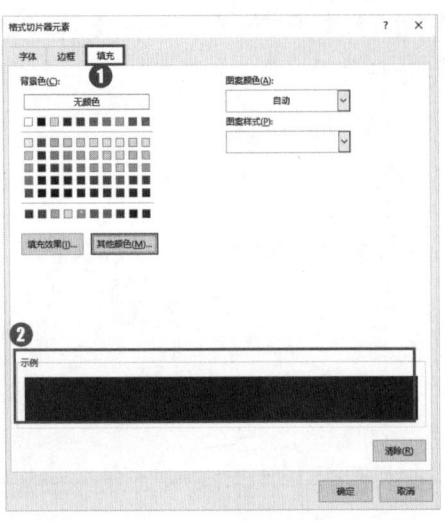

图 24-46　设置填充格式

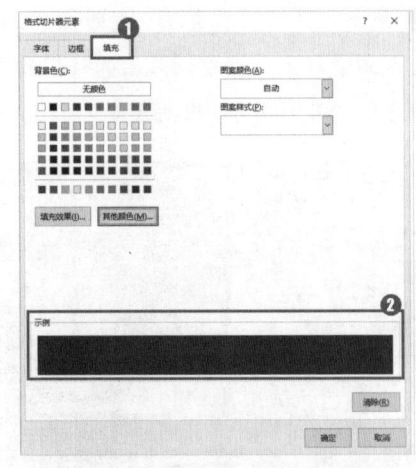

图 24-47　设置字体和填充格式（续）

第5步　设置字体和填充格式。在"格式切片器元素"对话框中，单击"确定"按钮，返回到"新建切片器样式"对话框，在"切片器元素"列表框中，选择"已选择带有数据的项目"选项，单击"格式"按钮，再次打开"格式切片器元素"对话框，在"字体"和"填充"选项卡中，修改字体RGB颜色值为（1，255，253），填充色的RGB颜色值为（17，49，152），如图24-47所示，单击"确定"按钮，返回到"新建切片器样式"对话框。

第6步　设置切片器元素格式。重复第5步的操作，为"悬停已选择的带有数据的项目"和"悬停已取消选择的带有数据的项目"切片器元素设置相同的格式。

第7步　新建切片器样式。最后在"新建切片器样式"对话框中，单击"确定"按钮，在"切片器样式"列表框中，将显示新创建的切片器样式，如图24-48所示。

图 24-48　显示新创建的切片器样式

第8步　应用切片器样式。为选择的切片器应用新创建的切片器样式，其效果如图24-49所示。

图 24-47　设置字体和填充格式

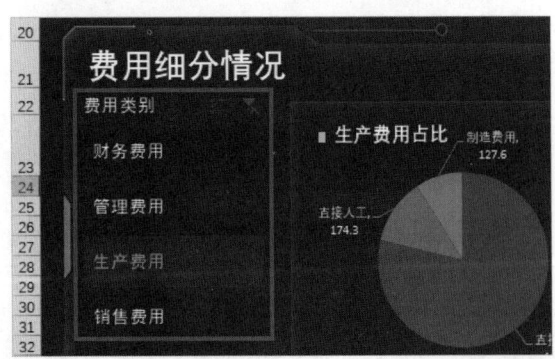

图 24-49　应用切片器样式